U0221742

# “先进化工材料关键技术丛书”（第二批）编委会

**先进化工材料关键技术丛书（第二批）**

中国化工学会 组织编写

# 均相离子交换膜

# Homogeneous Ion Exchange Membrane

徐铜文 蒋晨啸 等 著

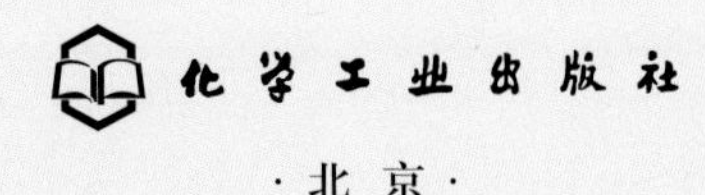


·北 京·

# 内容简介

《均相离子交换膜》是“先进化工材料关键技术丛书”（第二批）的一个分册。

本书基于作者团队多年研究经验与实践成果的积累，系统介绍了均相离子交换膜的概况、国内外研究前沿、离子膜制备新工艺、规模化生产技术及工业应用。内容包括：绪论、基础理论及表征方法、侧链工程学制备均相离子交换膜、聚酰基化制备均相离子交换膜、超强酸催化制备均相离子交换膜、超分子化学组装制备均相离子交换膜、自具微孔均相离子交换膜、新型微孔框架离子分离膜、均相离子交换膜组件设计及工程应用实例。

本书是多项国家和省部级科技奖、国际发明专利奖成果的总结，适合材料、化工领域，尤其是膜材料领域科研和工程技术人员阅读，也可供高等院校高分子、功能材料、化工及相关专业师生参考。

图书在版编目（CIP）数据

均相离子交换膜/中国化工学会组织编写；徐铜文等著. —北京：化学工业出版社，2023.5
（先进化工材料关键技术丛书. 第二批）
国家出版基金项目
ISBN 978-7-122-42902-5

Ⅰ. ①均… Ⅱ. ①中… ②徐… Ⅲ. ①离子交换膜 Ⅳ. ①TQ425.23

中国国家版本馆 CIP 数据核字（2023）第 022695 号

责任编辑：杜进祥 吕 尤 李 玥 向 东
责任校对：宋 夏
装帧设计：关 飞

出版发行：化学工业出版社（北京市东城区青年湖南街13号 邮政编码100011）
印 装：中煤（北京）印务有限公司
710mm×1000mm 1/16 印张28 字数566千字
2023年9月北京第1版第1次印刷

购书咨询：010-64518888 售后服务：010-64518899
网 址：http://www.cip.com.cn
凡购买本书，如有缺损质量问题，本社销售中心负责调换。

定 价：199.00元

## 作者简介

**徐铜文**，中国科学技术大学讲席教授，英国皇家化学会会士，中国化工学会会士，1989 年、1992 年分别获得合肥工业大学学士和硕士学位，1995 年获天津大学博士学位，1997 年南开大学博士后出站加入中国科技大学工作至今，期间先后在东京大学、东京工业大学、韩国光州科技研究所访问研究。兼任中国民主建国会中国科学技术大学支部主任委员。先后入选教育部“长江学者”特聘教授，国家杰出青年科学基金获得者，国家重点研发计划首席科学家，国家百千万人才工程，中国科学院王宽诚产研人才计划；目前担任中国膜工业协会电驱动膜专委会主任，*Journal of Membrane Science* 编辑、《化工学报》等期刊编委，曾担任国家自然科学基金委员会第 13—14 届化学工程学科评审组成员，高等学校应用化学与化工基础教学改革联合协作组成员；在 *Nature*、*Adv. Mater.*、*Angew. Chem. Int. Ed.*、*J. Am. Chem. Soc.*、*Chem.*、*Nat. Commun.*、*Energy Environ. Sci.*、*AIChE J.* 等期刊发表论文 500 余篇，2014 年以来连续入选 Elsevier 高被引作者名单。出版中文专著三部，主编英文专著 3 部，受邀撰写中英文专著有关章节 30 余章。获得授权发明专利 80 余项，部分成果已经推广应用。以第一完成人身份获得国家技术发明二等奖 1 次，省部级及行业协会一等奖 5 次、二等奖 2 次。还先后获得中国科技大学 - 唐立新优秀学者奖、侯德榜化工科学技术（创新）奖、合芜蚌自主创新综合试验区创新人才奖、安徽省青年科技奖、全国优秀化工科技工作者、中国科学技术大学海外校友基金会优秀青年教师奖、中国石油和化学工业联合会创新团队奖（2020 年，团队带头人）、民建全国优秀会员等荣誉，2019 年获中共中央、国务院、中央军委颁发的庆祝中华人民共和国成立 70 周年纪念章。

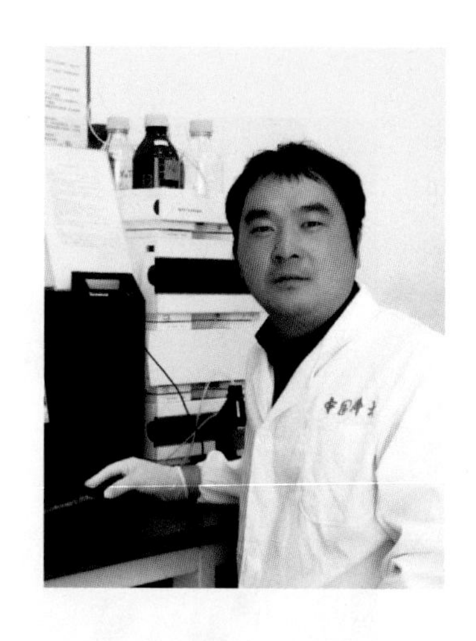


**蒋晨啸**，中国科学技术大学化学与材料科学学院副研究员，2016年于中国科技大学获博士学位，先后在南卡罗来纳大学、香港大学从事研究工作。主持国家自然科学基金、安徽省科技重大专项、博士后科学基金面上、特别资助等科研项目。主要从事电驱动膜分离应用基础研究工作。先后提出离子精馏技术、反应耦合电驱动膜分离技术、多级电渗析集成耦合技术、选择性双极膜电渗析技术。创新性地建立离子膜多级塔板筛分理论、荷电大分子离子膜相传递理论。特别是基于传统塔板精馏及层析色谱技术所开发的离子精馏技术，集成了平衡分离与速率分离过程的特点，实现物料高选择性、低成本分离，为锂同位素分离、稀土分离、海水精制、精细化学品分离、生物制药等特种分离场景提供了有效解决方案，助力化工特种分离技术升级。在*AIChE J.*、*Chem. Eng. Sci.*、*Ind. Eng. Chem. Res.*、*Chem. Eng. J.*、*J. Membr. Sci.*、《化工学报》等国内外期刊发表论文50余篇，参与编著《膜技术手册》（第二版）与《化学工程手册》（第三版）。申请国内与国际发明专利20余项，荣获日内瓦发明展银奖1项，研究成果入选“领跑者5000论文——中国精品科技期刊顶尖学术论文”。荣获中国科技大学墨子杰出青年特资津贴（2020年），中国石油和化学工业联合会创新团队奖（2020年，核心成员）。

# 丛书（第二批）序言

材料是人类文明的物质基础，是人类生产力进步的标志。材料引领着人类社会的发展，是人类进步的里程碑。新材料作为新一轮科技革命和产业变革的基石与先导，是“发明之母”和“产业食粮”，对推动技术创新、促进传统产业转型升级和保障国家安全等具有重要作用，是全球经济和科技竞争的战略焦点，是衡量一个国家和地区经济社会发展、科技进步和国防实力的重要标志。目前，我国新材料研发在国际上的重要地位日益凸显，但在产业规模、关键技术等方面与国外相比仍存在较大差距，新材料已经成为制约我国制造业转型升级的突出短板。

先进化工材料也称化工新材料，一般是指通过化学合成工艺生产的、具有优异性能或特殊功能的新型材料。包括高性能合成树脂、特种工程塑料、高性能合成橡胶、高性能纤维及其复合材料、先进化工建筑材料、先进膜材料、高性能涂料与黏合剂、高性能化工生物材料、电子化学品、石墨烯材料、催化材料、纳米材料、其他化工功能材料等。先进化工材料是新能源、高端装备、绿色环保、生物技术等战略新兴产业的重要基础材料。先进化工材料广泛应用于国民经济和国防军工的众多领域中，是市场需求增长最快的领域之一，已成为我国化工行业发展最快、发展质量最好的重要引领力量。

我国化工产业对国家经济发展贡献巨大，但从产业结构上看，目前以基础和大宗化工原料及产品生产为主，处于全球价值链的中低端。“一代材料，一代装备，一代产业”。先进化工材料因其性能优异，是当今关注度最高、需求最旺、发展最快的领域之一，与国家安全、国防安全以及战略新兴产业关系最为密切，也是一个国家工业和产业发展水平以及一个国家整体技术水平的典型代表，直接推动并影响着新一轮科技革命和产业变革的速度与进程。先进化工材料既是我国化工产业转型升级、实现由大到强跨越式发展的重要方向，同时也是保障我国制造业先进性、支撑性和多样性的“底盘技术”，是实施制造强国战略、推动制造业高质量发展的重要保障，关乎产业链和供应链安全稳定、绿色低碳发展以及民生福祉改善，具有广阔的发展前景。

“关键核心技术是要不来、买不来、讨不来的”。关键核心技术是国之重器，要靠我们自力更生，切实提高自主创新能力，才能把科技发展主动权牢牢掌握在自己手里。新材料是战略性、基础性产业，也是高技术竞争的关键领域。作为新材料的重要方向，先进化工材料具有技术含量高、附加值高、与国民经济各部门配套性强等特点，是化工行业极具活力和发展潜力的领域。我国先进化工材料领域科技人员从国家急迫需要和长远需求出发，在国家自然科学基金、国家重点研发计划等立项支持下，集中力量攻克了一批“卡脖子”技术、补短板技术、颠覆性技术和关键设备，取得了一系列具有自主知识产权的重大理论和工程化技术突破，部分科技成果已达到世界领先水平。中国化工学会组织编写的“先进化工材料关键技术丛书”（第二批）正是由数十项国家重大课题以及数十项国家三大科技奖孕育，经过 200 多位杰出中青年专家深度分析提炼总结而成，丛书各分册主编大都由国家技术发明奖、国家科技进步奖获得者、国家重点研发计划负责人等担纲，代表了先进化工材料领域的最高水平。丛书系统阐述了高性能高分子材料、纳米材料、生物材料、润滑材料、先进催化材料及高端功能材料加工与精制等一系列创新性强、关注度高、应用广泛的科技成果。丛书所述内容大都为专家多年潜心研究和工程实践的结晶，打破了化工材料领域对国外技术的依赖，具有自主知识产权，原创性突出，应用效果好，指导性强。

创新是引领发展的第一动力，科技是战胜困难的有力武器。科技命脉已成为关系国家安全和经济安全的关键要素。丛书编写以服务创新型国家建设，增强我国科技实力、国防实力和综合国力为目标，按照《中国制造 2025》《新材料产业发展指南》的要求，紧紧围绕支撑我国新能源汽车、新一代信息技术、航空航天、先进轨道交通、节能环保和“大健康”等对国民经济和民生有重大影响的产业发展，相信出版后将会大力促进我国化工行业补短板、强弱项、转型升级，为我国高端制造和战略性新兴产业发展提供强力保障，对彰显文化自信、培育高精尖产业发展新动能、加快经济高质量发展也具有积极意义。

中国工程院院士：薛群基

2023 年 5 月

# 前言

实现碳达峰、碳中和，是我国实现可持续发展、高质量发展的内在要求，也是推动构建人类命运共同体的必然选择。实现“双碳”目标的核心在于控制碳排放总量，其主要路径包括两大方面：（1）在能源生产端，推动化石能源的清洁高效利用，推动光伏、核电、风电、盐差能等非碳清洁能源的替代，实现从高碳向低碳到零碳转变；（2）在能源消耗端，推动节能减排及提效降耗，推动二氧化碳等温室气体的捕集、利用和转化，实现从高能耗向低能耗到零能耗转变。

膜技术是当代新型高效分离技术，是多学科交叉的产物，亦是化学工程学科发展的新增长点，在工业中得到了极为广泛的应用，并将成为解决人类能源、资源与环境危机的重要手段。离子交换膜作为化工新材料，广泛应用于氯碱工业、电解水制氢、盐湖提锂、湿法冶金、电子刻蚀、水处理、海水淡化、废弃物资源化、燃料电池、液流电池等。均相离子交换膜具有电阻低、结构稳定、成本低廉的特点，是离子交换膜领域发展的重点。

本书作者团队长期从事均相离子交换膜材料及相关过程的开发，在国家自然科学基金重点项目、国家杰出青年基金项目以及科技部“863 计划”重点项目等持续支持下，徐铜文教授及其团队历时二十余年，围绕均相离子交换膜绿色化、低成本化生产和工业化应用开展系统深入的研究，发明了多硅共聚物离子膜制备技术、溴化 - 胺化离子膜制备技术、无溶剂原位聚合离子膜制备技术及板式（电）渗析膜组件制备技术，实现离子膜的高性能化和系列化开发，避免传统离子膜制备中氯甲醚、氯磺酸和大量溶剂的使用，形成具有完全自主知识产权的均相离子交换膜制备及应用技术，打破了发达国家技术封锁和价格垄断，取得了明显的经济效益和社会效益，推动了我国离子膜材料基础和应用研究的发展。研究团队曾获国家技术发明二等奖和多项省部级科技进步一等奖。如获得

2018 年度国家技术发明奖的“均相离子膜制备关键技术及应用”，获得中国石油和化学工业联合会科技进步一等奖的“面向工业废酸回收的渗析阴膜及其应用技术开发”“电渗析膜、膜组器及酸碱盐废水资源化”等。

本书是作者团队在《离子交换膜的制备与应用技术》（2008 年，化学工业出版社）基础上的又一部离子膜方面的专著。本书立足于团队在新型离子膜制备和应用研究的成果和技术资料，涵盖了笔者团队近十年来国家重点研发计划（2020YFB1505601、2018YFB1502301、2012CB932802）、国家自然科学基金重点和重大项目课题（22038013、U20A20127、91534203、21490581、20636050）、国家杰出青年基金和优秀青年基金课题（21025626、21522607、21922510、22122813）、国家自然科学基金重点国际合作课题（21720102003）以及安徽省重大研究计划（17030901079、18030901079、202003a05020052、202103a05020008）和中科院的相关研究计划课题的研究成果。全书共九章，由徐铜文负责统筹全书框架设计、编制提纲目录、设置编写要求，并对全书初稿进行修改定稿。第一章绪论由徐铜文、汪耀明、蒋晨啸撰写，徐铜文统稿；第二章基础理论及表征方法由蒋晨啸撰写，徐铜文统稿；第三章侧链工程学制备均相离子交换膜由冉瑾撰写，徐铜文统稿；第四章聚酰基化制备均相离子交换膜由葛亮撰写，徐铜文统稿；第五章超强酸催化制备均相离子交换膜与第六章超分子化学组装制备均相离子交换膜由葛晓琳撰写，徐铜文统稿；第七章自具微孔均相离子交换膜由杨正金撰写，徐铜文统稿；第八章新型微孔框架离子分离膜由李兴亚撰写，吴亮统稿；第九章均相离子交换膜组件设计及工程应用实例由汪耀明、蒋晨啸撰写，徐铜文统稿；蒋晨啸负责了全书撰写过程中的统筹、联系、校对等。除了上述直接参与撰写的团队成员外，在本研究团队学习的研究生和博士生为本书的部分成果付出了辛勤的劳动，他们是已毕业的博士生傅荣强、吴翠明、汤蓓蓓、张亚萍、黄川徽、薛艳红、吴丹、吴永会、刘俊生、李远、郝建文、林小城、王娜、张正辉、卫艳新、张旭、崔梦冰、王晓林、伍斌、苗继斌、Muhammad Masem、姚子露、葛倩倩、潘杰锋、程从亮、贺玉斌、罗发宝、Abhishek Narayan Mondal、Noor、Shehzad、侯剑秋、徐婷婷、Muhammad Irfan、左培培、卫新来、周佳慧、盛方猛、陈秉伦、颜海洋、肖新乐、刘亚华；毕业的硕士生张绍玲、罗静艺、赵越、刘小菏、潘麒、纪文根、胡敏、祝渊、刘雅芝、张建军、张东钰、陈倩茹、王鑫等。

我还要特别感谢恩师何炳林院士，是他将我引入离子交换膜的研究领域。冉瑾、蒋晨啸、李兴亚、吴亮、汪耀明、葛亮、杨正金等参与了本书部分章节的审稿工作。本书还参考了国内外同行文献，在此一并表示衷心的感谢。

本书力求理论与实践紧密结合，展现化学在材料制备中的艺术魅力、材料在过程工业中的应用魅力，以确保展现学术性、系统性、原创性、新颖性和实用性。限于笔者水平，加之参写人员众多，水平有限，难免有疏漏之处，敬请广大读者批评指正。

徐铜文

2022 年 6 月于中国科学技术大学

# 目录

第一章
**绪论** 001

**第一节** 离子交换膜的定义及分类 002
一、离子交换膜的定义 002
二、离子交换膜的分类 002
**第二节** 离子交换膜的发展历史 008
**第三节** 离子交换膜主要应用领域 013
一、能量转化与存储 013
二、物质转化与产物分离 025
三、水处理 038
**第四节** 离子交换膜制备 038
一、侧链工程学制备均相离子交换膜 040
二、聚酰基化制备均相离子交换膜 040
三、“无醚”聚合物离子交换膜的开发 041
四、超分子化学组装制备均相离子交换膜 042
五、自具微孔离子交换膜的开发和应用 042
**第五节** 离子交换膜展望 043
参考文献 046

第二章
基础理论及表征方法 051

第一节 均相离子交换膜技术基本原理 052
一、Donnan 平衡理论 052
二、传质过程理论 054
三、过程极化 058
第二节 离子交换膜基本参数及表征 073
第三节 面向能源应用领域离子交换膜的参数及表征 080
一、燃料电池隔膜表征方法 080
二、液流电池隔膜表征方法 084
三、电解水制氢隔膜表征方法 086
参考文献 087

第三章
侧链工程学制备均相离子交换膜 089

第一节 侧链工程学概述 090
一、Nafion 的结构 - 形貌 090
二、接枝型聚合物微相分离 091
第二节 侧链离子交换膜结构设计 092
一、侧链阳离子交换膜结构设计 092
二、侧链阴离子交换膜结构设计 108
第三节 侧链离子交换膜交联 120
一、通过不饱和端基交联制备自交联型离子聚合物 120
二、侧链氢键交联 121
三、互穿网络 122
第四节 侧链离子交换膜功能基团设计 122
一、侧链阳离子交换膜功能基团设计 122
二、侧链阴离子交换膜功能基团设计 122
第五节 侧链离子交换膜微观形貌 126
一、侧链阳离子交换膜微相分离 126

二、侧链阴离子交换膜微相分离 128
第六节　侧链离子交换膜应用性能评价 130
一、燃料电池 130
二、扩散渗析 132
三、电渗析 132
第七节　小结与展望 133
参考文献 134

第四章
聚酰基化制备均相离子交换膜 143

第一节　聚酰基化反应概述 144
一、聚醚酮 / 聚醚砜类材料合成原理 144
二、聚酰胺类 / 聚酰亚胺类材料合成原理 146
三、酸性介质和反应条件对反应的影响 150
第二节　聚酰基化制备阳离子交换膜 151
一、聚酰基化制备聚醚酮类阳离子交换膜 151
二、聚酰基化制备聚酰亚胺类阳离子交换膜 156
三、聚酰基化 / 杂环化制备聚苯并咪唑阳离子交换膜 161
第三节　聚酰基化制备阴离子交换膜 165
一、聚酰基化制备侧链季铵型聚醚酮阴离子交换膜 165
二、聚酰基化制备主链含冠醚的侧链季铵型聚醚酮阴离子交换膜 169
第四节　聚酰基化制备离子交换膜应用性能评价 170
一、质子交换膜燃料电池 170
二、碱性燃料电池 178
参考文献 179

第五章
超强酸催化制备均相离子交换膜 185

第一节　概述 186

第二节　超强酸催化制备聚合物 187
一、超强酸催化作用 187
二、超强酸催化在聚合物制备中的应用 190
第三节　超强酸催化制备离子交换膜 194
一、超强酸催化法制备离子交换膜的意义及优势 194
二、超强酸催化制备阴离子交换膜 199
三、超强酸催化制备质子交换膜 223
第四节　超强酸催化制备离子交换膜应用性能评价 227
一、燃料电池 227
二、碱性膜电解水制氢 233
第五节　小结与展望 239
参考文献 240

第六章　**超分子化学组装制备均相离子交换膜 243**

第一节　概述 244
第二节　超分子化学构筑均相离子交换膜 245
一、π-π 作用构筑均相离子交换膜 245
二、氢键作用构筑均相离子交换膜 247
三、离子 - 偶极作用构筑均相离子交换膜 249
四、主客体作用构筑均相离子交换膜 267
第三节　自组装类均相离子交换膜应用性能评价 279
一、氢键作用促进 $H^+$ 选择性渗透 279
二、离子 - 偶极作用网络促进燃料电池性能 281
第四节　小结与展望 282
参考文献 283

第七章
**自具微孔均相离子交换膜 285**

第一节　自具微孔均相离子交换膜概述 286

第二节　自具微孔聚合物的制备　287
一、二苯并二氧己环型　287
二、Tröger's Base 型　292
三、聚酰亚胺型　294
四、聚氧杂蒽型　298
五、其他类型　299
第三节　自具微孔聚合物的荷电化制备均相离子交换膜　306
一、氰基的水解与氨肟化制备均相离子交换膜　307
二、季铵化反应制备均相阴离子交换膜　310
三、磺化反应制备均相阳离子交换膜　314
第四节　自具微孔均相离子交换膜的应用性能评价　315
一、燃料电池　316
二、液流电池　320
第五节　小结与展望　326
参考文献　327

第八章
新型微孔框架离子分离膜　333

第一节　概述　334
第二节　新型微孔框架离子分离膜　336
一、金属有机框架膜　336
二、共价有机框架膜　350
三、多孔有机笼膜　370
第三节　微孔框架离子分离膜应用性能评价　378
第四节　小结与展望　379
参考文献　380

第九章
均相离子交换膜组件设计及工程应用实例　389

第一节　均相离子交换膜组件设计　390

一、扩散渗析器 390
二、电渗析器 396
第二节 酸回收应用案例 412
一、项目背景 412
二、电子刻蚀（电极箔行业）废酸回收 412
三、湿法加工业废酸回收 413
第三节 碱回收 413
第四节 黏胶纤维应用实例 414
一、碱法浆压液电渗析工艺生产木糖 415
二、利用电渗析技术处理碱法浆压液优势 417
第五节 冶金行业应用实例 417
一、冶金行业污酸废水电渗析工艺 417
二、电渗析处理污酸废水工艺 418
三、利用电渗析技术处理污酸废水优势 420
第六节 高盐废水处理实用案例 420
一、电渗析处理氯化铵废水工艺 420
二、利用电渗析技术处理高盐废水优势 422
第七节 小结与展望 422
参考文献 423

索引 425

# 第一章
# 绪　论

第一节　离子交换膜的定义及分类 / 002

第二节　离子交换膜的发展历史 / 008

第三节　离子交换膜主要应用领域 / 013

第四节　离子交换膜制备 / 038

第五节　离子交换膜展望 / 043

第一节
# 离子交换膜的定义及分类

## 一、离子交换膜的定义

离子交换膜是一种含有惰性基体、离子交换基团及与基团带相反电荷的离子组成的片状薄膜。离子交换膜的微观结构上与离子交换树脂相同，本质上就是一种膜状化的离子交换树脂，两者非常相似，不特别指明的话，都是一种由基质材料承载官能团的高分子聚电解质（无机材质离子交换膜较少用）[1-5]。

离子交换膜的全貌主要由高分子骨架、固定基团以及基团上的可移动离子三部分构成。我们将起支撑作用的高分子骨架称之为基膜，基膜是离子交换膜中最重要的结构成分，保证了离子交换膜在应用中能够拥有优异的物理稳定性。离子交换膜中存在活性功能基团，发挥离子交换的作用，活性功能基团主要包括高分子骨架上连接的离子交换基团以及与之共存的反离子这两部分，对膜的性能起决定作用。

离子交换膜也可简单地分为固定部分和活动部分。膜的固定部分包括高分子骨架（基膜）和固定在高分子骨架上的不可解离的固定基团（离子交换基团）。当固定部分即离子交换基团与膜状高分子骨架以化学键的方式相结合，就得到了均相离子交换膜。均相离子交换膜是离子交换膜的一种十分重要的类型，被广泛应用于海水淡化、废水处理和酸回收等方面。在电解质溶液中，与固定基团连接的离子会通过静电作用被解离下来，我们则将离子和膜在溶剂中吸附的其他离子统称为膜的活动部分。膜中带有可以移动的活性离子，在溶液中活性离子可以和相同电荷的离子发生离子交换，不同电荷的离子则留在溶液中，从而使得离子交换膜能对离子起到选择性迁移的作用。

## 二、离子交换膜的分类

作为膜状离子交换树脂的一种，离子交换膜对溶液中的离子表现出选择透过性，被广泛应用到各类场景中。膜的结构、性能以及制备方法不同可使离子交换膜的种类多种多样，比较通用的有以下五种分类方法，即按照带电荷种类分类、按照固定基团与高分子骨架结合方式分类、按照成膜材料分类、按照膜断面结构分类以及按照膜微孔结构分类。常见离子交换膜的分类见表 1-1。

表1-1　常见离子交换膜的分类

| 分类依据 | 膜的种类 | 说明或示例 |
| --- | --- | --- |
| （1）按照带电荷种类分类 | 阳离子交换膜 | 选择透过阳离子而阻挡阴离子透过 |
| | 阴离子交换膜 | 选择透过阴离子而阻挡阳离子透过 |
| | 特殊离子交换膜 | 两性离子交换膜、镶嵌离子交换膜、双极膜、一二价离子选择性膜 |
| （2）按照固定基团与高分子骨架结合方式分类 | 均相离子交换膜 | 离子交换基团以化学键与膜状高分子骨架结合 |
| | 非均相离子交换膜 | 离子交换基团以物理方式与膜状高分子骨架结合 |
| | 半均相离子交换膜 | 离子交换基团部分以化学键、部分以物理方式与膜状高分子骨架结合 |
| （3）按照成膜材料分类 | 无机离子交换膜 | 以无机化合物为主要材料 |
| | 有机离子交换膜 | 以有机高分子化合物为主要材料 |
| | 有机-无机杂化离子交换膜 | 有机和无机材料在分子水平上混合 |
| （4）按照膜断面结构分类 | 对称离子交换膜 | 截面结构是对称的 |
| | 非对称离子交换膜 | 截面结构是非对称的 |
| | 复合离子交换膜 | 在非对称膜支撑层上复合一层或多层皮层 |
| （5）按照膜微孔结构分类 | 致密离子交换膜 | 膜的主体结构是致密的 |
| | 自具微孔离子交换膜 | 由自具孔聚合物、特罗格碱聚合物（TB聚合物）等构成的膜，膜孔在2nm以下 |
| | 多孔离子交换膜 | 通过干湿相转化方法构成的多孔离子交换膜，膜孔在2nm以上，主要用于扩散渗析过程或者电纳滤过程 |

### 1．按照带电荷种类分类

按照其电荷种类的不同，离子交换膜可以分为阳离子交换膜、阴离子交换膜、两性离子交换膜、镶嵌离子交换膜、双极膜以及一二价离子选择性膜等多种类型。

阳离子交换膜（cation exchange membrane，CEM）简称阳膜，膜体中带有负电的酸性活性基团，其固定离子也带有负电荷，能够形成很强的负电场，因此它只能选择透过阳离子而几乎不透过阴离子。阴离子交换膜（anion exchange membrane，AEM）简称阴膜，膜体中带有正电的碱性活性基团，其固定离子也带有正电荷，能够形成很强的正电场，因此它只能选择透过阴离子而几乎不透过阳离子。如果将被膜阻挡的离子称为同离子（与膜所带的电荷相同），反之能够透过膜的即为反离子（与膜所带的电荷相反）。因此，阴、阳膜的同离子和反离子是互为相反的。离子交换膜本质上就是利用固定基团所带的电荷构成的电场来选择透过反离子并阻止同离子的通过。

对于阳离子交换膜，其固定基团主要有磺酸基、磷酸基、膦酸基、羧酸基、苯酚基（—$C_6H_4OH$）、砷酸基和硒酸基等。根据其固定基团的强弱，也可将其分为强酸性阳离子交换膜、中强酸性阳离子交换膜和弱酸性阳离子交换膜。例如，带有磺酸基的属于强酸性阳离子交换膜，带有磷酸基、膦酸基的属于中强酸性阳离子交换膜，带有羧酸基、苯酚基等基团的属于弱酸性阳离子交换膜。

对于阴离子交换膜，其固定基团主要有伯、仲、叔、季四种胺的氨基和哌啶、吡咯、环氨、咪唑等。根据其固定基团的强弱，也可将其分为强碱性阴离子交换膜、中强碱性阴离子交换膜和弱碱性阴离子交换膜。例如，带有季铵基团的属于强碱性阴离子交换膜，带有叔胺基团的属于中等碱性阴离子交换膜，带有仲胺、伯胺等基团的属于弱碱性阴离子交换膜。一些已报道的阴离子交换膜[6]的活性基团化学结构见图 1-1。

种类不同的离子交换基团对膜的电阻和选择性有很大的影响。交换基团是强聚电解质，则其在整个 pH 范围均是解离的，解离速度快，解离数值高，适用范围广，如磺酸基团和季铵基团。弱聚电解质则很容易受 pH 的影响，在特定的碱性或酸性介质中使用效果更好，如羧酸基团和叔胺基团。因此商业运用的膜大多是带有磺酸基团的阳离子交换膜和带有季铵基团的阴离子交换膜。

交换基团组合分布方式不同对膜的离子选择性也有很大的影响，并衍生出新的离子交换膜品种，在某些特定背景下起到重要作用。例如，若膜中在带有含正电的碱性固定基团的同时，又含有带负电的酸性固定基团，则称为两性离子交换膜。两性离子交换膜由于同时含有阴离子固定基团和阳离子固定基团两种交换基团，所以阴离子和阳离子都可以任意透过，具有与阴阳离子交换膜不同的分离特性。此外，两性离子交换膜的表面净电荷可根据外部溶液变化而变化，既可以作为阳离子交换膜又可以作为阴离子交换膜，具有可调性。当膜中的酸性基团和碱性基团以离子对的形式存在时，又称两性离子对膜。若通过绝缘体分隔膜断面上的阴离子交换基团区域和阳离子交换基团区域，使得阴阳离子基团交替排列，则构成镶嵌离子交换膜（mosaic membrane）。若阴离子交换膜层和阳离子交换膜层直接复合起来，则构成双极膜（bipolar membrane，BEM）。若离子交换膜的一交换层与另一交换层相比特别薄时，则对二价或高价离子具有阻挡作用或者优先渗透作用，称为一二价离子选择性膜。

### 2．按照固定基团与高分子骨架结合方式分类

按照固定基团与高分子骨架的结合方式的不同，离子交换膜可以分为均相离子交换膜、非均相离子交换膜和半均相离子交换膜[1,2]。

固定基团与膜状高分子骨架通过化学键结合的称为均相离子交换膜（homogeneous membrane）。因为均相离子交换膜的所有固定基团和高分子骨架都

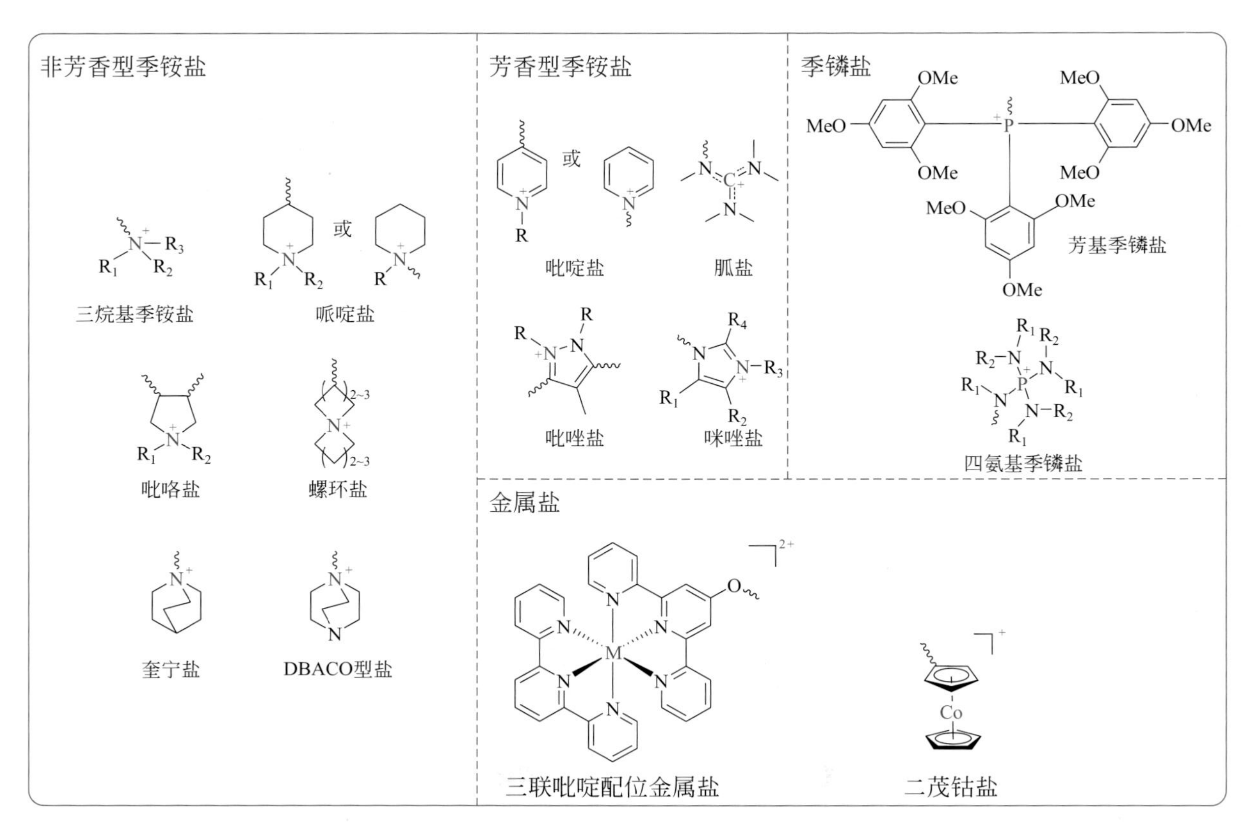


图1-1 已报道的阴离子交换膜活性基团化学结构[6]

通过化学键连接，所以均相离子交换膜的结构均匀，离子交换基团更为稳定，不易脱落，膜整体结构和化学稳定性良好，不会发生相分离。此外，均相离子交换膜的电阻低，电化学性能优异，所以实际应用中大多数离子交换膜是均相离子交换膜。但均相离子交换膜制备工艺和力学性能方面仍存在提升空间，制备过程中通过化学反应所接枝的离子交换基团数量有限，致使膜上荷电密度较小，选择透过性稍有欠缺，需要进一步优化。

固定基团与膜状高分子骨架通过物理方式结合的称为非均相离子交换膜（heterogeneous membrane），又称异相离子交换膜，不存在任何化学键。非均相离子交换膜一般是通过物理方式，将离子交换树脂研磨成粉末，混合黏合剂之后通过压缩制成。受限于成膜方式，通过黏合方式而非化学键的方式引入新的界面夹在高分子骨架和基团之间，会导致非均相离子交换膜物理化学性质逊于均相离子交换膜。同时，非均相离子交换膜结构不够均匀和连续，膜中的导电层使得电阻较大，导致电化学性能较差。但非均相离子交换膜具有造价低，良好的化学耐受性、抗氧化性、力学性能，有利于组装和裁剪等优势，在初级水处理中应用较为广泛。

固定基团与高分子骨架一部分通过化学键结合，另一部分通过物理方式相结合的，则称为半均相离子交换膜（semi-homogeneous membrane）。半均相离子交换膜介于均相离子交换膜和非均相离子交换膜两者之间，同时以化学键和物理方式结合，从而导致半均相离子交换膜的内在结构虽然存在相界面，但又相对均匀。此外，结构决定性能，从半均相离子交换膜的结构就可以看出，半均相离子交换膜的性能一定会取均相离子交换膜和非均相离子交换膜的中间值。

### 3. 按照成膜材料分类

按照成膜材料的不同，离子交换膜可以分为无机离子交换膜、有机离子交换膜和有机 - 无机杂化离子交换膜。

无机离子交换膜是以无机化合物为主要材料构成的膜，主要包括致密材料和微孔材料两大类。其中，常用的致密材料大多为致密金属材料、氧化物电解质材料和固体氧化物电解质，常用的微孔材料为多孔金属、多孔陶瓷、分子筛、多孔玻璃和活性炭等。无机离子交换膜性质与无机物类似，电化学性能和离子选择透过性一般，制备工艺较为繁杂，但具有耐高温、酸碱、腐蚀、放射性和氧化等优点，被应用于原子能工业和医药工业等方面。

有机离子交换膜是以有机高分子化合物为主要材料构成的膜。根据应用领域的不同选择制备有机离子交换膜的高分子膜材料也不同。例如，用于液体分离过程的有机离子交换膜材料常使用芳香杂环类、聚酰胺类和聚烯烃类等；用于气体分离常用的有机离子交换膜材料则使用聚酰亚胺、聚芳香醚和聚三甲基硅 -1- 丙炔等。与无机离子交换膜相比，有机离子交换膜的电化学性能更为出色，成膜步骤简单方便，无需大规模复杂工艺，可批量生产，兼具普适性好和性价比高的优势，已成为现阶段商品膜发展的主力军。当前工业生产中应用的绝大部分都是有机高分子膜，如废水处理、海水淡化等方面。然而，有机离子交换膜也存在缺点，如力学性能差、化学稳定性差和易污染难清洗等等，这也是设计有机离子交换膜需要考虑的问题。

将无机成分和有机成分在分子尺度上进行混合交联，通过溶胶 - 凝胶反应（sol-gel 反应）、相互贯穿网络（IPNs）、配位作用和接枝反应等形成方式能够得到一类材料，利用这类材料制备的膜称之为有机 - 无机杂化离子交换膜。这种膜虽然成膜方式复杂，但其能够将有机和无机材料的独特优点集于一体，并在一定程度上克服其各自的缺点。相比较于单一的有机或无机离子交换膜，有机 - 无机杂化离子交换膜所表现出的性能也是单纯的有机或无机离子交换膜所不能比拟的，如优良的力学性能、电化学性能和热稳定性，以及优秀的分离性能。因此，吸引了越来越多的工作者和科研人员投入到有机 - 无机杂化离子交换膜的探索中。

### 4．按照膜断面结构分类

按照膜断面结构的不同，离子交换膜可以分为对称离子交换膜、非对称离子交换膜和复合离子交换膜。

对称离子交换膜可以是致密膜，也可以是多孔膜，但无论是哪种类型的膜，其截面方向上的结构都是均匀对称的。反之，截面结构是非对称的，则被称为非对称离子交换膜，这种膜一般由极薄的致密表层（或细孔表层）和表层下面疏松的多孔支撑层构成。非对称离子交换膜的透过速率远远高于对称离子交换膜，是工业上用得最多的膜类之一。利用物理方法或化学方法，在非对称离子交换膜的支撑层的基础上，复合一层或多层皮层，从而得到复合离子交换膜。复合离子交换膜的每一个亚层的结构都是可以分别调控的，这也是它的一个重要优势。

### 5．按照膜微孔结构分类

按照膜微孔结构的不同，离子交换膜可以分为致密离子交换膜、自具微孔离子交换膜和多孔离子交换膜。

致密离子交换膜其主体结构是致密的，又称非多孔膜，这种膜的孔结构已经很难用电子显微镜来分辨了。由自具微孔聚合物（polymers of intrinsic microporosity，PIMs）构成的膜孔在 2nm 以下的离子交换膜则为自具微孔离子交换膜。常见的 PIMs 类型主要分为二苯并二氧己环型、Tröger Base 型、聚酰亚胺型和聚氧杂蒽型等。自具微孔聚合物作为现在材料科学研究的热点，在采用溶液流延法制备自支撑膜的过程中，分子链能够紧密堆叠和缠绕，使得膜内几乎不含纳米级的空穴，提高分子链的刚性和扭曲度会阻碍分子链间的堆叠和缠绕，链间就能形成大量尺寸 < 2nm 的自由体积（即微孔），从而得到自具微孔离子交换膜，

大大提高膜的离子传导能力和选择性。

通过干湿相转化方法构成的离子交换膜膜孔在 2nm 以上的则为多孔离子交换膜，这种膜主要用于扩散渗析过程或者电纳滤过程。不同于传统的离子交换膜，多孔离子交换膜是通过构筑一维、二维纳米通道以及多孔框架材料的纳米通道等方式来制备的，具有孔隙率较大、物质传输通道连续贯通、传输阻力明显降低和通道表面性质多样化等多种特征，能够利用孔径筛分作用、静电排斥作用、孔道表面效应以及孔道和离子间相互作用的离子传输和分离机制，表现出更为卓越的性能，实现快速选择性物质传输。同时，多孔离子交换膜有望打破选择性和通量之间的权衡（trade-off）效应，大幅度提升膜分离性能，进一步发挥膜技术在更广泛和精细化学品分离领域中的应用价值，如手性和同位素分离、相同带电性质不同价态离子（如 $Li^+/Mg^{2+}$、$Na^+/Mg^{2+}$、$Cl^-/SO_4^{2-}$ 等）的分离以及相同带电性质相同价态离子的分离（如碱金属离子、碱土金属离子以及卤素离子间的分离）等。

## 第二节
## 离子交换膜的发展历史

膜及其相关技术在自然界中发挥着越来越重要的作用，其产生和发展与人类生活息息相关。在人类的生活与实践中，人们早已在不知不觉中接触并应用到膜过程。我国最早使用膜法的记载可以追溯到 2000 多年前。我们的祖先在造纸、烹饪、炼金术和制药的实践中利用了天然生物膜的分离特性。古籍中曾有“莞蒲厚洒”、“弊箪淡卤”及“海井淡化海水”等记载[7]。

国外的膜科学最早可追溯到 1748 年，Nollet 发现了水能自发地扩散穿过猪膀胱进入酒精中的渗透现象。1864 年，Traube 成功研制出人类历史上第一片人造膜——亚铁氰化铜膜。19 世纪，Ostwald[8] 在研究半渗透膜性能时发现了离子交换膜过程：可以阻挡阴离子或阳离子的膜能够截留由相应阴、阳离子组成的电解质。同时，他提出了在膜相和其共存的电解质溶液之间存在“membrane potential”。1911 年，Donnan[9] 证实了这种假设，并提出了电解质溶液与膜相浓度的 Donnan 平衡模型，即 Donnan 排斥电势（Donnan exclusion potential）。先前的理论和研究奠定了离子交换膜的发展，但都局限于膜过程现象的解释。真正与离子交换膜相关的基础研究起源于 1925 年 Michaelis 和 Fujita 对均相弱酸胶体膜的研究[10]。在 20 世纪 30 年代初，Sollner[11] 提出了同时含有荷正电基团和荷负电基团的镶嵌膜和两性膜的概念，同时发现了离子通过这些膜的一些奇特的传递现象。在1940年左右，工业应用的需求促进了合成酚醛缩聚型离子交换膜的发展[12]。几乎与此同时，Meyer和Strauss提出了一个电渗析过程，在该过程中，阴离子交换膜和阳离子交换膜交替排列，在两个电极之间形成了许多平行的溶液隔室，这就是最早的电渗析过程[13]。但在那时，还没开发出性能优良尤其是低电阻的商用离子交换膜，因此很难将其应用在工业之中。直到20世纪50年代Ionics公司的Juda和McRae[14]，以及Rohm公司的Winger[15]成功研制了一种性能优良的离子交换膜（当时是异相离子交换膜），该膜稳定性良好，具有高的选择性以及低电阻，从此基于离子交换膜的电渗析才迅速发展成为去除矿物质和浓缩电解质溶液的工业化过程。也是从那时起，无论是离子交换膜或是电渗析都进入了快速发展期并得到了诸多改进，在很多领域得到了广泛应用。例如，20世纪60年代，日本旭化成公司利用一价离子选择性膜，实现了用海水制盐的工业化[16]；20世纪70年代，出现了倒极电渗析（EDR）技术，避免了电渗析器运行过程中膜和电极的污染，实现了电渗析器的长期稳定运行[17]；同一时期，美国DuPont公司开发出了化学非常稳定的全氟磺酸和羧酸复合膜——阳离子交换膜（"Nafion系列"），实现了离子交换膜在氯碱电解工业、能源储存和转化体系（如燃料电池）中的大规模应用[18]；1976年，Chlanda等将阴阳离子交换膜复合在一起制备出了双极膜，它的出现大大改变了传统的工业制备过程，为日后的电渗析发展创造了许多新的增长点，在当今的化学工业、生物工程、环境工业和食品工业领域中有着重要的应用[19]。

由于无机材料的耐高温特性，以无机材料为基础的离子交换膜也在聚合物基离子交换膜的基础上先后出现，这些无机材料包括沸石、硼酸盐和磷酸盐等[20-22]。但是，无机离子交换膜的缺点明显，电化学性能很差，结构不均匀，所以与有机离子交换膜相比，其应用甚少。因此，兼有有机材料的柔韧性和无机材料的耐高温性能的新型膜品种，无机-有机杂化离子交换膜在20世纪90年代应运而生[23-25]。这种膜的制备方法与通常的杂化材料制备类似，最常用的方法也是sol-gel法。综上，离子交换膜从它发展的初期到现在，已经形成了包括杂化离子交换膜、两性膜、双极膜、镶嵌膜等门类众多的大家族[26]，它们应用广泛，发展潜力巨大（图1-2）。

图1-3与图1-4汇总了离子交换膜的制备发展时间表和应用发展时间表。1950年，Juda合成了第一张商业异相离子交换膜，从此开拓了离子交换膜的技术领域，受到发达国家的广泛关注。七十多年来，离子交换膜在众多应用过程中得到了不断改进。从最初性能较差的非均相膜到适合工业生产的、性能较好的均相离子交换膜，从单一的电渗析水处理膜到扩散渗析膜、离子选择透过性膜和抗污染用膜。目前，国外对离子交换膜的开发主要集中在材料及其应用机制方面。除原始的苯乙烯-二乙烯苯的聚合物外，还拓展到异戊乙烯-苯乙烯嵌段共聚物、

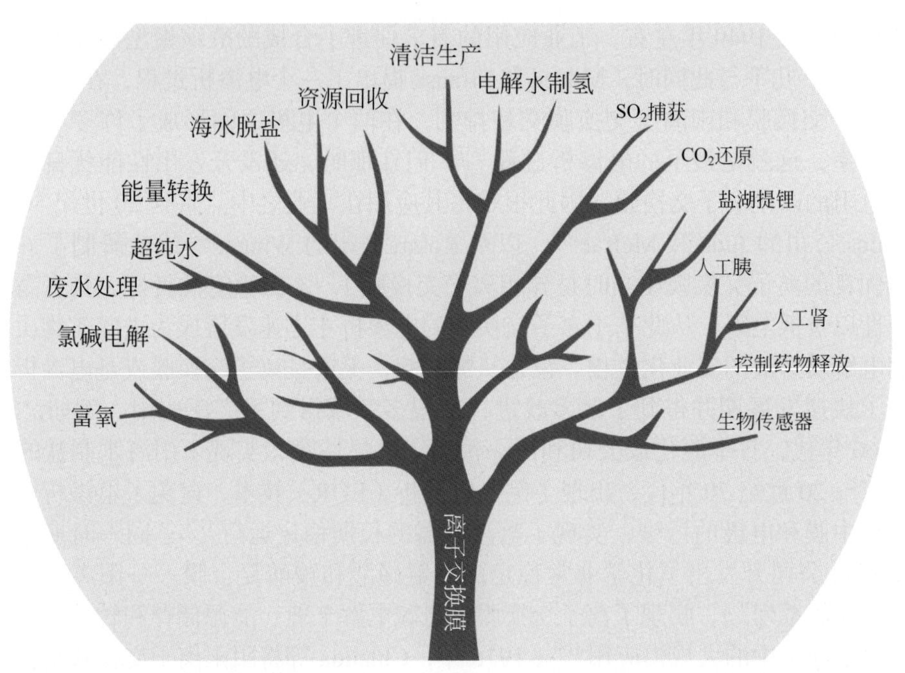


图1-2　新兴的膜科学示意图

苯乙烯 - 丁二烯共聚物及含氟聚合物，以及聚砜、聚醚砜、聚苯醚等聚合物。应用方面从普通的电渗析拓展到电解、渗透蒸发、质子燃料电池、液流电池及以电渗析为基础的过程集成[27]（图 1-3）。在这些方面，日本的旭硝子（Selemion）、德山曹达（Neosepta）及旭化成（Aciplex）及美国的 AMF 机铸公司（Amfion）、Ionics 公司（Nepton）、杜邦公司（Nafion）以及德国的 Fumatech 公司最具有代表性。但是，与压力驱动膜和其他膜品种相比，由于离子交换膜的制备工艺复杂，国际上离子交换膜的产量和公司都比较少，除 Nafion 膜外，均相离子交换膜的年产量约为 5 万平方米左右。

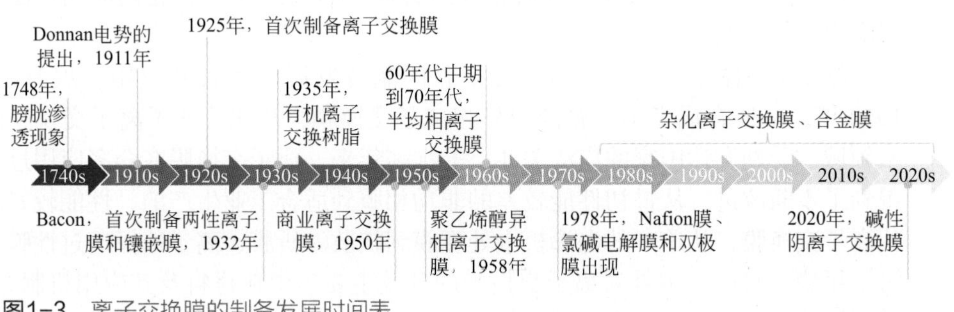


图1-3　离子交换膜的制备发展时间表

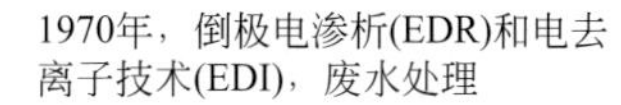


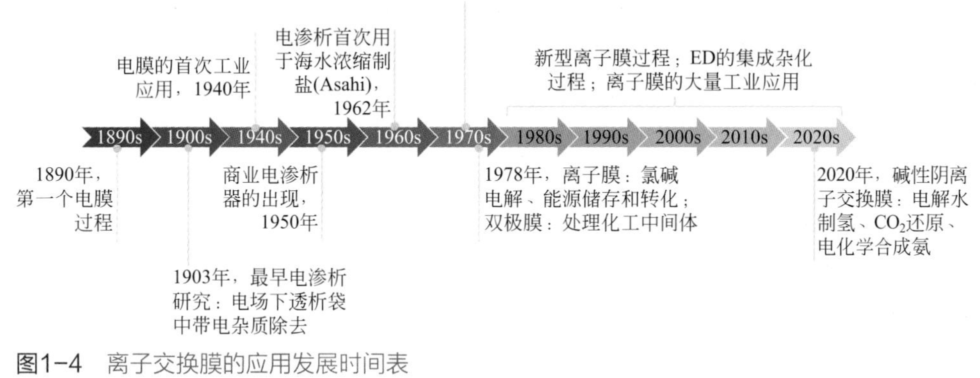


**图1-4** 离子交换膜的应用发展时间表

我国离子交换膜的研究从 1958 年开始，北京和上海的科研单位将离子交换树脂磨成粉再加工成异相离子交换膜。1958 年，中国科学院化学研究所在国内首次成功开发了聚乙烯醇异相阴、阳离子交换膜，并在北京维尼纶厂进一步改进和投入生产。1966 年，在上海医药工业研究院的指导下，上海化工厂开始试生产聚乙烯异相阴、阳膜（3361、3362），到目前其年产量约为 70 万平方米。20 世纪 60 年代至 70 年代，是我国离子交换膜研究的活跃时期 [28]，各种均相膜、半均相膜竞相开发，研制投入生产的有聚乙烯均相阴、阳膜，聚苯醚均相阳膜，聚砜型均相阴膜，过氯乙烯 - 多胺型阴膜，辐照接枝的氟材料阴、阳膜，聚偏氟乙烯阳膜，甲基丙烯酸均相阳膜，聚三氟氯乙烯苯乙烯阳膜等。80 年代，晨光化工研究院采用聚乙烯辐射接枝甲基丙烯酸二甲胺乙酯制备渗析阴膜，上海市合成树脂所研制了抗污染的弱碱性异相膜，国家海洋局杭州水处理中心开发了一种离子交换网膜 [29]。此间也有研究对膜的形状和结构进行改进，例如筒状、凹凸型膜 [30] 和袋状膜 [31] 等。80 年代末到 90 年代，由于方向和任务的调整，研发单位和人员数量相应减少，上海化工厂成为我国离子交换膜的主要制造商，在聚乙烯异相阴、阳膜（3361、3362）的基础上，该厂推出了性能更好的改性膜（3363、3364）和电极膜 [32]。华东理工大学研发了 HF 系列均相离子交换膜，但其年产量只有数千平方米 [33]。2000 年左右，山东天维膜技术有限公司推出了 DF 系列均相阴膜和阳膜，其成本是 HF 的 1/5，但在当时年产量就已达 5 万平方米，实现了国内离子交换膜的低成本、大量生产。

从总体上看，我国离子交换膜产量呈上升趋势，生产规模居世界首位，但是，由于异相膜的性能较差，目前主要用于初级水处理和一些简单的化工分离，还不能满足环境保护、海水综合利用、化工分离等领域中膜技术的要求。为此，我国的一些研究单位也正在加紧均相离子交换膜的开发，比如宁波环保设备厂以聚砜为基质，通过氯甲醚的氯甲基化生产 S203 均相阴膜，杭州水处理中心研制了磺酸型苯乙烯 - 二乙烯基苯的均相阳膜，北京核工业研究院开发了一种均相甲基丙烯酸环氧丙酯阴膜。徐铜文课题组也与企业合作，先后开发出聚苯醚溴化、多硅交联剂、聚酰基化、超强酸催化聚合、含浸等生产均相离子交换膜的工艺，并形成了规模化生产的能力，至今我国均相离子交换膜的年产量可达 70 万平方米。表 1-2 汇总了我国当前均相离子交换膜的生产概况。

表1-2　我国当前均相离子交换膜的生产概况

| 膜名 | 组成及工艺 | 性能及特点 | 主要生产厂 | 备注 |
| --- | --- | --- | --- | --- |
| DF系列均相阴、阳膜 | 线型聚合物为母体进行卤化胺交联 | 阳膜耐强酸<br>阴膜耐强碱 | 山东天维膜技术有限公司 | 单膜年产20万$m^2$ |
| 含浸法 | 功能单体、共聚单体、交联剂含浸在多孔基团上聚合成膜 | 膜具有高致密性，适合盐浓缩 | 山东天维膜技术有限公司 | 35万$m^2$ |
| 在线聚合 | 液体单体溶解聚合物在线聚合成膜 | 制备过程溶剂使用量少，适合电渗析脱盐过程 | 合肥科佳高分子材料科技有限公司、安徽中科莘阳膜科技有限公司 | 15万$m^2$ |
| 超强酸催化法 | 三氟甲磺酸超强酸催化作用，亲核性较强的芳香环单体与特定的酮单体聚合，得到无芳醚键结构的离子交换膜 | 自支撑成膜，机械性能优异、耐酸碱、高离子传导性能，适合碱性电解水制氢、$CO_2$还原、电化学合成氨等应用 | 中国科学技术大学 | 5万$m^2$ |
| 自具微孔离子交换膜 | 选择特定单体聚合形成自具微孔聚合物（PIMs），再功能基化。膜孔在2nm以下，传质特性具有限域性。常见的PIMs类型主要分为二苯并二氧己环型、Tröger Base型、聚酰亚胺型和聚氧杂蒽型等 | 自具微孔聚合物膜分子链能够紧密堆叠和缠绕，使得膜内几乎不含纳米级的空穴，提高分子链的刚性和扭曲度会阻碍分子链间的堆叠和缠绕，链间就能形成大量尺寸<2nm的自由体积（即微孔），孔径均匀，电阻小，选择性好，稳定性优异，主要用于液流电池、燃料电池、盐差能发电等 | 中国科学技术大学 | 批量试制，已成功应用于水系液流电池 |
| 含浸-功能基化 | 聚烯烃基膜含浸苯乙烯-二乙烯苯单体，聚合再功能基化 | 电渗析脱盐 | 北京廷润膜技术开发股份有限公司 | 5万$m^2$ |

综上所述，由于离子交换膜能够实现离子的选择性迁移，可以进行离子物系的分级分离，从而实现物质的清洁生产、工业废水的处理、能量的转化和存储等等。以离子交换膜为基础的技术已经渗透入我国化学及其他相关工业（生物工业、冶金工业、医药工业、食品工业、新能源新材料工业、稀土行业、环境行业等）中，并已成为解决这些行业中环境污染的通用技术。由此可见，离子交换膜

技术由于其具有节能、低品位原材料再利用和环保等优点，将能够彻底改变传统过程工业，推动许多工业领域的科技发展。

## 第三节 离子交换膜主要应用领域

均相离子交换膜是离子交换树脂的膜状物，由于其独特的离子选择性和迁移性能，在上述两个方面中都扮演着十分重要的支撑作用，如以离子膜为基础的燃料电池和液流电池是能源转化和存储的有效方式，以酸性 / 碱性离子膜电解水是产氢最可行的方式之一；基于离子膜反应器的二氧化碳高效捕集与利用技术，目前已开发出基于离子膜反应器的碳捕集技术新路线，能大幅降低碳捕集与转化综合能耗及实施成本，达到二氧化碳脱除、转化率均高于 95%，实现二氧化碳高效捕集并转为碳酸氢钠等产品；煤化工、石油化工和纺织印染工业生产过程中产生大量的固体废盐、钢铁工业产生大量废酸，传统处理方法能耗高、过程复杂，处理过程伴随大量的二氧化碳排放和固废产生，采用均相离子交换膜技术，可以实现相关过程的低能耗、零排放，大大减少二氧化碳和固废的排放，该技术将在优化传统工业过程和创造新的工业过程中发挥其独到的作用。因此，近年来受到科研人员、工程技术人员和生产管理人员的普遍重视，相关研究成果不断涌现，其过程设计理论、实践应用不断取得重要突破和跨越式发展。

### 一、能量转化与存储

离子交换膜在能量转化和存储中扮演着重要角色，其将电化学电池正负极的氧化剂和还原剂分隔开来，避免相互渗透导致的自身氧化还原带来的能量损失。同时选择性地允许电解质中离子通过，在电池充放电过程中与外部的能源或负载构成闭合的电流回路，实现能量的存储或者释放。因此，膜材料不再仅仅只作为分离介质，而是在电化学储能电池中的关键材料。均相离子交换膜在具备高的离子传输性、低的膜电阻、较强的机械强度的同时，还必须具备以下三个方面的特性：

（1）优异的结构稳定性　电化学电池两侧电极在储能过程中会发生氧化和还原半反应，在氧化反应中电极侧存在强烈的夺电子行为，质子交换膜长期工作在氧化环境中，膜对新生态活性氧等物质的耐受性提出了较高的要求。

（2）耐温性和保湿性　现有的离子交换膜燃料电池通常在高于 120℃以上的温度工作，因此，膜需要具有亲水保湿性能，才能获得较好的导电特性。

（3）阻止电化学活性物质渗透　质子传导膜起着分隔钒电池中不同价态钒离子、燃料电池中的氢气和氧气，以及甲醇和氧气的作用。氧化剂与还原剂的直接接触会降低电池容量与充放电效率，而离子交换膜既要限制氧化剂与还原剂的跨膜渗透，也要对氢离子有着较快的传递。

本节以能源领域为对象，着重阐述隔膜材料在能源转化与储存过程的应用，说明储能电池的膜材料需同时满足优良的导电性、选择性、稳定性和合理成本等要求。所论述的电化学膜过程，包括燃料电池、液流电池、电解水制氢过程、反向电渗析过程，展望储能和能源转化电池膜材料基本设计及其要求。

### 1．燃料电池

随着能源短缺和环境问题的日益突出，人类对于清洁能源的需求变得迫在眉睫[34]。燃料电池（fuel cell，FC）被称为 21 世纪新型洁净发电方式之一。由于其能量转换效率高、清洁无污染、燃料来源广泛、启动速率快和易移动拆装等优点，具有广阔的应用前景，近 20 年来得到国内外的普遍重视。

燃料电池在大规模产业化之前，已经有很长的发展历史。早在 1839 年，Willian Grove（格罗夫）就已成功地进行了电解水的可逆反应，被认为是世界上燃料电池发明的第一人；1889 年蒙德（Mond）首次采用了燃料电池这一名称；1896 年，W. W. Jacques 提出了直接用煤作燃料的燃料电池，但由于没有解决煤炭对电解质的污染问题，没有取得很好的效果；1897 年，W. Nernst（能斯特）发现了“能斯特物质”——氧化钇稳定氧化锆（85%$ZrO_2$-15%$Y_2O_3$）。1900 年，他用“能斯特物质”作为电解质，制作固体氧化物燃料电池（solid oxide fuel cell, SOFC）。20 世纪早期，熔融碳酸盐型燃料电池（molten carbonate fuel cell, MCFC）诞生在德国 E. Baur 研究小组，经过很长时间的发展，第一个加压 MCFC 在 80 年代早期运行。J. H. Reid（1902 年）和 P. G. L. Noel（1904 年）首先开始研究碱质型燃料电池（alkaline fuel cell, AFC），采用碱性 KOH 溶液作为电解质。但直到 20 世纪 30 年代末，F. T. Bacon 的 AFC 研究工作为燃料电池创立了声名，并在 60 年代早期第一个应用于太空计划，其改进后被用于阿波罗登月计划的宇宙飞船，这一创举对燃料电池由实验室走向实用具有里程碑意义。1906 和 1907 年，F. Haber 等研究了质子燃料电池可逆电动势的热力学性质，他们用一个两面覆盖铂或金的薄玻璃圆片作为电解质，并与供应气体的管子连接，被认为是质子交换膜燃料电池（proton exchange membrane fuel cell, PEMFC）的原型。第一个 PEMFC 是 20 世纪 60 年代由美国通用电气公司（GE）为 NASA 开发出来的。20 世纪 70 ～ 80 年代，受当时世界性的能源危机影响，世界上以美国为首的发达国家大力支持民用燃料电池的开发，进而使磷酸型及熔融碳酸盐型燃料电池发展到兆瓦级试验电站的阶段。20 世纪 90 年代以来，特别是最近几年，燃料电池在全世界的开发研究非常迅猛，各类燃料电池开发研究公司不断涌现，燃料电池开发和规模化应用进入了一个黄金阶段。

与常规的化学电池不同，燃料电池可以将燃料和氧化剂中的化学能直接转化为电能，不受卡诺循环的限制，且其唯一的副产物为水[35]，是一种高效、清洁的能源利用装置。迄今为止，已出现多种类型的燃料电池，依据工作温度的不同可以将其分为低温（低于 100℃）、中温（100 ～ 300℃）和高温燃料电池（600 ～ 1000℃）[36]；而根据电解质的不同又可以分为聚合物电解质膜燃料电池（又称为质子交换膜燃料电池）、碱性燃料电池、双极膜燃料电池（bipolar membrane fuel cell，BPMFC）、磷酸型燃料电池（phosphonic acid fuel cell, PAFC）、固体氧化型燃料电池和熔融碳酸盐型燃料电池。另外，为了突出甲醇作为燃料的重要性，质子交换膜燃料电池中以甲醇为燃料的直接甲醇燃料电池（direct methanol fuel cell, DMFC）习惯上被单独列为一类燃料电池[37]。

燃料电池是一种能量转换装置，图 1-5 给出了以质子交换膜、阴离子交换膜和双极膜为介质的燃料电池原理，三种燃料电池等温地将储存在燃料和氧化剂中的化学能转化为电能，尽管电解质不同，但基本结构是相同的，主要由阳极、阴极、电解质和外部电路四个部分组成[36]，发电原理与化学电源一样，即燃料（氢气、甲醇、甲烷等）和氧化剂（氧气等）在阳极和阴极分别发生氧化、还原反应，电极反应产生的导电离子通过电解质在两极间进行迁移，而电子则通过外电路对外做功输出电能，从而形成整个回路[37]。但是燃料电池的工作方式又与常规的化学电源不同，所用燃料和氧化剂不是储存在电池内，而是储存在电池外的储罐中[36]。当电池工作时，需要连续不断地向电池内输入燃料和氧化剂，同时排出反应产物，并随之释放一定的废热，以维护电池工作温度的恒定。燃料电池本身只决定输出功率的大小，其储存能量多少则由储存在储罐内的燃料与氧化剂的量决定[36,38]。

质子交换膜燃料电池（PEMFC）是最早研发出的聚合物电解质燃料电池，也是目前最有商业化前景的燃料电池，它是分别以铂 / 碳或铂 - 钌 / 碳作为电极催化剂，将金属板表面通过带有气体流动通道的石墨改性作为双极板，全氟磺酸膜例如 Nafion 为电解质，阳极通入氢气或者净化重整气作为燃料，阴极通入纯氧或空气作为氧化剂，在阳极发生的电极反应产生 $H^+$ 和电子，$H^+$ 通过质子膜在电池内部传输[36]，电子通过外部负载输出电能形成回路，其工作原理如图 1-5 所示，电极反应为：

负极：$H_2 \longrightarrow 2H^+ + 2e^-$

正极：$1/2O_2 + 2H^+ + 2e^- \longrightarrow H_2O$

电池反应：$H_2 + 1/2O_2 \longrightarrow H_2O$

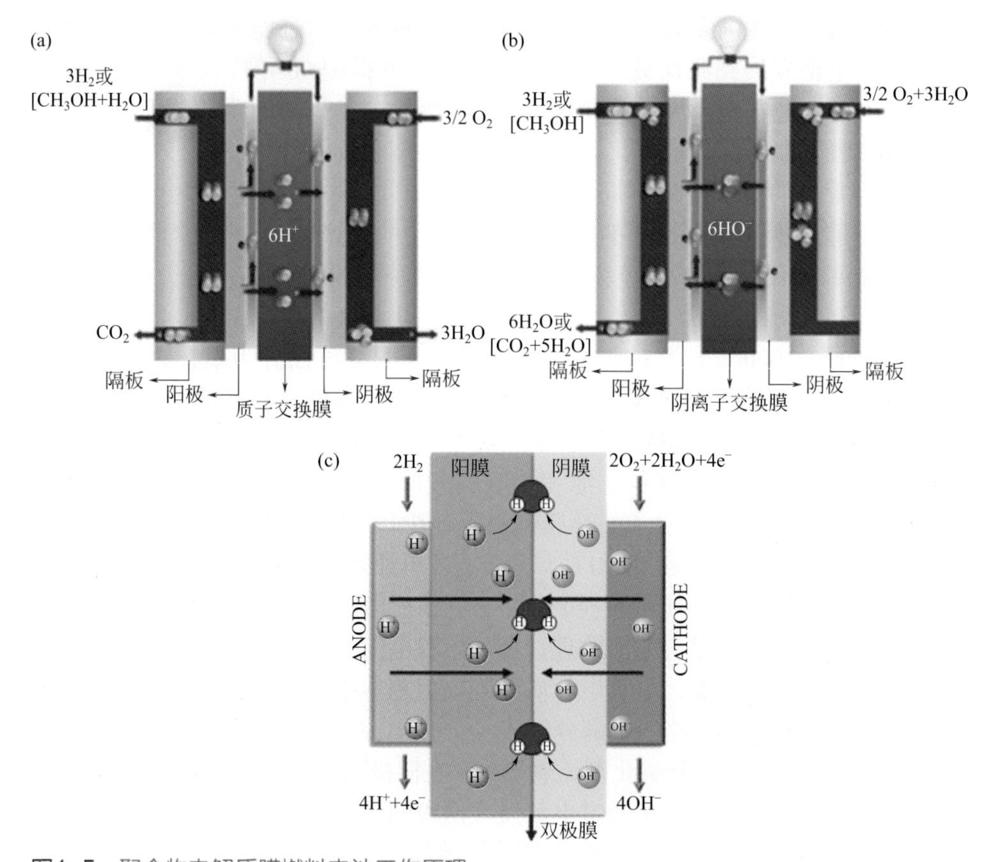


**图1-5** 聚合物电解质膜燃料电池工作原理

（a）质子交换膜燃料电池；（b）阴离子交换膜燃料电池；（c）双极膜燃料电池[36]

但是 PEMFC 大规模商业化还存在关键材料价格昂贵的问题，例如储量有限且价格昂贵的铂基材催化剂和膜材料。基于 PEMFC 所面临的成本和寿命等瓶颈问题，研究者逐渐将研究中心转移到碱性阴离子交换膜燃料电池（AFC）上[36]，与前者相比，AFC 具有以下优势[39]：①碱性条件下氧气的还原电势较低，及阳极的氧气还原效率较高[40]；②碱性条件下对于电极催化剂要求较低，允许使用非贵金属催化剂[41]；③燃料和氢氧根的传递相反，因此可以大大降低燃料的泄漏[42]。与前面的质子交换膜作用类似，阴离子交换膜也起着传递氢氧根和阻隔燃料与氧化剂的作用，但缺点是 $OH^-$ 的传递速率比 $H^+$ 慢得多。而且特殊的碱性环境也对阴离子提出了特殊的要求，也是目前 AFC 所面临的挑战：

（1）$OH^-$ 电导率与耐水溶胀性间的“trade off”效应：由于 $OH^-$ 在水中的扩散系数仅为 $H^+$ 的四分之一，因此传导速率较低，相应的 $OH^-$ 的电导率也较低。即使可以通过提高膜的离子交换容量（IEC）会部分解决该问题，但是过高的 IEC

会导致高的含水率，致使膜的机械性能下降甚至不成膜，无法满足使用要求[36]。

（2）耐碱稳定性较差：碱性燃料电池通常在高温高碱（60～80℃，pH＞14）条件下运行，而在此环境下，氧和氢氧根都会导致离子聚合物主链或者离子功能基团的降解。主链的降解会导致膜的机械性能下降，离子功能基团的缺失会导致膜的电导下降，离子传输通道关闭。近年来，学者通过对季铵[43]、咪唑[44]、胍基[45]、吡啶[46]、季鏻[47]、叔锍[48]等功能基团的深入研究[49,50]，使得阴离子交换膜的耐碱稳定性得到了很大程度的提升[36]。

双极膜燃料电池（BPMFC）近年来成为燃料电池的研究热点，整体的研究还处于起步阶段。双极膜燃料电池结合了质子膜燃料电池和碱性阴离子交换膜燃料电池的优点，它的阴极和阳极反应与碱性阴离子交换膜燃料电池相同，但在双极膜界面层处为水中和反应。由于双极膜的特殊隔离作用，其膜电极是由酸性电极、双极膜和碱性电极三部分组成。双极膜燃料电池具有的自增湿机制是其他两类燃料电池所不具备的，在双极膜中间层产生的水，通过浓差扩散不断地对电池润湿，规避高温下由于膜失水导致的膜性能下降进而影响电池的性能以及稳定性[51]。其次 $H^+$ 和 $OH^-$ 的消耗，推动了阴极还原反应和阳极氧化反应的正向进行，有利于进一步提高双极膜燃料电池性能。三种燃料电池的电极反应比较详见表 1-3。

表1-3 三种燃料电池的电极反应比较

| 项目 | 质子膜燃料电池 | 碱性阴离子交换膜燃料电池 | 双极膜燃料电池 |
|---|---|---|---|
| 离子交换膜 | 阳离子交换膜 | 耐碱阴离子交换膜 | 双极膜 |
| 阴极（anode） | $H_2 + 2e^- \rightarrow 2H^+$ | $H_2 - 2e^- + 2OH^- \rightarrow 2H_2O$ | $H_2 \rightarrow 2H^+ + 2e^-$ |
| 阳极（cathode） | $O^{2-} + 2H^+ \rightarrow H_2O$ | $1/2O_2 + H_2O + 2e^- \rightarrow 2OH^-$ | $1/2O_2 + H_2O + 2e^- \rightarrow 2OH^-$ |
| 膜界面 | — | — | $2OH^- + 2H^+ \rightarrow 2H_2O$ |
| 总反应 | $H_2 + 1/2O_2 \rightarrow H_2O$ | $H_2 + 1/2O_2 \rightarrow H_2O$ | $H_2 + 1/2O_2 \rightarrow H_2O$ |

离子交换膜作为燃料电池的关键部件，在燃料分离和提供离子传输通道方面发挥着至关重要的作用。燃料电池中的离子交换膜除了满足特殊环境的需求外，还需满足一些基本条件：

（1）拥有离子快速传输通道，膜电导率高；

（2）水分子在膜中的电渗作用小，使得离子在其间的迁移速度高；

（3）水分子在传导膜表面的方向上有足够大的扩散速度；

（4）气体在膜中的渗透性尽可能小；

（5）水合 / 脱水可逆性好，几何尺寸稳定；

（6）对氧化 - 还原和水解具有稳定性；

（7）机械强度和结构强度足够高；

（8）膜的表面性质适合与催化剂结合。

### 2．液流电池

液流电池是由 Thaller（NASA Lewis Research Center, Cleveland, United States）于 1974 年提出的一种新型的大规模高效电化学储能技术，通过液态电解质溶液的可逆氧化还原反应，实现电能与化学能相互转换与能量存储。

以全钒液流电池为例，其工作原理参见图 1-6 [52]，由两个电极、两种循环的电解质溶液（阴极电解液和阳极电解液）、集流体和隔开两种电解质溶液的离子交换膜构成。全钒液流电池通过钒离子价态的变化来实现电能的储存与释放，阳极电解液是 $V^{4+}/V^{5+}$ 的硫酸溶液，阴极电解液是 $V^{2+}/V^{3+}$ 的硫酸溶液。在电池充放电过程中，离子交换膜起到承担离子传输构成完整电流回路的作用。全钒液流电池充放电过程的标准化学反应电势为 1.259V [53,54]，电化学反应的方程式如下：

阳极反应：

$$VO^{2+} + H_2O - e^- \underset{放电}{\overset{充电}{\rightleftharpoons}} VO_2^+ + 2H^+ (\varphi^{\ominus} = 1.004V)$$

阴极反应：

$$V^{3+} + e^- \underset{放电}{\overset{充电}{\rightleftharpoons}} V^{2+} (\varphi^{\ominus} = -0.255V)$$

总反应：

$$VO^{2+} + H_2O + V^{3+} \underset{放电}{\overset{充电}{\rightleftharpoons}} VO_2^+ + 2H^+ + V^{2+} (\varphi^{\ominus} = 1.259V)$$

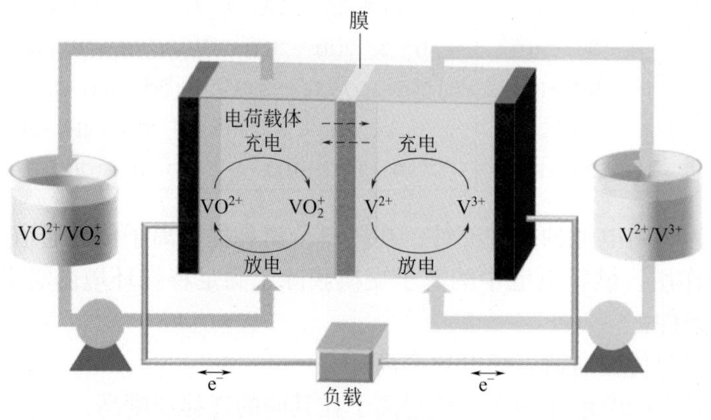


图1-6　全钒液流电池工作原理示意图[52]

全钒液流电池体系中使用同种钒元素的两极电解质，避免了由于正、负极电解质的相互渗透产生的交叉污染。经历了 40 多年的历程，全钒液流电池的研究和发展已经比较成熟，目前在多个国家已经进入到规模化应用阶段，如我国的大连融科储能技术发展有限公司、日本的住友电工公司、美国的 UniEnergy Technologies 公司和奥地利 Gildemeister 公司等已经发展到实际生产或应用示范的程度，其中我国全钒液流储能技术和产业发展处于世界领先水平[55]。

但是，全钒液流电池的进一步实际应用受到多种因素的限制，主要原因如下：①自然界中钒矿资源的品位低，提取过程消耗很大，污染严重，成本高；②钒电解废液的后处理以及钒电解液泄漏会对环境造成恶劣影响，产生毒性副产物；③全钒液流电池的电解液一般是在强酸性体系中，对设备的维护要求较高；④该体系目前使用的离子隔膜仍以全氟磺酸系列膜为主，价格昂贵，亟须开发出经济耐用的离子隔膜材料[55]。基于锌的沉积型液流电池体系是目前研究较多的另外一类电池体系，成本相对降低，且易于实现较高的能量密度，但是这类体系容易形成枝晶，严重情况下将可能导致电池短路，存在安全问题。此外，人们也开发出其他基于过渡金属元素的液流电池体系，包括铁铬体系、钒溴体系、多硫化钠溴等电化学体系。但是，随着液流电池快速发展，铁铬体系、铁钒体系等传统金属基液流电池充放电可逆性差、开路电压低、能量密度低等的弊端也逐渐显现。开发成本低、储量丰富的电解质成为液流电池领域面临的一个重要挑战。一个解决路径是开发其他更经济的过度金属元素，如锰、钛等，但是这将带来另外一些问题，例如金属离子的副反应、需要另外开发合适的电极等。近来，有研究者提出了采用具有电化学活性的有机结构作为电解质材料，这类原料可从自然界获得，或者来自石油化工和煤化工，储量丰富，能够极大地降低成本。此外，有机电解质结构具有性质可调控、发展空间大、动力学优异的特征，在大规模应用方面显示出极大的优势，迅速成长为当前研究的热点[55]。

2014—2015 年，哈佛大学的 Aziz 课题组先后报道了使用蒽醌衍生物作为电解质的酸性和碱性水系有机液流电池[56,57]，开启了水系有机液流电池的新篇章。随后，德国耶拿大学的 Schubert 课题组[58]和美国犹他大学的 Liu 课题组[59,60]开发了基于联吡啶衍生物、氮氧自由基衍生物、二茂铁衍生物水溶性有机电解质材料，此外，还有吩嗪衍生物[61]、咯嗪衍生物[62]、黄素单核苷酸[63]等，表 1-4 列举了一些典型的水系有机液流电池体系。除此之外，一些学者报道了基于双极电解质的水系有机液流电池体系[64-66]。

**表1-4　一些典型的水系有机液流电池**

| 正极电解质 | 负极电解质 | 离子隔膜 | 参考文献 |
|---|---|---|---|
| $Br_2/Br^-$ | O, $HO_3S$, $SO_3H$, O | Nafion 212 | *Nature*, 2014, 505: 195 |

续表

| 正极电解质 | 负极电解质 | 离子隔膜 | 参考文献 |
| --- | --- | --- | --- |
| $K_3[Fe(CN)_6]$ | 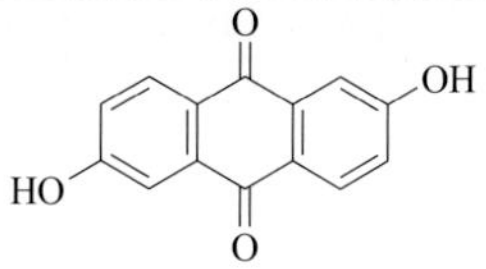  | Nafion 212 | *Science*, 2015, 349: 1529-1532 |
| 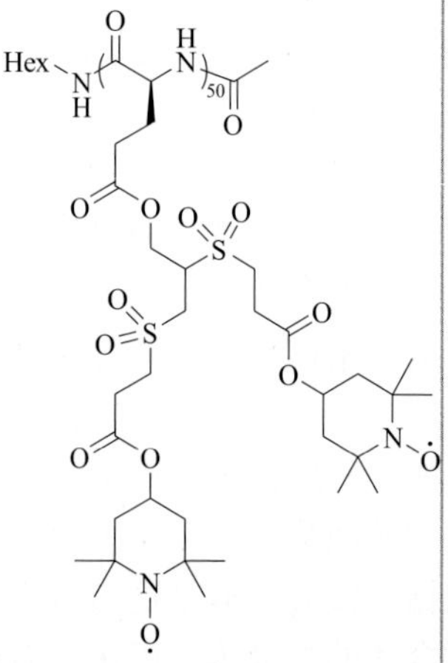  | 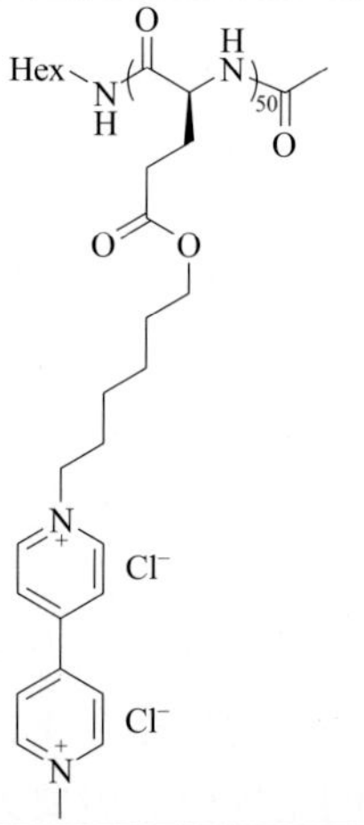  | PVDF | *Nature*, 2021, 593: 61-66 |
| 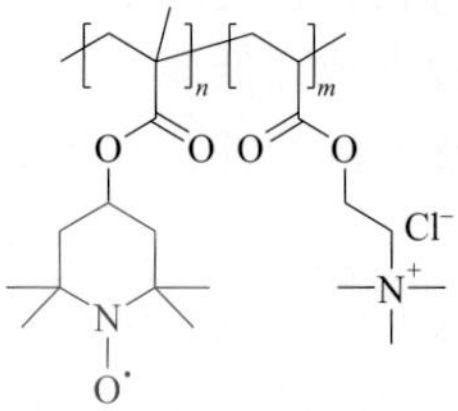  | 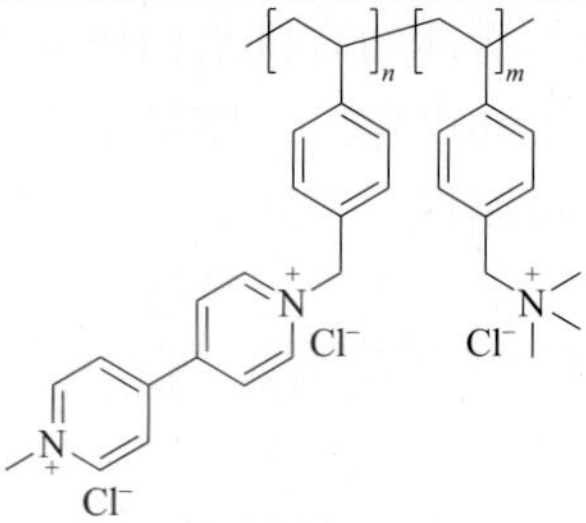  | 纤维素透析膜 | *Nature*, 2015, 527: 78-81 |
| $K_3[Fe(CN)_6]$ | 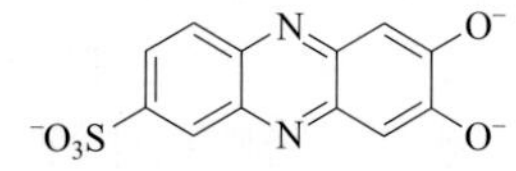  | Nafion 212 | *Nature Energy*, 2018, 3: 508-514 |
| $K_3[Fe(CN)_6]$ | 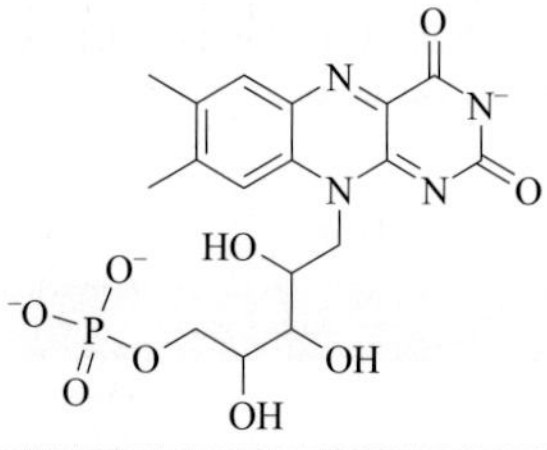  | Nafion 212 | *Nature Communication*, 2016, 7: 13230 |
| $K_3[Fe(CN)_6]$ | 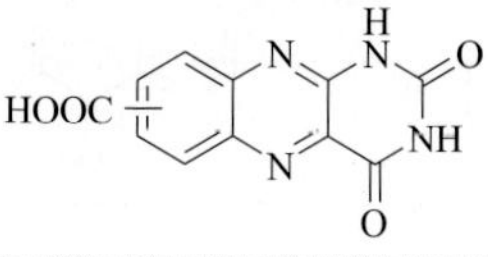  | Nafion 212 | *Nature Energy*, 2016, 1: 16102 |

续表

| 正极电解质 | 负极电解质 | 离子隔膜 | 参考文献 |
| --- | --- | --- | --- |
| 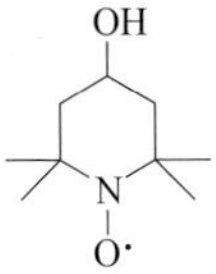 OH N O· | 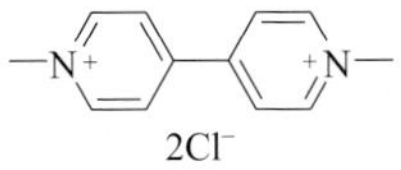 N N $2Cl^-$ | Selemion AMV | *Adv. Energy Mater.*, 2016, 6: 1501449 |
| 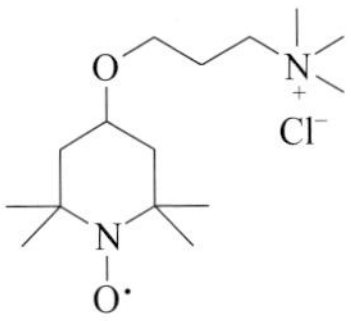 O N $Cl^-$ N O· | 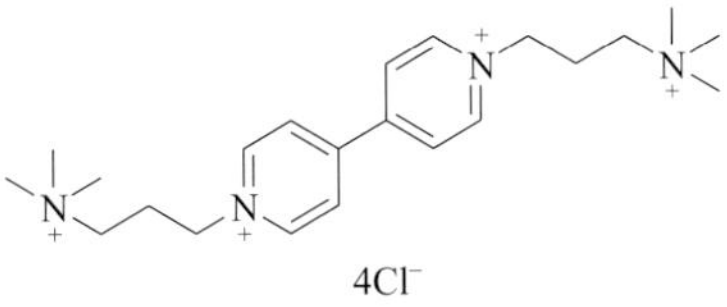 N N N N $4Cl^-$ | Selemion AMV | *Chem*, 2019, 5: 1861-1870 |
| 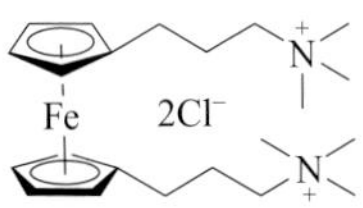 Fe N N $2Cl^-$ | 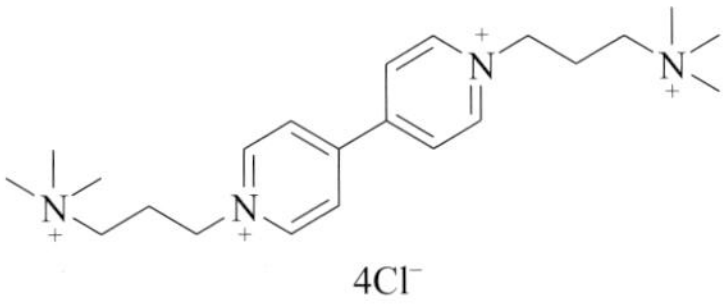 N N N N $4Cl^-$ | Selemion DSV | *ACS Energy Letter*, 2017, 2: 639-644 |

如表 1-4 中所列举的数据，大部分已报道的水系有机液流电池隔膜采用商业化的离子交换膜，如全氟磺酸系列膜、Selemion 系列离子交换膜、纤维素膜等，在电池运行过程中表现出可接受的性能。为了进一步提高电池的性能（功率密度、循环稳定性、降低成本）等，一些研究者探索了隔膜的设计开发。例如，由于缺乏在较低的 IEC 下具备高电导率和化学稳定性的膜材料，在酸性水系有机液流电池中应用的主要是昂贵的 Nafion 膜。为了面对这一挑战，徐铜文课题组基于限域离子传输特性，即利用离子在受限空间内受到的增强电荷间相互作用，加速离子传递，提高传导性；利用限域孔筛分效应，提高选择性，设计了一类新的构筑离子快速传递通道的结构模型：磺化自具微孔聚合物膜 [67]。将设计的磺化自具微孔聚合物膜应用于 DHAQ/$K_4[Fe(CN)_6]$ 水系液流电池中 [68]，发现相较于 Nafion 膜而言，电池性功率密度提升 54%，能量效率提升 17%。徐铜文课题组还开发了其他廉价的离子交换膜材料，参见本书第五章及第七章。

### 3．电解水制氢过程

实现“碳达峰”“碳中和”是一场硬仗，事关中华民族永续发展和构建人类命运共同体。如何打赢低碳转型这场硬仗，需要加快清洁能源开发利用，而核心问题是实现碳元素替代。氢气具有质量轻、热值高、燃烧产物清洁环保等特点，被认为是理想的能源载体。氢燃烧时单位质量的热值高居各种燃料之首，为石油燃料热值的 3 倍多，且其燃烧产物仅为水；与此同时，电解水还可产生氢气和氧气，从而实现了水与氢气之间的循环利用，并且在该循环过程中不产生任何环境污染，使得氢气逐渐成为一种理想的二次能源。因此，利用氢替代碳发挥能源载体的作用，是实现国家“双碳”目标的必然手段之一。但是，由于氢气制备、存储和应用仍然存在诸多挑战，氢能燃料体系的构建尚处在不断发展过程，其中发展低成本的高效、清洁、方便的制氢技术与工艺，是氢能产业发展过程的核心问题。近年来，高效廉价的制氢技术，受到越来越多的关注，特别是随着质子交换膜燃料电池技术的快速发展，氢燃料电池被视为提升电动汽车动力性能的重要技术途径，逐步走向商品化。氢能由于具有资源丰富、可再生、可存储且清洁环保等优点而备受世界各国瞩目。传统的制氢工艺需要消耗大量的常规能源，极大地限制了氢能的推广应用。为实现绿色环保的“氢气 - 水”循环，开发以水为原料且不消耗常规化石燃料的高效制氢技术，完全避免二氧化硫、二氧化碳的环境污染物排放，成为制氢技术领域的重要研究方向，而电解水制氢是实现“氢气 - 水”的有效手段，也是在众多制氢方法中，高效、大规模、清洁的制氢技术。

在现有技术中，通过电解水制氢气的技术主要有三种，分别为碱性水溶液电解法、质子交换膜电解法以及高温电解法。基于全氟磺酸质子交换膜的电解水具有反应灵活、效率高以及电解电流大（500 ～ 2000mA/$cm^2$）等优势[69,70]。然而，与质子交换膜燃料电池类似，酸性电解水系统同样需要昂贵的贵金属催化剂（二氧化铱和铂等）以及钛基双极板，但是高昂的成本限制了其在电解水上的大规模使用。与此相反的是碱性水溶液电解法因具有设备简单、运行可靠、使用非贵金属催化剂、且制得的氢气纯度较高，是目前常用的电解水制氢工艺。图 1-7 给出了两种电解水制氢的原理图。

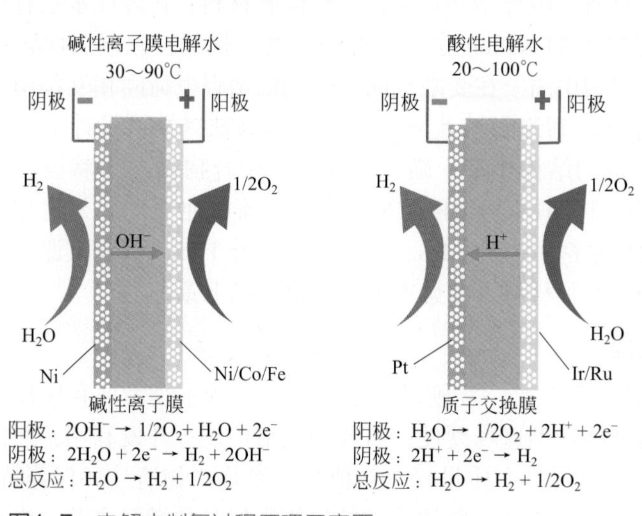


**图1-7** 电解水制氢过程原理示意图

电解水制氢与燃料电池结构类似，同样需要开发高性能的膜电极以及使用 MEA，其对酸性质子膜和碱性阴离子交换膜提出了类似的要求：

（1）具备优异的电化学稳定性，保证电解槽的性能稳定；

（2）具备良好的力学性能和尺寸稳定性，能够为膜电极催化剂提供稳定支撑；

（3）能够有效阻止氢气和氧气相互渗透能力，保证电解槽安全稳定运行；

（4）对于碱性离子交换膜电解水，除了以上基础要求外，还需在碱性溶液中具有优异的耐碱性、优良的氢氧根传导率，同时具有合理的市场价格。

在目前研究所使用的膜中，商业化的有美国杜邦（DuPont）公司生产的Nafion膜、陶氏（Dow）化工生产的Dow膜、日本旭逍子（Asahi）公司生产的Flemion膜。商业化膜中又以Nafion膜的应用最为广泛，尽管该膜有着一系列的优点，发展也较为成熟，但是价格高，对温度和湿度敏感，在高温（大于80℃）和低湿度时性能下降，以及其质子传导路径并不是最佳的等。正因如此，有相当一部分研究致力于提高Nafion膜的性能或开发Nafion加强膜，抑或是可代替Nafion膜的其他膜，比如目前研究的聚醚酮（PEEK）膜和聚苯并咪唑（PBI）膜及其复合膜等其他膜。但这些提到的膜中，大多数仅在燃料电池体系中进行测试，或者说针对燃料电池体系中的问题而改进的，针对电解水体系提出的改性膜的报道非常少。值得一提的是，2021年中国科大开发的超强酸催化无醚主链碱性膜在有机体系液流电池的使用中表现出很高的性能，同时将会是碱性电解水理想的选择。具体内容将在第五章阐述。

**4．盐差能离子交换膜发电过程**

盐差能（salinity gradient power, SGP）作为自然界可为人类使用的清洁能源，被称为渗透能或“蓝色能源”，它是指海水和淡水或两种含盐浓度不同的溶液之间的化学电位差能，主要存在于江河入海口。与间歇性的能源不同，盐差能可以连续获得，受气候与环境条件的限制较少[71]。理论上，入海口每立方淡水与海水间的化学电位差可以产0.8kW•h的电。另外，过程工业产生的高盐废水与自然体系中的盐湖卤水均可作为盐差能的重要来源。同时，利用多过程耦合，可以实现能量形式的转换，最后实现能量的回收。自1939年，人们利用盐差能转化并用于发电，随着近十几年来技术的成熟，各国针对盐差能技术的研究逐步增多。实现盐差能转化的主要技术有压力延迟渗透（pressure retarded osmosis，PRO）[72-74]、反电渗析（reverse electrodialysis，RED）[75-77]、电容混合（capacitive mixing，CapMix）[78,79]、蒸汽压能（vapor pressure method，VPD）[80]。

反向电渗析盐差发电过程，最早于1954年由Pattle开始研究，近年来随着离子交换膜技术的发展而被荷、美、意等国学者关注。RED过程是电渗析的反过程，可以将海水-淡水浓差能转化为电能，技术原理如图1-8所示。利用交错排布的阳离子交换膜（CEM）、阴离子交换膜（AEM）隔成流道，使存在一定浓度差的海水与淡水流过。在浓度差推动力下，海水流道中的 $Na^+$ 和 $Cl^-$ 分别透过 CEM 和 AEM，迁移进入相邻的淡水中，形成定向迁移的电荷流动。携带离子的电极液在极板与离子交换膜构成的电极腔室内循环流动，发生氧化和还原反应。电堆内离子迁移导致内电流产生，通过电极上的氧化还原反应形成电动势，电子流经外部回路做功，实现以 RED 方式将海水与淡水间浓差能（化学势能）转变为电能 [71]。随着过程进行，海水腔室中离子浓度降低，淡水腔室中的溶液浓度升高，离子迁移的推动力逐渐减小。因此，盐浓度差的存在成为 RED 过程可持续进行的必要条件 [80,81]。

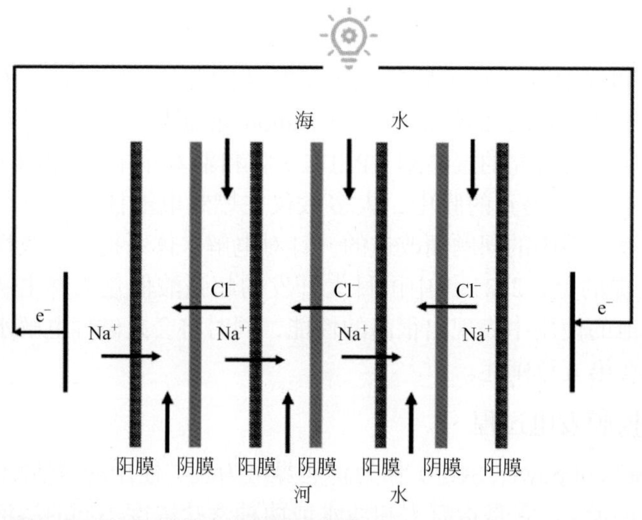


图1-8 RED过程技术原理示意图

采用 RED 过程对盐差能进行转化时，最主要的参数为输出功率 $W$，计算方程式由 Kirchhoffs's 定律得到 [76,81]，见下式：

$$W = I^2 \times R_{\text{load}} = \frac{E^2}{(R_{\text{stack}} + R_{\text{load}})^2} \times R_{\text{load}} \tag{1-1}$$

式中，$I$ 为电流，A；$R_{\text{load}}$ 为外部电阻，Ω；$E$ 表示膜堆势能差，V；$R_{\text{stack}}$ 为膜堆总电阻，Ω。由此可知，RED 过程的输出功率主要取决于两类因素：势能差 $E$，以及膜堆总电阻 $R_{\text{stack}}$（由欧姆电阻和非欧姆电阻共同组成）。势能差 $E$ 越大也即膜两侧盐溶液浓度差越大，膜堆总电阻越小，输出功率 $W$ 越大，说明盐差能回收效率越高 [71]。在溶液浓度差固定的情况下，如何实现小膜堆电阻，一直是学者们所研究的重点。

RED 虽是电渗析的逆过程，但由于过程中所发生的电化学行为不同，对于离子交换膜的要求也完全不同。均相离子交换膜是反电渗析系统的核心要素，其物理化学性能决定了盐产能的总体回收效率，低电阻、高离子电导、高选择性是三个关键要求。除此之外，电渗析格网垫片结构会直接影响流体流态，从而带来不同的浓差极化效应。通常需增加流体在阴阳离子膜间的扰动来减小溶液传质界面层厚度，从而缓解浓差极化效应，降低膜堆非欧姆电阻。但由此会带来较大的流体压力降，提升泵送能耗。另外，缩减垫片厚度可减少淡水室的欧姆电阻，但同样会增大流体传输阻力，降低能量净提取效率。因此，反电渗析盐差能转化，需综合考虑离子膜及膜器件两个核心要素，通过开发先进均相离子交换膜材料，同时研制盐差能转化专用特种膜器件，并优化进料参数及负载输出方式来综合提升盐差能转化效率。

## 二、物质转化与产物分离

### 1．氯碱工业

氯碱工业是最基本的化学工业之一，它的产品不仅是传统化工行业的核心原料，还广泛应用于轻工业、纺织工业、冶金工业、石油化学工业以及公用事业。氯碱技术的核心在于饱和食盐水在电解槽中的电解反应。在20世纪70年代之前，烧碱的工业生产主要为隔膜法和水银法，但是这两种技术无法避免汞和石棉的危害，且能耗较高。直到杜邦公司开发了能在氯气和碱环境下使用的全氟磺酸材料，开始了离子交换膜法制碱技术的探索。到1975年，日本旭化成公司建立了首套利用离子交换膜的电解工厂，实现了离子交换膜法制碱的工业化。目前，工业上主要采用离子交换膜法电解 NaCl 溶液制取 NaOH、$Cl_2$ 和 $H_2$，并以它们为原料生产一系列化工产品，称为氯碱工业。

在离子交换膜电解过程中，阳离子交换膜只允许阳离子通过，阻止阴离子和气体通过，也就是说只允许 $Na^+$ 通过，而 $Cl^-$、$OH^-$ 和气体则不能通过。如图 1-9 所示，在离子交换膜法制烧碱装置中，阳极室加入精制饱和食盐水，阴极室加入纯水（加入一定量的 NaOH 溶液）。通电时，水分子在阴极表面生成氢气，$Na^+$ 穿过离子交换膜由阳极室进入阴极室，排出的阴极液中含有 NaOH；氯离子则在阳极表面放电生成氯气。电解后的淡盐水从阳极导出，可重新用于配制食盐水。电解过程的总反应可以表示为：

$$2NaCl+2H_2O \xlongequal{\quad} 2NaOH+H_2\uparrow + Cl_2\uparrow$$

电解槽是该过程中的主要设备，由阳极、阴极、离子交换膜、电解槽框和导电铜棒等部件组成，若干个单元槽串联或并联后构成电解装备。电解槽的阳极用金属钛网制成，为了延长电极使用寿命和提高电解效率，钛阳极网上涂有钛、钌等催化剂涂层；阴极由碳钢网制成，上面涂有镍涂层；离子交换膜把电解槽隔成阴极室和阳极室，这样既能防止阴极产生的 $H_2$ 和阳极产生的 $Cl_2$ 相混合而引起爆炸，又能避免 $Cl_2$ 和 NaOH 溶液反应生成次氯酸钠（NaClO）而影响烧碱纯度。

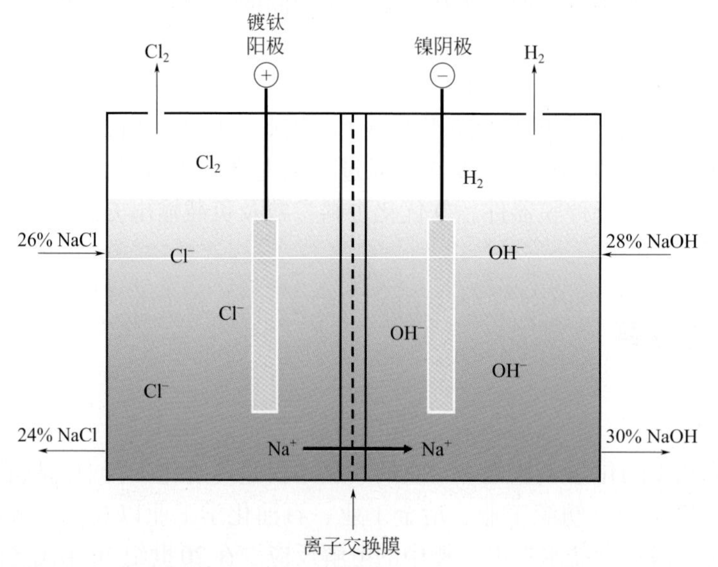


**图1-9** 离子交换膜法制烧碱电解原理

因此，利用离子交换膜法制碱，具有以下优势：

（1）产品质量高：产生的碱品质高，盐含量低；氯气和氢气纯度高。

（2）能耗低：直流电耗低、电流效率高、蒸汽消耗量少。

（3）污染少：避免了汞和石棉的污染，装置安全稳定，排放少。

（4）设备占地面积小，能连续生产，能适应电流波动。

离子交换膜是离子交换膜法氯碱电解槽的核心，在电解过程中，膜的一侧是高温高浓度的酸性盐水和氯气，另一侧是高温高浓度的氢氧化钠溶液，要求膜能够适应这样的电解条件是相当苛刻和困难的。因此，用于氯碱工业的离子交换膜应满足如下要求：

（1）高度的化学和物理稳定性：电解法制氯碱的条件对于离子交换膜来说极其恶劣，阳极侧含有氧化剂——初生态氯、次氯酸根及酸性溶液，阴极侧含有高浓度 NaOH。电解温度高达 85 ～ 90℃。离子交换膜必须在这样的条件下保持其化学结构不变，不被腐蚀、氧化，始终保持良好的电化学性能。而且物理性能好，薄而不易破裂，耐压，有均一的强度和柔韧性，耐褶皱，有足够的机械强度。此外，还要求离子交换膜在不同的环境条件下膨胀收缩很低，以免由于膨胀而造成褶皱或收缩而引起离子交换膜破裂。

（2）较低的膜电阻：离子交换膜要求高的离子选择透过性能和低的膜电阻，

这两项性能往往是相互抵触的。因此，必须通过各种方法来平衡这两项性能。

（3）低的电解质扩散及水的渗透：在离子交换膜的两侧有浓度差，并且存在不同的电解质时，还会发生电解质的扩散和水的渗透。而在电解过程中 $Na^+$ 是以水合离子的形式迁移，过程中会携带水分子通过离子交换膜。因此无论是电解质的扩散量，还是水的渗透量，必须控制在规定范围来满足电解条件。

（4）很高的离子选择透过性：离子交换膜的离子选择透过性能将影响电解槽的电流效率、直流电消耗和产品纯度。

（5）较低的价格。

为了使离子交换膜满足上述要求和获得最佳的电化学性能，在电解条件下必须考虑以下因素：含水量、离子交换基团的类型、离子交换容量和膜电阻、聚合物的结构、聚合物的组成、离子交换膜的物理结构、膜中交换基团的分布、离子交换膜的厚度 [82]。

但传统的氯碱工艺的不足之处在于，一张膜对应一对电极，在产碱的同时，无法避免氢气与氯气的产生，经济效益不高。若只考虑氢氧化钠的生产，则利用双极膜将盐水直接转化为氢氧化钠的技术更具优势 [83,84]。具体的膜堆结构如图 1-10 所示。将盐水通入阴膜与阳膜之间，当电极上施加电场后，钠离子向负极移动，与双极膜解离水产生的氢氧根离子结合形成氢氧化钠；氯离子向正极移动，与双极膜解离水产生的氢离子结合形成盐酸。由于在双极膜膜堆内，一对电极间可以安装多个重复单元，因此可以将电极反应占产碱总能耗的比例降低，且该工艺对于盐水的浓度没有严格的要求。

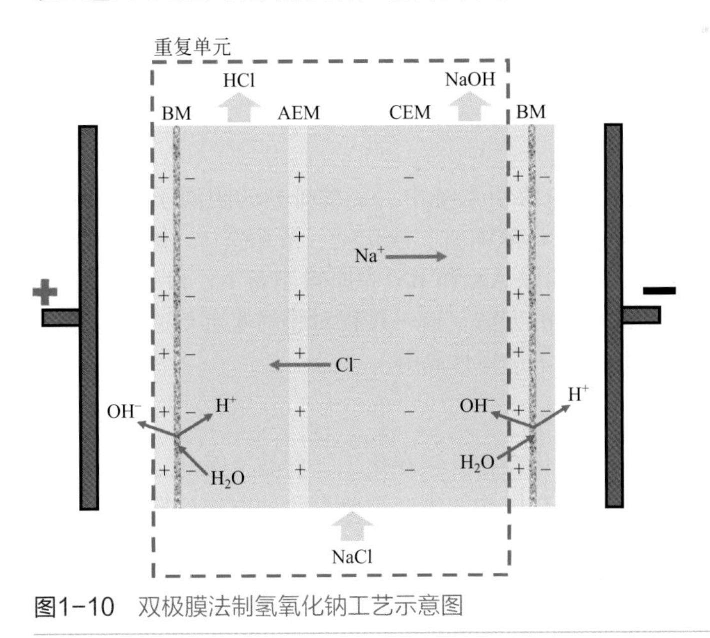

图1-10　双极膜法制氢氧化钠工艺示意图

## 2．无机盐生产

在化学反应方面，以均相离子交换膜为基础的电渗析技术能将离子选择性地迁移到不同的隔室，可以实现常规反应器不能进行的反应：如复分解反应、部分可逆反应和离子置换反应，反应产物无需后续分离操作。

复分解电渗析（electrodialysis metathesis，EDM）具有重组和浓缩离子的独特性能，通过离子重组可发生类似复分解反应。通过将 2 种原料 AX、BY 投入对应隔室，在电场的作用下离子定向迁移过膜而后被带同种电荷的离子交换膜阻挡后截留于不同隔室，完成 AX+BY → AY+BX 复分解反应，具体原理[85]见图 1-11。

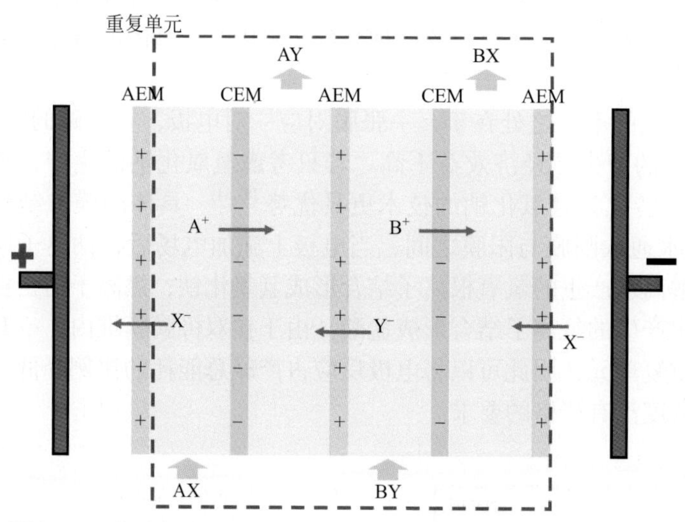


图1-11　复分解电渗析

由图 1-11 可知，在复分解电渗析系统中，交替排列的阴离子交换膜与阳离子交换膜形成 4 个隔室（淡化室、浓缩室、淡化室、浓缩室），利用离子的定向移动和离子交换膜的选择透过性以 AX 和 BY 为原料制备 AY 和 BX。这是从低价盐制备高价盐的一种非常有效的方法，这一过程对膜的要求与通常的电渗析类似，电阻小、稳定性好、对反离子选择性高等。

## 3．有机酸生产

有机酸是具有酸性质的有机化合物，它在化工、食品、医药、农业等众多行业中都有着广泛的应用。目前，有机酸的生产主要有两种方法：发酵法和化学合成法。其中的发酵法是有机酸生产中最常用的方法。传统的有机酸生产工艺采用生物发酵→钙盐沉淀→离子交换（酸化），而这一生产过程中的酸解、沉淀、过滤和酸化过程，工艺冗长消耗大量化工原料，同时产生大量高盐、高 COD 废水。传统有机酸生产工艺，不仅有机酸生产成本极高，同时难以满足绿色生产和可持续发展要求。离子交换膜电渗析法是一种有效且具有前景的有机酸生产工艺，在众多电渗析工艺中以双极膜电渗析（BMED）研究最为深刻，且已经成功工业化。它集成了普通电渗析和双极膜的优点，除了具备浓缩脱盐的特点外，双极膜还可以在直流电场下利用水解离产生的氢离子和氢氧根离子，直接对有机酸进行酸化，同时产出碱液可以回用至发酵过程中的 pH 调节环节，实现有机酸的闭环生产。

以 BMED 工业生产葡萄糖酸为例，我国葡萄糖酸钠工业化生产普遍采用的是黑曲霉菌发酵制葡萄糖酸钠工艺，在葡萄糖溶液中加入无机盐、氮源和黑曲霉种子液后进行发酵；葡萄糖酸钠转化为葡萄糖酸的传统生产工艺是离子交换法，即葡萄糖酸钠溶解后，经 H 型阳离子交换树脂转化为葡萄糖酸，再经真空浓缩、结晶、干燥，即得到葡萄糖酸产品。将双极膜电渗析技术应用于传统葡萄糖酸生产过程中，不仅可以实现葡萄糖酸钠的转化，而且产生的氢氧化钠可以回用于葡萄糖的催化氧化，特别是采用特定的双极膜电渗析构型，还可以实现葡萄糖酸的除糖，如此则能大大降低离子交换树脂再生过程中酸的使用。迄今中国有很多双极膜电渗析葡萄糖酸绿色化生产工业装置，生产容量约为 5t/d，初始葡萄糖酸钠浓度约为 35%，膜堆装置约为 400mm×800mm 大小，膜堆重复单元数为 100，双极膜总有效面积 $25m^2$。葡萄糖酸钠的转化效率最高可达 98%，能耗约为 310kW•h/t，操作电流密度 $50mA/cm^2$。双极膜电渗析葡萄碳酸钠处理过程单位成本约为 512¥/t，约是传统处理过程成本的 75%，每生产 1 吨葡萄糖酸，约有 3 吨浓度为 6% 的 NaOH 副产物产生。

近年来，随着双极膜电渗析产有机酸工艺的成熟，通过研究电渗析过程中的传质行为，与电流效率、能耗等建立联系，进而优化电渗析过程。Wang 等 [86] 通过研究 BMED 生产结构相似但甲基化基团不同的氨基酸，得出有机分子的位阻效应，显著影响电渗析过程中的传质，过高的位阻容易导致在阴离子交换膜表面发生浓差极化，最终导致电流效率的降低和能耗的增加。Yan 等 [87] 以 BMED 生产 L- 樟脑磺酸，通过正电子湮灭、XPS- 刻蚀等手段，证明了有机酸大分子与离子交换膜致密度之间的关系，以及大分子在阴膜的沉积导致了浓差极化的产生。离子交换膜是双极膜电渗析过程的核心，根据有机酸分子大小设计致密度合适的离子交换膜，能够有效降低能耗。同时通过对离子交换膜界面改性的方式，降低电渗析过程中出现的膜污染，增加过程稳定性。目前，双极膜电渗析投资成本相对较高，主要由于国内双极膜市场基本由国外膜把控，价格高居不下，严重阻碍了 BMED 在市场的推广。工业化制备性能优异且稳定的双极膜也是我国离子交换膜未来发展的重要方向之一。

### 4．物料分离

在传统的化工或者其他过程工业中，通常都会产生中性有机分子和无机盐，这就要求将混合物料中的高浓度盐分脱除，而目标物质在线保留在料液中，如图 1-12（a）；或者将目标物料由料液中选择性移除，并在接收侧得到保留，如图 1-12（b）。虽然两者分离方式不同，但其分离原理均是利用离子（分子）间的物理化学差异（如携带电荷性质、分子 / 离子半径）以及离子交换膜自身的特异选择性为理论基础的。这里我们以生物精炼的应用为例对此进行详细描述。

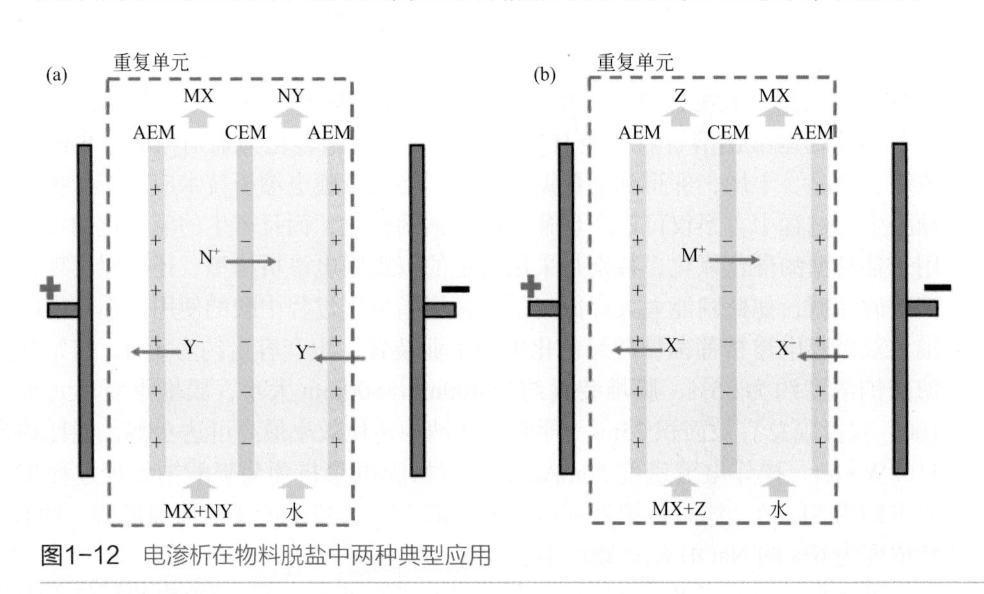


图1-12　电渗析在物料脱盐中两种典型应用

这种分离在有机酸（氨基酸）生产中非常常见，有机酸通常利用碳水化合物发酵的方法制得，由于发酵不完全，发酵液中存在着很多剩余的杂质，这也使得由发酵液中提取目标有机酸产品变得复杂。另外，培养基在线发酵过程中产生的目标产物需要及时的由发酵液中分离出来，从而减缓产物乳酸对于发酵微生物的抑制性。以有机酸生产为例，传统的有机酸分离一般采用沉淀、过滤等工艺，流程长，消耗物料多，环境不友好，操作成本高。由于电渗析本身的分离特点，操作过程中发酵液中的常见杂质，如糖类、色素、蛋白质、菌体等均不能透过离子交换膜，被截留在发酵液中，只有小分子量的有机酸及溶解盐能够在电场推动下，在相应离子交换膜中自由迁移。其优点也是明显的，如避免了外加碱的投加、提高了有机酸产品的纯度及回收效率、减缓产物有机酸对于发酵微生物的抑制性。下面以氨基酸脱盐和酱油脱盐等应用为例进行简要叙述。

（1）氨基酸脱盐　工业化的应用包括氨基丁酸、蛋氨酸、谷氨酸等，下面以氨基丁酸为例进行描述。氨基丁酸是一种天然存在、非蛋白组成的功能性氨基酸，其在制药、食品、农业等领域有着很重要的应用，一般来讲氨基丁酸通过微生物发酵的方法来合成，而后期的分离纯化在整个工艺中又起着决定性作用。传统上可以通过“乙醇脱洗”法来分离，但是整个工艺中会消耗大量的乙醇，同时排放具有高 COD 含量的废水，这也增加了环境威胁。利用传统电渗析工艺可以实现氨基丁酸废水的脱盐处理，同时维持氨基丁酸产品理想的回收效率。浙江某公司利用大小为 400mm×1600mm，重复单元数为 250 对的电渗析装置（见图 1-13），使得氨基丁酸的发酵液脱盐效率达到 99.29%，而氨基丁酸产品的回收效率可达 97% 以上，每吨氨基丁酸的生产能耗约为 500kW·h，远远小于传统的处理能耗。

图1-13 普通电渗析氨基丁酸脱盐装置

甜菜碱学名三甲基甘氨酸，可以作为渗透剂和甲基源，有助于维持肝脏、心脏和肾脏的健康。作为新型营养性饲料添加剂能实现部分取代蛋氨酸，可改善饲料适口性，具有广泛的应用前景。甜菜碱的制备方法目前已知的有两种：一是从甜菜糖蜜中提取分离；二是由一氯乙酸和三甲胺化学反应得到 [$ClCH_2COOH + N(CH_3)_3 + NaOH = (CH_3)_3N^+CH_2COO^- + NaCl + H_2O$]。从天然植物中提取甜菜碱远不能满足市场需要，采用化学合成法合成产率较高，成本远低于天然提取，国内的一些厂家均采用化学合成法生产出了甜菜碱。以三甲胺及一氯乙酸在酸性条件下一步反应生成甜菜碱，是目前最主流的合成手段。但是氢氧化钠的使用，使得产品中的副产物氯化钠难以去除，影响了产品的纯度。利用氯化钠与甜菜碱解离度的不同设计了图 1-14 电渗析器，在电场作用下，氯离子和钠离子分别通过阴离子交换膜和阳离子交换膜进入盐室，实现了氨基酸脱盐，此过程已由山东天维成功应用于工业化生产。

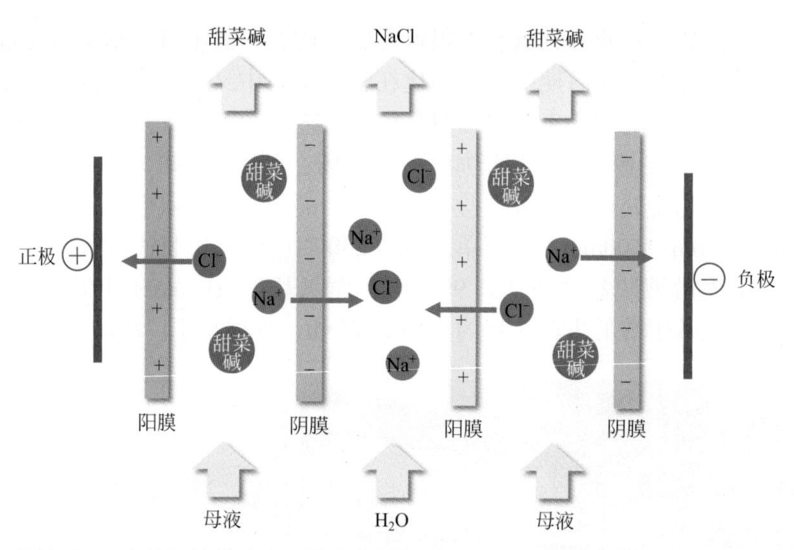


图1-14 电渗析氨基酸脱盐原理图

电渗析氨基酸脱盐：山东天维公司设计了异相离子交换膜和均相离子交换膜电渗析器，进行了性能对比（见表1-5）。在膜对电压为0.5V条件下，均相膜电渗析无论是从收率、能耗还是处理量方面均要高于异相膜，均相膜电渗析最高收率可达97.4%，能耗也仅为78.6kW•h/t，电渗析氨基酸脱盐解决了传统工艺冗长的再结晶、分离、干燥等过程，一步法直接获得高纯度产物。

表1-5 异相离子交换膜和均相离子交换膜电渗析器性能对比

| 项目 | 批次 | 料液 | 处理后料液/(甜菜碱，%) | 收率/% | 能耗/(kW • h/t) | 处理量/(L/m² • h) |
|---|---|---|---|---|---|---|
| 均相离子交换膜电渗析 | 1 | 25%甜菜碱 7.5%NaCl | 24.8 | 93.5 | 42.56 | 15.52 |
| | 2 | 34%甜菜碱 9.5%NaCl | 32.5 | 94.2 | 58.58 | 12.93 |
| | 3 | 50%甜菜碱 14%NaCl | 47.6 | 97.4 | 78.6 | 6.06 |
| 异相离子交换膜电渗析 | 1 | 25%甜菜碱 8%NaCl | 23.9 | 91.5 | 85.97 | 7.14 |
| | 2 | 34%甜菜碱 9.5%NaCl | 31.7 | 89.5 | 154.85 | 3.9 |

（2）酱油脱盐　酱油作为一种常用调料，其一般通过大豆、小麦等在酱油曲的作用下发酵制得，为了防止微生物的污染，一般发酵需要在高盐浓度下进行，因此其发酵液含盐量一般在16%～20%，为了满足食品和健康需求，需要将普通酱油脱盐至5%～10%。刘贤杰等[88]利用普通电渗析的技术对酱油脱盐进行

了可行性研究，比较了不同的离子交换膜对于脱盐效果的影响，并优选出合适的电渗析工作条件。结果表明，将含盐量 19.4% 的酱油脱盐至 9.1%，氨氮损失约为 8.3%，而酱油的原有风味变化不大。Fidaleo 等 [89] 利用电渗析的方法对普通酱油进行了脱盐处理，电渗析装置具有 8 个重复单元，操作电流密度在 2.5 ～ 6.5A 之间，初始酱油含盐量约为 15.1%±0.3%。结果表明，经过电渗析脱盐处理，酱油中总酸和氨态氮的回收率分别为 80%±4% 和 70%±3%。张建友等利用电渗析的方法对大豆酱油进行脱盐处理，通过单因素实验探索了电压、料液流速、pH 对于电渗析脱盐效果及酱油品质的影响，并确定了最佳的工艺条件。结果表明，在电压为 9V、流速为 2.4cm/s、pH 为 4.2 时，酱油可以达到较好的脱盐效果（81.6%），同时氨基酸态氮损失为 19.4%，酱油中的风味物质如醇类、酚类损失较大，这主要是由以下几方面引起的：①伴随电解质迁移过程中的荷电化风味物质的电迁移损失；②风味物质在离子交换膜中的吸附；③一些溶解性较低的芳香化合物和氨基酸在电渗析过程中由于盐析效应导致的沉淀损失；④脱盐后期由于离子浓度减少导致的操作电流密度落在允许的极限电流密度以外，导致水解离发生以及部分弱解离化合物的电迁移。

可以看出，电渗析在脱盐过程中的应用主要集中在食品行业，例如氨基酸、乳清、酱油等，虽然电渗析对于这些发酵液可以有效处理，但是同样存在一定问题，例如膜污染、目标产物回收率低、能耗高等。为了解决这些问题，重点需要集中于选择合适的离子交换膜，并耦合辅助的前处理工艺，优化电渗析的操作条件，改进膜堆内部结构并优化进料模式等。

（3）烟草提取液脱盐　烟草薄片是利用烟梗、烟末、碎烟片等为原料制成片状或丝状的再生产品，卷烟中添加烟草薄片不仅可实现废弃烟叶原料的再利用，还可使卷烟的理化性质得到可控调节。烟草薄片提取物的化学成分主要包括糖类、氨基酸、烟碱、蛋白质、钾、氯、硝酸根等无机离子。其中氯离子和硝酸根及亚硝酸根离子含量过高对卷烟的品质造成很大影响。氯离子作为烟草中最重要的无机元素之一，被认为是阻燃因素，影响烟草的收湿性和燃烧性。而硝酸根离子在卷烟的燃烧过程中会与烟碱反应生成致癌性的亚硝胺（TSNA），对人体的健康造成了严重的危害。硝酸根离子含量还与卷烟主流烟气 $NO_x$ 释放量密切相关。因此，降低烟草薄片中氯离子和硝酸根离子浓度，是降低卷烟中焦油等有害物质含量、提高卷烟品质的关键。因此，一般要求卷烟中氯离子和硝酸根离子含量分别不高于 0.8% 和 0.5%。葛少林等 [90] 利用电渗析技术实现了烟草薄片中氯离子和硝酸根离子的选择性去除，考查了离子交换膜类别、烟草薄片提取液浓度对电渗析脱盐性能的影响情况。实验结果表明，从脱盐性能和离子交换膜的经济性考虑，由合肥科佳高分子材料科技有限公司自制的 CJMC-3/CJMA-3 离子交换膜处理烟草薄片提取液最为合适。而薄片提取液浓度对脱盐性能影响较大，薄片提取液在 5% 时的脱盐率可达到 72%，氯离子和硝酸根离子去除率大于 93%。当电渗析膜堆电压为 7V，料液浓度为 7%，料液循环流速为 3cm/s 时，电渗析法处理烟草薄片提取物的过程能耗为 3.75kW•h/t，过程成本为 2.42 元 /t。因此，利用电渗析技术实现烟草薄片中氯离子和硝酸根离子选择性去除具有良好的技术可靠性和经济可行性。

### 5．其他电化学合成过程

利用电进行化学反应属于绿色化学范畴之一，除了上述的能源领域中电解水制氢和氯碱电解外，离子交换膜还可用于电化学合成氨、二氧化碳电还原、湿法冶金中电解精炼过程等。

（1）电化学合成氨　氨是现代农业的基石，化肥工业的主要原料，同时也在国防、涂料等许多领域具有重要应用。早在 20 世纪初期，哈伯等提出工业氨合成法（即 Haber-Bosch 法），用氢气和氮气合成氨。经过一个世纪的发展，目前 90% 以上的氨均来自 Haber-Bosch 法。但该工艺始终存在一些尚未解决的关键挑战，例如反应过程的高温高压、高耗能，以及原料中的氢气一般来自化石能源。因此，在“双碳”目标的背景下，该工艺的能耗问题日益尖锐，很多研究工作者致力于开发绿色可持续的合成氨工艺。其中，电催化法具有潜在的性能优势，能够大大减少合成氨工业的碳足迹，是近年来合成氨领域的关注热点[91,92]。电催化合成氨总反应如下式所示：

$$N_2 + 3H_2O \longrightarrow 2NH_3 + 1.5O_2$$

在酸性和碱性溶液环境中发生的电极反应不同，如下所示：

酸性环境：

阳极：$3H_2O \longrightarrow 6H^+ + 1.5O_2 + 6e^-$

阴极：$6H^+ + N_2 + 6e^- \longrightarrow 2NH_3$

碱性环境：

阳极：$6OH^- \longrightarrow 1.5O_2 + 6e^- + 3H_2O$

阴极：$N_2 + 6H_2O + 6e^- \longrightarrow 2NH_3 + 6OH^-$

因此，在电催化合成氨反应器中，若阴极阳极没有分隔，则阴极合成的氨很容易扩散到阳极并被氧化。此外，阳极产生的氧气也可以扩散到阴极并在阴极被还原，显著降低氨产率和法拉第效率。根据电解质的类型，电化学反应器可以选用质子交换膜（PEM）或阴离子交换膜（AEM）（图 1-15）将电极隔开。目前多数研究采用质子交换膜，且一般选用具有较高质子传导率和稳定性的 Nafion 膜。

（2）二氧化碳电还原　二氧化碳电还原同样也是实现“双碳”目标的重要途径之一。在自然界光合作用启发下，科研工作者们尝试使用催化剂将二氧化碳还原成多种有机物。在不同的条件下，还原获得的产物也不同：

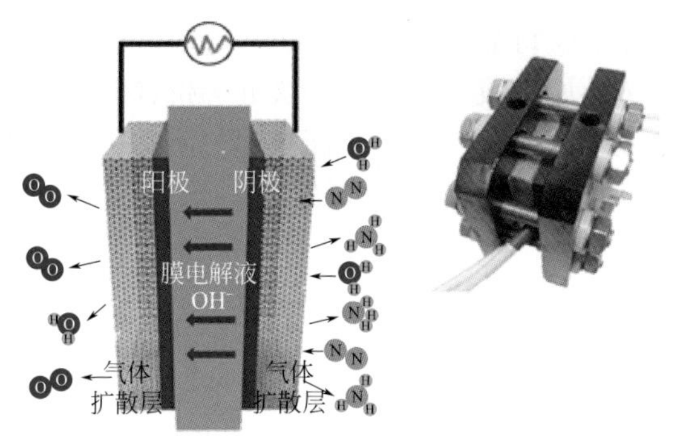


阴极反应：$N_2 + 6H_2O + 6e^- \longrightarrow 2NH_3 + 6OH^-$

阳极反应：$6OH^- \longrightarrow 3H_2O + 1.5O_2 + 6e^-$

总反应：$N_2 + 3H_2O \longrightarrow 2NH_3 + 1.5O_2$

图1-15　阴离子交换膜法电化学合成氨[93]

基于不同的电子数获得相应产物：

$$CO_2(g) + H_2O + 2e^- \longrightarrow CO(g) + 2OH^-$$

$$CO_2(g) + 5H_2O + 6e^- \longrightarrow CH_3OH\ (l) + 6OH^-$$

$$CO_2(g) + 6H_2O + 8e^- \longrightarrow CH_4(g) + 8OH^-$$

$$CO_2(g) + 5H_2O + 14e^- \longrightarrow 1/2C_2H_6(g) + 7OH^-$$

如图1-16所示，典型的二氧化碳电化学还原电解槽主要由三部分组成，包括两侧的阴极室和阳极室以及它们之间的离子交换膜。大量的研究针对电极材料进行了优化，以实现高选择性、高法拉第效率和高电流密度的电化学还原。离子交换膜是电解槽中的一个关键组件。与电化学合成氨装置类似，根据实际反应体系的不同，可以使用质子交换膜如Nafion，或具有较强耐碱性的阴离子交换膜。也有研究工作探索了双极膜的使用，其能更好抑制电解槽中的产物跨过隔膜互相接触。

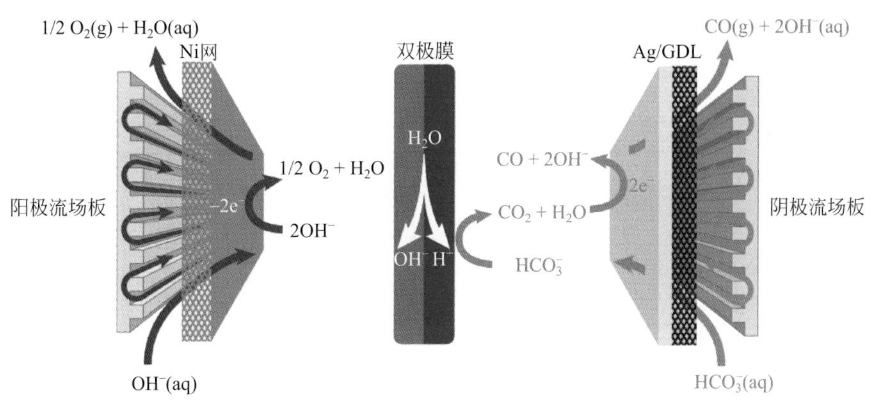


图1-16　二氧化碳电化学还原电解槽构型[94]

（3）电解精炼　电解精炼技术在冶金行业中有较为广泛的应用。以锑的生产为例，电解过程中阴极的三价锑离子还原生成金属锑，阳极处三价锑离子氧化为五价。阴阳极使用阴离子交换膜分隔，因此只有氯离子能够通过阴膜进入阳极溶液，随后五价锑离子溶液可以返回至氯浸生产工艺。如图 1-17 所示。

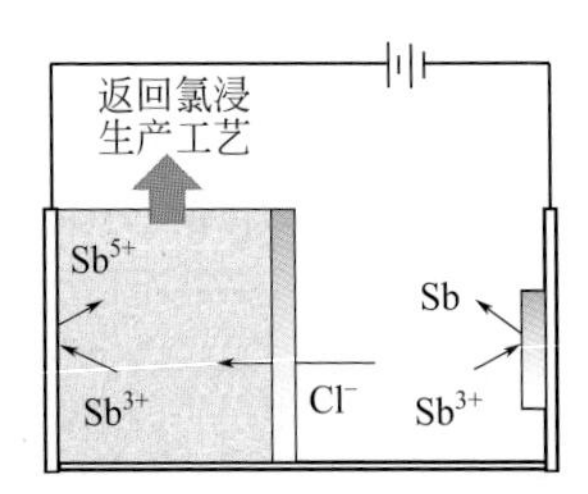


图1-17　电解精炼技术生产锑

在金属蚀刻工艺中，$FeCl_3$ 是常用的 Fe、Ni 等金属的蚀刻溶液。在该过程中，溶液中的 $Fe^{3+}$ 会逐渐被还原为 $Fe^{2+}$，同时部分金属如 Ni 会进入蚀刻液。膜电解法在 $FeCl_3$ 蚀刻液的再生过程中具有较大的优势。在此工艺中，离子交换膜将电解槽隔成阴极室与阳极室。与锑的电解精炼类似，在阴极上三价铁几乎全部被还原成二价铁，随后进行脱镍精制，返回到阳极室氧化为三价铁，即可回用至蚀刻工艺中。该工艺使用电极反应对铁离子进行氧化还原反应，减小了铁粉使用量，生产成本低。

## 6．特种分离

电渗析与选择电渗析可用于特种物料的分离，特别是物理化学性质接近、结构相似、组成相同的离子 / 极性物质间的精细化筛分。具有离子特异选择性的均相离子交换膜是决定特种物料分离效果的核心材料，例如选择电渗析作为一种特种膜分离技术，具有离子通量高、能耗低、环境友好等特点，被广泛应用于盐湖提锂、浓盐卤水资源化、化工绿色生产等过程。传统的电渗析系统采用阴 / 阳离子选择膜间隔排布，两种离子交换膜构成一个膜单元，离子筛分性能受限于单张离子选择膜，电渗析的膜堆基本构造如图 1-18 所示。

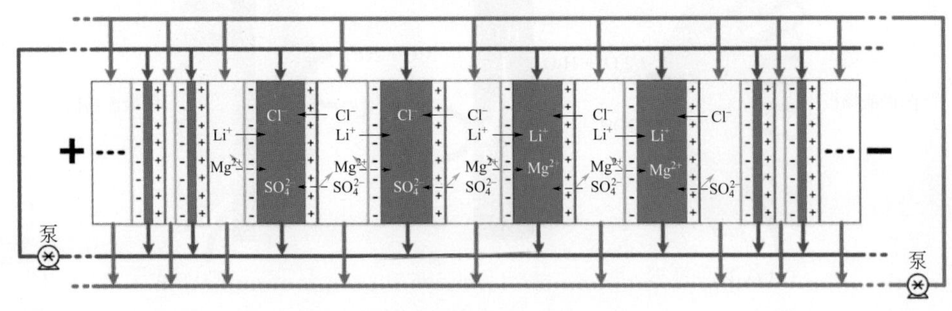


图1-18　选择电渗析膜堆构造与运行机制示意图

由于特种离子交换膜对于锂镁离子的优异分离性能，其在盐湖提锂领域有着重要应用，锂是化学储能锂电池的重要原料，锂电是解决传统能源危机，并推动解决“双碳”问题的重要手段。我国盐湖卤水具有高镁锂比的特点，而锂镁高效分离仍是高镁锂比盐湖提锂过程的突出问题，这也直接导致我国电池级的锂产品长期依赖进口，盐湖提锂逐渐成为保障我国锂资源安全的重要课题。针对高镁锂比盐湖卤水锂镁分离问题，徐铜文课题组基于前期工作积累，聚焦化工特种分离应用前沿，受传统的塔板精馏与色谱分离技术的启发，另辟蹊径，原创性提出了“离子精馏”盐湖提锂技术。“离子精馏”打破传统电渗析单元内部的功能隔膜间隔排布方式，基于“同类同侧”原则，将多个同类型膜并列排布，并在电渗析单元内集成，设计理念见图 1-19。利用特种离子在堆叠离子交换膜中的多级筛分机制及离子选择性的级数放大效应，实现锂离子由高镁锂比盐湖卤水的精准分离。每张离子交换膜在离子精馏腔室的功能可视作精馏塔中的塔板，锂镁离子在堆叠

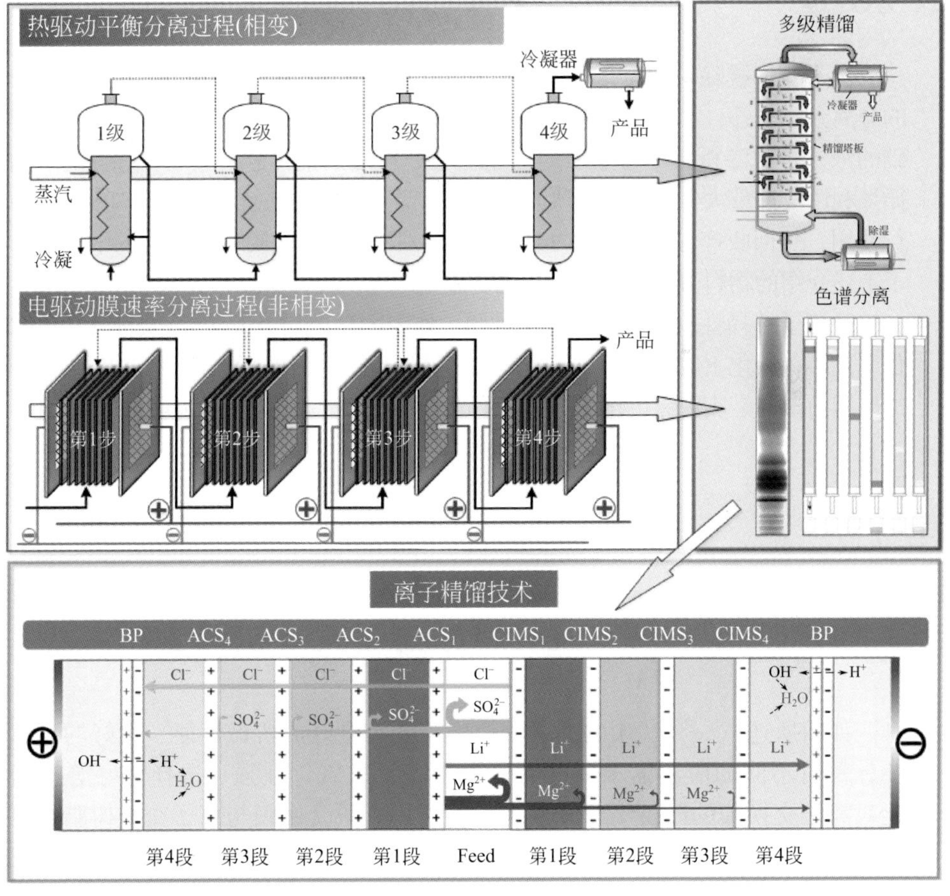


图1-19 离子精馏技术设计理念

的离子选择膜间迁移，由于锂离子与镁离子在离子交换膜相存在迁移速率差异，基于色谱分离层析机制，在电场力驱动下实现锂镁离子的电吹脱分离。通过构建一级至四级的离子精馏系统，针对高镁锂的盐湖卤水开展了提锂考察。结果表明对于一级至四级离子精馏过程，锂镁的选择性由 30（一级）逐级提升至 1104（二级）、3297（三级）与 26177（四级），二级与四级离子精馏获得的锂产品纯度为 99.69% 与 99.98%，分别超过了工业级与电池级标准。作为一种新型化工单元操作，离子精馏的特种分离效果显著优于各类先进功能膜材料以及膜分离过程。

离子精馏作为一个平台技术，集成了平衡分离（选择性高）与速率分离过程（运行成本低）的特色优势，创新化工分离技术理论，可为锂同位素分离、稀土分离、海水精制、精细化学品分离、生物制药等特种分离场景提供有效解决方案，助力相关过程产业技术升级。

### 三、水处理

离子交换膜除了上面介绍作为能量转化和存储的隔膜、物料分离或者电化学反应的分离介质之外，在废水处理及回用方面有大量的用途，如以阴 / 阳离子交换膜为基础的浓差扩散渗析技术对于冶金工业、电子刻蚀工业、金属加工等过程的酸碱回收循环利用发挥重大作用，作者所开发的膜产品及其应用系统目前在国内上百个单位进行使用，年回收产品价值超过 14 亿元。阴 / 阳离子交换膜交替排列的电渗析技术除了上述介绍的物料分离、有机酸和无机盐生产外，在含盐废水处理中大有作为，结合一二价离子选择性膜、双极膜等特种膜，作者团队先后开发了 10 余种含盐废水资源化工艺，在煤化工废水零排放、垃圾渗透液处理、放射性废水处理等领域展现出广阔的应用前景，是实现绿色化工的重要手段。详细的工业案例将在第九章详细阐述。

## 第四节
## 离子交换膜制备

如前所述，一个实用的离子交换膜，要有良好的机械性能、很好的化学稳定性，针对不同的应用需求，又需要电导高、抗氧化性强、选择性好等特点，为此对离子交换膜的制备工艺开发十分重要。离子交换膜与离子交换树脂具有相同的基本化学结构，但在制备方法上，因为离子交换膜既包括树脂的合成过程又有膜的成膜过程，所以离子交换膜的制备方法较为复杂。除参照离子交换树脂制备外，一些非荷电膜的成膜方法对于离子交换膜也适用。通常离子交换膜的制备包括三个主要过程：①基膜制备；②引进交联结构；③引入功能基团。至于制膜的途径也主要是下述的三种之一：①先成膜后导入活性基团；②先导入活性基团再成膜；③成膜与导入活性基团同时进行。

在以往专著中已经针对徐铜文课题组开发的聚苯醚溴化胺化制备方法、无机有机杂化方法以及异相或者半均相离子交换膜制备工艺进行了介绍，近年来徐铜文课题组从离子交换膜材料的设计（主链、功能基团）、离子选择性通道的形成机制与调控两个主要方面出发，提出了一系列离子交换膜制备及结构新策略（图 1-20），如侧链工程学原理（第三章）、聚酰基化反应（第四章）、超强酸催化聚合（第五章）、超分子化学组装（第六章）、自聚微孔结构（第七章）等。采用多硅交联剂制备具有杂化结构的阴 / 阳离子交换膜，表现出超高的离子通量、稳定性及电导率，相关技术衍生出 DF-120/F 系列商品扩散渗析膜，并大规模应用于酸碱废水处理行业，取得了良好的经济、社会和环境效益。采用聚酰基化 / 超强酸催化制备的非醚主链阴 / 阳离子交换膜，具有超强的酸碱稳定性、高电导率及高机械性能，在碱性电解水制氢、电化学合成氨、氢燃料电池、氨燃料电池、储能液流电池、锂电池、电渗析等技术中有着巨大的应用潜力。采用原子转移自由基活性聚合（ATRP）技术，设计开发单侧链型、双或三侧链型、多侧链型的高分子主链，调控均相离子交换膜相结构，构筑离子高速传导通道，保证具有规整侧链结构均相离子交换膜材料制备。采用交联反应构筑具有交联网络的高分子团聚物，利用浸涂技术制备得到系列阴 / 阳离子交换膜，此类膜具有高机械性能、高离子选择性及低材料成本优势，相关技术通过技术转化衍生出 CJMA/C 系列商品阴 / 阳离子交换膜，并已在相关企业大规模量产。以上所述系列均相离子交换膜制备技术总结如下，并将在后面的相关章节中具体展开叙述。

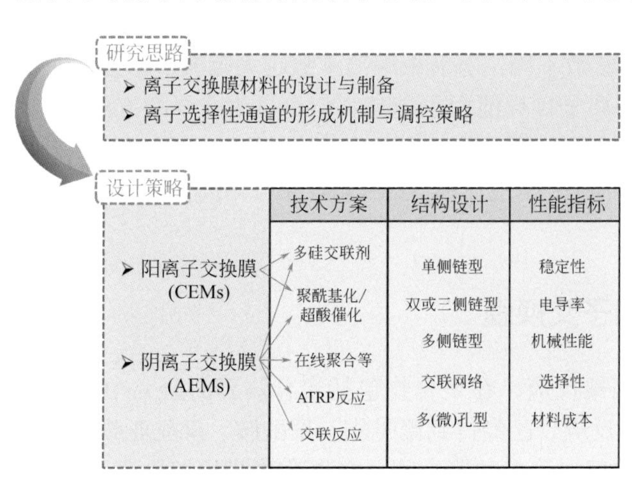

图1-20　均相离子交换膜研究思路与设计策略

## 一、侧链工程学制备均相离子交换膜

在均相离子交换膜发展初期，主要是依赖于主链型聚合物的合成来开发膜材料，但是主链型聚合物基的离子交换膜性能有待进一步提升。近年来，离子交换膜领域的开发者逐渐将研究重点放在制备侧链型均相离子交换膜。目前，侧链型离子交换膜主要是基于类 Nafion 结构和接枝型结构来开发的。通过侧链工程学调控侧链的长度、分布以及与主链的连接方式，来进一步优化离子交换膜性能，并帮助深刻理解离子交换膜领域中分子结构 - 性能的关系。在均相离子交换膜领域，侧链工程学理论基础来源于对 Nafion 的研究以及高分子微相分离理论。目前基于侧链工程学理论制备的均相离子交换膜已在扩散渗析、燃料电池和电渗析方面有广泛的应用。

目前侧链离子交换膜的结构设计主要是在芳香族聚合物上实现的。芳香族聚合物是主要由芳环或芳杂环单元构成的聚合物。芳香性的主链赋予这些聚合物优异的化学稳定性、热稳定性和力学性能。目前已商业化的芳香族聚合物有聚苯醚（PPO）、聚苯硫醚（PPS）、聚芳醚酮（PEK）、聚芳醚砜（PES）、聚酰亚胺（PI）、聚苯并咪唑（PBI）、聚苯并噁唑（PBO）等，通过对这些商业化的芳香族聚合物进行化学改性，可以完成侧链离子交换膜的制备。或者从单体设计出发，合成芳香族聚合物，也可以实现侧链离子交换膜的制备。另外侧链型阳离子交换膜的功能基团主要是磺酸、磷酸以及羧酸基团。这三个功能基团主要在酸性上有所不同，磺酸的酸性最强而羧酸的酸性最弱。可以根据不同使用要求，选用不同的功能基团。由于阳离子交换基团本身结构比较简单，没有可改性的空间。因此，只有通过改变与阳离子交换基团所键合的官能团，才能调控其解离程度。而相较于阳离子交换基团，可用于制备侧链阴离子交换基团的种类丰富了很多。不同结构的“季盐”的氢氧根解离常数不同，氢氧根解离常数越大则碱性越强，在相同浓度的“季盐”的情况下阴离子传导能力也越高。但是更为重要的方面是“季盐”结构不同，其耐碱稳定性也不同。

第三章中将针对如何利用侧链工程学手段制备均相离子交换膜开展详细叙述。

## 二、聚酰基化制备均相离子交换膜

聚酰基化反应属于缩聚反应，在聚合物包括聚合物膜的研究中已经趋于成熟。当前借助于聚酰基化反应，已经得到聚醚酮、聚酰胺、聚酰亚胺、聚苯并咪唑、聚苯并噁唑和聚苯并噻唑等多种聚合物，在聚合物膜领域扮演了重要角色。Nafion 作为综合性能优越的质子交换膜，其高机械强度的主链同时具有耐热性和耐化学降解性，此外高度离解的磺酸基团增加了离子电导率；疏水主链和亲水功能基团之间的柔性单元促进了疏水 - 亲水微相分离。在 Nafion 的结构启发下，具有侧长链磺酸基团的微相分离阳离子交换膜成为研究热点。基于聚酰基化反应的特点可以实现磺酸基团固定分布及磺化度精确调控，因此，采用聚酰基化是实现侧链型磺化芳族聚合物（SCT-SAPs）的构筑及均相阳离子交换膜制备的重要手段。相比于阳离子交换膜，碱性条件下阴离子交换膜易于受到 $OH^-$ 进攻而导致功能基团降解、失效或聚合物主链的断链等碱稳定性方面的问题。通过聚酰基化机理制备的聚合物由于自身反应机理的限制，往往在主链上带有砜、羰基等吸电子基团对主链的降解具有促进作用，或者带有咪唑、哌啶等易于 $OH^-$ 被进攻而发生开环反应的杂环。对咪唑离子的碱稳定性进行研究，发现咪唑离子在碱性条件易于被进攻而开环使咪唑离子降解失效，因此聚酰基化合成的主链用于合成阴离子交换膜的研究非常少。

第四章将针对如何利用聚酰基化手段制备均相离子交换膜开展详细叙述。

## 三、“无醚”聚合物离子交换膜的开发

数十年前，Olah 等发现超强酸能促进芳烃的亲电硝化和酰化反应。这一开创性发现促进了超亲电活化概念的产生，从而发现了超亲电体，即“双缺电子性质”的亲电体。采用超强酸催化的方法合成聚合物具有很多传统缩合方法所没有的优势，如反应效率高、可在常温常压下反应、反应选择性好以及所获得聚合物分子量高等。此外，不同于传统的聚芳醚聚合物，采用这种方法所合成的聚合物骨架是一种“全碳骨架”，不含任何的芳基醚键。在近些年来的研究中发现，聚合物中所含的脆弱的芳基醚键是其在强酸或强碱环境中被严重降解的重要原因。因此，超强酸催化法合成“无醚”聚合物作为一种获得耐酸、碱腐蚀的高化学稳定性聚合物的有效方法在近年来吸引了大量研究者的兴趣并对其在各种应用中进行了探索。

利用超亲电活化及超强酸的催化作用，并通过羟基烷基化反应与超强酸催化制备聚合物手段，可以制备一系列耐碱稳定性的无醚结构高分子聚合物，而此类结构高分子聚合物通过荷电功能化，形成主链荷电的无醚高分子聚合物，更进一步利用流延、含浸、旋涂等手段形成均相离子交换膜。利用超强酸催化方法制备均相离子交换膜具有以下优势：①催化效率高，反应速率快；②反应条件简单，可制备主链只含 C—C 键的聚合物主链；③离子交换基团接枝的程度和位置可以得到更加精确的控制；④合成的聚合物具有高分子量或超高分子量；⑤合成的高分子主链中可形成 $sp^3$ 碳杂化的柔性骨架结构的多环芳香烃，使得离子交换膜具有良好的极性溶剂溶解性及高机械强度。

第五章将针对如何采用超强酸催化方法制备“无醚”聚合物及均相离子交换膜开展详细叙述。

## 四、超分子化学组装制备均相离子交换膜

超分子化学是近代新兴的一种发展迅猛、充满生机与活力的化学分支。近些年来均相离子交换膜一直面临着离子电导率较低的现状，究其根源，主要来源于较差的微相分离结构。而能够通过自组装构筑规整的化学结构受到世界范围内的广泛关注。超分子化学具有独特的吸引力以及这些化合物与主体分子在视觉观感和实现现象的多彩性方面引起了人们的巨大兴趣，都使得它成为化学学科发展史上的一座里程碑。

利用超分子自组装手段可以精密调控高分子链段间的分子堆叠形态，从而构筑具有离子特有传导特性的高性能均相离子交换膜。例如利用分子组装中的氢键作用，可用于构筑具有规则氢键网络结构的均相离子交换膜。此类膜具有以下优点：①调节氢键离子通道的化学微环境，促进 QA 基团聚集，形成相互连接的离子通道，实现快速离子传输；②氢键网络作为另一个“离子通道”，积极快速地传输质子；③由氢键网络形成的非共价交联阻断了金属离子的迁移，提高了离子的选择性。利用离子和中性偶极分子之间的静电相互作用力，将偶性大分子片段结合到聚合物骨架上，将促进体系内阳离子 - 偶极作用的产生，从而调节阴离子交换膜的自组装形态，形成具有次级相互作用的碱性阴离子交换膜。利用 π 共轭结构单元间的构象位阻下的相互聚集现象，可构建高分子主链特殊排布的均相离子交换膜，此类结构膜可有效控制亲水区溶胀，表现出良好的机械稳定性。利用分子机器在外部刺激作用下的触发运动现象，构筑环境响应型均相离子交换膜，可有效提升离子的传质速率，制备高电导率、低电阻的阴 / 阳离子交换膜。

第六章将针对如何利用超分子化学组装制备均相离子交换膜开展详细叙述。

## 五、自具微孔离子交换膜的开发和应用

自具微孔聚合物（PIM，TB）是现在材料科学研究的热点。如果将其贯通的纳米孔道（直径小于 1nm）结构应用到离子交换膜中，有机会大大提高膜的离子传导能力和选择性。目前已经有文献报道了自具微孔聚合物离子交换膜的制备和性能表征，其在燃料电池、液流电池和离子分离等方面的应用情况还需要进一步的研究。

二苯并二氧己环型、Tröger Base 型、聚酰亚胺型和聚氧杂蒽型是四种主要

的自具微孔结构，此类膜具备使分子链无法有效堆叠和缠绕的刚性扭曲链段的结构特征。膜内微孔网络是传质通道，其孔径大小和联通性至关重要，通过分子设计提高孔联通性和调控孔径是该领域的难点，特别是制备孔径均一的 PIMs 膜。同时，自具微孔聚合物的荷电化可提升膜材料的亲水性，利用氰基的水解与氨肟化、季铵化反应、磺化反应等手段可使 PIMs 膜主链荷电化，并进一步制备得到均相结构的阴 / 阳离子交换膜。

第七章将针对如何制备自具微孔结构均相离子交换膜开展详细叙述。

## 第五节 离子交换膜展望

随着我国产业结构的不断升级，对于离子交换膜的需求不断增大，性能要求也在不断提升。离子交换膜的应用范围也在不断扩展，不只是局限于传统的海水淡化、盐水精制、物料脱盐领域。特别是 2020 年国家提出“碳减排、碳达峰”远景目标，力争于 2030 年前二氧化碳排放达到峰值，并努力争取 2060 年前实现碳中和。化学化工行业是传统化石能源消耗大户，是温室气体排放的主要来源之一。达成“双碳”目标，需要从两个方面着手：①在能源生产端，推动化石能源的清洁高效利用，推动光伏、核电、风电、盐差能等非碳清洁能源的传统替代，实现从高碳向低碳到零碳转变；②在能源消耗端，推动节能减排及提效降耗，推动二氧化碳等温室气体的捕集、利用和转化，实现从高能耗向低能耗到零能耗转变。2021 年 9 月国家自然科学基金委员会组织了第 292 期双清论坛，论坛以“绿色碳科学：双碳目标下的科学基础”为主题，探讨了以“能源、工业、数字、二氧化碳捕集利用与封存（CCUS）”四大变革为核心的科技前沿，凝练了 6 项变革性技术背后的关键科学问题及可能的解决途径，包括：①工业过程低碳化问题；②氢能源问题；③储能问题；④生物质资源化利用问题；⑤ CCUS 问题；⑥信息大数据分析与工业人才智能控制问题。归纳了 5 项围绕双碳目标的科学技术基础与未来研究重点方向：①化石能源低碳利用的化学化工基础；②二氧化碳资源化利用的催化基础；③绿氢工程及可再生能源利用的技术基础；④生物质资源转化利用的科学技术基础；⑤工业过程的低碳、负碳路线。均相离子交换膜作为一种化工新材料，是氯碱化工、石油化工、煤化工、冶金、电解水制氢、电化学合成氨、二氧化碳捕获、二氧化碳电化学还原、液流电池、燃料电池、锂离子电池等物质与能量转化过程的“芯片”，贯穿于“双碳”技术路线。

离子交换膜在高盐废水近“零排放”的环境治理中具有广阔应用前景。以煤化工为例，煤在汽化、液化、制备合成气等转化过程中会产生大量含酚、氰、油、氨氮等有毒有害物质的高盐废水，其废水治理已成为行业发展瓶颈难题。针对这样的高盐废水，目前常用的废水治理工艺流程包括预处理过程、生化处理过程、超滤 + 反渗透、盐浓缩单元、蒸发结晶。但这套复杂的废水处理工艺，存在浓盐水排放量大，蒸发设备投资大、运行成本高、再生盐资源化利用率低等巨大挑战。而基于离子交换膜的电渗析技术，可以实现盐水的高倍率浓缩，NaCl 浓缩浓度可提升至 20 万 mg/L，直接满足晒盐的浓度要求，为煤化工废水治理和盐资源综合利用提供了一条新的解决途径。随着国家对环保排放标准的提高和人民对“绿水青山就是金山银山”环境价值观的认同，离子交换膜在高盐废水减量化和资源化方面将发挥越来越重要的作用，有望实现煤化工、冶金、印染、造纸等相关过程工业生产模式变革，大大减少二氧化碳和固废的排放，为传统工业过程和创造新的工业过程发挥其独到作用。

另外，基于离子交换膜的能量存储与转化过程在不久的未来将得到更为广泛的使用，也是实现“碳减排”和“碳达峰”目标的有效手段。利用可再生能源替代传统化学能源，既保障人类安全的生产和生活，又能减排二氧化碳等温室气体的排放。而离子交换膜是低成本、高效电化学储能与转化技术中的关键材料，发挥着传导离子、阻隔燃料等功效，在燃料电池、电解水制氢、液流电池、电化学合成氨、碱性膜氨燃料电池中发挥着重要作用，也是各国争相研发的关键材料。与其他的制氢技术相比，以酸性 / 碱性离子膜电解水是产氢最可行的方式之一，在未来有望实现大规模工业化应用。基于碱性膜的水系有机液流电池储能技术，具有活性物质储量丰富、成本低、电化学活性高、可逆性好等特点，有望成为新一代高效储能技术，实现自然界可再生能源如风能、太阳能等间歇能量的储存，并通过电网向生产和生活输出能量。基于离子膜的电催化合成氨技术，可打破热力学和动力学限制，实现温和条件下氨的合成，大幅度降低能源的消耗，有望发展成为新一代低温合成氨主流技术。另外，基于离子膜反应器的二氧化碳高效捕集与利用技术，目前已开发出基于离子膜反应器的碳捕集技术新路线，能大幅降低碳捕集与转化综合能耗及实施成本，达到二氧化碳脱除、转化率均高于 95%，实现二氧化碳高效捕集并转化为碳酸氢钠等高质化学品。

由于离子交换膜的重要作用和广阔应用前景，国家持续加大了对均相离子交换膜的支持，科技部相继发布了多项重点研发计划来支持均相离子交换膜的开发，例如 2020 年“可再生能源与氢能技术”重点专项“碱性聚电解质膜制备技术及应用”、2021 年“高端功能与智能材料”重点专项“高性能电驱动离子膜制备技术及应用示范（示范应用）”、2022 年“高端功能与智能材料”重点专项“一 / 二价高选择性的离子交换膜制备及应用技术（共性关键技术）”及“高性能非氟质子交换膜关键技术（共性关键技术类）”。

均相离子交换膜未来发展方向应围绕“双碳”远景目标展开，开发高离子电导、低电阻、高稳定、低成本、大宽幅的均相离子交换膜材料，解决化学化工行业碳排放问题，稳步提升物质传递及能量转化效率，精准合成制造服务于新化工产业的高性能均相离子交换膜材料，具体包括：电渗析用高性能均相离子交换膜材料及产酸 / 产碱用双极膜材料；用于碱性电解水制氢、碱性膜燃料电池、碱性膜电化学合成氨、碱性膜直接氨燃料电池、二氧化碳电化学还原的先进碱性离子交换膜；用于特种分离行业物料精准分离的高性能一 / 多价离子交换膜；用于酸性电解水制氢、燃料电池、液流电池的非氟质子交换膜；用于液流电池储能、海洋盐差能转化、同位素精准分离的高性能自具微孔离子膜。在未来，随着核能、清洁生产、液流电池、电子级高端化学品等持续发展，$^{6}$Li/$^{7}$Li、H/D/T 等同位素分离，K/Na、F/Cl 等特种分离需求会越来越旺盛。而高性能的离子膜材料，有望发挥更加重要的作用。因此，开发面向同位素分离、海水提铀、特种离子选择性透过膜的新型膜材料，是未来离子交换膜的重要发展方向。

今后均相离子交换膜的开发既要对现有技术进行改进，又要寻找新的成膜方法和新膜材料，系列化是均相膜开发的必然趋势，制定离子膜及其设备的行业标准也是亟须解决的重要问题。此外，未来膜技术的发展还要综合考虑与之相辅相成的组件设计及应用过程的研究，即离子膜的制备要面向其实际应用进行设计，实现量体裁衣。此外，在开发高性能均相离子交换膜的同时，还需特别重视膜组器件开发及应用过程的研究。针对离子交换膜特性，设计开发专用离子膜器件：①借助计算机模拟，开发结构仿生的膜堆垫片，优化流体在膜堆内的进料分布，实现流体流线在腔室内部的均一分布，有效降低流体流动阻力，减少压力降及泵耗损失；②借助 3D 打印、光固化成型、等离子体刻蚀、微纳加工等先进技术手段，制造“框架式”格网，优化流体流场分布，调控流体扰动，降低膜与溶液界面层厚度，有效解决膜面与溶液界面间的浓差极化共性问题，针对不同的应用场景，缓解过程运行时的水渗透、降低传质阻力、提升极限电流密度；③基于微纳加工平台，开发芯片、膜材料、催化材料复合的微流控膜芯片技术，实现物质转化与能量转化的协同耦合；④基于量子化学计算与机器学习技术，开发集智能合成、原位表征、智能采集、智能响应为一体的先进智能膜器件。同时，通过构建 AI 管控系统，互联智能合成云数据库，将离子膜器件与前端进料单元及后端后处理单元高效匹配，实现化学化工过程的智能化、集约化、低碳化。

总之，需深入理解均相离子交换膜材料开发、生产及应用过程中的科学问题、技术问题及工程问题，紧密围绕国家产业需求，通过化工新材料开发、产业技术升级、过程系统耦合等多学科、多领域的交叉融合，努力解决我国的“卡脖子”技术问题，助力实现“碳减排、碳达峰”远景目标。

# 参考文献

[1] 李基森，许景文，徐文耀. 离子交换膜及其应用 [M]. 北京：科学出版社，1977.

[2] 王振坤. 离子交换膜——制备、性能及应用 [M]. 北京：化学工业出版社，1985.

[3] Hideo K, Tsuzura K, Shimizu H. Ion exchange membranes [M]. Berlin: Walter de Gruyter, 1991.

[4] Risen J W. Applications of ionomers [M]. New Jersey: CRC Press, 1996.

[5] Strathmann H. Electrodialysis and related processes [M]. Elesevier Science BV, 1995.

[6] 徐子昂，万磊，刘凯，王保国. 高稳定碱性离子膜分子设计研究进展 [J]. 化工学报，2021, 72(8): 3891-906.

[7] 王湛. 膜分离技术基础 [M]. 北京：化学工业出版社，2000.

[8] Ostwald W. Elektrische eigenschaften halbdurchlässiger scheidewände [J]. Zeitschrift für Physikalische Chemie, 1890, 6(1): 71-82.

[9] Donnan F G, Allmand A J. CLXXXI.——Onic equilibria across semi-permeable membranes [J]. Journal of the Chemical Society, Transactions, 1914, 105: 1941-1963.

[10] Michaelis L, Fujita A. The electric phenomen and ion permeability of membranes. Ⅱ. Permeability of apple peel [J]. Biochem Z, 1925,158: 28-37.

[11] Sollner K. On mosaic membranes [J]. Biochemische Zeitschrift, 1932, 244: 370.

[12] Duncan J, Lister B. Ion exchange [J]. Quarterly Reviews, Chemical Society, 1948, 2(4): 307-348.

[13] Meyer K H, Strauss H. La perméabilité des membranes Ⅵ. Sur le passage du courant electrique a travers des membranes sélectives [J]. Helvetica Chimica Acta, 1940, 23(1): 795-800.

[14] Juda W, McRae W A. Coherent ion-exchange gels and membranes [J]. Journal of the American Chemical Society, 1950, 72(2): 1044.

[15] Winger A G, Bodamer G W, Kunin R. Some electrochemical properties of new synthetic ion exchange membranes [J]. Journal of The Electrochemical Society, 1953, 100(4): 178.

[16] Nishiwaki T. Industrial process with membranes [M]. New York: Wiley-Interscience, 1972.

[17] Veerman J, Saakes M, Metz S J, et al. Reverse electrodialysis: evaluation of suitable electrode systems [J]. Journal of Applied Electrochemistry, 2010, 40(8): 1461-1474.

[18] Grot W G. Nafion®membrane and its applications [M]. Electrochemistry in Industry Springer, 1982: 73-87.

[19] Chlanda F P, Lee L T C, Liu K J. Bipolar membranes and method of making same: US4116889[P]. 1979-09-26.

[20] Bishop H, Bittles J, Guter G. Investigation of inorganic ion exchange membranes for electrodialysis [J]. Desalination, 1969, 6(3): 369-380.

[21] Bregman J, Braman R. Inorganic ion exchange membranes [J]. Journal of Colloid Science, 1965, 20(9): 913-922.

[22] Srivastava S, Jain A, Agrawal S, et al. Studies with inorganic ion-exchange membranes [J]. Talanta, 1978, 25(3): 157-159.

[23] Kogure M, Ohya H, Paterson R, et al. Properties of new inorganic membranes prepared by metal alkoxide methods Part Ⅱ: New inorganic-organic anion-exchange membranes prepared by the modified metal alkoxide methods with silane coupling agents [J]. Journal of Membrane Science, 1997, 126(1): 161-169.

[24] Ohya H, Masaoka K, Aihara M, et al. Properties of new inorganic membranes prepared by metal alkoxide methods. Part Ⅲ: New inorganic lithium permselective ion exchange membrane [J]. Journal of Membrane Science, 1998, 146(1): 9-13.

[25] Ohya H, Paterson R, Nomura T, et al. Properties of new inorganic membranes prepared by metal alkoxide

methods Part Ⅰ: A new permselective cation exchange membrane based on Si/Ta oxides [J]. Journal of Membrane Science, 1995, 105(1-2): 103-112.

[26] Xu T W. Ion exchange membranes: State of their development and perspective [J]. Journal of Membrane Science, 2005, 263(1-2): 1-29.

[27] Huang C, Xu T, Zhang Y, et al. Application of electrodialysis to the production of organic acids: State-of-the-art and recent developments [J]. Journal of Membrane Science, 2007, 288(1-2): 1-12.

[28] 叶婴齐，李仲钦. 我国离子交换膜发展概况 [J]. 水处理技术，1990, 16(2): 5.

[29] 江维达，李东. 离子交换网膜制法及用途：CN87104382[P]. 1988.

[30] 胡科研. 非均相离子交换膜的制备和表征 [D]. 合肥：中国科学技术大学 , 2004.

[31] 鲁仁成. 袋状离子交换膜电极室：CN87208091U[P/OL]. 1987-12-30.

[32] 袁业明. 新型异相离子交换膜的开发 [J]. 水处理技术，1995, 21(3): 3.

[33] 谭春红，杨向民. HF 高性能电渗析器用离子交换膜介绍 [J]. 膜科学与技术，1996, 16(2): 5.

[34] Olah G A. Beyond oil and gas: The methanol economy [J]. Angewandte Chemie International Edition, 2005, 44(18): 2636-2639.

[35] Couture G, Alaaeddine A, Boschet F, et al. Polymeric materials as anion-exchange membranes for alkaline fuel cells [J]. Progress Polymer Science, 2011, 36(11): 1521-1557.

[36] 葛倩倩. 面向碱性燃料电池的阴离子交换膜结构设计及性能调控 [D]. 合肥：中国科学技术大学，2017.

[37] 衣宝廉. 燃料电池的原理、技术状态与展望 [J]. 电池工业，2003, (01): 16-22.

[38] 张世敏，张无敌，尹芳，等. 21 世纪的绿色新能源——燃料电池 [J]. 科技创新导报，2008, (18): 116-117.

[39] Lin B Y, Kirk D W, Thorpe S J. Performance of alkaline fuel cells: A possible future energy system? [J]. Journal of Power Sources, 2006, 161(1): 474-483.

[40] Matsumoto K, Fujigaya T, Yanagi H, et al. Very high performance alkali anion-exchange membrane fuel cells [J]. Advanced Functional Materials, 2011, 21(6): 1089-1094.

[41] Kruusenberg I, Matisen L, Shan Q, et al. Non-platinum cathode catalysts for alkaline membrane fuel cells [J]. International Journal of Hydrogen Energy, 2012, 37(5): 4406-4412.

[42] Merle G, Wessling M, Nijmeijer K. Anion exchange membranes for alkaline fuel cells: A review [J]. Journal of Membrane Science, 2011, 377(1): 1-35.

[43] Wang J, Zhao Z, Gong F, et al. Synthesis of soluble poly (arylene ether sulfone) ionomers with pendant quaternary ammonium groups for anion exchange membranes [J]. Macromolecules, 2009, 42(22): 8711-8717.

[44] Guo M, Fang J, Xu H, et al. Synthesis and characterization of novel anion exchange membranes based on imidazolium-type ionic liquid for alkaline fuel cells [J]. Journal of Membrane Science, 2010, 362(1-2): 97-104.

[45] Liu L, Li Q, Dai J, et al. A facile strategy for the synthesis of guanidinium-functionalized polymer as alkaline anion exchange membrane with improved alkaline stability [J]. Journal of Membrane Science, 2014, 453: 52-60.

[46] Fang J, Wu Y, Zhang Y, et al. Novel anion exchange membranes based on pyridinium groups and fluoroacrylate for alkaline anion exchange membrane fuel cells [J]. International Journal of Hydrogen Energy, 2015, 40(36): 12392-12399.

[47] Liu Y, Zhang B, Kinsinger C L, et al. Anion exchange membranes composed of a poly (2, 6-dimethyl-1, 4-phenylene oxide) random copolymer functionalized with a bulky phosphonium cation [J]. Journal of Membrane Science, 2016, 506: 50-59.

[48] Hossain M A, Jang H, Sutradhar S C, et al. Novel hydroxide conducting sulfonium-based anion exchange membrane for alkaline fuel cell applications [J]. International Journal of Hydrogen Energy, 2016, 41(24): 10458-10465.

[49] Cheng J, He G, Zhang F. A mini-review on anion exchange membranes for fuel cell applications: Stability issue and addressing strategies [J]. International Journal of Hydrogen Energy, 2015, 40(23): 7348-7360.

[50] Deavin O I, Murphy S, Ong A L, et al. Anion-exchange membranes for alkaline polymer electrolyte fuel cells: Comparison of pendent benzyltrimethylammonium-and benzylmethylimidazolium-head-groups [J]. Energy & Environmental Science, 2012, 5(9): 8584-8597.

[51] 卢善富，彭思侃，相艳. 双极界面聚合物膜燃料电池研究进展 [J]. 物理化学学报，2016, 32(08): 1859-1865.

[52] Li Y, Lin X C, Wu L, et al. Quaternized membranes bearing zwitterionic groups for vanadium redox flow battery through a green route [J]. Journal of Membrane Science, 2015, 483: 60-69.

[53] Ding C, Zhang H M, LI X F, et al. Vanadium flow battery for energy storage: Prospects and challenges [J]. Journal of Physical Chemistry Letters, 2013, 4(8): 1281-1294.

[54] Kear G, Shan A A, Walsh F C. Development of the all-vanadium redox flow battery for energy storage: A review of technological, financial and policy aspects [J]. International Journal of Energy Research, 2012, 36(11): 1105-1120.

[55] 刘亚华. 中性水系有机液流电池关键材料的设计与性能研究 [D]. 合肥：中国科学技术大学 , 2020.

[56] Lin K X, Chen Q, Gerhardt M R, et al. Alkaline quinone flow battery [J]. Science, 2015, 349(6255): 1529-1532.

[57] Huskinson B, Marshak M P, Suh C, et al. A metal-free organic-inorganic aqueous flow battery [J]. Nature, 2014, 505(7482): 195-198.

[58] Janoschka T, Martin N, Martin U, et al. An aqueous, polymer-based redox-flow battery using non-corrosive, safe, and low-cost materials [J]. Nature, 2015, 527(7576): 78-81.

[59] Liu T, Wei X, Nie Z, et al. A total organic aqueous redox flow battery employing a low cost and sustainable methyl viologen anolyte and 4-HO-TEMPO catholyte [J]. Advanced Energy Materials, 2016, 6(3): 1501449.

[60] Debruler C, Hu B, Moss J, et al. Designer two-electron storage viologen anolyte materials for neutral aqueous organic redox flow batteries [J]. Chem, 2017, 3(6): 961-978.

[61] Hollas A, Wei X, Murugesan V, et al. A biomimetic high-capacity phenazine-based anolyte for aqueous organic redox flow batteries [J]. Nature Energy, 2018, 3(6): 508-514.

[62] Lin K, Gomez-bombarelli R, Beh E S, et al. A redox-flow battery with an alloxazine-based organic electrolyte [J]. Nature Energy, 2016, 1(9): 1-8.

[63] Orita A, Verde M G, Sakai M, et al. A biomimetic redox flow battery based on flavin mononucleotide [J]. Nature Communications, 2016, 7(1): 1-8.

[64] Zhu Y, Yang F, Niu Z, et al. Enhanced cyclability of organic redox flow batteries enabled by an artificial bipolar molecule in neutral aqueous electrolyte [J]. Journal of Power Sources, 2019, 417: 83-89.

[65] Winsberg J, Stolze C, Muench S, et al. TEMPO/phenazine combi-molecule: A redox-active material for symmetric aqueous redox-flow batteries [J]. ACS Energy Letters, 2016, 1(5): 976-980.

[66] Janoschka T, Friebe C, Hager M D, et al. An approach toward replacing vanadium: A single organic molecule for the anode and cathode of an aqueous redox-flow battery [J]. Chemistry Open, 2017, 6(2): 216.

[67] Zuo P P, Li Y Y, Wang A, et al. Sulfonated microporous polymer membranes with fast and selective ion transport for electrochemical energy conversion and storage [J]. Angewandte Chemie International Edition, 2020, 132(24): 9651-9660.

[68] 左培培. 自具微孔聚合物阳离子交换膜的制备及应用 [D]. 合肥：中国科学技术大学 , 2020.

[69] Carmo M, Fritz D L, Mergel J, et al. A comprehensive review on PEM water electrolysis [J]. International Journal of Hydrogen Energy, 2013, 38(12): 4901-4934.

[70] Klose C, Saatkamp T, Munchinger A, et al. All-hydrocarbon MEA for PEM water electrolysis combining low hydrogen crossover and high efficiency [J]. Advanced Energy Materials, 2020, 10(14): 1903995.

[71] 陈霞. 盐差能的电膜法储存及转化机理研究 [D]. 合肥：中国科学技术大学，2020.

[72] Yip N Y, Elimelech M. Thermodynamic and energy efficiency analysis of power generation from natural salinity gradients by pressure retarded osmosis [J]. Environmental Science & Technology, 2012, 46(9): 5230-5239.

[73] Lee K P, Arnot T C, Mattla D. A review of reverse osmosis membrane materials for desalination——Development to date and future potential [J]. Journal of Membrane Science, 2011, 370(1-2): 1-22.

[74] Chou S, Wang R, Shi L, et al. Thin-film composite hollow fiber membranes for pressure retarded osmosis (PRO) process with high power density [J]. Journal of Membrane Science, 2012, 389: 25-33.

[75] Post J W, Hamelers H V, Buisman C J. Energy recovery from controlled mixing salt and fresh water with a reverse electrodialysis system [J]. Environmental Science & Technology, 2008, 42(15): 5785-5790.

[76] Veerman J, Saakes M, Metz S, et al. Reverse electrodialysis: A validated process model for design and optimization [J]. Chemical Engineering Journal, 2011, 166(1): 256-268.

[77] Tufa R A, Pawlowski S, Veerman J, et al. Progress and prospects in reverse electrodialysis for salinity gradient energy conversion and storage [J]. Applied Energy, 2018, 225: 290-331.

[78] Liu F, Schaetzle O, Sales B B, et al. Effect of additional charging and current density on the performance of capacitive energy extraction based on Donnan Potential [J]. Energy & Environmental Science, 2012, 5(9): 8642-8650.

[79] Brogioli D, Zhao R, Biesheuvel P. A prototype cell for extracting energy from a water salinity difference by means of double layer expansion in nanoporous carbon electrodes [J]. Energy & Environmental Science, 2011, 4(3): 772-777.

[80] Olsson M, Wick G L, Isaacs J D. Salinity gradient power: Utilizing vapor pressure differences [J]. Science, 1979, 206(4417): 452-454.

[81] Brauns E. Salinity gradient power by reverse electrodialysis: Effect of model parameters on electrical power output [J]. Desalination, 2009, 237(1-3): 378-391.

[82] 王凤霞. 全氟磺酸离子交换膜的制备 [D]. 北京：北京化工大学，2007.

[83] Kumar A, Phillips K R, Thiel G P, et al. Direct electrosynthesis of sodium hydroxide and hydrochloric acid from brine streams [J]. Nature Catalysis, 2019, 2(2): 106-113.

[84] Kumar A, Phillips K R, Cai J, et al. Integrated valorization of desalination brine through NaOH recovery: Opportunities and challenges [J]. Angewandte Chemie International Edition, 2019, 58(20): 6502-6511.

[85] Han X Z, Yan X, Wang X Y, et al. Preparation of chloride-free potash fertilizers by electrodialysis metathesis [J]. Separation and Purification Technology, 2018, 191: 144-152.

[86] Wang Y, Wang X, Yan H, et al. Bipolar membrane electrodialysis for cleaner production of N-methylated glycine derivative amino acids [J]. AIChE Journal, 2020, 66(11): e17023.

[87] Yan J, Yan H, Wang H, et al. Bipolar membrane electrodialysis for clean production of L-10 camphorsulfonic acid: From laboratory to industrialization [J]. AIChE Journal, 2021, e17490.

[88] 刘贤杰，陈福明. 电渗析技术在酱油脱盐中的应用 [J]. 中国调味品，2004 (04): 17-21.

[89] Fidaleo M, Moresi M, Cammaroto A, et al. Soy sauce desalting by electrodialysis [J]. Journal of Food Engineering, 2012, 110(2): 175-181.

[90] 葛少林，张召，颜海洋，等. 电渗析用于烟草薄片中氯离子和硝酸根离子选择性去除研究 [J]. 安徽化工，2020, 46(04): 19-24.

[91] Yao Y, Wang J, Shahid U B, et al. Electrochemical synthesis of ammonia from nitrogen under mild conditions: Current status and challenges [J]. Electrochemical Energy Reviews, 2020, 3(2): 239-270.

[92] Jiao F, Xu B J. Electrochemical ammonia synthesis and ammonia fuel cells [J]. Advanced Materials, 2019, 31: 1805173.

[93] Kong J, Lim A, Yoon C, et al. Electrochemical synthesis of $NH_3$ at low temperature and atmospheric pressure using a $\gamma$-$Fe_2O_3$ catalyst [J]. ACS Sustainable Chemistry & Engineering, 2017, 5: 10986-10995.

[94] Li T, Lees E W, Goldman M, et al. Electrolytic conversion of bicarbonate into CO in a flow cell [J], Joule, 2019, 3: 1487-1497.

# 第二章

# 基础理论及表征方法

第一节　均相离子交换膜技术基本原理 / 052

第二节　离子交换膜基本参数及表征 / 073

第三节　面向能源应用领域离子交换膜的参数及表征 / 080

# 第一节
# 均相离子交换膜技术基本原理

本章主要介绍离子交换膜分离技术的基本原理，如唐南（Donnan）平衡理论、能斯特 - 普朗克（Nernst-Planck）扩散学说和索尔纳（Sollner）双电层理论，并对电渗析工程的一些理论和极限现象如过程极化现象和离子交换膜表面水解离现象进行阐述。

## 一、Donnan平衡理论

### 1．Donnan 平衡理论的描述

Donnan 平衡理论最早用于解释离子交换树脂和电解质之间离子相互平衡的关系。实际上，离子交换膜是片状的离子交换树脂，所以常用这一理论解释膜的选择透过性机理 [1]。

将固定活性基团离子浓度为$\bar{C}_R$的离子交换膜浸没在浓度为 $C$ 的电解质溶液中，离子交换膜的膜相内会解离出与固定交换基团平衡的反离子，反离子扩散到液相中，同时溶液中的电解质离子也扩散到膜相，从而发生离子交换反应 [2]。以阳离子交换膜为例，其置于电解质溶液中的情况如图 2-1 所示，$\bar{C}_R$为膜相固定交换基团 $SO_3^-$ 的浓度。离子经一段时间的扩散迁移之后，整个体系最后达到动态平衡，这个平衡被称为 Donnan 平衡。也就是膜内外离子会以相同的迁移速度不断地进行扩散，并且各种离子浓度保持不变的过程。该平衡理论研究的是当膜 - 液体系达到平衡时，各种离子在膜内外浓度的分配关系。

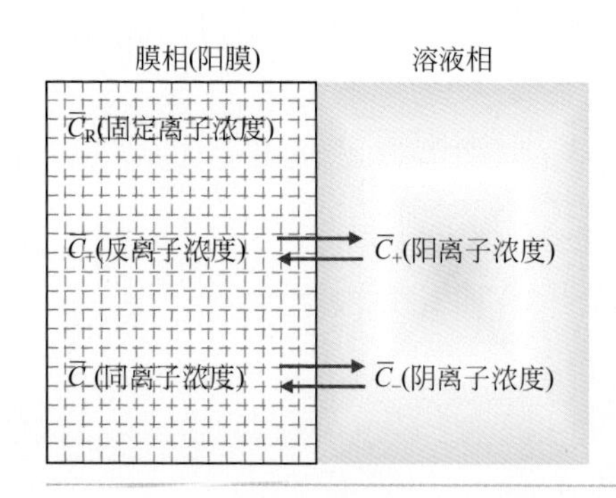


图2-1
阳膜-溶液体系离子平衡

如果只考虑电解质，当离子交换膜与外界溶液处于平衡时，离子在膜相的化

学位$\bar{\mu}$与溶液相的化学位 $\mu$ 相等，

$$\mu = \bar{\mu} \tag{2-1}$$

假设膜 - 液之间不存在温度差与压力差，并把液相和膜相中的活度 $\alpha$、$\bar{\alpha}$看作相等，则：

$$\mu_0 + RT\ln\alpha = \bar{\mu}_0 + RT\ln\bar{\alpha} \tag{2-2}$$

对电解质来说，定义：

$$\alpha = (\alpha_+)^{v_+}(\alpha_-)^{v_-} \tag{2-3}$$

式中，$v_+$ 为电解质是 1mol 时完全解离的阳离子价态；$v_-$ 为电解质是 1mol 时完全解离的阴离子价态。

Donnan 平衡式可写成：

$$(\alpha_+)^{v_+}(\alpha_-)^{v_-} = (\bar{\alpha}_+)^{v_+}(\bar{\alpha}_-)^{v_-} \tag{2-4}$$

为了分析简化，假设膜相和液相中的离子活度系数均为 1，并以离子浓度代替活度，对 I—I 价电解质而言：

$$v_+ = v_- = 1$$

则

$$C^2 = (C_+)(C_-) = (\bar{C}_+)(\bar{C}_-) \tag{2-5}$$

由于膜相内的离子浓度会满足电中性的要求，对于阳膜，

$$\bar{C}_+ = \bar{C}_- + \bar{C}_R \tag{2-6}$$

从式（2-5）、式（2-6）中分别解得

$$\bar{C}_+ = \left[\left(\frac{\bar{C}_R}{2}\right)^2 + C^2\right]^{1/2} + \frac{\bar{C}_R}{2} \tag{2-7}$$

$$\bar{C}_- = \left[\left(\frac{\bar{C}_R}{2}\right)^2 + C^2\right]^{1/2} - \frac{\bar{C}_R}{2} \tag{2-8}$$

由于离子交换膜中活性基团的浓度可达到 3 ～ 5mol/L，显然，$\bar{C}_+ > \bar{C}_-$，也就是对阳膜而言，膜内可解离的阳离子浓度大于阴离子浓度。

**2．Donnan 平衡对膜选择透过性的解释**

膜的选择透过性用离子迁移数来解释说明。离子在膜中的迁移数$\bar{t}$和离子在自由溶液中的迁移数 $t$ 的概念相同。它是反映膜对某种离子选择透过数量多少的一个物理量。某种离子在膜中的迁移数是指该种离子透过膜迁移电量占全部离子（反离子和同名离子）透过膜迁移总电量之比。假设当膜内阴、阳离子的淌度相等时，迁移数可用该种离子浓度来表示（也可用它们所迁移的电量来表示）[1]。

则阳离子在阳膜中的迁移数：

$$\bar{t}_{+}=\bar{C}_{+}/(\bar{C}_{+}+\bar{C}_{-}) \quad (2\text{-}9)$$

阴离子在阳膜中的迁移数：

$$\bar{t}_{-}=\bar{C}_{-}/(\bar{C}_{+}+\bar{C}_{-}) \quad (2\text{-}10)$$

$$\frac{\bar{t}_{+}}{\bar{t}_{-}}=\frac{\bar{C}_{+}}{\bar{C}_{-}} \quad (2\text{-}11)$$

$$\frac{\bar{t}_{+}}{\bar{t}_{-}}=\frac{\left[\left(\frac{\bar{C}_{\mathrm{R}}}{2}\right)^{2}+C^{2}\right]^{1/2}+\frac{\bar{C}_{\mathrm{R}}}{2}}{\left[\left(\frac{\bar{C}_{\mathrm{R}}}{2}\right)^{2}+C^{2}\right]^{1/2}-\frac{\bar{C}_{\mathrm{R}}}{2}} \quad (2\text{-}12)$$

显然，$\bar{t}_{+}>\bar{t}_{-}$，即对阳膜来说，阳离子在膜内的迁移数大于阴离子在膜内的迁移数。

当$\bar{C}_{\mathrm{R}}\gg C$时，对于阳膜

$$\frac{\bar{C}_{+}}{\bar{C}_{-}}\to\infty,\ \bar{t}_{+}\approx 1$$

当$\bar{C}_{\mathrm{R}}=0$时，$\frac{\bar{C}_{+}}{\bar{C}_{-}}\to\infty$，阴阳两种离子具有相同的迁移数（50%）。

因此，可得出如下结论：

① 膜对反离子的选择透过性随着离子交换膜的固定活性基浓度增加而升高；

② 膜对反离子的选择透过性随着离子交换膜外的溶液浓度降低而升高；

③ 由于 Donnan 平衡，膜相中会发生同离子泄漏，离子交换膜的选择透过性小于 100%；

④ 电渗析能够实现脱盐或浓缩，主要是利用电解质离子在溶液相与膜相中迁移数的差。

## 二、传质过程理论

离子通过离子交换膜的传质过程包括三种传质，分别是对流传质、扩散传质和电迁移传质。靠流体微团的对流传质主要发生在隔室中的主体溶液和扩散边界层之间。扩散传质主要发生在离子在膜两侧的扩散边界层中。电迁移传质主要是离子通过离子交换膜传递。扩散传质是控制电渗析传质速率的主要因素。在主体溶液和扩散边界层中，同样存在由溶液中离子迁移数所支配的离子发生的电迁移

过程。在传质的稳定状态下，垂直于膜面的离子速率相等[2]。

### 1．对流传质

对流传质通常包括因温度差、浓度差，以及重力场作用引起的自然对流和机械搅拌引起的强制对流传质。如果仅考虑强制对流，可由以下公式表示离子 $i$ 在 $x$ 方向，即垂直于膜面方向上的对流传质速率[3]，见式（2-13）：

$$J_{i(c)} = C_i V_x \tag{2-13}$$

式中 $J_{i(c)}$——离子$i$在$x$方向上的对流传质速率，$mol/(cm^2 \cdot s)$；

$C_i$——溶液中离子 $i$ 的浓度，$mol/cm^3$；

$V_x$——流体在 $x$ 方向上的平均流速，取流体重心的运动速率，cm/s。

### 2．扩散传质

溶液中某一组分存在浓度梯度时，将会产生化学位梯度。在该化学位梯度的驱动下离子 $i$ 在 $x$ 方向上的扩散速率，见式（2-14）：

$$J_{i(d)} = -C_i U_i \frac{\mathrm{d}\mu_i}{\mathrm{d}x} \tag{2-14}$$

式中 $J_{i(d)}$——在化学位梯度作用下，离子$i$在$x$方向上的扩散速率，$mol/(cm^2 \cdot s)$；

$U_i$——溶液中离子 $i$ 的淌度（又称扩散淌度），$(mol \cdot cm^2)/(J \cdot s)$；

$\frac{\mathrm{d}\mu_i}{\mathrm{d}x}$——离子 $i$ 在 $x$ 方向上的化学位梯度，$J/(mol \cdot cm)$；

对于实际溶液，离子 $i$ 的化学位，见式（2-15）：

$$\mu_i = \mu_i^{\ominus} + RT\ln\alpha_i = \mu_i^{\ominus} + RT(\ln C_i + \ln f_i) \tag{2-15}$$

式中 $\mu_i$——离子$i$的化学位，J/mol；

$\mu_i^{\ominus}$——离子 $i$ 的标准化学位，J/mol；

$R$——气体常数，$R$=8.314J/(mol·K)；

$T$——溶液的热力学温度，K；

$\alpha_i$——溶液中离子 $i$ 的活度；

$C_i$——离子 $i$ 的体积摩尔浓度，mol/L；

$f_i$——离子 $i$ 的活度系数。

将式（2-15）微分

$$\frac{\mathrm{d}\mu_i}{\mathrm{d}x} = RT\frac{\mathrm{d}\ln\alpha_i}{\mathrm{d}x} = RT\left(\frac{\mathrm{d}\ln C_i}{\mathrm{d}x} + \frac{\mathrm{d}\ln f_i}{\mathrm{d}x}\right) = \frac{RT}{C_i}\left(\frac{\mathrm{d}C_i}{\mathrm{d}x} + C_i\frac{\mathrm{d}\ln f_i}{\mathrm{d}x}\right) \tag{2-16}$$

扩散淌度和扩散系数关系的能斯特 - 爱因斯坦方程，见式（2-17）：

$$U_i = \frac{D_i}{RT} \tag{2-17}$$

式中，$D_i$ 为离子 $i$ 的扩散系数，$cm^2/s$。

将式（2-16）、式（2-17）代入式（2-14），可得：

$$J_{i(d)}=-D_i\left(\frac{dC_i}{dx}+C_i\frac{d\ln f_i}{dx}\right) \quad (2\text{-}18)$$

显然，若是理想溶液，因为$f_i$=1，则扩散速率式（2-18）就变成Fick第一定律的形式：

$$J_{i(d)}=-D_i\frac{dC_i}{dx} \quad (2\text{-}19)$$

### 3．电迁移传质

在电位梯度产生的电场力的作用下，正负离子朝着相反的方向运动。因此，正、负离子在 $x$ 方向上的迁移速率分别见式（2-20）：

$$\left.\begin{aligned}J_+&=-C_+U_+'\frac{d\psi}{dx}\\J_-&=-C_-U_-'\frac{d\psi}{dx}\end{aligned}\right\} \quad (2\text{-}20)$$

式中　$J_+$和$J_-$——在电位梯度的作用下，正离子和负离子的迁移速率，$mol/(cm^2 \cdot s)$；

$C_+$ 和 $C_-$——正离子和负离子的浓度，mol/L；

$U_+'$ 和 $U_-'$——正离子和负离子的电化学淌度，$cm^2/(V \cdot s)$；

$\psi$——电位，V；

$x$——$x$ 方向上的距离，cm。

理想状态下的溶液可用能斯特 - 爱因斯坦方程描述淌度与扩散系数之间关系的变换形式，见式（2-21）：

$$U_+'=\frac{D_+F}{RT}z_+,\ U_-'=\frac{D_-F}{RT}z_- \quad (2\text{-}21)$$

式中　$D_+$和$D_-$——正离子和负离子的扩散系数，$cm^2/s$；

$z_+$ 和 $z_-$——正离子和负离子的价数。

将式（2-21）分别代入式（2-20），得

$$J_+=-C_+\frac{D_+F}{RT}z_+\frac{d\psi}{dx} \quad (2\text{-}22)$$

$$J_-=-C_-\frac{D_-F}{RT}z_-\frac{d\psi}{dx} \quad (2\text{-}23)$$

将正离子或负离子的价态（正离子取正值，负离子取负值）以 $z_i$ 表示，则上式为：

$$J_{i(e)} = -z_i C_i \frac{D_i F}{RT} \times \frac{\mathrm{d}\psi}{\mathrm{d}x} \quad (2\text{-}24)$$

## 4. Nernst-Planck 离子渗透速率方程

在考虑化学位梯度、电位梯度和流体对流三种情形都存在的情况下，离子 $i$ 的传质速率为：

$$J_i = J_{i(d)} + J_{i(e)} + J_{i(c)} = -D_i \left( \frac{\mathrm{d}C_i}{\mathrm{d}x} + z_i C_i \frac{F}{RT} \times \frac{\mathrm{d}\psi}{\mathrm{d}x} + C_i \frac{\mathrm{d}\ln f_i}{\mathrm{d}x} \right) + C_i V_x \quad (2\text{-}25)$$

对于理想溶液，式（2-25）可写为：

$$J_i = -D_i \left( \frac{\mathrm{d}C_i}{\mathrm{d}x} + z_i C_i \frac{F}{RT} \times \frac{\mathrm{d}\psi}{\mathrm{d}x} \right) + C_i V_x \quad (2\text{-}26)$$

如果考虑在三维空间中离子的传递，则其计算通式，见式（2-27）：

$$J_i = J_x + J_y + J_z = -D_i \left( \nabla C_i + z_i C_i \frac{F}{RT} \nabla \psi + C_i \nabla \mathrm{d} \ln f_i \right) + C_i V_{\mathrm{m}} \quad (2\text{-}27)$$

式中，$\nabla$ 为梯度符号；$V_{\mathrm{m}}$ 为流体重心的速度，cm/s；其他符号同前。

对于离子在膜相内部的传质，一般仅考虑在垂直于膜面方向上的一维传质情况。由式（2-27）得式（2-28）：

$$\overline{J}_i = -D_i \left( \frac{\mathrm{d}\overline{C}_i}{\mathrm{d}x} + z_i \overline{C}_i \frac{F}{RT} \times \frac{\mathrm{d}\psi}{\mathrm{d}x} + \overline{C}_i \frac{\mathrm{d}\ln \overline{f}_i}{\mathrm{d}x} \right) + \overline{C}_i \overline{V}_x \quad (2\text{-}28)$$

式中 $\overline{J}_i$——离子$i$在离子交换膜内的传质速率，mol/(cm$^2$ · s)；
$D_i$——离子 $i$ 在膜内的扩散系数，cm$^2$/s；
$\overline{C}_i$——离子 $i$ 在膜相中的浓度，mol/L；
$\overline{f}_i$——离子 $i$ 在膜相中的活度系数；
$\overline{V}_x$——在离子交换膜微孔中，液体重心的运动速度，cm/s；
$\psi$——电位，V；
$x$——垂直于膜面方向上的距离，cm。

式（2-28）描述的是在电渗析过程中，离子在浓度梯度、电位梯度、流体对流影响下，离子一维传质速率的表达式，又称为 Nernst-Planck 方程。一般的电渗析过程中，不会发生化学反应。根据物质守恒原理，导出的物质的连续性方程式，见式（2-29）：

$$\frac{\partial C_i}{\partial t} + \mathrm{div}\overline{J}_i = 0 \quad (2\text{-}29)$$

式中 $t$——时间，s；
$\overline{J}_i$——离子 $i$ 的传质速率，mol/(cm$^2$ • s)；

$\mathrm{div}\overline{J}$——向量 $J_i$ 的散度。

因此，在稳定条件下，

$$\mathrm{div}\overline{J} = 0 \tag{2-30}$$

此外，电流密度 $i$ 与各种离子的传质速率的关系，见式（2-31）：

$$i = F\sum Z_i J_i \tag{2-31}$$

式中 $i$——电流密度，$A/cm^2$；

$F$——法拉第常数；

$Z_i$——离子 $i$ 的代数价；

$J_i$——离子 $i$ 的传质速率，$mol/(cm^2 \cdot s)$。

在离子交换膜中，各种离子满足电中性条件，见式（2-32）：

$$\sum Z_i \overline{C}_i + \omega \overline{C} = 0 \tag{2-32}$$

式中 $Z_i$——离子$i$的代数价；

$\overline{C}_i$——离子 $i$ 在膜内的浓度，mol/L；

$\overline{C}$——膜中固定活性基团的浓度，mol/L；

$\omega$——膜中固定活性基团电荷数。

式（2-27）、式（2-29）、式（2-31）、式（2-32）是描述电渗析离子传递过程的四种基本方程式。在处理电渗析离子交换膜传质过程中的某些理论问题时被广泛应用。

## 三、过程极化

在电渗析运行过程中，由于溶液中反离子的迁移数小于膜内反离子的迁移数，会造成淡化室中膜与溶液的界面处反离子供给短缺。接近于界面处的溶液浓度低于主体溶液浓度，形成了浓度差，因此在浓差力的作用下，反离子会从溶液主体向界面进行扩散迁移，以补充界面处离子的不足。但当继续增加电流达到离子交换膜承受的某一特定值时，离子扩散迁移的量达到最大值，与其在膜相电迁移的量持平，界面处的盐浓度趋于零，膜表面形成离子耗尽层，达到了一种“极限状态”。此时所施加的电流称为该膜的极限电流，而对应的电流密度称为极限电流密度 $i_{\mathrm{lim}}$。如果继续增加电流密度（即 $i>i_{\mathrm{lim}}$），则需增加界面层的电压降，从而加大离子的电迁移速度。当电压加到某一临界值电压时，离子交换膜在淡化室的表面会发生水解离，产生了大量的 $H^+$ 和 $OH^-$，这些离子的迁移形成超过极限的那部分电流，使得离子交换膜产生了极化现象，也就是浓差极化。浓差极化会对电渗析产生下列诸多不利的影响[2]。

（1）极化时，产生的水解离与 $H^+$ 和 $OH^-$ 的迁移会消耗一部分电能，使得电流效率下降。另外，产生的极化和沉淀反应会进一步增加膜堆电阻，两个方面均会增加能耗。

（2）当浓缩液与脱盐液的 pH 偏离中性（即“中性扰乱”）时，便可产生沉淀。例如，阴膜发生极化时，产生的 $OH^-$ 通过阴膜进入浓室。而由于 $Mg^{2+}$、$Ca^{2+}$ 等离子通过阳膜迁移，在浓缩室阴膜的界面处产生 $Mg^{2+}+2OH^-\rightarrow Mg(OH)_2\downarrow$ 沉淀。

（3）因沉淀结垢对膜自身会产生一些影响，不仅会使膜的交换容量（IEC）和选择透过性同时下降，也会改变膜的物理结构，导致膜表面机械强度下降，容易脆裂，膜电阻增大，从而缩短了膜的使用寿命。

为避免发生此类不良后果，须保证在极限电流密度以下运行电渗析实验，因此，膜的极化研究和极限电流密度的测试成为电渗析技术的核心问题之一。

### 1．极化电流公式的推导

界面层极限电流公式目前并不一致。例如，有文献认为，溶液界面层内正离子的电迁移量 $\frac{I}{F}t_+$ 加上正离子的扩散量 $D_+\frac{C_0-C_1}{\delta}$（或 $D_+\frac{\Delta C}{\delta}$）等于正离子在膜内的迁移量 $\frac{I}{F}\bar{t}_+$：

$$\frac{I}{F}\bar{t}_+=\frac{I}{F}t_++D_+\frac{\Delta C}{\delta}\tag{2-33}$$

如图 2-2，当 $C_1\rightarrow 0$ 时，$\Delta C=C_0$

$$i_{\lim}=\frac{FD_+}{(\bar{t}_+-t_+)}\times\frac{C_0}{\delta}\tag{2-34}$$

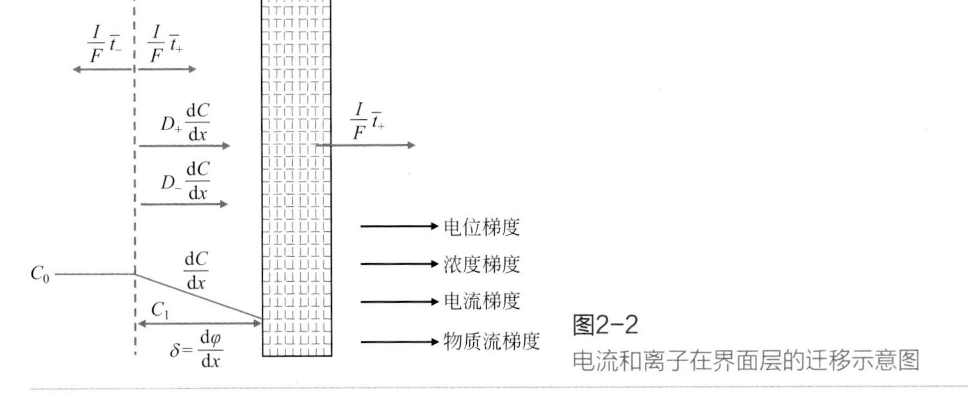


图2-2
电流和离子在界面层的迁移示意图

然而，此式未考虑负离子对正离子的电吸引作用。由于 $D_+$ 为单个正离子的扩散系数，而电解质是整体的扩散，电中性条件使得两种离子具有相同的扩散速度。

因此电吸引作用会对扩散较慢的离子起加速作用，对扩散较快的离子起阻滞作用。

现以Ⅰ—Ⅰ价电解质为例进行推导，见图 2-2，浓度$C_+ = C_- = C$

在溶液的界面层中正离子通过离子交换膜的通量为$J_{B^+}$

$$J_{B^+} = D_+\left(\frac{dC}{dx}+\frac{FC}{RT}\times\frac{\varphi}{dx}\right) \tag{2-35}$$

阴离子在电场力作用下的迁移方向与浓差作用下造成的物质流移动方向相反，故

$$J_{B^-} = D_-\left(\frac{dC}{dx}-\frac{FC}{RT}\times\frac{\varphi}{dx}\right) \tag{2-36}$$

对膜来说，正离子在膜内向右迁移，平衡时

$$\vec{J}_{m^+} = \vec{J}_{s^+} \tag{2-37}$$

负离子在膜内向左迁移，表示为：

$$\vec{J}_{m^+} = -\vec{J}_{s^+} \tag{2-38}$$

在膜内

$$\frac{\vec{J}_{m^+}}{\vec{J}_{m^-}} = \frac{\vec{t}_+}{\vec{t}_-} \tag{2-39}$$

所以

$$\frac{\vec{J}_{s^+}}{-\vec{J}_{s^-}} = \frac{\vec{t}_+}{\vec{t}_-} \tag{2-40}$$

$$\vec{J}_{s^+} = -\vec{J}_{s^-}\times\frac{\vec{t}_+}{\vec{t}_-} = D_-\left(\frac{dC}{dx}-\frac{FC}{RT}\times\frac{\varphi}{dx}\right) \tag{2-41}$$

$$\frac{dC}{dx}+\frac{J_s\bar{t}_-}{D_-\bar{t}_+} = \frac{FC}{RT}\times\frac{\varphi}{dx} \tag{2-42}$$

$$\begin{aligned}\vec{J}_{s^+} = \vec{J}_{m^+} &= D_+\left(\frac{dC}{dx}+\frac{dC}{dx}+\frac{\vec{J}_{s^+}\bar{t}_-}{D_-\bar{t}_+}\right)\\ &= 2D_+\frac{dC}{dx}+\frac{D_+\bar{t}_-}{D_-\bar{t}_+}\vec{J}_{s^+}\end{aligned} \tag{2-43}$$

移项后得：

$$\vec{J}_{s^+}\left(1-\frac{D_+\bar{t}_-}{D_-\bar{t}_+}\right) = 2D_+\frac{dC}{dx} \tag{2-44}$$

$\frac{D_+}{D_-}=\frac{t_+}{t_-}$，因为溶液中离子的扩散系数与迁移数成正比，因此，

$$\vec{J}_{s^+}=\vec{J}_{m^+}=\frac{2D_+}{1-\frac{t_+\bar{t}_-}{t_-\bar{t}_+}}\times\frac{\mathrm{d}C}{\mathrm{d}x} \tag{2-45}$$

又可化为：

$$\begin{aligned}\vec{J}_{m^+}&=\frac{2D_+t_-\bar{t}_+}{t_-\bar{t}_+-t_+\bar{t}_-}\times\frac{\mathrm{d}C}{\mathrm{d}x}\\&=\frac{2D_+t_-\bar{t}_+}{(1-t_+)\bar{t}_+-(1-\bar{t}_+)t_+}\times\frac{\mathrm{d}C}{\mathrm{d}x}\\&=\frac{2D_+t_-\bar{t}_+}{\bar{t}_+-t_+}\times\frac{\mathrm{d}C}{\mathrm{d}x}\end{aligned} \tag{2-46}$$

同理可导出：

$$\overleftarrow{J}_{m^-}=\frac{-2D_-\bar{t}_-t_+}{\bar{t}_--t_-}\times\frac{\mathrm{d}C}{\mathrm{d}x} \tag{2-47}$$

对于溶液中Ⅰ—Ⅰ价电解质的扩散系数

$$D_\pm=\frac{2D_+D_-}{D_++D_-} \tag{2-48}$$

$$\frac{D_-}{D_++D_-}=\frac{1}{\frac{D_+}{D}+1}=\frac{1}{\frac{t_+}{t}+1}=t_- \tag{2-49}$$

$$D_\pm=2D_+t_- \tag{2-50}$$

同理：

$$D_\pm=2D_-t_+ \tag{2-51}$$

式（2-50）代入式（2-46），得：

$$\vec{J}_{m^+}=\frac{D_\pm\bar{t}_+}{\bar{t}_+-t_+}\times\frac{\mathrm{d}C}{\mathrm{d}x} \tag{2-52}$$

式（2-51）代入式（2-47），得：

$$\overleftarrow{J}_{m^-}=-\frac{D_\pm\bar{t}_-}{\bar{t}_--t_-}\times\frac{\mathrm{d}C}{\mathrm{d}x} \tag{2-53}$$

因为 $I=f\left(\vec{J}_{m^+}+\overleftarrow{J}_{m^-}\right)$

所以
$$I=\frac{FD_{\pm}\bar{t}_{+}}{\bar{t}_{+}-t_{+}}\times\frac{\mathrm{d}C}{\mathrm{d}x}+\frac{-FD_{\pm}\bar{t}_{-}}{\bar{t}_{-}-t_{-}}\times\frac{\mathrm{d}C}{\mathrm{d}x}$$
$$=\frac{FD_{\pm}}{\bar{t}_{+}-t_{+}}\times\frac{\mathrm{d}C}{\mathrm{d}x} \tag{2-54}$$

由此，导出阳膜的极限电流为：

$$i_{\lim}=\frac{FD_{\pm}}{\bar{t}_{+}-t_{+}}\times\frac{C_0}{\delta} \tag{2-55}$$

形式上与式（2-34）相似。但极限电流公式的扩散系数应该是电解质的扩散系数 $D_{\pm}$，而不是单个离子的扩散系数 $D_+$ 和 $D_-$，因为不同的 $D$ 计算结果将不一致，而尤其对非Ⅰ—Ⅰ价电解质。同理，可导出阴膜的极限电流公式

$$i_{\lim}=\frac{FD_{\pm}}{\bar{t}_{-}-t_{-}}\times\frac{C_0}{\delta} \tag{2-56}$$

可用式（2-57）计算电解质的扩散系数[4]：

$$D_{\pm}=\frac{(Z_{+}+|Z_{-}|)D_{+}D_{-}}{Z_{+}D_{+}+|Z_{-}|D_{-}} \tag{2-57}$$

式中，$Z$ 为离子的价数。

**2．极化现象的研究方法**

自 1956 年以来，已进行了不少关于膜的极化机理的研究。20 世纪 50 年代，Rosenberg（1957）研究了阴、阳膜的极化机理，结果表明：虽然理论上推测出阳离子交换膜在阴膜极化电流的 65% 处先发生极化作用，然而实验表明，在施加能使阴膜发生极化的电流密度下，可以忽略阳膜极化。翌年，内野哲也等通过研究发现，浸泡在 NaCl 溶液中的阴膜比阳膜更容易发生水解离，即使在阴膜极限电流密度的 10 ～ 15 倍的高电流密度下，阳膜的水解离依然不够明显。20 世纪 60 年代的妹尾学、山道武郎等证明在 NaCl 溶液中阳膜的 $i_{\lim}$ 比阴膜小，故先发生极化。但水解离、中性扰乱的程度不如阴离子交换膜明显。20 世纪 70 年代，田中良修连续进行的研究表明[5]：膜的浓差极化与水解离为两种现象。阳膜比阴膜先发生极化，但阴膜在发生浓差极化后会立即发生水解离，因此浓差极化的极限电流密度和水解离的极限电流密度几乎相等。而尽管阳膜比阴膜早发生浓差极化，但水解离却远远比阴膜晚（尤其在 NaCl 溶液中）。因此，阳膜发生水解离的极限电流密度要比浓差极化时的极限电流密度大得多。

综上所述，极化的机理还没有完全清楚。我国学者也研究了很多关于极化方面的问题。

（1）单张膜的极化研究[6]　如图 2-3 所示，用该组装方式测定单张阳膜或阴膜的极化曲线。将阳膜分别置于 0.1mol/L NaCl、0.1mol/L $MgCl_2$ 和 0.1mol/L $CaCl_2$ 溶液中，阴膜置于 0.1mol/L NaCl 溶液中进行测试。将两根铂丝夹在待测膜两侧，用万用表测定不同电流下两根铂丝间的电压。结果如图 2-4 和图 2-5 所示。除测定随电流变化的电位外，还可测定 pH 在浓淡室中的变化。

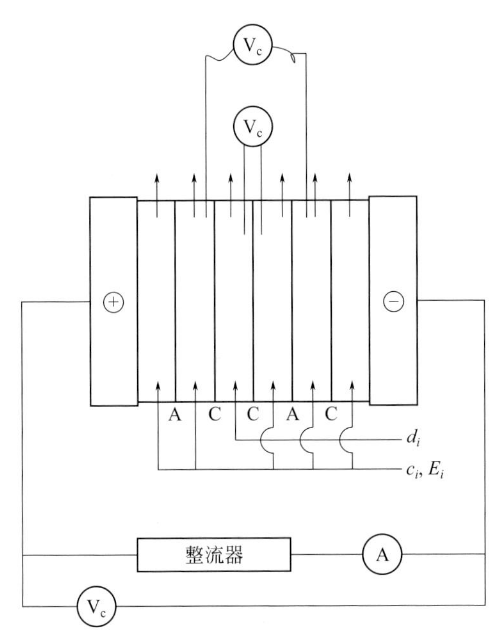


图2-3　单膜法（阴膜或阳膜）组装示意图

A—阴膜；C—阳膜；$V_c$—数字压力表；$c_i$—浓缩室进液；$E_i$—电极室进液；$d_i$—脱盐室进液

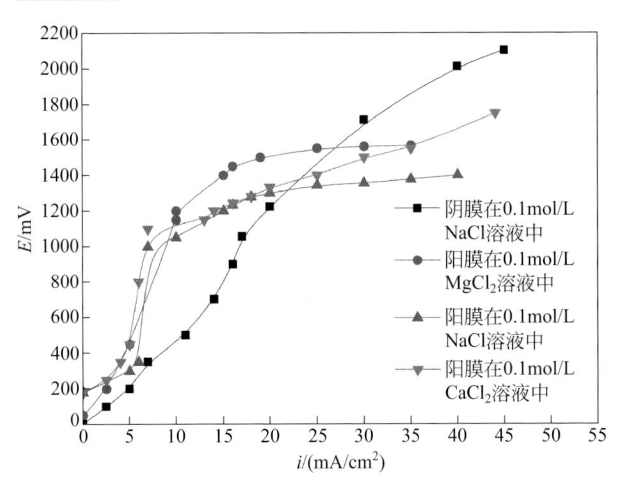


图2-4　单膜伏-安曲线

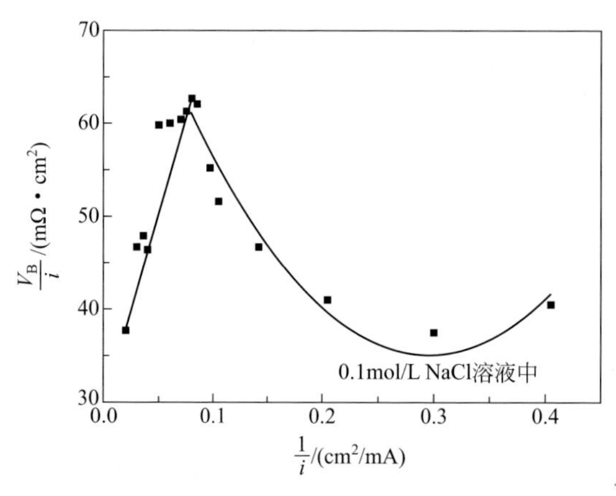


图2-5 单阴膜$\frac{V_B}{i}$-$\frac{1}{i}$曲线

从图 2-3 中可以看到，由于在界面层水解离产生的 $H^+$ 和 $OH^-$ 要通过膜迁移到达浓室的过程中有部分离子被膜交换吸附，使得膜越厚、pH 的变化向后延迟，因此浓室的 pH 变化比淡室晚。

对所测的数据进行数学处理使得曲线的变化更明显，作出了如图 2-5 所示的$\frac{V_B}{i}$-$\frac{1}{i}$曲线。由图可知，由于膜的过电位（包括浓差电位和欧姆电位）会随着电流密度的增大而增大，因此曲线产生一个极大点。当 $i \to i_{lim}$ 时，界面层中的离子耗尽之后形成了离子耗尽层，这时过电位$\frac{V}{i}$的值最大。尽管，两根铂丝间的$\frac{V}{i}$包括了膜本身的电阻，但它随 $i$ 变化不大，$\frac{V}{i}$主要反映膜面侧界面层电阻的变化，特别是淡室侧界面层的电阻。当 $i>i_{lim}$ 后，淡室界面层发生水解，$H_2O \to H^+ + OH^-$，使得膜面离子浓度增大，$\frac{V}{i}$值下降 [2]。

相比pH-$\frac{1}{i}$曲线，$\frac{V}{i}$-$\frac{1}{i}$曲线确定极化状态具有更大的优点，因为所测的 pH 不是界面层本身的 pH，而是整个隔室的 pH。因此，这个过程是明显存在误差的。另外，当膜的体系中存在 pH 敏感离子或者水解离程度比较弱（延迟水解）时，会导致中性扰乱后产生沉淀，因而，pH 变化不明显，或体系本身就是缓冲体系（如 $CH_3COOK$），因此很难按 pH 变化确定极化状态。而对于pH-$\frac{1}{i}$曲线，即使在 pH 比较难测的条件下，也能及时正确地反映界面层离子耗尽的状况。

据极限电流公式（2-55）和公式（2-56），

在阳膜上

$$(i_{\lim})_{\mathrm{CM}} = \frac{FD_{\pm}C_0}{\delta(\bar{t}_{\mathrm{A}} - t_{\mathrm{A}})} \tag{2-58}$$

在阴膜上

$$(i_{\lim})_{\mathrm{AM}} = \frac{FD_{\pm}C_0}{\delta(\bar{t}_{\mathrm{C}} - t_{\mathrm{C}})} \tag{2-59}$$

在进行电渗析过程时，两种膜分别在同一电渗析槽、同样的水力学条件下，料液为相同浓度的同种电解质溶液时，$D_{\pm}$、$C_0$ 值一样，两个 $\delta$ 值也基本相同。因而，两种膜的极限电流密度的比值（令其为 $r$）为：

$$r = \frac{(i_{\lim})_{\mathrm{AM}}}{(i_{\lim})_{\mathrm{CM}}} = \frac{\delta(\bar{t}_{\mathrm{A}} - t_{\mathrm{A}})}{\delta(\bar{t}_{\mathrm{C}} - t_{\mathrm{C}})} = \frac{\Delta t_{\mathrm{A}}}{\Delta t_{\mathrm{C}}} \tag{2-60}$$

从上式可以看出，两种膜的极限电流密度与各自的反离子在膜中和在主体溶液中迁移数的差值 $\Delta t$ 成反比，也就是膜的极化行为取决于反离子的迁移性质。可以用比值 $r$ 来判断阴、阳膜发生极化的顺序：$r<1$，阴膜先极化；$r=1$，阴、阳膜同时极化；$r>1$，单张阳膜比单张阴膜先极化[2]。

（2）一对膜极化的研究[6]　图 2-6 所示为双膜法组装示意图，图 2-7 显示的是 0.1mol/L NaCl 的膜对$\frac{V}{i}$-$\frac{1}{i}$的变化曲线，可见随着电流密度的变化，阴膜和阳

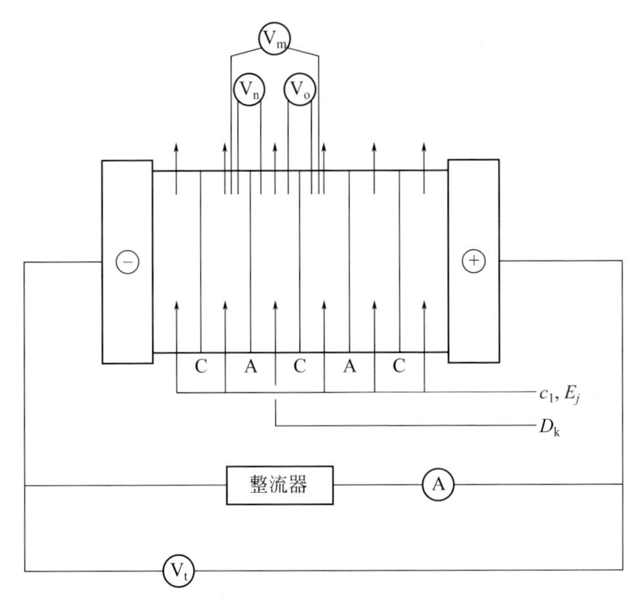


**图2-6**　双膜法组装示意图（图中A、C分别表示阴离子交换膜和阳离子交换膜）

膜分别有两个相应的突变点（最大值），$\frac{V}{i}$反映了它们的表观电阻值，这表明阳膜和阴膜先后因界面离子贫乏而导致电阻升高。对膜堆来说，由于阴、阳膜电阻的彼此叠加使膜堆的表观电阻升高，膜堆电阻的极大值对应的电流点所确定的极限电流密度，实际上是迟极化者的极限电流密度。

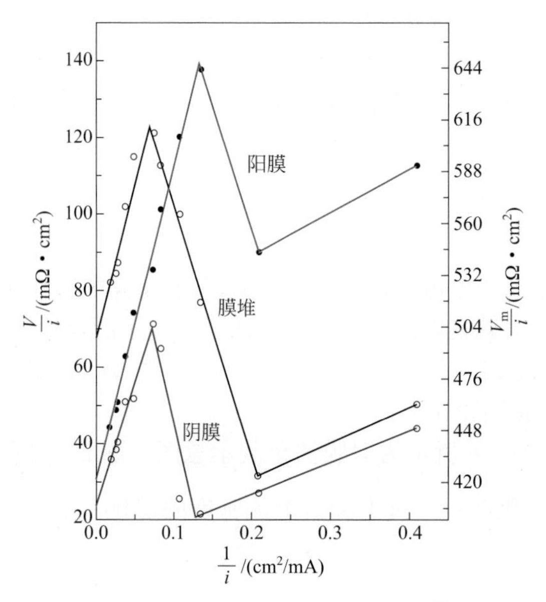


**图2-7** 0.1mol/L NaCl溶液中实际膜堆$\frac{V}{i}$-$\frac{1}{i}$曲线（$V_m$对应膜堆电压）

实验时，同时测定淡室溶液中 pH 的变化，当发生水解离时，淡室溶液的 pH 发生明显的变化，作pH-$\frac{1}{i}$图时，其斜率$\frac{\mathrm{dpH}}{\mathrm{d}i}$明显变化的这一点称为 pH 显著点。表 2-1 为在不同电解质中测得的实际结果。比较淡室 pH 变化显著点的电流密度与界面层离子贫乏时的极限电流密度值，水解离时的极限电流密度反映了迟极化膜的极限电流密度。离子交换膜的水解离与界面离子贫乏的区别在于前者是后者的充分条件，但不是必要条件。就是说在膜堆内，阳膜与阴膜发生水解离是由于发生离子贫乏的那个膜的电流密度决定的。常见的溶液体系中，$t_+ < t_-$，阳膜的极限电流小于阴膜的极限电流，故阴膜的极限电流的大小决定了是否发生水解离。如 NaCl 中阳膜比阴膜先发生极化，但在 NaAc 溶液中，阴膜比阳膜先发生极化，即发生 pH 显著点的电流密度由阳膜极化来确定，实验证实了上述的结论（见表 2-1）。

表2-1　双膜法浓差极化及pH变化显著点的电流密度值

| 电解质溶液 | 浓差极化电流密度 /（mA/cm²） | | | | pH变化显著点电流密度 /（mA/cm²） | |
|---|---|---|---|---|---|---|
| | 阳膜 | | 阴膜 | | 淡室 | 浓室（靠阳膜） |
| | $\frac{E_m}{i}$ | $\frac{E_m}{i}-\frac{1}{i}$ | $\frac{E_m}{i}$ | $\frac{E_m}{i}-\frac{1}{i}$ | | |
| NaCl | 7.5 | 7.5 | 15 | 15 | 15 | 25 |
| $CaCl_2$ | 8.0 | 8.0 | 15 | 15 | 15 | 20 |
| $MgCl_2$ | 9.5 | 10 | 15 | 15 | 15 | 13 |

### 3．应用断续技术研究极化现象 [7]

$\frac{V}{i}-\frac{1}{i}$曲线测出的表观电阻$\frac{V}{i}$，包括了由于界面层内缺少离子增加的电阻，也包括了离子交换膜的电阻，还包括了因浓差引起的膜两侧电位变化。为此，断续技术也是研究浓差极化的一种可行手段。断续测量技术方法主要是用 $I_s$ 表示以矩形波发生器发出单向脉冲电流，$I_b$ 表示双向（正负）脉冲电流，$I_-$ 表示平稳直流电。当电流通过电渗析器时，测量部分的电子开关把贴在膜两侧的两根铂丝间的电压按脉冲信号同步地接到电压表 A 和电压表 B 上，分别测量其电压 [2]。用此方法达到分别测出膜对（或单张膜）各部分电压降（或电阻值）的目的，见图 2-8。

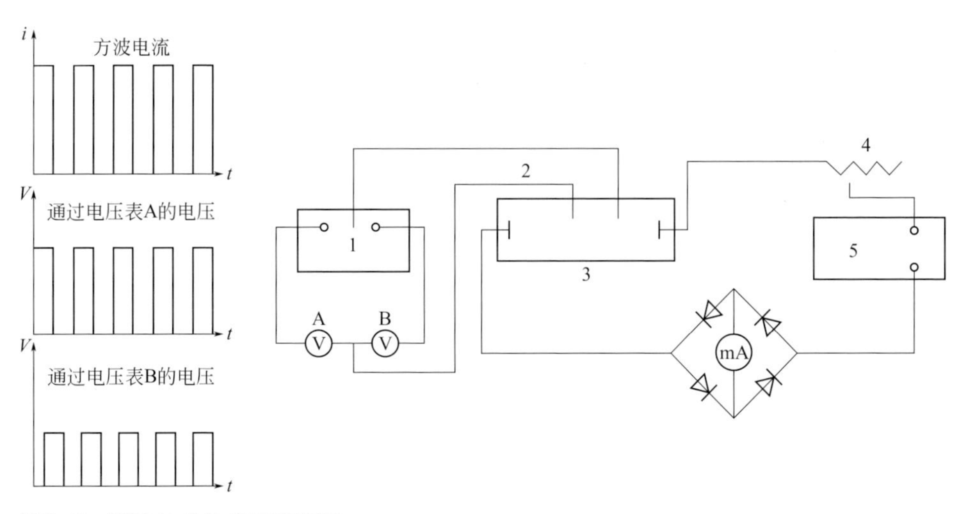


图2-8　断续技术的仪器原理图

1—电子开关；2—丝电极；3—电渗析堆；4—电阻；5—电流波发生器

一般对电渗析器施加直流电时，两根铂丝间的电压为 $E_{0\text{-}0'}$，见式（2-61）：

$$E_{0\text{-}0'}=\varphi+I(R_b+R_m)+IR_i \tag{2-61}$$

式中，$R_b$ 为本体溶液电阻；$R_m$ 为膜电阻；$R_i$ 为界面层电阻；$\varphi$ 为浓差电阻。

当对电渗析器施加单向矩形脉冲电流 $I_s$ 时，脉冲电流通路与断开的时间都是0.01s。脉冲的峰值电流为 $2I$，从直流表上读得的平均电流值为 $I$。对电渗析来说，离子在膜附近的迁移和界面层的离子浓度变化的效果与通电流值为 $I$ 的平稳直流电 $I$ 的效果几乎一样。由于离子迁移和扩散的速度较慢，在 0.01s 的断通时间内（如 50Hz），膜界面的浓度瞬间变化不大，所以脉冲电流所产生的极化电位与平稳直流电所产生的极化电位 $\varphi$ 几乎相等[2]。

但脉冲电流的峰值高度为 $2I$，总的欧姆电压降为 $2I\Sigma R$，所测的$V_{通}=\varphi+2I\sum R=\varphi+2\Delta V$。当电流断开时，脉冲电流的峰值为 0，即 $I$=0，$I\Sigma R$=0，即欧姆降为 0，$E_{0-0'}$仅有极化电位这一项，即 $V_{断}=\varphi$。

从电渗析器引出的两根铂丝电极依次接通测量电压表 A 和电压表 B。表 A 测量脉冲电流 $I$ 导通时的电压值，表 B 是测量断电时的电压值，由于电压表测量的只是 1/2 周期内的电压值，是脉冲电压时间积分后的平均值，所以实际脉冲电压是表上读出的电压值的 2 倍。峰高为 $2I$ 时，实际测出为：

$$V_{通}=\frac{1}{2}\varphi+I\sum R=\frac{1}{2}\varphi+I(R_b+R_m+R_i) \tag{2-62}$$

$$V_{断}=\frac{1}{2}\varphi \tag{2-63}$$

由此，可分别测出欧姆电压降 $\Delta V_t$ 和膜的极化电位 $\varphi$，因$\Delta V_i=I\sum R$，为了进一步对 $\Delta V_t$ 分解，在电渗析器里通以脉冲高度为 $I$、脉冲时间相等的正负脉冲电流，以 $I_b$ 表示。由于正负脉冲电流经过桥式整流，把负脉冲倒向，从电流表上读得的电流是 $I$。正负脉冲电流使离子迁入膜又迁出膜，隔室内溶液浓度和界面层溶液浓度不发生变化，因界面层很薄，界面层的欧姆电阻可忽略不计，这时 $E_{0-0'}=I(R_b+R_m)=\Delta V_i$。

当脉冲高度为 $I$ 时，从电压表 A 或电压表 B 实际测出的$V=\frac{1}{2}I(R_b+R_m)$，所以

$$V_{通}-V_{断}=I(R_b+R_m+R_i) \tag{2-64}$$

$$V_{通}-V_{断}-2V=IR_i \tag{2-65}$$

此即界面层的电压降。

$$2V_{断}=\varphi \tag{2-66}$$

此即膜的极化电位。

故断续技术可分别测出膜界面层的欧姆电压降和极化电位。图 2-9 为单张阳膜和阴膜的测量结果。

此法为研究膜的极化提供了一种方法，把电压的突变点作为膜极化的标志。

在极化前界面层的电压降基本为零，作为极化时的转折点。虽然界面层很薄，但当达到一定程度的电流，导致由于界面层离子缺乏急剧增加界面层的欧姆电压降。以此在理论上作为膜极化的标志。

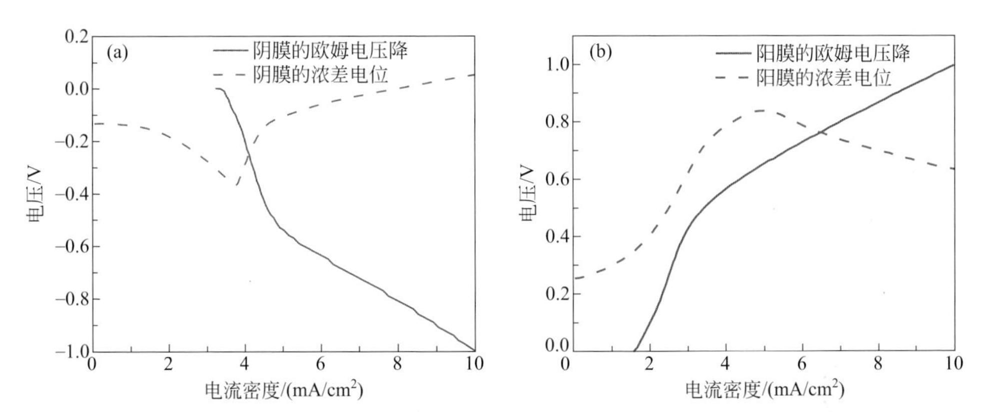


**图2-9** 离子膜在不同电流密度时界面层的欧姆电压降和极化电位

（a）阴膜的欧姆电压降和阴膜的浓差电位；（b）阳膜的欧姆电压降和阳膜的浓差电位

极化电位曲线表明，在界面层电阻突变点附近，极化电位也有一转折点，但界面层欧姆电压降突变更明显。对极化电位转折点的解释是：根据极化电位公式 $\varphi_A = \dfrac{RT}{F} 2(\bar{t}_A - t_-)\ln\dfrac{C_{浓}}{C_{淡}}$（以阴膜为例），当增大电流时，淡室的膜界面层浓度 $C_{淡}$ 迅速下降，并达到一定值。由于界面层 $C_{淡}$ 的贫乏，水电离出 $OH^-$ 通过膜参加迁移，并产生游离的 $H^+$，这样界面层附近由原来的 NaCl 溶液变为 HCl 溶液，因 NaCl 的 $t_- >$ HCl 溶液的 $t_-$，故此时 $\varphi_A$ 又上升，在 $\varphi$ 曲线上形成转折。同理，对于阳膜 $\varphi_C$，NaCl 的 $t_+ >$NaOH 溶液的 $t_+$，但阳膜的转折点不及阴膜明显，且上升点后推，在界面层欧姆电压降上升之后才上升[2]。

因此，通过研究极化电位可发现膜界面层上离子成分的变化和离子浓度变化的规律。

### 4．极化现象的解释

浓差极化和水的解离不是一种现象，实际上，浓差极化过程包括了两部分，膜界面因缺乏离子导致欧姆电阻的增加从而造成的电压降升高，以及因界面浓差造成的电位增加；而之后形成的水解离，使离子迁移过程受阻而转化为反应过程，其结果都是电压升高使能耗增大。

（1）界面层的电阻和欧姆极化　极化发生在溶液浓度不均匀的界面层中，呈梯度分布（见图 2-2），假定浓度梯度呈一线性关系，$X$ 为距离，$\Lambda$ 为溶液的当量电导，溶液的电阻率$\rho=\frac{\mathrm{d}X}{C\Lambda}$，则界面层内的电压降为$i\int_0^1\frac{\mathrm{d}X}{C\Lambda}$。当$X=\delta$，界面层厚度为$\delta$，积分后得到$iR=i\delta\frac{\ln\frac{C_0\Lambda_0}{C_1\Lambda_1}}{C_0\Lambda_0-C_1\Lambda_1}$，当量电导均相同，$\Lambda_1=\Lambda_0=\Lambda$。

界面层内电阻

$$R=\delta\frac{\ln\frac{C_0\Lambda_0}{C_1\Lambda_1}}{C_0\Lambda_0-C_1\Lambda_1} \tag{2-67}$$

当膜表面的电解质浓度趋于0，即膜表面的离子贫乏形成耗尽层，则$R=\delta\frac{\ln\frac{C_0}{0}}{C_0\Lambda}\to\infty$，即达到极限电流时，界面层的电阻将趋于极大，叫欧姆极化。

（2）界面层的浓差极化电位　对于阳膜，因为

$$i=\frac{FD_{\pm}}{(\bar{t}_+-t_+)}\times\frac{\mathrm{d}C}{\mathrm{d}x}\approx\frac{FD_{\pm}}{(\bar{t}_+-t_+)}\times\frac{(C_0-C_1)}{\delta} \tag{2-68}$$

极限电流时：

$$i_{\lim}=\frac{FD_{\pm}}{(\bar{t}_+-t_+)}\times\frac{C_0}{\delta} \tag{2-69}$$

两式相比较得到，

$$i=i_{\lim}\left(1-\frac{C_1}{C_0}\right) \tag{2-70}$$

由扩散电位方程可知，界面层$\delta$存在一个扩散电位$E$，$E=\frac{RT}{ZF}\int_0^1(t_--t_+)\mathrm{d}C$，积分得：

$$E=(t_--t_+)\frac{RT}{ZF}\ln\frac{C_0}{C_1} \tag{2-71}$$

当$C_1\to 0$，则$E\to\infty$，当界面层中靠近膜表面的离子贫乏时，浓差电位也趋于极大，此即浓差极化。将式（2-71）代入式（2-70），得到：

$$\begin{aligned}\frac{i}{i_{\lim}}&=1-\exp\left[-\frac{ZEF}{(t_--t_+)RT}\right]\\&=1-\exp\left[\frac{ZEF}{(2t_+-1)RT}\right]\end{aligned} \tag{2-72}$$

$2t_+$常小于1，此曲线的形状见图2-10。

实际上，单独界面层的电位测不出来，用两支电极可测得膜两侧的电位，见图 2-11。

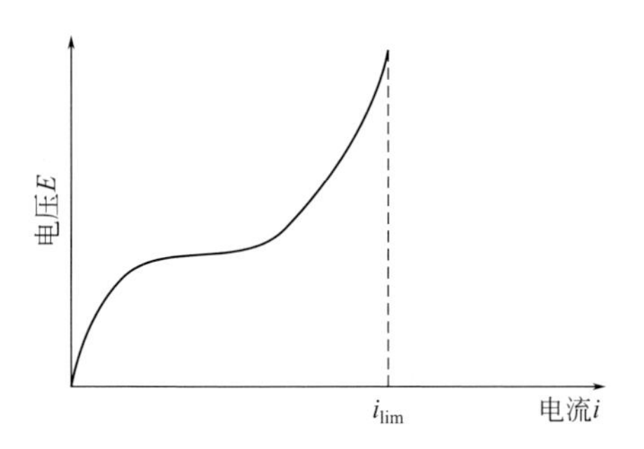

图2-10　理论浓差电位与电流的关系

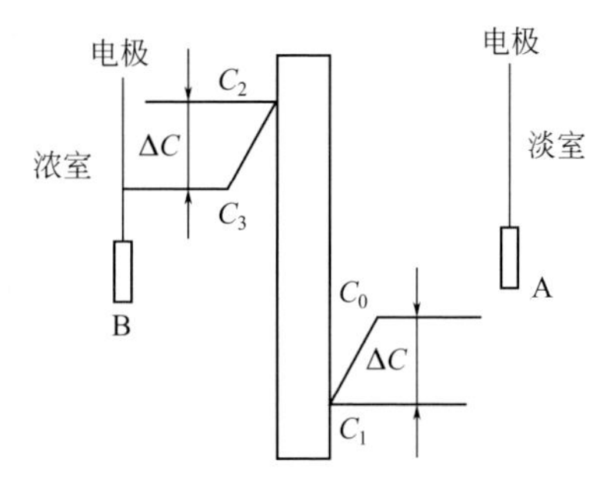

图2-11　膜两侧的电位

此时电极 A 和 B 之间的电位为：

$$E_{AB}=(t_- - t_+)\frac{RT}{ZF}\ln\frac{C_0}{C_1}+(\bar{t}_- - \bar{t}_+)\frac{RT}{ZF}\ln\frac{C_1}{C_2}+\frac{RT}{ZF}(t_- - t_+)\ln\frac{C_2}{C_3}$$

此式中，第二项实际为膜电位，利用$t_+ + t_- = 1$和$\bar{t}_+ + \bar{t}_- = 1$的关系和$C_1 = C_0 - \Delta C$、$C_2 = C_3 + \Delta C$关系，可得到：

$$E_{AB}=\frac{RT}{ZF}2(\bar{t}_+ - t_+)\ln\frac{C_3+\Delta C}{C_0-\Delta C}+\frac{RT}{ZF}(2\bar{t}_+ - 1)\ln\frac{C_3}{C_0} \tag{2-73}$$

当$(C_0-\Delta C)\to 0$，则$E_{AB}\to\infty$。

（3）离子交换膜表面水的解离　以阴离子交换膜为例，当阴膜表面的阴离子贫乏时，如下式所示为膜界面上带正电荷的固定基团与水分子发生的反应：

$$R^+ + H-O-H \underset{k_{-1}}{\overset{k_1}{\Longleftrightarrow}} R^+OH^- + H^+$$

$R^+$ 与水分子结合，$OH^-$ 在膜内迁移形成电流，在溶液中留下 $H^+$，此即发生水的解离。正向反应的反应速率$\vec{J}=\frac{\vec{I}}{F}=k_1C_{R^+}C_W$，逆向反应速率$\overleftarrow{J}=\frac{\overleftarrow{I}}{F}=k_{-1}C_{ROH}C_{H^+}$。但平衡时，正向反应速率等于逆向反应速率，即$\vec{J}=\overleftarrow{J}$，$\vec{I}=\overleftarrow{I}=I_0$，平衡时正向反应速率与逆向反应速率以电流 $I_0$ 表示，称为交换电流。实际在电表上并不显示电流，因为正向反应的$I_0$与逆向反应的$I_0$相抵消。溶液中，也观察不出 pH 的变化。平衡时，为了加速水解离，增加额外电位 $\eta$ 使反应速率常数由 $k_1$ 变为$k_1'$，从化学动力学知$k_1 = A\exp\left(-\frac{W}{RT}\right)$，$A$ 为常数，$W$ 为活化能，当增加电位 $\eta$ 后的活化能由原来的 $W$ 降为 $W'$（图 2-12），这时$k_1' = A\exp\left(-\frac{W'}{RT}\right)$。可证明$W' = W - \alpha\eta F$[8]。所以，

$$k_1' = A\exp\left(-\frac{W}{RT}\right)\exp\left(\frac{\alpha\eta F}{RT}\right) = k_1\exp\left(\frac{\alpha\eta F}{RT}\right) \quad (2\text{-}74)$$

式中，$\eta$ 为超电压；$\alpha$ 为比例系数；水解离时的电流和反应速率常数 $k_1$ 与 $k_1'$ 成正比，$I = I_0\exp\left(\frac{\alpha\eta F}{RT}\right)$，令 $a = \frac{-RT}{\alpha F}\ln I_0$，$b = \frac{RT}{\alpha F}$，因各种膜的 $I_0$ 不一样，所以 $a$ 值是有差异的。

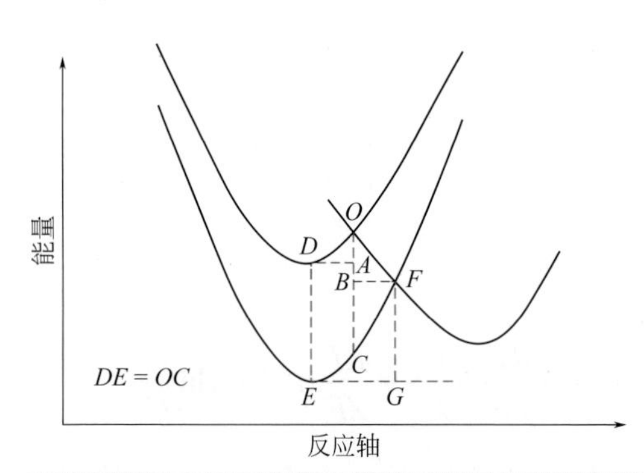


图2-12　活化极化能垒图

式中，$OA$ 为增加电位 $\eta$ 后的活化能 $W'$；$FG$ 为反应的活化能 $W$；$DE$ 为增加电位的能量 $\eta F$。

从而导出

$$\eta = a + b\ln i \quad (2\text{-}75)$$

同理，阳膜表面正离子贫乏时，膜界面上的带负离子的固定基团与水分子发生反应

$$R^- + H-O-H \underset{k_{-1}}{\overset{k_1}{\Longleftrightarrow}} R^-H^+ + OH^-$$

水分子中 $H^+$ 与 $R^-$ 反应，剩下的 $OH^-$ 留在溶液中，由于阳膜与阴膜固定荷电基团与水反应的活化能不一样，所以阳膜与阴膜的反应速率常数也不一样。同时，阳膜与阴膜的水解离程度也不一样，故导致水解离产生不同的电位阈值。这就解释了在 NaCl 体系中，虽然阳膜比阴膜先极化，但比阴膜晚水解。

作为一个小结，电渗析过程的极化，实际上包括下面三部分：

① 由于界面层中缺乏带电离子，使通电时大幅度增加了界面层中溶液的欧姆电阻，即为欧姆极化。

② 界面离子的浓度与溶液本体浓度不同，此时界面层内外存在浓度差，形成电位，此电位抵消一部分外加电压，即为浓差极化。

③ 由于膜表面的离子耗尽后，开始发生水解离，即水分子与膜的固定荷电

基团发生反应，以补充离子在膜内的电迁移，因此需要额外的能量加速水的解离，以降低反应的活化能，以增加电位 $\eta$ 的方式给予额外的能量，称为活化极化，活化电位也抵消一部分外加的电压。因此，膜极化时，外加的电压必须克服这三部分形成的电位。因而增大了电渗析的能耗。

# 第二节 离子交换膜基本参数及表征

### 1．交换容量

交换容量是反应膜内活性基团浓度的大小和它与反离子交换能力高低的一项化学性能指标，表示的是以每克干膜所含的离子交换容量的摩尔当量（mmol/g 或 meq/g）。

一般用离子交换法进行测定，即对阳膜在称完干态重量 $m$ 后，浸泡在 1mol/L 的 HCl 溶液中 24h，先将其转化为 $H^+$ 型，使用去离子水多次洗涤膜表面残留的离子后，将膜浸泡在浓度为 1mol/L NaCl 溶液中 24h，确保 $Na^+$ 能完全置换出阳膜内的 $H^+$，再用酚酞作为指示剂，用标准浓度为 0.01mol/L 的 NaOH 反滴，记下终点所消耗的 NaOH 的体积 $V$；对阴膜在称完干态重量 $m$ 后，浸泡在 1mol/L NaCl 溶液中 24h，将其转化为 $Cl^-$ 型，使用去离子水多次洗涤膜表面残留的离子后，将膜浸泡在 0.5mol/L $Na_2SO_4$ 溶液中 24h，确保 $SO_4^{2-}$ 能完全置换出阴膜内的 $Cl^-$，再用 $K_2CrO_4$ 作为指示剂，用 0.01mol/L $AgNO_3$ 溶液滴定至终点，记下终点所消耗的 $AgNO_3$ 体积 $V$。计算公式见式（2-76）。

$$\mathrm{IEC}=\frac{0.01\times V}{m} \tag{2-76}$$

式中，$V$ 为滴定消耗的 NaOH 或 $AgNO_3$ 溶液的体积，mL；$m$ 为膜的干重，g。

### 2．含水量

膜的含水量指膜内与活性基结合的内在水，表示的是离子交换膜从干态到湿态的质量变化百分比，以每克干膜中所含水质量的质量分数表示（%）。

通常含水率的测定方法是切取 5mm×5cm 的膜试样 2 ～ 10 张，置于去离子水中浸泡 24h，与所测定的溶液充分平衡后，然后从溶液中取出，轻轻擦干膜表面附着的水，测量湿态重量 $w_{wet}$，然后在 60℃下烘干 24h 至恒重 $w_{dry}$，从干燥前后的重量变化即可求出含水率（$g_{水}/g_{干膜}$或 $g_{水}/g_{湿膜}$），计算公式见式（2-77）。

$$WU(\%) = \frac{w_{wet} - w_{dry}}{w_{dry}} \times 100\% \quad (2\text{-}77)$$

式中，$w_{wet}$、$w_{dry}$ 分别为湿膜和干膜样品质量，g。

### 3．溶胀率

溶胀率 SR 是指离子交换膜在溶液中浸泡后，其面积或体积变化的百分率，表示离子交换膜从干态到湿态的长度变化百分比，测定程序同含水率。

溶胀率测定程序同含水率，计算公式见式（2-78）。

$$SR(\%) = \frac{l_{wet} - l_{dry}}{l_{dry}} \times 100\% \quad (2\text{-}78)$$

式中，$l_{wet}$ 为湿膜算数平均长度，$l_{wet} = (l_{wet1}l_{wet2})^{1/2}$，cm；$l_{dry}$ 为干膜算术平均长度，$l_{dry} = (l_{dry1}l_{dry2})^{1/2}$，cm。

### 4．固定基团浓度

定义为单位质量膜内所含水分中具有的交换基团毫克当量（meq/mL 水），也就是上述交换容量与含水量的比值。交换容量大的膜，固定基团浓度不一定高，因为还取决于含水率，一般说来固定基团浓度与膜的电性能有直接联系，其值越大，膜电阻就越小，膜电位就越高，迁移数就越大。

### 5．膜面电阻

膜面电阻指的是单位膜面积的电阻（$\Omega \cdot cm^2$），与膜内网络结构、交换基团的组成和交换容量的大小有关，反映离子交换膜对反离子透过膜的迁移阻碍能力。

采用四电极法测定膜的面电阻，将待测膜在 0.5mol/L 的 NaCl 溶液中进行浸泡 24h 预处理，在含有四隔室的装置中分别加入相同的 0.5mol/L 的 NaCl 溶液至淡化室和浓缩室，然后在电极室中加入 0.3mol/L 的 $Na_2SO_4$ 溶液。采用 Ag-AgCl 作为参比电极，在蠕动泵的循环下，施加电流为 0.04A 时，记录万用表显示的膜两端电位 $U_m$，面电阻公式见式（2-79）。

$$R_m = \frac{U_m - U_0}{I} \times A_m \quad (2\text{-}79)$$

式中，$U_m$ 和 $U_0$ 为四隔室装置中间有膜和无膜时电极两端万用表显示的电压值，V；$I$ 为电流，A；$A_m$ 为待测膜的有效面积，$cm^2$。

通常的离子交换膜由可解离离子与膜内固定电荷基团构成，将其置于电解质溶液中时，离子发生解离从高分子主链中进入溶液，膜表面会呈荷电状态。为了满足电中性原理，溶液中的反离子将吸附在离子交换膜表面，形成双电层结构。

在外电场作用下，离子通过膜相形成的致密层传递电荷，需要分别通过膜面两侧的固液界面，以及离子交换膜主体的固定电荷通道。膜面两侧的固液界面上的双电层呈现动态平衡性质，与电解质溶液离子种类、离子强度和吸附特性等多种因素有关。这些因素不能够准确反映离子交换膜的真实阻值，以往的直流测定法往往会造成较大的误差。利用高频交流扫描技术测定电化学阻抗，通过快速改变施加在膜两侧的电压方向，使膜面两侧的固液界面呈现动态平衡，消除浓差极化带来的误差。离子交换膜可以看作带正电荷或带负电荷的固体电解质体系，膜和溶液界面之间的双电层可以等效为物理电容，两者共同组成电阻与电容的串联等效电路（图 2-13）。

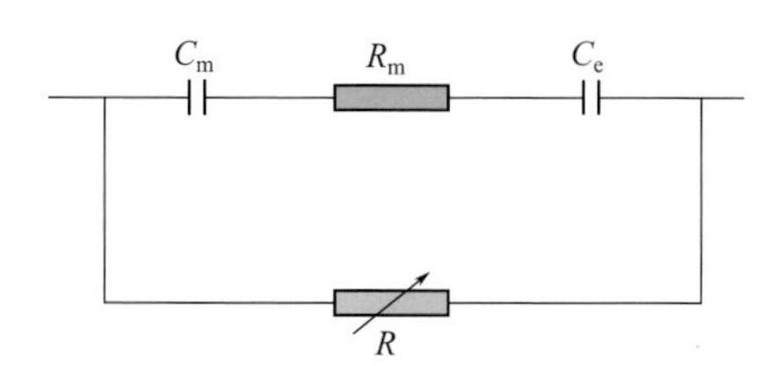


图2-13　膜面电阻测量装置等效电路

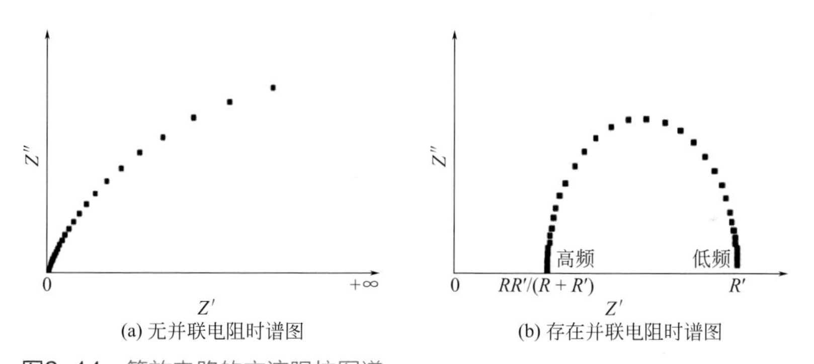


图2-14　等效电路的交流阻抗图谱

在交流电场中进行测定时，利用不断变化的电场方向消除容抗效应，施加高频信号时电容 $C_m$、$C_e$ 导通，可以作为纯电阻电路处理；施加低频信号时 $C_m$、$C_e$ 完全断开，可当作断路处理。如图 2-14 所示的交流阻抗图谱对应图 2-13 的等效电路。图 2-14 中（a）、（b）分别比较了并联可变电阻 $R$ 对交流阻抗谱形状的影响，其中图 2-14（b）呈现完整的半圆形状，容易读取实轴的电阻数据。由公式（2-59）计算得出膜面电阻，见式（2-80）。

$$R_m = \left( \frac{R_1 R'}{R' - R_1} - \frac{R_0 R'}{R' - R_0} \right) \times \frac{\pi D^2}{4} \qquad (2\text{-}80)$$

式中，$R_m$ 为膜面电阻，$\Omega \cdot cm^2$；$R_1$ 为膜和电解质溶液两者之和的电阻；$R_0$ 为电解质溶液测得的电阻；$R'$ 为可变电阻；$D$ 为电导池的截面积。

### 6. 迁移数

迁移数是指通过膜所移动的离子当量百分数，表示带电离子对整个跨膜电流的贡献多少，也表示了该膜对反离子的选择透过性能，即是对同离子的排斥性能。

通常测定膜电位时，将待测膜浸泡在0.03mol/L的NaCl溶液中转化为Na型，然后将膜固定在二室型的装置之间，同时分别装入0.05mol/L和0.01mol/L的NaCl溶液，用蠕动泵进行循环溶液，待稳定后插入Ag-AgCl电极，用万用电表测定两者之间电位$E_{测}$，然后将测定电位减去该温度下0.01mol/L NaCl与0.05mol/L NaCl之间标准溶液电位值（$E_0$），即可得膜电位（$E_m$），然后按下列能斯特方程即可计算出迁移数[9]：

$$E_{\mathrm{m}}=\frac{RT}{ZF}(2t_i-1)\ln\left(\frac{a_1}{a_2}\right) \tag{2-81}$$

迁移数也可将膜用0.15mol/L KCl溶液平衡，然后在0.01mol/L KCl与0.2mol/L KCl之间进行测量标准溶液电位值。

一种简便的计算方法是，如果使用的是Ag-AgCl电极，可以直接用测定的电位值（$E_{测}$）按照下式进行计算[9]。

对于阳离子（在阳膜或阴膜）：

$$t_+=\frac{E_{测}}{2E_0} \tag{2-82}$$

对于阴离子（在阳膜或阴膜）：

$$t_-=1-t_+=1-\frac{E_{测}}{2E_0} \tag{2-83}$$

### 7. 选择透过系数

选择透过系数是根据式（2-84）定义的：

$$T_i^j=\frac{t_j/t_i}{C_j/C_i} \tag{2-84}$$

式中，$t_i$、$t_j$为$i$离子、$j$离子在膜中的迁移数；$C_i$、$C_j$为$i$离子、$j$离子在溶液中的摩尔浓度；这一系数表征了膜对同种电荷离子（价数相同或不同）的选择透过能力。

若测定不同离子1、2的选择透过系数，膜先转化为离子1型或2型，在A、B两室中分别加入等体积0.01mol/L的离子1溶液，搅拌达到平衡。然后用微量移液管每次在A室中准确加入所需要的1mol/L离子1溶液，在B室中加入相同体积的蒸馏水，逐点记下参比电极之间的电位差$E_t$，按式（2-85）进行回归即可求得离子的选择系数比[10]。

$$E_t = \frac{RT}{Z_1 F}\ln\left(1+\frac{Z_1}{Z_2}T_2^1\frac{C_{1A}}{C_{2A}}\right) \quad (2-85)$$

式中，$Z$ 为电荷；$R$ 为气体常数；$T$ 为温度；$F$ 为法拉第常数。

### 8．压差渗透系数和平均孔径

压差渗透系数 $L_p$ 是指在一个大气压下单位膜面积透过的液体量，单位为 $cm^3/(h \cdot atm \cdot cm^2)$ [11]。一般来说，对于均相膜，$L_p$ 值很小，对电渗析过程影响不大，但对异相膜来说，液体压差渗透系数较大。由于 EDI 一般在较高的压差下进行，因此该参数对 EDI 过程尤为重要。

图 2-15 是一种简易的测定压差渗透系数的装置，压力是由水柱施加的。测定池的上室与一分液漏斗相连，以恒定水位高度，通过膜的液体流量可从下室毛细管中测得，毛细管的粗细可根据实际情况选用，另一端的活塞可调节毛细管内液体的位置。读取一定时间间隔 $\Delta t$ 时对应的液体流量 $\Delta V$，按式（2-86）计算压差渗透系数 $L_p$[12]：

$$L_p = \frac{\Delta V}{S\Delta t\Delta p} \quad (2-86)$$

式中，$S$ 为通过液体的膜面积；$\Delta p$ 为压差。

膜的平均孔径 $\bar{r}$ 可由测得的压差系数按式（2-87）计算 [12]：

$$\bar{r} = \sqrt{\frac{24 d_m \eta L_p}{H}} \quad (2-87)$$

式中，$d_m$ 为膜厚度，m；$\eta$ 为液体的黏度，Pa • s；$H$ 为膜的孔隙率。

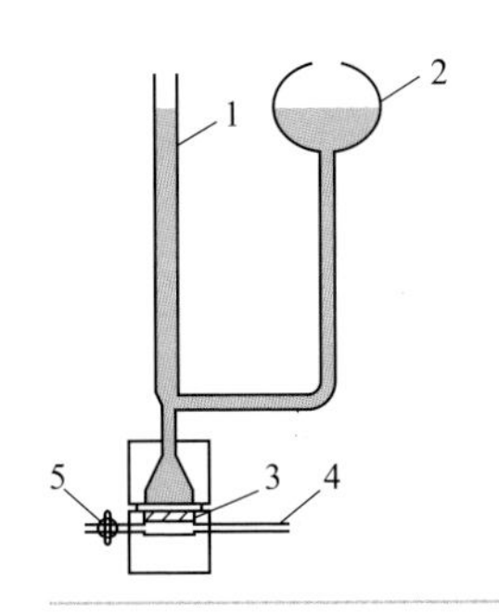


图2-15
测定压差渗透系数的简易装置
1—水柱；2—储液瓶；3—支撑板（上面是膜）；4—刻度管；5—活塞

### 9．扩散系数

反离子的自扩散系数可用电导法和互扩散法测量 [13]。电解质的浓差扩散系数的测定实验采用两槽装置，如图 2-16 所示，淡化室装入电解质溶液，浓缩室为蒸馏水和电导电极，两室体积相等，在电机剧烈搅拌下以消除边界层阻力。反

应时间 $t$ 后，根据费克第一定律导出淡化室电解质浓度 $C_t$ 的表达式（2-88）：

$$C_t = \frac{DS\Delta C_0}{Vd}t \tag{2-88}$$

式中，$D$ 为电解质通过膜的扩散系数；$S$ 为膜的有效面积；$\Delta C_0$ 为两室初始浓度差；$V$ 为扩散池里液体的体积；$d$ 为膜厚。式（2-88）表明淡化室中电解质浓度与时间成正比，当溶液浓度很低时，电解质浓度又与电导成正比，因此先做浓度 - 电导标准曲线，再根据式（2-88）所得直线的斜率求出扩散系数。

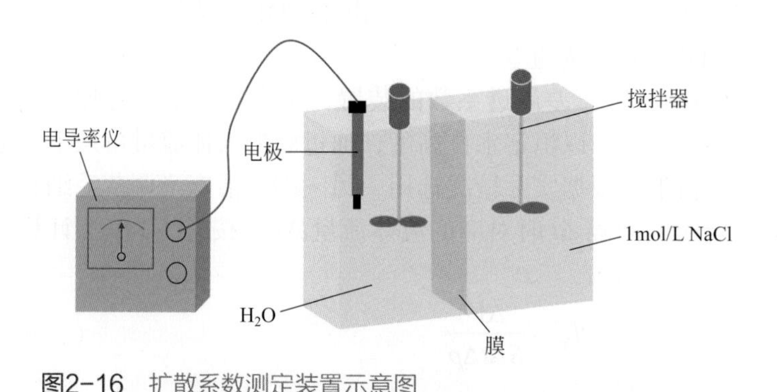


图2-16　扩散系数测定装置示意图

### 10．流动电位

流动电位是荷电膜的一个特性参数，一般用于表征压力驱动过程的多孔膜，但近年来也可用于表征致密的离子交换膜体系。当流体的某些组分在一定的压力下通过荷电膜时，界面双电层的存在会导致该流体产生流动电位，流动电位的大小反映了水携带反离子流动的能力。流动电位可用 Helmholtz-von Smoluchowski 方程表示，见式（2-89）：

$$E_{流} = \frac{\xi\varepsilon\varepsilon_0\Delta p}{\eta\kappa} \tag{2-89}$$

式中，$\varepsilon$ 为相对介电常数；$\varepsilon_0$ 为真空介电常数；$\eta$ 为溶液的黏度；$\kappa$ 为溶液的电导率；$\xi$ 为 Helmholtz 外层的电位（即滑动面到液相主体的电位差），又称 Zeta 电位，其符号与膜孔壁所带的电荷的正负相同。一般来说，有专门的仪器测定 Zeta 电位，再加上离子交换膜的结构参数就可以计算出流动电位，也可通过在一定压差下离子交换膜两侧电位差来计算离子交换膜的结构参数。

### 11．水的浓差渗透

图 2-17 所示的是水的浓差渗透测定装置，在两室的扩散池中浓缩室加入纯水，淡化室加入一定浓度的电解质溶液，通过分别连接两室的带刻度毛细管可以读出水渗透量与时间的关系。一般来说，渗透压是电解质浓度的线性函数，因此

随着电解质浓度的升高，因渗透压产生的水的渗透量线性增加。

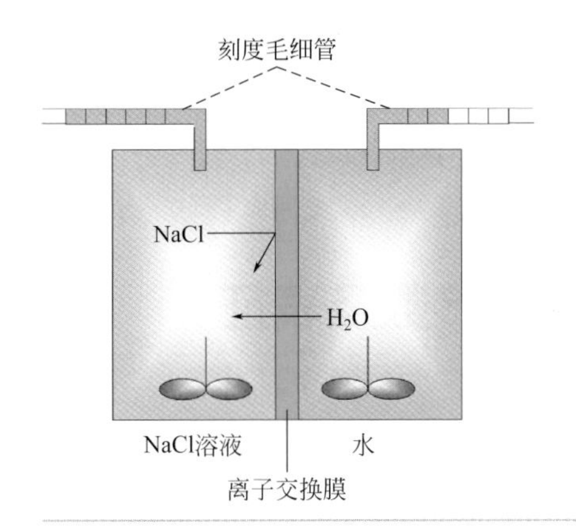


图2-17
离子交换膜的浓差渗透通量测定示意图

## 12．水的电渗透

在电场下，水的渗透称为水的电渗透，一般按照与离子迁移数类似的定义为水的迁移数，见式（2-90）：

$$T_{w}^{m}=\frac{FJ_{w}}{i} \tag{2-90}$$

式中，$T_{w}^{m}$为水的迁移数；$F$ 为法拉第常数；$i$ 为电流密度；$J_w$ 为单位膜面积和单位时间下水的摩尔通量。测试装置同水浓差渗透相似，不同的是在两半池之间加可逆电极如 Ag/AgCl- 电极，而且两半池电解质的溶液浓度相同，一般水的电渗透是由反离子的迁移而引起的，如图 2-18 中水的电渗透是由钠离子通过阳膜的迁移而引起的，水的通量也可通过连接两半池的刻度毛细管计算出来。

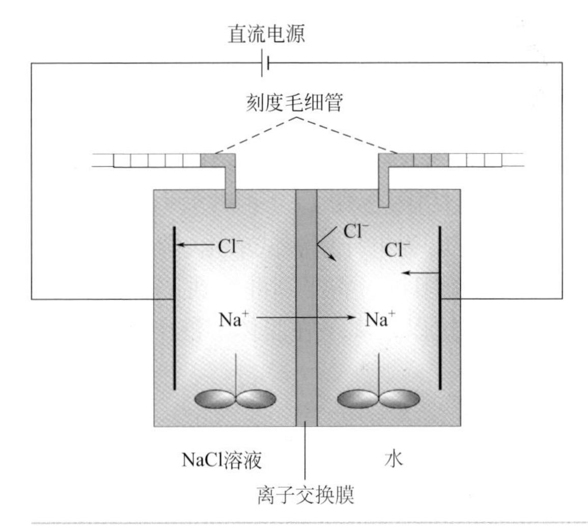


图2-18
离子交换膜电渗透测定示意图[14]

水的迁移数一般与阳离子的种类密切相关，水合能力强的阳离子如 $Na^+$ 的水的传递数是 6 ～ 8，质子水的传递数低于 3。一般来说，随着盐浓度的升高，膜的选择性降低，同离子传递增加，水的迁移数会下降。

## 第三节 面向能源应用领域离子交换膜的参数及表征

### 一、燃料电池隔膜表征方法

燃料电池用膜的表征参数一般有氢离子或者氢氧根离子电导率、燃料泄漏率、耐碱性、电池性能测试等。

**1．离子电导率**

衡量膜的离子传导能力的电化学指标，反映了离子在燃料电池膜内迁移速度的大小，是电阻率的倒数，单位为 S/cm。虽然理论上来说，均相离子交换膜的电导率是一个定值，膜面电导率（through-plane conductivity）和膜内离子电导率（in-plane conductivity）应该是相等的，但是由于一些未知因素，膜内离子电导率和膜面电导率在测试过程中并不完全相等。对于穿过膜的离子电导率 - 膜面电导率，更能真实地反应膜在膜电极中的离子传导情况。可以采用纽扣电池的装置测量膜面电导率，具体装置如图 2-19 所示。

膜面电导率通过组装的纽扣电池以双电极电化学阻抗谱（EIS）方法进行评估[16]。具有交流偏置和频率范围的恒电位仪分别设置为 10mV 和 1MHz ～ 0.1Hz。用含水电解质浸渍的样品夹在两个电极之间，活性面积为 $S$，并用纽扣电池盒密封，分别在不同温度下测量得到阻抗谱图。利用图 2-19（c）的等效电路图对测量得到的阻抗谱图进行拟合。在等效电路中，$R_s$ 为电导率测试单元中附件的接触电阻和溶液的欧姆电阻。$R_m$ 为膜间电荷传递的阻抗，将半圆外推到 $x$ 轴上即可得到。$R_{表面}$和 $R_w$ 是离子通过溶液和膜界面的阻抗以及离子在膜体溶液中的迁移。通过将 $R_m$ 代入电导率计算公式（2-91）：

$$\sigma = \frac{d}{SR_m} \tag{2-91}$$

式中，$d$ 为膜的厚度；$S$ 为纽扣电池有效面积；$R_m$ 为膜间电荷传递的阻抗。

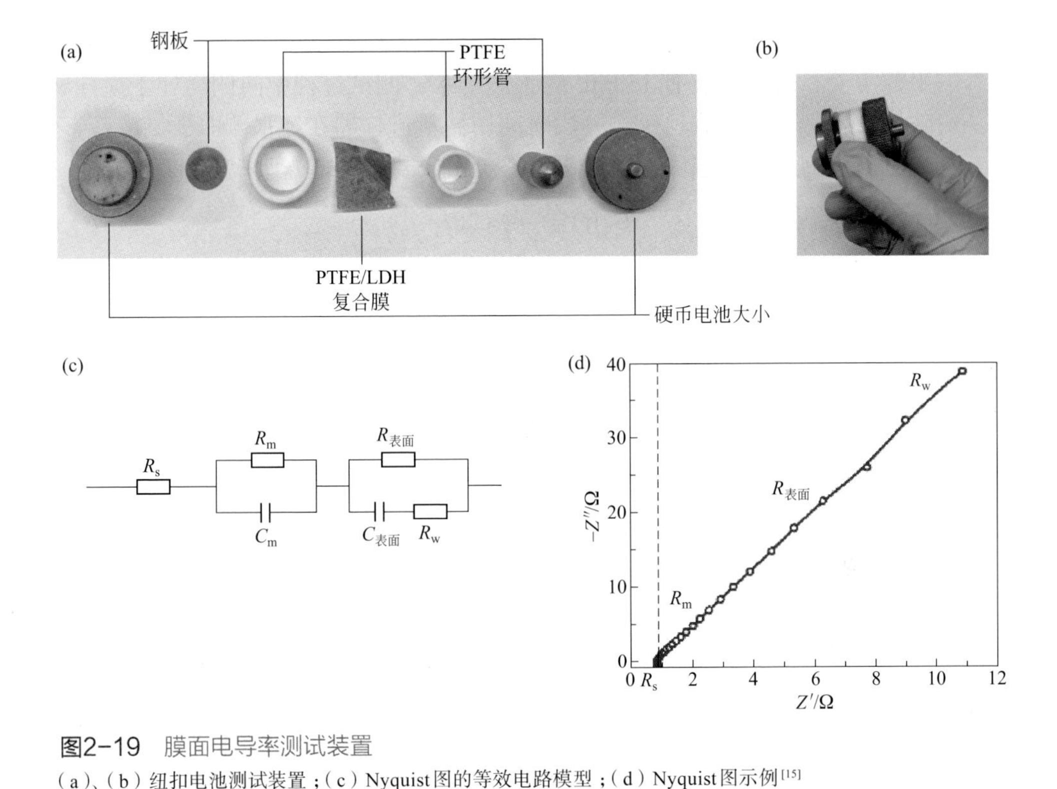


图2-19 膜面电导率测试装置

（a）、（b）纽扣电池测试装置；（c）Nyquist图的等效电路模型；（d）Nyquist图示例[15]

采用四电极交流阻抗技术，可对膜表面进行膜内离子电导率测试，将膜材料夹在聚四氟乙烯的夹具中，在恒流模式下，输出频率范围为50Hz～1MHz时测试交流阻抗，常用公式（2-92）计算：

$$\sigma=\frac{L}{WdR} \tag{2-92}$$

式中，$L$ 为测试池中两个电极之间的间距，cm，一般为1cm；$d$ 为膜样品的厚度，cm；$W$ 为膜样品的宽度，cm；$R$ 为膜样品的阻抗值，Ω。

## 2．拉伸强度和断裂伸长率

拉伸强度是指在给定温度、湿度和拉伸速度下，在标准膜试样上施加拉伸力，试样断裂前所承受的最大拉伸力与膜厚度及宽度的比值，单位为MPa。断裂伸长率是膜样品在拉断时的位移值与原长的比值，一般用来衡量膜的柔性。

## 3．甲醇渗透率

甲醇渗透率通过测量甲醇在膜中的扩散系数进行评价。采用双室扩散池进行测试，扩散池由左右两个等体积的部分组成，测试时将被测膜固定于两个扩散池之间，有效面积为 0.78cm$^2$，该池一侧装有 150mL，体积浓度为 20%（体积分数）的甲醇溶液，另一侧装有 150mL 的去离子水，测试过程中两侧均处于搅拌状态，消除浓度差带来的影响，每隔一段时间用微量进样器在纯水侧取少量溶液，使用气相色谱仪测量甲醇浓度，甲醇渗透率可由公式（2-93）计算得出：

$$C_{\mathrm{B}}(t)=\frac{AP}{V_{\mathrm{B}}L}C_{\mathrm{A}}(t-t_0) \tag{2-93}$$

式中，$P$ 代表甲醇渗透率，cm$^2$/s；$C_{\mathrm{A}}$ 代表初始甲醇溶液的浓度，mol/L；$C_{\mathrm{B}}(t)$ 代表即时的去离子水侧的甲醇浓度，mol/L；$V_{\mathrm{B}}$ 代表去离子水侧的溶液体积，L；$L$ 代表膜厚，cm；$A$ 代表有效的渗透面积，cm$^2$。

### 4．氢气透过率

气体透过率用来评价膜对气体的阻隔性。采用单电池夹具进行测试，将离子交换膜置于带有密封胶圈的单电池测试夹具中间，夹具内部被离子交换膜分隔为两个容积相等的独立空间。分别往夹具两侧通入流动的氮气和氢气，控制流量，保持离子交换膜两侧的气压一致，通过温湿度加热装置使气体保持一定的温度与湿度，将夹具中氮气一侧的气体出口端通过导管与气相色谱仪的进样阀连接，每隔一定时间，开启进样阀，通过检测氢气出峰面积，计算出氢气含量，从而得出该离子交换膜在该时刻下的氢气透过率。进行连续的取样检测，当氢气出峰面积基本不再随时间变化时，认为这一稳定值为该离子交换膜的最终氢气透过率数值。具体计算公式见式（2-94）：

$$C=\frac{Afq}{S} \tag{2-94}$$

式中，$C$ 为离子交换膜单位时间、单位面积的透气率，cm$^3$/(cm•min)；$A$ 为氢气峰面积；$f$ 为校正因子；$q$ 为单位时间的气体透过量，cm$^3$/min；$S$ 为离子交换膜渗透有效面积，cm$^2$。

### 5．燃料电池性能测试

燃料电池性能是评价离子交换膜实际应用的重要指标。燃料电池器件由膜电极、双极板以及密封件组成。双极板与燃料电池夹具中的阴极和阳极接触，主要负责输送电流和散热，一般由导热性和导电性均良好的材料如石墨板和金属板制成。蛇形流道是双极板常见的加工方式，用于对反应气体的输送、产物水的排出和电堆的冷却。密封件安装于两侧双极板之间，一般用于保证电池内部气体压强并防止气体泄漏，大多由不同种类的橡胶或塑料（如聚四氟乙烯）制成。膜电极是燃料电池的核心，其为由阳极扩散层、阳极催化层、离子交换膜、阴极催化层、阴极扩散层组成的“三明治”式结构。为满足电池内的多方面需求，气体扩散层必须为多孔性导电材料，一般为碳纤维布或者碳纤维纸（如 TGP-H-060），其需要具有均匀的微米级孔隙作为气体和水的传输通道，其中碳纸使用更为广泛。通过在气体扩散层一侧涂覆微孔层用于提高水传输能力和导电性，该层主要由碳粉（如 XC72）和特氟龙组成。其中，碳粉用于降低接触电阻，特氟龙则可以作为疏水性黏结剂。催化剂层是电极进行半反应的场所，其中，阳极发生氢氧化反应（HOR），阴极发生氧还原反应（ORR）。通常由载体、催化剂和聚电解质组成，铂基催化剂（碳载铂）由于快速的电极反应和转移电子的能力而被广泛使用。聚电解质在催化剂层中起到黏结剂和离子传导剂的作用，其用量也大大影响着单电池性能。膜电极的制备方法有很多种，根据使用的催化层支撑体差异，可分为催化剂涂膜法和气体扩散层负载催化剂法。在催化剂涂膜法中，通过喷涂、印刷、滴涂等方式将催化剂均匀地附载于离子交换膜之上，形成三明治结构的催化剂涂覆型离子交换膜，再将其与两层气体扩散层结合，通过热压等方式制备成五层结构的膜电极。气体扩散层负载催化剂法与催化剂涂膜法相似，同样是利用喷涂、印刷等方式把催化层做到气体扩散层上，从而形成气体扩散电极。电池测试之前，分别把阴、阳极的气体扩散层放于离子交换膜两侧，热压处理后制备成五层结构的膜电极。此外，根据膜电极制备方法又分为涂覆法、喷涂法和转印法等。涂覆法是先将催化剂纳米颗粒、聚电解质溶液和溶剂配成黏度较大的非均相催化剂膏体，然后用刮刀将膏体均匀地涂覆在气体扩散层或离子交换膜上，干燥热压后制得膜电极。这种方法虽简单，但对制作者的手工艺要求高。另外，由于配置的膏体中溶剂含量少，催化剂纳米颗粒与聚电解质的混合很差，难以保证所有催化剂颗粒都能达到三相接触界面的效果，易造成电池性能偏低。喷涂法是将催化剂纳米颗粒、聚电解质溶液和溶剂（异丙醇、水和甲醇 / 二甲基亚砜以一定比例混合）超声混合后，形成分散度较好的低黏度催化剂油墨，然后利用喷涂装置（如喷枪）将低黏度的催化剂油墨均匀地喷涂在气体扩散层或离子交换膜上制得催化层。这种方法所制备的催化层能使催化剂纳米颗粒与聚电解质充分混合，因此聚电解质的分布更为均匀，催化层中形成的“三相区”也更多，催化剂利用率变高。然而，这种方法容易造成喷嘴堵塞和催化剂浪费，因此需要不定期维护喷涂设备。转印法是先将催化剂涂覆在另一支撑体上，然后再转印至气体扩散层或离子交换膜上。例如，可先将催化剂墨水喷在聚四氟乙烯基体上并进行干燥，然后把带有催化层的聚四氟乙烯放在离子交换膜两侧，经热压将催化层转移至离子交换膜两侧，制成膜电极，该方法能制备出膜 / 催化层界面强度优良的膜电极，但操作步骤繁杂、热压温度高，极易导致离子交换基团降解。以下以气体扩散层负载为例给出具体膜电极制备方法，仅供参考：将 10mg Pt/C 或 Pt-Ru/C 催化剂（金属质量分数均为 60%）与 100mg 去离子水、400mg 异丙醇和 50mg 聚电解质溶液（质量分数 5% 的聚合物电解质，根据膜材料结构进行选择）进行超声混合、搅拌后得到催化剂油墨。然后，将催化剂墨水喷涂到气体扩散层（Toray TGP-H-060）上，制备出含质量分数 20% 聚电解质和 80% 催化剂的气体扩散层。其中，电极面积控制为 $12.25cm^2$，催化剂金属载量控制在 $0.5mg/cm^2$。测试前，先将制备的气体扩散层和离子交换膜放入 1mol/L HCl（阳离子交换膜）/NaOH（阴离子交换膜）水溶液中浸泡 12h 进行离子交换，再用去离子水彻底洗净，使其转化为 $H^+/OH^-$ 形式。然后，在离子交换膜的两侧放置气体扩散层（阳极：Pt-Ru/C；阴极：Pt/C）以制备膜电极。测试时，将膜电极放入电池夹具中，使用 Scribner 燃料电池测试站 890e（Scribner Associates，USA）以 30 ～ 90℃的恒电流模式测试单电池性能。阳极反应气体为氢气，阴极反应气体为氧气或者合成空气，气体流速为 0.5L/min，在 0.6V 恒电位、70℃下对电池进行 30min 活化，直到电流密度稳定。随后，记录在特定参数下每个电流密度对应的电池电压和功率密度，绘制出功率密度 - 电流密度曲线和电压 - 电流密度曲线。

## 二、液流电池隔膜表征方法

通常用于液流电池的膜，需要具备离子分离膜的选择透过性。在电池充放电过程，采用电导率（或膜面电阻）表示离子在膜内的渗透通量，采用选择性系数表征膜对氧化剂或还原剂的阻隔性能。另外，由于隔膜在强酸或强碱性的电化学氧化环境中使用，对于耐化学与电化学腐蚀有十分苛刻的要求。

### 1．膜面电阻（电导率）

液流电池的膜面电阻测试方法同第二节离子交换膜基本参数及表征的膜面电阻测试。

### 2．离子（或分子）选择性

电池隔膜需要具备两个功能：第一，能够传导离子，连通电池内电路；第二，必须具备良好的离子（或分子）选择性，以避免在膜中发生渗透而导致能量损失，甚至渗透严重时引发着火、爆炸等恶性事故。因此，高离子（或分子）选择性是储能电池膜的重要指标，以钒电池为例进行说明。

钒电池中质子传导膜的作用主要是在高效传导氢离子的同时阻止钒离子渗透，因此，在电解液中，膜选择性透过氢离子的能力是其重要性能之一。实验测定装置如图 2-20 所示，通过该装置可测定在一定温度下膜对不同离子的渗透特性，温度可控范围为 5 ～ 100℃。该装置由以下几个部分组成，分别是传导池、恒温水浴、搅拌器、电极、pH 计。其中核心部分是传导池，它是离子扩散过程发生的场所，如图 2-21 所示。

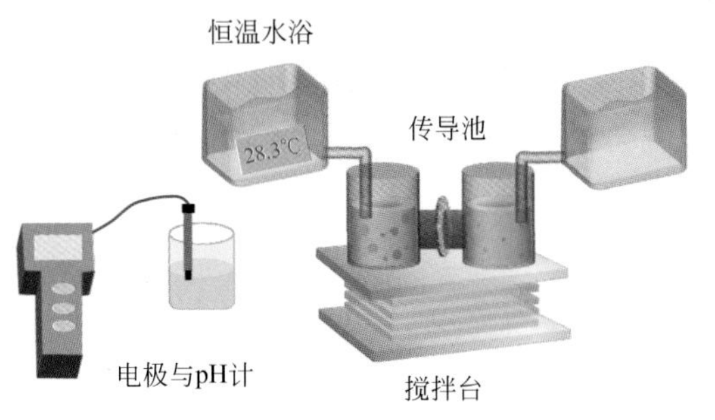


图2-20 膜中离子扩散选择性实验装置

图2-21 离子渗透性测定用传导池结构图

传导池由左右两槽组成，测量时将膜夹在两槽中间，并用螺栓进行固定以避免漏液，从膜两侧圆孔向腔室中分别倒入电解质溶液和去离子水。传导池中溶液腔室外围还有一层夹套，该夹套通过软管与循环恒温水浴连接，将水浴中的恒温水在夹套与水浴之间循环，从而在实验过程中保证膜两侧溶液恒温。将组装后的传导池放在搅拌器上，搅拌器中将磁铁与微电机固定在架子上，微电机通过导线与电源连接，把磁力搅拌子放入传导池中即可实现搅拌，通过电源的电压变化控制搅拌速度。电极与 pH 计用于测量渗透侧溶液中的离子浓度，测量时将电极插入传导池上端圆孔中。

质子传导膜的离子选择性系数定义为氢离子和 $VO^{2+}$ 浓度曲线斜率之比，见式（2-95）。

$$\text{H/V 离子选择性系数} = \frac{k(H^+)}{k(VO^{2+})} \tag{2-95}$$

式中，$k(H^+)$ 和 $k(VO^{2+})$ 分别代表 $H^+$ 和 $VO^{2+}$ 浓度曲线斜率。

严格来讲，离子选择性系数应等于氢离子和 $VO^{2+}$ 扩散系数之比，根据菲克第一定律$J=-D\frac{dc}{dx}$，$J$ 等于离子扩散系数 $D$ 和浓度梯度$\frac{dc}{dx}$的乘积，因此 $D$ 和$\frac{dc}{dx}$之间有关联。通常把离子选择性系数直接定义为氢离子和 $VO^{2+}$ 浓度曲线斜率之比，该值能够表征膜的离子选择性透过能力。

### 3．耐腐蚀性

当测试全钒液流电池时，电解液为金属钒离子的硫酸水溶液。但是由于 $VO^{2+}$ 具有较强的氧化性，当长期使用含有 $VO^{2+}$ 的电解液进行测试时，需要考察质子传导膜的化学稳定性。膜的化学稳定性决定了在电池运行过程中膜内高分子化学键的强弱程度，直接影响膜的使用寿命，可用于判断制备的质子传导膜能否用于电池过程。采用芬顿试剂氧化法测试，将氧化前后膜的剩余质量分数作为衡量指标。

芬顿试剂由质量分数为3%的$H_2O_2$溶液和$Fe^{2+}$溶液（浓度一般可选用0.01mol/L）组成，该氧化剂氧化性强，但稳定性较差，需要现配现用。$H_2O_2$是有效氧化剂，$Fe^{2+}$是催化剂。

测试过程如下：

（1）裁取一定大小的膜片段（比如尺寸为2cm×2cm），置于烘箱内烘干至恒重，记录待测膜质量为$A$。

（2）将烘干至恒重的待测膜放入烧杯中，加入新配制的质量分数为3%的$H_2O_2$溶液至完全浸没待测膜。然后将烧杯置于60℃水浴中加热，同时往烧杯中滴加2～3滴0.01mol/L的$Fe^{2+}$溶液，保持恒温3h。

（3）恒温3h后，将待测膜取出，置于装有稀$H_2SO_4$的烧杯中浸泡10min并轻轻摇晃烧杯，之后用去离子水冲洗待测膜3遍。

（4）将冲洗干净的膜样品放入烘箱内再次烘干至恒重，记录膜样品质量为$B$。

（5）计算剩余质量分数：

$$C = \frac{B}{A} \times 100\% \tag{2-96}$$

剩余质量分数越小，表示待测膜在氧化过程中有越多的化学键被氧化断裂，膜的抗氧化性越差，化学稳定性能也越差。

此外，对于满足全钒液流电池要求的质子传导膜，可以将膜浸渍于含有100%的$VO_2^+$硫酸水溶液中，并将其加热到60℃保持5h，或者在室温下长期浸泡。其中由于$VO_2^+$是钒离子的最高价态，只能作为氧化剂；如果水溶液中存在被氧化的物质，将会检测到还原物质四价态$VO^{2+}$。通过检测是否存在$VO^{2+}$生成来间接评价膜材料的耐氧化性能。

## 三、电解水制氢隔膜表征方法

离子交换膜作为聚电解质膜电解水制氢（SPE）的核心部件之一，主要发挥两个作用：①作为固体电解质传导氢氧根离子或质子；②离子交换膜两侧产生的$H_2$和$O_2$气体，避免气体混合，提高电解槽运行安全性。根据离子交换膜传导离子的类型，聚电解质膜电解水制氢（SPE）可以分为质子交换膜电解水制氢（PEMWE）和碱性膜电解水制氢（AEMWE）。其中质子交换膜电解水制氢（PEMWE）发展迅速，并且已经成功商业化；而碱性膜电解水制氢（AEMWE）还处于实验室发展阶段。下面以碱性膜电解水制氢（AEMWE）为例说明电解水制氢隔膜的表征方法。对于碱性膜电解水制氢（AEMWE），碱性膜应具有较高的氢氧根电导率、湿态下较强的力学性能、高温下良好的耐碱性。

### 1．电导率

对于膜内离子电导率（in-plane conductivity），测试方法同燃料电池隔膜离子电导率表征方法。

### 2．碱稳定性

将一系列相同的待测膜在特定温度（80℃）下浸泡在特定浓度（1mol/L、2mol/L、5mol/L）的 KOH 溶液中，隔一段时间取出一个样品，用蒸馏水将残留在膜表面的 KOH 冲洗干净，然后测定该膜的离子交换容量和电导率，或使用核磁氢谱进行评估。

### 3．电解水制氢性能测试

将制备的含催化剂的多孔传输层（PTLs）和待测膜浸泡在 1mol/L 的 KOH 溶液中 24h，再将待测膜夹在阴阳极多孔传输层之间，得到膜电极组件（MEA）。通过一定流速将 1mol/L KOH 溶液加入阳极和阴极来运行碱性膜电解水制氢（AEMWEs）。电化学工作站以 10mV/s 或 5mV/s 的扫描速率监测 1.3 ～ 2.0V 下装置的电流，在室温或高温（60℃或 80℃）下记录 AEMWEs 的 *I-V* 曲线。电化学阻抗谱（EIS）分析通过电化学工作站在 50mHz ～ 50kHz 的频率范围内在特定电压下和某一振幅下进行监测。AEMWEs 的稳定性测试是在 60℃或 80℃下，以 500mA/$cm^2$ 的电流密度进行恒电流测试，监测整个装置的电压，电压上升越小，说明稳定性越好。对于纯水条件的 AEMWEs，将制备的含催化剂的多孔传输层（PTLs）和待测膜浸泡在 1mol/L 的 KOH 溶液中 24h，然后用蒸馏水将表面离子冲洗干净，再将 PTLs 和膜组装成膜电极。

## 参考文献


[1] 王世昌．海水淡化工程 [M]．北京：化学工业出版社，2003.

[2] 时均，袁权，高从堦．膜技术手册 [M]．北京：化学工业出版社，2001.

[3] 徐铜文．膜化学与技术教程 [M]．合肥：中国科学技术大学出版社，2003.

[4] 安德罗波夫．理论电化学 [M]．北京：高等教育出版社，1982.

[5] Tanaka Y. Limiting current density in the ion exchange membrane electrodialysis [J]. Bulletin of the Society of Sea Water Science, Japan, 1976, 29(5): 209-217.

[6] 薛德明，江维达，沈炎章，李东．离子交换膜浓差极化伏 - 安特性剖析 [J]．水处理技术，1984, 02: 11-16.

[7] 邓麦村，金万勤．膜技术手册 [M]．第二版．北京：化学工业出版社，2020.

[8] Allen J Bard, Larry R Faulkner . Electrochemical Methods: Fundamentals and Applications [M]. John Wiley & Sons Inc, 1980.

[9] Livage J. Sol-gel synthesis of hybrid materials [J]. Bulletin of Materials Science, 1999, 22(3): 201-0205.

[10] 徐铜文，何炳林. 电位法测定异价阳离子通过阳离子交换膜时的选择透过性 [J]. 分析化学，1997, 04: 452-455.

[11] 王振坤. 离子交换膜——制备、性能及应用 [M]. 北京：化学工业出版社，1985.

[12] 张维润，等. 电渗析工程学 [M]. 北京：科学出版社，1995.

[13] 徐铜文，何炳林. 电导法和互扩散法测定不等价反离子通过离子交换膜的扩散系数 [J]. 水处理技术，1997, 03: 3-8.

[14] Strathmann H. Ion-exchange membrane separation processes: Membrane science and technology series[M]. Amsterdam: Elsevier, 2004.

[15] Wan L, Xu Z, Wang B. Green preparation of highly alkali-resistant PTFE composite membranes for advanced alkaline water electrolysis [J]. Chemical Engineering Journal, 2021, 426: 131340.

[16] Tan R, Wang A, Malpass-evans R, et al. Hydrophilic microporous membranes for selective ion separation and flow-battery energy storage [J]. Nature Materials, 2020, 19(2): 195-202.

# 第三章

# 侧链工程学制备均相离子交换膜

第一节　侧链工程学概述 / 090

第二节　侧链离子交换膜结构设计 / 092

第三节　侧链离子交换膜交联 / 120

第四节　侧链离子交换膜功能基团设计 / 122

第五节　侧链离子交换膜微观形貌 / 126

第六节　侧链离子交换膜应用性能评价 / 130

第七节　小结与展望 / 133

# 第一节
# 侧链工程学概述

随着对均相离子交换膜性能要求的不断提升，从分子水平设计离子交换膜成为重要的开发手段。分子水平设计离子交换膜包含对组成的调控和结构的设计。对于离子交换膜的组成调控需要兼顾可加工性和化学稳定性等多方面的因素，因此目前能用于制备均相离子交换膜的材料仍然局限于聚醚砜、聚醚酮、聚酰亚胺、聚烯烃等聚合物。而对于聚合物进行结构调控可以进一步丰富离子交换膜的种类，提升其性能。目前，均相离子交换膜的分子结构包括主链结构和侧链结构。主链结构的离子交换膜指的是离子功能基团直接与主链结构单元连接，而侧链结构指的是离子功能基团通过间隔基团与主链相连接或者离子基团分布在接枝链上。在均相离子交换膜发展初期，主要是依赖于主链型聚合物的合成来开发膜材料，但是主链型聚合物基的离子交换膜性能有待进一步提升。近年来，离子交换膜领域的开发者逐渐将研究重点放在制备侧链型均相离子交换膜。目前，侧链型离子交换膜主要基于类Nafion（全氟磺酸聚烯烃类阳离子交换膜的一种）结构和接枝型结构来开发的。通过侧链工程学调控侧链的长度、分布以及与主链的连接方式，来进一步优化离子交换膜性能，并帮助深刻理解离子交换膜领域中分子结构 - 性能的关系。在均相离子交换膜领域，侧链工程学理论基础来源于对Nafion的研究以及高分子微相分离理论。

## 一、Nafion的结构-形貌

早期侧链结构离子交换膜的开发是受到了全氟磺酸聚烯烃离子交换膜的启发。由DuPont公司等开发的全氟磺酸聚烯烃阳离子交换膜，虽然产生至今已超过50年，但仍是离子交换膜的标杆。

全氟磺酸聚烯烃类阳离子交换膜是由含磺酸基团的全氟代烯烃构成，通常是由四氟乙烯与含“预磺酸基团”（磺酰氟或磺酸酯形式）的全氟代烯烃通过自由基共聚然后水解得到，其反应通式见图3-1[1]。全氟磺酸聚烯烃类阳离子交换膜兼具优异的化学与热稳定性以及高的质子电导率。在研究初期，人们认为该膜优异的性能仅仅是源于其全氟的化学组成。一方面，C—F键高的键能（497kJ/mol）赋予膜优异的化学与热稳定性；另一方面，$CF_2$基的强吸电子性赋予与之相邻的磺酸基团超强的酸性，进而赋予膜良好的质子电导率。随着研究的不断深入，研究者发现全氟磺酸聚烯烃类阳离子交换膜的性能不仅来源于其组成，更源于其微观形貌[2,3]。

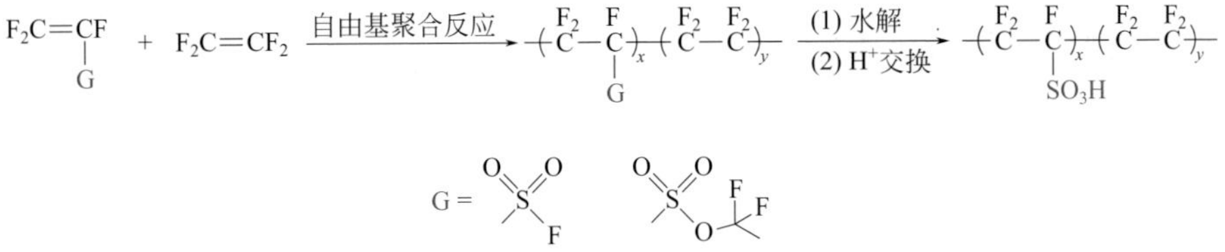

$F_2C{=}CF(G) + F_2C{=}CF_2 \xrightarrow{\text{自由基聚合反应}} -(CF_2-CF(G))_x-(CF_2-CF_2)_y- \xrightarrow[\text{(2) }H^+\text{交换}]{\text{(1) 水解}} -(CF_2-CF(SO_3H))_x-(CF_2-CF_2)_y-$

G = $-SO_2F$ ；$-SO_2-O-CF_2-$

图3-1　全氟磺酸阳离子交换膜合成示意图

Gierke及其合作者通过小角X射线衍射（SAXS）和广角X射线衍射（WAXD）等手段对由DuPont公司生产的Nafion膜微观结构进行观察，提出了“簇-网络”模型来描述Nafion膜的微观形貌[4,5]。在此模型中，由磺化端基全氟烷基醚基团聚集构成尺寸约为4nm的离子簇，这些离子簇由尺寸约为1nm左右的通道进行连接形成贯穿的离子传输通道。得益于该通道的存在，因此质子可以通过Vehicular和Grotthuss机理来进行高速的传输。此外，Roche等发现聚四氟乙烯链段可以形成结晶区域，来赋予Nafion膜优异的机械和化学稳定性[6,7]。总之，Nafion理想的亲水-疏水相分离结构使得其具有优异的性能。尽管Nafion膜综合性能优异，但是其复杂的合成路线和高毒性的含氟单体的使用使得其价格过于昂贵。基于对Nafion膜的深入研究，均相离子交换膜开发者开始模仿Nafion的结构，利用侧链工程学开发与Nafion结构类似的短侧链型离子交换膜，来寻找Nafion的替代品。

## 二、接枝型聚合物微相分离

通过对Nafion的研究，可以证实理想的微相分离形貌是决定其优异性能的关键因素。除了Nafion这种侧链结构，基于接枝型侧链的结构也有望自组装形成理想的微观相分离形貌。接枝型结构指聚合物一个或多个聚合物链连接在线型聚合物骨架的重复单元上，形成类似于刷状结构[8]。由于主链和侧链组成不同，而导致其不相容，形成微相分离结构。而所形成的微相分离形貌可以通过改变主链和侧链的组成、链段的长度、每个链段的体积以及每个链段的结晶性能来调控[9]。通过对这些参数的调控，可以完成不同自组装形貌的构建，如球型、圆柱型、双连续型、层状结构。所构建形貌的有序性是由聚合物结构的规整性决定的，这就要求接枝链具有尽可能相同的聚合度。因此，基于活性聚合技术的“grafting from”“grafting through”“grafting onto”等策略常用于接枝型离子交换膜的合成[10]。

# 第二节
# 侧链离子交换膜结构设计

目前侧链离子交换膜的设计主要是在芳香族聚合物上实现的。芳香族聚合物是主要由芳环或芳杂环单元构成的聚合物。芳香性的主链赋予这些聚合物优异的化学稳定性、热稳定性和力学性能。目前已商业化的芳香族聚合物有聚苯醚（PPO）、聚苯硫醚（PPS）、聚芳醚酮（PEK）、聚芳醚砜（PES）、聚酰亚胺（PI）、聚苯并咪唑（PBI）、聚苯并噁唑（PBO）等，通过对这些商业化的芳香族聚合物进行化学改性，可以完成侧链离子交换膜的制备。或者从磺化单体设计出发，合成芳香族聚合物，也可以实现侧链离子交换膜的制备（图 3-2）。

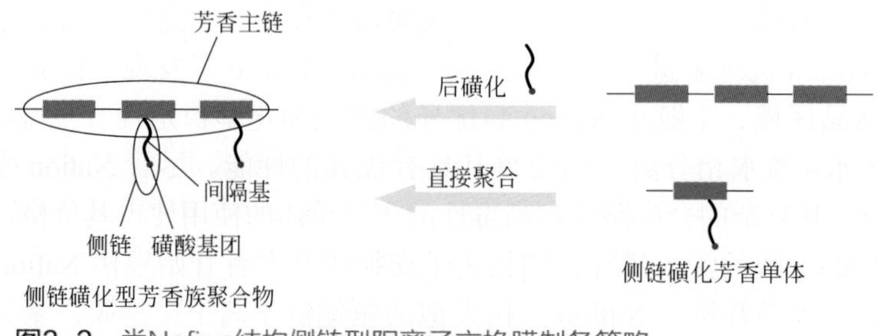


图3-2　类Nafion结构侧链型阳离子交换膜制备策略

## 一、侧链阳离子交换膜结构设计

### 1．类 Nafion 结构的侧链阳离子交换膜设计

（1）后功能化法合成侧链型阳离子交换膜　当选择侧链含有芳环的芳香单体进行聚合时就会得到相应的侧链含有芳环的芳香族聚合物，再选择合适的磺化试剂便可以通过亲电磺化反应得到仅仅侧链被磺化而主链不被磺化的侧链磺化型聚合物。该方法最早应用于商品化的聚合物上。将聚（4- 苯氧基苯甲酰 -1,4- 亚苯基）在氮气氛围下溶解于浓硫酸中在室温下进行磺化，该方法使得侧链上的苯环被磺化，而主链上的苯环不被磺化［图 3-3（a）］。并且可以通过调控磺化时间，使得最终磺化度达到 80% 以上[11]。

侧链上具有芳环结构的商品化聚合物种类较少，因此大部分后磺化法合成侧链型阳离子交换膜是从单体设计出发，合成侧链上含有芳环的单体，随后与合适

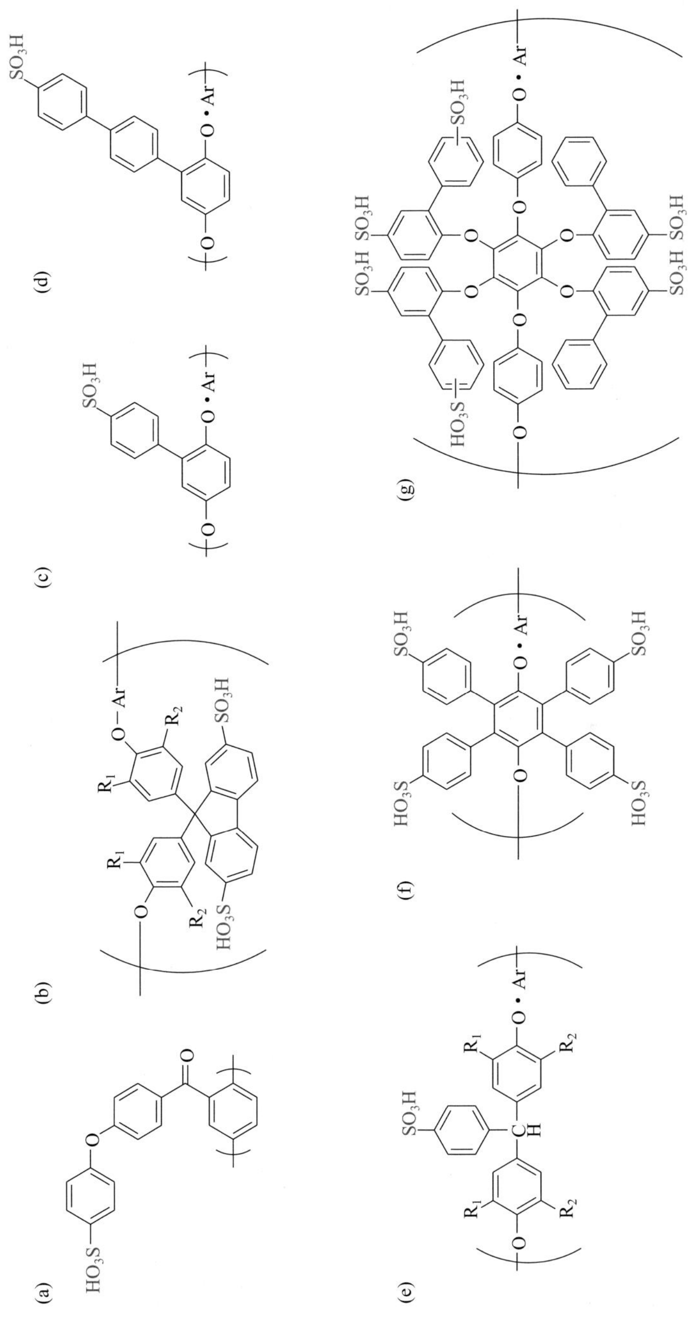

(a) $HO_3S$ O O

(b) $R_1$ O $R_1$ O—Ar $R_2$ $R_2$ $HO_3S$ $SO_3H$

(c) $SO_3H$ O O • Ar

(d) $SO_3H$ O O • Ar

(e) $SO_3H$ $R_1$ $R_1$ O C H O • Ar $R_2$ $R_2$

(f) $HO_3S$ $SO_3H$ O O • Ar $HO_3S$ $SO_3H$

(g) $SO_3H$ $SO_3H$ $HO_3S$ $SO_3H$ O O O O O O O O • Ar $SO_3H$ $SO_3H$

图3-3 亲电磺化反应合成的侧链磺化芳香族聚合物

的单体进行缩聚完成侧链上具有芳环结构的聚合物的制备，再通过磺化反应最终获得侧链型阳离子交换膜材料。这种方法的关键在于含芳香侧链单体的设计。

含芴基的二酚单体可以与二卤单体在碱性条件下缩聚得到高分子量聚合物，然后通过在聚合物溶液中滴加低浓度氯磺酸（0.1mol/L）的方式完成磺化［图 3-3（b）］。该磺化过程仅可以使得芴基的 2,7- 位置被磺化，而不影响主链。如果采用浓度过高的氯磺酸进行磺化，常常会导致主链也被磺化。基于此方法制备侧链型阳离子交换膜的前提是合成含芴基的二酚单体。通常，含芴基的二酚单体是通过芴酮与二甲苯酚在酸催化作用下得到的。随后可以将含芴基的二酚单体与各种二卤单体缩聚，制备含芴基侧链型阳离子交换膜的前驱体。例如，9,9- 双（4- 羟苯基）芴与双四氟苯基砜通过亲核反应可获得分子量超过 4 万的聚醚砜，并通过氯磺酸进行磺化[12]。由于氯磺酸的磺化过程速率较快，可以通过调节氯磺酸的加入量来对磺化度进行调控。进一步，可以通过在 9,9- 双（4- 羟苯基）芴上引入一个或者多个甲基取代，来调控所获得含芴基聚醚砜的分子量，进而调控离子交换容量、膜机械性能和耐氧化性能[13]。同样地，含芴基的二酚单体与 4,4′- 二氟苯酮进行缩聚反应，进而与氯磺酸进行磺化反应可以获得含芴基的聚醚醚酮侧链型阳离子交换膜，其磺化度最高可以达到 150%[14]。此外，可以在二氟单体中引入 1,3,4- 噁二唑单元与含芴基的二酚单体进行聚合制备同时包含噁二唑单元与芴基的聚合物，通过氯磺酸进行磺化可以获得磺化度最高为 100% 的侧链型阳离子交换膜[15]。1,3,4- 噁二唑单元的存在可以提升膜材的化学和热稳定性。

苯基对二苯酚是另一种可以通过后磺化法制备侧链型阳离子交换膜的单体。该单体的合成是通过 Suzuki 交叉偶联反应完成的［图 3-3（c）］。在钯催化剂的作用下，2,5- 二甲氧基苯基硼酸与溴苯反应生成 2,5- 二甲氧基联苯，随后在醋酸的作用下进行脱甲基反应获得目标单体[16]。该单体与 4,4′- 二氟苯酮进行缩聚反应，进一步通过氯磺酸对其进行磺化，发现仅有侧链上的苯环被磺化，而主链上的苯环不受影响，1h 的磺化反应就可使得最终产物的磺化度接近 100%。对该聚合物侧链的苯基也可以通过浓硫酸进行磺化，但是反应了 20h，没有任何磺化产物被探测到。反应了 15 天后，也仅仅有 40% 的侧链苯环磺化成功。然而，使用联苯基二苯酚进行聚合反应，即合成了双苯基结构的聚醚醚酮，可以显著提升磺化反应活性［图 3-3（d）］。3 天的磺化反应就可以使得磺化度提升至 100%[17]。为了更精确地控制磺化度，也可以在聚合物合成过程中加入（3- 氟甲基）苯基对二苯酚单体，该单体具有苯基对二苯酚相似的组成，可以与二氟单体进行聚合，但是 3- 氟甲基的存在可以阻碍其侧基苯环基团被磺化[18]。因此，通过调控苯基对二苯酚和（3- 氟甲基）苯基对二苯酚单体的加入比例，可以精确控制聚合物的磺化度，而不需要依赖后续磺化反应的控制。除了与二氟苯酮类单体进行反应合成聚醚醚酮型的阳离子交换膜，苯基对二苯酚也可以与全氟联苯或者 2,6- 二氟苯腈进行反应合成含有氟基或者氰基的聚醚砜[19]。通过氯磺酸进行磺化，在30min内，两种聚合物的磺化度都可以达到100%。氟基的引入可以有效提升膜的机械强度、热和化学稳定性。而氰基的引入可以提升聚合物和无机材料的黏附力，有利于后续电极材料的制备。

含有三苯基或者四苯基的双酚单体也可以用来合成侧链型阳离子交换膜［图3-3（e）和（f）］[20]。含有三苯基的双酚单体是通过苯甲醛和苯酚类物质在硫酸作为催化剂的条件下合成的，但是由于双酚单体易被氧化，因此在反应过程中需要加入过量的苯酚化合物。含有四苯基的双酚单体是通过二氯二苯甲烷与苯酚类单体反应获得。同样地，为了防止双酚物质的氧化，需要加入过量的苯酚化合物。但是两种双酚类单体在与全氟联苯的聚合过程中，即使在氮气的氛围下仍然容易被氧化。通过将双酚单体与异腈酸酯反应来获取氨基甲酸酯可以避免双酚单体的降解，而氨基甲酸酯可以在150℃下重新分解与全氟联苯反应获得聚芳醚。通过氯磺酸对所得聚芳醚进行磺化反应，磺化仅发生在侧链的苯环的对位上，因此该方法实现了侧链型磺化阳离子交换膜的制备[21]。

为了进一步提高侧链型磺化阳离子交换膜的磺化度以及磺酸离子基团的聚集程度，研究者设计了一种含有8个磺化位点的二酚单体［图3-3（g）］[22]。该单体的合成涉及了多步反应。在碱性条件下，4-甲氧基酚首先与六氟苯反应后再与邻苯基苯酚作用，随后通过三溴化磷的脱甲基化作用合成了目标单体1,2,4,5-四(［1,1′-双苯基］-2-氧）-3,6-双（4-羟基苯氧基）苯。该单体可以直接与二氯基二苯砜进行缩聚反应生成聚醚砜。同样地，通过与氯磺酸反应，所设计单体上的八个苯环单元均可以被磺化，而主链上由于吸电子基团亚砜的存在，不会被磺化。在聚合过程中，也可以加入含氟的2,2-双（4-对羟基苯）六氟丙烷参与聚合[23]。含氟单体的引入可以提高非离子化的聚合物的憎水性，从而有利于促进离子区域的聚集，形成质子传输通道。

以上工作都是基于二酚单体的设计来制备侧链型阳离子交换膜，通过设计二卤单体也可以实现侧链型阳离子交换膜的制备。常用于合成聚醚砜的双（4-氟苯基）砜这种单体，可以首先对其进行溴化，随后与苯硼酸发生Suzuki偶联反应，在双（4-氟苯基）砜的侧基上引入两个苯环[24]。对于双（4-氟苯基）砜单体，它可以与硫化钠进行缩聚得到高分子量聚合物。然而，侧基上具有苯基的双（4-氟苯基）砜与硫化钠反应仅可以得到低分子量的聚合物。这是由于邻位取代的苯基的空间位阻效应，阻碍了硫醇进攻氟原子。侧基上具有苯环的双（4-氟苯基）砜仅可以与双酚单体如2,2-双（4-对羟基苯）六氟丙烷通过亲和芳香取代缩聚反应完成聚合，获得高分子量聚合物。并通过氯磺酸对其侧基苯环进行磺化，制备侧链型磺化阳离子交换膜。该侧链型阳离子交换膜侧基上仅有两个苯环可被磺化，为了进一步提升侧基磺化位点的个数，研究者设计了一种侧基上有四个磺化位点的单体[25]。该单体的合成起始于1,2-双（4-氟苯甲酰）乙烯，通过对其乙烯单元进行溴化，在三乙胺的作用下脱除溴化氢生成1,2-双（4-氟苯甲酰）乙炔。随后与四苯基环戊二烯酮进行Diels-Alder反应获得1,2-二苯甲酰-3,4,5,6-四苯基苯目标单体。该单体可以与双（四羟基苯）砜进行缩聚合成高分子量聚合物，而后通过氯磺酸磺化制备一个结构单元具有四个磺化位点的侧链型阳离子交换膜。

除了亲电磺化反应外，亲核反应也可以在芳香族聚合物的侧链上引入磺酸基团。该方法成功的关键仍然在于对聚合物前驱体的设计与合成。商业化的双酚A型聚醚砜首先与丁基锂反应使其金属化，随后与4-氟苯酰氯反应，在聚合物引入一个氟苯基的侧链。在位于砜基邻位的氟苯基可以通过醚化反应与各种含有磺酸基团的酚类单体进行共价键合，例如2-萘酚-6,8-二磺酸盐，8-羟基-1,3,6-芘三磺酸盐等，完成了侧链型阳离子交换膜的制备（图3-4）[26]。由于没有给电子的醚键位于磺酸基团的对位或者邻位，所得磺化产物稳定性较好。由山东天维膜有限公司生产的溴甲基化聚苯醚也可以通过醚化反应制备侧链型阳离子交换膜[27]。由于溴甲基化聚苯醚本身就具有高活性的卤代烃，而不需要像双酚A型聚醚砜进行金属化的预处理。溴甲基与2-萘酚-6-磺酸钠在温和的碳酸钾碱性环境中即可反应，并且磺化度的调控可以通过改变2-萘酚-6-磺酸钠的加入量完成。除此之外，金属化的双酚A型聚醚砜也可以与对邻磺基苯甲酸酐通过一步开环反应引入侧链芳基磺酸基团[28]。

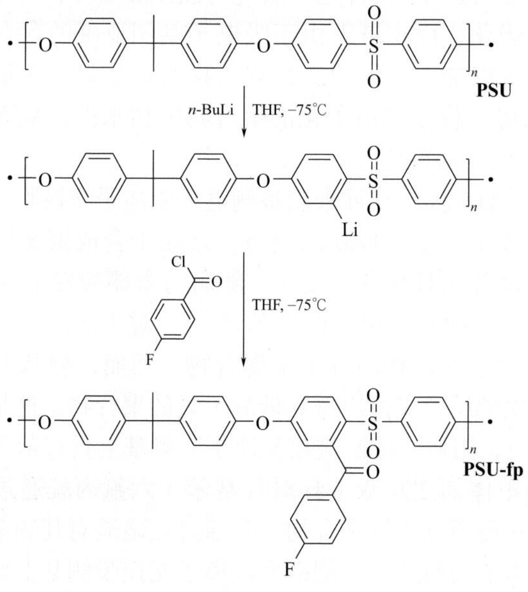

PSU

*n*-BuLi THF, −75℃

Li

Cl O F

THF, −75℃

PSU-fp

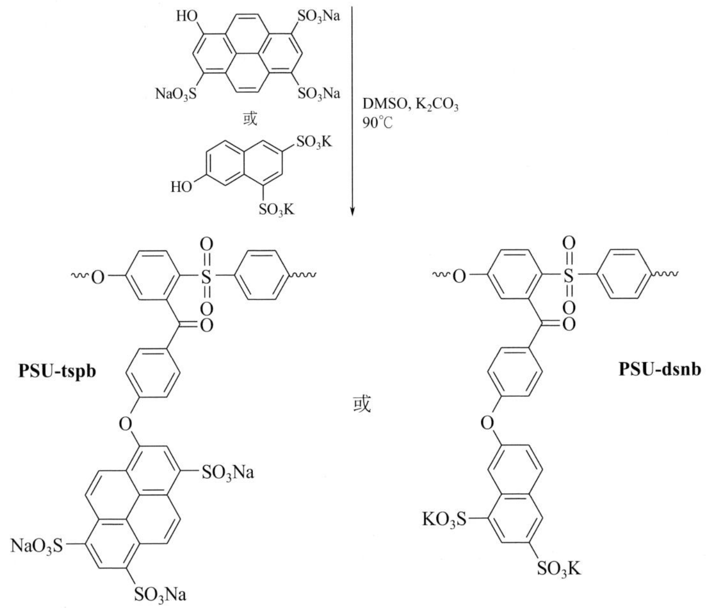

图3-4　由金属化-醚化合成侧链磺化聚醚砜示意图[26]

商品化的聚苯并咪唑也可以作为合成侧链型阳离子交换膜的聚合物前驱体。聚苯并咪唑主链咪唑单元氮上的活性氢也可以先进行金属化，再通过亲核反应与 4- 溴甲基苯磺酸钠反应或者与 1,3- 丙磺酸内酯进行反应制备侧链型阳离子交换膜（图 3-5）[29,30]。由于聚苯并咪唑的高活性，通过与氢化锂反应可以实现 100%

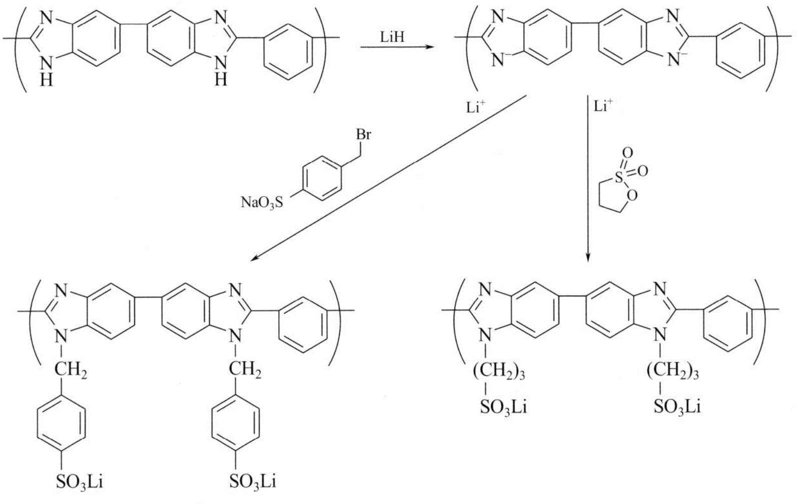

图3-5　由金属化合成侧链磺化聚苯并咪唑示意图[29,30]

的金属化。因此基于聚苯并咪唑的侧链型阳离子交换膜的磺化度可以通过调节磺化单体的加入量实现调控。

主链芳环上含有羟基官能团的聚合物也可以通过亲核取代反应引入侧链磺酸基团。使用侧基含有甲氧基官能团的二酚单体与二卤单体进行聚合，可以使聚合物主链上具有甲氧基，随后可以通过脱甲氧基反应，主链上引入羟基，进一步与各种磺化单体进行醚化反应制备侧链型阳离子交换膜[31]。例如，甲氧基氢醌与4,4′- 二氟二苯基砜进行典型的亲核取代缩聚反应合成主链含有甲氧基的聚醚砜。在三溴化硼的作用下，聚醚砜上的甲氧基可以全部转化为羟基，并与磺化单体进行醚化反应合成侧链型阳离子交换膜。为了调节磺化度和磺化链段的分布，可以在聚醚砜的合成中加入双酚 A 参与聚合。除此之外，为了调节磺酸基团的分布，对于磺化单体也进行了特别的设计，合成了线型和树枝型两种磺化单体。其中线型磺化单体是通过对四氟二苯甲酮进行磺化，使得该单体上具有两个磺酸官能团。为了进一步提高磺化位点的个数，合成了每个单元上具有四个磺酸官能团的树枝型结构。该树枝型结构的合成是通过 1,1- 双（4- 羟基苯）-1-［4-（4- 氟苯）- 硫］苯基 -2,2,2- 三氟乙烷与线型磺化单体反应，并进一步将不稳定的硫醚键氧化成砜基得到的。两种单体与含有羟基的聚醚砜均具有高反应活性，转化率都可以达到 100%。尽管该方法通过磺化单体的设计，实现了高磺化密度的侧链型阳离子交换膜的制备。但是，磺化单体的制备相对步骤较多，相对复杂。相比之下，9,9- 双（3,5- 二甲氧基 -4- 羟苯基）芴的使用使制备高磺化密度的侧链型阳离子交换膜简便许多[32]。与前文含芴基单体的合成类似，9,9- 双（3,5- 二甲氧基 -4- 羟苯基）芴是通过 2,6- 二甲氧基苯酚与芴酮在酸催化下得到的。随后，可将该单体与二卤单体进行缩聚获得分子量可以达到 5 万的聚合物。同样地，对聚合物进行脱甲基化处理，将甲氧基完全转化为羟基。在氢氧化钠的作用下，主链上的羟基可以让 1,4- 丁烷磺酸内酯发生开环反应，制备了侧链型阳离子交换膜。由于含芴基的单体上有 4 个羟基位点，因此该方法可以在一个结构单元上引入四个磺酸位点。

尽管以上后磺化法均可以实现侧链型阳离子交换膜的制备，但是这些方法仅可以用于芳磺酸或烷基磺酸基团的引入。但是芳磺酸或烷基磺酸的酸性相对较弱，其 $pK_a$ 值约为 −1，而 Nafion 上所具有的全氟烷基磺酸的酸性极强，其 $pK_a$ 值可以达到 −6。所以，有必要开发与 Nafion 具有类似官能团组成的全氟磺酸侧链型阳离子交换膜。用后磺化法引入全氟磺酸侧链主要依赖于 Ullmann 偶联反应。通过对芳香聚合物的苯环进行卤化或者合成具有含卤素的芳香单体进行聚合，进而与 1,1,2,2- 四氟 -2-（1,1,2,2- 四氟 -2- 碘乙氧基）乙烷磺酸盐进行偶联反应，即可制备全氟磺酸侧链型阳离子交换膜（图 3-6）。

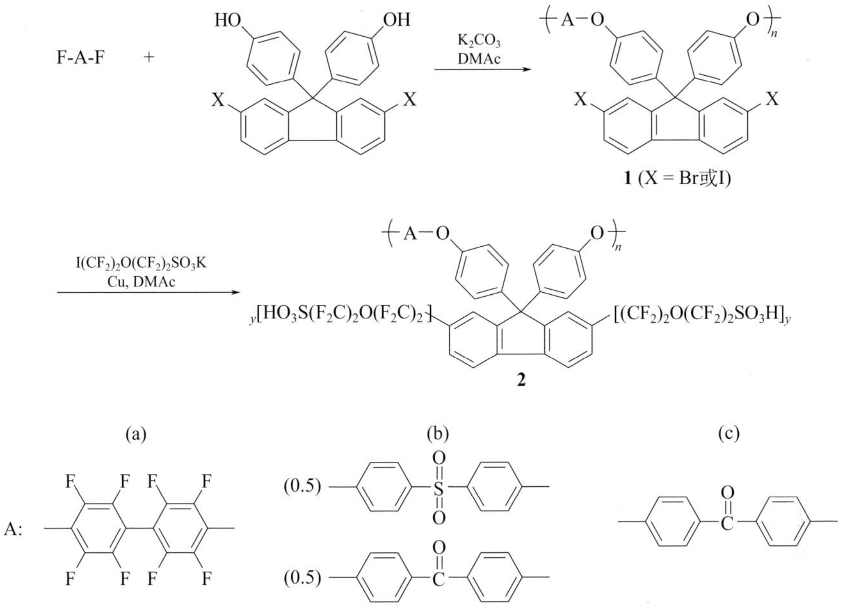

图3-6 Ullmann偶联合成侧链全氟烷基磺酸化芳香族聚合物[33]

双酚 A 型聚醚醚砜可以通过溴处理在其醚键的邻位引入溴元素，随后与 1,1,2,2- 四氟 -2-（1,1,2,2- 四氟 -2- 碘乙氧基）乙烷磺酸钾在铜粉催化下，进行 Ullmann 偶联反应[34]。由于该反应对于湿度极度敏感，因此所有原料和溶剂均需要进行充分干燥处理。经过 Ullmann 偶联反应，所有的溴化位点均可以被转化为含氟磺酸侧链。含有萘环结构的聚醚醚砜也可以通过类似的方法来制备具有全氟磺酸侧链的阳离子交换膜[35]。1,1′- 联萘 -4,4′- 二醇与二卤单体反应即可合成具有萘环结构的聚醚醚砜，进一步通过溴化，在萘环上引入溴化位点，通过与含氟磺酸单体进行偶联反应制备侧链型阳离子交换膜。萘环的强憎水性有利于促进微相分离结构的形成。

芴基也可以用来合成全氟磺酸侧链的阳离子交换膜。将芴基溴化或者碘化的二酚单体与含各种二卤单体进行反应生成高分子量聚合物，随后同样通过 Ullmann 偶联反应合成目标聚合物[33]。通过比较碘化和溴化的芴基反应活性，可以发现碘官能团在 Ullmann 反应中的活性较高。通过芴基的引入，可以使一个结构单元上具有 2 个全氟磺酸基团。为了进一步提升磺酸基团在聚合物链上的聚集程度，可以通过分别合成含有碘化芴的低聚物和不含碘化芴的低聚物[36]。两种低聚物分别以二卤单体和二酚单体终止，因此可以进一步缩聚为高分子量的多嵌段聚合物，并通过 Ullmann 反应引入全氟磺酸侧链。1,4- 二甲氧基 -2,5- 二苯基苯是另一种可以用来合成侧链全氟磺酸型阳离子交换膜的结构单元[37]。该单体的合成是通过1,4-二溴-2,5-二甲氧基苯与苯硼酸进行反应，随后通过氯化碘对其侧链进行碘化，并将甲氧基脱除生成可聚合的二酚单体。将该二酚单体与全氟联苯或全氟苯进行聚合，并与1,1,2,2-四氟-2-（1,1,2,2-四氟-2-碘乙氧基）乙烷磺酸钾进行Ullmann偶联反应。由于该反应的高活性，通过调节加入含氟磺酸侧链的量，即可实现磺化度的调控。

（2）功能化单体法合成侧链阳离子交换膜　后磺化法合成侧链磺化型芳香族聚合物的反应类型以及引入的侧链类型有很大的选择空间，但仍难定量控制磺化基团的引入量。当使用预先磺化的芳香单体直接参与聚合时，根据缩聚反应"官能团等当量"的特性，只要控制磺化单体的加入比例就可以精确控制磺化单元在所得聚合物中的含量即聚合物的离子交换容量，另外磺酸基团在聚合物中的位置也由磺化单体的结构直接决定。因此，侧链型磺化芳香单体的设计是合成侧链型芳香族聚合物的关键，下面将分为侧链磺化芳香二卤单体、侧链磺化芳香二酚单体、侧链磺化芳香二胺单体及侧链磺化芳香二羧基单体四大类进行详细介绍。

芳香二卤单体可与二酚单体进行聚醚化缩聚反应，控制磺化芳香二卤单体与非磺化二卤单体的比例便可以控制聚合物中磺酸基团的含量。聚合反应在碱性条件（通常以碳酸钾为碱）下进行，反应温度通常在160℃以上才能得到高分子量聚合物，当使用全氟苯或者全氟联苯为芳香二卤反应时，由于其高的反应活性，导致多个氟可能被取代，反应温度需要控制在85℃以下避免交联[38]。芳香二卤单体还可以与"拟二酚"单体进行缩聚反应[39]。硫酚结构比苯酚结构具有更强的亲核性，更易与芳香卤反应。此外，二氮杂萘酮也可以与芳香卤进行反应生成芳香族聚合物[40]。

侧链磺化芳香型二卤单体包括磺酸基团通过刚性间隔基与主链连接、柔性间隔基与主链连接、刚性/柔性间隔基与主链连接等多种结构。从1,3-二氟苯出发，通过丁基锂对其进行金属化，并与邻磺基苯甲酸酐进行反应，即可以制备通过刚性苯环与主链连接的侧链型磺化二氟单体［图3-7（a）］[41]。该单体既可以和各种二酚单体进行聚合，也可以与二硫酚单体进行聚合合成侧链型阳离子交换膜。另一种通过苯环与主链连接的侧链型磺化二氟单体的合成是通过氟苯基溴化镁与苯膦酰二氯进行Grignard反应，然后通过发烟硫酸处理在膦氧基团的邻位引入磺酸基团［图3-7（b）］[42]。该磺化单体可与4-（4-羟苯基）二氮杂萘联苯酚酮进行亲核取代缩聚反应获得高分子量聚合物。通过调控磺化二氟单体和非磺化二氟单体的比例，可以控制最终阳离子交换膜的磺化度。随着更多磺化二氟单体参与聚合，所需要的聚合时间也会相应延长。

上述磺化单体一个结构单元仅有一个磺化单元，为了在一个结构单元上引入更多的磺化单元，需要对单体进行特殊的设计。前文所述的侧基上具有苯环的双（4-氟苯基）砜可以经过发烟硫酸磺化处理，实现在一个二氟单体上引入2个或者 4 个磺酸基团，并且磺酸基团与主链间隔了一个苯环［图 3-7（c）和（d）］[24]。由于空间位阻和电子效应，侧基苯环上的对位活性相对更高，因此磺化取代反应主要在该位置完成。该单体可以与二酚进行反应生成高分子量聚醚醚砜，实现侧链型阳离子交换膜的制备。

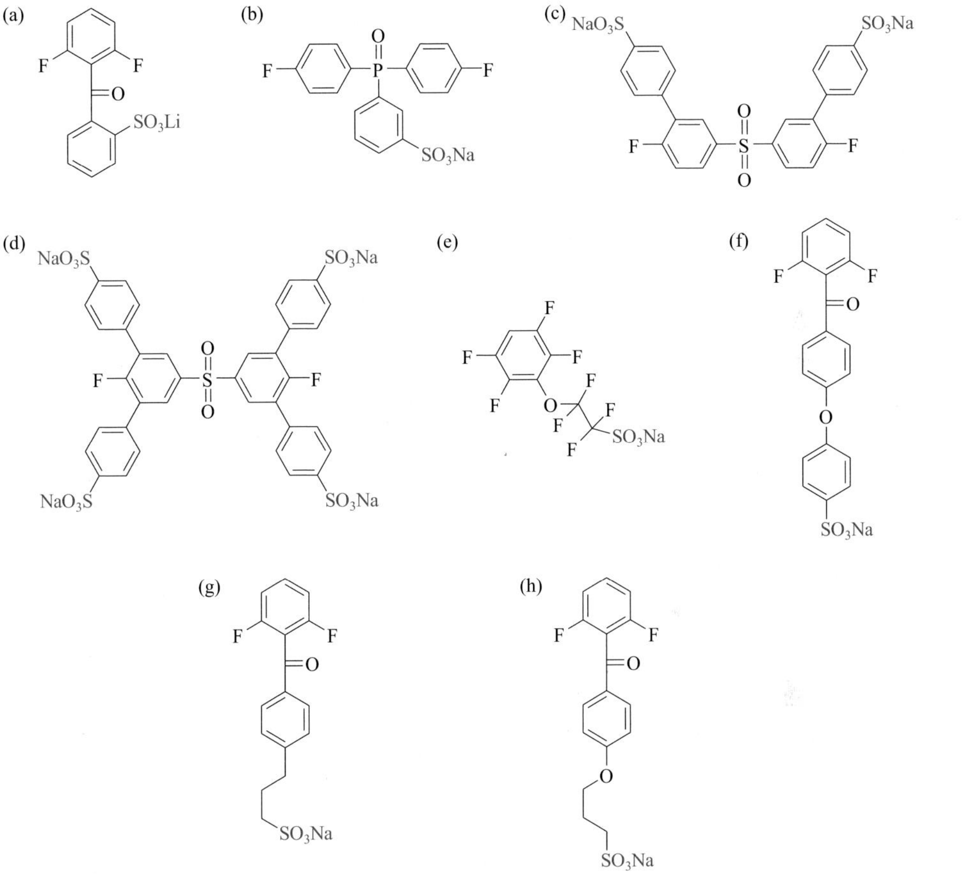

**图3-7** 侧链型磺化芳香二卤单体

设计通过柔性间隔基与主链连接的结构相对比较困难，目前报道的仅有含全氟磺酸侧链的二卤单体属于该结构。通过将 1,2- 二溴四氟乙烷与含有卤素官能团的苯酚在氢氧化钾的作用下进行亲核取代反应，并进一步被二亚硫酸钠氧化生成全氟磺酸侧链［图 3-7（e）］[43]。为了使得第一步的亲核取代反应顺利进行，所采用的含有卤素的苯酚可以是在羟基邻位和间位均具有氟原子的四取代结构，也可以是在羟基的邻位和间位具有氯（或溴原子）的二取代结构。但是仅仅具有氟原子的四取代结构可以与各种二酚单体反应生成聚醚砜、聚醚醚酮、聚醚醚砜。

由于氟原子的强吸电子效应，使得该单体的聚合活性低于常见的二卤单体，因此该反应仍需要高于 160℃的高温环境才可以获得高分子量聚合物。

由于通过完全柔性的间隔基与主链进行连接的侧链磺化芳香型二卤单体合成相对困难，但是完全刚性的间隔基会限制侧链磺酸基团的运动能力，不利于自组装成为贯穿的离子通道。因此，另外一大类的侧链磺化芳香型二卤单体具有柔性/刚性间隔基与主链相连接的结构。从 2,6- 二氟苯甲氧酰氯出发，在干燥氯化铝的催化下，使其与二苯醚进行傅 - 克酰基化反应（Friedel-Crafts acylation）。进一步通过浓硫酸对其进行磺化，合成了目标单体［图 3-7（f）］[44]。由于空间位阻效应和电子效应，磺化仅会发生在侧链末端苯环与醚键连接的对位位点上。为了提高侧链的柔性，也可将二苯醚替换成 1- 溴 -3- 苯基丙烷，并通过亚硫酸钠对其进行磺化处理，在末端引入磺酸基团［图 3-7（g）］[45]。此外，也可将二苯醚替换成 1- 溴 -3- 苯氧丙烷，在末端的烷基链上引入醚键，来进一步提升侧链的柔性［图 3-7（h）］[46]。但是当尝试这类单体与对苯二酚或者联苯二酚进行反应时，所得聚合物的分子量较低，不能成膜。只有使用活性更高的二酚单体，如 4,4′- 二羟基二苯醚，才可以获得高分子量聚合物。但是由于所设计的二卤单体相对低的活性，所以聚合温度仍然需要达到 180℃以上。

侧链磺化芳香二酚单体也可以与二卤单体进行聚醚化缩聚反应，控制磺化芳香二酚单体与非磺化二酚单体的比例即可以控制聚合物中磺酸基团的含量，但是目前所报道的侧链磺化芳香二酚单体种类有限。其中一种单体是商品化的 2,8- 间二萘酚 -6- 磺酸盐，该单体中既含有磺酸基团又具有可聚合二酚的官能团。该单体可以与 4,4′- 二氟二苯甲酮、4,4′- 二氟二苯甲砜、1,3- 双（4- 氟苯甲酰）苯、二氟苯甲腈以及杂萘联苯酚酮进行反应合成各种组成的高分子量聚合物[47-51]。不同于线型二酚单体，2,8- 间二萘酚 -6- 磺酸盐在聚合中易生成低分子量的环状聚合物。因此常常需要加入其他线型二酚单体进行共聚反应，避免环状低聚物的出现。另一种侧链磺化二酚单体是经过多步反应合成的具有磺酸侧链的 2,2- 双 -（对羟苯基）- 五氟丙烷磺酸盐[52]。该单体的合成起始于六氟丙酮，依次与亚磷酸三乙酯、苯酚进行反应合成目标单体。该单体中磺酸基团是通过一个含氟侧链与主链进行连接，因此具有比苯磺酸更强的酸性。此外，该单体可以与二卤单体进行聚合成为高分子量聚合物，用于制备侧链型阳离子交换膜。

芳香二胺单体与二酐单体进行聚酰亚胺化缩聚反应，控制磺化芳香二胺单体与非磺化二胺单体的比例便能控制聚合物磺酸基团含量。该反应聚合温度很高，通常在 200℃以上才能得到完全聚酰亚胺化的聚合物，且所用溶剂通常为刺激性且难除去的甲酚[53,54]。但是由于磺化聚酰亚胺膜具有良好的性能，特别是在力学性能和耐溶胀性能方面有点突出，侧链磺化芳香二胺单体基本上是研究最多的磺化芳香单体。与磺化芳香二卤单体类似，磺化芳香二胺单体的结构设计主要是基于磺酸基团通过刚性间隔基与主链相连，磺酸基团通过柔性间隔基与主链相连以及磺酸基团通过刚性 / 柔性间隔基与主链相连。

芴基上具有磺化基团的二胺单体是一种典型的通过刚性间隔基团与主链相连的侧链磺化单体［图 3-8（a）］。该单体的合成首先需要对芴进行氯化，并进一步与苯胺化合物进行偶联反应，即合成了含有芴基的二胺单体。进一步对芴基进行磺化，可以合成侧链磺化的二胺单体[55]。该单体可以与 1,4,5,8- 萘四甲酸二酐进行缩聚反应。为了调控聚合物中磺酸基团的含量和聚合物的组成，可以加入含有其他非磺化二胺单体进行共缩聚，如 1,10- 二甲烯基二胺、双［4-(3- 氨基苯氧基）苯基］砜、4,4′- 双（4- 氨基苯氧基）联苯等[56]。对 2,2′- 二苯基联苯胺通过发烟硫酸进行磺化，可以在侧基苯环上引入磺酸基团，即合成了一种通过刚性间隔基团与主链的侧链磺化二胺单体［图 3-8(b)］[57]。由于质子化氨基的强吸电子效应，磺化位点主要出现在侧链苯基的对位上。该单体中的联苯单元刚性较强，为了提高其柔性，可以在单体设计中加入醚键，合成了 4,4′- 双（4- 氨基苯氧基）-3,3′- 双（4- 磺苯基）联苯[58]。该单体中联苯基团与苯环之间有醚键间隔，有利于提高所合成聚合物的柔性［图 3-8（c）］。同样的，该聚合物的磺化位点是位于侧链的苯基上。这两种单体均可以与 1,4,5,8- 萘四甲酸二酐缩聚，合成侧链型阳离子交换膜。

通过刚性间隔基团与主链连接的侧链型磺化二胺单体中的间隔基团还可以是苯甲酰官能团，如 2,2′- 双(3- 磺酸苯甲酰)联苯胺和双［4-(4- 氨基苯氧基)-2-(3- 磺酸苯甲酰)］苯基砜［图 3-8（d）和（e）］。前者的合成起始于联苯甲酸，通过发烟硝酸对其处理，使其在羧基的间位上引入硝基。并进一步通过三氯化铝催化的傅 - 克苯酰氯作用，在侧链上引入苯甲酰。在钯和水合肼的作用下，硝基被还原成氨基。然后通过发烟硫酸磺化，可以在侧链的苯甲酰上引入磺酸基团[59]。不同于 2,2′- 双(3- 磺酸苯甲酰)联苯胺，具有砜官能团的双［4-(4- 氨基苯氧基)-2-(3- 磺酸苯甲酰)］苯基砜合成起始于 4,4′- 二氯二苯基砜，依次与丁基锂和二氧化碳作用，引入羧基。在二氯亚砜的作用下，羧基可进一步转化为酰氯。同样地，通过傅 - 克烷基化反应完成侧链苯甲酰的引入。使用发烟硫酸对侧链进行磺化，并进一步与对硝基苯酚反应，将两端的卤素转化为氨基[60]。与前面所描述的二胺单体类似，这两种单体也可以与 1,4,5,8- 萘四甲酸二酐进行缩聚，用来合成侧链型阳离子交换膜。此外，刚性间隔基团还可以是苯并咪唑基团，如 2-（3,5- 二氨基苯基）苯并咪唑 -5- 磺酸[61]。该单体的合成起始于邻苯二胺与 3,5- 二硝基苯甲酰氯，随后在钯和肼的作用下，可以将硝基还原为氨基，通过浓硫酸的作用可以在苯并咪唑的苯环上引入磺酸基团。该单体可以与 1,4,5,8- 萘四甲酸二酐进行缩聚合成侧链型阳离子交换膜。

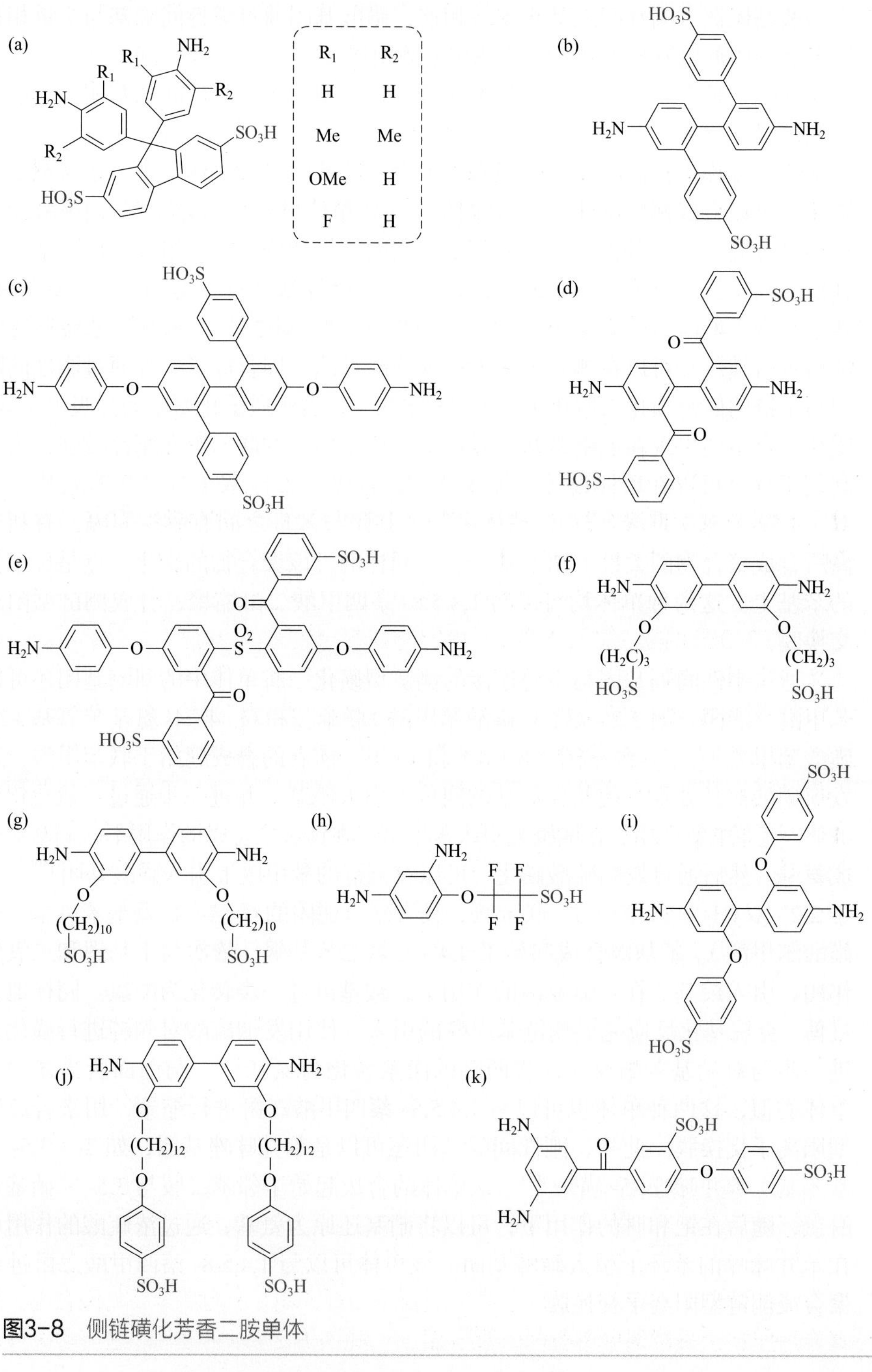

**图3-8　侧链磺化芳香二胺单体**

通过柔性间隔基与主链相连的磺化侧链芳香二胺单体主要是基于联苯二胺结构进行设计的。将硝基苯酚与溴烷基磺酸钠进行反应，可以将酚羟基转化为磺酸醚官能团。将该化合物与锌粉作用，在碱性条件下可以转化为偶氮化合物。并且在弱酸作用下，偶氮化合物可以进一步转化为亚肼基化合物。在盐酸的作用下，亚肼基化合物可以转化成具有烷基磺酸侧链的联苯二胺化合物［图 3-8（f）和（g）］[62]。该化合物侧链的长度可以通过第一步反应中所使用的溴烷基磺酸钠中烷基的碳个数来调节[63]。随着侧链烷基碳个数的增加，其侧链的柔性将进一步增强。该化合物同样可以与 1,4,5,8- 萘四甲酸二酐进行缩聚成为高分子量聚合物。另一种具有柔性间隔基的二胺单体是基于全氟磺酸侧链来设计的。可使用乙酰基团对 2,4- 二氨基苯酚盐酸盐的氨基进行保护。经过保护的单体可以与 1,2- 二溴四氟乙烷进行 Williamson 反应，并进一步通过连二亚硫酸钠作用，引入磺酸基团。脱保护后即完成目标单体的合成［图 3-8（h）］[64]。通过与 1,4,5,8- 萘四甲酸二酐进行反应，合成了具有柔性侧链的阳离子交换膜。

另外一类侧链磺化的二胺单体具有通过刚性 / 柔性间隔基与主链相连接的结构。在之前提到的 2,2′- 二苯基联苯胺单体基础上，可以在主链的苯环和侧链苯环之间引入醚键，来提高侧链的柔性。该单体的合成起始于氟苯与发烟硫酸反应合成 4- 氟苯磺酸钠与 3,3′- 二羟基联苯胺在碱性作用下进行醚化反应即可合成目标单体［图 3-8（i）］[65]。为了增强侧链的柔性，可以在此单体的基础上进一步引入烷基醚键。该单体的合成是通过具有卤代烃侧链的二羟基联苯胺与 4- 羟基苯磺酸钠进行醚化反应获得［图 3-8（j）］[66]。其中，具有卤代烃侧链的二羟基联苯胺的合成需要对二羟基联苯胺前驱体的氨基进行乙酰基保护，而后将酚羟基与二溴烷烃进行反应，引入烷基醚侧链。通过调节二溴烷烃的碳个数，可以调节侧链的长度和柔性。两类单体均可以与 1,4,5,8- 萘四甲酸二酐进行缩聚反应合成高分子量聚合物，并可以通过引入含芴基、砜、联苯、氟等元素对离子交换膜的组成进行调控。另外一种单体，3,5- 二氨基 -3′- 磺酸 -4′-（4- 磺酸苯氧基）苯甲酮也属于该结构的侧链磺化二胺单体［图 3-8（k）］。该单体的合成是从 3,5- 二硝基苯甲酰氯出发，通过傅 - 克烷基化反应，在侧链上引入二苯醚。通过发烟硫酸对其进行磺化，可以在与醚键相连的两个苯环上都引入磺酸基团，而后对其进行还原，则可以把硝基转化为氨基，合成目标单体[67]。所设计的通过刚性 / 柔性间隔基与主链相连接的侧链磺化单体均可以与二酐单体进行缩聚，合成侧链型阳离子交换膜。

芳香二羧基单体可与二（邻苯二胺）或二（邻羟基苯胺）或二（邻巯基苯胺）进行缩聚反应，分别生成聚苯并咪唑或聚苯并噁唑或聚苯并噻唑，控制磺化芳香二羧基单体与非磺化二羧基单体的比例便能控制聚合物中磺酸基团含量。当聚合物反应在浓磷酸中进行时，温度很高，通常在 200℃以上才能完全环化聚合物，而当聚合反应在伊顿试剂中进行时，聚合温度可降到 150℃以下[68,69]。这类含杂环的磺化芳香族聚合物具有良好的性能，但二（邻苯二胺）、二（邻羟基苯胺）及二（邻巯基苯胺）单体很难纯化与储存，因此与其他芳香族聚合物相比价格比较昂贵。目前，对于侧链磺化二羧基的报道和研究也较少。4′- 磺酸 -2,5- 二羧基苯基砜是一种侧链磺化二羧基单体，其磺酸基团是通过苯砜结构与主链进行键接[70]。该单体的合成是通过 2,5- 二甲基苯硫酚与 4- 氟苯磺酸钠进行亲核取代反应，随后在高锰酸钾的强氧化作用下，将甲基和硫醚键分别氧化成为羧基和砜基。该单体可以与 3,3′- 二氨基联苯胺在 200℃以上进行反应，生成具有磺酸侧链的聚苯并咪唑。

前文所设计的侧链磺化单体通常需要在高温下与其他单体进行缩聚获取高分子聚合物，其中涉及的反应机理大部分是基于亲核取代机理。但是也可以通过二羧基衍生物与富电子二芳基单体在路易斯酸或质子酸催化下缩聚，反应机理是亲电取代反应，反应温度较低，甚至接近于室温。为了实现低温合成侧链磺化离子交换膜，需要设计含有侧链磺酸基团的二羧基单体或者二芳基单体。该部分内容将在下一章内容进行详细论述。

### 2．接枝型侧链阳离子交换膜设计

图 3-9 所示为“grafting through”、“grafting onto”和“grafting from”制备侧链型阳离子交换膜路径。

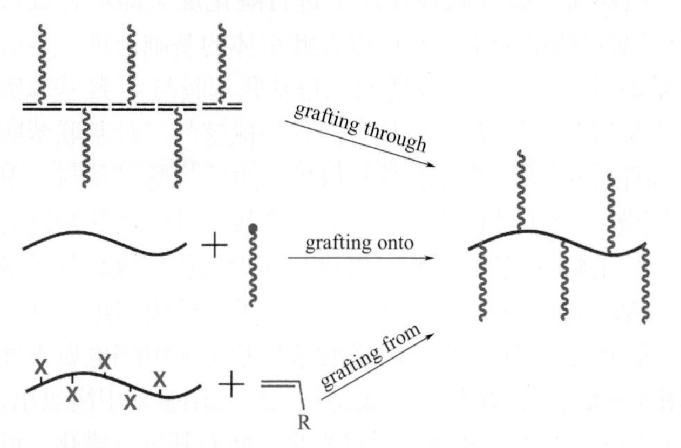


图3-9 “grafting through”、“grafting onto”和“grafting from”制备侧链型阳离子交换膜路径

（1）“grafting through”策略　通过该策略合成侧链型阳离子交换膜，需要首先合成可聚合的具有磺化侧链的大分子单体。但是此类单体种类较少，目前仅有的报道是通过阴离子活性聚合技术制备的[71]。使用丁基锂引发甲基苯乙烯进行聚合，并加入具有双叔丁基二甲基硅醚（TBDMS）官能团的二苯基乙烯，使聚合物的末端带有特殊的官能团。进一步使用甲醇和碘化钾进行处理，使聚合物的末端转化为甲基。在弱酸的作用下，TBDMS 官能团可以转化为羟基，因此完成

了具有甲基苯乙烯长侧链的二酚单体的制备。甲基苯乙烯的个数可以通过调控引发剂和单体的用量比来进行改变。所合成的二酚单体可以与全氟联苯进行聚合，为了调控该单体在聚合物中的占比，可以加入双酚 A 单体进行共聚。为了保证磺化仅发生在侧链的苯环上，需要用硫酸乙酰在低温（50℃）条件下对所得聚合物进行磺化，完成接枝型侧链阳离子交换膜的制备。

（2）“grafting onto”策略　通过该策略合成接枝型阳离子交换膜的关键在于对聚合物主链和侧链都需要进行分别设计，使得高分子量的主链和长侧链能够完成共价键合。铜催化的叠氮 - 炔环加成点击反应常常可用于通过“grafting onto”方式制备接枝型聚合物。点击反应活性极高，且在温和条件下就可以进行，反应没有副产物且适用于带有各种官能团的化合物。该反应也被用于开发侧链型阳离子交换膜。对商业化的双酚 A 型聚醚砜进行金属化处理，随后与 3-（氯甲基）苯甲酰氯进行反应，并进一步与叠氮化钠作用，在主链上成功引入叠氮官能团。而侧链的设计采用了原子转移自由基活性聚合（ATRP）技术，来保证规整侧链的制备。为了保证侧链上具有炔基，所使用的 ATRP 引发剂为 3- 溴 -1- 三甲基硅基 -1- 丙炔来引发 2,3,4,5,6- 五氟苯乙烯进行聚合。在 ATRP 反应中，可以通过调节单体和引发剂的比例来控制侧链的长度。炔基侧链与叠氮基主链进行铜催化的点击反应，即可以合成接枝型聚合物。进一步使用三（三甲基硅基）磷酸盐将五氟苯乙烯对位上的氟进行磷酸化，完成接枝型侧链阳离子交换膜的制备[72]。

使用 ATRP 反应所聚合得到的侧链通常是脂肪族侧链，为了获得芳香族的侧链，需要预先合成芳香族低聚物。2,6- 二苯基苯酚可通过铜催化氧化偶联反应进行聚合为聚苯醚低聚物，其数均分子量可控制在 2000 ～ 4000 范围内。该聚苯醚低聚物的末端是羟基基团，通过与全氟苯进行反应，可将末端羟基转化为氟官能团。与各类含羟基的主链即可进行亲核取代反应，生成接枝型聚合物。关于含羟基主链的合成，前文已给出了相关路线。对于所得到的接枝型聚合物使用氯磺酸功能化，可以在侧链将侧基苯磺化（图 3-10）[73]。通过该路线，实际上合成了同时具有类 Nafion 和接枝型结构的侧链阳离子交换膜。

（3）“grafting from”策略　使用该策略合成侧链型阳离子交换膜通常需要使用阴离子或 ATRP 等活性聚合技术来引发合适的单体完成规整侧链的阳离子交换膜的制备。因此，该策略需要预先对聚合物主链进行功能化，使其具有可引发聚合的位点。为了使用阴离子活性聚合技术来制备侧链型阳离子交换膜，可以对双酚 A 型的聚醚砜进行金属化来引发单体聚合，但是该引发点对于聚合乙烯基磷酸二乙酯单体是无效的。为了使主链具有引发阴离子聚合能力，将金属化的聚醚砜与 1,1- 二苯乙烯反应来形成 1,1- 二苯基烷基阴离子的引发点，该引发点引发乙烯基磷酸二乙酯进行。并且通过调控单体的用量，即可以调控侧链的长度。在酸性条件下，将侧链上的二乙酯水解为羟基可以制备基于磷酸阳离子交换基团的侧链型聚合物[74]。与聚醚砜不同，聚苯醚不含有砜基这种强吸电子的官能团，因此通过一步金属化，可以使聚苯醚上具有阴离子聚合引发位点。该引发位点同样可以引发乙烯基磷酸二乙酯聚合，并进一步通过水解制备接枝型侧链阳离子交换膜[75]。

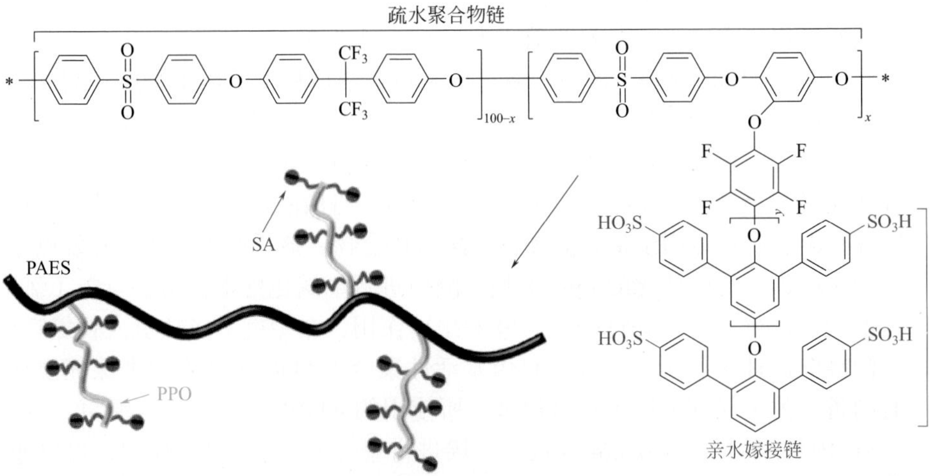

图3-10 “grafting onto”制备聚醚砜侧链型阳离子交换膜[73]

尽管阴离子活性聚合技术可以实现通过“grafting from”策略来制备接枝型阳离子交换膜，但是由于阴离子聚合对于单体的适用性有一定限制，因此目前制备的离子交换膜都是基于磷酸基团的，而常见的磺酸型离子交换膜通过该技术合成仍有困难。相比之下，ATRP 技术可以用来合成磺酸型侧链阳离子交换膜[76]。类似于阴离子活性聚合技术，ATRP 技术的成功使用需要预先在主链聚合物上引入 ATRP 引发点。通过将偏氟乙烯和氯三氟乙烯进行共聚，即可以合成具有 C—Cl 官能团的 ATRP 引发位点，随后可以引发苯乙烯的聚合。通过硫酸乙酰随侧链上的苯乙烯进行磺化，可以制备接枝型阳离子交换膜[77,78]。

## 二、侧链阴离子交换膜结构设计

### 1．类 Nafion 结构的侧链阴离子交换膜设计

（1）后功能化法合成侧链型阴离子交换膜　当聚合物的侧链上具有氯甲基、溴甲基、氯乙酰基等基团时，可与各种碱性功能化单体反应，引入阴离子交换基团，制备侧链型阴离子交换膜。类似地，当聚合物的侧链上具有一级、二级或三级胺时，可与烷基化试剂进一步反应，引入阴离子交换基团，制备侧链型阴离子交换膜。另外一种通过后功能化合成侧链阴离子交换膜的路线，是预先合成兼具

阴离子交换基团和其他活性基团的侧链，通过与主链进行键合，制备侧链型阴离子交换膜。下面将根据采用的合成方法，对后功能法制备侧链型阴离子交换膜的路线进行介绍。

傅 - 克反应是制备侧链型阴离子交换膜较为常用的方法之一。在三氯化铝的催化下，利用含富电子苯环的高分子主链和卤代烷基（或卤代烷基酰氯）反应，可一步引入溴 / 氯代烷基侧链。通过傅 - 克反应，既可以设计通过柔性间隔基与主链相连的侧链型阴离子交换膜，也可以设计通过刚性间隔基与主链相连的侧链型阴离子交换膜。以溴化聚苯醚为主链，与溴代烷基酰氯进行傅 - 克酰基化反应，可成功在主链的苯环上引入含有卞溴基团的烷基侧链。通过调节溴代烷基酰氯中的烷基链的个数，可以调控侧链的长度。将卞溴基团与三甲胺等碱性功能化试剂作用，即可制备具有柔性侧链的阴离子交换膜（图 3-11）[79]。通过

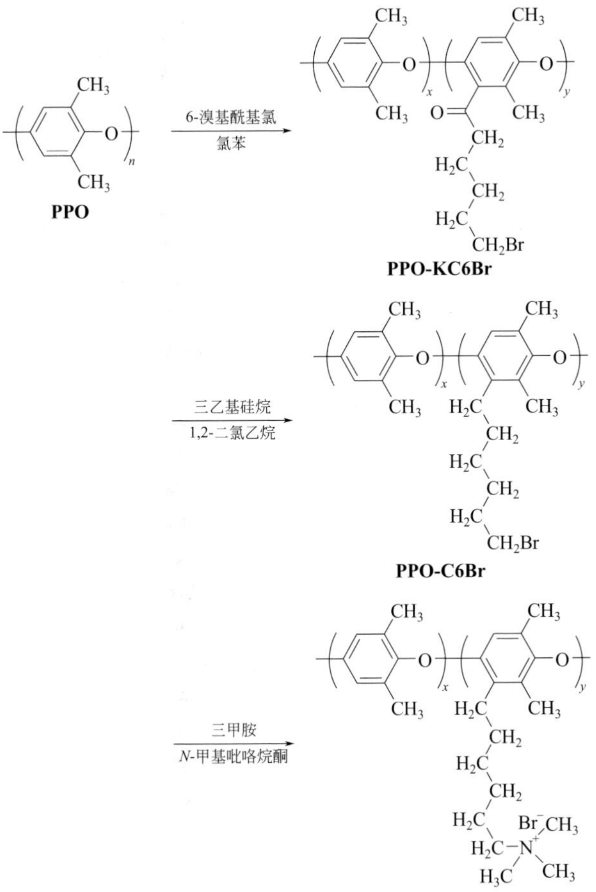

**图3-11** 傅-克酰基化反应制备侧链型阴离子交换膜[79]

苯基对苯二酚与全氟联苯缩聚反应，即可合成具有苯基侧基的聚芳醚。在四氯化锡的催化下，该聚芳醚可以与氯甲醚进行傅 - 克烷基化反应，即可在侧基苯基上引入氯甲基基团。由于该反应活性较高，为避免交联，需要严格控制反应温度和催化剂的用量。通过与碱性功能化试剂作用，即可合成具有刚性侧链的阴离子交换膜[80]。

亲核取代反应也可以用于制备侧链型阴离子交换膜。与制备侧链型阳离子交换膜类似，具有羟基官能团的聚合物可以进一步进行亲核取代反应，完成侧链型阴离子交换膜的制备。从带有甲氧基的双酚单体出发，与双氟单体亲核缩聚后，可以制备出带有甲氧基的聚芳醚砜（酮）聚合物。利用三溴化硼等路易斯酸，可以将甲氧基还原成酚羟基，而后与溴代烷基季铵盐在碱性环境中进行反应，可以制备侧链型阴离子交换膜[82]。其中溴代烷基季铵盐主要通过双溴代烷烃与三甲胺制备。而采用咪唑代替三甲胺，亦可制备出咪唑型侧链阴膜（图 3-12）[81]。通过使用不同碳链长度的双溴代烷烃，即可以对侧链的长度进行调节。对于该路线制备侧链型阴离子交换膜，通过使用不同的具有甲氧基的双酚单体，可进一步对侧链的密度进行调控。对基于甲氧基对苯二酚进行聚合的高分子，仅可以在一个结构单元上引入一个侧链。但是对基于 9,9- 双（3,5- 二甲氧基 -4- 羟苯基）芴进行聚合的高分子，可以在一个结构单元上引入四个侧链，有利于离子功能基团的进一步聚集[83,84]。9,9- 双（3,5- 二甲氧基 -4- 羟苯基）芴的制备在阳离子交换膜的设计中已有描述。此外，含有酚羟基的聚合物也可以与环氧烷基季铵盐进行一步开环反应，制备侧链型阴离子交换膜。但是，该反应需要在氯化钯的催化下完成[85]。

除酚羟基外，带有含氮杂环的高分子也可与亲电试剂发生亲核取代反应，进而制备出侧链型阴离子交换膜。利用带有苯并咔唑结构的双酚单体，而后与二氟二苯砜单体进行缩聚，即可制备出咔唑基聚芳醚砜。其中，苯并咔唑的双酚单体是通过对羟基苯甲醛与吲哚在酸催化下进行傅 - 克缩聚获得。含有咔唑基的聚芳醚砜可先后与溴代氯代烷和 1,2- 二甲基咪唑进行反应，即可得到咪唑型侧链阴离子交换膜[86]。但是由于咔唑上氮原子亲核性较弱，需氢化钠活化后才能与溴代烷烃进行反应。相比之下，苯并咪唑中氮原子具有较高的亲核性，聚苯并咪唑可直接与溴代烷基季铵盐进行反应，制备侧链型阴离子交换膜[87]。含有氨基官能团的高分子也可以通过类似的反应路线合成出侧链型阴离子交换膜。商品化的含有氨基聚苯膦氧聚合物，可以在缚酸剂的作用下，与溴代烷基季铵盐进行反应。通过调控所加入单体的比例，可以使氨基上连有一个或者两个侧链，以调控侧链的密度[88]。

也可利用含氟的聚芳醚与含叔氨基的苯酚进行亲核取代反应用来制备侧链型阴离子交换膜。具体路线包括：首先通过全氟联苯与双酚 A 进行反应合成含有

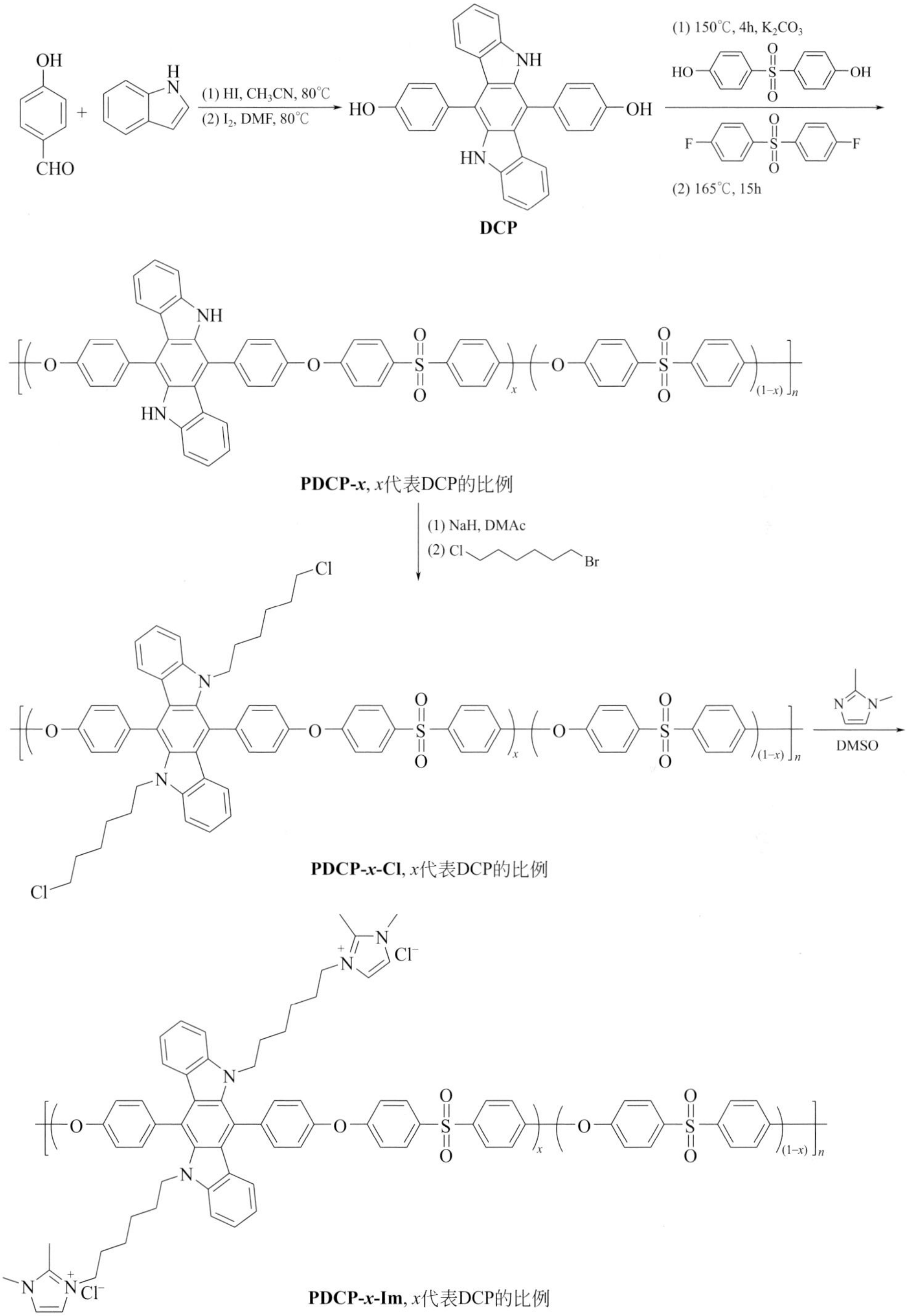

(1) HI, $CH_3CN$, 80℃
(2) $I_2$, DMF, 80℃

DCP

(1) 150℃, 4h, $K_2CO_3$
(2) 165℃, 15h

**PDCP-*x***, *x*代表DCP的比例

(1) NaH, DMAc
(2) Cl～～～Br

DMSO

**PDCP-*x*-Cl**, *x*代表DCP的比例

**PDCP-*x*-Im**, *x*代表DCP的比例

**图3-12** 亲核取代反应制备侧链型阴离子交换膜[81]

氟基团的聚芳醚。该聚合物与2,4,6-三（二甲氨基甲基）-苯酚在碳酸铯的作用下进行亲核反应，即可以在聚合物的主链上引入叔胺基团。随后与溴烷烃或溴代烷基季铵盐进行门舒特金反应制备侧链型阴离子交换膜[89]。其中，与溴烷烃反应可以在侧基苯环上的每个叔胺位点上引入一个阴离子交换基团，并且该离子交换基团是通过刚性的苯环间隔基与主链相连。若与溴代烷基季铵盐进行反应，即可以在每个叔胺位点上引入两个阴离子交换基团，并且两个阴离子交换基团之间间隔有柔性侧链。该路线也可以在改性的聚苯醚上实现。聚苯醚可以在三氯化铝的催化下与对氟苯甲酰氯进行傅-克酰基化反应，即可以得到含有氟基团的聚苯醚。同样地，与2,4,6-三（二甲氨基甲基）-苯酚反应即可引入叔胺，进一步与碱性功能化试剂作用完成侧链型阴离子交换膜的制备[90]。

Suzuki 反应也可用于制备侧链型阴离子交换膜。采用液溴与聚苯醚在较低温度下进行反应，可制备出苯环溴化的聚苯醚。继续与硼酸酯化的溴烷基苯进行 Suzuki 反应，可得到带有溴烷基苯侧链的聚合物前驱体。通过与碱性功能化试剂反应，即可制备侧链型阴离子交换膜（图 3-13）[91]。若溴化聚苯醚与硼酸酯化的 9,9-双（6′-溴己基）芴进行反应，并进一步与三甲胺或 *N*,*N*-二甲基己胺反应，

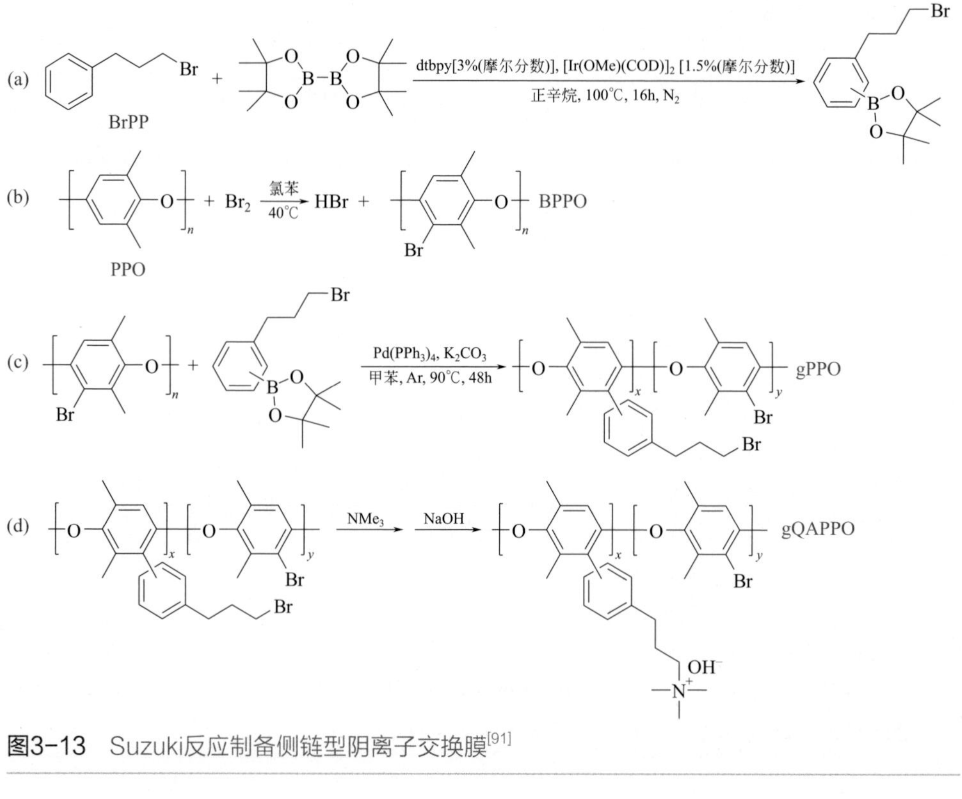

**图3-13** Suzuki反应制备侧链型阴离子交换膜[91]

即可制备双侧链型阴离子交换膜[92]。其中9,9-双（6′-溴己基）芴是通过2-溴芴与二溴己烷反应获得的。Suzuki反应可以实现碳碳偶联，并且具备较强的底物适用性和基团容忍性，因此在未来的研究工作中，可以利用该反应在阴离子交换膜的设计中引入更丰富的官能团。但其主要的缺点是硼酸酯试剂的制备较为烦琐，对其纯度要求很高。

铜催化的叠氮-炔点击反应也可用来制备侧链性阴离子交换膜。与制备侧链型阳离子交换膜方法类似，首先以溴化聚苯醚与叠氮化钠反应，制备出带有叠氮基团的高分子主链。而离子化侧链则是利用溴丙炔和三甲胺或胍基反应进行制备。最终通过点击反应，得到侧链型阴膜（图3-14）[93]。此反应路线调节温和，但是点击反应需要较为严格的无氧条件。反应生成的三唑基团能够与水分子之间形成氢键网络，有利于离子电导率的提升。但是由于三唑基团的吸电子效应，会降低阴离子交换基团的耐碱性。为了提高耐碱性，离子化的侧链可以通过1-二甲氨基-2-丙炔与溴代烷烃进行反应。随后将其与叠氮化的聚苯醚进行点击反应，制备侧链型阴膜[94]。由于季铵基团末端烷基链的位阻和疏水作用，可以有效提升耐碱性。

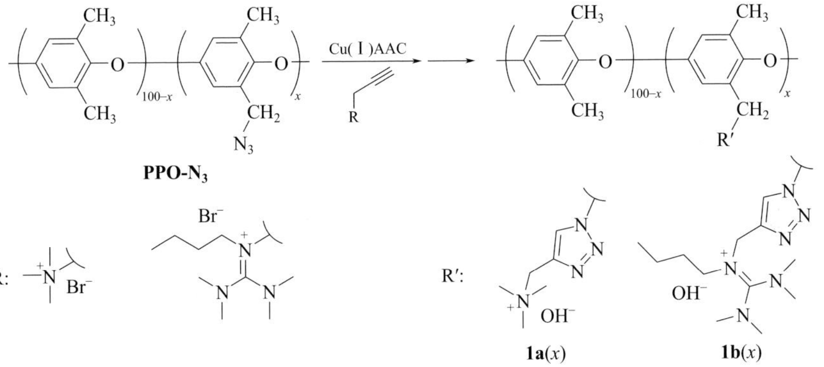

图3-14　点击反应制备侧链型阴离子交换膜[93]

此外，基于点击反应还可以具有咪唑、胍基等阴离子交换基团的侧链型阴膜。将氯戊炔与1,2-二甲基咪唑进行反应即可以合成带有炔基的离子化侧链，将其与具有叠氮基的聚苯醚进行点击反应，即可制备咪唑型阴离子交换膜[95]。由于该阴离子交换膜中的咪唑功能基团与主链间隔有柔性的烷基链，有利于避免来自三唑基团的强吸电子效应的不利影响。除此之外，为了提升该类阴离子交换膜的碱稳定性，可以在咪唑鎓盐的N3位置上引入金刚烷官能团[96]。由于金刚烷的体积效应以及憎水效应，可以阻碍碱的进攻，以提高阴离子交换膜的耐碱性。具体反应路线涉及1-溴金刚烷与咪唑或1-甲基咪唑进行反应，并与氯丁炔反应合成具有炔基和金刚烷的离子化侧链。同样通过点击反应，与含有叠氮基的聚苯醚作用，合成咪唑型侧链阴离子交换膜。类似地，基于点击反应制备胍基型侧链阴膜，首先要制备具有炔基的胍基型离子侧链，随后通过与含叠氮基团的聚合物进行点击反应即可合成胍基型侧链阴膜[97]。需要注意的是，由于胍基在点击反应的环境中是不稳定的，需要对其进行保护，完成点击反应后，再脱保护即可获得胍基型阴离子交换基团。

维蒂希反应是另一种用来合成侧链型阴离子交换膜的路线。采用商业化的溴化聚苯醚与三苯基膦反应，经过氢氧化钠或乙醇钠处理后生成磷叶立德。而后与4-(3-溴烷基氧)苯甲醛进行维蒂希反应，成功引入了溴代烷基侧链。与三甲胺、咪唑等亲核试剂反应后，最终可以得到侧链型阴离子交换膜（图3-15）[98]。此方法的主要优势是可以通过调节溴代烷氧基苯甲醛的分子结构，制备出不同侧链长度的阴离子交换膜。该路线的主要缺点是溴代烷氧基苯甲醛的制备较为烦琐，且需要对其严格纯化。

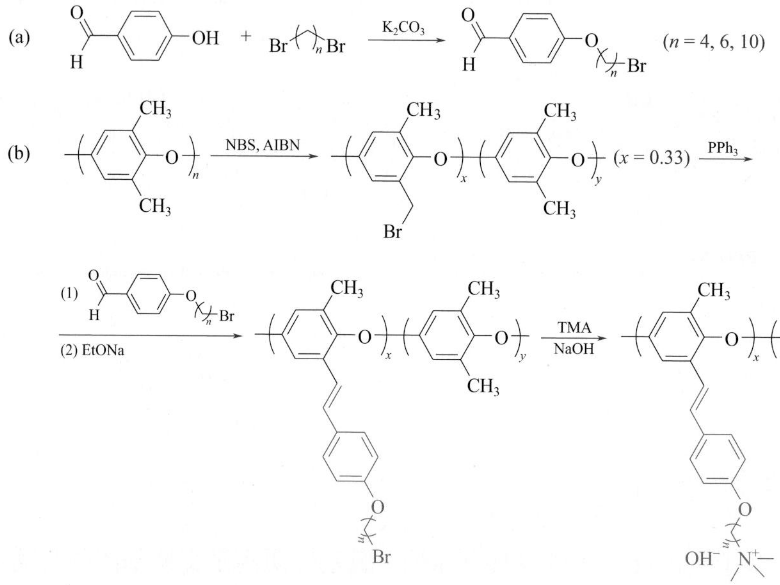

图3-15 维蒂希反应制备侧链型阴离子交换膜[98]

以丁基锂试剂活化高分子主链后，可以进一步与羰基、溴代烷烃等亲电试剂反应，制备侧链型阴膜。对双酚A型聚芳醚砜进行丁基锂活化，制备出锂化的聚醚砜，而后与二(对二甲氨基苯基)酮反应，成功引入带有两个叔胺基团的功能化侧链。用碘甲烷季铵化后，即可得到侧链型阴离子交换膜[100]。但由于季铵基团与苯环直接相连，苯环的吸电子效应大大降低了膜材料的碱稳定性。因此，对于侧链组成需要进行进一步的调控。利用丁基锂处理商业化的聚苯醚以在其下甲基的位置上引入碳负离子，并先后与二溴己烷和三甲胺反应，成功制备长侧链型阴离子交换膜（图 3-16）。由于季铵基团通过脂肪链与主链进行键合，因此稳定性有所提升。为了开发高耐碱性的阴离子交换膜，也可将三甲胺换为脂肪环状碱性功能化试剂，如 1- 甲基哌啶。如果使用 4,4′- 三亚甲基双（1- 甲基哌啶）作为碱性功能化试剂，可以在一个侧链上引入通过脂肪族碳链相隔两个阴离子交换基团，有利于离子基团的聚集[101]。尽管以丁基锂试剂制备侧链型阴离子交换膜的路线可行，且可允许对侧链的组成和结构进行调控，但是丁基锂的使用具有极高的危险性，因此限制了该路线的大规模商业化应用。

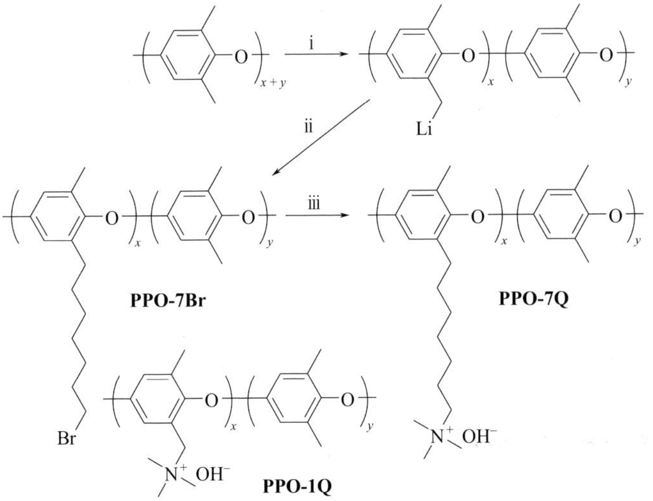

图3-16 丁基锂引入离子交换膜侧链[99]

可逆加成 - 断裂链转移聚合（RAFT）是活性可控聚合物的一种，也可用来合成侧链型阴离子交换膜。使用 RAFT 引发剂因此引发苯乙烯和 4-（3- 丁烯基）苯乙烯的聚合。其中 4-（3- 丁烯基）苯乙烯单体是通过氯甲基苯乙烯与烯丙基溴化镁进行偶联反应获得。将所得到的聚合物与溴化氢进行加成反应，即可将侧链末端上的双键转化为溴代烷烃，进一步与三甲胺反应可以得到侧链型阴离子交换膜[102]。由于通过 RAFT 技术所制备的聚合物主链是嵌段型聚合物，因此该阴离子交换膜同时具有嵌段和接枝结构，有利于形成微观相分离形貌。但是由于聚苯乙烯主链较强的刚性导致了高分子的链缠结程度不足，因此不像芳香族聚合物，由该脂肪族聚合物所得膜材料的力学性能较差。在后期的研究中，可以将孤立的双键接枝于力学性能较好的聚合物基体上以得到综合性能优异的阴离子交换膜。另外，尽管 RAFT 聚合调节较为温和，但是其对氧气较为敏感，反应过程中需要严格的除氧。

门舒特金反应是叔胺与卤代烃生成季铵盐的反应，常常用于阴离子交换膜的制备中。前文提到的诸多离子化单体的合成都涉及了门舒特金反应，但仍需依靠其他反应将离子化单体键合到主链上。在本段落介绍的是仅仅采用门舒特金反应就可获得侧链型阴离子交换膜的制备路线。以溴化聚苯醚为主链，使用带有叔胺基团的离子化侧链通过门舒特金反应与主链连接，可一步完成侧链的引入和增加侧链上离子基团的密度（图 3-17）[103]。含叔胺基团的离子化侧链的设计通常是

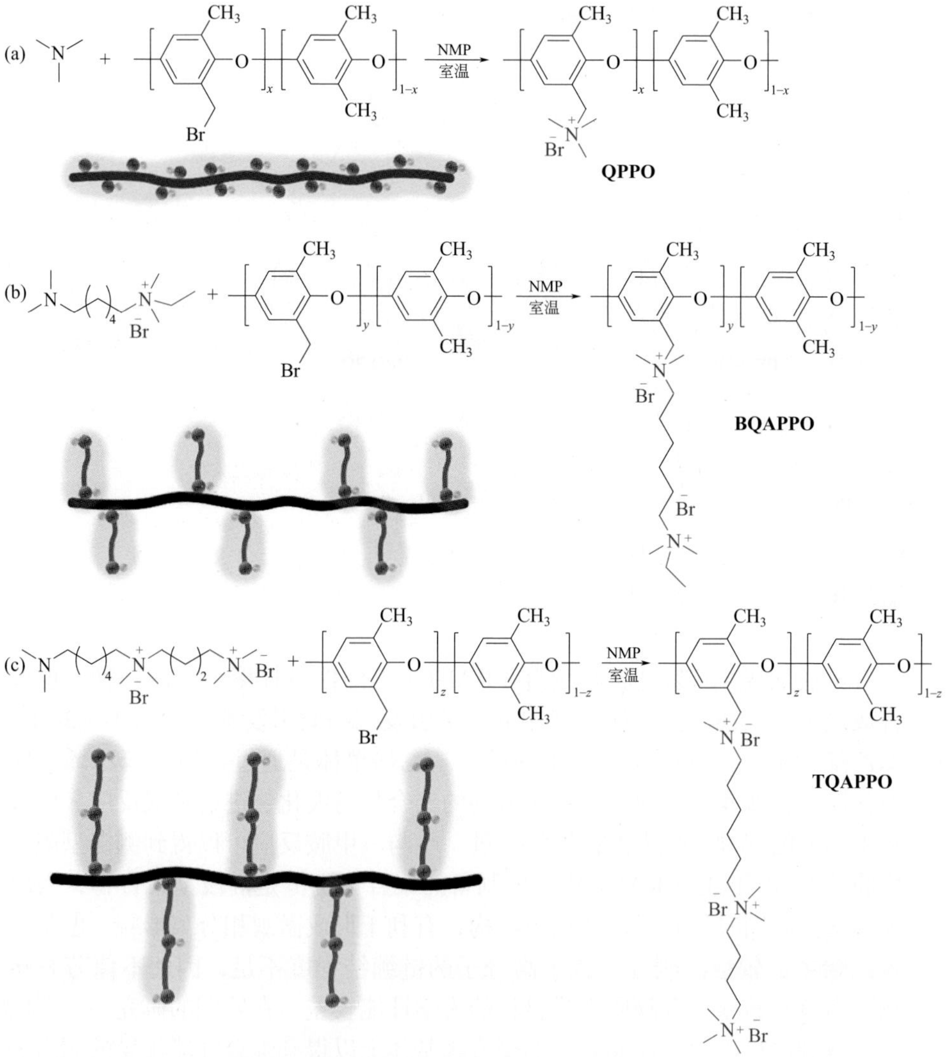

**图3-17** 门舒特金反应制备侧链型阴离子交换膜[103]

以 $N,N,N',N'$- 四甲基 -1,6- 己胺为功能化单体，通过与溴乙烷进行门舒特金反应，可以将其中一端的叔胺转化为季铵基团，并将其与溴化聚苯醚进行门舒特金反应，即可以制备单个侧链上具有两个季铵基团的侧链型阴膜。若将溴乙烷换为 4- 溴 -$N,N,N$- 三甲基丁烷 -1- 溴化铵，即可以获得单个侧链上具有三个季铵基团的侧链型阴膜。其中 4- 溴 -$N,N,N$- 三甲基丁烷 -1- 溴化铵的合成是通过二溴丁烷与三甲胺进行门舒特金反应获得。由于以上功能化侧链的合成都是基于双官能团单体，因此需要仔细控制两种单体的比例，保证只有其中一端官能团被功能化，而保留另外一端官能团用来进行进一步的反应。上述反应路线也可调整为优先将溴化聚苯醚与 $N,N,N',N'$- 四甲基 -1,6- 己胺进行门舒特金反应，并将末端的叔胺用卤代烃进行季铵化，即可获得侧链型阴膜。如果采用氯甲基苯乙烯对末端叔胺进行功能化，不仅可以将末端的叔胺转化为季铵基团，也可以引入双键来对聚合物进一步交联，增强膜材料的力学性能 [104]。将溴化聚苯醚与 $N,N$- 二甲基烷基胺进行门舒特金反应，也可以制备侧链型阴膜 [105]。在此基础上，进一步与烷基胺反应，可制备双侧链型阴膜。该侧链型阴膜不是严格意义上的阴离子交换基团通过间隔基与主链相连的结构。但是研究表明，该憎水的烷基侧链也有利于促进主链上离子基团的聚集，形成离子传输通道。当疏水碳链的长度为 16 个碳时，所获得阴膜性能最为优异，其在 30℃下的电导率可以达到 61mS/cm，且含水率仅为 15.8%。

（2）功能化单体法合成侧链阴离子交换膜　尽管上述制备路线大部分都能得到性能优异的阴离子交换膜，但是从合成策略即侧链型离子交换膜的实现方式来看，与先合成聚合物再引入侧链离子基团的“后离子化”策略相比，先合成侧链功能化单体再聚合策略具有精确调控离子基团含量与位置的突出优点。但是由于季铵等阴离子交换基团在高温或碱性的聚合条件下通常不是很稳定，因此使用离子化的侧链单体直接聚合合成侧链型阴离子交换膜的报道相对较少。

二羧基单体和二芳基单体在伊顿试剂中可通过聚酰基化反应生成高分子量聚合物，该反应在 60℃的温和条件下即可以完成，因此可用来从功能化单体出发制备侧链型阴离子交换膜。由 2,2′- 二羟基联苯与 4- 溴丁基三甲基溴化铵在碳酸钾的作用下即可以获得侧链型季铵化二芳单体。将该单体与非季铵化的二胺单体 2,2′- 二甲氧基联苯以及 4,4′- 二苯醚二甲酸，在三氟甲磺酸中进行聚酰基化反应，即可以得到具有柔性侧链的阴离子交换膜 [107]。此外，酸催化的傅 - 克缩聚反应也可以用来合成侧链型阴离子交换膜，该反应在室温下氮气环境中就可以完成。在三氟甲磺酸的催化下，联苯和三氟甲基溴代烷基酮之间可以进行傅 - 克缩聚反应，随后与三甲胺作用即可以生成侧链型阴离子交换膜（图 3-18）[106]。尽管该路线在非常温和的条件下就可制备出超分子量的溴烷基侧链聚合物，但是所使用的前驱体三氟甲基溴代烷基酮单体的制备较为烦琐。

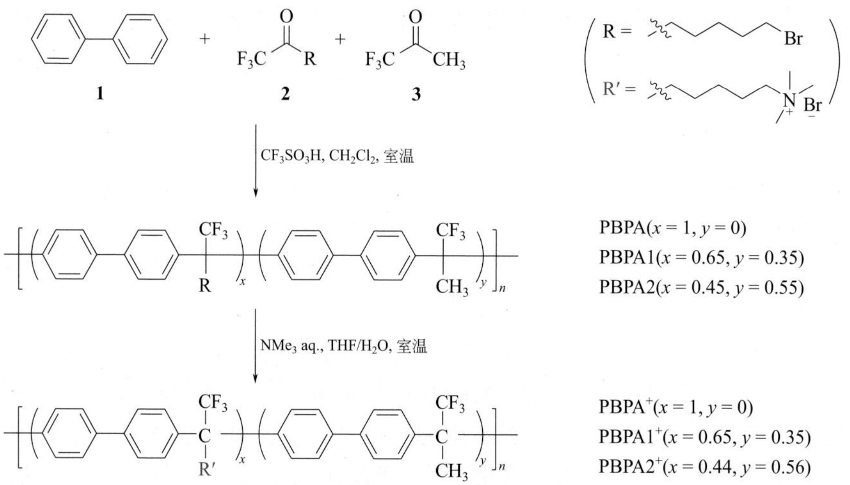

$R = $ ∼$(CH_2)_6$Br

$R' = $ ∼$(CH_2)_6N^+(CH_3)_3\ Br^-$

1 + 2 ($F_3C-CO-R$) + 3 ($F_3C-CO-CH_3$)

$CF_3SO_3H$, $CH_2Cl_2$, 室温

PBPA($x = 1, y = 0$)
PBPA1($x = 0.65, y = 0.35$)
PBPA2($x = 0.45, y = 0.55$)

$NMe_3$ aq., THF/$H_2O$, 室温

PBPA$^+$($x = 1, y = 0$)
PBPA1$^+$($x = 0.65, y = 0.35$)
PBPA2$^+$($x = 0.44, y = 0.56$)

**图3-18** 傅-克缩聚反应制备侧链型离子交换膜[106]

在 Ziegler-Natta 催化剂的催化下，进行烯烃单体和溴代烷烃烯烃的聚合也可以用来制备侧链型阴离子交换膜。例如，将 4- 甲基 -1- 戊烯与 11- 溴 -1- 碳烯进行聚合可以得到分子量超过 11 万的超高分子量聚合物[108]。由于烯烃聚合所得到的聚合物完全是脂肪族链，通常所成的膜强度不够。因此，也可以在聚合过程中加入二乙烯基苯参与共聚交联，以提高所获得膜材料的机械性能[109]。通过该方法获得的聚合物由于分子量超高，因此溶解性较差，需要采用熔融热压法使其成膜。再将膜浸泡于三甲胺溶液中，完成侧链型阴离子交换膜的制备。由于热压过程中难以发生有效的微相分离，因此所得到的膜电导率通常不高。但该路线十分适合工业化大规模生产，具备很好的应用前景。

### 2．接枝型侧链阴离子交换膜设计

制备接枝型侧链阴离子交换膜的路线与接枝型侧链阳离子交换膜的路线相似，主要依靠“grafting from”“grafting onto”“grafting through”三种接枝方法。目前报道的制备接枝型侧链阴膜所采用的方法是“grafting from”方法。含氟的聚合物具有优异的成膜性能。通过在基于全氟或部分含氟的脂肪族聚合物所制备的膜上进行辐照接枝对氯甲基苯乙烯单体，随后将膜浸泡于三甲胺水溶液中，可以获得接枝型阴离子交换膜[110-113]。此方法适用于大规模的生产，但是由于所接枝链是通过异相反应获得，因此该接枝链没有聚集成为离子通道的能力。此外，辐照接枝所使用的高能射线，通常对聚合物的主链也有所破坏。

因此，需要寻找能够在均相体系中进行的接枝策略。前文所提到的 ATRP 聚合技术可用来合成接枝型侧链阴离子交换膜。商品化的聚偏氟乙烯或聚全氟乙丙烯上的 C—F 键可作为 ATRP 的引发剂，用来引发离子化的烯烃单体聚合，如季铵化的氯甲基苯乙烯[114]。这里需要注意的是，非离子化的氯甲基苯乙烯单体不适合用于 ATRP 制备接枝型阴离子交换膜。这是由于氯甲基本身也是 ATRP 引发剂，它的存在会导致结构的不可控。通过一步 ATRP 接枝，可以制备接枝型阴离子交换膜。另外，由于 ATRP 反应对单体的适用性较高，因此可以通过加入其他单体进行接枝聚合，来赋予膜材料更丰富的性能。但是由于 C—F 键键能较高，ATRP 引发能力不强，且脂肪族含氟烯烃的耐碱性不强，因此该路线仅适用于研究，难以进行实际推广使用。

含卞溴基团的溴化聚苯醚也是 ATRP 反应的大分子引发剂，且卞溴基团的 ATRP 引发能力要远优于 C—F 键，可以成功引发季铵化对氯甲基苯乙烯或 1,2-二甲基咪唑功能化的对氯甲基苯乙烯进行聚合。通过调控单体的加入量，可以改变接枝链的长度，从而诱导不同的微相聚集形态（图 3-19）[115-117]。通过改变催

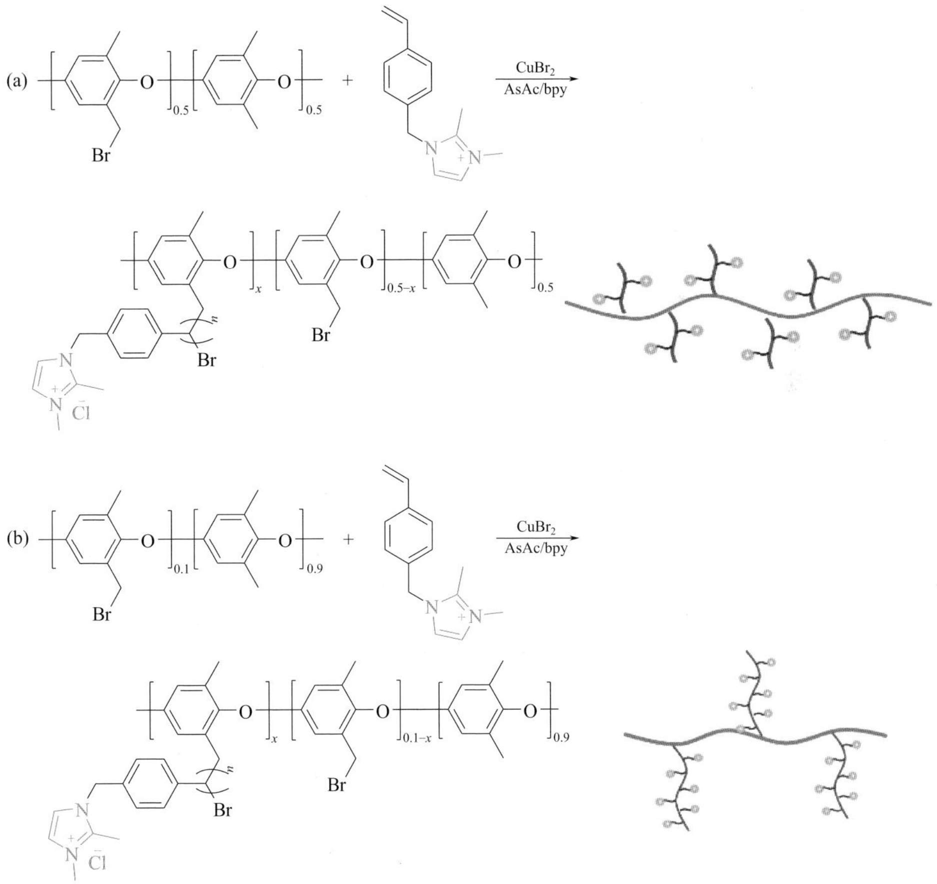

图3-19 ATRP反应制备侧链型离子交换膜[115]

化剂溴化亚铜的使用量，可以对接枝密度进行调控，进而也可以对微相聚集形态有所影响。通过对比高接枝密度、短接枝链的梳型结构和低接枝密度、长接枝链的棒-线型结构可以发现，尽管在IEC（2mmol/g）相近的情况下，后者具有更低的含水率和较高的氢氧根电导率。在室温下，梳型结构的阴膜含水率约为70%以上，电导率为30mS/cm，而棒-线型结构阴膜的含水率低于40%，电导率可达50mS/cm。此外，不像含氟的脂肪烃聚合物，溴化聚苯醚主链具有优异的耐碱性，可以用于真实的氢氧根传导环境中。在未来的研究中，可以以溴化聚苯醚作为开发平台，通过调控接枝链的组成，完成适用于不同领域的接枝型阴离子交换膜的开发。

## 第三节
## 侧链离子交换膜交联

通过调控侧链离子交换膜组成、结构以及接枝密度长度等参数，可构筑高性能离子交换膜。但对于某些侧链型离子交换膜，在调控过程中，会面临性能此消彼长的情况。如离子传导率增加的同时，分离膜溶胀率也会提升。因此，需要对侧链离子交换膜进行进一步的改性，以实现综合性能的提升。其中，交联就是一种使侧链离子交换膜综合性能进步的有效手段。对电导率优异、离子传输效率高的侧链离子交换膜进行交联，可以有效避免离子交换膜过度溶胀的问题，从而可获取综合性能优异的离子交换膜。

### 一、通过不饱和端基交联制备自交联型离子聚合物

通过在离子交换膜的设计过程，引入不饱和、反应活性高的端基，可在成膜过程中进一步交联，形成自交联型离子交换膜。如乙烯基双键可以在成膜过程中发生自由基聚合物，完成离子交换膜的交联[118,119]。所构筑的交联网络可大幅提升离子交换膜的拉伸强度等机械性能，并有效抑制甲醇渗透率。除了自由基聚合，高反应活性的傅-克酰基化也可实现离子交换膜的交联。对聚苯醚进行氯乙酰化，引入氯乙酰基。含有氯乙酰基的聚苯醚和溴化聚苯醚进行共混，在成膜过程中，氯乙酰基可与聚苯醚苯环上的氢进行傅-克酰基化反应，实现交联[120,121]。由于傅-克酰基化的高反应活性，交联过程在室温下，无需任何催化剂就可完成。与双键交联效果类似，傅-克酰基化交联可显著提升膜材料的热稳

定性和机械强度以及降低甲醇渗透率。除此之外，由于傅 - 克酰基化交联发生在相邻聚合物的苯环结构上，有利于诱导聚合物链进行有序的排列，从而促进离子基团的有序排列，实现高效的离子传导。类似地，溴化聚苯醚上的溴甲基可与苯环上的氢发生傅 - 克反应，制备交联型离子交换膜。如前文所述，以溴化聚苯醚为 ATRP 大分子引发剂，可制备侧链型离子交换膜。在此基础上，加入溴苯醚，进行交联，大幅度地提升了膜的热稳定性[122]。同时，交联结构也提升了膜的碱稳定性。在长期的碱浸泡后，交联是非交联阴膜电导率的 1.5 倍。

## 二、侧链氢键交联

如前文所述，ATRP 反应提供了一个制备侧链型离子交换膜的平台。通过 ATRP 反应，不仅可以引入离子化的侧链，也可引入其他功能化聚合物链。以聚偏氟乙烯为聚合物主链，通过 ATRP 反应，依次引发 *N*- 异丙基丙烯酰胺、季铵化对氯甲基苯乙烯聚合，制备侧链上含有温敏性基团和离子交换基团[123]。该温敏性基团在相变温度以上，分子链间将形成氢键，有利于提高离子交换膜在高分子下耐溶胀性能。在 40℃以上，含有温敏性基团的侧链阴膜含水率和溶胀性显著小于不含温敏性基团的侧链阴膜（图 3-20）。

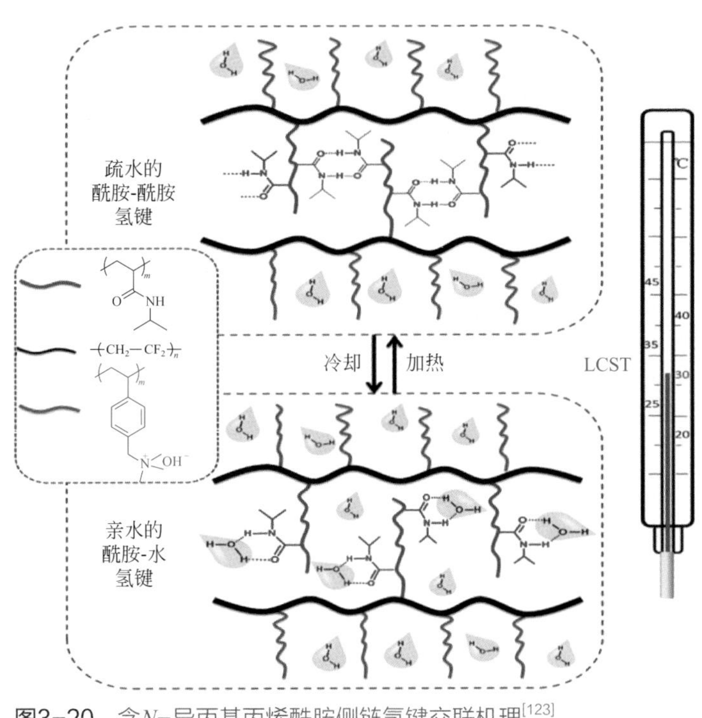


图3-20　含*N*-异丙基丙烯酰胺侧链氢键交联机理[123]

## 三、互穿网络

维蒂希反应可将溴化聚苯醚中的卞溴转化为双键，该双键可进一步与对氯甲基苯乙烯进行自由基聚合，并进行季铵化，完成具有互穿网络交联型离子交换膜的制备[124]。互穿网络的存在有效抑制了离子交换膜的溶胀情况。季铵化聚苯醚的含水率高达 335%，在同等 IEC 水平下，具有交联网络的聚苯醚基离子交换膜含水率仅为 78.6%。此外，与聚苯醚相比，互穿网络的引入有效提高了分离膜的热稳定性。

# 第四节
# 侧链离子交换膜功能基团设计

## 一、侧链阳离子交换膜功能基团设计

目前用于侧链型阳离子交换膜的功能基团主要是磺酸、磷酸以及羧酸基团。这三个功能基团主要在酸性上有所不同，磺酸的酸性最强而羧酸的酸性最弱。可以根据不同使用要求，选用不同的功能基团。由于阳离子交换基团本身结构比较简单，没有供可改性的空间。因此，只有通过改变与阳离子交换基团所键合的官能团，才能调控其解离程度。例如，通过将磺酸基团与含氟的脂肪链进行键合，这种氟磺酸较芳磺酸或者脂肪族磺酸都具有明显增强的酸性。在侧链型阳离子交换膜的设计与制备中，如何引入氟磺酸基团前文已进行了详细的介绍，在这里不再赘述。

## 二、侧链阴离子交换膜功能基团设计

相较于阳离子交换基团，可用于制备侧链阴离子交换基团的种类丰富了很多。不同结构的“季盐”的氢氧根解离常数不同，氢氧根解离常数越大则碱性越强，在相同浓度的“季盐”的情况下阴离子传导能力也越高。但是更为重要的方面是“季盐”结构不同，其耐碱稳定性也不同。下面将对不同“季盐”基团的性能进行介绍。

### 1. 季铵型离子交换基团

季铵基团因其制备简便、原料廉价等优势而被广泛用于侧链型阴离子交换膜的制备中［图 3-21（a）］[125-128]。但是总体来说，季铵型离子交换膜的应用仍然受限于本身存在的两个致命的缺点：离子传导能力差和耐碱性差。离子传导能力差是由于季铵基团与其伴随氢氧根离子之间的解离能力较弱导致的。另外一个原因是因为季铵盐在有机溶剂中的溶解性差。所以，常见的季铵化路线一般都是先固化成膜，而后再将其浸泡于碱性溶液获得。由于离子基团通过后功能化引入，因此不利于在成膜过程中进行微相分离，形成离子簇。尽管前文报道了诸多侧链型的阴离子交换膜，但由于受限于季铵化路线，因此在一定程度上也不利于获得高离子传导的阴离子交换膜。而碱稳定性差是由于在高温和强碱性环境中易发生亲核取代、霍夫曼消除、叶立德生成等降解反应。具体来说，季铵基团中位于 $N^+$ 中心周围的烷基 α 位上的碳会受到氢氧根进攻，在这种情况下，季铵基团会降解生成三级胺（不具备离子交换能力）和醇（从膜中脱离）。而如果季铵基团 β 位上也存在氢时，它也会受到氢氧根的进攻从而使季铵基团发生霍夫曼降解，这种情况下，季铵基团会发生自身消除反应，生成烯烃和三级胺（不具备离子交换能力）。一般来说，季铵基团 $N^+$ 中心必然存在 α 碳，所以季铵基团在碱性条件下发生的亲核取代反应是不可避免的。但是通过在 $N^+$ 中心周围去除 β 氢的存在则可以避免霍夫曼降解的发生。 最常见的方法是将 β 位上被苯环占据，即可以避免霍夫曼降解的发生。或者采用甲基将 β 位上的氢全部取代，也可以避免该降解路径。例如，使用酰基化试剂 3- 氯 -2,2- 二甲基丙酰氯对聚醚砜进行傅 - 克酰基功能化，随后与三甲胺作用，即可制备 β 位具有甲基的季铵基团 [129]。除此之外，研究还发现了当两个季铵基团之间间隔的碳原子数目增多时，季铵的碱稳定性也能够得到提升。当两个季铵基团之间有六个碳原子间隔时，霍夫曼消除反应能够被有效抑制 [130]。这一原理同样适用于侧链单一离子交换基团的膜材料，即在高分子结构设计中，季铵基团与另一吸电子基团（高分子主链上或侧链上的羰基、砜基等）之间的间隔要大于六个碳原子。

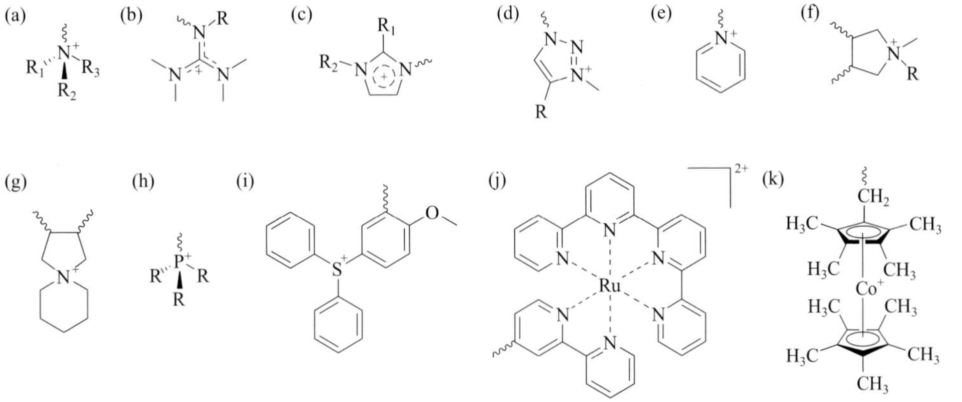

(a) (b) (c) (d) (e) (f) (g) (h) (i) (j) (k)

**图3-21** 常见的阴离子交换基团

### 2．胍基离子交换基团

胍是有机合成中一种常用的有机碱。在与下溴等亲核基团反应时生成胍阳离子之后，中心碳原子与其相连的三个氮原子为平面共轭结构［图 3-21（b）］。碳原子上的正电荷可以通过电荷离域作用有效地分散到三个氮原子上，这使得胍阳离子与其伴随阴离子之间有很强的解离作用。例如五甲基取代胍的 p*K*a 值为 13.8，可以用来合成季胍阴离子交换基团 [131,132]。其中五甲基取代胍是通过四甲基脲与草酰氯进行反应获得 Vilsmeyer 盐，并通过甲胺、氢化钠作用获得产物。尽管季胍盐具有优异的离子传导能力，但是耐碱性能不够优异。在 60℃、1mol/L KOH 的耐碱性测试条件下，其氢氧根电导率在 48h 内就会迅速衰减 [133]。目前对于季胍盐在碱性环境中降解过程理解尚不清晰。

### 3．杂环类离子交换基团

（1）咪唑类离子交换基团　基于氮杂环类化合物的阴离子交换膜亦被广泛研究。其中最具有应用前景的是咪唑型阴离子交换膜。与季铵基团相比，咪唑鎓盐阴离子交换基团具备与其相似的离子传导能力，而且其制备方法同样简便、原料廉价［图 3-21（c）］[134]。此外，由于咪唑分子和咪唑鎓盐在有机溶剂中溶解性好，所以可以在成膜前完成功能化过程。带有咪唑侧链的离子基团有利于在成膜过程中进行聚集，形成贯穿的离子通道。因此，一般文献报道的咪唑型阴离子交换膜的离子电导率都保持在一个较高的水平上 [135]。但是咪唑型阴离子交换膜的耐碱性则与咪唑五元环上的取代基的组成和位置紧密相关。

对于使用 1- 甲基咪唑功能化的阴离子交换膜，通常在室温下、浓度低于 1mol/L 的碱性溶液中，该咪唑型阴离子交换基团是可以保持碱稳定性的。但是当碱的浓度高于 1mol/L 或者温度升高时，这种咪唑型阴离子交换膜是不稳定的。这是因为咪唑环上的 C2 位周围的两个 N 原子都有吸电子作用，从而使得 C2 位质子酸性较强，其在碱性条件下易受到氢氧根的进攻，造成咪唑阳离子在 C2 位开环并失去离子交换能力 [136]。即使使用聚苯并咪唑作为碱性功能化试剂制备的咪唑鎓盐，其在高浓度的碱性环境中仍然也存在 C2 位置开环降解的现象 [137]。

因此，在咪唑的 C2 位置上引入取代基是提高其耐碱性的主要途径之一，而带有不同 C2 取代基的咪唑鎓盐基团在耐碱性上亦有巨大差异 [138]。例如，在 C2 位置上引入叔丁基后，咪唑基团的稳定性不升反降。这主要是因为氢氧根进攻 2 位碳原子之后，生成的叔丁基阳离子较为稳定，因此有效促进了开环降解反应的发生。因此，位阻效应不能完全决定咪唑鎓盐的稳定性，还需要考虑电子效应，降低 C2 取代基上质子的酸性。比如采用三甲氧基苯基作为咪唑基团的 C2 位取代基，由于三甲氧基苯基的位阻效应和甲氧基的强供电子效应，有效地提升了咪唑阳离子的碱稳定性 [139]。此外，在 C4、C5 位置上引入取代基可以进一步提升碱稳定性。而相较于甲基，异丙基和 3,5- 二甲基苯基具有更强的位阻效应，能够更有效地屏蔽氢氧根离子的亲核进攻[140]。

除了 C2、C4、C5 取代位，咪唑环的 N3 上的取代基也影响咪唑阳离子的稳定性。通过实验和密度泛函理论计算，研究了甲基、乙基、异丙基、庚基、辛基、苯基和二苯基甲基等对咪唑阳离子稳定性的影响。其中，异丙基取代的咪唑鎓盐具有最为优异的耐碱性，其耐碱性能优于季铵基团。基于 N3 位异丙基取代的咪唑所开发的阴离子交换膜也表现出了优异的碱稳定性[141]。

（2）三唑类离子交换基团　与咪唑基团结构类似的还有三唑基团［图 3-21（d）］。正如前文所述，三唑基团可以通过叠氮和炔基的点击反应获得。若用碘甲烷等亲电试剂与三唑反应，即可以获得三唑型阴离子交换膜。其离子传导能力与季铵型离子交换基团类似，碱稳定性低于季铵型阴膜而高于 C2 无取代基的咪唑阴膜[142]。关于三唑基团作为阴离子交换基团的研究较少，可以进一步在 C4、C5 位置上引入合适的取代基来提升其碱稳定性。

（3）其他 N 杂环离子交换基团　除了咪唑和三唑基团之外，吡啶也可用于阴离子交换膜的传导基团［图 3-21（e）］。由于吡啶的强碱性和共轭吡啶环的正电荷离域效应，吡啶型阴离子交换膜的耐碱性能与季铵基团相当，仍有进一步优化的空间[143,144]。吡咯也可用于碱性功能化试剂，制备碱性阴离子交换膜。与咪唑型阴离子交换膜类似，吡咯型阴离子交换膜的耐碱性与其 N 位取代基的种类紧密相关。通过研究一系列取代基，如甲基、乙基、丁基、辛基、异丙基和苯基等基团对吡咯烷盐的碱稳定性的影响。研究发现 *N,N*- 乙基甲基取代的吡咯烷盐阳离子的稳定性最为优异［图 3-21（f）］[145]。除此之外，哌啶鎓盐也可以作为阴离子交换膜的功能基团。聚二烯丙基哌啶在 1mol/L 的氢氧化钾溶液（80℃）下几乎观察不到降解，表明其优异的稳定性［图 3-21（g）］[146]。

## 4．季鏻型离子交换基团

通过将三烷基磷与卤代烷烃反应，即可以获得季鏻型阴离子交换膜［图 3-21（h）］。但是由于严重的亲核反应，所获得的膜材料碱稳定性较差[147]。而采用三（2,4,6- 三甲氧基苯基）膦作为碱性功能化试剂，可以获得碱稳定的阴离子交换膜。这是由于甲氧基的供电子作用和位阻效应可以有效降低氢氧根的亲核进攻[148]。但是由于三（2,4,6- 三甲氧基苯基）膦分子量较高，膜材料的离子交换容量通常较低，因而限制了其离子传导能力。另一类季鏻型阴离子交换膜中的磷原子与四个双烷基取代的氮原子相连。类似于胍基，磷原子上的正电荷可以通过电荷离域作用分散在氮原子上，使得季鏻基团和其伴随的阴离子之间有较强的解离能力。另外，氮原子上的甲基和环己基取代基具有较强的位阻作用，能够有效屏蔽氢氧根离子的亲核进攻。尽管所得的离子交换膜的离子交换容量仍然很低，但是其离子传导能力得到了大幅度提升，并且表现出优异的碱稳定性。目前关于季𬭸基团的研究报道不多，但其出色的离子电导率和碱稳定性已被证明。在未来工作中，进一步简化其合成步骤，降低交换基团的分子量以提高离子交换容量，有望开发出具备实际应用价值的季𬭸型阴离子交换膜。

**5．叔锍型离子交换基团**

叔锍阳离子也可以作为阴离子交换膜的功能基团，但是三苯基或三烷基叔硫阳离子在碱性条件并不稳定，容易被氢氧根进攻发生亲核取代反应。通过使用三甲氧基苯的叔锍阳离子作为阴离子交换基团，三甲氧基苯的给电子和位阻效应可以有效提升膜的碱稳定性［图 3-21（i）］[149]。

**6．金属阳离子型离子交换基团**

将氯化钌和三联吡啶进行配位，即可以获得基于金属钌的阴离子交换基团［图 3-21（j）］。由于在该化合物中钌是正二价的，因此每个 Ru 中心可以与两个阴离子相伴随。此外，基于金属钌的阴离子交换膜表现出优异的碱稳定性，在 1mol/L 的氢氧化钠溶液中浸泡（室温）6 个月，其化学结构没有任何变化[145]。二茂钴也可以作为阴离子交换基团［图 3-21（k）］。在二茂钴的每个茂环上分别引入了五个甲基取代基，以通过位阻效应屏蔽氢氧根离子的亲核进攻，所得到的阴离子交换膜表现出优异的碱稳定性[150]。

目前，季铵基团仍为阴离子交换膜制备中最常采用的离子交换基团。在已报道的研究工作中，有不少离子交换基团在离子电导率或者化学稳定性等方面有着出色的性能。但是综合离子传导性、碱稳定性和合成复杂程度等因素，这些离子基团在实际使用中仍然有所限制。最有望取代季铵基团的是咪唑鎓盐基团。其具有和季铵基团相近的离子传导能力，且合成步骤简便，原料廉价易得。在咪唑环的 C2、N3、C4、C5 位上引入烷基取代基后，能够实现远高于季铵基团的碱稳定性。

# 第五节
# 侧链离子交换膜微观形貌

## 一、侧链阳离子交换膜微相分离

### 1．类 Nafion 结构的侧链阳离子交换膜微相分离

侧链阳离子交换膜中微相分离通常与侧链的活动性、组成、分布和酸性有

关。对于一系列侧链型聚芳醚阳离子交换膜的形貌研究表明，越长的侧链越有利于离子簇的形成，因此更有利于获得高质子电导率的阳离子交换膜[151]。除此之外，通过在侧链上设计特殊的基团，也将有利于离子基团的聚集。例如，侧链含有萘磺酸的阳离子交换膜，由于萘环与萘环之间可通过 π-π 作用进行有序堆积，从而也将使磺酸基团进行有序的堆积，形成离子通道（图 3-22）[27]。侧链的分布也是一个影响微相分离形貌的关键因素。与一个结构单元仅含有一个磺酸基团侧链阳膜相比，在结构单元上提高磺酸基团的密度将有利于加强微相分离程度。例如，一个结构单元上含有 4 个磺酸基团的聚芳醚通过 TEM 表征，证实了该结构可以构筑相互贯穿的阳离子交换膜，其纳米通道的尺寸为 2 ～ 5nm[24]。一个结构单元上含有 8 个磺酸基团的聚醚酮具有更为优异的微相分离结构[23]。加强侧链的酸性，从而增加侧链与主链极性的差距也将有利于增强相分离[43]。与商业膜 Nafion 类似，含有氟磺酸链的侧链型阳离子交换膜具有高度相分离的微观结构。

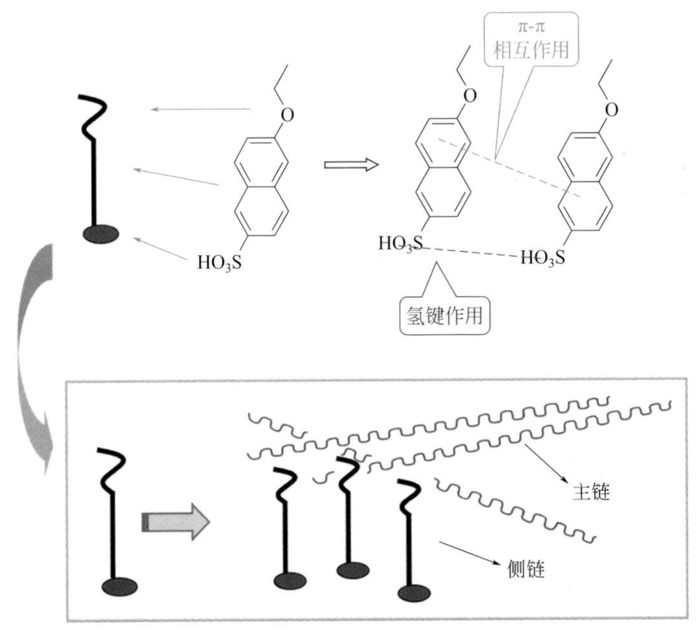


图3-22　含有萘环侧链的阳离子交换膜微相分离[27]

## 2．侧长链阳离子交换膜微相分离

主链和侧链组成上的差异将有利于发生微相分离，构筑贯穿离子通道。例如，含氟主链与磺化苯乙烯侧链具有较大极性差距，因此该聚合物的膜材料具有亲水 / 疏水微相分离形貌，亲水区域由尺寸为 2 ～ 4nm 的离子簇构成。对于侧长链型阳离子交换膜，侧链的长度对于形貌有着显著的影响。侧链越长越有利于离子基团聚集，形成较大尺寸的离子簇，从而构建贯穿的离子通道（图 3-23）[77]。具有芳香族主链与磺化苯乙烯侧链的膜材料同样可以实现高度微相分离形貌的构建。通过 TEM 和 SANS 表征证实高度连续的、蠕虫状的离子通道均匀分布在憎水区域中。通过增加侧链磺酸基团的密度，可以进一步增强微相分离 [71]。此外，主链为磺化芳香聚合物，侧链为含氟聚合物也显示出高度相分离结构。并且显示出高度有序的微相分离形貌，层状或圆柱状微观结构 [152]。

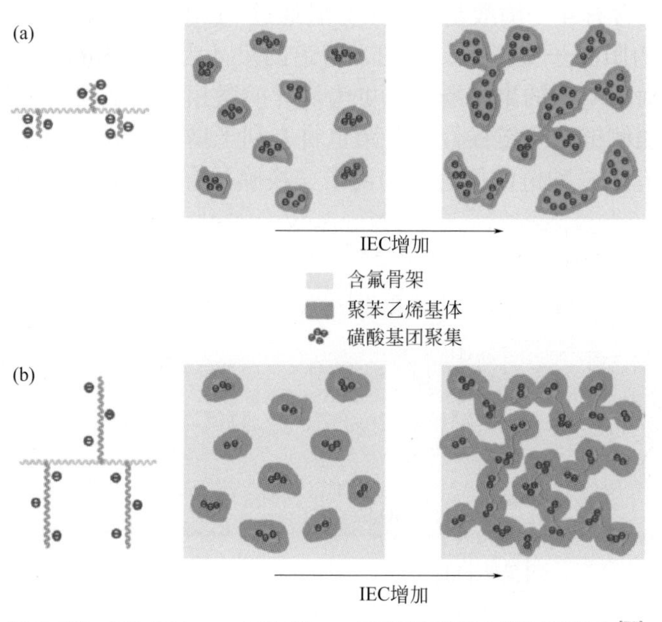


图3-23 P(VDF-*co*-CTFE)-*g*-SPS微观相分离形貌演化[77]

## 二、侧链阴离子交换膜微相分离

### 1. 类 Nafion 结构的侧链阴离子交换膜微相分离

与阳离子交换膜类似，含离子基团的柔性侧链可以自组装为贯穿离子通道，来完成高效的氢氧根传输。侧链的运动能力对于相分离影响巨大。比如，通过 Suzuki 反应制备的侧链型阴离子交换膜，季铵基团通过柔性的烷基链以及苯环与主链键合，可以实现高度亲水 / 疏水微相分离形貌 [91]。若在侧链上引入醚键，可以增强侧链的柔性，从而可以提高微相分离程度 [98]。另外，通过提高主链单个结构单元上离子基团的密度，也可以来进一步提高离子基团的聚集程度。比如通过亲核反应制备的一个主链苯环结构单元上含有 6 个季铵基团的阴离子交换膜 [89]。

AFM 观察表明其微观形貌为贯穿的离子通道分布在连续的憎水区域中，可完成高效的氢氧根传导。类似地，提高侧链离子交换基团的密度也有利于构筑贯穿离子通道。比如，通过门舒特金反应，以聚苯醚为骨架，可以在侧链上引入 2 个、3 个或者更多的离子交换基团 [103]。AFM 观察证实了高度微相分离形貌的成功构建。对于两种提高相分离程度的策略，通过 AFM、TEM 以及粗粒化分子动力学模拟等手段研究，可以证明在主链单个结构单元上提高离子基团密度，更有利于构建长程有序、宽的离子通道。相比之下，在侧链上提高离子基团密度，有利于构建尺寸较小的离子簇，而这些离子簇贯穿性比前者差 [88]。因此，提高结构单元上离子交换基团密度的策略更有利于加快氢氧根传导，而在侧链上提高离子交换密度更有利于提升膜材料的稳定性。

疏水侧链也同样可以诱导微相分离，无论是疏水侧链位于阴离子交换基团末端，还是疏水侧链直接与主链相连 [94,105]。通常侧链长度越长，微相分离程度越高，但是过长的侧链可以导致膜宏观不均匀性。与主链憎水 - 侧链亲水的结构相比，主链亲水 - 侧链憎水的结构所完成的微观形貌，不仅有离子基团贯穿，憎水区域连续性同样优异（图 3-24）。因此该膜可以有效平衡氢氧根传导性与稳定性。

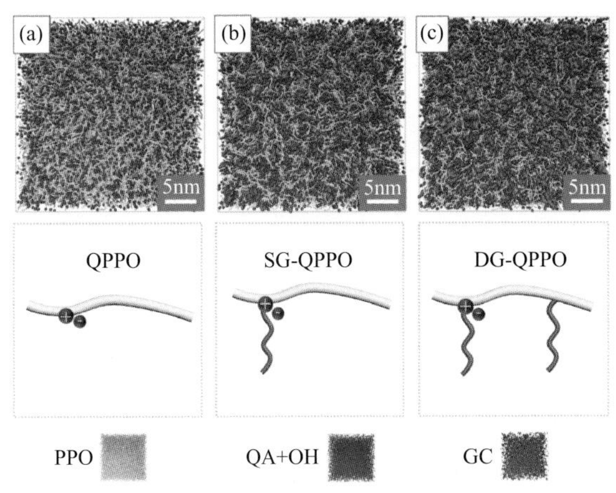


图3-24　含疏水侧链的离子聚合物相分离形貌（粗粒化模拟）[105]

## 2．侧长链阴离子交换膜微相分离

侧长链阴离子交换膜不仅具有高度的微相分离微观形貌，同时通过调控接枝密度、接枝长度等参数，可以实现对微观形貌的进一步精密构筑。以溴苯醚为主链，通过 ATRP 反应制备的侧长链阴离子交换膜，当接枝密度高、接枝链较短时，可以构筑尺寸更大、贯穿性更好的离子通道；当接枝密度低、接枝链较长时，可以构筑尺寸较小，在憎水区域分布更为均一的离子通道。此外，降低接枝密度有利于提升侧链型阴离子交换膜的耐碱性（图 3-25）[115-117]。

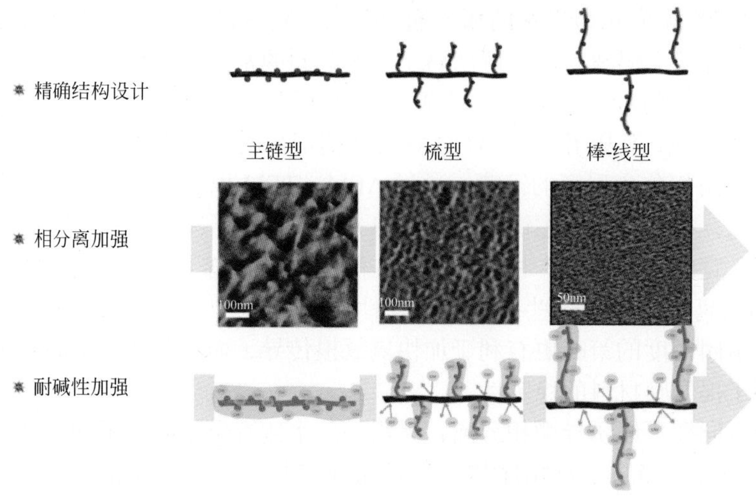


图3-25　侧长链阴离子交换膜结构-性能构效关系

# 第六节
# 侧链离子交换膜应用性能评价

## 一、燃料电池

如上所述，通过侧链工程调控所得的侧链型离子交换膜通常具有高的氢离子（或氢氧根离子）的传导能力，同时兼具优异的化学和机械稳定性，可用于燃料电池中。另外，一些侧链型离子交换膜材料可以溶解在高极性的有机溶剂中，因而可以作为电极材料的黏结剂使用。当燃料电池中的离子交换膜材料与电极黏结剂具有相同的化学组成，可以有效降低界面电阻。下面将对侧链型离子交换膜应用于燃料电池的成功案例进行介绍，介绍的顺序参照侧链离子交换膜的结构设计部分。

（1）侧链型阳离子交换膜燃料电池性能　通过后磺化方法获得质子交换膜通常具有与 Nafion 相当的质子电导率，因此表现出优异的电池性能。含芴基的磺化聚醚砜在低湿度下具有与 Nafion 可比拟的质子电导率，但是前者具有更为优异的保湿能力。因而在 20%RH 的条件下，其显示出了比 Nafion 更为优异的电池性能[13]。基于磺化聚（四苯基醚酮砜）制备的阳离子交换膜，具有与Nafion 211类似的电导率，因此其燃料电池性能也与Nafion 211相当，在100%RH、70℃下，其最大功率密度可以达到420mW/cm$^2$[25]。含有氟磺酸的聚醚砜的垂直方向的质子电导率与Nafion相当，因此其最大输出功率密度与Nafion相当，在80℃、90%RH下可以达到800mW/cm$^2$[34]。

与后磺化方法制备的侧链型阳离子交换膜相比，从磺化单体出发所制备的阳离子交换膜通常具有更高的磺化度，因而质子电导率更为优异，从而有利于获得更为优异的燃料电池性能。例如，侧链含氟磺酸的聚芳醚的质子电导率在30℃下可以达到89mS/cm，高于Nafion 115，因此前者的最大功率密度比Nafion 115高出了43%[43]。

对于燃料电池使用的质子交换膜，除了需要具有优异的质子电导率，耐水、燃料溶胀性能也尤为重要。含有氰基的侧链型阳离子交换膜具有比其他阳离子交换膜更为优异的耐溶胀性。同时，氰基的存在可以加强聚合物膜与电极催化剂之间的结合，有利于降低界面电阻。将其用于直接甲醇燃料电池中，其最大功率密度可以达到125mW/cm$^2$，高于Nafion 115（113mW/cm$^2$）。并且，使用含氰基阳离子交换膜组装的电池，其电池性能可以稳定超过100h[47]。含有萘基的侧链型阳离子交换膜的甲醇渗透率约为Nafion 115的1/4，因此基于该离子交换膜组装的甲醇燃料电池具有更高的电池性能。以1mol/L的甲醇溶液作为原料，在80℃下该电池的最大功率密度可以达到100mW/cm$^2$，而Nafion 115的最大功率密度仅为60mW/cm$^2$[51]。侧链型聚酰亚胺阳离子交换膜的氢/氧渗透率均比Nafion低1～2个数量级，由它组装的燃料电池可以稳定操作5000h，有望替代Nafion膜[63]。

（2）侧链型阴离子交换膜燃料电池性能　通过傅-克烷基化制备的侧链具有苯基的阴离子交换膜在室温下电导率仅可以达到10mS/cm，但是其可以溶解于有机溶剂中，因此可以用于电极的黏结剂使用，可以获得315mW/cm$^2$峰值功率密度的输出（60℃）[80]。由亲核取代反应制备的具有烷基侧链的聚醚砜型阴离子交换膜，在60℃下，最大功率密度可以达到108mW/cm$^2$[82]。若此结构中含有芴基，可以在一个结构单元上引入四个侧链，进一步提高氢氧根电导率，因而最大功率密度也可以提升至251mW/cm$^2$[84]。进一步，一个单元上具有六个离子交换基团的侧链型阴膜具有更为优异的氢氧根电导率，因此电池最大功率密度也可以达到266mW/cm$^2$（60℃）[89]。主链含有磷氧基团的侧链型阴膜与电极催化剂具有更好的相容性，可以有效减少界面电阻，由此组装的氢氧燃料电池可以完成683mW/cm$^2$（80℃）的峰值功率密度的输出[88]。

由点击反应制备的侧链型阴离子交换膜具有三唑基团可以作为氢氧根传导的位点，有利于提升氢氧根电导率。例如，通过点击反应制备的侧链型聚苯醚阴离子交换膜用于氢氧燃料电池中，当离子交换基团为季铵基团时，可以完成

189mW/cm$^2$（50℃）峰值功率密度的输出[93]。当离子交换基团替换为咪唑基团，由于咪唑基团的碱性较低，因此所得的阴离子交换膜电导率也有所降低。所组装的燃料电池的最大功率密度仅为50mW/cm$^2$（45℃），但是咪唑基团具有更为优秀的碱稳定性，有利于燃料电池稳定性的提升[96]。由门舒特金反应制备末端具有烷基链的侧链型阴离子交换膜，由于兼具高氢氧根电导率和低含水率，因而用于燃料电池中可以实现高功率密度的输出，最大功率密度可达322mW/cm$^2$（60℃）[105]。

从单体出发制备的侧链型阴离子交换膜通常具有高密度的离子交换基团，具有优异的氢氧根传导能力。以聚烯烃为骨架的侧链型阴离子交换膜用于燃料电池中，可以完成40mW/cm$^2$（60℃）峰值功率密度的输出[108]。如此低的功率密度是由于聚烯烃的热稳定性不佳导致。如果采用芳香族的骨架，燃料电池性能可以提升至150mW/cm$^2$（80℃）[106]。

具有长侧链的阴离子交换膜由于具有长接枝链，可以实现在不破坏主链的情况下，完成高离子交换容量。以含氟聚合物为主链，通过辐照接枝制备的侧链型阴离子交换膜，用于燃料电池中，最大功率密度可以达到130mW/cm$^2$（60℃），但是含氟的主链的耐碱性能不高，可能导致电池的稳定性不佳[111]。

以上这些案例仅仅是用于说明侧链型阴离子交换膜用于燃料电池的可行性。燃料电池是一个复杂的系统，其性能与离子交换膜、电极催化剂以及膜电极制备工艺紧密相关，目前所报道的数据对用于燃料电池中的侧链型离子交换膜的开发有着重要的参考意义，但是横向比较缺乏实际意义。目前燃料电池性能评估中关注的仅为功率密度的输出，尚缺乏对长期稳定性的研究。

## 二、扩散渗析

侧链型离子交换膜具有离子簇贯穿的微相分离形貌，因此有利于酸或碱的快速通过。同时，在贯穿的离子通道中，离子交换基团高度聚集，因此可以加强基于电荷排斥的筛分作用。例如，末端含有醚烷基的聚苯醚侧链型阴离子交换膜具有亲水 - 疏水相分离的自组装微观结构。将其用于扩散渗析处理盐酸 + 氯化亚铁体系中，酸渗析系数（$U_H$）在0.013～0.059m/h范围内，分离因子（$S$）在19～197范围内，远高于商业膜DF-120的性能（$U_H$=0.009m/h，$S$=18.5）[153]。

## 三、电渗析

与扩散渗析过程类似，侧链型离子交换膜所具有的离子通道可以有利于离子的传输，从而降低电阻。除此之外，通过对侧链型离子交换膜的结构进行特殊的设计，有望实现同性离子的筛分。侧链同时具有季铵基团和磺酸基团的聚苯醚离子交换膜，具有微相分离结构。其贯穿的离子基团有利于单价离子的传输，而两性的侧链可以加强单价 / 多价离子的选择性。通过电渗析过程评估，可以实现对 $Na^+/Mg^{2+}$ 体系选择性为 7.4，$H^+/Zn^{2+}$ 体系选择性为 23.5[154]。对于同性阴离子的筛分可以通过调控膜材料的憎水性实现。末端具有疏水链的聚苯醚阴离子交换用于电渗析分离 $Cl^-/SO_4^{2-}$，分离因子可以达到 13[155]。

# 第七节 小结与展望

通过侧链工程学在分子层面精准设计离子交换膜结构，实现高度亲水 / 疏水相分离形貌的构筑，进而完成可应用于燃料电池、扩散渗析和电渗析等领域高性能离子交换膜的制备。基于侧链工程学设计的离子交换膜结构包括类 Nafion 结构以及接枝结构，它们均可以在成膜过程中进行有序组装。类 Nafion 结构的侧链型离子交换膜可以通过预先合成侧链型聚合物，进一步引入离子交换基团制备，也可以通过预先合成含离子交换基团的侧链型单体，进一步聚合制备。接枝结构通过采用“grafting from”“grafting onto”“grafting through”等接枝方法进行制备。对于类 Nafion 结构，可以通过调控侧链离子交换基团与主链间隔基的数量和种类，来实现对聚合物微观形貌的调控；对于接枝结构，可以通过调控接枝密度、接枝长度等结构参数，来实现对聚合物微观形貌的调控。在此基础上，可以通过交联策略实现对聚合物的相分离形貌进一步调变，促进离子基团的有序组装。通过侧链工程学制备的离子交换膜微相结构与侧链的柔 / 刚性、组成、分布以及离子交换基团解离程度紧密相关。提高侧链的活动能力、增加侧链的长度、提高离子交换基团的密度、强化主 / 侧链极性差别、引入次级相互作用，均有利于离子基团的聚集，形成贯穿的离子传输通道。在侧链工程学开发离子交换膜的研究中，也应关注离子交换基团的设计与制备。对于阳离子交换膜，涉及的离子交换基团有磺酸、磷酸以及羧酸，这三种离子交换基团差别仅是酸性不同。相较于阳离子交换基团，阴离子交换膜涉及的离子交换基团种类就丰富了很多。不同结构组成的阴离子交换基团其碱性和碱稳定性均差距较大。目前，侧链型阴离子交换膜基团有季铵型离子交换基团、胍基离子交换基团、杂环类离子交换基团、季鏻型离子交换基团、叔锍型离子交换基团、金属阳离子型离子交换基团等。通过侧链工程学构筑的离子交换膜，较传统主链型离子交换膜在离子传导能力、化学稳定性以及机械稳定性方面均有较大提升，在实际应用过程中表现优异。目前，侧链型离子交换膜较多用于燃料电池中，所组装的燃料电池性能已经显著优于商业膜。在其他应用领域，侧链型离子交换膜应用还较少，潜力有待于进一步挖掘。

目前侧链工程学制备均相离子交换膜尚存在一些机遇和挑战：①相较于主链型阴离子交换膜，侧链型阴离子交换膜的制备涉及较为复杂的合成化学路线，反应要求相对苛刻，工业化生产有一定困难。未来需要同时优化合成路线和工业化制膜工艺，以开发更为丰富的商品化侧链型离子交换膜。②侧链工程学开发均相离子交换膜通常不能实现膜材料综合性能的全面提升。例如，在提高燃料电池用的侧链离子交换膜的电导率时，通常会降低膜材料的耐溶胀性、化学稳定性。在未来的研究中，需要利用侧链工程学来打破膜材料性能中存在的此消彼长的问题。③侧链工程学制备均相离子交换膜的关键在于构建理想的微观相分离形貌。目前，缺乏对于微观形貌精准控制的有效手段。同时，缺乏对于微观形貌演化过程的详细研究。若能增强对于演化过程的理解，将有助于清晰剖析影响微相分离的内在关键因素，来指导均相离子交换膜的结构设计。④侧链工程学制备的离子交换膜相分离发生在成膜过程中，会受到溶剂种类、蒸发温度、环境湿度等工艺因素的影响。目前对于此过程，研究尚浅，导致无法实现预期微观形貌的构筑。因此，在进一步的研究中，需要将成膜工艺与侧链工程学聚合物结构设计进行耦合考虑。对于不同类型的侧链型聚合物成膜，需要定制不同的成膜工艺，最终实现理想微观形貌的构筑。⑤目前侧链型离子交换膜的应用相对局限，未来可以拓展到液流电池、有机溶剂纳滤等环境和能源相关领域。这也将对侧链离子交换膜的性能提出更高要求，推动基于侧链工程学开发离子交换膜进程。

## 参考文献

[1] Souzy R, Ameduri B. Functional fluoropolymers for fuel cell membranes [J]. Progress in Polymer Science, 2005, 30(6): 644-687.

[2] Mauritz K A, Moore R B. State of understanding of nafion [J]. Chemical Reviews, 2004, 104(10): 4535-4586.

[3] Elliott J A, Paddison S J. Modelling of morphology and proton transport in PFSA membranes [J]. Physical Chemistry Chemical Physics, 2007, 9(21): 2602-2618.

[4] Hsu W Y, Gierke T D. Ion transport and clustering in nafion perfluorinated membranes [J]. Journal of Membrane Science, 1983, 13(3): 307-326.

[5] Gierke T D, Munn G E, Wilson F C. The morphology in nafion perfluorinated membrane products, as determined by wide- and small-angle x-ray studies [J]. Journal of Polymer Science: Polymer Physics Edition, 1981, 19(11): 1687-1704.

[6] Roche E J, Pineri M, Duplessix R, et al. Small-angle scattering studies of nafion membranes [J]. Journal of Polymer Science: Polymer Physics Edition, 1981, 19(1): 1-11.

[7] Roche E J, Pineri M, Duplessix R. Phase separation in perfluorosulfonate ionomer membranes [J]. Journal of Polymer Science: Polymer Physics Edition, 1982, 20(1): 107-116.

[8] Li Z, Tang M, Liang S, et al. Bottlebrush polymers: From controlled synthesis, self-assembly, properties to applications [J]. Progress in Polymer Science, 2021, 116:101387.

[9] Perin F, Motta A, Maniglio D. Amphiphilic copolymers in biomedical applications: Synthesis routes and property control [J]. Materials Science and Engineering: C, 2021, 123:111952.

[10] Peckham T J, Holdcroft S. Structure-morphology-property relationships of non-perfluorinated proton-conducting membranes [J]. Advanced Materials, 2010, 22(42): 4667-4690.

[11] Kobayashi T, Rikukawa M, Sanui K, et al. Proton-conducting polymers derived from poly(ether-etherketone) and poly(4-phenoxybenzoyl-1,4-phenylene) [J]. Solid State Ionics, 1998, 106(3): 219-225.

[12] Miyatake K, Chikashige Y, Watanabe M. Novel sulfonated poly(arylene ether):A proton conductive polymer electrolyte designed for fuel cells [J]. Macromolecules, 2003, 36(26): 9691-9693.

[13] Miyatake K, Chikashige Y, Higuchi E, et al. Tuned polymer electrolyte membranes based on aromatic polyethers for fuel cell applications [J]. Journal of the American Chemical Society, 2007, 129(13): 3879-3887.

[14] Shang X, Fang S, Meng Y. Synthesis and characterization of poly(arylene ether ketone) with sulfonated fluorene pendants for proton exchange membrane [J]. Journal of Membrane Science, 2007, 297(1): 90-97.

[15] Shang X Y, Shu D, Wang S J, et al. Fluorene-containing sulfonated poly(arylene ether 1,3,4-oxadiazole) as proton-exchange membrane for PEM fuel cell application [J]. Journal of Membrane Science, 2007, 291(1): 140-147.

[16] Jeong M H, Lee K S, Hong Y T, et al. Selective and quantitative sulfonation of poly(arylene ether ketone)s containing pendant phenyl rings by chlorosulfonic acid [J]. Journal of Membrane Science, 2008, 314(1): 212-220.

[17] Liu B, Kim Y S, Hu W, et al. Homopolymer-like sulfonated phenyl- and diphenyl-poly(arylene ether ketone)s for fuel cell applications [J]. Journal of Power Sources, 2008, 185(2): 899-903.

[18] Li Z, Liu X, Chao D, et al. Controllable sulfonation of aromatic poly(arylene ether ketone)s containing different pendant phenyl rings [J]. Journal of Power Sources, 2009, 193(2): 477-482.

[19] Kim D S, Robertson G P, Kim Y S, et al. Copoly(arylene ether)s containing pendant sulfonic acid groups as proton exchange membranes † NRCC publication No.50899 [J]. Macromolecules, 2009, 42(4): 957-963.

[20] Wang L, Meng Y Z, Wang S J, et al. Synthesis and sulfonation of poly(aryl ethers) containing triphenyl methane and tetraphenyl methane moieties from isocynate-masked bisphenols [J]. Macromolecules, 2004, 37(9): 3151-3158.

[21] Miyatake K, Hay A S. Synthesis and properties of poly(arylene ether)s bearing sulfonic acid groups on pendant phenyl rings [J]. Journal of Polymer Science Part A: Polymer Chemistry, 2001, 39(19): 3211-3217.

[22] Matsumoto K, Higashihara T, Ueda M. Locally sulfonated poly(ether sulfone)s with highly sulfonated units as proton exchange membrane [J]. Journal of Polymer Science Part A: Polymer Chemistry, 2009, 47(13): 3444-3453.

[23] Matsumoto K, Higashihara T, Ueda M. Locally and densely sulfonated poly(ether sulfone)s as proton exchange membrane [J]. Macromolecules, 2009, 42(4): 1161-1166.

[24] Li N, Shin D W, Hwang D S, et al. Polymer electrolyte membranes derived from new sulfone monomers with pendent sulfonic acid groups [J]. Macromolecules, 2010, 43(23): 9810-9820.

[25] Seo D W, Lim Y D, Lee S H, et al. Preparation and characterization of sulfonated poly(tetra phenyl ether ketone sulfone)s for proton exchange membrane fuel cell [J]. International Journal of Hydrogen Energy, 2012, 37(7): 6140-6147.

[26] Lafitte B, Jannasch P. Proton-conducting aromatic polymers carrying hypersulfonated side chains for fuel cell

applications [J]. Advanced Functional Materials, 2007, 17(15): 2823-2834.

[27] Zhang Z, Wu L, Xu T. Synthesis and properties of side-chain-type sulfonated poly(phenylene oxide) for proton exchange membranes [J]. Journal of Membrane Science, 2011, 373(1): 160-166.

[28] Lafitte B, Puchner M, Jannasch P. Proton conducting polysulfone ionomers carrying sulfoaryloxybenzoyl side chains [J]. Macromolecular Rapid Communications, 2005, 26(18): 1464-1468.

[29] Glipa X, Elhaddad M, Jones D J, et al. Synthesis and characterisation of sulfonated polybenzimidazole: A highly conducting proton exchange polymer [J]. Solid State Ionics, 1997, 97(1): 323-331.

[30] Kawahara M, Rikukawa M, Sanui K, et al. Synthesis and proton conductivity of sulfopropylated poly (benzimidazole) films [J]. Solid State Ionics, 2000, 136-137:1193-1196.

[31] Kim D S, Robertson G P, Guiver M D. Comb-shaped poly(arylene ether sulfone)s as proton exchange membranes [J]. Macromolecules, 2008, 41(6): 2126-2134.

[32] Wang C, Li N, Shin D W, et al. Fluorene-based poly(arylene ether sulfone)s containing clustered flexible pendant sulfonic acids as proton exchange membranes [J]. Macromolecules, 2011, 44(18): 7296-7306.

[33] Miyatake K, Shimura T, Mikami T, et al. Aromatic ionomers with superacid groups [J]. Chemical Communications, 2009, 42: 6403-6405.

[34] Yoshimura K, Iwasaki K. Aromatic polymer with pendant perfluoroalkyl sulfonic acid for fuel cell applications [J]. Macromolecules, 2009, 42(23): 9302-9306.

[35] Nakagawa T, Nakabayashi K, Higashihara T, et al. Polymer electrolyte membrane based on poly(ether sulfone) containing binaphthyl units with pendant perfluoroalkyl sulfonic acids [J]. Journal of Polymer Science Part A: Polymer Chemistry, 2011, 49(14): 2997-3003.

[36] Mikami T, Miyatake K, Watanabe M. Synthesis and properties of multiblock copoly(arylene ether)s containing superacid groups for fuel cell membranes [J]. Journal of Polymer Science Part A: Polymer Chemistry, 2011, 49(2): 452-464.

[37] Nakabayashi K, Higashihara T, Ueda M. Polymer electrolyte membranes based on poly(phenylene ether)s with pendant perfluoroalkyl sulfonic acids [J]. Macromolecules, 2011, 44(6): 1603-1609.

[38] Wang Z, Ni H, Zhao C, et al. Influence of the hydroquinone with different pendant groups on physical and electrochemical behaviors of directly polymerized sulfonated poly (ether ether sulfone) copolymers for proton exchange membranes [J]. Journal of Membrane Science, 2006, 285(1): 239-248.

[39] Jutemar E P, Jannasch P. Influence of the polymer backbone structure on the properties of aromatic ionomers with pendant sulfobenzoyl side chains for use as proton-exchange membranes [J]. ACS Applied Materials & Interfaces, 2010, 2(12): 3718-3725.

[40] Chen H G, Wang S J, Xiao M, et al. Novel sulfonated poly(phthalazinone ether ketone) ionomers containing benzonitrile moiety for PEM fuel cell applications [J]. Journal of Power Sources, 2007, 165(1): 16-23.

[41] Jutemar E P, Takamuku S, Jannasch P. Facile synthesis and polymerization of 2,6-difluoro-2′-sulfobenzophenone for aromatic proton conducting ionomers with pendant sulfobenzoyl groups [J]. Macromolecular Rapid Communications, 2010, 31(15): 1348-1353.

[42] Ma X, Zhang C, Xiao G, et al. Synthesis and characterization of sulfonated poly(phthalazinone ether phosphine oxide)s by direct polycondensation for proton exchange membranes [J]. Journal of Polymer Science Part A: Polymer Chemistry, 2008, 46(5): 1758-1769.

[43] Xu K, Oh H, Hickner M A, et al. Highly conductive aromatic ionomers with perfluorosulfonic acid side chains for elevated temperature fuel cells [J]. Macromolecules, 2011, 44(12): 4605-4609.

[44] Pang J, Zhang H, Li X, et al. Novel wholly aromatic sulfonated poly(arylene ether) copolymers containing

sulfonic acid groups on the pendants for proton exchange membrane materials [J]. Macromolecules, 2007, 40(26): 9435-9442.

[45] Pang J, Zhang H, Li X, et al. Low water swelling and high proton conducting sulfonated poly(arylene ether) with pendant sulfoalkyl groups for proton exchange membranes [J]. Macromolecular Rapid Communications, 2007, 28(24): 2332-2338.

[46] Pang J, Zhang H, Li X, et al. Poly(arylene ether)s with pendant sulfoalkoxy groups prepared by direct copolymerization method for proton exchange membranes [J]. Journal of Power Sources, 2008, 184(1): 1-8.

[47] Kim D S, Kim Y S, Guiver M D, et al. High performance nitrile copolymers for polymer electrolyte membrane fuel cells [J]. Journal of Membrane Science, 2008, 321(2): 199-208.

[48] Gao Y, Robertson G P, Guiver M D, et al. Synthesis of poly(arylene ether ether ketone ketone) copolymers containing pendant sulfonic acid groups bonded to naphthalene as proton exchange membrane materials [J]. Macromolecules, 2004, 37(18): 6748-6754.

[49] Jeong M H, Lee K S, Lee J S. Synthesis and characterization of sulfonated poly(arylene ether ketone) copolymers containing crosslinking moiety [J]. Journal of Membrane Science, 2009, 337(1): 145-152.

[50] Kim D S, Guiver M D. Comparative effect of phthalazinone units in sulfonated poly(arylene ether ether ketone ketone) copolymers as proton exchange membrane materials [J]. Journal of Polymer Science Part A: Polymer Chemistry, 2008, 46(3): 989-1002.

[51] Lee J K, Li W, Manthiram A. Poly(arylene ether sulfone)s containing pendant sulfonic acid groups as membrane materials for direct methanol fuel cells [J]. Journal of Membrane Science, 2009, 330(1): 73-79.

[52] Yip N Y, Tiraferri A, Phillip W A, et al. Thin-film composite pressure retarded osmosis membranes for sustainable power generation from salinity gradients [J]. Environmental Science and Technology, 2011, 45(10): 4360-4369.

[53] Deligöz H, Vantansever S, KoçS N, et al. Preparation of sulfonated copolyimides containing aliphatic linkages as proton-exchange membranes for fuel cell applications [J]. Journal of Applied Polymer Science, 2008, 110(2): 1216-1224.

[54] Li Y, Jin R, Cui Z, et al. Synthesis and characterization of novel sulfonated polyimides from 1,4-bis(4-aminophenoxy)-naphthyl-2,7-disulfonic acid [J]. Polymer, 2007, 48(8): 2280-2287.

[55] Miyatake K, Yasuda T, Watanabe M. Substituents effect on the properties of sulfonated polyimide copolymers [J]. Journal of Polymer Science Part A: Polymer Chemistry, 2008, 46(13): 4469-4478.

[56] Guo X, Fang J, Watari T, et al. Novel sulfonated polyimides as polyelectrolytes for fuel cell application. 2. synthesis and proton conductivity of polyimides from 9,9-bis(4-aminophenyl)fluorene-2,7-disulfonic acid [J]. Macromolecules, 2002, 35(17): 6707-6713.

[57] Hu Z, Yin Y, Kita H, et al. Synthesis and properties of novel sulfonated polyimides bearing sulfophenyl pendant groups for polymer electrolyte fuel cell application [J]. Polymer, 2007, 48(7): 1962-1971.

[58] Chen K, Chen X, Yaguchi K, et al. Synthesis and properties of novel sulfonated polyimides bearing sulfophenyl pendant groups for fuel cell application [J]. Polymer, 2009, 50(2): 510-518.

[59] Li N, Cui Z, Zhang S, et al. Preparation and evaluation of a proton exchange membrane based on oxidation and water stable sulfonated polyimides [J]. Journal of Power Sources, 2007, 172(2): 511-519.

[60] Chen S, Yin Y, Tanaka K, et al. Synthesis and properties of novel side-chain-sulfonated polyimides from bis[4-(4-aminophenoxy)-2-(3-sulfobenzoyl)]phenyl sulfone [J]. Polymer, 2006, 47(8): 2660-2669.

[61] Álvarez-gallego Y, Nunes S P, Lozano A E, et al. Synthesis and properties of novel polyimides bearing sulfonated benzimidazole pendant groups [J]. Macromolecular Rapid Communications, 2007, 28(5): 616-622.

[62] Yin Y, Fang J, Watari T, et al. Synthesis and properties of highly sulfonated proton conducting polyimides from

bis(3-sulfopropoxy)benzidine diamines [J]. Journal of Materials Chemistry, 2004, 14(6): 1062-1070.

[63] Asano N, Aoki M, Suzuki S, et al. Aliphatic/aromatic polyimide ionomers as a proton conductive membrane for fuel cell applications [J]. Journal of the American Chemical Society, 2006, 128(5): 1762-1769.

[64] Saito J, Tanaka M, Hirai M, et al. Polyimide ionomer containing superacid groups [J]. Polymers for Advanced Technologies, 2011, 22(8): 1305-1310.

[65] Savard O, Peckham T J, Yang Y, et al. Structure-property relationships for a series of polyimide copolymers with sulfonated pendant groups [J]. Polymer, 2008, 49(23): 4949-4959.

[66] Yasuda T, Li Y, Miyatake K, et al. Synthesis and properties of polyimides bearing acid groups on long pendant aliphatic chains [J]. Journal of Polymer Science Part A: Polymer Chemistry, 2006, 44(13): 3995-4005.

[67] Hu Z, Yin Y, Chen S, et al. Synthesis and properties of novel sulfonated (co)polyimides bearing sulfonated aromatic pendant groups for PEFC applications [J]. Journal of Polymer Science Part A: Polymer Chemistry, 2006, 44(9): 2862-2872.

[68] Kang S, Zhang C, Xiao G, et al. Synthesis and properties of soluble sulfonated polybenzimidazoles from 3,3′-disulfonate-4,4′-dicarboxylbiphenyl as proton exchange membranes [J]. Journal of Membrane Science, 2009, 334(1): 91-100.

[69] Jouanneau J, Gonon L, Gebel G, et al. Synthesis and characterization of ionic conducting sulfonated polybenzimidazoles [J]. Journal of Polymer Science Part A: Polymer Chemistry, 2010, 48(8): 1732-1742.

[70] Tan N, Xiao G, Yan D, et al. Preparation and properties of polybenzimidazoles with sulfophenylsulfonyl pendant groups for proton exchange membranes [J]. Journal of Membrane Science, 2010, 353(1): 51-59.

[71] Norsten T B, Guiver M D, Murphy J, et al. Highly fluorinated comb-shaped copolymers as proton exchange membranes (PEMs): Improving PEM properties through rational design [J]. Advanced Functional Materials, 2006, 16(14): 1814-1822.

[72] Dimitrov I, Takamuku S, Jankova K, et al. Polysulfone functionalized with phosphonated poly(pentafluorostyrene) grafts for potential fuel cell applications [J]. Macromolecular Rapid Communications, 2012, 33(16): 1368-1374.

[73] Li N, Wang C, Lee S Y, et al. Enhancement of proton transport by nanochannels in comb-shaped copoly(arylene ether sulfone)s [J]. Angewandte Chemie International Edition, 2011, 50(39): 9158-9161.

[74] Parvole J, Jannasch P. Polysulfones grafted with poly(vinylphosphonic acid) for highly proton conducting fuel cell membranes in the hydrated and nominally dry state [J]. Macromolecules, 2008, 41(11): 3893-3903.

[75] Ingratta M, Elomaa M, Jannasch P. Grafting poly(phenylene oxide) with poly (vinylphosphonic acid) for fuel cell membranes [J]. Polymer Chemistry, 2010, 1(5): 739-746.

[76] Ran J, Wu L, Zhang Z, et al. Atom transfer radical polymerization (ATRP): A versatile and forceful tool for functional membranes [J]. Progress in Polymer Science, 2014, 39(1): 124-144.

[77] Tsang E M W, Zhang Z, Yang A C C, et al. Nanostructure, morphology, and properties of fluorous copolymers bearing ionic grafts [J]. Macromolecules, 2009, 42(24): 9467-9480.

[78] Tsang E M W, Zhang Z, Shi Z, et al. Considerations of macromolecular structure in the design of proton conducting polymer membranes: Graft versus diblock polyelectrolytes [J]. Journal of the American Chemical Society, 2007, 129(49): 15106-15107.

[79] Gao L, He G, Pan Y, et al. Poly(2,6-dimethyl-1,4-phenylene oxide) containing imidazolium-terminated long side chains as hydroxide exchange membranes with improved conductivity [J]. Journal of Membrane Science, 2016, 518: 159-167.

[80] Zhou J, Ünlü M, Anestis-richard I, et al. Solvent processible, high-performance partially fluorinated copoly(arylene ether) alkaline ionomers for alkaline electrodes [J]. Journal of Power Sources, 2011, 196(19): 7924-7930.

[81] Zhuo Y Z, Lai A L, Zhang Q G, et al. Enhancement of hydroxide conductivity by grafting flexible pendant imidazolium groups into poly(arylene ether sulfone) as anion exchange membranes [J]. Journal of Materials Chemistry A, 2015, 3(35): 18105-18114.

[82] Lin C X, Huang X L, Guo D, et al. Side-chain-type anion exchange membranes bearing pendant quaternary ammonium groups via flexible spacers for fuel cells [J]. Journal of Materials Chemistry A, 2016, 4(36): 13938-13948.

[83] Guo D, Lai A N, Lin C X, et al. Imidazolium-functionalized poly(arylene ether sulfone) anion-exchange membranes densely grafted with flexible side chains for fuel cells [J]. ACS Applied Materials & Interfaces, 2016, 8(38): 25279-25288.

[84] Hu E N, Lin C X, Liu F H, et al. Poly(arylene ether nitrile) anion exchange membranes with dense flexible ionic side chain for fuel cells [J]. Journal of Membrane Science, 2018, 550: 254-265.

[85] Wang X Q, Lin C X, Zhang Q G, et al. Anion exchange membranes from hydroxyl-bearing poly(ether sulfone) s with flexible spacers via ring-opening grafting for fuel cells [J]. International Journal of Hydrogen Energy, 2017, 42(30): 19044-19055.

[86] Zuo P, Su Y, Li W. Comb-like poly(ether-sulfone) membranes derived from planar 6,12-diaryl-5,11-dihydroindolo[3,2-b]carbazole monomer for alkaline fuel cells [J]. Macromolecular Rapid Communications, 2016, 37(21): 1748-1753.

[87] Li S, Zhu X, Liu D, et al. A highly durable long side-chain polybenzimidazole anion exchange membrane for AEMFC [J]. Journal of Membrane Science, 2018, 546 15-21.

[88] Ran J, Ding L, Chu C, et al. Highly conductive and stabilized side-chain-type anion exchange membranes: Ideal alternatives for alkaline fuel cell applications [J]. Journal of Materials Chemistry A, 2018, 6(35): 17101-17110.

[89] He Y, Ge X, Liang X, et al. Anion exchange membranes with branched ionic clusters for fuel cells [J]. Journal of Materials Chemistry A, 2018, 6(14): 5993-5998.

[90] Li Q, Liu L, Miao Q, et al. A novel poly(2,6-dimethyl-1,4-phenylene oxide) with trifunctional ammonium moieties for alkaline anion exchange membranes [J]. Chemical Communications, 2014, 50(21): 2791-2793.

[91] Yang Z, Zhou J, Wang S, et al. A strategy to construct alkali-stable anion exchange membranes bearing ammonium groups via flexible spacers [J]. Journal of Materials Chemistry A, 2015, 3(29): 15015-15019.

[92] Zhu L, Pan J, Christensen C M, et al. Functionalization of poly(2,6-dimethyl-1,4-phenylene oxide)s with hindered fluorene side chains for anion exchange membranes [J]. Macromolecules, 2016, 49(9): 3300-3309.

[93] Li N, Guiver M D, Binder W H. Towards high conductivity in anion-exchange membranes for alkaline fuel cells [J]. chem Sus chem, 2013, 6(8): 1376-1383.

[94] Ge Q, Ran J, Miao J, et al. Click chemistry finds its way in constructing an ionic highway in anion-exchange membrane [J]. ACS Applied Materials & Interfaces, 2015, 7(51): 28545-28553.

[95] Wang J, Wei H, Yang S, et al. Constructing pendent imidazolium-based poly(phenylene oxide)s for anion exchange membranes using a click reaction [J]. RSC Advances, 2015, 5(113): 93415-93422.

[96] Wang J, Wang X, Zu D, et al. $N_3$-adamantyl imidazolium cations: Alkaline stability assessment and the corresponding comb-shaped anion exchange membranes [J]. Journal of Membrane Science, 2018, 545: 116-125.

[97] Chen Y, Tao Y, Wang J, et al. Comb-shaped guanidinium functionalized poly(ether sulfone)s for anion exchange membranes: Effects of the spacer types and lengths [J]. Journal of Polymer Science Part A: Polymer Chemistry, 2017, 55(8): 1313-1321.

[98] Hou J, Wang X, Liu Y, et al. Wittig reaction constructed an alkaline stable anion exchange membrane [J]. Journal of Membrane Science, 2016, 518: 282-288.

[99] Dang H S, Weiber E A, Jannasch P. Poly(phenylene oxide) functionalized with quaternary ammonium groups via flexible alkyl spacers for high-performance anion exchange membranes [J]. Journal of Materials Chemistry A, 2015, 3(10): 5280-5284.

[100] Li N, Zhang Q, Wang C, et al. Phenyltrimethylammonium functionalized polysulfone anion exchange membranes [J]. Macromolecules, 2012, 45(5): 2411-2419.

[101] Dang H S, Jannasch P. Alkali-stable and highly anion conducting poly(phenylene oxide)s carrying quaternary piperidinium cations [J]. Journal of Materials Chemistry A, 2016, 4(30): 11924-11938.

[102] Wang L, Hickner M A. Highly conductive side chain block copolymer anion exchange membranes [J]. Soft Matter, 2016, 12(24): 5359-5371.

[103] He Y, Pan J, Wu L, et al. A novel methodology to synthesize highly conductive Anion exchange membranes [J]. Scientific Reports, 2015, 5(1): 13417.

[104] He Y, Wu L, Pan J, et al. A mechanically robust anion exchange membrane with high hydroxide conductivity [J]. Journal of Membrane Science, 2016, 504: 47-54.

[105] Ran J, Fu C, Ding L, et al. Dual hydrophobic grafted chains facilitating quaternary ammonium aggregations of hydroxide conducting polymers: A theoretical and experimental investigation [J]. Journal of Materials Chemistry A, 2018, 6(14): 5714-5723.

[106] Lee W H, Kim Y S, Bae C. Robust hydroxide ion conducting poly(biphenyl alkylene)s for alkaline fuel cell membranes [J]. ACS Macro Letters, 2015, 4(8): 814-818.

[107] Zhang Z, Wu L, Varcoe J, et al. Aromatic polyelectrolytes via polyacylation of pre-quaternized monomers for alkaline fuel cells [J]. Journal of Materials Chemistry A, 2013, 1(7): 2595-2601.

[108] Zhang M, Shan C, Liu L, et al. Facilitating anion transport in polyolefin-based anion exchange membranes via bulky side chains [J]. ACS Applied Materials & Interfaces, 2016, 8(35): 23321-23330.

[109] Zhang M, Liu J, Wang Y, et al. Highly stable anion exchange membranes based on quaternized polypropylene [J]. Journal of Materials Chemistry A, 2015, 3(23): 12284-12296.

[110] Danks T N, Slade R C T, Varcoe J R. Alkaline anion-exchange radiation-grafted membranes for possible electrochemical application in fuel cells [J]. Journal of Materials Chemistry, 2003, 13(4): 712-721.

[111] Varcoe J R, Slade R C T. An electron-beam-grafted ETFE alkaline anion-exchange membrane in metal-cation-free solid-state alkaline fuel cells [J]. Electrochemistry Communications, 2006, 8(5): 839-843.

[112] Danks T N, Slade R C T, Varcoe J R. Comparison of PVDF- and FEP-based radiation-grafted alkaline anion-exchange membranes for use in low temperature portable DMFCs [J]. Journal of Materials Chemistry, 2002, 12(12): 3371-3373.

[113] Slade R C T, Varcoe J R. Investigations of conductivity in FEP-based radiation-grafted alkaline anion-exchange membranes [J]. Solid State Ionics, 2005, 176(5): 585-597.

[114] Ran J, Wu L, Lin X, et al. Synthesis of soluble copolymers bearing ionic graft for alkaline anion exchange membrane [J]. RSC Advances, 2012, 2(10): 4250-4257.

[115] Hu M, Ding L, Shehzad M A, et al. Comb-shaped anion exchange membrane with densely grafted short chains or loosely grafted long chains? [J]. Journal of Membrane Science, 2019, 585: 150-156.

[116] Ran J, Wu L, Xu T. Enhancement of hydroxide conduction by self-assembly in anion conductive comb-shaped copolymers [J]. Polymer Chemistry, 2013, 4(17): 4612-4620.

[117] Ran J, Wu L, Wei B, et al. Simultaneous enhancements of conductivity and stability for anion exchange

membranes (AEMs) through precise structure design [J]. Scientific Reports, 2014, 4(1): 6486.

[118] Wu L, Zhou G, Liu X, et al. Environmentally friendly synthesis of alkaline anion exchange membrane for fuel cells via a solvent-free strategy [J]. Journal of Membrane Science, 2011, 371(1): 155-162.

[119] Lin X, Gong M, Liu Y, et al. A convenient, efficient and green route for preparing anion exchange membranes for potential application in alkaline fuel cells [J]. Journal of Membrane Science, 2013, 425-426: 190-199.

[120] Wu L, Xu T, Wu D, et al. Preparation and characterization of CPPO/BPPO blend membranes for potential application in alkaline direct methanol fuel cell [J]. Journal of Membrane Science, 2008, 310(1): 577-585.

[121] Wu L, Xu T. Improving anion exchange membranes for DMAFCs by inter-crosslinking CPPO/BPPO blends [J]. Journal of Membrane Science, 2008, 322(2): 286-292.

[122] Ran J, Wu L, Ge Q, et al. High performance anion exchange membranes obtained through graft architecture and rational cross-linking [J]. Journal of Membrane Science, 2014, 470: 229-236.

[123] Wu L, Li C, Tao Z, et al. Anionic quaternary ammonium fluorous copolymers bearing thermo-responsive grafts for fuel cells [J]. International Journal of Hydrogen Energy, 2014, 39(17): 9387-9396.

[124] Yang Z, Hou J, Wang X, et al. Highly water resistant anion exchange membrane for fuel cells [J]. Macromolecular Rapid Communications, 2015, 36(14): 1362-1367.

[125] Jasti A, Shahi V K. Multi-block poly(arylene ether)s containing pre-choloromethylated bisphenol: Anion conductive ionomers [J]. Journal of Materials Chemistry A, 2013, 1(20): 6134-6137.

[126] Nie G, Li X, Tao J, et al. Alkali resistant cross-linked poly(arylene ether sulfone)s membranes containing aromatic side-chain quaternary ammonium groups [J]. Journal of Membrane Science, 2015, 474: 187-195.

[127] Shen K, Pang J, Feng S, et al. Synthesis and properties of a novel poly(aryl ether ketone)s with quaternary ammonium pendant groups for anion exchange membranes [J]. Journal of Membrane Science, 2013, 440: 20-28.

[128] Wang J, Zhao Z, Gong F, et al. Synthesis of soluble poly(arylene ether sulfone) ionomers with pendant quaternary ammonium groups for anion exchange membranes [J]. Macromolecules, 2009, 42(22): 8711-8717.

[129] Chen J, Li C, Wang J, et al. A general strategy to enhance the alkaline stability of anion exchange membranes [J]. Journal of Materials Chemistry A, 2017, 5(13): 6318-6327.

[130] Komkova E N, Stamatialis D F, Strathmann H, et al. Anion-exchange membranes containing diamines: Preparation and stability in alkaline solution [J]. Journal of Membrane Science, 2004, 244(1): 25-34.

[131] Liu L, Li Q, Dai J, et al. A facile strategy for the synthesis of guanidinium-functionalized polymer as alkaline anion exchange membrane with improved alkaline stability [J]. Journal of Membrane Science, 2014, 453: 52-60.

[132] Li X, Cheng J, Liu Y, et al. Improved conductivity and stability of anion exchange membrane modified with bi-phenylguanidinium bridged silsesquioxane [J]. International Journal of Hydrogen Energy, 2017, 42(33): 21016-21026.

[133] Wang J, Li S, Zhang S. Novel hydroxide-conducting polyelectrolyte composed of an poly(arylene ether sulfone) containing pendant quaternary guanidinium groups for alkaline fuel cell applications [J]. Macromolecules, 2010, 43(8): 3890-3896.

[134] Hollóczki O, Terleczky P, Szieberth D, et al. Hydrolysis of imidazole-2-ylidenes [J]. Journal of the American Chemical Society, 2011, 133(4): 780-789.

[135] Li W, Fang J, Lv M, et al. Novel anion exchange membranes based on polymerizable imidazolium salt for alkaline fuel cell applications [J]. Journal of Materials Chemistry, 2011, 21(30): 11340-11346.

[136] Ran J, Wu L, Varcoe J R, et al. Development of imidazolium-type alkaline anion exchange membranes for fuel cell application [J]. Journal of Membrane Science, 2012, 415-416: 242-249.

[137] Thomas O D, SooK J W Y, Peckham T J, et al. Anion conducting poly(dialkyl benzimidazolium) salts [J].

Polymer Chemistry, 2011, 2(8): 1641-1643.

[138] Price S C, Williams K S, Beyer F L. Relationships between structure and alkaline stability of imidazolium cations for fuel cell membrane applications [J]. ACS Macro Letters, 2014, 3(2): 160-165.

[139] Wang J, Gu S, Kaspar R B, et al. Stabilizing the imidazolium cation in hydroxide-exchange membranes for fuel cells [J]. Chem Sus Chem, 2013, 6(11): 2079-2082.

[140] Hugar K M, Kostalik H A, Coates G W. Imidazolium cations with exceptional alkaline stability: A systematic study of structure-stability relationships [J]. Journal of the American Chemical Society, 2015, 137(27): 8730-8737.

[141] Gu F, Dong H, Li Y, et al. Highly stable N3-substituted imidazolium-based alkaline anion exchange membranes: Experimental studies and theoretical calculations [J]. Macromolecules, 2014, 47(1): 208-216.

[142] Liu L, He S, Zhang S, et al. 1,2,3-Triazolium-based poly(2,6-dimethyl phenylene oxide) copolymers as anion exchange membranes [J]. ACS Applied Materials & Interfaces, 2016, 8(7): 4651-4660.

[143] Li Y, Xu T, Gong M. Fundamental studies of a new series of anion exchange membranes: Membranes prepared from bromomethylated poly(2,6-dimethyl-1,4-phenylene oxide) (BPPO) and pyridine [J]. Journal of Membrane Science, 2006, 279(1): 200-208.

[144] Kim S, Yang S, Kim D. Poly(arylene ether ketone) with pendant pyridinium groups for alkaline fuel cell membranes [J]. International Journal of Hydrogen Energy, 2017, 42(17): 12496-12506.

[145] Gu F, Dong H, Li Y, et al. Base stable pyrrolidinium cations for alkaline anion exchange membrane applications [J]. Macromolecules, 2014, 47(19): 6740-6747.

[146] Strasser D J, Graziano B J, Knauss D M. Base stable poly(diallylpiperidinium hydroxide) multiblock copolymers for anion exchange membranes [J]. Journal of Materials Chemistry A, 2017, 5(20): 9627-9640.

[147] Ye Y, Stokes K K, Beyer F L, et al. Development of phosphonium-based bicarbonate anion exchange polymer membranes [J]. Journal of Membrane Science, 2013, 443: 93-99.

[148] Gu S, Cai R, Luo T, et al. A soluble and highly conductive ionomer for high-performance hydroxide exchange membrane fuel cells [J]. Angewandte Chemie International Edition, 2009, 48(35): 6499-6502.

[149] Zhang B, Gu S, Wang J, et al. Tertiary sulfonium as a cationic functional group for hydroxide exchange membranes [J]. RSC Advances, 2012, 2(33): 12683-12685.

[150] Gu S, Wang J, Kaspar R B, et al. Permethyl cobaltocenium ($Cp^*2Co^+$) as an ultra-stable cation for polymer hydroxide-exchange membranes [J]. Scientific Reports, 2015, 5(1): 11668.

[151] Li N, Guiver M D. Ion transport by nanochannels in ion-containing aromatic copolymers [J]. Macromolecules, 2014, 47(7): 2175-2198.

[152] Ingratta M, Jutemar E P, Jannasch P. Synthesis, nanostructures and properties of sulfonated poly(phenylene oxide) bearing polyfluorostyrene side chains as proton conducting membranes [J]. Macromolecules, 2011, 44(7): 2074-2083.

[153] Wan D, Jiang Q, Song Y, et al. Biomimetic tough self-healing polymers enhanced by crystallization nanostructures [J]. ACS Applied Polymer Materials, 2020, 2(2): 879-886.

[154] He Y, Ge L, Ge Z, et al. Monovalent cations permselective membranes with zwitterionic side chains [J]. Journal of Membrane Science, 2018, 563: 320-325.

[155] Irfan M, Ge L, Wang Y, et al. Hydrophobic side chains impart anion exchange membranes with high monovalent-divalent anion selectivity in electrodialys is [J]. ACS Sustainable Chemistry & Engineering, 2019, 7(4): 4429-4442.

## 第四章

# 聚酰基化制备均相离子交换膜


第一节　聚酰基化反应概述 / 144

第二节　聚酰基化制备阳离子交换膜 / 151

第三节　聚酰基化制备阴离子交换膜 / 165

第四节　聚酰基化制备离子交换膜应用性能评价 / 170

第一节
# 聚酰基化反应概述

酰基化反应是指在有机化合物中的碳、氮、氧、硫等原子上引入脂肪族或芳香族酰基的反应，包括C-酰化、N-酰化和O-酰化等。如图4-1所示，在酰基化反应中，RCOZ为酰化剂，Z包括—X、—OCOR′、—OH、—OR′、—NHR′等，GH为反应底物，其中G包括ArNH—、R′NH—、R′O—、Ar等。

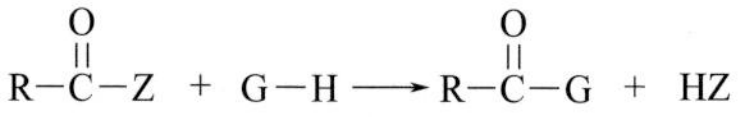

$$R-\overset{O}{\overset{\|}{C}}-Z + G-H \longrightarrow R-\overset{O}{\overset{\|}{C}}-G + HZ$$

图4-1 酰化反应通式

相对于有机小分子的合成，聚合反应需要设计高活性单体和中间体，以通过酰基正离子攻击反应底物的芳环，连续形成的化合键得到聚合物主链。对于反应底物GH，包括脂肪族和芳香族反应物，对芳酰化过程的影响较大。以2,2′-二甲氧基联苯为例，该化合物通过在苯环上引入供电子甲氧基提升了反应性，有利于形成聚合物长链。对于酰化剂RCOZ，恒定的缺电子是必要条件。酰基化的反应活性通常可以通过选择酰化剂、酸性介质和反应条件来调节。

聚酰基化反应属于缩聚反应，在新型聚合物合成以及聚合物膜的研究中已经趋于成熟。当前借助于聚酰基化反应，已经得到聚醚酮、聚酰胺、聚酰亚胺、聚苯并咪唑、聚苯并噁唑和聚苯并噻唑等多种聚合物，在聚合物膜领域扮演了重要角色。

## 一、聚醚酮/聚醚砜类材料合成原理

在聚醚酮类材料中，以聚苯醚酮［poly(phenylene ether ketone), PEEK］为代表，在聚合物膜领域得到了深入的研究。聚醚酮或聚醚砜类材料通过二羧酸或其衍生物如酰氯与富电子二芳基单体在路易斯酸或质子酸催化条件下的缩聚而得。反应机理通常认为是芳香族亲电取代反应（也称傅-克酰基化反应），芳环上碳原子连接的氢被酰基取代生成酮或砜，如图4-2所示。该类反应温度通常较低，甚至接近室温[2]。

傅-克酰基化反应是指在路易斯酸或质子酸的催化下，酸酐或卤代烃与芳香烃反应，芳环上氢原子被酰基取代形成碳-碳键，得到一系列α-芳香酮类化合物，是化工生产中重要的中间体，如图4-3所示。该反应由Charles Friedel和

James Mason Crafts 在 1877 年发现并命名。该反应的底物要求富电子芳环，即供电子基取代芳环，如甲基、甲氧基等；若吸电子基取代芳环，则反应难度增加，苯环上有强吸电子基时不发生酰基化反应。例如硝基苯一般不发生傅 - 克酰基化反应，可以用作本反应的溶剂。反应的酰化剂最常用为酰卤、酸酐和羧酸，反应活性从高到低，要求易解离成酰基正离子。

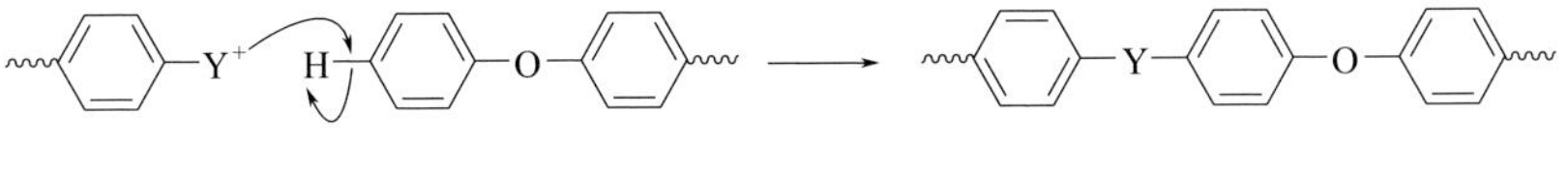

(Y = CO或$SO_2$)

图4-2 PEK和PES的合成路线：芳香族亲电取代反应[1]

最简单的傅 - 克酰基化反应是苯与乙酰氯在二氯甲烷溶剂中，无水三氯化铝催化下，生成苯乙酮，如图 4-4 所示。

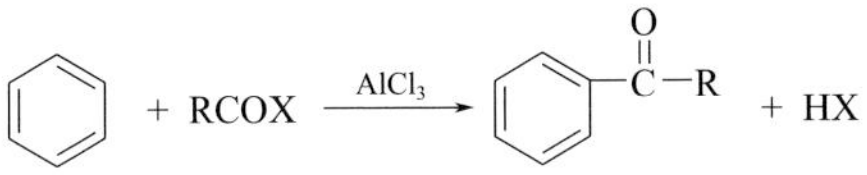

图4-3 傅-克酰基化反应通式

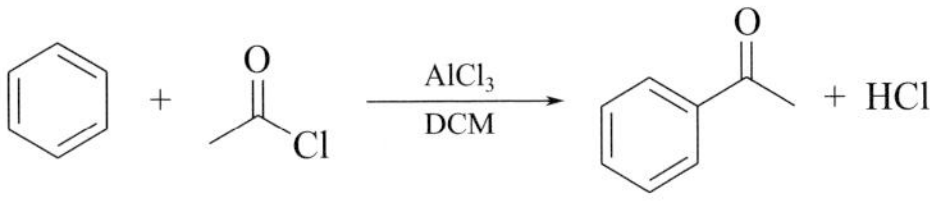

图4-4 酰基化合成苯乙酮的反应式

该反应是在二氯甲烷溶剂中，无水三氯化铝催化乙酰氯生成乙酰基正离子活性中间体，乙酰基正离子进攻富电子苯环，生成乙酰基苯与三氯化铝的络合物。其后，络合物水解，通过裂解复合物的 C—Cl 键形成的乙酰基正离子在碳上带正电荷，共振稳定。乙酰基正离子充当亲电试剂取代苯环上氢生成单酰化产物苯乙酮，副产物包括解离的三氯化铝和游离的氯化氢。解离的三氯化铝水解，生成铝盐（主要成分是偏铝酸，根据处理方法不同，可能有一定量氢氧化铝产生）；游离的氯化氢溶解于水，生成盐酸溶液。图 4-5 显示了苯乙酮形成的可能机制[3]。

在聚合反应中，聚合物的分子量受芳酰化的连续性影响，通过含有苯基醚结构的芳香族二羧酸与二苯氧基苯的直接缩聚或苯氧基苯甲酸在五氧化二磷 / 甲磺酸（PPMA）中的自缩聚，可以合成芳族聚醚酮。其中，PPMA 为催化剂，芳香族羧酸在强酸中的脱羧反应通常会因邻位和对位给电子基团的存在而加速，所制备的线型聚合物溶于强酸和极性非质子溶剂。以含醚键的苯衍生物为单体，醚键的存在促进了反应的发生，可实现较高的聚合度。然而，酮羰基的引入降低了芳环的电子密度，对进一步芳酰化的干扰很大。苯环上取代亲电子基团（如甲氧基）的联苯聚合可以保持高反应性、良好的选择性和足够的连续性[4]。当该联芳基与等物质的量的 4- 氯苯甲酸反应时，得到近似统计的混合物。该结果表明联芳基与其单芳基化衍生物之间的亲电芳香芳基化反应的反应性几乎没有差异。第一次芳酰化之前和之后反应的恒定性可能归因于给电子甲氧基以及扭曲的亚联苯基单元。扭曲的亚联苯基部分的弱共轭可能会干扰芳酰基的吸电子效应转移到另一个芳环。

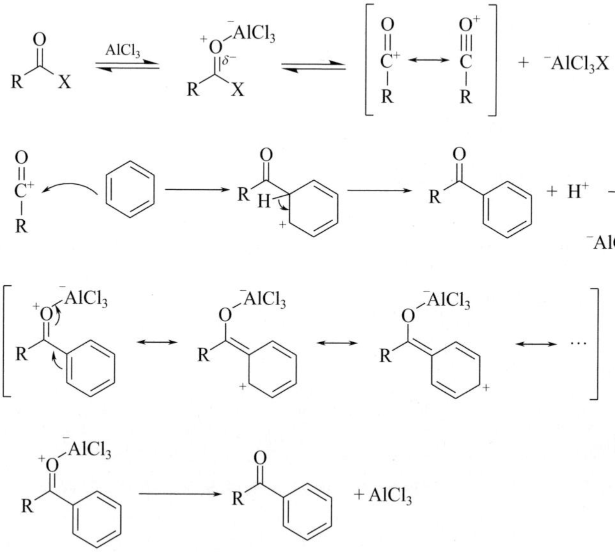

图4-5 苯乙酮合成机理图

## 二、聚酰胺类/聚酰亚胺类材料合成原理

酰基化反应中 *N*- 酰化指氨基氮原子上的氢被酰基取代合成酰胺化合物的反应。反应底物为胺类化合物，其中氨基氮原子上电子云密度越高，碱性越强，则酰基化反应活性越强，则伯胺＞仲胺、脂肪胺＞芳胺，芳胺环上连接供电子取代基，反应活性增强，而空间位阻效应降低反应活性。*N*- 酰化中酰化剂包括酰氯、羧酸和酸酐，反应活性从大到小。以酰氯或羧酸作为酰化单体，聚合可以得到聚酰胺（polyamide，PA）类材料；以酸酐作为酰化单体，聚合得到聚酰亚胺（polyimide，PI）类材料。

（1）聚酰胺　以酰氯作为反应试剂，反应不可逆，需要加入 NaOH、$NaCO_3$、$NaHCO_3$、$CH_3COONa$、$N(C_2H_5)_3$ 等碱性化合物中和副产物氯化氢，使氨基保持在游离状态，提高酰基化产率。以羧酸为反应试剂，反应可逆，与其反应的胺活性要求较高，合成中加入甲苯或二甲苯共沸蒸馏脱水或使用五氧化二磷或三氯氧磷等脱水，如图 4-6 所示。

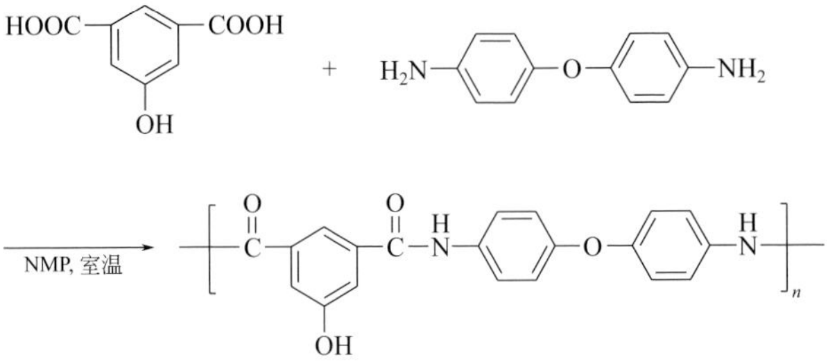

图4-6　聚酰胺的制备

（2）聚酰亚胺　当将二胺和二酐加入偶极非质子溶剂（如 *N,N*- 二甲基乙酰胺）中时，会在环境温度下迅速形成聚酰亚胺。反应机理包括氨基亲核攻击酸酐基团的羰基碳，然后酸酐环打开形成酰胺基团，如图 4-7 所示。通常该反应表现为一个不可逆的反应，正向反应比反向反应在大多数情况下更容易形成高分子量聚合物，通常快几个数量级。此外，胺的酰化反应是放热反应，在较低温度下有利于平衡。在偶极溶剂中的正向反应为二级反应，逆反应为一级反应。因此，在高单体浓度下有利于平衡以形成更高分子量的聚酰亚胺。

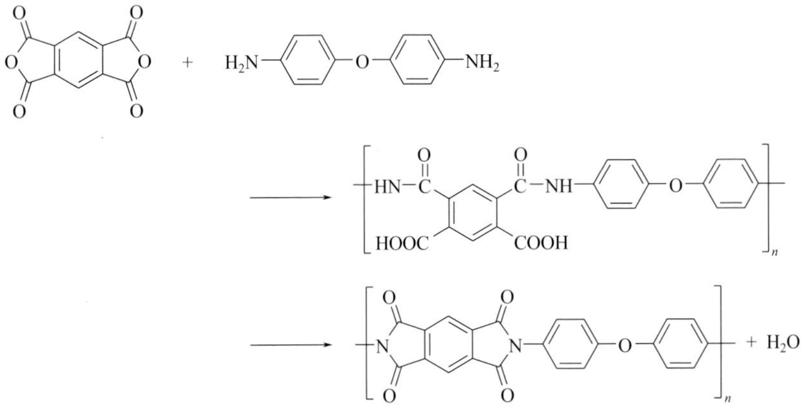

图4-7　聚酰亚胺的制备

聚酰亚胺反应速率主要取决于二酐上羰基的亲电性和二胺的氨基氮原子的亲核性。邻苯二甲酸酐基团是一种强电子酰化剂，两个羰基位于彼此的邻位，它们强大的吸电子作用相互激活以进行亲核反应。如图 4-8 中的共振结构所示，锁定在共面芳环中的优选羰基构象特别增强了该效果。在常用的均苯四酸二酐

（PMDA）中，1,2,4,5- 苯四甲酸二酐是最具反应性的。它具有以共面构象连接到同一个苯环上的四个羰基，因此显示出最强的接受电子趋势[2]。

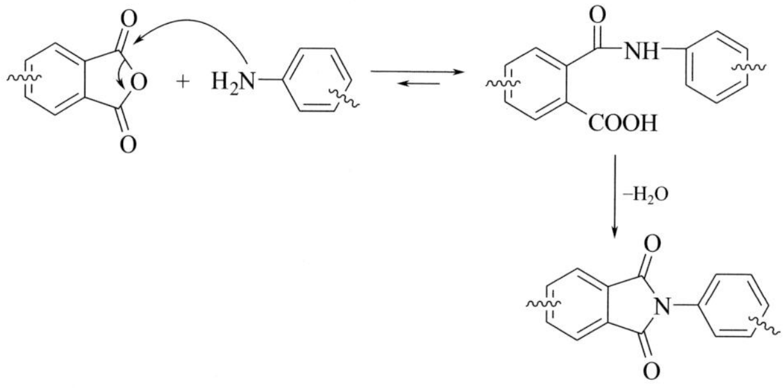

图4-8 聚酰亚胺的反应机理

每个二酐的羰基碳的亲电性可以根据分子的电子亲和力、接受电子的能力来衡量。如表 4-1 所示，较早的研究人员通过极谱测量量化了各种二酐的电子亲和力（$E_a$），并证明 4,4′- 二氨基二苯醚和模型化合物 4- 氨基二苯醚的酰化反应速率接近。由于二酐的强电子接受性和许多二胺的氨基高电子密度，量子化学分析预测二酐和二胺之间的电荷转移相互作用和静电相互作用对反应性有显著贡献。通常观察到反应混合物随着酰化的进行，颜色逐渐变淡。对于具有桥接双邻苯二甲酸酐结构的二酐（表 4-1 中的二酐 2、3、5 ～ 8），桥基对二酐的 $E_a$ 有很大影响。与缺少桥基的联苯四甲酸二酐（BPDA）相比，S═O、C═O 等吸电子桥基使 $E_a$ 值大幅增加，而醚类等给电子基团则使 $E_a$ 值降低。含醚二酐（表 4-1 中的 6 ～ 8）的反应性显著降低，因此它们实际上不受大气水分的影响[5]。而 PMDA 和 3,3′,4,4′- 二苯甲酮四羧酸二酐（BTDA）必须始终在严格无水分的条件下进行处理。

表4-1 芳香二酐的电子亲和力[2]

| 序号 | 二酐 | 缩写 | $E_a$ /eV |
| --- | --- | --- | --- |
| 1 | 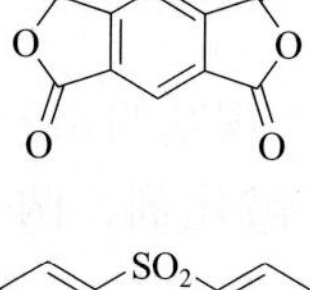 | PMDA | 1.90 |
| 2 | 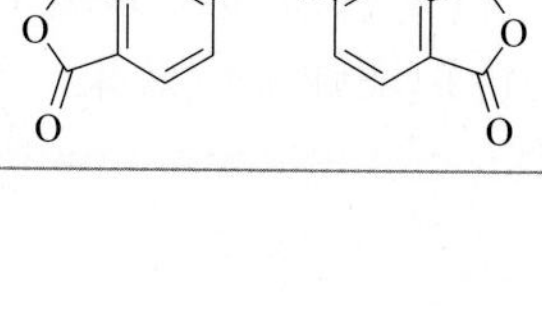 | DSDA | 1.57 |

续表

| 序号 | 二酐 | 缩写 | $E_a$/eV |
|---|---|---|---|
| 3 | 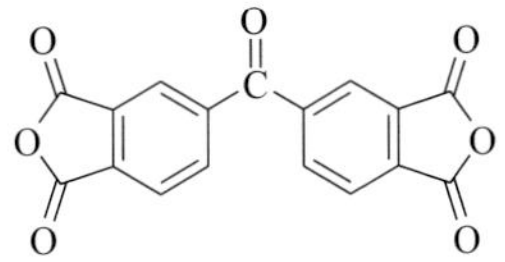 | BTDA | 1.55 |
| 4 | 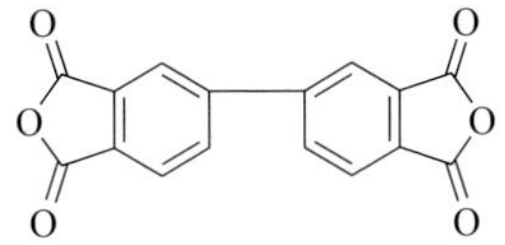 | BPDA | 1.38 |
| 5 | 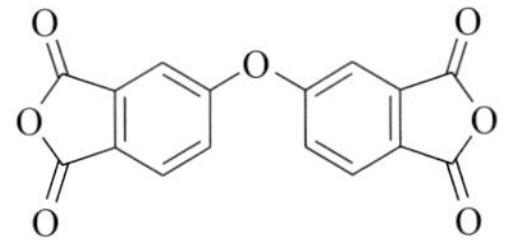 | ODPA | 1.30 |
| 6 | 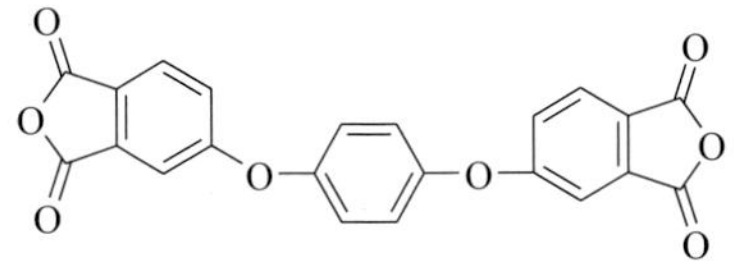 | HQDA | 1.19 |
| 7 | 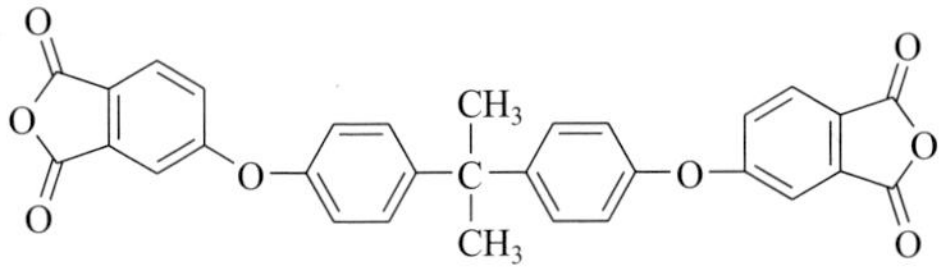 | BPADA | 1.12 |
| 8 | 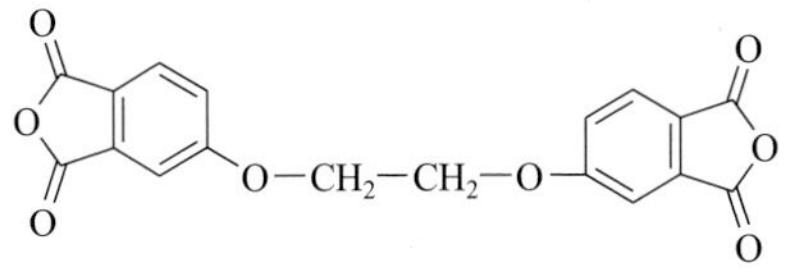 | EDA | 1.10 |

与二酐的 $E_a$ 值不同，二胺放出电子的能力与电离电位（$I$）似乎没有很好的相关性。相反，二胺的反应性与其碱度（$pK_a$）在 Harnmett 关系式中密切相关。各种二胺对 PMDA 的反应速率（$k$）与其 $pK_a$ 的关系示于表 4-2 中。二胺的结构似乎比二酐结构的变化对酰化反应速率的影响更大。应该注意的是，具有给电子取代基的胺和具有吸电子取代基的胺之间的速率常数相差四个数量级。如果反应性较低的二酐如含醚二酐与 4,4′- 二氨基二苯砜或 4,4′- 二氨基二苯甲酮反应，预计所得聚酰亚胺的分子量会更低。

表4-2 二胺的p$K$a及其对于PMDA的反应性[2]

| 二胺 | p$K$a | lg$k$ |
|---|---|---|
| 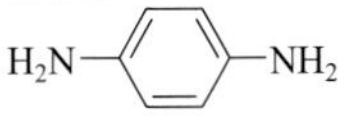 $H_2N$—⟨苯环⟩—$NH_2$ | 6.08 | 2.12 |

续表

| 二胺 | p*K*a | lg*k* |
| --- | --- | --- |
| $H_2N-C_6H_4-O-C_6H_4-NH_2$ | 5.20 | 0.78 |
| $H_2N-C_6H_4-NH_2$ (间位) | 4.80 | 0 |
| $H_2N-C_6H_4-C_6H_4-NH_2$ | 4.60 | 0.37 |
| $H_2N-C_6H_4-C(=O)-C_6H_4-NH_2$ | 3.10 | -2.15 |

## 三、酸性介质和反应条件对反应的影响

酰基化反应中的酸性介质包括 Lewis 酸和 Brønsted 酸等。通过羰基 [4] 或磺酰基 [5] 的质子化提供溶剂化焓的反应介质（强酸溶剂化，低温下聚合物依旧在溶液中，防止过早沉淀），可以通过亲电取代获得高分子量聚合物，包括得到半结晶材料。Lewis 酸中包括卤素催化剂和非卤素催化剂，卤素催化剂常用如 $AlCl_3$、$FeCl_3$、$BF_3$、无水 $ZnCl_2$ 和 $TiCl_4$；非卤素催化剂如氧化锌等。Lewis 酸可与酰基化试剂形成络合物，反应结束后需外加稀酸分解。Brønsted 酸中包括 HF、$H_2SO_4$ 和 $H_3PO_4$ 和多聚磷酸等 [6]。

在酰基化反应中，酰基化试剂和产物芳酮中都含有羰基，能与催化剂络合，形成稳定的配位化合物，因此需要催化剂的量至少比酰基化试剂的量多，催化剂用量一般至少是酰化试剂的二倍。有的副产物还需要消耗催化剂，进行制备反应时必须考虑催化剂的合理用量。此外，这类催化剂极易吸水、水解或形成配合物而失去催化作用。

聚酰基化反应中，多聚磷酸（PPA）因为其无毒，腐蚀性较低，不挥发，是常用的催化剂。$P_2O_5$ 同时具备催化和脱水的能力，因此质量比为 1∶10 的 PPMA 作为 PPA 的替代品，是一种非常有用的脱水剂，用于通过各种二羧酸与二芳基化合物的直接缩聚反应制备二芳基砜和聚酮 [7]。催化剂的选择与反应的整体设计需求相关，在聚醚酮和聚醚砜的合成探索中，PPMA 只能得到中等分子量聚合物，归因于单体与混合催化剂未能完全相容。而 PPA/$P_2O_5$ 在聚合体系均质的情况下，130℃下 30min 即可实现高分子量聚合，随着 $P_2O_5$ 含量的增加，双酰化产物比例增加，当 PPA/$P_2O_5$ 为 100/30，可以实现室温均相反应。

## 第二节
# 聚酰基化制备阳离子交换膜

## 一、聚酰基化制备聚醚酮类阳离子交换膜

Nafion 作为综合性能优越的质子交换膜，其高机械强度的主链同时具有耐热性和耐化学降解性，此外，高度解离的磺酸基团增加了离子电导率，柔性链促进了疏水 - 亲水微相分离 [8]。在 Nafion 的结构启发下，侧长链具有磺酸基团的阳离子交换膜成为学者们的研究热点。基于聚酰基化反应的特点，可以实现磺酸基团固定分布及磺化度的精确调控，因此，采用此方法实现侧链型磺化芳族聚合物（SCT-SAPs）的构筑越来越受到人们的重视 [9]。

### 1．聚酰基化制备侧链磺酸型聚醚酮阳离子交换膜

磺化聚醚酮（SPEKs）由于化学稳定性和热稳定性高、甲醇渗透率低和成本低廉，已被广泛研究作为仿 Nafion 的基础材料 [3-6,10-15]。早期的 SPEKs 主要是在聚醚酮的富电子芳烃上进行后磺化制备的，其磺化度和交联等副反应的可控性较差 [16,17]。为了避免这些缺点，后来的研究集中在磺化单体如磺化二卤化物 - 酮单体的直接聚合以获得性能优异的 SPEKs[3,13-15]。从结构 - 形态 - 性质的构效关系来看 [18]，侧链上具有磺酸基团的磺化芳族聚合物更可能在亲水性磺酸基团和疏水性主链之间形成亲 / 疏水微相分离结构。

利用磺酸侧基的亲水性和芳族主链的疏水性实现亲疏水相分离，其中磺酸基自组装成呈球状、哑铃状或条状离子簇并相互连接以增强离子传输，而芳香族主链由疏水基质组成支撑机械框架，从而实现高质子传导性以及相对低的溶胀性。如图 4-9 所示，Zhang 等 [19] 以 2,2′- 二（磺基丙氧基）- 联苯（SBP）二钠作为磺化二芳基单体，与 2,2′- 二甲氧基联苯（DMBP）和 4,4′- 氧二苯甲酸（ODBA）在温和条件下发生聚酰基化反应合成 SCT-SAPs-*x*（*x* 为 SBP 和 DMBP 的摩尔比）磺化聚合物。在 25℃下，SCT-SAPs-0.8 膜与 Nafion 115 膜的质子电导率相近，而 SCT-SAPs-1.0 表现出较 Nafion 115 高 22% 的质子电导率。这主要归因于 SCT-SAPs-1.0 具有更高的 IEC（IEC=1.84mmol/g）以及更多的亲水离子簇。SCT-SAPs-*x* 中存在疏水相限制溶胀。因此，对于 SCT-SAPs-1.0，尽管在 70℃下具有 128% 的高含水率（WU），但线性溶胀率（LSR）相对较低，仅为 28.4%，说明 SCT-SAPs 具有限制过度溶胀方面的优势 [20]。该工作以“聚合前磺化” [9,16,17,21,22]

代替“聚合后磺化”的策略[9,20,23,24]，通过直接使用侧链磺化芳族单体准确控制磺酸基数量和位置，为聚酰基化反应制备磺化芳香族聚合物提供了一种新颖且通用的方法。

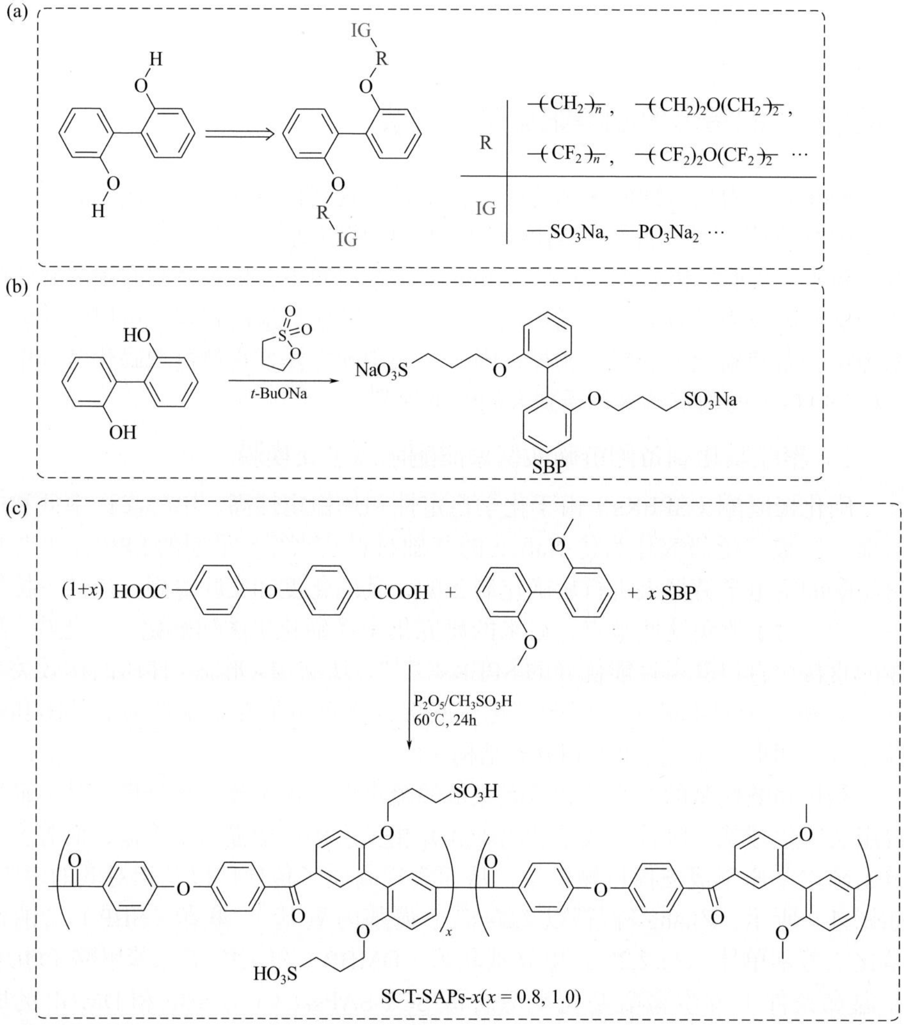

图4-9 （a）电离二芳烃单体的一般概念的示意图；（b）SBP的合成和（c）SBP的多酰化[19]

为了精确控制的离子交换容量（IEC）获取更高的质子电导率，同时得到高强度的质子交换膜（PEM），形成规则且密集的疏水相以抵抗高温下的水溶胀性。如图 4-10 所示，Zhang 等[25,26]通过 4- 苯氧基苯甲酸（*p*-POBA）和 3- 苯氧基苯甲酸（*m*-POBA）两种异构化合物，以不同摩尔比与预磺化单体 2,2′- 二（磺基丙氧基）联苯（SBP）二钠和 4- 苯氧基苯甲酸用作 AB 型自缩聚单体进行多酰化得到一系列磺化聚醚酮 SPEK-*x*/*y*/*z*（*x*/*y*/*z* 表示单体 ODBA、*p*-POBA 和 *m*-POBA 之间的摩尔比）膜。由 *p*-POBA 而非 *m*-POBA 制备的 PEM 在高于 60℃的高温下表现出更高的尺寸稳定性和质子电导率，线型的对位结构单元比间位结构单元更有利于形成稳定疏水相。同时，SPEK-*x*/*y*/*z* 的质子电导率受到聚合物结构单元的类似影响。此外，通过调整 IEC 优化了由 *p*-POBA 制备的 PEM 的特性。与商用 Nafion 115 相比，具有 1.84mmol/g IEC 的 SPEK-1.0/2.2/0 表现出较低的溶胀率、更高的质子传导率和更低的甲醇渗透率。

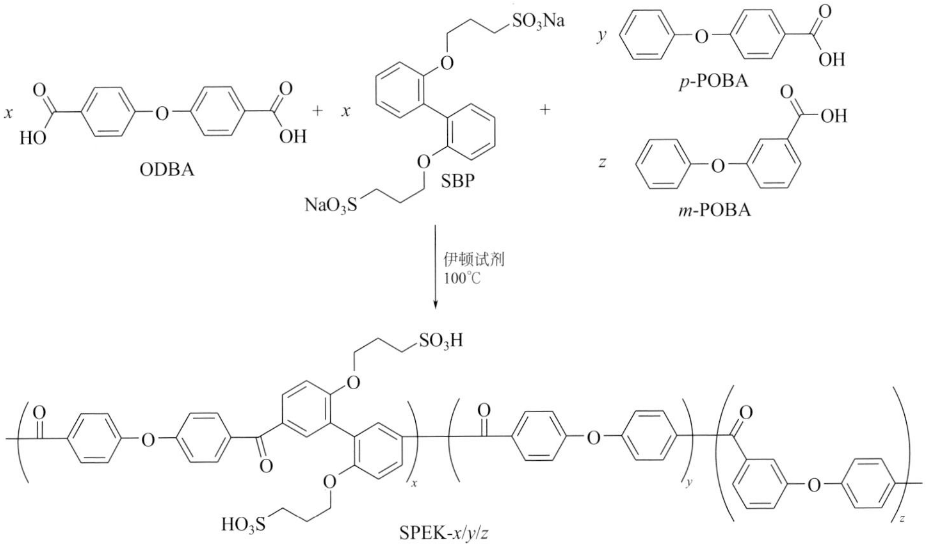

图4-10 SPEK-*x*/*y*/*z*的合成路线[25]

与 4,4′- 二羟基二苯甲酮相比，2,2′- 二羟基 -1,1′- 联萘（DHBN）在两个更刚性的萘环之间具有更扭曲的结构。这种结构有利于进一步提高电导率并抑制溶胀。如图 4-11 所示，Zhang 等 [27,28] 通过基于 DHBN 的磺化单体的直接聚酰基化，成功合成了具有精确控制电离基团含量的侧链型磺化芳族聚电解质。该工作得到 $S_4$PEKBN-*x* 膜的拉伸强度为 24 ～ 37MPa，断裂伸长率为 18% ～ 46%。在 80℃下，溶胀率约为 24.4%。$S_4$PEKBN-1.0 膜的质子电导率在 30℃下达到 116mS/cm（Nafion 115 膜为 93mS/cm 作为基准）。此外，该工作将具有光学活性的 (*S*)-DHBN 引入聚合体系，并观察到 PEM 质子传导性的增强，这为光学活性离子交换膜打开了新的大门。

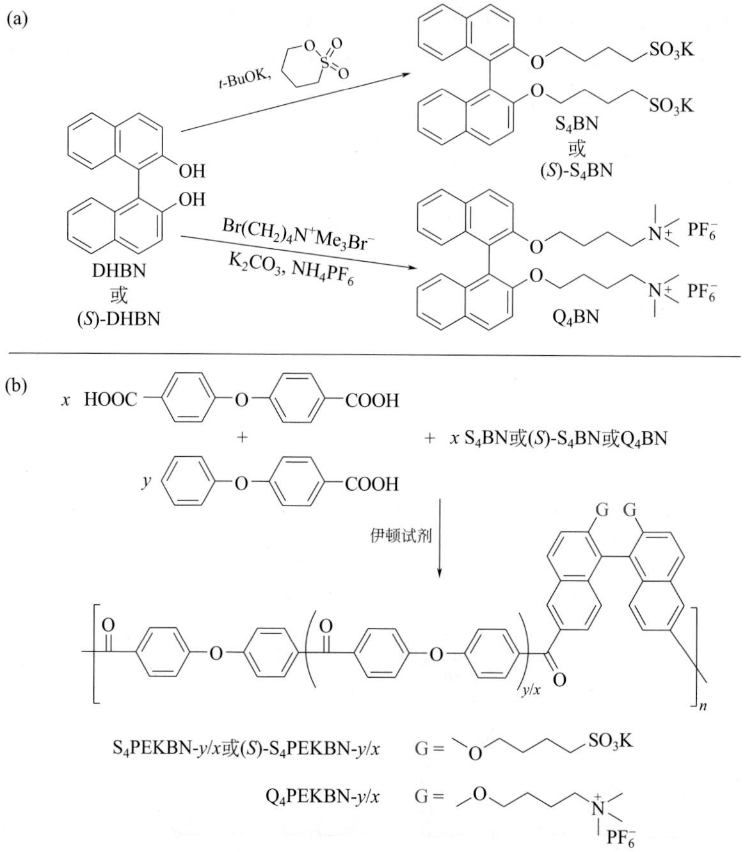

图4-11 （a）基于DHBN的离子单体的合成，以及（b）聚合[27]

## 2．聚酰基化制备主链含冠醚的侧链磺酸型聚醚酮阳离子交换膜

常规认知中，质子电导率与质子交换膜中的带负电荷的载体（例如磺酸基团[29,30]）相关。为了突破通过磺酸基团构建质子转移通道的限制，轮烷以拓扑缠结形成机械互锁结构，并且在外界刺激下可实现受控平移/旋转运动，其特性引起了研究人员的关注。轮烷以主客体特异识别作用驱动构建的互锁结构，在外部热源下可实现异常快速的质子转移，为突破许多涉及质子转移的能量转换和能量存储过程效率的瓶颈提供了新思路[31,32]，为燃料电池[33]、氧化还原液流电池[34]等涉及质子转移的领域开拓了新方向。如图4-12所示，Ge等[35]由二苯并-24-冠醚-8、癸二酸和二苯醚在聚酰基化反应下共聚，得到含有大环单元的主链。其后，利用主链上富电子的冠醚与长链缺电子仲胺轴间的主客体相互作用，组装得到含轮烷结构的聚合物，后与1-萘酚-3-磺酸钠盐反应并在轴上引入磺酸基团，由此得到一种主链含冠醚的侧链磺酸型聚醚酮阳离子交换膜。当外界温度达到

60℃左右，磺化长轴与冠醚环发生相对运动，使得该膜的质子电导率快速升高，逐渐超越 Nafion 117 的质子电导率。在 85℃下，该膜表现出 260.2mS/cm 的高质子电导率，是同等条件下 Nafion 117 质子电导率（186.7mS/cm）的 1.4 倍。

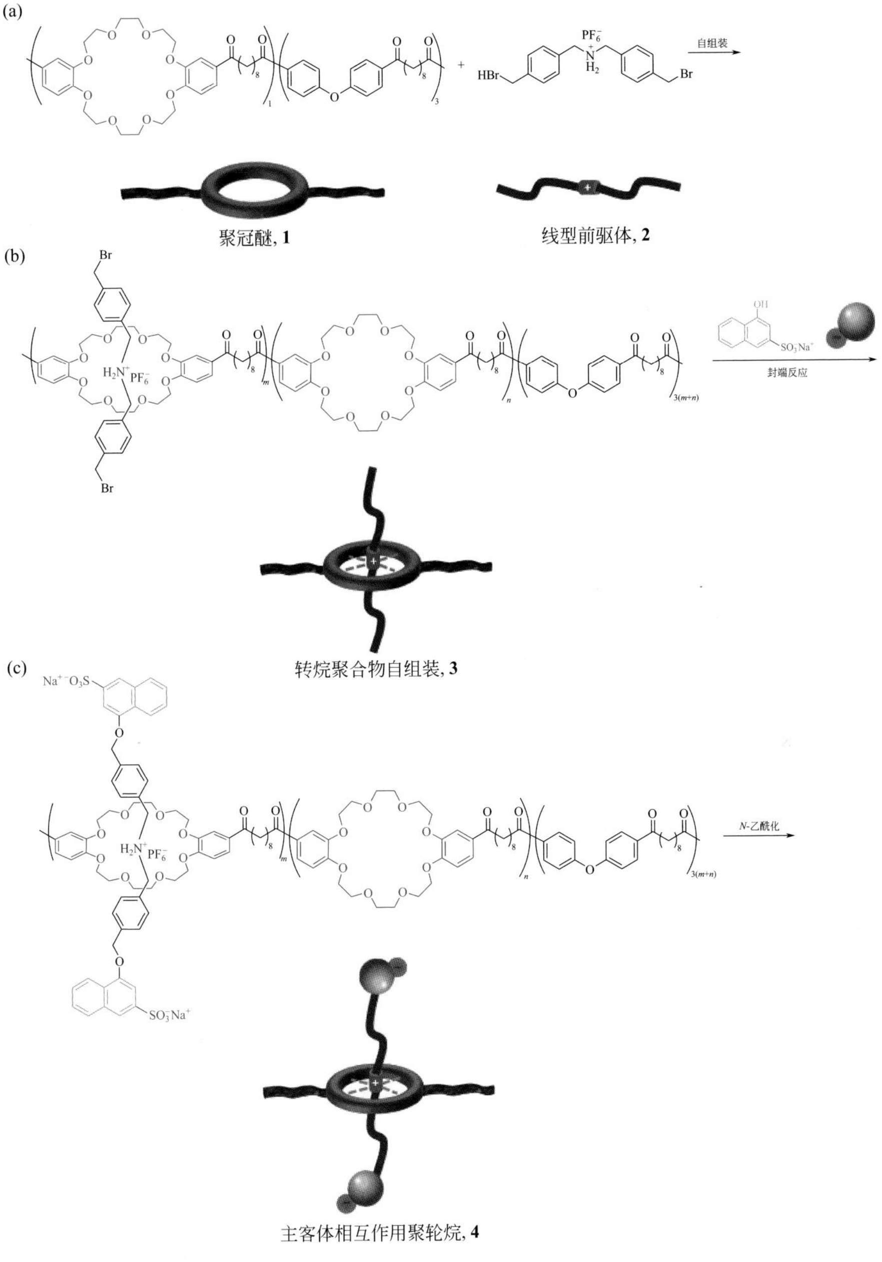

(a)

自组装

聚冠醚, **1**　　线型前驱体, **2**

(b)

封端反应

转烷聚合物自组装, **3**

(c)

N-乙酰化

主客体相互作用聚轮烷, **4**

图4-12

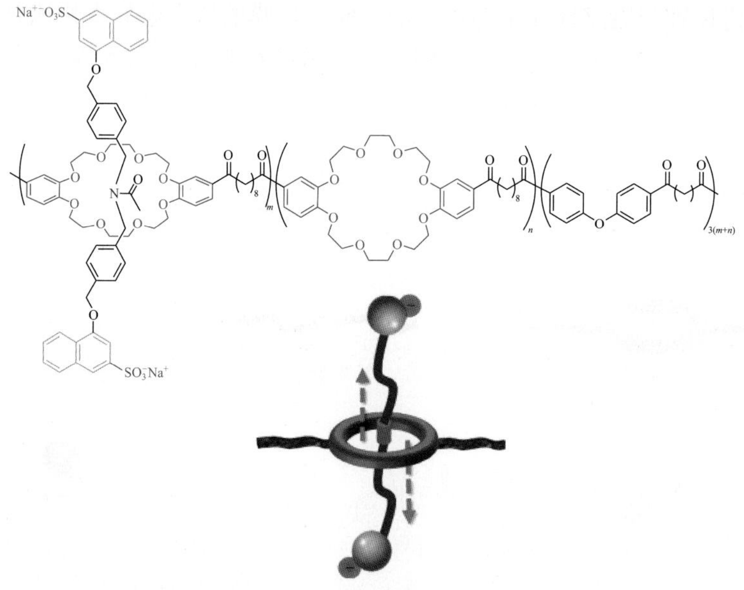


图4-12　含轮烷聚合物的合成[35]

## 二、聚酰基化制备聚酰亚胺类阳离子交换膜

磺化聚酰亚胺（SPI）由于其优异的热稳定性、良好的成膜能力和低甲醇渗透率，被确定为最有前途的直接甲醇燃料电池（DMFC）候选者之一[36-42]。然而，传统方法是通过二胺单体和二酐单体共聚制备聚酰亚胺（图4-13），反应条件苛刻，反应温度通常超过200℃，需要用甲酚做溶剂。而二胺单体不稳定，不易储存且价格昂贵，此外，磺化聚酰亚胺还需进一步磺化。聚酰基化可以使用带磺酸的单体一步获得产物，反应条件温和，节省了大量工艺，避免了诸多弊端。

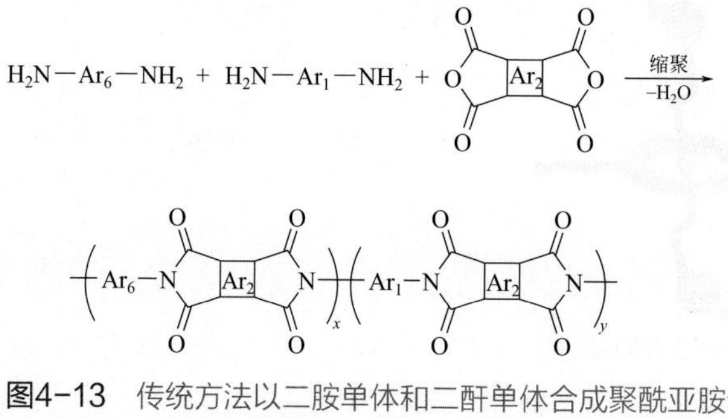

$$H_2N-Ar_6-NH_2 + H_2N-Ar_1-NH_2 + \text{(二酐, } Ar_2\text{)} \xrightarrow[-H_2O]{\text{缩聚}} \left[Ar_6-N(\text{酰亚胺})Ar_2(\text{酰亚胺})N\right]_x\left[Ar_1-N(\text{酰亚胺})Ar_2(\text{酰亚胺})N\right]_y$$

图4-13　传统方法以二胺单体和二酐单体合成聚酰亚胺示意图

### 1. 传统方法制备聚酰亚胺的路线

传统方法用二胺单体和二酐单体制备聚酰亚胺需要高温条件。Li 等 [43] 通过 4,4′- 联萘 -1,1′,8,8′- 四羧酸二酐（BTDA）、4,4′- 二氨基 -3,3′- 二甲基二苯基甲烷（DMMDA）以及二者分别在苯环上引入两个磺酸基团的单体 SBTDA、DMMDADS 共聚分别得到无规和嵌段磺化聚酰亚胺。其中，合成含磺酸和不含磺酸基团的两种嵌段预聚物过程中，需要 80℃下加热 4h，后升温到 180℃继续反应 18h。之后合成高分子聚合物仍需要再在 180℃下反应 18h。Asano 等 [40,44,45] 通过 1,4,5,8- 萘四甲酸二酐和 3,3′- 双（磺基丙氧基）-4,4′- 二氨基联苯、一系列含脂肪长链的二胺单体合成聚酰亚胺离聚物。在合成过程中，不可避免涉及两步高温过程。单体及预聚物先在 175℃下反应 15h，后在 195℃下反应 3h，从而得到一系列侧链带磺酸基团的聚酰亚胺离聚物，反应条件较为苛刻。

### 2. 聚酰基化制备聚酰亚胺的路线

相比于利用传统方法中二酐单体和二胺单体直接发生聚合反应，Zhang 等 [46] 以萘二亚胺作为酰亚胺单体，以 2,2- 双（3- 磺化丙氧基）联苯二钠（DSOBP）为磺化单体通过聚酰基化反应制备聚酰亚胺。该反应在 60℃下以伊顿试剂和三氟甲磺酸的混合物为催化剂，反应条件温和且聚合效率高。两种链段重复排列形成疏水棒状萘二亚胺 - 脂肪族间隔基 - 亲水磺化单元结构的两亲多嵌段共聚物，基于由 π-π 作用驱动的萘二亚胺部分的堆叠和由亲水作用引起的磺酸基团的聚集，实现了微相分离。该结构对 PEM 的优势在于：①脂肪族型萘二亚胺单元代替芳香族单元，从而提高了水解稳定性；②由于磺酸基团的聚集，提高了质子传导率；③抑制由于萘二亚胺部分的堆叠而引起的溶胀。该 SPI 设计允许萘二亚胺部分的堆叠和磺酸盐基团的同时聚集，相对传统的芳族酰亚胺结构，具有高导电性和优异的水解稳定性。如图 4-14 所示，Zhang 等 [46,47] 通过 1,4,5,8- 萘四羧酸二酐和 11- 氨基十一烷酸合成的长链酰亚胺单体，与 2,2′- 二（磺丙氧基）联苯二钠在酸催化的聚酰基化下，得到由萘二亚胺和磺化单元组成的磺化聚酰亚胺（SPI），该聚合物主链中间隔分布着脂肪长链。随着温度从 30℃升高到 80℃，该聚合物膜的线性溶胀率（LSR）逐步增加，但仍在 80℃下小于 25%。同时，在 100% 相对湿度下，该膜的质子传导率从 114mS/cm 稳定增加到 178mS/cm，高于相同测试条件下的 Nafion 115 膜。应归因于上述萘二亚胺嵌段的 π-π 堆积以及疏水 - 亲水微相分离。

刚性平面苝结构具有较强的 π-π 共轭作用，产生了强的链间相互作用和分子堆积，具有相对较低的线性溶胀率。通过苝结构组成刚性主链，并在侧链通过短脂肪链引入磺酸基团，更容易自组装成离子团簇，从而产生优良的质子导电通道，因此有望成为有前景的质子交换膜。如图 4-15 所示，Yao 等 [48,49] 通过

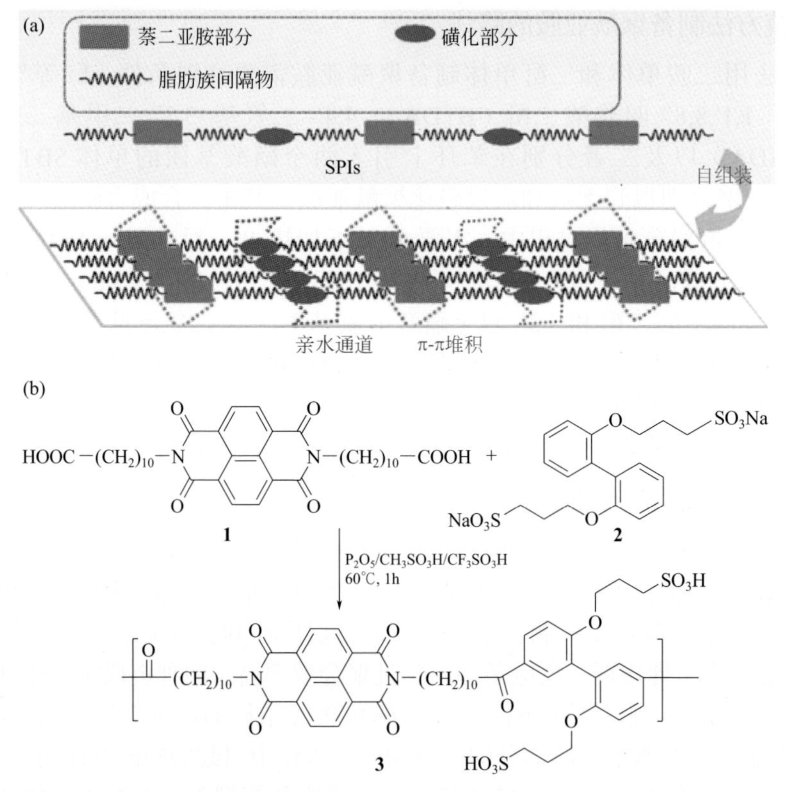


图4-14 （a）由萘二亚胺和磺化单元组成的SPI概念示意图，这些单元由长脂肪族间隔物交替分段；（b）聚合物3的合成[46]

4-苯氧基苯胺与3,4,9,10-苝四甲酸二酐（PTDA）直接酰亚胺化成功合成了新型苝二酰亚胺单体PBI-1。然后，通过PBI-1与侧链型磺化芳族单体2,2-二（磺丙氧基）-联苯二钠（SBP）的直接多酰化反应，获得了一系列具有不同离子交换容量（IEC）的磺化聚酰亚胺。SPI-*x*膜在直接甲醇燃料电池应用的温度范围内，具有良好的热稳定性。同时，该膜具有较好的拉伸强度和机械强度。并表现出相对较低的线性溶胀率和较高的含水率，有良好的抗溶胀能力。其中，对于SPI-3，即使在60℃时吸水率为93.2%，LSR仍然低于20%，这可能与存在苝二酰亚胺结构有关。此外，在相同条件下，对SPI-*x*和Nafion 115的甲醇渗透性进行了研究。共聚物的渗透率为$9.9\times10^{-7}\sim1.95\times10^{-6}cm^2/s$。SPI-2.2、SPI-3.0的甲醇渗透率低于Nafion 115。SPI-*x*共聚物需要较高的IEC才能达到与Nafion 115相似的导电性。随着磺化程度的增加（*x*值越大），亲水结构域的数目越多，最终水团簇越密集，质子电导率越高，SPI-3.0、SPI-4.0和SPI-5.0的电导率均高于Nafion 115。

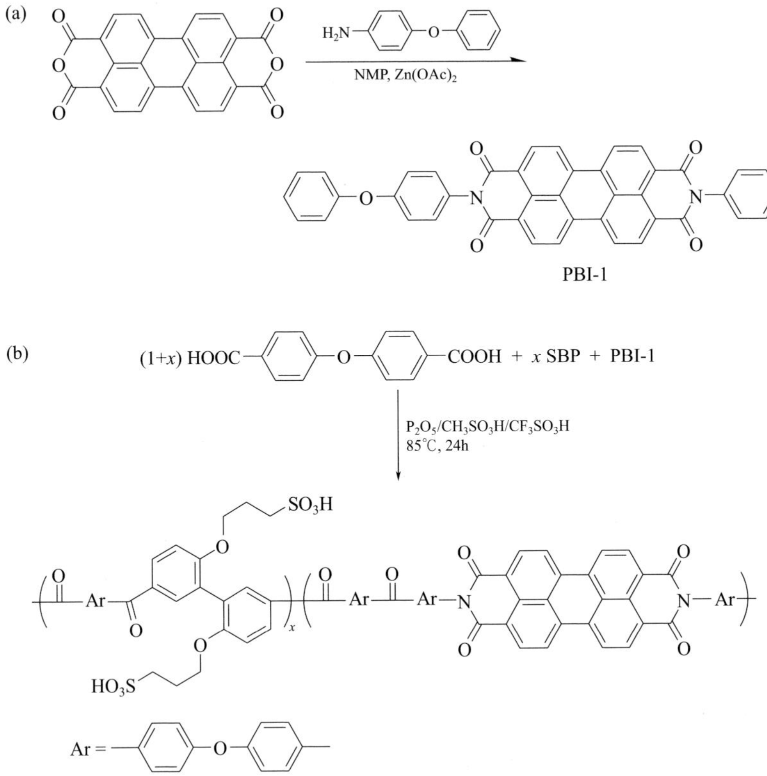

图4-15 （a）PBI-1的合成和（b）SPI-$x$的多酰化示意图[48]

### 3．聚酰基化制备主链含脂肪长链的磺酸型聚苝酰亚胺阳离子交换膜

苝环比萘环具有更强的 π-π 作用，可以更有效地抑制亲水通道的膨胀。此外，长脂肪族间隔基可以有效促进自组装。通过调控 π-π 构型单元的化学结构或脂肪族间隔的长度，可以得到一系列具有离子传输特性的聚合物膜。如图 4-16 所示，Yao 等 [50] 通过 3,4,9,10- 苝四甲酸二酐（PTDA）和 11- 氨基十一烷酸、6- 氨基己酸两种化合物，分别合成了两种不同脂肪长链的酰亚胺单体，后与 2,2-二（磺丙氧基）联苯二钠（SBP）的直接多酰化反应合成了含有脂肪长链的苝二酰亚胺组成的新型 SPI。两种膜在测试温度范围内均表现出较高的吸水率和较低的 LSR，这主要是由于苝二酰亚胺单元的 π-π 堆积所致。对于 AL-SPI-10 膜，LSR 维持在较低的水平（7.3% ～ 27%）。与离子交换容量较高的全芳香族聚酰亚胺 SPI-3.0(IEC=2.07mmol/g)[48] 相比，AL-SPI-5 的质子电导率高于 SPI-3.0。其优异的质子导电性可以从两个方面来解释：①由疏水主链和亲水侧链组成的聚合物具有与 Nafion 相似的结构，易于自组装形成离子簇；②聚合物链的平行堆积促

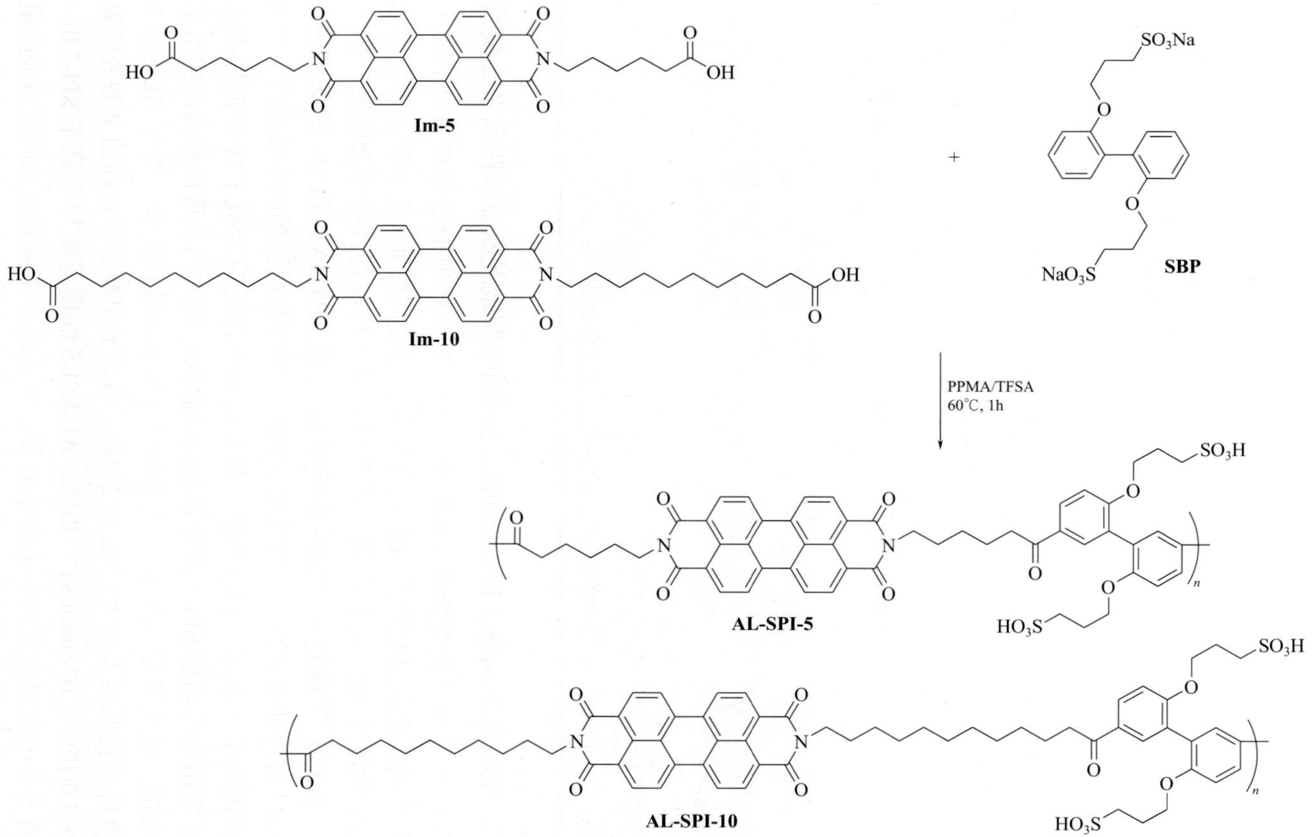

图4-16 AL-SPI-5和AL-SPI-10聚合物的合成[50]

进了磺化基团的聚集，形成了亲水通道。位于脂肪族长链一端的刚性平面聚酰亚胺单元由于强 π-π 作用相互堆叠。结果表明，两种膜均表现出明显的微相分离，分别归属于磺化基团的聚集和苝二酰亚胺单元的堆积。

## 三、聚酰基化/杂环化制备聚苯并咪唑阳离子交换膜

聚苯并咪唑在 19 世纪 60 ～ 70 年代受到极大关注，它们具有优越的耐热性和耐化学性能。在聚苯并咪唑的合成中，多数含磷有机催化剂在聚合反应中是有效的[51]。在类似的酸性条件下（例如 $P_2O_5$/PPA、$P_2O_5$/$CH_3SO_3H$ 等），羧酸不仅能与富电子芳烃之间发生傅 - 克酰化反应，还能与邻位—OH、SH 或 $NH_2$ 芳胺发生杂环化反应分别生成苯并噁唑、苯并噻唑和苯并咪唑[7,52-54]。因此，苯并噁唑、苯并噻唑和苯并咪唑结构有潜力在含磷有机催化剂的催化作用下，通过共聚反应与酰基同时引入主链。然而在侧链上引入磺酸基的方法，即侧链型磺化聚苯并咪唑（SCT-SBIPs）还没有得到广泛而深入的研究。

一般情况下，SCT-SBIPs 通过含有苯并咪唑基聚合物的后磺化合成。一般可以使用硫酸或氯磺酸的直接磺化和通过将烷基磺酸盐或芳基磺酸盐侧链引入 N—H 位点进行接枝磺化，但该方法需要烦琐的后处理步骤且是非定量磺化[55-57]。另外，以侧链型磺化四胺[58]或二羧酸[59]为共聚单体，通过四胺与二羧酸单体之间的苯并咪唑化缩聚直接合成 SCT-SBIPs，但合成和这些侧链型磺化单体的纯化要求很高。此外，大多数报道的方法只能产生一条聚合物链上酸性磺酸基团数量少于碱性苯并咪唑环的 SBIPs[55-65]，导致质子传导性差（在室温下，低于 1mS/cm）。Zhang[66,67]等基于先前对以带离子基团单体的直接聚合到侧链型电离芳族聚合物的研究[19,68]。通过 4,4′- 羟基二苯甲酸（ODBA）、4- 苯氧基苯甲酸（POBA）、3,3′,4,4′- 四氨基联苯（TABP）和 2,2′- 二（磺丙氧基）联苯（SBP）二钠共聚，首次提出了一种新型的“一锅酰化 / 杂环化共缩聚”方法，成功得到了侧链型磺化聚（醚酮 / 醚苯并咪唑）（SPEKEBI），该方法具有磺酸基和杂环含量正交调节的优点，如图 4-17 所示。由于带正电荷的苯并咪唑环和带负电荷的磺酸盐基团之间存在离子交联，SPEKEBI 膜在 80℃之前保持相对较低的溶胀率（低于 16%），同时保持适度的含水率。随着温度从 30℃增加到 80℃，SPEKEBI 膜表现出质子电导率从 55mS/cm 增加到 110mS/cm。比以往报道的磺化苯并咪唑聚合物高出一到两个数量级[57-64]。尽管 SPEKEBI 膜的质子传导率仍然低于 Nafion（例如 Nafion 115 膜 30℃时质子电导率为 94.9mS/cm，在 80℃质子电导率为 165.9mS/cm），但为苯并咪唑结构在质子交换膜燃料电池（PEMFC）中发挥高质子电导率和低溶胀作用提供了极佳的研究参考。

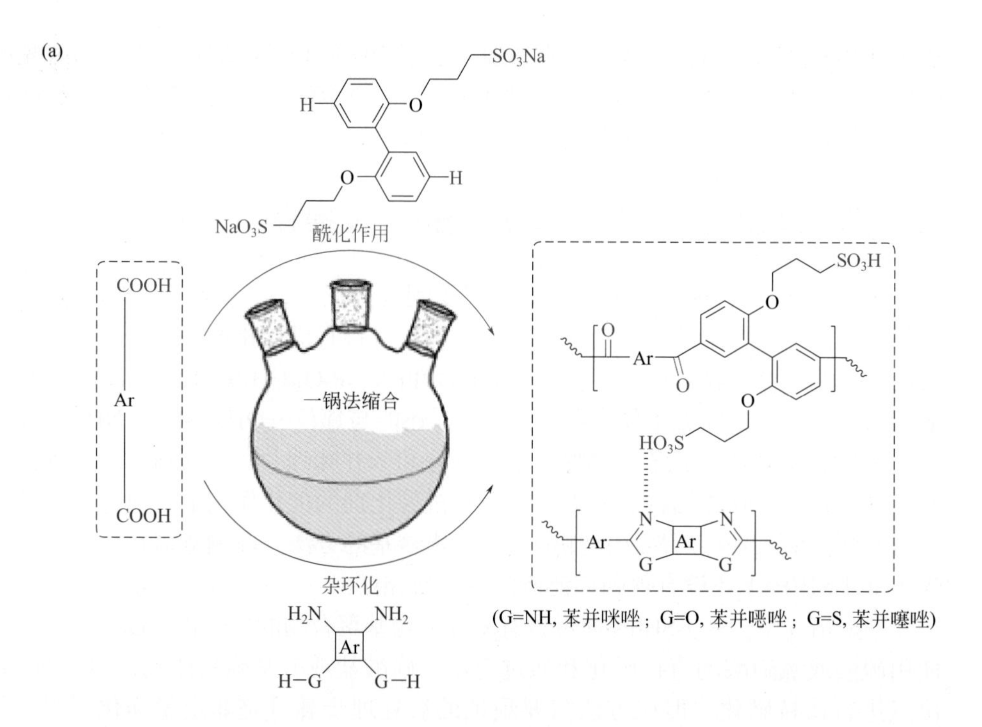


图4-17　（a）“一锅酰化/杂环化共缩聚”概念的示意图；（b）SPEKEBI的合成路线[66]

在聚苯并咪唑中进一步引入灵活的磺化脂肪族侧链，理论上可促进更好的微相分离 [48,66,69]，同时，将苯并咪唑环引入主链有利于膜的氧化稳定性。Cui 等 [70]

通过 4,4′- 氧二苯甲酸（ODBA）、3,3′,4,4′- 四氨基联苯（TABP）和 2,2′- 二（磺基丙氧基）联苯（SBP）设计一个简化的反应体系。通过改变 TABP 和 SBP 的摩尔比，直接控制咪唑单元的磺化含量，获得一系列侧链型磺化聚（醚酮 / 醚苯并咪唑）（SPEKEBI）膜（SPEKEBI-*x*），如图 4-18 所示。所得膜表现出优异的机械性能（拉伸应力为 11 ～ 45MPa，断裂伸长率为 9% ～ 23%）和良好的热稳定性。SPEKEBI-4 的质子电导率在 30℃时为 136mS/cm，远高于 Nafion 115 膜；而所有膜的甲醇渗透率均低于 Nafion 115 膜。此外，具有 SPEKEBI-2 膜的直接甲醇燃料电池（DMFC）在 25℃下的最大功率密度为 $39.3mW/cm^2$，在聚合物电解质膜燃料电池中显示出巨大的应用潜力。在相同测试条件下，SPEKEBI-*x* 膜的甲醇渗透率为 $1.29\times10^{-7}$ ～ $8.62\times10^{-7}cm^2/s$，均低于 Nafion 115 ($1.27\times10^{-6}cm^2/s$)。从 SPEKEBI-1 到 SPEKEBI-4 膜的甲醇渗透性随着聚合物中磺酸侧基的增加而增加。这主要归因于两个因素：①磺酸基团是亲水性的，可以被水分子溶剂化，该因素导致含水量和 IEC 的增加；②膜含有增加的柔韧性—$(CH_2)_3$—O—链表现出更显著的微相分离，降低了尺寸稳定性。该工作中探讨的侧链型磺化聚（醚酮 / 醚苯并咪唑）的电导率，比主链型磺化聚苯并咪唑高约两个数量级（80℃，最高电导率为 2.79mS/cm）[61]。

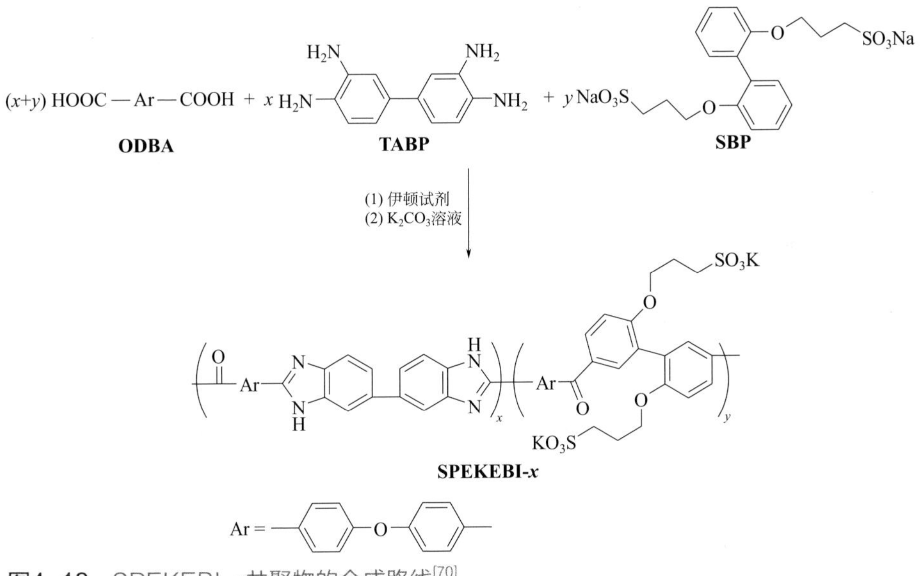

图4-18　SPEKEBI-*x*共聚物的合成路线[70]

交联和有机 - 无机杂化方法通过在亚微米或纳米级范围内改变空间特征来有效克服 trade-off 效应 [71]，可以提高多嵌段侧链型磺化聚（醚酮 / 醚苯并咪唑）（SPEKEBI）膜的甲醇渗透性和机械稳定性。如图 4-19 所示，Yao 等 [72] 将 $\gamma$-( 2,3-环氧丙氧基）丙基三甲氧基硅烷（KH-560）作为交联剂以不同比例掺入侧链型磺

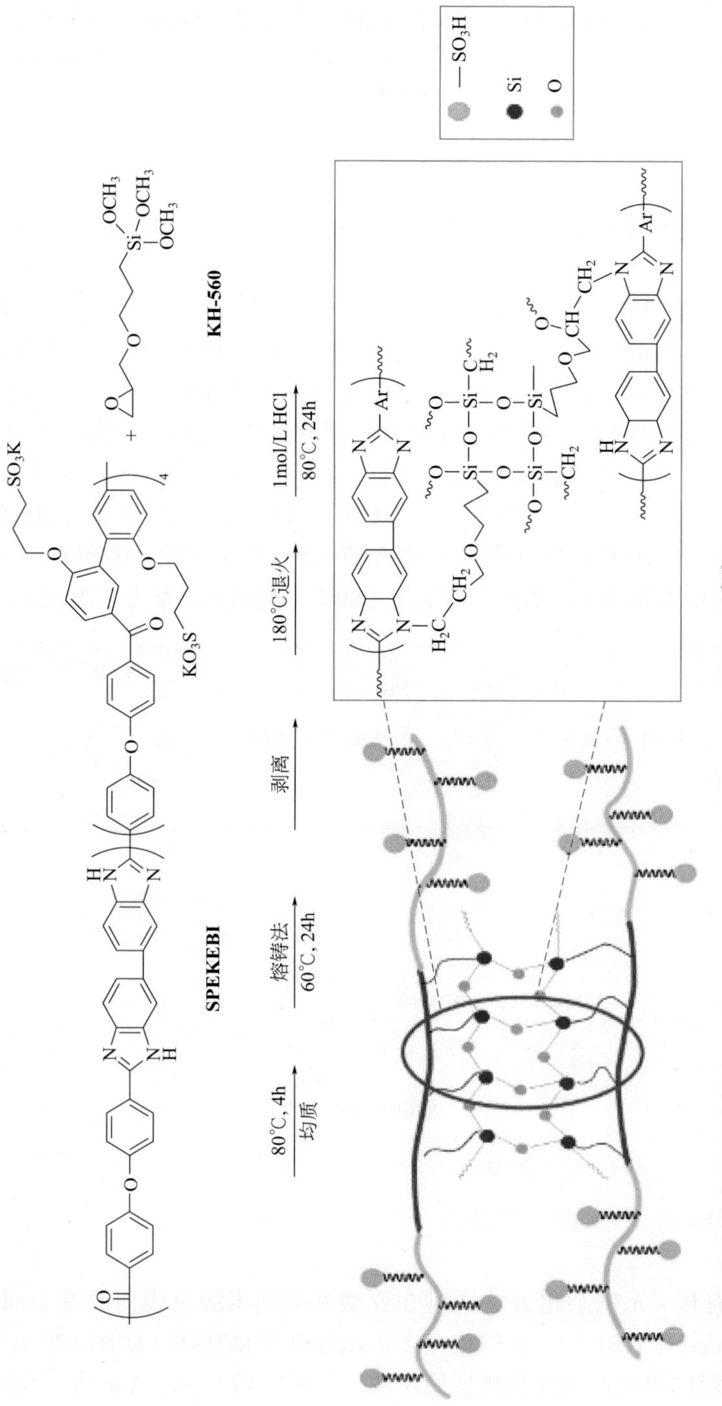


图4-19 磺化聚（醚酮/醚苯并咪唑）（SPEKEBI）-$x$-$SiO_2$膜的合成路线[72]

化聚（醚酮/醚苯并咪唑）（SPEKEBI）中，制备了一系列致密的磺化聚（醚酮/醚苯并咪唑）杂化膜（SPEKEBI-$x$-$SiO_2$）。SPEKEBI-$x$-$SiO_2$ 膜的热稳定性随着 $SiO_2$ 含量的增加而提高，交联膜在 800℃下的质量分数从 33% 提高到 44%。SPEKEBI-$x$-$SiO_2$ 膜的拉伸强度值在 10.4 ～ 18.9MPa 的范围内，断裂伸长率为 8.8% ～ 25.3%。KH-560 的掺入将溶胀率从 159.2% 限制到 106.3%，并将吸水率保持在 30% 左右，这表明交联网络结构提高了膜的尺寸稳定性。该工作中 $SiO_2$ 的引入降低了膜中的—$SO_3H$ 含量，这导致随着 $SiO_2$ 的质量分数从 2.5% 增加到 10%，IEC 降低。SPEKEBI-2.5-$SiO_2$ 表现出最低的 $E_a$，表明在 SPEKEBI 膜中适当添加 KH-560 可以有效提高质子电导率，这主要取决于：①交联骨架中的—$CH_2CH_2O$—键为与水的氢键结合提供了键合位点，并允许形成可以促进质子跳跃的结合水层；②二氧化硅骨架的疏水性中断了质子通过结合水层的传输[73-75]，上述两个因素之间的权衡决定了混杂化膜的整体质子转移性能。因此，与适当掺杂量的未改性磺化聚（醚酮/醚苯并咪唑）膜相比，所得膜显示出增加的机械强度和热稳定性。SPEKEBI-$x$-$SiO_2$ 膜的甲醇渗透率降低归因于 $SiO_2$ 疏水性交联网络增加了甲醇传输路径的长度。此外，与纯 SPEKEBI 膜相比，SPEKEBI-2.5-$SiO_2$ 膜的最大功率密度为 340.6mW/$cm^2$，而纯 SPEKEBI 膜的最大功率密度为 240.5mW/$cm^2$，在 $H_2/O_2$ 电池中显示出更高的峰值功率密度。该工作优化了侧链磺酸型聚苯并咪唑类阳离子交换膜的性能。

## 第三节 聚酰基化制备阴离子交换膜

通过聚酰基化机理制备的聚合物由于自身反应机理的限制，往往在主链上带有砜基、羰基等吸电子基团，在碱性环境中对主链的降解具有促进作用。此外，以咪唑、哌啶等杂环固定基团的阴离子交换膜在碱性环境下同样易于被 $OH^-$ 进攻，从而发生开环反应，导致功能基团失效。因此，聚酰基化合成的主链用于合成阴离子膜的研究非常的少，本节选取为数不多的研究进行了重点讲述。

### 一、聚酰基化制备侧链季铵型聚醚酮阴离子交换膜

一般来说，阴离子交换膜的合成流程一般是对预先存在的聚合物进行功能化，即聚合后修饰策略。因此合成聚合物膜的一般流程是先聚合合成聚合物主链，之后将聚合物主链卤甲基化以便于后续第三步通过门舒特金反应得到阴离子

交换基团。其中将聚合物卤甲基化一般有三种策略[76]：①氯甲基甲基醚提供侧链且路易斯酸作为反应催化剂，可以方便地将氯甲基接枝到苯环上，但是该反应的缺陷是氯甲基化这一反应往往会导致聚合物凝胶化，不利于后续聚合物的提纯与改性。不仅如此，氯甲基甲基醚是一种剧毒且致癌的单体，已经被美国列入极度危险化学品名单。②苄基甲基的自由基引发的溴化，然而这种方法需要聚合物结构中预先提供可供溴化剂（一般为 NBS）取代的苄基氢，取代完成之后则可以进行后续的季铵化，这样其中聚合物的阳离子基团和芳环被短链—$CH_2$—分开，这一反应一般需要较高的温度（80 ～ 160℃）且需要能耐高温的有机溶剂。③氯代长链酰氯在氯化铝的存在下同芳香族化合物发生傅 - 克酰基化反应，相比于前两种方法，该法可用于连接更长的烷基。

相比于以上传统的合成路线，后续还设计了先在小分子上接枝阴离子交换基团再进行主链合成的阴离子交换膜合成策略，这种先功能化再聚合的策略在聚酰基化中十分适用。先功能化的离子基团的存在并不影响其聚合过程，此外，这种聚合方法可以依据聚合时季铵化单体和未季铵化单体的条件之比，一定程度上精确地控制聚合物 IEC。

如图 4-20 所示，张正辉等[68]将 2,2′- 二羟基联苯同溴丁基三甲基胺反应制备 2,2′- 双（4-*N*,*N*′,*N*″- 三甲氨基丁氧基）联苯二溴（QBP）单体，将其与不同

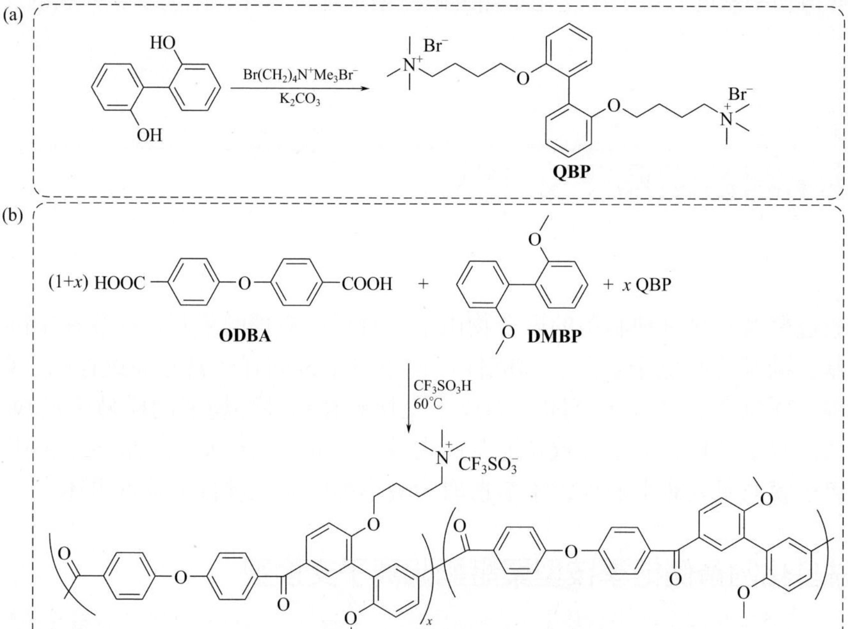

**图4-20** 先季铵化后合成聚醚酮主链的策略示意图[68]

比例的 2,2′- 二甲氧基联苯单体及 4,4′- 二苯醚二甲酸单体共聚得到不同 IEC 的侧链季铵化型芳香族聚醚酮。与传统的苄基型阴离子交换膜不同，聚合物的阴离子交换基团与主链间具有更长更柔性的间隔基［—$CH_2$—vs. —O—$(CH_2)_4$—］，这也使得该离子膜内部具有独特的性能与微结构。该膜微相分离结构一方面亲水部分提供了亲水性和可供离子快速通过的离子通道，另一方面疏水的芳香骨架仍能提供膜力学强度[77]。测试表明，在室温时尽管 IEC 达到 2mmol/g，文章中 SCT-QPEK-1.5 膜的溶胀率仅为 19.2%；含水率和线性溶胀率随温度的增加而增加。60℃时膜仍能保持一定的尺寸稳定性（溶胀率 30.4%）。因此证明了既能有足够的含水率，又能保持良好的尺寸稳定性的聚合物阴膜的合成。后续的碱稳定性测试表明，在 6mol/L NaOH 中 60℃下浸泡 40 天后，季铵基团仍可保留 100%，在 1mol/L NaOH 中 85℃下浸泡 40 天后，季铵基团仍有 87.4%。故与传统的苄基型阴离子交换膜相比，该聚合物具有较强的耐碱稳定性（图 4-21）。

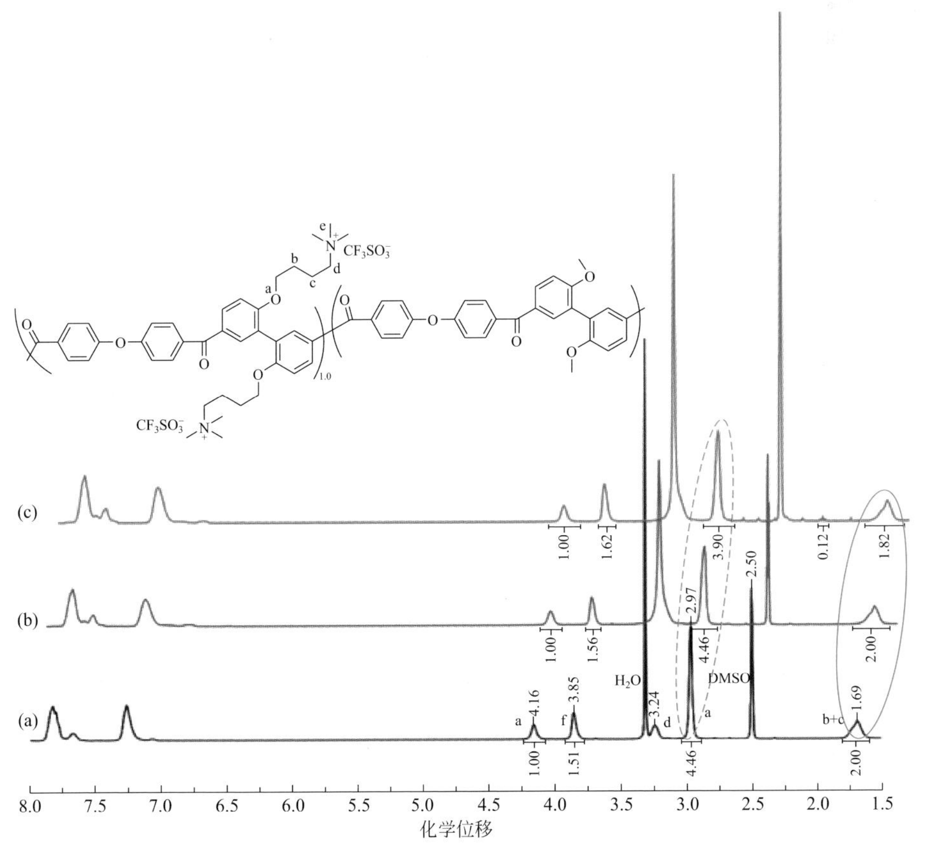


图4-21 SCT-QPEK-1.0的$^1$H NMR图：（a）初始（$CF_3SO_3^-$型）；（b）6mol/L NaOH中60℃下浸泡40天后（$Cl^-$型）及（c）1mol/L NaOH中85℃下浸泡40天后（$Cl^-$型）[68]

此后这种使用芳香二羧酸同富电子芳环发生聚酰基化反应而聚合的思路后续得到了更多的探索。Okamoto 等[78] 在三氟甲磺酸或氧化磷 - 甲磺酸混合物（$P_2O_5$-MsOH）的催化条件下，通过亲电芳香芳酰化缩聚成功合成了含有 2,2′- 二甲氧基 -1,1′- 联亚芳基结构的芳香族聚酮。实验证明，富电子芳烃作为酰基接受单体在聚合过程发挥了更为重要的作用，其对酰基接受能力的大小将直接决定聚合结束后聚合物分子量的大小。张正辉等[79] 在上述工作的基础之上，沿用原本先季铵化后聚合的策略，并对实验进行进一步改进。具体而言，将 2,2′- 二羟基联苯与 6- 溴己基三甲基溴化铵反应得到 2,2′- 双（4-$N,N',N''$ - 三甲氨基己氧基）联苯二六氟磷酸单体，此时联苯单体的两侧含有两个氧己基三甲基胺基团的季铵化单体，并且弃用昂贵超强酸催化剂后选用廉价的伊顿试剂成功实现了聚合，克服了之前在超强酸中聚合后会导致聚合物不溶的缺陷（图 4-22）[77]。以此对聚酰基化反应进行了拓展，使该种聚合方法在缩合聚合、Suzuki 偶联、超强酸催化聚合大行其道之时仍在 AEM 的制备技术中占有一席之地。而后通过改变单体的比例，合成了具有高分子量的可溶聚电解质，并通过溶液浇筑成功制备了 AEM，浇筑

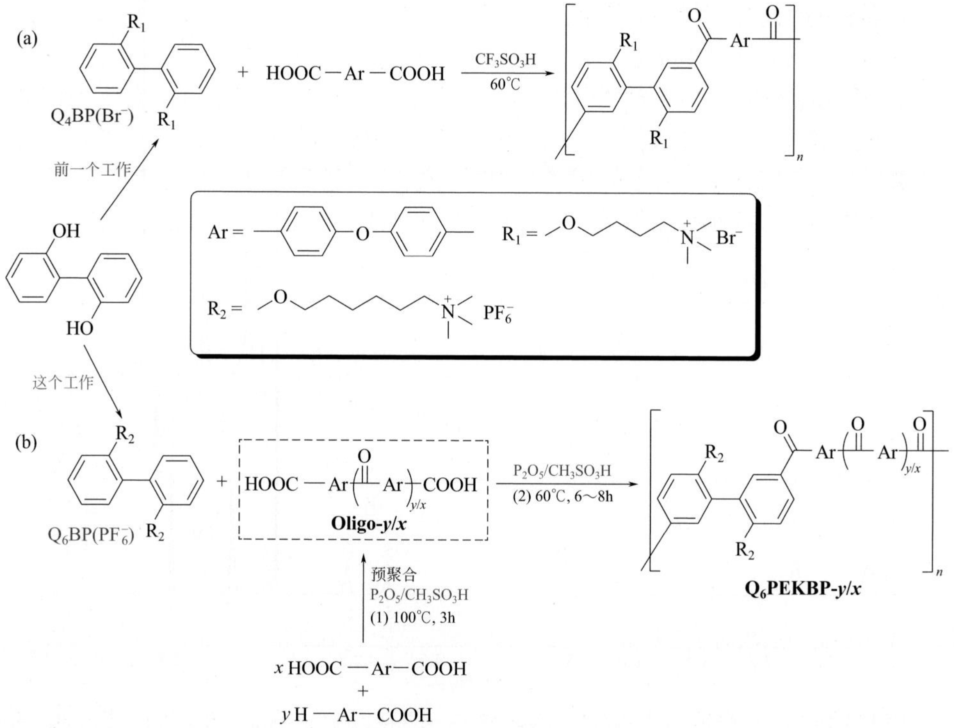

**图4-22** 伊顿试剂催化季铵化单体的聚酰基化示意图[79]

而得的 AEM 表现出较高的 $OH^-$ 和 $HCO_3^-$ 电导率，在 30℃下分别高达 52mS/cm 和 26mS/cm。更为突出的是该膜在 60℃的 1mol/L NaOH 中进行 90 天加速老化试验后，$^1$H NMR 的结果证明了膜没有显示出任何降解迹象。此外 GPC 的测试结果表明，聚合物主链在经过碱液浸泡之后主链没有老化、断链。鉴于该主链易于合成并具有出色的碱稳定性，因此该膜在 AEM 碱性燃料电池和水电解槽方面具有潜在的应用前景。

为获得更高机械性能和应用前景的 AEM，张正辉等 [27] 设计了联萘型聚醚酮。同样采用先季铵化再酰基化的策略，刚性的芳环主链和联萘的扭曲构象使得聚合物具有很好的机械性能和离子传输性能 [28]。所得的 $Q_4$PEKBN-*y*/*x* 系列 AEMs 在 30℃下实现了在 28.5 ～ 53.7mS/cm 范围内的高 $OH^-$ 电导率，并且在 60℃时浸入 1mol/L NaOH 溶液中 60 天的膜老化测试中表现出出色的碱稳定性。

## 二、聚酰基化制备主链含冠醚的侧链季铵型聚醚酮阴离子交换膜

由于冠醚同阳离子结合的特殊能力，而离子交换膜以离子传输性能为重要评价标准的膜产品。将冠醚结构单元应用于聚合物主链和侧链 [80] 得到了广泛的研究。Ueda 等 [81] 将冠醚结构应用到聚酰基化主链的合成之上，将二苯并 18- 冠醚 -6 同脂肪族二酸和芳香族二酸在质量比为 1∶10 的五氧化二磷和甲磺酸混合催化剂的条件下直接聚酰基化制备了缩合聚醚酮主链，并证明了该条件可以有效地实现各种二元羧酸与二芳基化合物的缩合聚合反应。Zolotukhin 等 [82] 首次从冠醚的芳香亲电取代反应中获得了新型线型可溶且具有高分子量的聚合物，聚合选用的单体为二苯并冠醚环与碳原子数量在 10 ～ 16 之间脂肪族二羧酸经聚酰基化聚合而成，聚合完成后主链存在的羰基经硅烷还原之后得到无羰基的脂肪族主链。原本的二羧酸单体（癸二酸、1,12- 十二烷二羧酸、十六烷二酸或 1,4- 苯二乙酸）通过室温下在三氟乙酸和二氯甲烷的混合物中用三乙基硅烷处理，获得的聚酮中的羰基完全还原为亚甲基键，从而变成了柔性的脂肪族间隔基。所获得的聚合物可溶于常见的有机溶剂，并且可以从溶液中浇铸成为柔性透明的聚合物薄膜。

张正辉等 [83] 在前人工作经验的基础上同样将冠醚引入阴离子交换膜的合成之中，仍然采用先季铵化后聚合的策略，通过调控二苯并 18- 冠醚 -6 与 QBP 单体的用量在 60℃条件下成功通过聚酰基化的机理制备了主链含冠醚的侧链季铵型聚醚酮阴离子交换膜 [77]。后续的表征发现，通过控制季铵化单体的添加比例可以精确调控聚合物中季铵基团的含量及 IEC 值。冠醚单元的引入使得阴离子交换膜的含水率有了少量的增加，而基于冠醚结构对 $Na^+$ 和 $K^+$ 亲和性的不同，使

用碱性钾盐溶液进行阴离子交换处理的阴离子膜的阴离子电导率（特别是 $OH^-$ 电导率）低于相对应的碱性钠盐。

# 第四节 聚酰基化制备离子交换膜应用性能评价

前文中我们介绍了聚酰基化反应与其在离子交换膜制备上的应用，本节重点内容则是聚酰基化离子交换膜在实际的应用。基于聚酰基化离子交换膜的优良物化性质，例如良好的耐溶胀性、耐燃料渗透性、官能团密度可调控性等，聚酰基化离子交换膜在燃料电池领域有着不俗的表现。聚酰基化离子交换膜在成本低廉的同时，还有着与商业膜相近甚至超越商业膜的性能，因此聚酰基化离子交换膜在燃料电池领域中有很大的商业化潜力。

## 一、质子交换膜燃料电池

目前来说，以杜邦公司（DuPont）生产的商业化的 Nafion 系列膜为代表的全氟磺酸型质子交换膜是应用最广泛的质子交换膜。其柔性侧链的存在使得疏水性主链与离子交换基团产生了明显的相分离，为质子的传输提供了优质的贯穿孔道，从而保证了其在较低磺化度的情况下仍有较高的电导率，并且其中 Nafion 系列膜中大量的 F 原子的存在使得膜有着良好的抗化学腐蚀性同时增加了磺酸根的酸性。因此，Nafion 系列膜被广泛应用于质子交换膜燃料电池。但是，它仍然有很多局限性，例如造价昂贵，高温时力学与化学稳定性下降明显，特别是对于甲醇燃料电池来说，燃料的渗透泄漏率很高。并且目前没有成本低廉的方法改善 Nafion 系列膜的这些缺点，因此，开发其他类型的膜应用于质子交换膜燃料电池是至关重要的。聚酰基化膜由于其热稳定性好，磺化度可控，对于燃料特别是甲醇泄漏率低、电导率高的特点走进了人们的视野。

目前已经报道的研究中，有关于聚醚酮类阳离子交换膜应用在燃料电池领域的研究较少。在研究初期，Akiba 等设计合成了一种磺化聚醚酮膜（1,3- 二氢 -3- 氧异苯并呋喃 -1,1- 二酰基 -1,4- 亚苯基氧基 -1,4- 亚苯基羰基 -1,4- 亚苯基氧基 -1,4- 亚苯基）并进行了水 / 甲醇混合体系的吸附试验，实验结果显示，高磺化度的膜对于混合体系中的水有着选择性吸收的行为，这表明磺化聚醚酮膜有着截留甲醇并应用于甲醇燃料电池的潜力[84]。徐铜文课题组一步合成一种侧链磺化型二芳基单体2,2-双（3-磺化丙氧基）联苯二钠（DSOBP），并在伊顿试剂中，通过DSOBP单体与芳香二羧基单体的聚酰基化反应一步合成侧链磺化型芳香族聚醚酮。在此工作中，张正辉等制备了三种不同单体比例的SCT-SPEK-*x*膜（其中*x*代表磺化单体DSOBP与未磺化单体的摩尔比，*x*=0.8、1.0及1.3）。测试了在25℃、100%湿度条件下的三种膜的电导率，结果显示SCT-SPEK-0.8膜（IEC=1.67mmol/g）具有与Nafion 115膜相当的质子电导率（89mS/cm），尽管随着*x*的增加，质子电导率增加并不明显，但是SCT-SPEK-1.3膜的质子电导率也达到了117mS/cm，这充分说明了该系列的膜在质子交换膜燃料电池的应用前景。与此同时，该膜的单池性能由图4-23可见，在60℃，100%相对湿度下，以$H_2$/空气为燃料的SCT-SPEK-1.0膜的单池性能优于同样测试条件下的Nafion 115膜。特别是在高电流密度区，SCT-SPEK-1.0膜的最高输出功率约110mW/$cm^2$，充分说明了其应用潜力[19]。

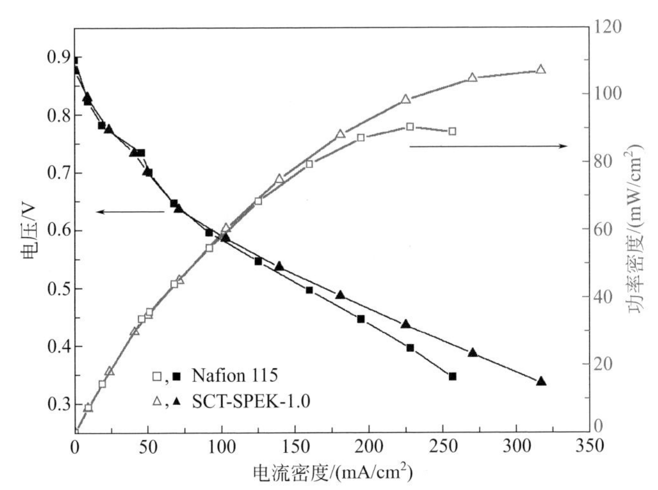


图4-23　单电池的电流密度-电压曲线与电流密度-功率密度曲线[19]

之后，我们使用二苯并18-冠醚-6（DB18-C-6）作为非磺化二芳基单体与DSOBP单体在伊顿试剂中共聚得到主链含冠醚单元的侧链磺化型芳香族聚醚酮膜，其中磺酸基团与冠醚单元的含量可通过DSOBP单体的添加比例精确调控。为了探究不同比例的影响，作者制备了四个不同比例的SCT-SPEKC-*x*膜（其中*x*代表磺化单体DSOBP与DB18-C-6的摩尔比，*x*=1.0、1.5、2.0及2.5）。作者测试了在25℃、100%湿度条件下的四种膜的电导率，从表4-3中的结果可以发现，当磺酸根的含量升高同时冠醚含量减少时，质子电导率得到大幅提高，SCT-

SPEKC-2.5 膜的质子电导率高达 150mS/cm，是同样测试条件下的 Nafion 115 膜的 1.7 倍。SCT-SPEKC-2.0 膜的质子电导率也达到 101mS/cm，表明该膜在质子交换膜方面具有很大的应用前景。与此同时，作者也测试了 SCT-SPEKC-2.0 膜的单池性能，其结果显示单电池输出功率大于 Nafion 115（约 $90mW/cm^2$）达到了 $120mW/cm^2$。该工作中，冠醚的主要作用是与侧链的磺酸基团解离的质子产生氢键络合作用。这种络合作用有温度响应性并且有利于抑制膜的溶胀，还稍微提高了膜的燃料电池性能[26]。

**表4-3 SCT-SPEKC-2.5的物化性质与质子电导率**

| 聚合物 | 离子交换容量/(mmol/g) | 含水率/% | 电导率/(mS/cm) |
|---|---|---|---|
| SCT-SPEKC-1.0 | 1.62 | 39.6 | 53 |
| SCT-SPEKC-1.5 | 1.92 | 45.6 | 72 |
| SCT-SPEKC-2.0 | 2.12 | 54.8 | 101 |
| SCT-SPEKC-2.5 | 2.26 | 118.8 | 153 |

为了研究聚合物主链的构型对于质子交换膜性能的影响，我们还通过预磺化单体 SBP 与两种异构体 AB 型自缩聚共聚单体 4- 苯氧基苯甲酸（*p*-POBA）和 3- 苯氧基苯甲酸（*m*-POBA）的共酰化反应，成功地合成了含悬垂磺酸盐基团的聚醚酮（SPEK-*x*/*y*/*z*），并且通过用单体的比例调节得到具有不同 IEC（1.75 ～ 1.99mmol/g）或 IEC 相近而构象不同的离子交换膜。从图 4-24（a）可以发现，当磺化单体一定的时候，在温度大于 50℃的条件下，两种构象单体的比例会极大地影响其质子电导率，说明主链之中的间位 / 对位确实有很大影响，尽管对于溶胀含水率等物化性质影响不大；而图 4-24（b）则显示，当主链构象不变的时候，随着磺化单体的增加，50℃以下相同温度下的质子电导率会上升，而对于同一张膜不同温度条件下的质子电导率则是当磺化度大于一定程度后，随着温度升高电导率先升高再降低，并且制备的膜的电导率与 Nafion 115 相比有着明显的优势。除此之外，SPEK-*x*/*y*/*z* 有着更低的甲醇渗透性，以上结果说明这种膜在 DMFC 应用上有着很高的潜力[25]。

聚酰亚胺类质子交换膜成膜性良好，热稳定性优异，对燃料泄漏率十分低，特别对于甲醇的耐受性十分优异，因此相比于 Nafion 在甲醇燃料电池领域有着十分明显的优势。但是在研究的初期，聚酰亚胺类膜的水解稳定性成了一大障碍，Pineri 等同时合成了五元环和六元环的聚酰亚胺膜，在燃料电池的运行过程中，前者出现了明显的降解现象，但是后者表现得更加稳定并且性能足以匹配 Nafion 117，但是之后核磁结果证明六元环的结构仍然出现了一些水解现象。因此，之后的研究主要是围绕着如何改善其抗水解性能和甲醇电池性能展开的。

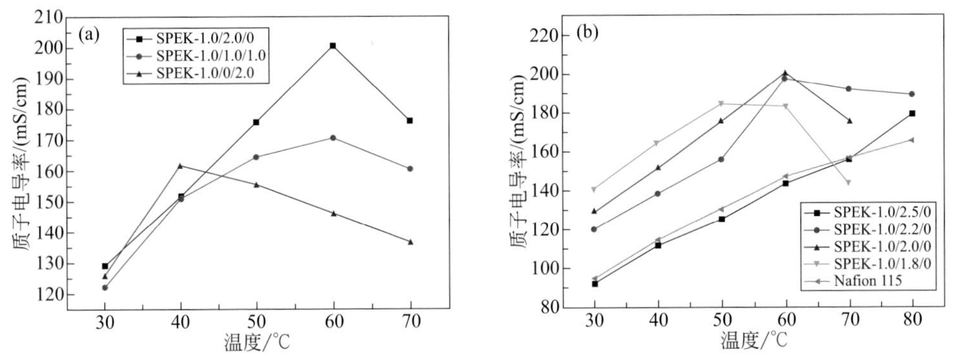


图4-24　SPEK-*x*/*y*/*z*与Nafion 115在不同温度下的质子电导率[25]

（1）使用高稳定性的二酐单体　聚酰亚胺六元环的水解机理是水分子对于羰基碳的亲核进攻，因此使用的二酐单体在羰基碳原子处的电子云密度越高，水稳定性越好。例如与平面结构的常用二酐单体 1,4,5,8- 萘四甲酸二酐单体（NTDA）相比，具有扭曲平面结构的 4,4′- 联萘 -1,1′,8,8′- 四羧酸二酐单体（BTDA）在羰基碳上的电子云密度更高，Zhang 等发现其比 NTDA 型聚酰亚胺膜有着更好的耐水解性质，在 90℃水中稳定性可以达到 1000h。

（2）使用侧链型的二胺单体　聚酰亚胺环中的 N 也会影响其稳定性，N 的碱性越强，水稳定性越强。磺酸基团是强吸电子基团，其离 N 越远就会对 N 的影响越小，从而变相增强 N 的碱性，达到提高水稳定性的目的。因此，磺酸基在侧链会增加聚酰亚胺膜的稳定性，这样做还有一个好处是增加亲水 / 疏水区域的相分离，提供更高效的质子传输通道。

（3）使用含有柔性间隔基的二胺单体可以增加其柔性，提高水稳定性　Fang 等发现，仅仅在磺化单体中间两个苯环中间加入一个 O 原子，就能使得水解稳定性有很大的提高 [37]。这就是醚氧键增加了聚合物主链柔性导致其水解稳定性增加。如图 4-25 所示，张正辉等设计的磺化聚酰亚胺（SPI）由萘二酰亚胺和由长脂肪族间隔基交替分段的磺化单元组成，同时主链上的长链段的脂肪链提高了主链柔性，从而提高了水解稳定性（表 4-4）。除此之外，通过 π-π 作用驱动的萘二酰亚胺部分的规则堆积和由于亲水作用导致的磺酸盐基团的聚集保证了相当高的吸水率、较高的电导率，其电导率在各个温度都高于商业膜 Nafion 115，有很高的应用前景 [46,47]。

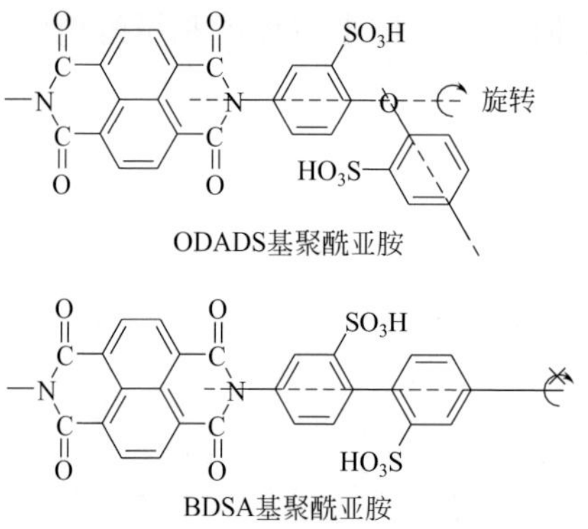

ODADS基聚酰亚胺

BDSA基聚酰亚胺

**图4-25** 萘二酰亚胺和由长脂肪族间隔基交替分段的磺化单元[37]

**表4-4** BDSA与ODADS的聚酰亚胺膜结构与水解时间的对比[37]

| 膜 | 厚度/μm | $t_1$/h | $t_2$/h |
|---|---|---|---|
| NTDA–ODADS/ODA(1/1) | 29 | 20 | 24 |
| NTDA–ODADS/BAPB(1/1) | 37 | 29 | 32 |
| NTDA–ODADS/BAPF(1/1) | 40 | 29 | 32 |
| NTDA–ODADS/BAPHF(1/1) | 26 | 24 | 29 |
| NTDA–BDSA/ODA(1/1) | 21 | 13 | 20 |
| NTDA–BDSA/BAPF(1/1) | 34 | 23 | 26 |
| NTDA–BDSA/BAPHF(1/1) | 25 | 18 | 20 |

注：$t_1$ 为开始溶解时间；$t_2$ 为溶解结束时间。

（4）带有脂肪链或者杂环的二胺单体也可以提高其水稳定性　我们通过 4- 苯氧基苯胺与 3,4,9,10- 苝四羧酸二酐（PTDA）直接亚胺化反应，成功合成了新型苝二亚胺单体 *N,N'*- 二（4- 苯氧基苯基）苝 -3,4,9,10- 四羧酸二亚胺（PBI-1），这是一种新型的苝酰亚胺二芳基单体。在伊顿试剂 - 三氟甲磺酸体系下，与侧链磺化型二芳基单体 SBP、4,4'- 二苯醚二甲酸发生聚酰基化反应得到了磺化度可控的磺化聚苝酰亚胺离子交换膜。为了探究苝环与磺酸基比例对于离子交换膜性能的影响，制备了不同单体比例的离子交换膜 SPI-*x*（*x* 是 SBP 与 PBI-1 的投料比，在本工作中 *x*=2.2、3.0、4.0、5.0）。为了评价其离子传输性能，在 100% 湿度、30～80℃条件下测试了 SPI-*x* 与 Nafion 115 的离子电导率，从图 4-26 中可以发现，随着温度的升高，SPI-*x* 的电导率整体升高，这是因为离子扩散速率的提高，而 SPI-4.0 和 SPI-5.0 在温度过高的时候离子电导率反而下降，这是因为过高的 IEC 使得膜在温度过高时溶胀过度，降低了离子交换基团的相对浓度，离子传递能力降低。与此同时，除了 SPI-2.2 的磺酸基团含量较低，其他的 SPI-*x* 系列膜都展现了与 Nafion 115 相近甚至更高的电导率，这充分说明了 SPI-*x* 系列膜在燃料电池领域的应用前景。同时为了评价其在甲醇燃料电池的应用前景，我们也测试了 SPI-$x$ 系列膜与 Nafion 115 的甲醇渗透率，结果显示其由于苝环之间的 π-π 共轭作用形成的苝环堆叠结构，SPI-2.2 与 SPI-3.0 都展现出了比 Nafion 115 更低的甲醇渗透率；但是随着磺化单体比例的增加，SPI-4.0 与 SPI-5.0 的甲醇渗透率反而高于 Nafion 115，这可能是因为 IEC 的传递提高了甲醇渗透率，除此之外 SPI-$x$ 系列膜还有很好的水稳定性。总之，对于苝环应用于磺化聚酰亚胺离子交换膜领域的初探工作证明了使用苝环的可行性，制备的膜 SPX-3.0 与 Nafion 115 相比在 30 ～ 80℃有稍高一些的质子电导率与更低的甲醇渗透率，还有很好的水稳定性，说明其有着较好的应用前景 [48]。

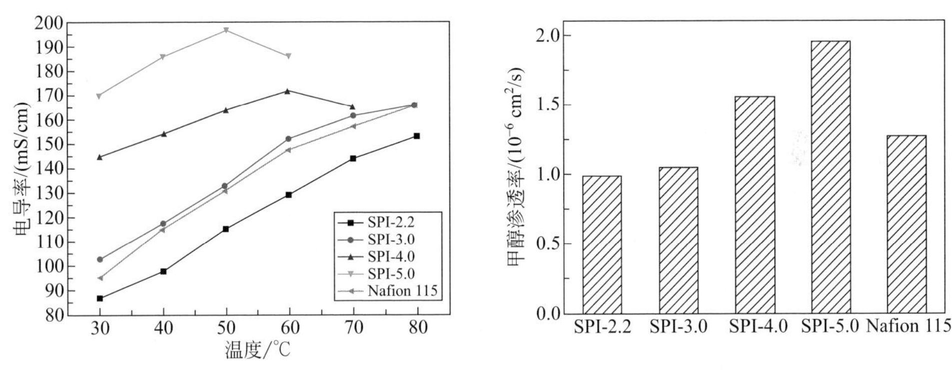

图4-26 SPI系列与Nafion 115的质子电导率和甲醇渗透率的对比[48]

在上述工作的基础上，进一步引入了长侧链以提高磺化聚酰亚胺膜的稳定性。我们使用 SBP 与不同长度脂肪链的苝酰亚胺二芳基单体缩聚制备了磺化聚苝酰亚胺质子交换膜 AL-SPI-$x$（$x$ 代表的是苝酰亚胺单体上的碳链长度，$x$=5 或 10），并且探究了碳链长度对于性能的影响。在离子电导率的测试中，测试条件仍然是 100% 湿度、在温度从 30℃提高到 80℃后，AL-SPI-5 的质子电导率从 106.3mS/cm 提高到 186.4mS/cm，而 AL-SPI-10 的质子电导率则从 95.9mS/cm 提高到 162.2mS/cm，与 Nafion 115 相比，AL-SPI-10 与之结果相近而 AL-SPI-5 则比其高出较多。与上一个工作的 SPI-3.0 相比，本工作中的 AL-SPI-$x$ 系列膜虽然 IEC 更低但有着更高的质子电导率，这是因为长碳链的促进作用和苝的强 π-π 共轭结构促进聚合物链自行组装了一个排列有序的堆叠结构，一侧的苝由于 π-π 共轭作用自主堆积，另一侧的磺酸自主聚集，从而获得了更高的质子电导率。在甲醇渗透率的测试中，AL-SPI-$x$ 系列膜也展现了远低于 Nafion 115 的渗透率，说明苝基团的相互堆叠结构对甲醇的渗透起到了抑制作用。而在燃料电池的测试方面，在 80℃湿度 100% 的情况下，AL-SPI-5 的最大功率密度达到了 931.88mW/cm$^2$，AL-

SPI-10 的最大功率密度达到了 773.51mW/cm$^2$，展现出超过 Nafion 115 的性能。在水稳定性方面，AL-SPI-5 在 80℃的水中处理 300h 没有明显变化，说明其水稳定性良好。综上所述，随着长碳链的引入，诱导了苝基团的堆叠和磺酸离子交换基团的堆积，提高了其质子电导率等各方面的性质，展现了远超 Nafion 115 的强大性能，证明苝环的聚酰亚胺膜在质子交换膜燃料电池的应用很有潜力[50]。

徐铜文课题组还尝试将三氟甲基引入含有磺化聚苝酰亚胺质子交换膜，因为C—F 的疏水性和高键能有利于提高膜的质子电导率与化学稳定性，并且还可以提高聚合物的溶解性。作者选用了 2,2- 双（4- 羧酸苯基）六氟丙烷与含有长碳链的苝环单体 Im-5、Im-10 进行共聚制备了主链含 F 的磺化聚苝酰亚胺的质子交换膜 SPIF-*x*（*x*=5 或 10）。质子电导率的测试结果显示，在 30℃时 SPIF-5 的电导率就能达到 144.5mS/cm，初步说明了吸电子的疏水性三氟甲基的存在有助于质子电导率的提高。但是三氟甲基的引入也有部分负面影响，例如较低的耐溶胀性，过高的含水率和尺寸变化，以及水稳定性的下降。说明三氟甲基的使用仍需要优化。

在聚酰基化法制备的质子交换膜中，聚苯并咪唑（PBI）类膜由于其出色的热 / 化学稳定性、机械性能、耐燃性、高质子导电性、吸湿性、改善的功率密度和高温可行性等诸多优势，在质子交换膜燃料电池的应用领域中有着广阔的前景。而且由于 PBI 在高温下仍然能保持高质子传导性、低气体渗透性，并具有良好的耐温性和更好的柔韧性等优势，其在高温质子交换膜燃料电池领域大放异彩。徐铜文课题组提出了一种一锅酰化 / 杂环化共缩合的方法，成功合成侧链型磺化聚（醚酮 / 醚苯并咪唑）[85]。将 4,4′- 氧化二苯甲酸（ODBA）、4- 苯氧基苯甲酸（POBA）、3,3′,4,4′- 四氨基联苯（TABP）和 2,2′- 二（磺丙氧基）联苯（SBP）四种单体用一锅法制备出聚合物并涂膜，与之前的研究工作相比合成方法大幅度简化，做到了一锅完成酰化 / 杂环化共缩合。通过调整各个单体的比例，制备的 SPEKEBI 膜的 IEC 为 1.48mmol/g，在 100% 湿度的环境下，温度从 30℃升到 80℃，其质子电导率从 55mS/cm 升到了 110mS/cm，尽管比 Nafion 115 的电导率低，但是其在 80℃下保持低溶胀，因此在质子交换膜燃料电池中仍有巨大的前景，特别是这种一锅法合成的思路十分值得人们借鉴[66]。

徐铜文课题组还使用类似的方法通过苯并咪唑化和酰化反应，一锅法合成了一系列含侧链磺酸盐基团和主链苯并咪唑环的侧链型磺化聚醚酮 / 醚苯并咪唑，并且通过改变磺酸盐单体的用量，可以很容易地控制磺酸盐酸单元与苯并咪唑碱单元的比例。通过一锅法将 4,4′- 氧化二苯甲酸（ODBA）、3,3′,4,4′- 四氨基联苯（TABP）和 2,2′- 二（磺丙氧基）联苯（SBP）共聚成膜，并且调节其中的 SBP 和 TABP 的摩尔比，制备了一系列不同磺酸含量的 SPEKEBI-*x* 膜（*x* 代表 SBP 和 TABP 的摩尔比）。SPEKEBI-*x* 系列膜具有优异的机械性能（拉伸应力 11 ～ 45MPa 和断裂伸长率 9% ～ 23%）和良好的热稳定性。在质子电导率的测试中，如图 4-27（a）所示，在 100% 湿度 30 ～ 80℃的条件下，SPEKEBI-*x* 系列膜表现出了超高的电导率，其中 SPEKEBI-4 的质子电导率在 30℃下为 136mS/cm，远高于 Nafion 115 膜，并且在 80℃下所有质子交换膜电导率都大于 170mS/cm，证明该系列的膜在应用方面有足够的潜力。另外，在甲醇渗透率的实验中，所有膜的甲醇渗透率均低于 Nafion 115 膜，也证明了其在甲醇燃料电池中应用的潜力。而在单电池测试中，如图 4-27（b）所示，采用 SPEKEBI-2 膜的甲醇燃料电池（DMFC）在 25℃下的最大功率密度为 39.3mW/cm$^2$，相比之下同等条件下 Nafion 117 只有 25.5mW/cm$^2$，显示出在聚合物电解质膜燃料电池中的巨大应用潜力[70]。

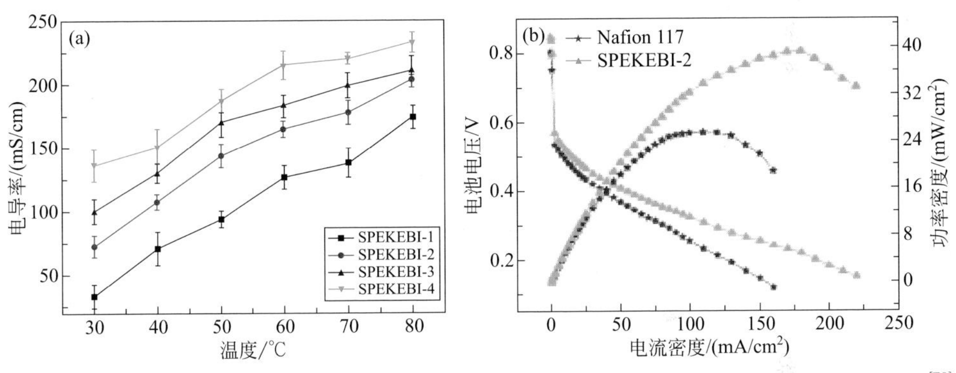


图4-27　SPEKEBI系列膜的质子电导率（a）和Nafion 117与SPEKEBI-2燃料电池性能（b）[70]

之后，在侧链型磺化聚（醚酮 / 醚苯并咪唑）的基础上加入 $\gamma$-（2,3- 环氧丙氧基）丙基三甲氧基硅烷（KH-560）作为交联剂制备具有高离子交换容量和优异性能的应用于甲醇燃料电池（DMFC）的质子交换膜。作者通过调控 KH-560 的用量制备了一系列的质子交换膜 SPEKEBI-*x*-$SiO_2$［*x* 代表 KH-560 占聚合物主体的质量分数（%）为 *x*］。与未改性磺化聚（醚酮 / 醚苯并咪唑）膜（SPEKEBI）相比，所得膜展现出更高的机械强度、热稳定性和电导率。在甲醇渗透率的实验中，随着 KH-560 使用量的增加，甲醇渗透率逐渐降低，这说明硅烷的存在可以降低甲醇的渗透率，归因于 $SiO_2$ 疏水交联网络增加了甲醇运输路径的长度。而在图 4-28 的单电池实验中，在 75℃、100% 湿度条件下，SPEKEBI-2.5-$SiO_2$ 膜在 $H_2/O_2$ 电池中功率密度 340.6mW/cm$^2$，而未改性的 SPEKEBI 膜的功率密度只有 240.5mW/cm$^2$，这说明改性确实有助于燃料电池性能的提升[72]。

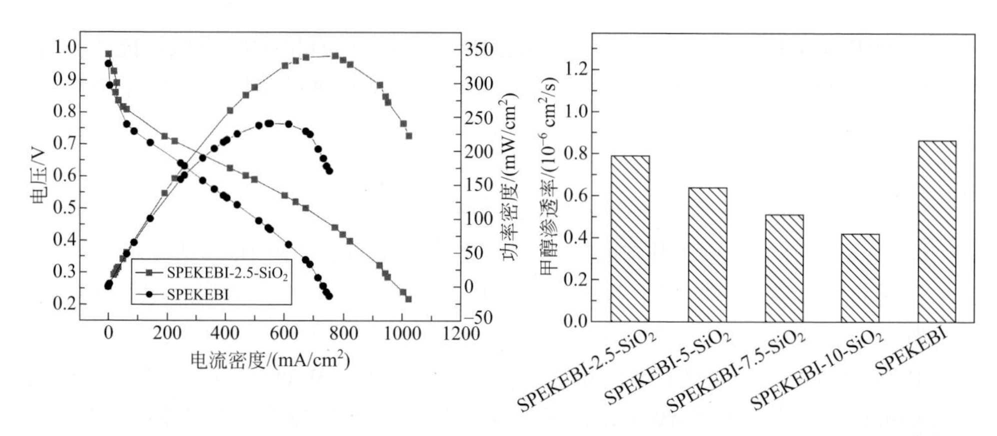


**图4-28　SPEKEBI与不同比例的KH-560交联前后的燃料电池性能和甲醇渗透率对比**[72]

## 二、碱性燃料电池

尽管现在碱性燃料电池没有广泛使用的商业膜，聚酰基化制备的阴离子交换膜由于其良好的碱稳定性、较好的氢氧根电导率而备受人们关注，并且已经有研究工作证明聚醚酮系列的阴离子交换膜有很好的碱性燃料电池应用潜力。

徐铜文课题组早期一步合成一种侧链季铵化型二芳基单体 2,2′- 双（4-*N*, *N*′, *N*″- 三甲氨基丁氧基）联苯二溴（QBP），并在三氟甲磺酸中，通过 QBP 单体与芳香二羧基单体的聚酰基化反应一步合成侧链季铵化型芳香族聚醚酮（SCT-QPEK-*x*，*x* 代表季铵化单体 QBP 与非季铵化单体的摩尔比，*x*=1.0、1.2、1.5），其中季铵基团的含量可通过 QBP 单体的添加比例精确调控。独特的侧链季铵基团结构赋予 SCT-QPEK-*x* 系列膜超强的耐碱性，在碱稳定性测试中，以 SCT-QPEK-1.0 为例，其在 6mol/L NaOH 中 60℃下浸泡 40 天后，季铵基团仍然可以得到 100% 的保存，在 1mol/L NaOH 中 85℃下浸泡 40 天后，季铵基团仍有 87.4% 保存下来，这说明了侧链季铵基团结构有优异的碱稳定性。而在碱性 $OH^-$ 电导率的测试中，在 25℃、100% 湿度下，SCT-QPEK-*x* 膜的 $OH^-$ 电导率均在 30mS/cm 以上，但是随 IEC 的增加变化并不明显也不规律，如 SCT-QPEK-1.2 膜（IEC=1.87mmol/g）的 $OH^-$ 电导率反而低于 SCT-QPEK-1.0 膜（IEC=1.75mmol/g），作者认为这是 $OH^-$ 数量增加与膜体积溶胀两种相反的因素共同作用的结果。在 60℃，SCT-QPEK-*x* 膜的 $OH^-$ 电导率均有大幅的提高，其中 SCT-QPEK-1.5 膜的电导率达到 99mS/cm，这充分说明了这个系列的膜在碱性燃料电池领域应用的潜力。另外，在单电池性能的测试中，作者选择 SCT-QPEK-1.0 膜进行初步的单电池燃料电池性能测试。在 50℃、90% 相对湿度下，以 $H_2/O_2$ 为燃料的 SCT-

QPEK-1.0 膜的单电池开路电压为 1.04V，与理论电势相接近，表明膜具有低的燃料渗透率，同时最高输出功率达 120mW/$cm^2$，对于碱性阴离子膜燃料电池来说，这一输出功率很高。但由于所用的催化剂黏合剂［二胺交联的聚（氯甲基苯乙烯）］不能在 60℃下使用，并且与芳香性的 SCT-QPEK-1.0 膜的黏合相容性并不理想，因此在更高的温度下 SCT-QPEK-1.0 膜的燃料电池性能应该还有很大的提升潜力[68]。

为了探究冠醚引入聚合物主链后对于碱性染料电池性能的影响，我们使用二苯并 18- 冠醚 -6（DB18-C-6）作为非季铵化二芳基单体与 QBP 单体在三氟甲磺酸中共聚得到主链含冠醚单元的侧链季铵化型芳香族聚醚酮（SCT-QPEKC-*x*，*x* 代表季铵化单体 QBP 与 DB18-C-6 的摩尔比，*x*=1.3、1.5 及 2.0），其中季铵基团与冠醚单元的含量可通过 QBP 单体的添加比例精确调控。根据阴离子的电导率测试结果显示，在 25℃、100% 湿度下，SCT-QPEKC-*x* 膜的 $OH^-$ 电导率随 IEC 的增加先增加后降低，其中 SCT-QPEKC-1.5 膜（IEC=1.83mmol/g）的 $OH^-$ 电导率最高，达到 36.4mS/cm，而 SCT-QPEKC-2.0 膜（IEC=2.00mmol/g）的 IEC 虽然高于 SCT-QPEKC-1.5，电导率却反而下降，这可能是由于 SCT-QPEKC-2.0 中季铵基团的数量虽然增加，但随之而产生的膜体积的过度溶胀却使得 $OH^-$ 在膜中的密度下降。在 60℃，SCT-QPEKC-*x* 膜的 $OH^-$ 电导率均比室温时有大幅的提高，其中 SCT-QPEKC-1.5 膜的电导率达到 86mS/cm。这说明 SCT-QPEKC-*x* 系列膜具有高的 $OH^-$ 电导率，但冠醚单元与钾离子的络合作用反而会降低 SCT-QPEKC-*x* 的 $OH^-$ 电导率。

除此之外，徐铜文课题组还首次提出了对预季铵化单体进行多酰基化这种简单而通用的方法用于制备碱性燃料电池阴离子交换膜。并且通过这种方法，成功合成了一种新型的芳香族阴离子交换膜，其具有长的悬垂间隔基［即—O$\leftarrow$$CH_2$$\rightarrow_4$］而不是传统的苄基型间隔基（即—$CH_2$—），不仅表现出高的 $OH^-$ 和 $CO_3^{2-}$ 电导率［91mS/cm 和 51mS/cm（分别在 60℃下）］，而且具有出色的碱稳定性（例如，在 60℃、6mol/L NaOH 中持续 40 天不会降解氨基）[68]。

## 参考文献


[1] Baek J B, Tan L S. Improved syntheses of poly(oxy-1,3-phenylenecarbonyl-1,4-phenylene) and related poly(ether-ketones) using polyphosphoric acid/$P_2O_5$ as polymerization medium [J]. Polymer, 2003, 44(15): 4135-4147.

[2] Ghosh M. Polyimides: Fundamentals and applications [M]. CRC press, 2018.

[3] Colquhoun H M, Lewis D F. Synthesis of aromatic polyetherketones in trifluoromethanesulphonic acid [J]. Polymer, 1988, 29(10): 1902-1908.

[4] Okamoto A, Mitsui R, Maeyama K, et al. Electrophilic aromatic aroylation polycondensation synthesis of wholly aromatic polyketone composed of 2,2′-dimethoxy-1,1′-binaphthylylene moiety [J]. Reactive & Functional Polymers, 2007, 67(11): 1243-1251.

[5] Takekoshi T, Kochanowski J E, Manello J S, et al. Polyethermides. 1. Prepration of dianhydrides containing aromatic ether groups [J]. Journal of Polymer Science Part a-Polymer Chemistry, 1985, 23(6): 1759-1769.

[6] 刘亚楠，谭冬寒，石贤举，等. Friedel-Crafts 酰基化反应固体酸催化剂研究化工技术与开发 [J]. 2018, 47(01): 42-59.

[7] Ueda M, Sato M, Mochizuki A. Poly(benzimidazole) synthesis by direct reaction of diacids and tetramine [J]. Macromolecules, 1985, 18(12): 2723-2726.

[8] Heitnerwirguin C. Recent advances in perfluorinated ionomer membranes: Structure, properties and applications [J]. Journal of Membrane Science, 1996, 120(1): 1-33.

[9] Miyatake K, Shimura T, Mikami T, et al. Aromatic ionomers with superacid groups [J]. Chemical Communications, 2009, (42): 6403-6405.

[10] Nelson K L. Friedel-Crafts acylations [J]. Industrial & Engineering Chemistry, 1959, 51(9): 1099-1101.

[11] Bachman G B, Hamer M, Dunning E, et al. Heterogeneous bimolecular reduction. 1. General considerations of mechanism - The emmert reaction [J]. Journal of Organic Chemistry, 1957, 22(11): 1296-1302.

[12] Schubert W M, Myhre P C. General vs specific acid-base catalysis in strong mineral acid solution - aromatic decarbonylation [J]. Journal of the American Chemical Society, 1958, 80(7): 1755-1761.

[13] Ohwada T, Ohta T, Shudo K. Protonation of nitro-groups-deprotonation of beta-nitrostyrenes in trifluoromethanesulfonic acid [J]. Journal of the American Chemical Society, 1986, 108(11): 3029-3032.

[14] Roberts R M G, Sadri A R. Studies in trifluoromethanesulfonic acid .4. kinetics and mechanism of acylation of aromatic-compounds [J]. Tetrahedron, 1983, 39(1): 137-142.

[15] Olah G A, Westerma P W. Stable carbocations .144. structure of benzoyl cations based on their C-13 nuclear magnetic-resonance spectroscopic study - importance of delocalized, ketene-like carbenium ion resonance forms [J]. Journal of the American Chemical Society, 1973, 95(11): 3706-3709.

[16] Kreuer K D. On the development of proton conducting polymer membranes for hydrogen and methanol fuel cells [J]. Journal of Membrane Science, 2001, 185(1): 29-39.

[17] Zaidi S M J, Mikhailenko S D, Robertson G P, et al. Proton conducting composite membranes from polyether ether ketone and heteropolyacids for fuel cell applications [J]. Journal of Membrane Science, 2000, 173(1): 17-34.

[18] Wu L, Zhang Z H, Ran J, et al. Advances in proton-exchange membranes for fuel cells: An overview on proton conductive channels (PCCs) [J]. Physical Chemistry Chemical Physics, 2013, 15(14): 4870-4887.

[19] Zhang Z H, Wu L, Xu T W. Novel aromatic proton-exchange polyelectrolytes via polyacylation of pre-sulfonated monomers [J]. Journal of Materials Chemistry, 2012, 22(28): 13996-14000.

[20] Wang C Y, Li N, Shin D W, et al. Fluorene-based poly(arylene ether sulfone)s containing clustered flexible pendant sulfonic acids as proton exchange membranes [J]. Macromolecules, 2011, 44(18): 7296-7306.

[21] Gil M, Ji X L, Li X F, et al. Direct synthesis of sulfonated aromatic poly(ether ether ketone) proton exchange membranes for fuel cell applications [J]. Journal of Membrane Science, 2004, 234(1-2): 75-81.

[22] Xing P X, Robertson G P, Guiver M D, et al. Sulfonated poly(aryl ether ketone)s containing naphthalene moieties obtained by direct copolymerization as novel polymers for proton exchange membranes [J]. Journal of Polymer Science Part a-Polymer Chemistry, 2004, 42(12): 2866-2876.

[23] Lafitte B, Jannasch P. Proton-conducting aromatic polymers carrying hypersulfonated side chains for fuel cell

applications [J]. Advanced Functional Materials, 2007, 17(15): 2823-2834.

[24] Li N, Wang C, Lee S Y, et al. Enhancement of proton transport by nanochannels in comb shaped copoly(arylene ether sulfone)s [J]. Angewandte Chemie-International Edition, 2011, 50(39): 9158-9161.

[25] Zhang Z H, Xu T W. Poly(ether ketone)s bearing pendent sulfonate groups via copolyacylation of a sulfonated monomer and isomeric ab-type comonomers [J]. Journal of Polymer Science Part a-Polymer Chemistry, 2014, 52(2): 200-207.

[26] 徐铜文，张正辉. 一种磺酸化芳香族化合物以及一种含磺酸化芳香基团的聚酮及其制备方法：CN103044292B [P/OL], 2013-04-17.

[27] Zhang Z H, Xu T W. High performance ion exchange membranes prepared via direct polyacylation of racemic and (s)-1,1 '-binaphthyl-based cationic/anionic monomers [J]. Macromolecular Materials and Engineering, 2019, 304(3), 1800547.

[28] 张正辉，徐铜文. 一种含联二萘结构的侧链磺化聚酮及其制备方法：CN104371092B [P/OL]. 2015-02-25.

[29] Kreuer K D. Ion conducting membranes for fuel cells and other electrochemical devices [J]. Chemistry of Materials, 2014, 26(1): 361-380.

[30] Kusoglu A, Weber A Z. New insights into perfluorinated sulfonic-acid lonomers [J]. Chemical Reviews, 2017, 117(3): 987-1104.

[31] Song J, Han O H, Han S. Nanometer-scale water-and proton-diffusion heterogeneities across water channels in polymer electrolyte membranes [J]. Angewandte Chemie International Edition, 2015, 54(12): 3615-3620.

[32] Ling X, Bonn M, Parekh S H, et al. Nanoscale distribution of sulfonic acid groups determines structure and binding of water in nafion membranes [J]. Angewandte Chemie International Edition, 2016, 55(12): 4011-4015.

[33] He G W, Li Z, Zhao J, et al. Nanostructured ion-exchange membranes for fuel cells: Recent advances and perspectives [J]. Advanced Materials, 2015, 27(36): 5280-5295.

[34] Huskinson B, Marshak M P, Suh C, et al. A metal-free organic-inorganic aqueous flow battery [J]. Nature, 2014, 505(7482): 195-198.

[35] Ge X L, He Y B, Liang X, et al. Thermally triggered polyrotaxane translational motion helps proton transfer [J]. Nature Communications, 2018,9: 2297.

[36] Miyatake K, Yasuda T, Hirai M, et al. Synthesis and properties of a polyimide containing pendant sulfophenoxypropoxy groups [J]. Journal of Polymer Science Part a-Polymer Chemistry, 2007, 45(1): 157-163.

[37] Fang J H, Guo X X, Harada S, et al. Novel sulfonated polyimides as polyelectrolytes for fuel cell application. 1. Synthesis, proton conductivity, and water stability of polyimides from 4,4′-diaminodiphenyl ether-2,2′-disulfonic acid [J]. Macromolecules, 2002, 35(24): 9022-9028.

[38] Liu C, Li L, Liu Z A, et al. Sulfonated naphthalenic polyimides containing ether and ketone linkages as polymer electrolyte membranes [J]. Journal of Membrane Science, 2011, 366(1-2): 73-81.

[39] Yin Y, Fang J H, Watari T, et al. Synthesis and properties of highly sulfonated proton conducting polyimides from bis(3-sulfopropoxy)benzidine diamines [J]. Journal of Materials Chemistry, 2004, 14(6): 1062-1070.

[40] Asano N, Miyatake K, Watanabe M. Hydrolytically stable polyimide ionomer for fuel cell applications [J]. Chemistry of Materials, 2004, 16(15): 2841-2843.

[41] Watanabe T, Hashimoto H, Tobita H. Stoichiometric hydrosilylation of nitriles with hydrido (hydrosilylene) tungsten complexes: Formation of W-Si-N three-membered ring complexes and their unique thermal behaviors [J]. Journal of the American Chemical Society, 2006, 128(7): 2176-2177.

[42] Yin Y, Suto Y, Sakabe T, et al. Water stability of sulfonated polyimide membranes [J]. Macromolecules, 2006,

39(3): 1189-1198.

[43] Li N W, Liu J, Cui Z M, et al. Novel hydrophilic-hydrophobic multiblock copolyimides as proton exchange membranes: Enhancing the proton conductivity [J]. Polymer, 2009, 50(19): 4505-4511.

[44] Asano N, Aoki M, Suzuki S, et al. Aliphatic/aromatic polyimide lonomers as a proton conductive membrane for fuel cell applications [J]. Journal of the American Chemical Society, 2006, 128(5): 1762-1769.

[45] Asano N, Miyatake K, Watanabe M. Sulfonated block polyimide copolymers as a proton-conductive membrane [J]. Journal of Polymer Science Part a-Polymer Chemistry, 2006, 44(8): 2744-2748.

[46] Zhang Z H, Xu T W. Proton-conductive polyimides consisting of naphthalenediimide and sulfonated units alternately segmented by long aliphatic spacers [J]. Journal of Materials Chemistry A, 2014, 2(30): 11583-11585.

[47] 徐铜文，张正辉. 一种含脂肪族酰亚胺结构的侧链磺酸化聚酰亚胺及其制备方法：CN103087297B [P/OL]. 2013-05-08.

[48] Yao Z L, Zhang Z H, Wu L, et al. Novel sulfonated polyimides proton-exchange membranes via a facile polyacylation approach of imide monomers [J]. Journal of Membrane Science, 2014, 455: 1-6.

[49] 徐铜文，张正辉. 一种侧链磺酸化的聚酰亚胺及其制备方法：CN103073702B [P/OL]. 2015-03-04.

[50] Yao Z L, Zhang Z H, Hu M, et al. Perylene-based sulfonated aliphatic polyimides for fuel cell applications: Performance enhancement by stacking of polymer chains [J]. Journal of Membrane Science, 2018, 547: 43-50.

[51] Choe E W. Catalysts for the preparation of polybenzimidazoles [J]. Journal of Applied Polymer Science, 1994, 53(5): 497-506.

[52] Tan N, Xiao G Y, Yan D Y. Sulfonated polybenzothiazoles: A novel candidate for proton exchange membranes [J]. Chemistry of Materials, 2010, 22(3): 1022-1031.

[53] Chow A W, Bitler S P, Penwell P E, et al. Synthesis and solution properties of extended chain poly(2,6-benzothiazole) and poly(2,5-benzoxazole) [J]. Macromolecules, 1989, 22(9): 3514-3520.

[54] Ueda M, Sugita H, Sato M. Synthesis of poly(benzoxazole)s by direct polycondensation of dicarboxylic-acids with 3,3′-dihydroxybenzidine dihydrochloride using phosphorus pentoxide methanesulfonic-acid as condensing agent and solvent [J]. Journal of Polymer Science Part a-Polymer Chemistry, 1986, 24(5): 1019-1026.

[55] Gieselman M B, Reynolds J R. Water-soluble polybenzimidazole-based polyelectrolytes [J]. Macromolecules, 1992, 25(18): 4832-4834.

[56] Glipa X, Elhaddad M, Jones D J, et al. Synthesis and characterisation of sulfonated polybenzimidazole: A highly conducting proton exchange polymer [J]. Solid State Ionics, 1997, 97(1-4): 323-331.

[57] Kawahara M, Rikukawa M, Sanui K, et al. Synthesis and proton conductivity of sulfopropylated poly(benzimidazole) films [J]. Solid State Ionics, 2000, 136: 1193-1196.

[58] Jouanneau J, Mercier R, Gonon L, et al. Synthesis of sulfonated polybenzimidazoles from functionalized monomers: Preparation of ionic conducting membranes [J]. Macromolecules, 2007, 40(4): 983-990.

[59] Tan N, Xiao G Y, Yan D Y, et al. Preparation and properties of polybenzimidazoles with sulfophenylsulfonyl pendant groups for proton exchange membranes [J]. Journal of Membrane Science, 2010, 353(1-2): 51-59.

[60] Qing S B, Huang W, Yan D Y. Synthesis and characterization of thermally stable sulfonated polybenzimidazoles obtained from 3,3′-disulfonyl-4,4′-dicarboxyldiphenylsulfone [J]. Journal of Polymer Science Part a-Polymer Chemistry, 2005, 43(19): 4363-4372.

[61] Kang S, Zhang C J, Xiao G Y, et al. Synthesis and properties of soluble sulfonated polybenzimidazoles from 3,3′-disulfonate-4,4′-dicarboxylbiphenyl as proton exchange membranes [J]. Journal of Membrane Science, 2009, 334(1-2): 91-100.

[62] Jouanneau J, Gonon L, Gebel G, et al. Synthesis and characterization of ionic conducting sulfonated polybenzimidazoles [J]. Journal of Polymer Science Part a-Polymer Chemistry, 2010, 48(8): 1732-1742.

[63] Thomas O D, Peckham T J, Thanganathan U, et al. Sulfonated polybenzimidazoles: Proton conduction and acid-base crosslinking [J]. Journal of Polymer Science Part a-Polymer Chemistry, 2010, 48(16): 3640-3650.

[64] Ng F F, Peron J, Jones D J, et al. Synthesis of novel proton-conducting highly sulfonated polybenzimidazoles for pemfc and the effect of the type of bisphenyl bridge on polymer and membrane properties [J]. Journal of Polymer Science Part a-Polymer Chemistry, 2011, 49(10): 2107-2117.

[65] Wang J L, Song Y L, Zhang C, et al. Alternating copolymer of sulfonated poly(ether ether ketone-benzimidazole) s (SPEEK-BI) bearing acid and base moieties [J]. Macromolecular Chemistry and Physics, 2008, 209(14): 1495-1502.

[66] Zhang Z H, Xu T W. One-pot acylation/benzimidazolization copolymerization approach to side-chain-type proton conductive membranes [J]. Journal of Membrane Science, 2013, 446: 121-124.

[67] 徐铜文，张正辉. 一种侧链磺酸化的聚苯并咪唑及其制备方法：CN103073719B [P/OL]. 2015-04-29.

[68] Zhang Z H, Wu L, Varcoe J, et al. Aromatic polyelectrolytes via polyacylation of pre-quaternized monomers for alkaline fuel cells [J]. Journal of Materials Chemistry A, 2013, 1(7): 2595-2601.

[69] Gao N A, Zhang F, Zhang S B, et al. Novel cardo poly(arylene ether sulfone)s with pendant sulfonated aliphatic side chains for proton exchange membranes [J]. Journal of Membrane Science, 2011, 372(1-2): 49-56.

[70] Cui M B, Zhang Z H, Yuan T, et al. Proton-conducting membranes based on side-chain-type sulfonated poly(ether ketone/ether benzimidazole)s via one-pot condensation [J]. Journal of Membrane Science, 2014, 465: 100-106.

[71] Gruzd A S, Trofimchuk E S, Nikonorova N I, et al. Novel polyolefin/silicon dioxide/$H_3PO_4$ composite membranes with spatially heterogeneous structure for phosphoric acid fuel cell [J]. International Journal of Hydrogen Energy, 2013, 38(10): 4132-4143.

[72] Yao Z L, Cui M B, Zhang Z H, et al. Silane cross-linked sulfonted poly(ether ketone/ether benzimidazole)s for fuel cell applications [J]. Polymers, 2017, 9(12):631.

[73] Chen W F, Wu J S, Kuo P L. Poly(oxyalkylene)diamine-functionalized carbon nanotube/perfluorosulfonated polymer composites: Synthesis, water state, and conductivity [J]. Chemistry of Materials, 2008, 20(18): 5756-5767.

[74] Lin H D, Zhao C J, Ma W J, et al. Novel hybrid polymer electrolyte membranes prepared by a silane-cross-linking technique for direct methanol fuel cells [J]. Journal of Power Sources, 2010, 195(3): 762-768.

[75] Zhu J, Zhang G, Shao K, et al. Hybrid proton conducting membranes based on sulfonated cross-linked polysiloxane network for direct methanol fuel cell [J]. Journal of Power Sources, 2011, 196(14): 5803-5810.

[76] Sangtaik, Noh, Jong, et al. Molecular engineering of hydroxide conducting polymers for anion exchange membranes in electrochemical energy conversion technology [J]. Accounts of Chemical Research, 2019, 52(9): 2745-2755.

[77] 徐铜文，张正辉. 一种季铵化芳香化合物以及一种含季铵化芳香基团的聚酮及其制备方法：CN103044275B [P/OL]. 2013-04-17.

[78] Okamoto A, Mitsui R, Maeyama K, et al. Electrophilic aromatic aroylation polycondensation synthesis of wholly aromatic polyketone composed of 2,2′-dimethoxy-1,1′-binaphthylylene moiety [J]. Reactive and Functional Polymers, 2007,67(11): 1243-1251.

[79] Zhang Z H, Xu T W. Facile synthesis of poly(arylene ether ketone)s with pendent oxyhexyltrimethylammonium groups for Robust anion exchange membranes [J]. Polymer, 2020, 210 : 123050.

[80] Watanabe H, Iijima T, Fukuda W, et al. Synthesis and phase-transfer catalytic activity of novel chiral crown ethers immobilized onto polystyrene supports [J]. Reactive & Functional Polymers, 1998, 37(1): 101-109.

[81] Ueda M, Kano T, Waragai T, et al. Simple synthesis of polyketones containing dibenzo-18-crown-6 [J]. Die Makromolekulare Chemie Rapid Communications, 2003, 6(6): 847-850.

[82] Zolotukhin Mikhail G, Hernández María del Carmen G, López Ana Maria, et al. Film-forming polymers containing in the main-chain dibenzo crown ethers with aliphatic (C10−C16), aliphatic−aromatic, or oxyindole spacers [J]. Macromolecules, 2006, *39* (14) : 4696-4703.

[83] 张正辉. 面向燃料电池的侧链型芳香族离子交换膜的制备，表征及应用 [D]. 合肥：中国科学技术大学，2012.

[84] Akiba C, Watanabe K, Nagai K, et al. Preparation and solubility of water-methanol mixtures in sulfonated poly(etherketone) containing a cardo-ring structure [J]. Journal of Applied Polymer Science, 2006, 100(2): 1113-23.

[85] 徐铜文，张正辉. 一种侧链含季铵基团的聚苯并咪唑及其制备方法：CN103214673B [P/OL]. 2015-11-25.

# 第五章

# 超强酸催化制备均相离子交换膜

第一节　概述 / 186

第二节　超强酸催化制备聚合物 / 187

第三节　超强酸催化制备离子交换膜 / 194

第四节　超强酸催化制备离子交换膜应用性能评价 / 227

第五节　小结与展望 / 239

# 第一节
# 概述

超强酸又称为超酸（super acid），是指一类比 100% 硫酸的酸度还要强的酸体系，它比一般的强酸如硫酸、盐酸的酸性强几个数量级。如摩尔比为 1∶0.3 的氢氟酸和五氟化锑混合时的酸性强度要比无水硫酸（100%）的强度强大约1亿倍。超强酸在化学和化学工业上有很大应用价值，它既是无机及有机的质子化试剂，又是活性极高的催化剂。过去很多在普通环境下极难实现或根本无法实现的化学反应在超强酸环境中，却能异常顺利地完成。简单的超强酸包括三氟甲磺酸和氟磺酸等，它们的酸性都是硫酸的上千倍。

数十年前，Olah 等发现超强酸能促进芳烃的亲电硝化和酰化反应。这一开创性发现促成了超亲电活化概念的产生，从而发现了超亲电体，即“双缺电子性质”的亲电体。研究发现这些物质的反应性远高于在非质子和普通酸性介质中形成的常见阳离子中间体的反应性。

随后的大量研究证明了超强酸催化反应应用的广泛可能性。随着 Olah 理论应用于在超强酸体系下羰基化合物与芳烃的羟基烷基化反应取得的重大成功，目前，超强酸催化已被广泛地用于合成芳香族缩合单体及其前体，以及相应的聚合物。其中三氟甲磺酸（$CF_3SO_3H$，TfOH）作为反应介质的反应最受关注。

采用超强酸催化的方法合成聚合物具有很多传统缩合方法所没有的优势，如反应效率高，可在常温常压下反应，反应选择性好以及所获得聚合物分子量高等。此外，不同于传统的聚芳醚聚合物，采用这种方法所合成的聚合物骨架是一种“全碳骨架”，不含任何芳基醚键。在近些年的研究中发现，聚合物中所含的脆弱的芳基醚键是其在强酸或强碱环境中被严重降解的重要原因。因此，超强酸催化法合成“无醚”聚合物作为一种获得耐酸、碱腐蚀的高化学稳定性聚合物的有效方法，在近年来吸引了大量研究者的兴趣，并对其在各种应用中进行了探索。

化学稳定性是离子交换膜一项重要的性能，也是制约其大规模商业化应用的主要问题。目前使用最广泛的全氟磺酸膜（Nafion）虽然化学稳定性优异，但是其高昂的价格令许多大规模应用难以承受。多年以来，研究者一直致力于探寻廉价的、基于碳氢聚合物的离子交换膜以代替 Nafion。虽然基于传统聚芳醚聚合物的研究颇有成果，已开发出的多种离子交换膜在离子电导率等方面已能媲美甚至赶超 Nafion，但是由于敏感的芳基醚键，其在酸碱环境中低的化学稳定性成为制约其继续发展的最大缺陷。

2015 年，研究者首次利用三氟甲磺酸通过超强酸催化缩聚反应合成了具有高分子量且不含芳基醚键的“无醚”聚合物骨架离子交换膜。相较于传统聚芳醚聚合物，所制备的“无醚”离子交换膜表现出了优异的碱稳定性[1]。自此，利用超强酸催化反应合成“无醚”聚合物主链以提高离子交换膜的化学稳定性引起了离子交换膜领域学者的极大兴趣。近几年间，已有各种结构的“无醚”聚合物离子交换膜被通过超强酸催化的方法制备，并被应用于各种领域，如燃料电池、碱性膜电解水及全钒液流电池等，表现出优异的性能。

随着研究的不断深入，越来越多的工作证明，利用超强酸催化法制备的“无醚”聚合物离子交换膜具有独特优势，在很多领域具有广阔应用前景。

# 第二节 超强酸催化制备聚合物

## 一、超强酸催化作用

### 1. 超强酸定义及分类

1927 年，Hall 和 Conant 在《美国化学会杂志》上发表的一篇论文中，“超强酸”这个名字第一次出现在化学文献中。在对非水酸溶液中氢离子活度的研究中，这些作者注意到冰醋酸中的硫酸和高氯酸能够与各种弱碱（如酮和其他羰基化合物）形成盐。而这些弱碱不能与相同酸的水溶液形成盐。作者将这种高酸度归因于这些酸在冰醋酸中的电离，从而增加了 $CH_3COOH_2^+$ 的浓度，这种物质的溶剂化程度低于在含水酸中的 $H_3O^+$。他们提议将这些溶液称为“超强酸溶液”。然而，直到 19 世纪 60 年代，Olah 对获得高度缺电子离子（尤其是碳正离子）的稳定溶液的研究将兴趣集中在具有非常高的酸度的非水体系。随后，Gillespie 提出了一个范围更大并被广泛接受的超强酸定义——将它们定义为任何强于 100% 硫酸的酸体系，即 $H_0 < -12$。比如氟代硫酸和三氟甲磺酸是超过浓硫酸酸度的 Brønsted 酸的例子，其 $H_0$ 值分别约为 −15.1 和 −14.1。

要使酸度超过此限制，必须从已经很强的酸（$H_0 \approx -10$）开始，然后向其中添加更强的酸以增加电离。方法有：①添加能够在介质中电离的强 Brønsted 酸（HB）；②添加强 Lewis 酸（L）从而形成共轭酸，形成与强酸的更离域的抗衡离子来移动自质子化平衡。如图 5-1 所示。

$$HA + HB \rightleftharpoons H_2A^+ + B^-$$

$$2\,HA + L \rightleftharpoons H_2A^+ + LA^-$$

图5-1

Brønsted酸和Lewis酸在强酸中的解离平衡

在这两种情况下，可以从纯 HA 的 $H_0$ 值观察到酸度显著增加，正是这种大的酸度跃变，将强酸溶液提升到超强酸区。尽管超强酸均比 100% 硫酸强，但各种超强酸系统之间的酸度差异可能与纯硫酸与其 0.1mol/L 水溶液之间的酸度差异相同或更多。

Gillespie 对超强酸的定义与 Brønsted 酸体系有关。因为 Lewis 酸还涵盖了超出常规使用体系强度的范围更广泛的酸度，Olah 建议使用无水氯化铝作为参考，徐铜文课题组将 Lewis 超强酸归类为强于无水氯化铝的 Lewis 酸。

如前所述，超强酸与传统酸系统相似，包括 Brønsted 酸和 Lewis 酸及其共轭酸系统。质子（Brønsted 型）超强酸包括强母酸及其混合物，其酸度可以通过与路易斯酸（共轭酸）的各种组合进一步增强。最常用的超强酸系统包括：① Brønsted 超强酸，如高氯酸（$HClO_4$）、卤代硫酸（$HSO_3Cl$、$HSO_3F$）、全氟烷磺酸 ($CF_3SO_3H$、$RFSO_3H$)、氟化氢和碳硼烷超强酸［$H(CB_{11}HR_5X_6)$］等；② Lewis 超强酸，如 $SbF_5$、$AsF_5$、$PF_5$、$TaF_5$、$NbF_5$、$BF_3$、三（五氟苯基）硼烷以及三（三氟甲磺酸）硼等。

## 2．超强酸催化作用

（1）超亲电活化 “超亲电活化”这一术语是 20 世纪 70 年代首次引入以解释超强酸中的亲电反应活性。即当阳离子亲电试剂与超强酸反应生成双阳离子中间产物时，其反应活性显著提高的现象。基于这种活化现象，超强酸可作为催化剂应用于各种反应体系中。

1964 年，Staskun 发表了一篇报告，研究了 $\beta$- 酮酰胺的酸促进环化（Knorr 环化）反应[2]。在这些研究中，作者观察到当使用大于一当量的 $H_2SO_4$ 或 $AlCl_3$ 进行转化时效果最佳。由此作者提出了一种反应机制，认为在反应中发生了 $\beta$-酮酰胺的双质子化或双路易斯酸配位过程，由此产生了高度亲电子的双阳离子中间体。之后，Olah 及其同事进一步扩展了这一概念，当时他们观察到在超强酸性介质中鎓盐的亲电反应性也有类似的增强现象[3]。例如，硝基鎓盐在强酸中表现出更高的反应活性，这被 Olah 解释为在超强酸性溶液中硝基鎓阳离子的进一步质子化。如图 5-2 所示，虽然硝基离子（**1**）本身被认为是强亲电试剂，但质子化程度的增加使得离子具有更多的正电荷（即 **2** 和 **3**），因此具有更高的亲电反应性。再比如，乙酰阳离子在超强酸系统 HF-$BF_3$ 中的质子化导致生成高反应活性的超亲电阳离子。

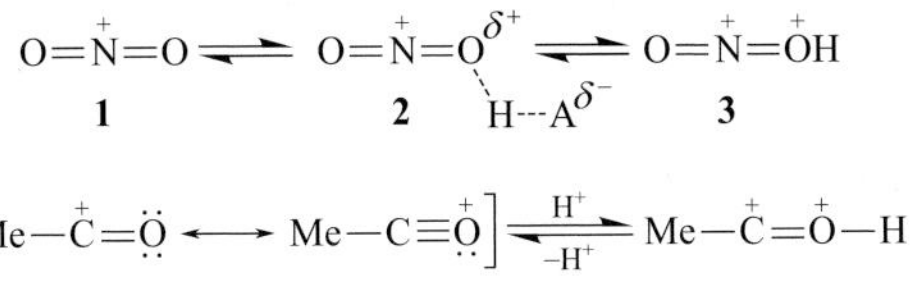

$$O{=}\overset{+}{N}{=}O \rightleftharpoons O{=}\overset{+}{N}{=}O^{\delta+}\cdots H{-}{-}A^{\delta-} \rightleftharpoons O{=}\overset{+}{N}{=}\overset{+}{O}H$$

1　　2　　3

$$\left[Me{-}\overset{+}{C}{=}O \longleftrightarrow Me{-}C{\equiv}\overset{+}{O}\right] \underset{-H^+}{\overset{H^+}{\rightleftharpoons}} Me{-}\overset{+}{C}{=}\overset{+}{O}{-}H$$

图5-2

硝基阳离子和乙酰阳离子在超强酸中进一步质子化[3]

这种类型的活化物质被称为超亲电试剂，其能够与异常弱的亲核试剂发生反应[4,5]。比如在硝基鎓离子超亲电试剂（**2** 或 **3**）存在的情况下，这些物质已被证明可以与低活性的芳烃和烷烃（包括甲烷）反应。研究表明，超强酸的环境可以使某些亲电试剂被进一步激活，并通常伴随超亲电体的形成——即具有双电缺乏（双正电性）性质的亲电体，其反应性大大超过其母体亲电体的反应性，这种现象被称为亲电试剂在超强酸介质中的超亲电活化。超亲电体是具有高度反应活性的中间体。它们是超强酸性系统中许多亲电反应的实际上的反应性中间体。

自从 Olah 最初的报告将超亲电活化的概念正式化以来，众多学者在这方面已经做了大量的工作。 这包括许多利用超亲电试剂的合成方法、这些离子的直接光谱表征以及通过计算和动力学方法的研究。越来越多的实验观察和相关理论计算证明，多种多样的亲电试剂都能够与 Brønsted 或 Lewis 超强酸进一步相互作用从而被它们极大地激活。比如氧鎓和碳鎓离子、酰基阳离子、卤鎓、氮鎓甚至某些取代的碳正离子等。这种活化产生了超亲电中间体，即双缺电子（双正性）性质的超亲电试剂，其反应性在常规反应条件下显著超过其母体单阳离子的反应性。

（2）超强酸的催化应用　正如前文提到的，在过去的几十年中学者们进行了大量的实验和理论研究，验证了“超亲电活化”的理论。由于超强酸的酸性极强，它电离出氢离子的能力也非常强，即超强酸具有非常强的给质子能力，因此，它可以和含有孤对电子的化合物结合，比如醛、酮、醇等发生反应。同时，它也可以和含有 π 电子的化合物结合，即含有不饱和键的化合物，比如烯烃、炔烃等。此外，它还可以和含有 σ 电子的化合物相结合。因为超强酸给质子能力远高于一般无机酸，所以它可以作为一些有机反应的强效催化剂，比如催化烷烃的异构化以及烷烃的聚合、芳烃的烷基化以及氧化、酯化、聚合等反应。超强酸的催化作用较传统催化剂具有无可比拟的优越性。

在有机反应中，超强酸作为催化剂，主要生成中间体——正离子中间体。涉及碳正离子的化学反应成功进行的重点在于在低亲核性的介质中形成稳定的正离子中间体。而超亲电试剂是通过进一步质子化产生的反应中间体。第二次质子化增加了电子缺乏，导致中间体亲电性的增加，从而导致反应性的显著增加。特别是电荷 - 电荷相互排斥作用在增强双阳离子和三阳离子超亲电中间体的反应性中起着至关重要的作用。

酸度水平在催化作用中也起着重要作用，在许多催化反应体系中，如果没有适当的酸度水平，转化可能以低得多的速度发生，甚至根本不发生。比如正丁烷，在超强酸的作用下，可以发生碳氢键的断裂，生成氢气，也可以发生碳碳键的断裂，生成甲烷，还可以发生异构化生成异丁烷，这些都是普通酸做不到的。

关于超强酸在有机合成中的应用在国内外已有很多报道。比如乙醛或丙酮与异丁烷在 HF:$SbF_5$ 或者 HF:$BF_3$ 催化下形成叔丁基阳离子，这推翻了一直以来人们以为氢离子不可能从异丁烷转移到碳正离子上。直到后来 Olah 对此反应的反应机理进行解释，他指出在超强酸条件下碳正离子（a）发生质子化形成超亲电物质（b）（图 5-3）[2]。之后 Olah 又对甲醛进行了类似的研究，并观察到发生质子化的甲醛。通过在气相条件下进行研究表明，甲醛阳离子失去一个电子，形成甲醛双阳离子，之后通过量子力学计算也说明了甲醛双阳离子具有较稳定的能。

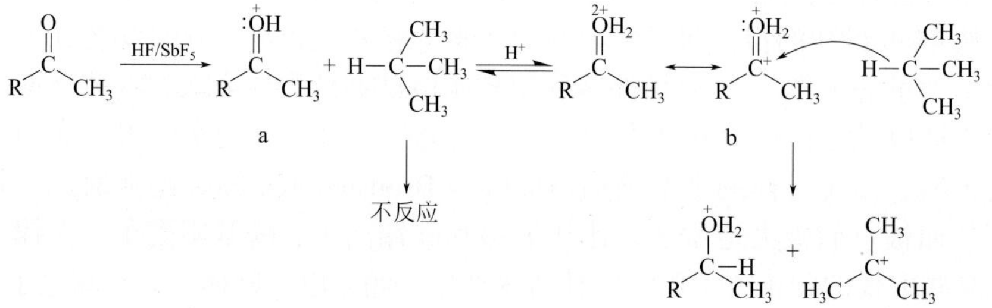

图5-3 超强酸催化氢离子的转移机制[2]

综上所述，由于超强酸具有酸性强、活性高的特点，作为催化剂使用，用量少、产率高，反应条件温和，耗时少。所以，超强酸在问世的短短几十年间，无论是从理论研究还是对有机合成的应用都开辟了极为广阔的路径。

## 二、超强酸催化在聚合物制备中的应用

超强酸催化反应还广泛应用于各种芳香单体和聚合物的缩合反应。

如图 5-4 所示，具有酮或醛官能团的单体与芳族化合物的酸催化缩合反应称为羟基烷基化反应，是一类芳香族亲电取代反应。

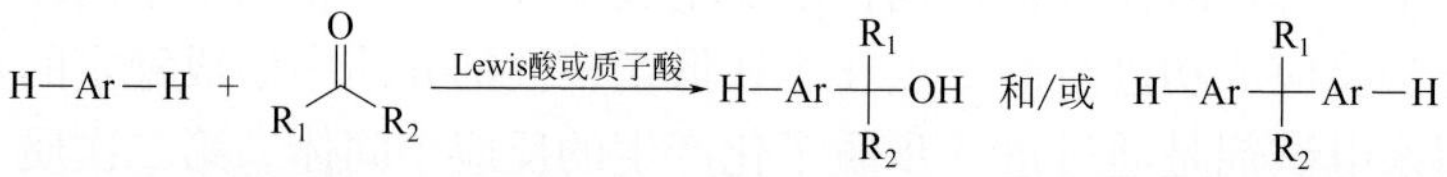

图5-4 含酮单体的羟基烷基化反应

根据单体结构和反应条件，可以获得醇、二芳基化合物或其混合物。醛和酮

的酸催化加成反应早已为人所知。例如，早在 1872 年，Bayer 就报道了在硫酸存在下氯醛与苯的缩合反应。然而，由于较低的产率和低聚副产物的生成，在很长一段时间里这些羰基的傅 - 克 酰基化反应并没有与涉及醇、烷基或卤化物的相应反应获得相同程度的重视。

直到 Olah 等提出的超亲电活化的概念，以解释在超强酸质中的亲电物质的高反应性，其对羟基烷基化反应的应用结果取得了显著成功。之后，超强酸催化的羟基烷基化反应作为一种高效的傅 - 克烷基化反应已经被广泛应用于各种单体的合成，吸引了众多学者对其不断的研究和报道。其中三氟甲磺酸（$CF_3SO_3H$，TfOH）作为反应介质的反应最受关注。酸度（$H_0$）为 714（比 100% 硫酸高两个数量级）的三氟甲磺酸被认为是所有已知有机单酸中最强的酸。这是在许多亲电反应中产生高活性物质的理想非氧化介质。

除了合成小分子之外，超强酸催化的羟基烷基化反应还被进一步广泛地应用于一些高分子量聚合物的合成。主要是含有吸电子取代基的酮或醛和芳烃在超强酸（TfOH）催化下发生聚合反应生成一系列高分子聚合物。例如各种含氟羰基化合物与芳香烃的缩聚反应。

在这些反应中，具有吸电子效应的含氟取代基团激活了碳氧离子形成正离子中间体从而使亲电反应活性增强，生成的中间醇与另一种芳族化合物反应，得到二芳烃产物，所生成的二芳烃作为芳族化合物又可与其余中间醇继续反应。因此，在 TFSA 存在下，反应单体随着反应进行在主链中逐步聚合形成聚合物，值得一提的是，这种聚合物中羰基化合物中的含氟取代基最终成为聚合物链中的取代基，并提供新的聚合物结构和性质。比如三氟苯乙酮与各种芳香烃（联苯、三苯基、二苯醚、4,4′- 二苯氧基二苯甲酮）的缩聚反应（图 5-5）。

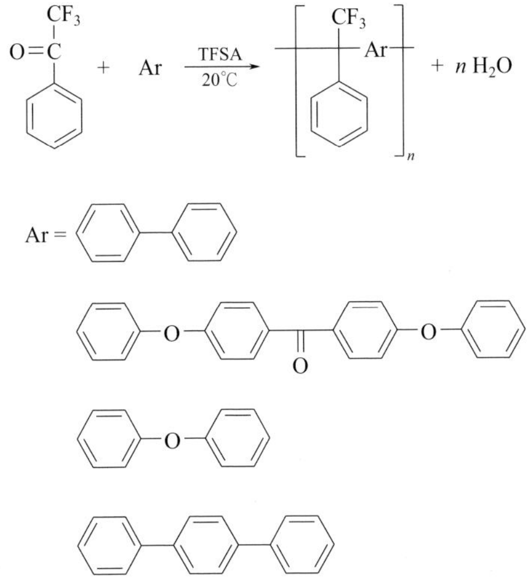

$CF_3$ O=C + Ar —TFSA, 20℃→ [ $CF_3$ Ar ]$_n$ + $n\,H_2O$

Ar =

O O O

图5-5
不同芳烃与三氟苯乙酮的超强酸催化缩合反应

事实上，超强酸催化的缩聚反应并不符合经典的传统逐步增长聚合理论。

对于 A+B 型逐步增长聚合，是指两种具有不同官能团的双官能单体相互反应。最常见的聚酰胺（尼龙 66）和最常用的聚酯（PET）等聚合物都属于这种聚合类别。对于 A+B 聚合，只指定链长 $n$ 是不够的，因为 A 基团 $(i)$ 和 B 基团 $(j)$ 的数量可能不同，给出不同的端基产物存在包含 $i$ 个 A 基团的三种类型的分子："A"、"B" 和 "M"。

A 型和 B 型聚合物分子分别有官能团 A 和 B 作为端基，而 M 型聚合物分子在分子的一端具有 A 官能团，在另一端具有 B 官能团。

聚合物分子由 $P_{ij}$ 表示，其中 $i$ 表示 $A_2$ 基团的数量，$j$ 表示 $B_2$ 基团的数量。由于在 $A_2+B_2$ 逐步增长聚合中可能存在非化学计量条件，因此需要由方程式（5-1）定义不平衡化学计量比。在方程式（5-1）中，官能团 A 是限制性试剂（B 过量）。

$$r=\frac{[A_2]_0}{[B_2]_0}\leqslant 1 \qquad (5\text{-}1)$$

在逐步增长聚合中可能存在如下四种反应。在传统的 A+B 逐步增长聚合理论中，这四个反应以相同的反应速率发生，即在四个反应中使用单一的动力学速率常数 $k$：

$$\mathrm{A{\sim\sim}A+B{\sim\sim}B\xrightarrow{k}A{\sim\sim}B} \qquad (5\text{-}2)$$

$$\mathrm{A{\sim\sim}A+A{\sim\sim}B\xrightarrow{k}A{\sim\sim}A} \qquad (5\text{-}3)$$

$$\mathrm{B{\sim\sim}B+A{\sim\sim}B\xrightarrow{k}B{\sim\sim}B} \qquad (5\text{-}4)$$

$$\mathrm{A{\sim\sim}B+A{\sim\sim}B\xrightarrow{k}A{\sim\sim}B} \qquad (5\text{-}5)$$

在此框架内，A+B 逐步增长聚合的经典理论基于四个假设：①官能团 A 和 B 以相同的速率反应，与分子类型（A、B 或 M）无关；② $k$ 与链长无关（扩散控制效应不存在或可忽略不计）；③没有环化；④链长（分子量）随着化学计量失衡比 $r$ 的减小而减小，这意味着当 $r=1$ 时达到最大链长（分子量）。

而超强酸催化的聚羟基烷基化反应则显著偏离 A+B 逐步增长聚合的经典行为，在加入过量的羰基化合物时，观察到聚合速率的显著加速。这是由于在超强酸催化的聚羟基烷基化反应中，官能团假设的相等反应性无效，反应单体与中间体的活性并不相同，因而反应第一步与第二步的反应速率也不相同。因此，在这种聚合反应中通常通过使羰基化合物过量来获得更高分子量的聚合物。

除此之外，不直接与碳阳离子中心结合的吸电子取代基也能提高底物的亲电性。因此，与未取代的芴酮相比，2,7- 二硝基芴酮更加容易在超强酸催化下与芳香烃聚合生成高分子量聚合物，如图 5-6 所示。

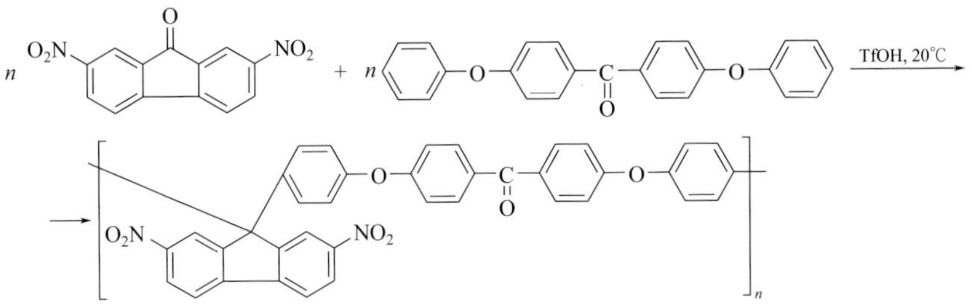

图5-6 硝基芴酮的超强酸催化缩合反应

此外，苊醌与靛红及其衍生物由于两个相邻的吸电子羰基的影响也被研究用于超强酸催化的聚羟基烷基化反应以获得高分子量聚合物，如图 5-7 所示。

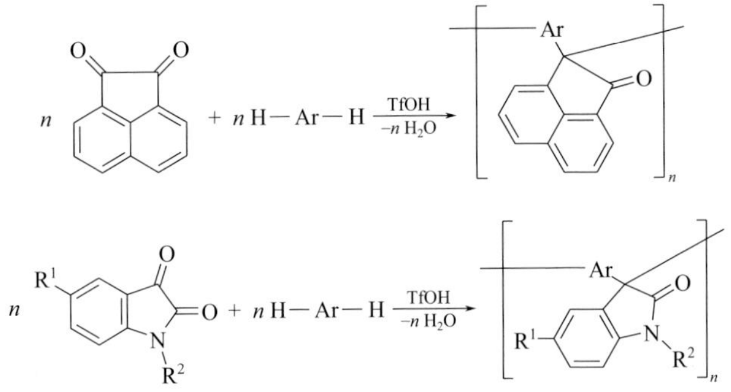

图5-7 苊醌与靛红的超强酸催化缩合反应

除此之外，类似的亲电试剂活化机制可能在含有氮杂环的羰基化合物参与的超强酸催化反应中存在，如哌啶酮与苯在 TFSA 存在下的反应可以以很好的收率（80% ～ 99%）生成聚合物，如图 5-8 所示。而在相同条件下，环己酮仅生成少量羟醛缩合产物。这是由于氨基的质子化会活化羰基碳，这种活化类似于由羰基

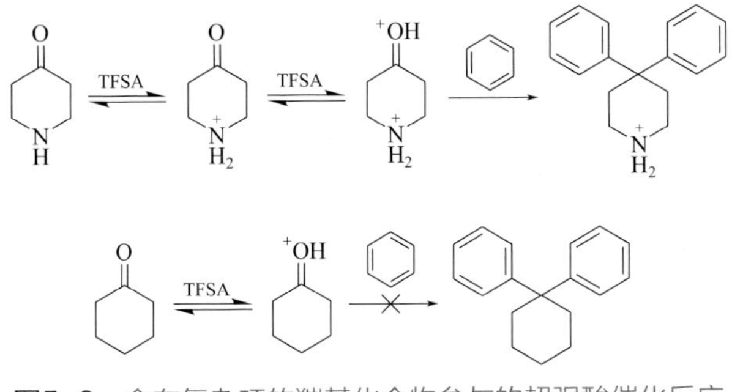

图5-8 含有氮杂环的羰基化合物参与的超强酸催化反应

化合物中的吸电子取代基诱导的活化，因此，哌啶酮可被视为用于超强酸催化体系制备聚合物的有前途的单体。而在环己酮的情况下，这种活化则不可能发生。

采用超强酸催化的聚羟基烷基化反应制备聚合物具有以下优点[6]：①反应可在室温和大气压下进行；②单体的结构品种多样且易于获取；③高的反应速率和产率；④高的区域选择性；⑤可接受的反应时间；⑥方便引入允许聚合物化学改性功能基团；⑦易于聚合物纯化；⑧生成的聚合物具有良好的物理、化学和热性质，以及高的分子量。因此近些年来吸引了学者大量的研究并表现出了广阔的应用前景，如气体分离膜和离子交换膜等领域。接下来本章将就超强酸催化在制备离子交换膜方面的应用做具体介绍。

# 第三节 超强酸催化制备离子交换膜

## 一、超强酸催化法制备离子交换膜的意义及优势

由单体聚合制备离子交换膜的方法有多种，比如前述的聚酰基化反应、Diels-Alder 聚合、金属催化的偶联反应、超强酸催化的傅 - 克多羟基烷基化反应、环化缩聚反应等等。采用超强酸催化的方法制备离子交换膜是近年来发展的一种新的方法，相比于其他方法，超强酸催化制备离子交换膜的优势有很多，比如催化效率高，反应速率快；反应条件简单温和；可制备主链只含 C—C 键的聚合物；季铵基团接枝的程度和位置可以得到更加精确的控制；反应条件不含金属基催化剂，节约成本；所得聚合物能够有高分子量或超高分子量；可以制备的离子交换膜种类多样，在极性溶剂中溶解性良好，机械强度以及其他各种性能优异；起始原料和试剂容易获得；反应动力学可控等。所以得到了大家的认可以及广泛应用。

首先，超强酸催化制备离子交换膜具有催化效率高、反应速率快的优势。强布朗斯特酸或路易斯酸可以通过超亲电活化来增强亲电试剂的反应活性。超亲电活化在酮或醛与芳烃生成 C—C 键的傅 - 克缩聚反应中发挥了重要的作用。George A. Olah 等[7]通过很多的实验观察和相关的理论计算证明，各种能够与布朗斯特酸或路易斯超强酸进一步相互作用（配位）的亲电分子可以被它们极大地活化。这种活化能产生超亲电试剂，即具有双缺电子（双正性）性质的亲电试剂，

与常规反应条件下的母体化合物相比，它们的反应活性得到了极大的增强。反应活性的增强使得反应更加容易进行。当然，反应所需要的时长还取决于单体本身的活性，一旦聚合物的分子量增加，它就开始形成反应性凝胶状沉淀，最初的均相溶液发生相分离。

超亲电试剂是活性很高的中间体。它们实际上是超强酸性体系中许多亲电子反应的中间体，并应与能量低、稳定的多的中间体区分开来。在 George A. Olah 等对超强酸体系的研究中，他们观察到，超强酸除了是高电离性、低亲核性的介质外，在某些情况下，还能通过进一步的原水解（或亲电）作用，对亲电试剂进行额外的激活（协调、溶剂化作用）。这些离子与超强酸体系的这种相互作用在极限情况下可能导致产生极端高活性的双阳离子。超亲电活化在超强酸催化反应的傅 - 克反应，以及在固体酸催化系统，甚至在酶反应中都发挥了重要了作用。在非质子或传统酸性介质中，具有双缺电子（负电）性质的亲电试剂的反应活性大大超过其母化合物的反应活性。在超强酸体系中，阴离子通常通过氟桥缔合形成低聚阴离子。这有助于使负电荷离域，从而增强系统的质子给体能力。

其次，超强酸催化制备离子交换膜具有反应条件温和简单的优势。由于超强酸具有很高的酸强度，是理想的酸性催化剂，可以使一些本来难以进行的反应在较低的温度下顺利进行。这种反应条件在实际操作中更加简单易行，因而在石油化工和有机合成中得到广泛应用[8]。

此外，使用超强酸催化可以制备主链只含 C—C 键的聚合物主链。传统的碱性膜通常是通过将季铵基团附着在预制聚合物的主链上进行制备的。在碱性膜中，聚合物主链的主要作用是通过聚合物链的纠缠来提供机械稳定性。由于以前的大多数应用于碱性膜的碱性聚合物是通过芳香二醇和二卤化物单体的亲核芳香取代制备的，它们不可避免地沿着主链包含碳氧芳醚键。通常包含芳醚键的芳香族聚合物骨架，先通过氯甲基化或苄基溴化，然后与三甲胺进行季铵化反应来进行后功能化。虽然合成过程也比较简单，但氯甲基化反应往往需要有毒的试剂、较长的反应时间和进行大量的优化尝试才能达到所需的功能化程度。而且副反应（如凝胶化）经常在较长的反应时间中发生，这使得离子交换容量（IEC）很难达到 2.5mmol/g 以上。

另外，虽然芳醚键允许沿聚合物骨架更加自由地旋转，并且改善了聚合物的溶解度，但这种醚键的存在也使碱性膜在高 pH 条件下可能不稳定。强亲核氢氧根离子攻击与苄基三甲基胺相邻的 C—O 键，导致聚合物主链发生降解，氢氧根离子传导率降低，使得膜的性能不够好。如图 5-9 所示[9]，虽然聚芳醚砜在碱性的环境中相当稳定，但是当有一个离子基团附着在聚合物上，它会使聚合物发生溶胀，氢氧根离子攻击聚合物主链和阳离子头基，导致主链断裂以及失去氢氧根离子，进一步会导致膜的脆性增大和离子电导率下降。当相邻苯环中含有吸电子取代基时，则影响更为严重，导致环的电子缺失，从而增加主链的脆弱性，使其容易断裂。此外，Miyanishi 和 Yamaguchi 认为，阳离子基团的分解不只是由离子基团本身的不稳定性引起的，还可能是由附近醚键的裂解引起的。即使主链没有被离子基团功能化，在燃料电池操作条件下，主链上醚键的存在也可能会使羟基自由基引发膜的降解。因此，含芳醚的聚芳烃不适合碱性膜燃料电池的长期操作，需要解决聚合物主链降解问题，提高碱性膜燃料电池的整体耐久性。制备无芳醚多芳香族化合物是解决碱性膜燃料电池中聚合材料化学稳定性问题最有前景的方法之一。这种方法使聚合物电解质具有理想的多芳香族主链特征，比如高冲击强度和韧性，良好的热化学稳定性和机械稳定性，低吸水率[10]。

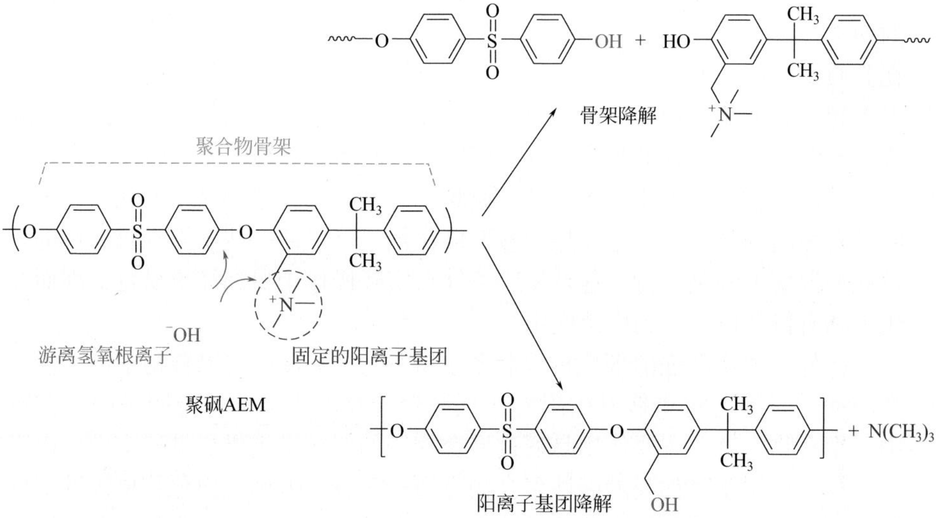

**图5-9** 碱性介质中聚芳醚砜碱性膜的主链以及功能基团降解机理图[9]

使用超强酸催化制备离子交换膜，季铵基团接枝的程度和位置可以得到更加精确的控制。Zolotukhin 等首次提出使用超强酸催化的傅 - 克多羟基烷基化反应制备线型多环芳香烃[11]。由于季铵前驱体具有耐酸性，因此可以在聚合阶段将其接入聚合物结构中，然后分别通过简单的叔胺门舒特金反应使烷基溴实现季铵化（图 5-10）。因此，季铵基团接枝的程度和位置就得到了更加精确的控制，无需再进行聚合后修饰。

超强酸催化制备离子交换膜的另一优势在于反应条件不含金属基催化剂，可以节约成本。超强酸催化所制备的聚合物能够有高分子量或超高分子量。通过超强酸催化的多羟基烷基化反应制备聚合物，包括两个连续的步骤：慢反应和快反应。聚合物合成中间体的反应活性降低，导致聚合物的多分散性变窄，而非化学计量反应则导致聚合物的高分子量和超高分子量[13]。此外，该聚合对芳香单体的末端芳基环的 4 位和 4′ 位具有高度的区域选择性，所以可以使线型聚合物具有高分子量。但是需要注意的一点是，为了成功地进行超亲电活化和长聚合物链的生长，形成高分子量聚合物以促进分子链间的缠结，提高膜的机械强度，必须选择具有吸电子部分的酮单体，这样才能够成功进行超亲电活化以及聚合物链的增长，然后进一步提高膜的机械强度[8]。

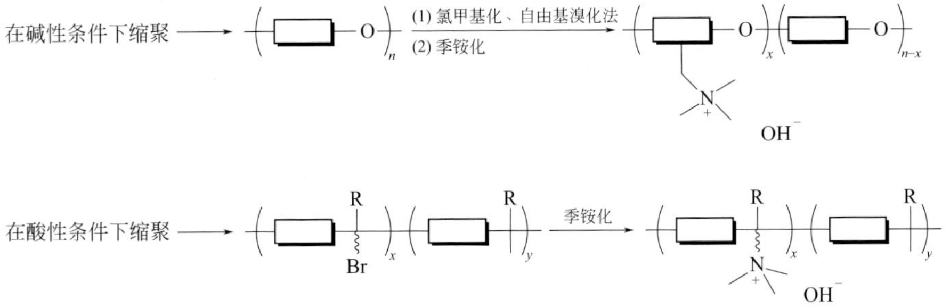

**图5-10** 制备阴离子导电性聚合物的传统方法和超强酸催化方法[12]

根据含羰基亲电单体和苯基单体的选择，超强酸催化聚合方法可以制备多种多样的多芳香族化合物，具有不同的结构与特性，有不同的应用[8]。所以超强酸催化制备离子交换膜的另一优势是可以制备出多种多样的离子交换膜，局限性较小，应用范围广。

此外，超强酸催化制备的主链中可以形成 $sp^3$ 碳杂化的柔性骨架结构的多环芳香烃，使得离子交换膜在极性溶剂中溶解性良好，而且不会使所得的离子交换膜脆度大，影响其机械强度。Lee 等首次用超强酸催化的缩聚反应合成了无碱性不稳定碳氧键的高分子量季铵盐系离子交换膜，为了在多芳香族的主链上加入一个阳离子官能团，他们制备了用于季铵化的溴戊基侧链。烷基溴随后通过门舒特金反应转化为三甲基戊基铵（TMPA）。尽管主体结构为刚性芳香环，但由于聚合物主链联苯环之间存在一个四面体 $sp^3$ 碳，因此在极性有机溶剂中具有良好的溶解性[14]。而且，因为主链中形成了 $sp^3$ 碳杂化的柔性骨架结构的多环芳香烃，使得聚合物主链不会因刚性过大而具有很高的脆度，所以膜的机械强度会比较好。

因为超强酸催化制备离子交换膜使用的单体、溶剂以及催化剂都不是非常复杂的，所以这种制备方法的一大优点是起始原料和试剂容易获得。而且，结构因素的改变和反应介质的酸度允许调整羰基和芳香组分的反应活性，从而可以控制反应动力学。

相比之下，合成无芳醚季铵化多芳香烃的其他方法就多少存在一些缺点。

Eun Joo Park[8] 和 Yu Seung Kim 在文中讲到，目前，合成无芳醚季铵化多芳香烃的方法有好几种，其中包括 Diels-Alder 聚合、金属催化的 Suzuki 偶联反应、超强酸催化的傅 - 克多羟基烷基化反应以及环化缩聚反应等等。

Diels-Alder 反应是一种共轭二烯和亲二烯形成环己烯的协同［4+2］环加成反应。用该方法合成的多芳香族化合物普遍具有 π- 共轭主链结构和良好的化学和热稳定性，广泛应用于光学和电子领域。合成 DAPP 主链的关键单体 - 双（环戊二烯酮）及其衍生物在市场上并不常见，因此需要首先用多步法合成单体。Diels-Alder 聚合（DAPP）不需要金属催化剂，并可以产生由完全刚性苯基骨干组成的聚合物，但缺乏引入简单的季铵部分的能力。Diels-Alder 聚合的一些缺点还可能包括：由于完全由苯环组成的聚合物主链的刚性和脆性，与其他多环芳香烃相比，DAPP 需要更高的分子量才能获得良好的力学性能，这也意味着更高的要求。此外，庞大的主链结构可能导致聚合物链之间的高自由体积，与线型聚合物相比，这可能增加反应气体的渗透率。此外，在单体中加入阳离子前驱体以使其容易季铵化的限制是，这些材料还需要多步后聚合功能化才能应用于碱性膜，合成步骤会更加复杂，需要花费比较多的时间。如图 5-11 所示，金属催化的偶联反应能够产生各种聚（苯）结构，芳基单体的选择是关键，因为它们在很大程度上影响了聚合物电解质的性能。

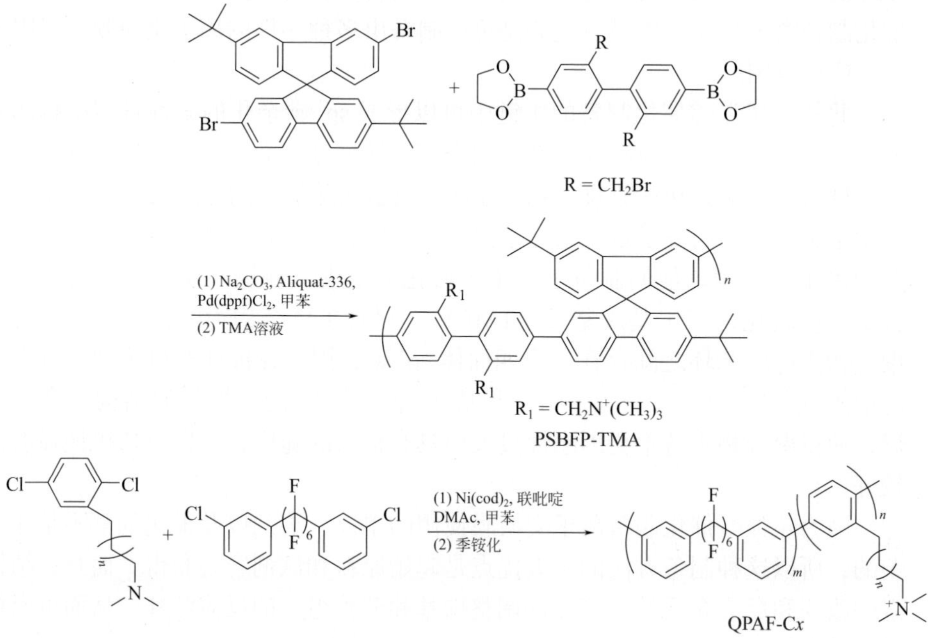

Br Br + O B O R R B O O
R = $CH_2Br$
(1) $Na_2CO_3$, Aliquat-336, $Pd(dppf)Cl_2$, 甲苯
(2) TMA溶液
$R_1$ $R_1$ n
$R_1 = CH_2N^+(CH_3)_3$
PSBFP-TMA

Cl Cl N + Cl F F 6 Cl
(1) $Ni(cod)_2$, 联吡啶 DMAc, 甲苯
(2) 季铵化
F F 6 m n $N^+$
QPAF-C*x*

图5-11　金属催化偶联反应制备阴离子交换膜[8]

Suzuki 偶联反应的缺点是，需要昂贵的钯金属催化剂以及含硼单体，这在经济上限制了材料的合成。虽然镍催化剂和芳基氯单体的价格较低，成本较低，但需要注意的是，聚合需要大量的镍催化剂。

环缩聚法制备的聚合物与其他不同合成路线制备的聚合物的主要区别在于前者的离子基团是聚合物主链的一部分，而后者的离子基团是聚合物侧链上的悬挂基团。环缩聚的性质直接导致阴离子基团的形成和聚合物主链的形成，结构简单，但所得到的聚合物具有较高的 IEC，降低了其机械稳定性，而且限制了聚合物在不进行物理修饰的情况下的实际应用[3]。这些是使用其他方法制备离子交换膜的缺点。

总结来讲，超强酸催化制备离子交换膜的优势有很多，催化效率高，反应速率快；反应条件简单温和；可制备主链只含 C—C 键的聚合物；季铵基团接枝的程度和位置可以精确控制；反应条件不含金属基催化剂；所得聚合物能够有高分子量；离子交换膜种类多样，性能优异；起始原料和试剂容易获得；反应动力学可控。

以上是总结的超强酸催化制备离子交换膜的一些优势，这种制备方法的更多优势还有待研究者们在实际操作中去发掘和探索。但不可否认的一点是，使用超强酸催化的方法制备离子交换膜有很多其他制备方法无法比拟的优势存在，目前在很多领域已经得到了大家的广泛研究和应用。以下各节介绍超强酸催化制备离子交换膜的工艺及其应用。

## 二、超强酸催化制备阴离子交换膜

碱性阴离子交换膜通常是带有游离的 $OH^-$ 阴离子的聚合物。碱性阴离子交换膜的整体稳定性会受到聚合物主链和有机阳离子的限制。当用阳离子官能化制备碱性阴离子交换膜时，常见工程塑料的芳醚键化学性质并不稳定，会导致断链和机械性能下降。

### 1．超强酸催化制备主链型阴离子交换膜

Lee 等[6] 于 2015 年首次利用三氟甲磺酸通过酸催化缩聚反应合成了具有高分子量且没有碱性不稳定性的 C—O 醚键的季铵聚（联苯亚烷基）。他们通过调节聚合反应中两种不同的三氟甲基烷基酮（7- 溴 -1,1,1- 三氟庚烷 -2- 酮和三氟丙酮）单体的进料比例可以方便地控制碱性阴离子交换膜离子交换容量。超强酸催化得到的聚合物不仅表现出了高分子量，同时还易溶于常见有机溶剂中，方便进行下一步季铵化反应。通过与三甲胺的取代反应将前体聚合物侧链上的溴戊基转化为三甲基戊基溴化铵，得到季铵化聚合物（图 5-12）。所制得阴离子交换膜表

现出了高达 122mS/cm 的高氢氧根离子电导率，在 80℃ 1mol/L NaOH 水溶液中浸泡 30 天后膜的离子交换容量没有发生任何变化，显示出非常好的碱稳定性。

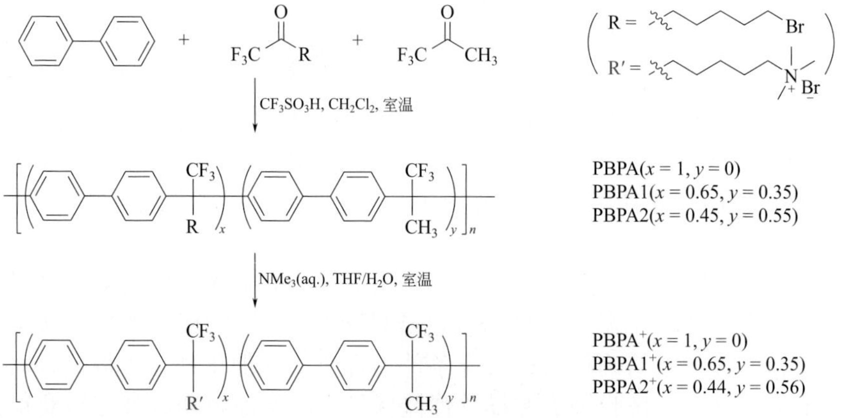

图5-12　超强酸催化法制备阴离子交换膜的合成路线[6]

Patric Jannasch 等 [15] 于 2018 年首先想到将哌啶环加入超强酸催化的阴离子交换膜主链结构中，他们制备并研究了一系列不含任何碱敏感芳醚键或苄基位点的聚（亚芳基哌啶鎓）来作为碱性燃料电池的阴离子交换膜。他们利用三氟甲磺酸的超亲电性来活化 *N*- 甲基 -4- 哌啶酮，将其和联苯或三联苯缩聚，合成中等分子量的聚（亚芳基哌啶），随后分别通过与几种烷基卤化物的门舒特金反应制备基于哌啶环的季铵化阴离子交换膜（图 5-13）。该膜表现出极好的性能，在 60℃ 1mol/L NaOH 水溶液中放置 15 天后没有发生降解，在 90℃ 1mol/L NaOH 水溶液中放置 15 天后离子损失仅为 5%。作者将更长的烷基链引入哌啶鎓阳离子以减少水吸收以期获得更高的电导率，但他们进一步发现较长的 *N*- 烷基侧链（丁基到辛基）的存在会促进霍夫曼开环消除反应，并且降解速率随着烷基链长度的增加而增加。

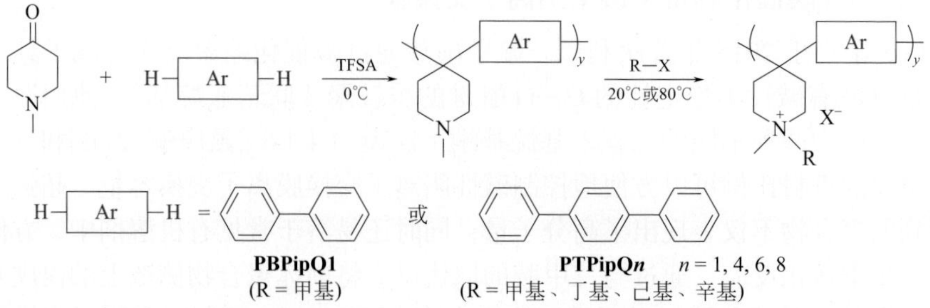

图5-13　基于联苯或对三联苯并带有不同烷基侧链的聚（亚芳基哌啶）的合成路线[15]

在该基础上，Patric Jannasch 等[16]继续在哌啶环上引入环季铵化。他们首先利用超强酸介导的傅-克缩聚反应制备前体共聚物。在下一步中，直接在共聚物主链上的二级哌啶环使用不同链长的二溴烷烃进行环季铵化以产生 *N*-螺环季铵阳离子，制得基于这些共聚物的碱性阴离子交换膜（图 5-14）。该膜显示出极其优异的热稳定性和碱稳定性。

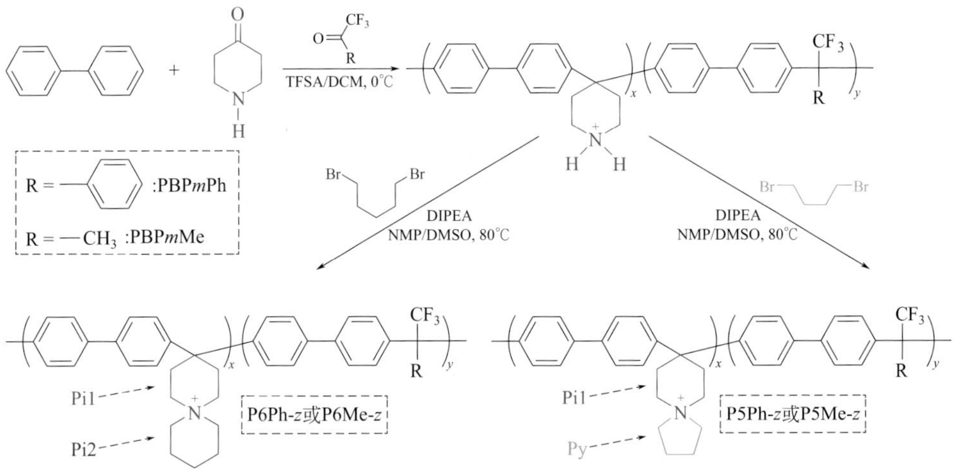

图5-14　在哌啶环上引入环季铵化制备阴离子交换膜的合成路线[16]

Patric Jannasch 等[17]在 2019 年进一步系统地改变了阳离子和主链聚合物的结构，他们将 4-苄基哌啶基团通过 Suzuki 偶联反应附接在间三联苯上，将其和三氟苯乙酮单体进行超强酸介导的缩聚反应，成功制备了一系列聚（三联苯亚烷基）（图 5-15）。联苯和三氟酮单体与哌啶酮功能化的合成可以系统性地改变阳离子的类型和位置以及主链聚合物的刚度。所有设计制备的阴离子交换膜都显示出了高碱稳定性。

## 2．超强酸催化制备侧链型阴离子交换膜

Patric Jannasch 等[18]进一步报告了无芳基醚的 2,7-二苯基芴基共聚物，他们首先通过 Suzuki 偶联在 9,9-双（6-溴己基）-芴单体上接上两个苯环以增加聚合物骨架的刚性强度，然后将偶联后的芴基单体与三氟苯乙酮进行傅-克缩聚反应，得到聚合物后分别将奎宁环阳离子、*N*-甲基哌啶和三甲胺与己基溴相连，进行季铵化反应，制得阴离子交换膜（图 5-16）。

尽管超强酸催化制备的阴离子交换膜取得了较好的性能，S.Maurya 等[19]认为阴离子交换离聚物应该对催化剂有最小吸附和高氧化稳定性，但是大多数芳基阴离子交换离聚物都表现出高苯基吸附，例如聚（芳基哌啶）均聚物离聚物等。

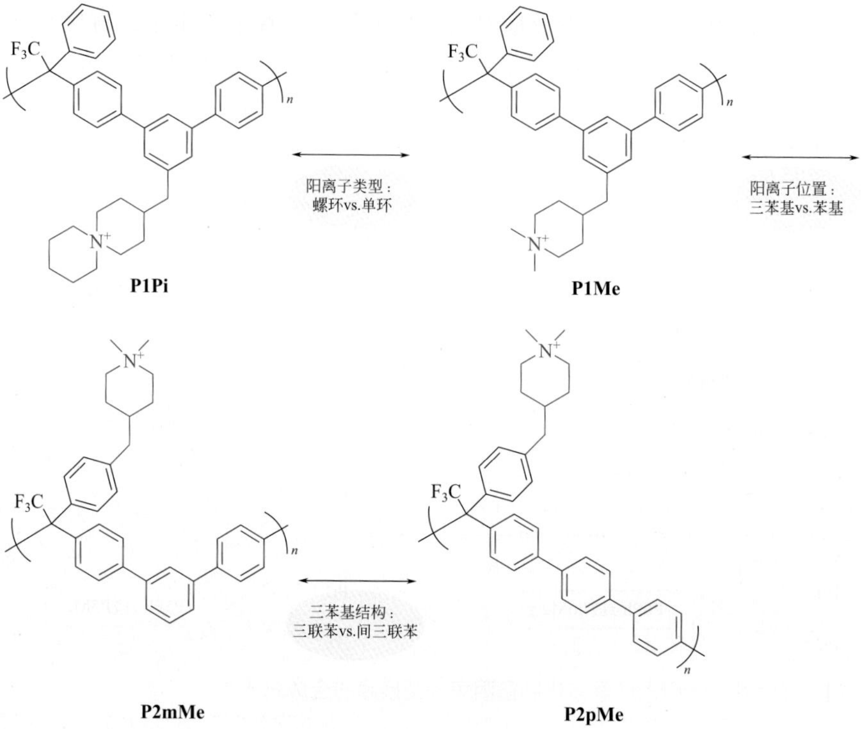

P1Pi

阳离子类型：
螺环vs.单环

P1Me

阳离子位置：
三苯基vs.苯基

P2mMe

三苯基结构：
三联苯vs.间三联苯

P2pMe

图5-15 阳离子和主链聚合物在分子设计方面的不同变化[17]

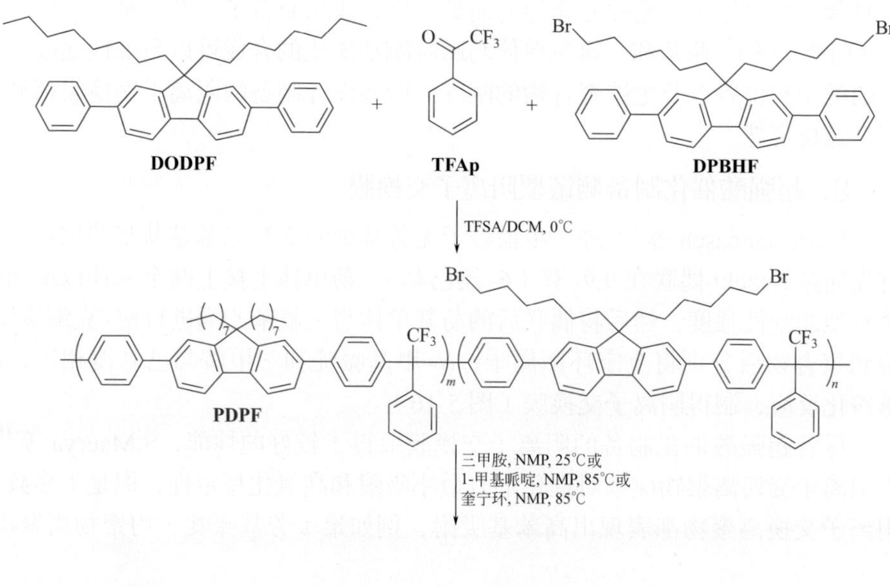

DODPF + TFAp + DPBHF

TFSA/DCM, 0℃

PDPF

三甲胺, NMP, 25℃或
1-甲基哌啶, NMP, 85℃或
奎宁环, NMP, 85℃

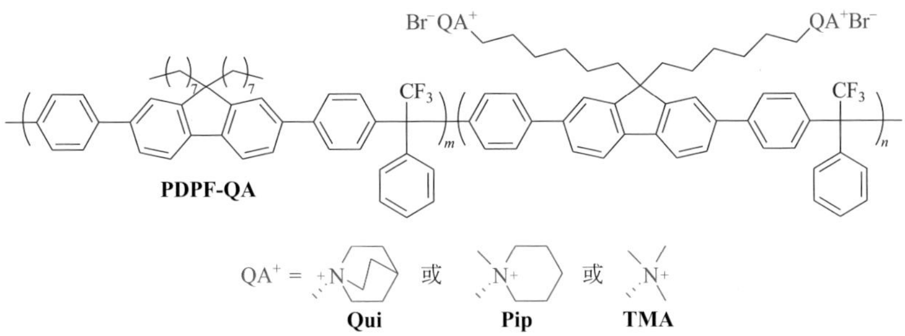

图5-16　无芳基醚的2,7-二苯基芴基共聚物的合成路线图[18]

Young Moo Lee等[20]提出了含脂肪链的聚（二苯基三联苯基哌啶）共聚物，以减少苯基含量和阴离子交换离聚物的吸附，并提高阴离子交换膜的机械性能。他们利用三氟甲磺酸将对三连苯、二苯乙烷和*N*-甲基哌啶酮进行傅-克缩聚反应得到聚（二苯基三联苯基哌啶）（图5-17）。制得的阴离子交换膜具有优异的机械性能，同时，该膜电导率在80℃下可以高达166mS/cm。

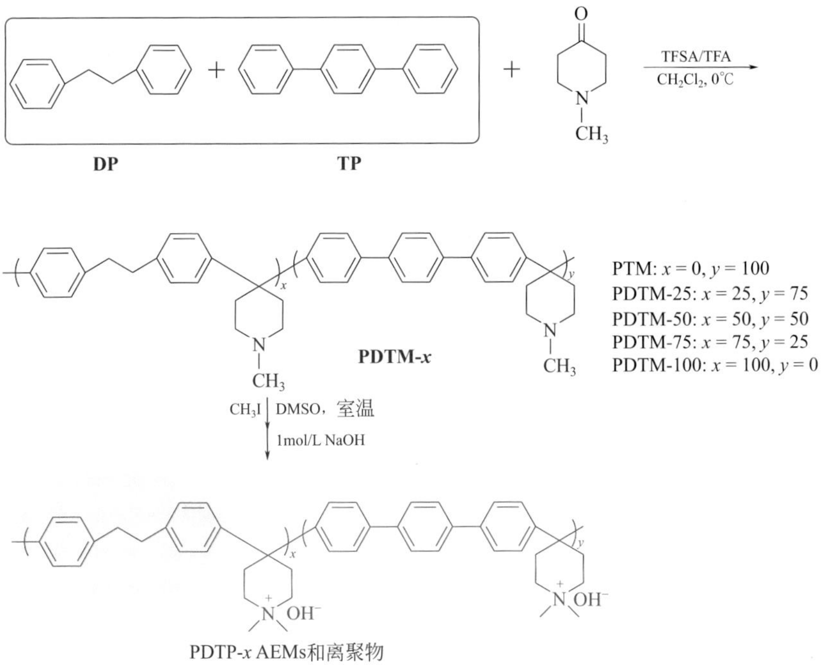

图5-17

PTP的IEC: 2.61mmol/g
PDTP-25的IEC: 2.80mmol/g
PDTP-50的IEC: 2.94mmol/g
PDTP-75的IEC: 3.10mmol/g

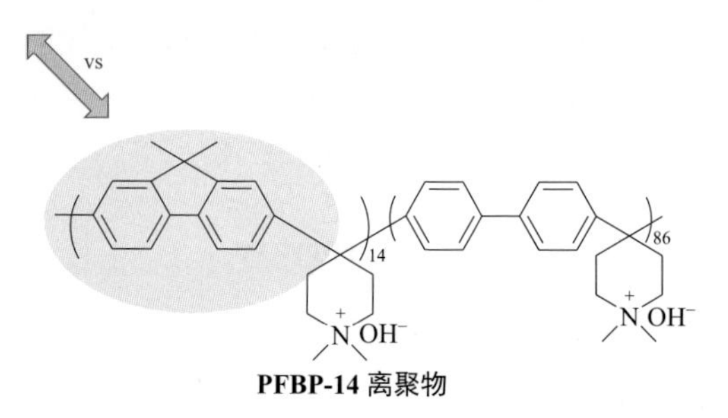


参比

图5-17 脂肪链主链的聚（芳基哌啶鎓）的合成路线[20]

在此基础上，Young Moo Lee 等[21]进一步提出了用于阴离子交换膜的聚（芴基芳基哌啶鎓）共聚物，作者在该共聚物中加入芴链段以期改善阴离子交换膜的刚性和相分离形态，以提高尺寸稳定性和离子电导率。此外，具有刚性芴基团的阴离子交换离聚物有望提高水蒸气渗透率（或水扩散率）并降低苯基吸附效果。他们将联苯 / 对三连苯、芴和 *N*- 甲基哌啶酮进行傅 - 克缩聚反应得到聚（芴基芳基哌啶）（图 5-18）。制得的阴离子交换膜在 98℃下具有 208mS/cm 的极高的 $OH^-$

(a)

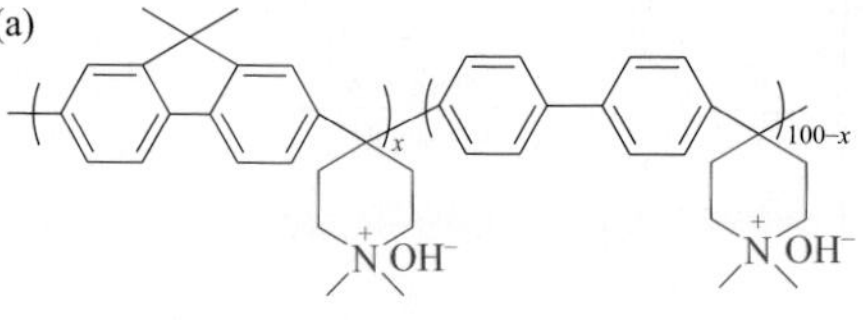

x　100−x　N OH⁻　N OH⁻

**PFBP-*x***: 刚性且高透水性的离聚物
中分子量

PFBP-0的IEC: 3.52mmol/g, [$\eta$]: 5.23dL/g
PFBP-14的IEC: 3.43mmol/g, [$\eta$]: 2.34dL/g
PFBP-30的IEC: 3.35mmol/g, [$\eta$]: 1.16dL/g
PFBP-50的IEC: 3.27mmol/g, [$\eta$]: 0.48dL/g

(b)

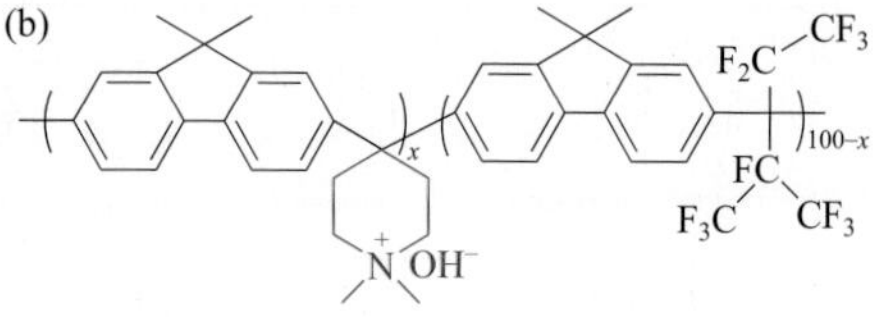

x　$F_2C$　$CF_3$　100−x　FC　$F_3C$　$CF_3$　N OH⁻

**PFPN-*x***: 刚性低分子量的离聚物

PFPN-100的IEC: 3.09mmol/g, [$\eta$]: 0.28dL/g
PFPN-85的IEC: 2.86mmol/g, [$\eta$]: 0.38dL/g

(c)

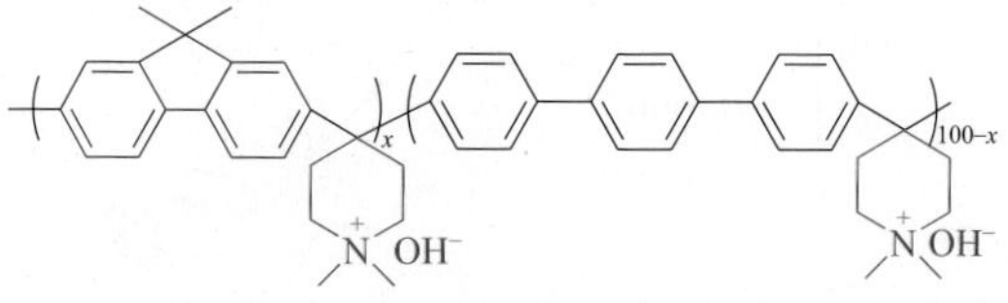

x　100−x　N OH⁻　N OH⁻

**PFTP-*x***: 刚性且强韧的离子交换膜
高分子量

PFTP-0的IEC: 2.78mmol/g, [$\eta$]: 4.88dL/g
PFTP-13的IEC: 2.81mmol/g, [$\eta$]: 4.08dL/g

图5-18 聚（芴基芳基哌啶鎓）共聚物的合成路线[21]

电导率，该膜也表现出优异的机械性能和碱稳定性，其拉伸强度高达 84.5MPa，在 80℃ 1mol/L NaOH 水溶液中浸泡 2000h 后仅有不到 3% 的离子电导率损失。

国内也有许多学者开始利用超强酸催化来制备高性能的阴离子交换膜。李南文等[22] 发现带有大量咪唑阳离子基团和含芴聚合物主链的膜具有长期碱稳定性，他们将季铵基团和咪唑连接到长侧链型含芴聚合物主链上，并研究了使用这些聚合物制备的阴离子交换膜的碱稳定性。作者将联苯、长链芴烷基和三氟丙酮进行傅 - 克缩聚反应，再与三甲胺 / 咪唑等进行季铵化反应得到阴离子交换共聚物（图 5-19）。制得的阴离子交换膜在室温下就可以达到 80mS/cm 的高电导率；此外，该膜也表现出优异的碱稳定性，在 80℃ 2mol/L NaOH 水溶液中浸泡 30 天后几乎没有离子电导率损失。

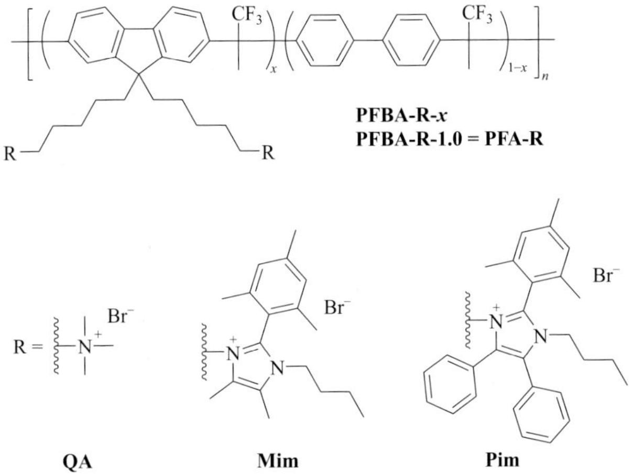

图5-19　含芴聚合物主链的阳离子聚合物[22]

李南文等[23] 还将对三联苯、靛红和 *N*- 甲基 -4- 哌啶酮进行超强酸催化的傅 - 克缩聚反应，后与碘甲烷进行季铵化制得阴离子交换离聚物（图 5-20）。制得的阴离子交换膜在 20℃时最高的氢氧化物电导率可以达到 64.4mS/cm，在 80℃时可以达到 128.9mS/cm，在 80℃ 1mol/L NaOH 水溶液中浸泡超过 300h 后离子电导率损失小于 10%。

此后，李南文等[24] 发现当烷基侧链直接置于主链上时，具有高导电性和耐久性的梳状阴离子交换膜会使碱性燃料电池输出性能提高。他们提出了一种新型梳状聚（亚芳基吲哚哌啶鎓）共聚物，目的是提高电导率和保持碱稳定性，其中疏水性烷基侧链直接固定在无芳基醚主链上。他们将对三联苯、不同链长的烷基官能化靛红和 *N*- 甲基 -4- 哌啶酮进行超强酸催化的傅 - 克缩聚反应，后进行季铵化得到梳状聚（亚芳基吲哚哌啶鎓）共聚物，直接连接到骨架上的疏水烷基侧链不仅负责诱导微相分离，而且有望保持哌啶阳离子的优异稳定性（图 5-21）。该阴离子交换膜在 80℃下氢氧根的电导率可以达到 134.5mS/cm；在 80℃ 1mol/L NaOH 水溶液中浸泡 1200h 后仍保留了超过 80% 的初始电导率。

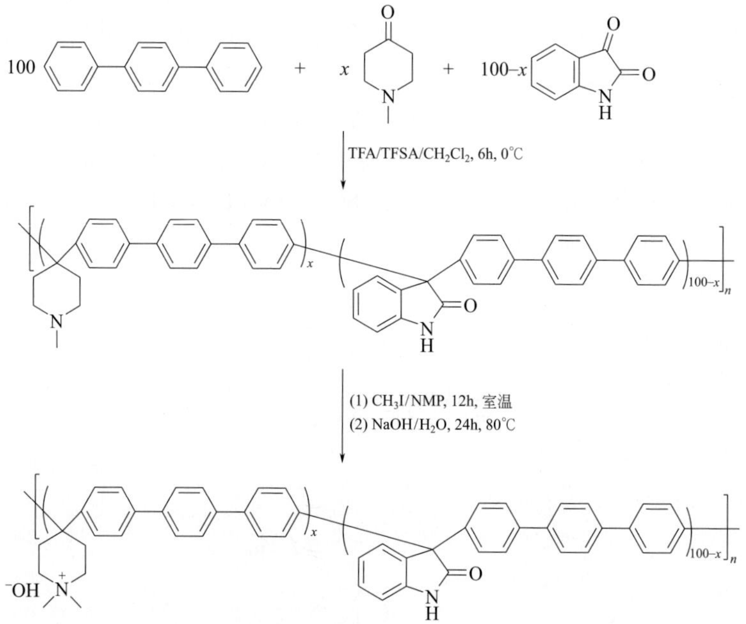

100 + x + 100−x

TFA/TFSA/$CH_2Cl_2$, 6h, 0℃

**PTPip-*x***

(1) $CH_3I$/NMP, 12h, 室温

(2) NaOH/$H_2O$, 24h, 80℃

**PTP-*x***

图5-20 含靛红主链的聚（芳基哌啶鎓）的合成路线[23]

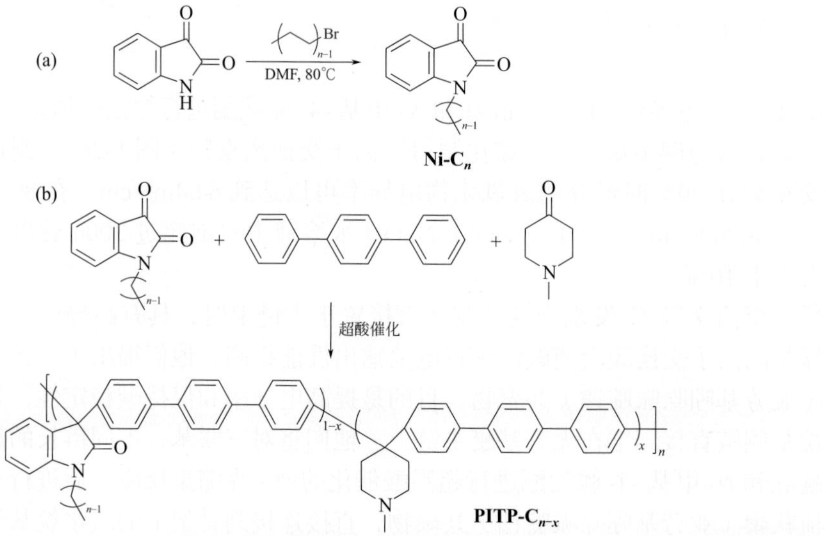

(a) DMF, 80℃ **Ni-C*n***

(b) 超酸催化

**PITP-C*n-x***

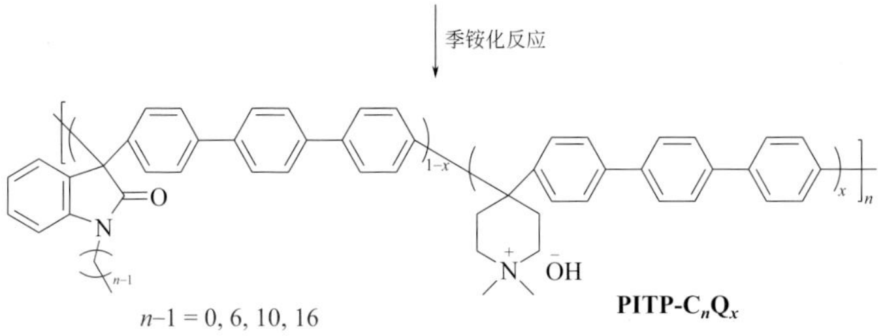

季铵化反应

$n-1 = 0, 6, 10, 16$

PITP-$C_nQ_x$

图5-21 烷基官能化靛红主链的聚（芳基哌啶）的合成路线[24]

### 3．亲疏水相构筑调控膜内微观形貌

朱红等也在不断通过新的设计解决超强酸催化制备阴离子交换膜所存在的问题，在结构上做创新，优化离子交换膜的性能。一般认为交联可以有效优化阴离子交换膜性能，然而，具有疏水结构的普通交联剂会使阴离子交换膜脆化，膜的性能反而会变差。朱红等[25]通过嵌入柔性阳离子交联剂，设计并制备了一系列可调的多阳离子交联聚（联苯哌啶）膜，并且发现当柔性交联剂中阳离子基团之间的烷基间隔基数为 5 或 6 时，可以实现最佳性能。他们将联苯和 *N*- 甲基 -4- 哌啶酮进行超强酸催化的傅 - 克缩聚反应得到聚合物，将该聚合物与 1,16- 二溴 -5,11-（*N*,*N*- 二甲基铵）十六烷溴化物进行季铵化得到交联型多阳离子聚（联苯哌啶鎓）共聚物（图 5-22）。这些具有柔性长阳离子链的交联膜离子电导率在 80℃下可以达到 155mS/cm，在 80℃ 2mol/L NaOH 水溶液中可以稳定存在超过 1800h。这可能是因为膜的良好的微相结构提高了离子传输效率和耐久性，这些膜也表现出良好的尺寸稳定性和机械性能，并且可以折叠成多种形状，促进了它们的工业化应用。

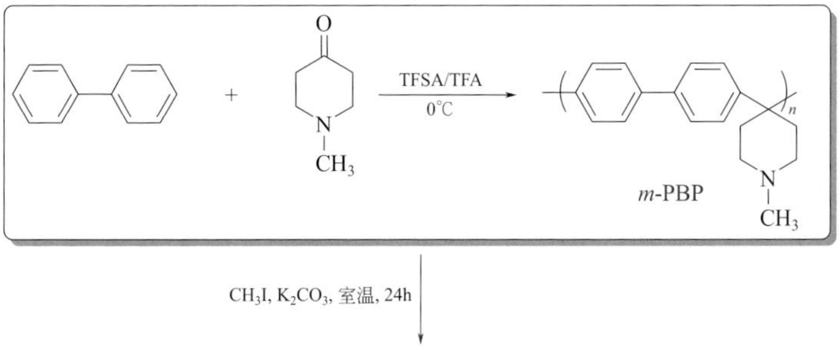

TFSA/TFA

0℃

*m*-PBP

$CH_3I$, $K_2CO_3$, 室温, 24h

图5-22

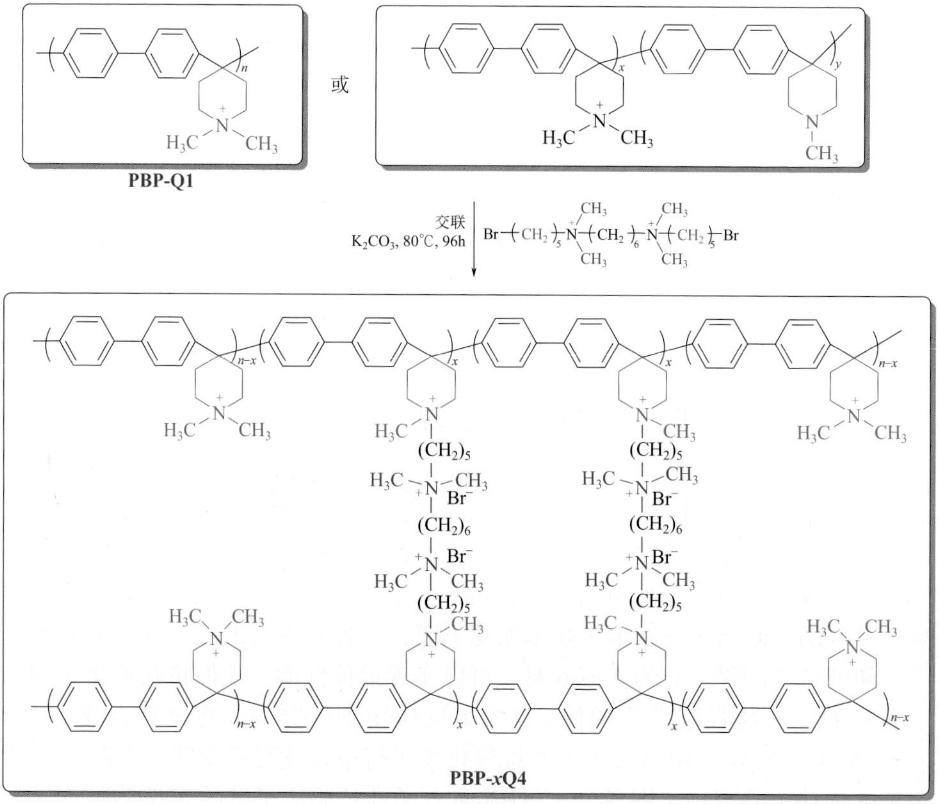

图5-22　交联型多阳离子聚（联苯哌啶镓）共聚物的合成路线[25]

螺环结构膜的碱稳定性一般较好，但由于螺环刚性过强，尺寸稳定性差，放在膜中分子量难以增长且制备出的膜过脆。针对这一问题，朱红等[26]将部分交联聚（联苯哌啶）链段引入聚合物骨架中以改善成膜性能并优化膜的微相分离，显著提高了膜的离子电导率和尺寸稳定性（图 5-23）。交联后的膜在 80℃离子电导率可以达到 116.1mS/cm，在 80℃ 3mol/L NaOH 水溶液中表现出超过 2000h 的碱稳定性。

朱红等[27]发现间三联苯由于其空间扭转构型作为聚合物单体时可以有效调节阴离子交换膜的形态和性质。他们将间三联苯、三氟苯乙酮和 *N*- 甲基 -4- 哌啶酮进行超强酸催化的傅 - 克缩聚反应，后与 5- 溴 -*N*,*N*,*N*- 三甲基戊烷 -1- 溴化铵进行季铵化得到聚（间三联苯哌啶）共聚物，由于共聚物的自组装，这些具有折叠和扭转结构主链的多阳离子侧链被多阳离子侧链束缚，形成了良好的微相分离形态（图 5-24）。所得的阴离子交换膜在 80℃时离子电导率高达 164mS/cm；此外，稳定的哌啶阳离子和长烷基间隔链有助于提高膜的碱稳定性，浸泡在 80℃ 2mol/L NaOH 水溶液中 1500h 后，膜的离子电导率和离子交换容量分别仅降低 11.67% 和 12.73%。

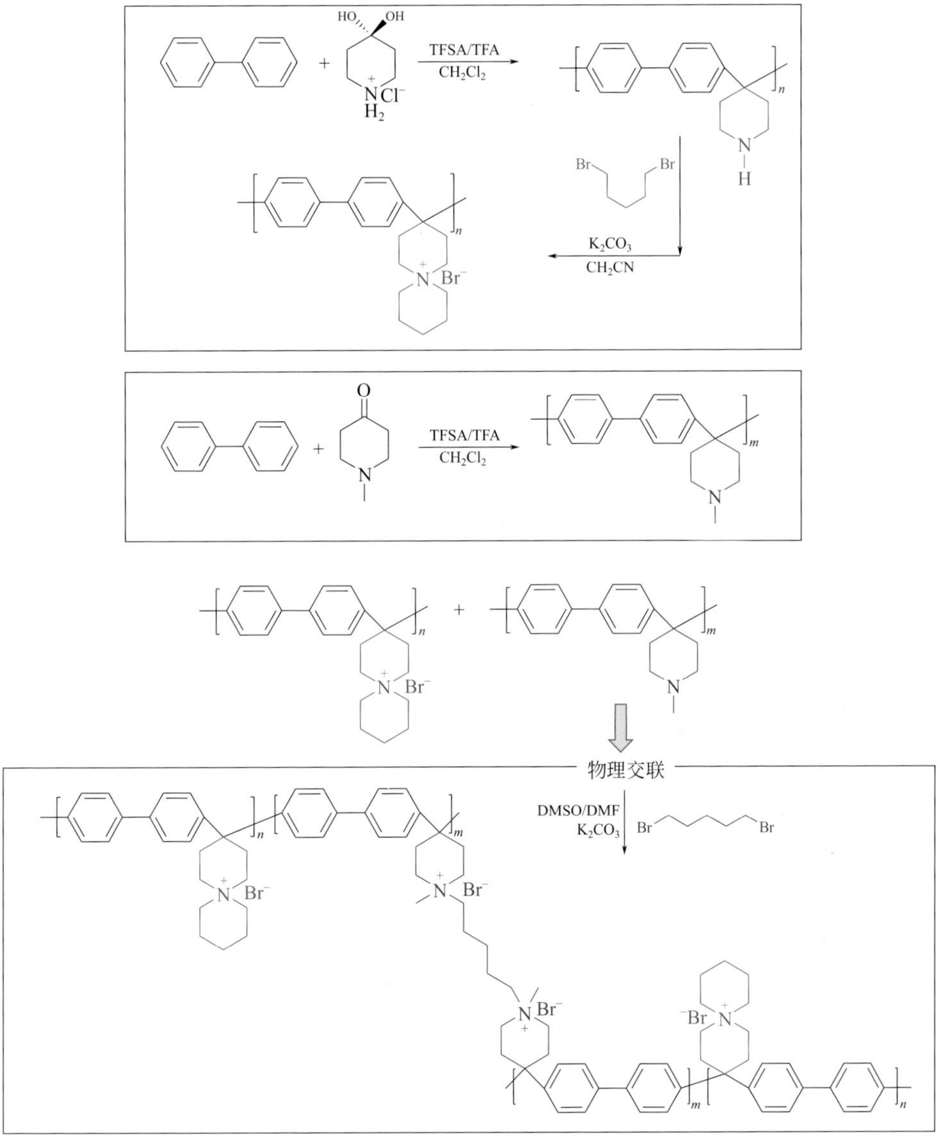

图5-23　部分交联型聚（联苯哌啶螺环）共聚物的合成路线[26]

氮杂螺环阳离子是耐碱稳定性最好的阳离子之一。朱红等[28]合成并研究了在侧链上接枝了不同比例的氮杂螺环阳离子的聚（联苯哌啶基）阴离子交换膜，膜的溶胀率和含水率会受到分子量的限制，此外增加侧链氮杂螺环阳离子的接枝

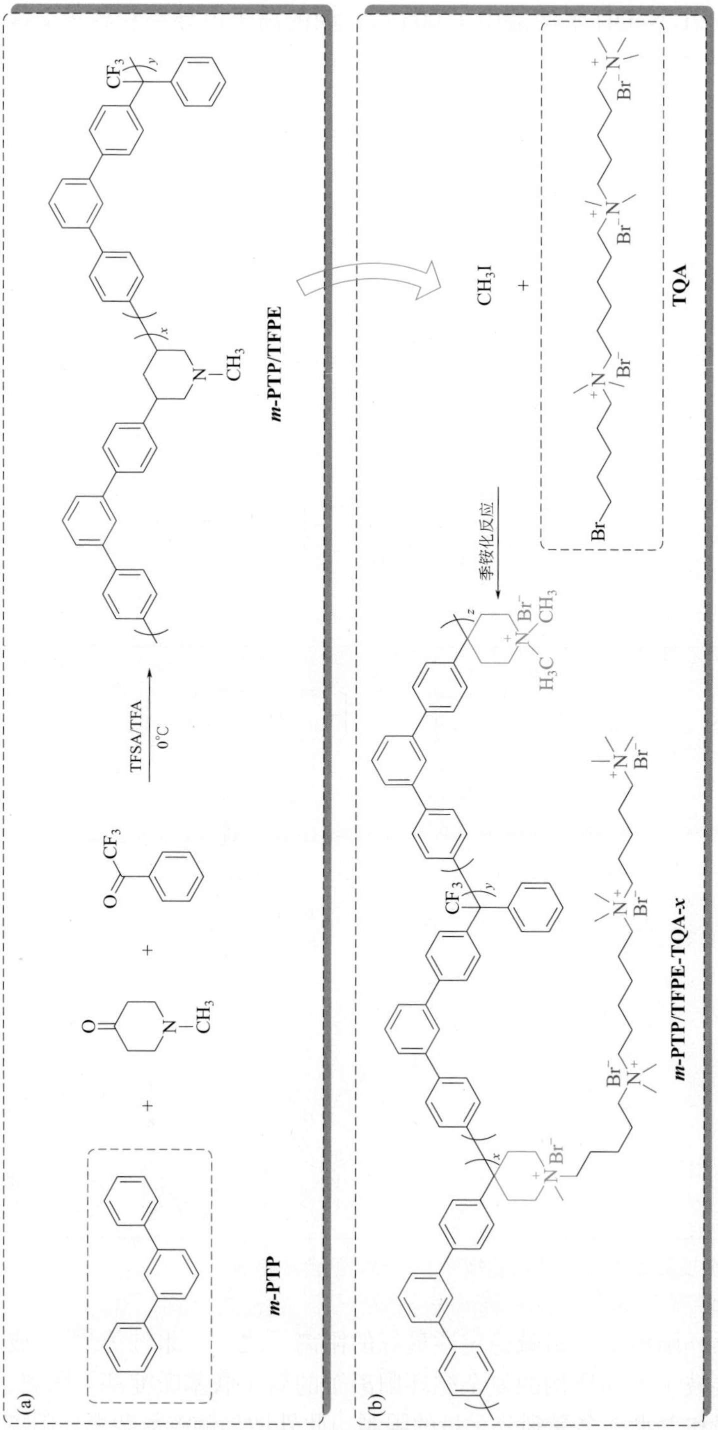

(a)

m-PTP + $CH_3$ + CF$_3$ —TFSA/TFA, 0°C→ m-PTP/TFPE

(b)

m-PTP/TFPE → $CH_3I$ + TQA —季铵化反应→ m-PTP/TFPE-TQA-x

图5-24 聚（间三联苯哌啶鎓）共聚物的合成路线[27]

率会增加膜的溶胀率和含水量，并且离子电导率先增加后减小，适当接枝侧链氮杂螺环阳离子可以有效改善亲水 - 疏水微相分离结构。他们将联苯和 *N*- 甲基 -4- 哌啶酮进行超强酸催化的傅 - 克缩聚反应，后与 3-［3-（哌啶 -4- 基）丙基］-6- 氮杂螺［5.5］十一烷 -6- 溴化鎓进行季铵化得到侧链不同接枝氮杂螺环阳离子比例的聚（联苯哌啶螺环）阴离子交换膜（图 5-25）。该膜在 80℃时离子电导率可以达到 117.43mS/cm，在 80℃ 2mol/L NaOH 水溶液中浸泡 1400h 后降解率小于 14%，表现出较好的碱稳定性。总的来说，这项研究提供了一种降低膜的溶胀率和含水率以及提高碱稳定性氮杂螺环基阴离子交换膜离子电导率的方法。

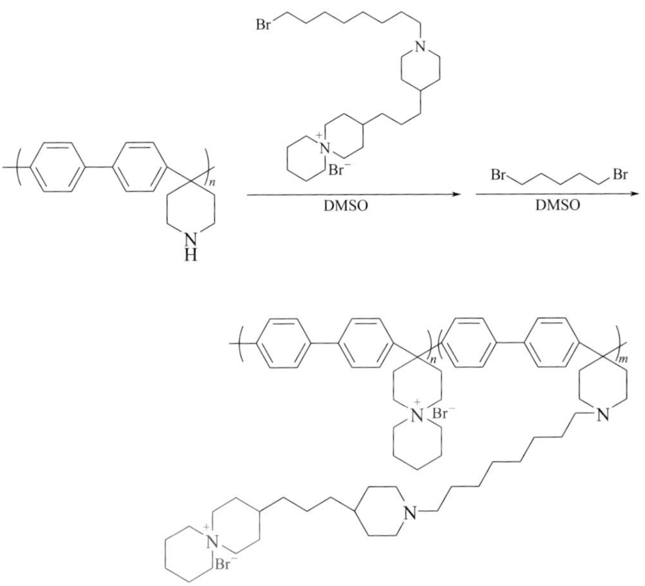

图5-25　部分侧链接枝氮杂螺环的聚（联苯哌啶螺环）共聚物的合成路线[28]

### 4．次级相互作用诱导自组装聚集

为了制备具有高导电性和碱稳定离子通道的阴离子交换膜（AEMs），徐铜文课题组张建军等[29]报告了一种具有最佳碱稳定性的自聚集侧链设计策略，该策略在阳离子侧链中插入双极性环氧乙烷（EO）间隔体（图 5-26）。他们精确操纵聚电解质自组装过程，以形成所需的具有离子传导通道的微结构，这对燃料电池、液流电池和电渗析等领域都具有重要意义。仿真和纳米尺度显微镜分析验证了具有阳离子 - 偶极作用的柔性侧链的自组装过程，该策略构建了快速水离子运输的相互连接的离子传输通道。制备的 O-PDQA 碱性膜具有较高的 $OH^-$ 电导率（在 80℃时为 106mS/cm）。

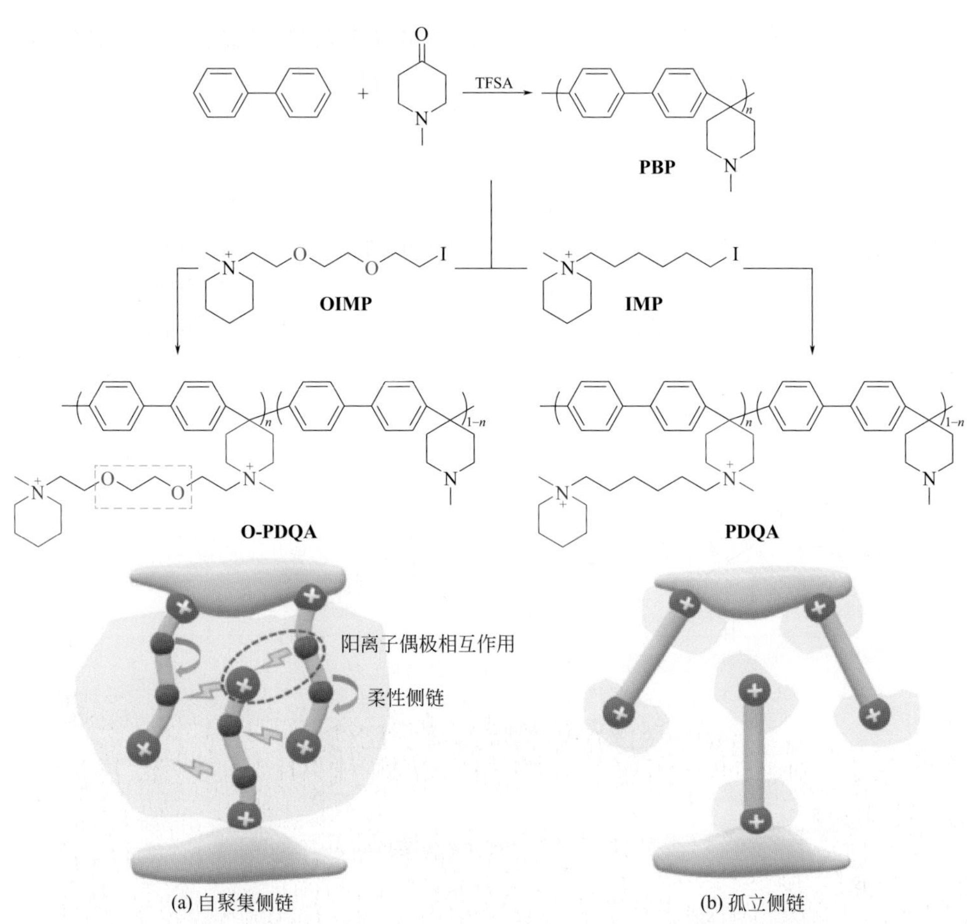


图5-26　O-PDQA（由于阳离子-偶极作用，侧链自聚集）和PDQA（孤立侧链）的合成路线。示意图显示了自聚集侧链的作用，它可以促进聚集导电区域的形成[29]

PDQA 的 TEM 和 AFM 相图为离子团簇的存在提供了明显的证据。在 O-PDQA 的 TEM 图像中，聚集的离子团簇（暗区）渗透到聚合物主链的疏水相（光区）。分频模式的 AFM 相位图像也显示了相互连接的离子团簇（约 $d$=7nm）的相分离形态［图 5-27（e）］。而 PDQA 由于自组装能力较差，没有明显的微相分离［图 5-27（d）］。离子团簇分散在聚合物基体中并相互分离。在 PDQA 的 AFM 图像［图 5-27（f）］中，没有发现明显的相位差。这些结果突出了 EO 段通过提供阳离子 - 偶极作用和提高侧链流动性在促进相分离中的作用。

为了研究自聚集侧链对离子传输的有利影响，将 O-PDQA 与 PDQA 的氢氧电导率进行了比较。在相似的 IEC 条件下，在整个温度范围内（30 ～ 80℃），O-PDQA 的离子电导率高于 PDQA。良好的离子通道结合亲水性 EO 间隔参与的氢键网络有助于离子和水的快速传输。为了评价制备的 AEMs 的长期碱稳定性，将 O-PDQA 和 PDQA 膜在 80℃下在 2mol/L NaOH 溶液中浸泡 1080h。在 1080h 内，O-PDQA 和 PDQA 都保持了较高的氢氧电导率，证明其有优异的碱稳定性。其中，O-PDQA 膜的电导率保持率为 96%，略高于 PDQA(93.2%)。如图 5-28 所示。

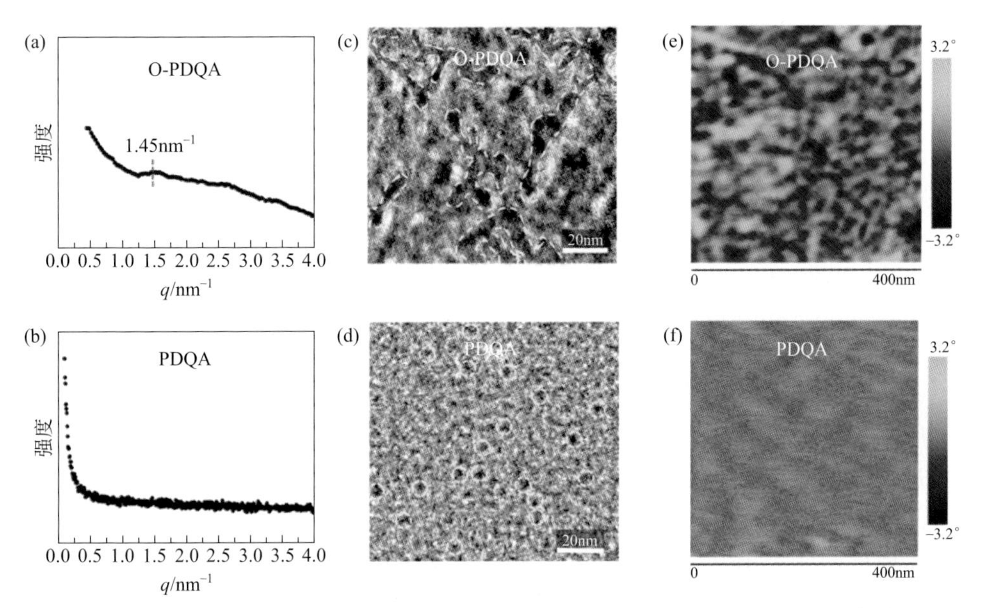


图5-27 碱性膜样品的微观结构表征：（a）O-PDQA (IEC 1.93mmol/g)和（b）PDQA (IEC 1.98mmol/g) AEMs的SAXS光谱；（c）O-PDQA和（d）PDQA的TEM图像，其中亮区和暗区分别对应疏水主链和亲水QA离子簇；（e）O-PDQA和（f）PDQA膜的AFM相图[29]

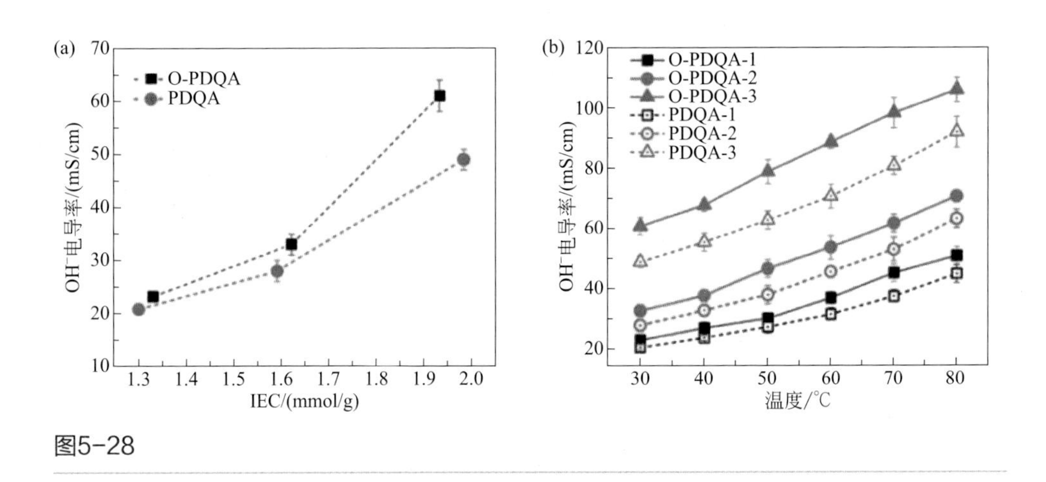


图5-28

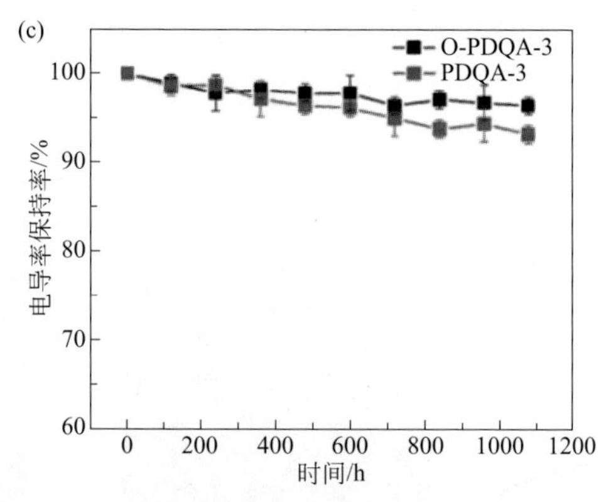


**图5-28** （a）30℃下不同IEC的O-PDQA和PDQA膜的$OH^-$电导率；（b）随温度升高，O-PDQA和PDQA膜的$OH^-$电导率；（c）不同时间间隔下O-PDQA和PDQA膜在80℃2mol/L NaOH溶液中浸泡的电导率保留[29]

徐铜文课题组[30]还制备了一系列具有无芳醚聚合物骨架的AEMs，如图5-29所示，该骨架具有长链柔性含烷氧基双哌啶阳离子侧链和额外的疏水烷基链，通过长疏水烷基间隔体将可旋转的亲水阳离子链接枝到无芳醚主链上。使用长疏水间隔剂的好处有两个。第一，间隔剂可以使阳离子链远离主链，减轻主链对阳离子链的限制。第二，远离阳离子链的未反应疏水间隔物可以进一步驱动亲水离子簇的聚集。这种协同效应可以加速自聚集过程，形成所需的离子通道进行快速离子转移。同时，采用哌啶阳离子和无芳醚主链保证碱稳定性。多种形态分析证实，这种结构可以促进阳离子基团的自组装。如图5-30所示，由于增强的灵活性和功能侧链之间的相互作用，所制得的AEMs有很好的自组装能力和离子传导率。AEMs中的氢氧根离子可以在空气中通过化学反应转化为碳酸氢盐或碳酸盐。因此，作者还测量了碳酸氢盐和氯化物形式的AEMs的离子电导率。在80℃时，$HCO_3^-$的电导率为62.17mS/cm，$Cl^-$的电导率为55.63mS/cm，与之前报道的工作相比，具有竞争性。因此，该AEMs具有足够的$CO_2$耐受能力，在恶劣环境下具有潜在的应用前景。在2mol/L NaOH中，在80℃下处理超过1000h，离子电导率仍为93.4%，证明其具有优异的碱稳定性。

### 5．阴离子交换膜内微孔形貌构筑

徐铜文课题组[31]通过超强酸催化反应引入扭曲位点设计了一种具有扭曲结构的无芳醚聚合物骨架，并进一步在扭曲节点的位置以C—C键接枝侧链，从而构建了一种新型的全C扭曲骨架AEM。其除了离子交换基团外不含任何杂原子，从而保证膜的优异碱稳定性。此外，由于接枝位点的非共平面结构，使主链骨架扭曲，降低了位阻效应，为侧链提供了更大的可移动空间，提高了侧链的移动能

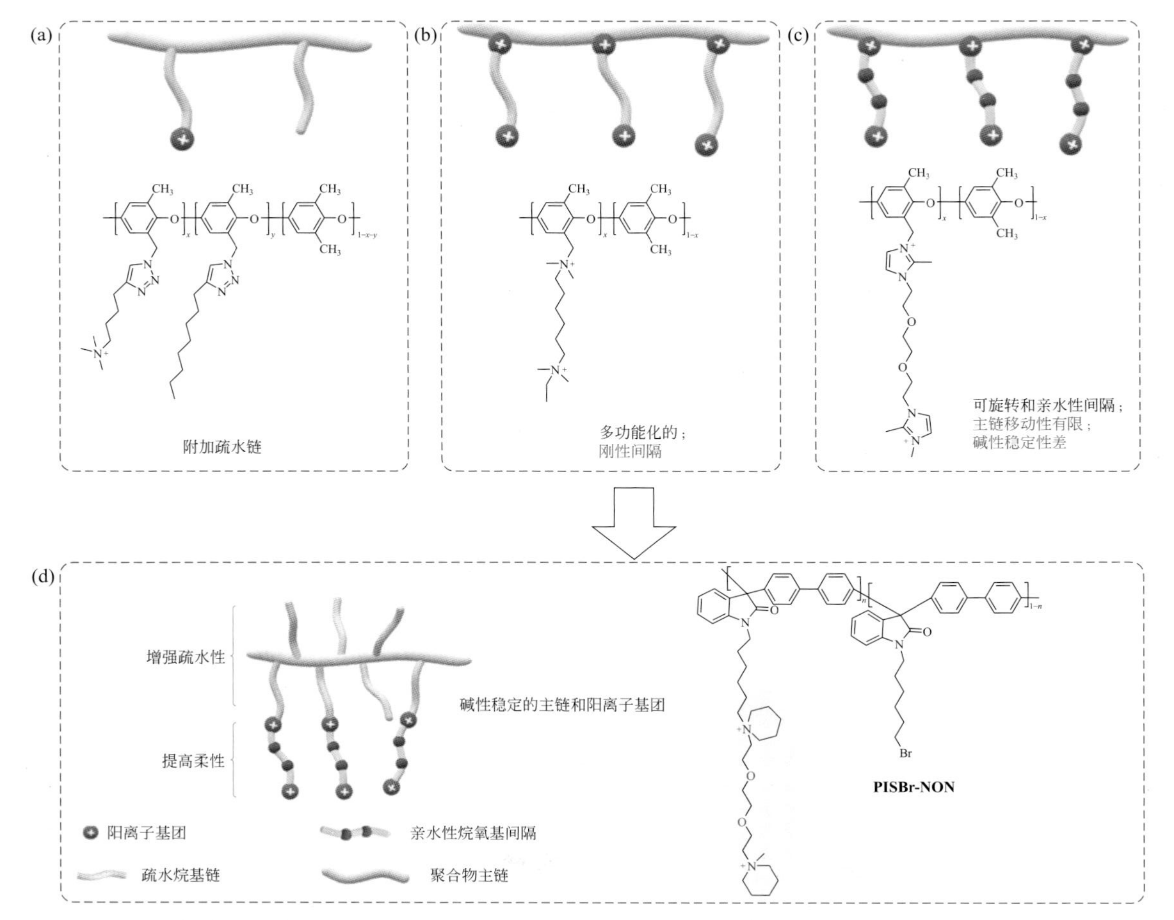


图5-29 （a）附加疏水链接枝AEM；（b）多功能侧链型AEM；（c）可旋转侧链型AEM和（d）本工作中的PISBr-NON AEM的结构和原理图[30]

力，更有利于促进离子交换基团的聚集和离子通道的形成。从而在较低 IEC 下赋予膜优异的电导率。

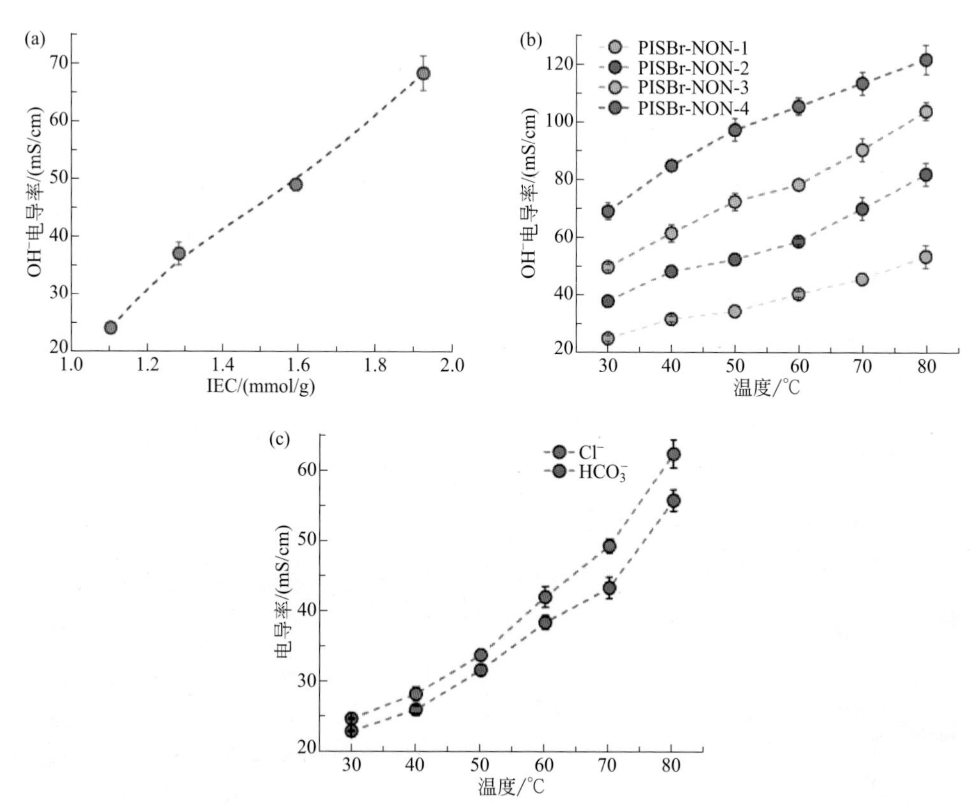


**图5-30** （a）PISBr-NON AEMs在30℃下不同IEC的离子传导率图；（b）不同温度下PISBr-NON (IEC =1.88mmol/g) AEM的离子传导率；（c）不同温度下PISBr-NON (IEC = 1.88mmol/g) AEM的$HCO_3^-$和$Cl^-$传导率[30]

通常情况下，AEM 想要获得高的 $OH^-$ 电导率依赖于足够多的离子交换基团含量（通常以离子交换容量 IEC 来表示），以形成连续的亲水离子通道。然而，随着 IEC 的增加，膜的吸水率和溶胀率通常显著增大。过度的溶胀会导致膜的尺寸稳定性和机械性能的下降，严重影响其应用。因此设法在较低 IEC 水平获得高电导率的 AEM 具有重要意义。本工作所制备的 AEM 均保持在低于 1.5 的较低 IEC 水平。相应的，所制备的膜具有较低的吸水率和优异的尺寸稳定性。如图 5-31 所示，QPS-PB-4 膜在 30℃时的吸水率为 50.2%，所有膜的溶胀率均不超过 10%。另外，即使是在较低 IEC 水平，所制备膜依然表现出出众的氢氧根传导能力。QPS-PB-4 膜在 30℃下表现出 50.1mS/cm 的高电导率，并随温度逐渐增大，在 80℃时可达 94.4mS/cm。这种难得的特性，可能得益于独特的扭曲骨架结构为侧链提供了更大的运动空间，减小了主链对侧链的空间位阻，使得侧链的运动能力增强，功能基团更加容易聚集，因此即使在较低 IEC 下，依然得以形成连续高效的离子传输通道。

为了验证这一猜想，徐铜文课题组分别对接枝在扭曲主链和传统主链上的侧链的摆动能力进行了模拟计算，结果如图 5-31 所示。从蓝色到红色的颜色变化反映了阳离子基团与主链平面之间的角 - 距离的概率密度分布的增加。传统结构和扭曲接枝结构的 $d$ 值变化范围均约为 2Å，表明侧链的折叠行为相似。而扭曲接枝结构的 $\theta$ 值呈约 70° 的大角变化，与传统结构约 30° 形成鲜明对比。这反映了由于扭曲结构带来的低空间位阻而导致的侧链摆动能力的增强。

用原子力显微镜（AFM）观察了制备的 AEMs 的微相分离形貌。如图 5-32（a）、（b）所示，暗区域代表膜表面的亲水域，浅色区域代表疏水域。与计算结果一致，虽然 QPS-PB-4 膜的 IEC 较低，为 1.48mmol/g，但仍表现出相当明显的亲疏水微相分离结构。这一结果是由于扭曲的主链降低了侧链摆动的空间位阻，使离子交换基团更容易聚集。此外，通过对小角 X 射线散射（SAXS）光谱的进一步表征，也得到了同样的结果。

除电导率之外，稳定性是评价 AEMs 的重要指标，包括机械强度、热稳定性，最重要的是在强碱性环境下的化学稳定性。聚合物材料的力学性能如图 5-32（d）所示。可以看出，扭曲的主链 PS-PB 的拉伸强度高达 56.3MPa。经过接枝和功能化后，QPS-PB-4 膜虽然强度略有下降，但仍保持在 45MPa 以上的良好机械强度。不同材料的 TGA 曲线如图 5-32（e）所示。对于 BrPS-PB 和 QPS-PB-4，减重在 100℃以下是由水的蒸发引起的。250 ～ 350℃之间的明显减重对应于侧链和离子交换基团的降解。PS-PB 聚合物在 500℃后显著降解，证明了制备的扭曲主链具有良好的热稳定性。

将膜浸入碱溶液中，评价其在碱性环境中的化学稳定性。如图 5-32（f）所示。QPS-PB-4 膜在 80℃下处理 1800h 后，$OH^-$ 电导率降低不到 8%，具有良好的化学稳定性。这是由于本工作中设计的 AEMs 采用了没有敏感芳基醚键的聚合物。此外，本研究采用的 Suzuki 偶联接枝方法使主链和侧链通过 C—C 键直接连接，避免了传统接枝反应可能产生的苄基和碳基等敏感位点。这种没有任何杂原子的全碳结构赋予了膜良好的耐碱性。

### 6. 阴离子交换膜规模化制备探索

徐铜文课题组利用超强酸催化反应，制备了一款超薄碱性膜。经过多年发展，碱性膜的离子电导率及稳定性已经获得了大幅提升，已经基本满足燃料电池应用需求，为了进一步提升燃料电池性能，尽可能减小膜的厚度被认为是未来发展的

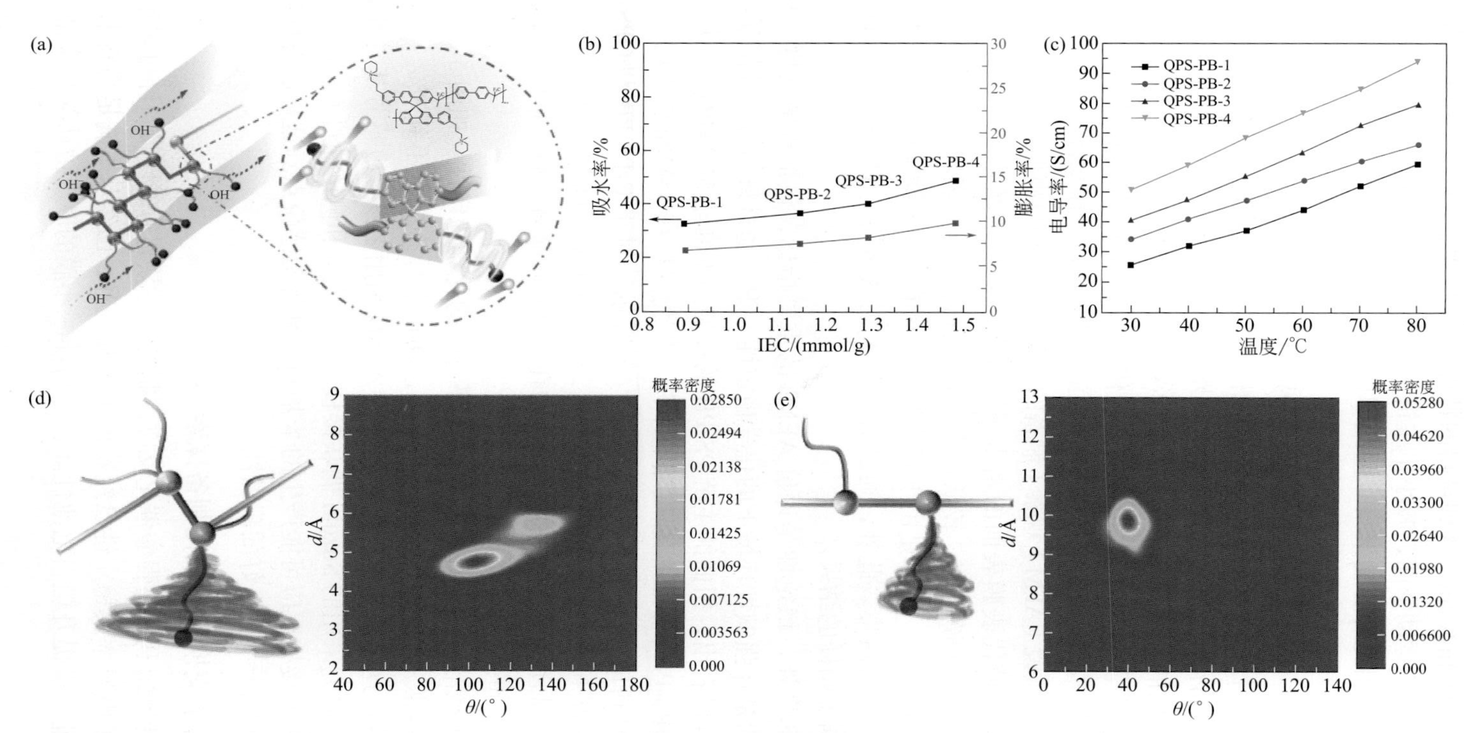


图5-31　（a）QPS-PB膜的传导机理；（b）不同IEC下QPS-PB膜的吸水溶胀；（c）各个IEC下QPS-PB膜的$OH^-$电导率随温度的变化；（d）、（e）扭曲接枝和传统接枝侧链摆动能力的模拟计算[31]

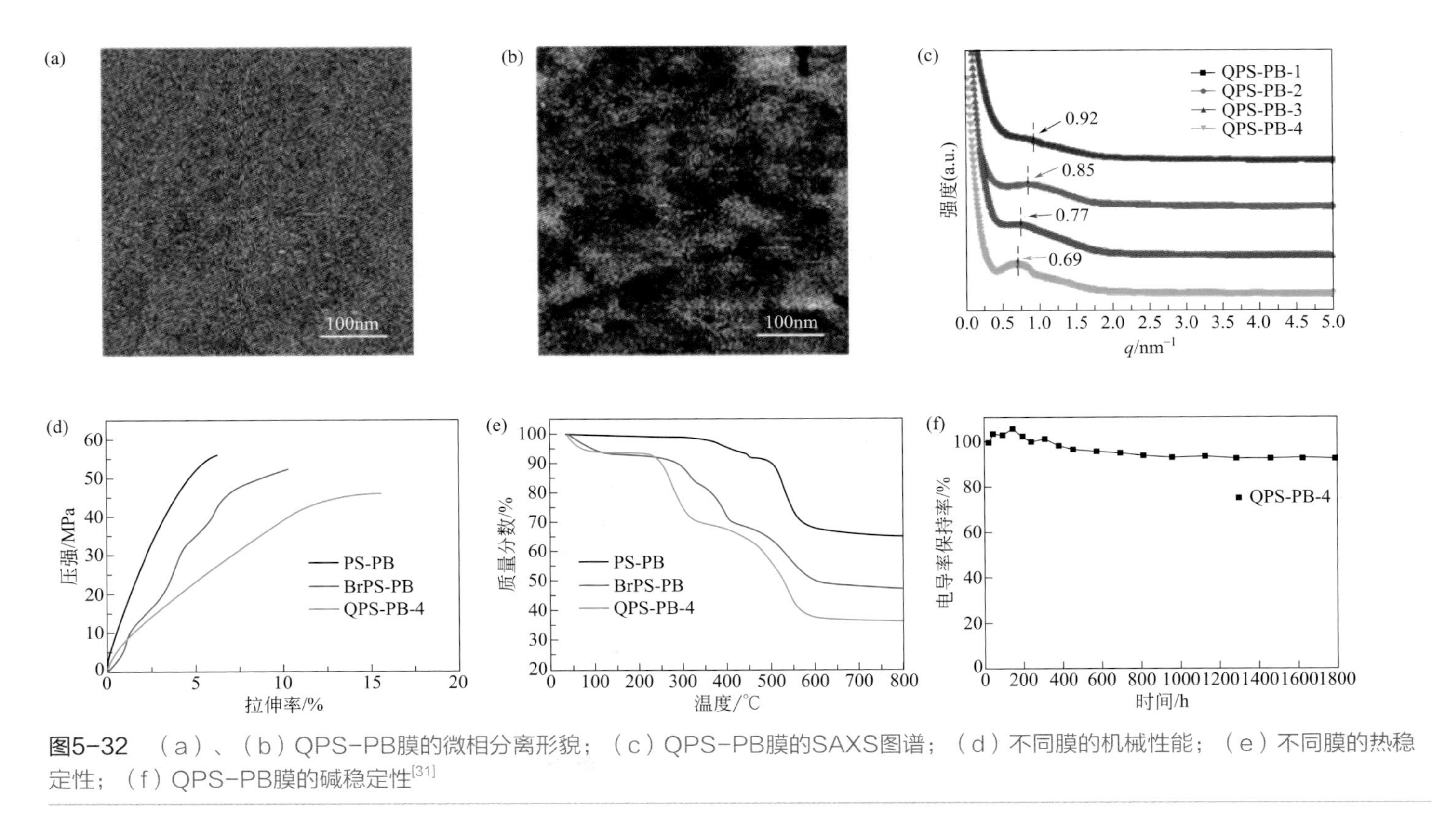


图5-32 （a）、（b）QPS-PB膜的微相分离形貌；（c）QPS-PB膜的SAXS图谱；（d）不同膜的机械性能；（e）不同膜的热稳定性；（f）QPS-PB膜的碱稳定性[31]

重要方向。基于此，徐铜文课题组开发了一款超薄碱性膜（图 5-33）。采用单体聚合物开始，首先制备了一款带有接枝位点的聚合物主链，该聚合物整体不含杂原子，不存在降解基团，可以保证膜基体的化学稳定性。采用叔胺型离子液体进行接枝，制备碱性膜，制备了三种不同功能基团含量的碱性膜材料，分别为 QABP-1（IEC=1.68mmol/g）、QABP-2（IEC=2.01mmol/g）、QABP-3（IEC=2.2mmol/g）。

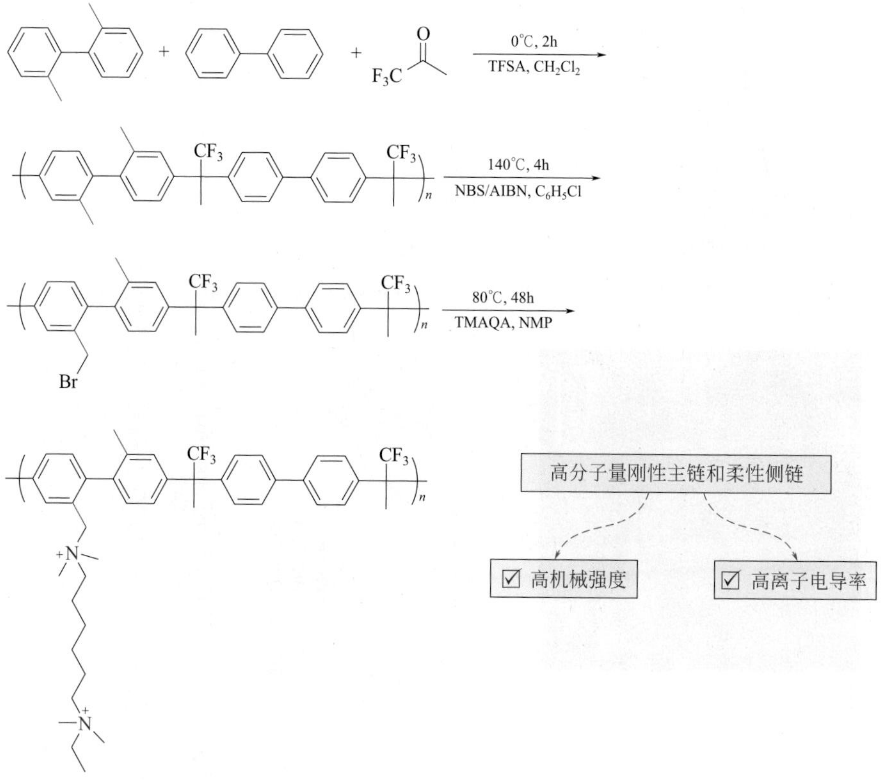

**图5-33** 碱性膜制备合成路线

接着，对所制备的碱性膜产品的形貌进表征，如图 5-34 所示。不同 IEC 的三个膜的 AFM 相图均表现出了明显的相分离形貌，这归功于所制备的高疏水性的主链与强亲水侧链间的极性差异，促使功能基团相对聚集，形成了规整亲水通道。作者进一步采用 TEM 表征膜内部离子簇的聚集行为。在 QABP-1 的 TEM 图像中，离子团簇较小，呈孤立分布。对于 QABP-2，更多的离子团簇被检测到并相互连接形成穿透离子域。随着 IEC 值的进一步增大，在 QABP-3TEM 图像中，离子簇几乎充满整个区域，过大的离子团簇由于后期吸水溶胀较大，对膜性能反而不利，后期的离子电导率等性能测试也证实了这一点。采用SAXS定量测试了膜内形成的亲水离子通道的尺寸，根据计算公式可以得出，三组分膜内的亲水通道区域大小在6.9～9.3nm，其中QABP-2的散射峰最为尖锐，证明该系列膜内的亲水离子通道区域连通性最好。

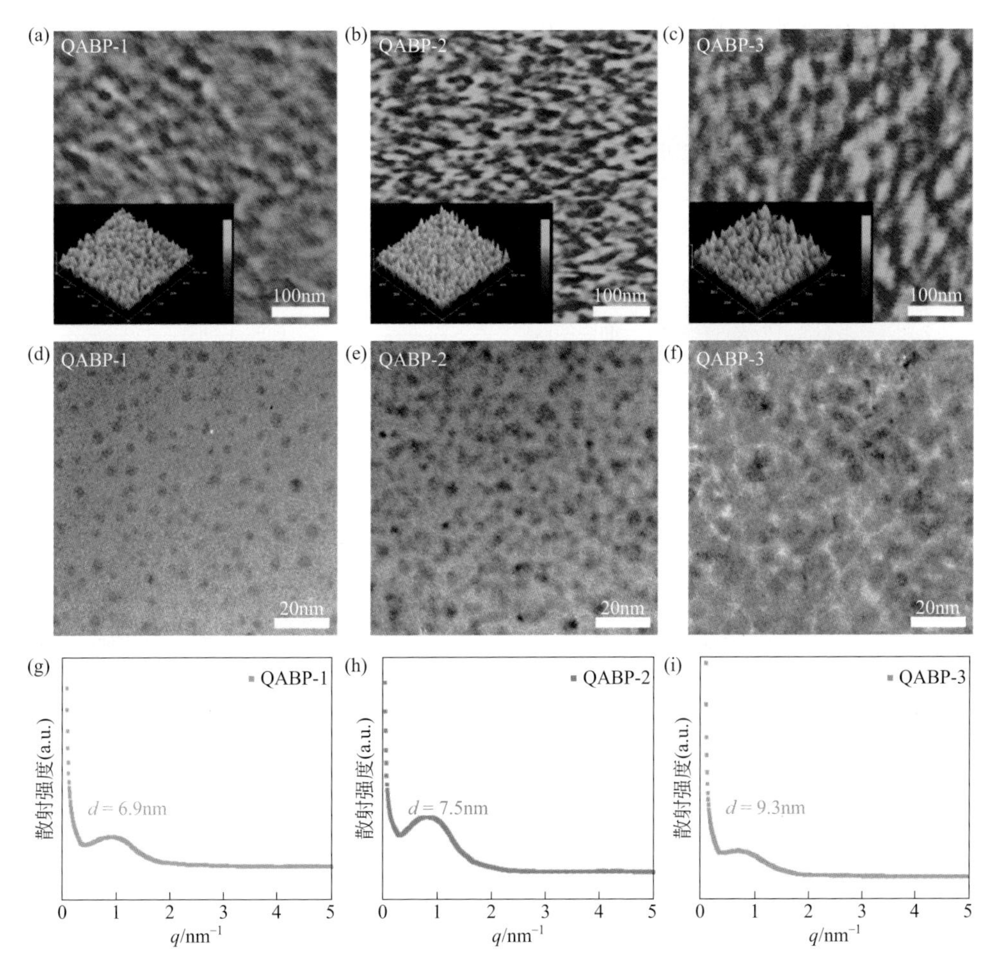


**图5-34** 碱性膜微观形貌表征

（a）QABP-1、（b）QABP-2、（c）QABP-3膜的AFM相图；（d）QABP-1、（e）QABP-2、（f）QABP-3膜的TEM图像；（g）QABP-1、（h）QABP-2、（i）QABP-3膜的SAXS光谱

得益于所制备的高分子聚合物材料，可以制备10μm无支撑碱性膜，该款膜具有优异的机械强度及尺寸稳定性。SEM界面图谱可以看出，所制备的碱性膜致密无缺陷［图5-35（a）］。对所制备的不同IEC膜进行了电导率测试，结果显

示该系列膜表现出了优异的氢氧根离子电导率，同时 QABP-3 电导率随着温度的升高先增加后下降，这是由于该膜离子簇太大，升温之后膜的含水率及溶胀率急速上升，导致电导率下降［图 5-35（b）］。同时，虽然该款膜的厚度只有 10μm，但完全可以满足燃料电池测试，同时表现出了不错的电池性能，值得一提的是，对于性能最优异的 QABP-2 膜，进行了燃料电池稳定性测试，该膜表现出了长达 120h 的稳定性［图 5-35（c）、（d）］。

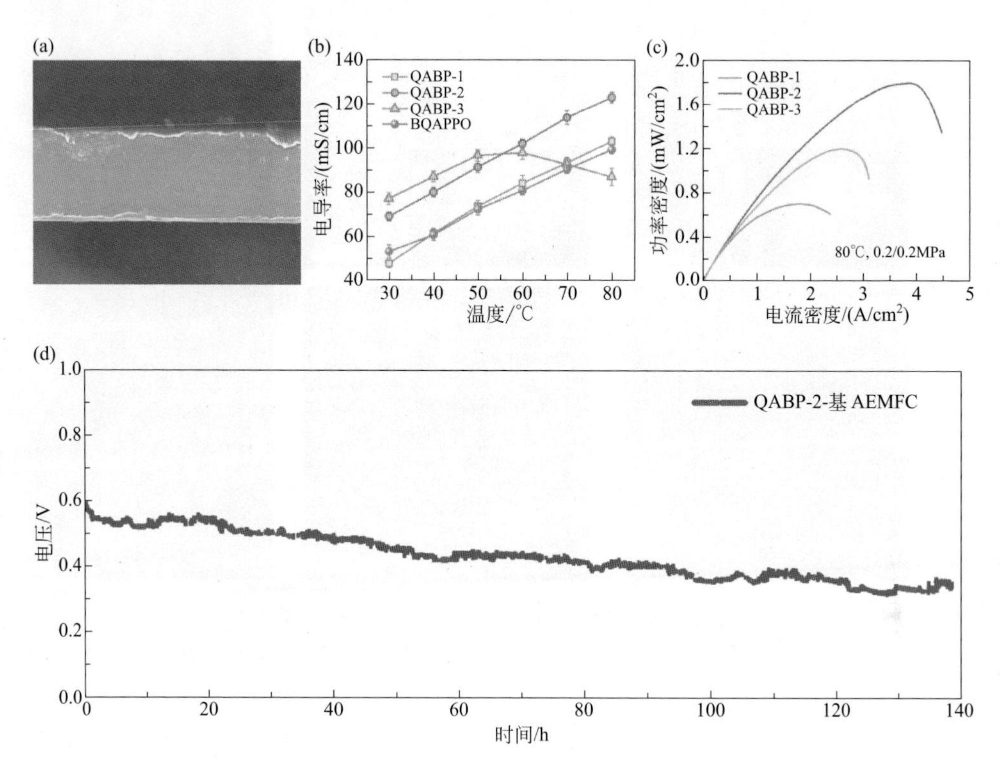


**图5-35** （a）QABP-2膜的断面SEM图；（b）碱性膜的氢氧根电导率；（c）碱性膜的电池性能；（d）QABP-2膜的电池稳定性

最近，徐铜文课题组对碱性膜的规模化和批量制备进行了深入探索，通过优化，获得了碱性膜的批量生产。所生产产品具有（70±10）mS/cm、30℃，（150±10）mS/cm、80℃的优异氢氧根电导率以及（40±5）MPa、室温的高拉伸强度（图 5-36）。此外，所生产产品在 1mol/L 氢氧化钠溶液中 80℃下浸泡 5000h 后电导率下降≤4.5%，适用于各种碱性应用环境，现已用于为国内外 20 余家科研院所提供样品，涉及领域包括碱性膜燃料电池、碱性膜电解水制氢、碱性膜电化学合成氨、二氧化碳还原等。

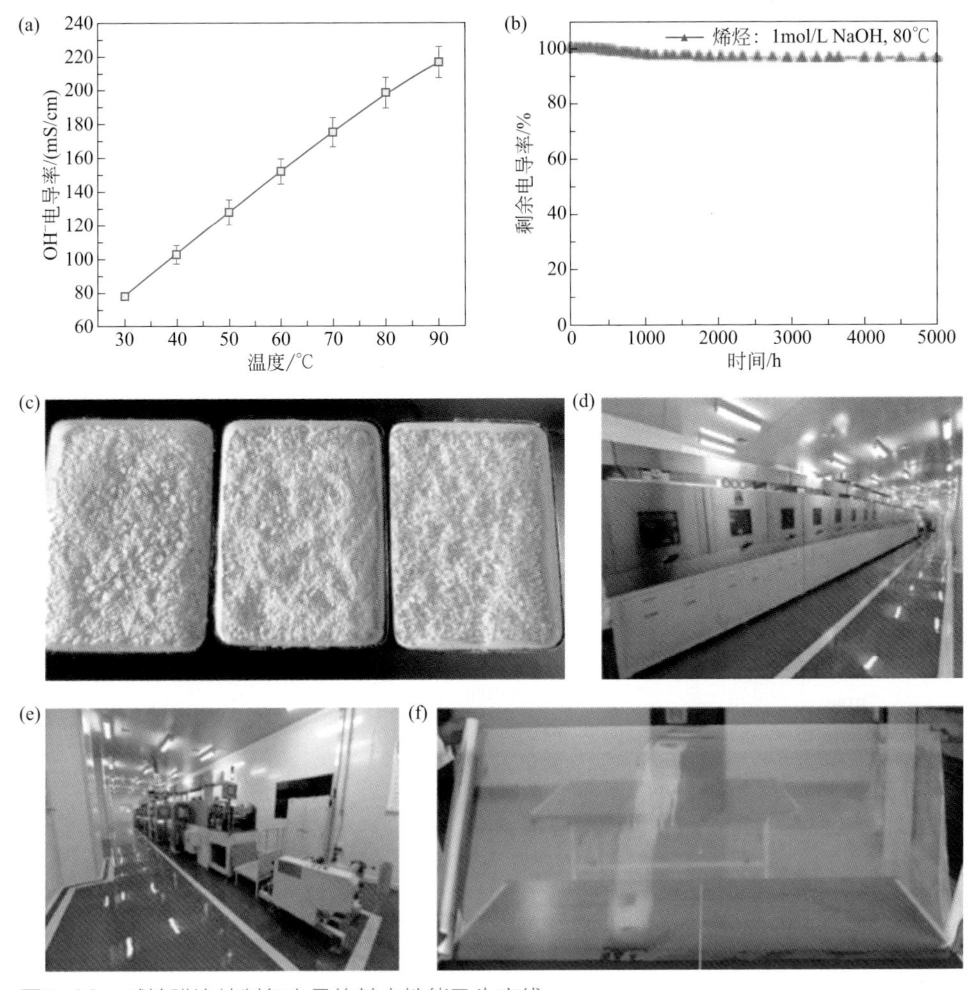


图5-36 碱性膜连续制备产品的基本性能及生产线

## 三、超强酸催化制备质子交换膜

与阴离子交换膜相比，利用超强酸催化制备阳离子交换膜的研究尚且较少。主要是由于杜邦公司的 Nafion 系列膜本身具有优异的化学稳定性和电导率，已经占据了主要市场。但 Nafion 膜是全氟磺酸结构，其高昂的造价一直是大规模商业应用的一个阻碍。为了降低成本，人们基于芳基结构开发了各种磺化芳烃聚合物，如磺化聚醚砜、磺化聚醚酮、磺化聚酰亚胺等。但这些磺化聚芳烃聚合物主链中所含的醚键、羰基、氨基等敏感基团大大降低了离子交换膜的化学稳定性，使其仍然难以满足在强酸性和强氧化性环境中的应用。因此利用超强酸催化来制备全碳主链的质子交换膜在未来具有很好的应用前景。

Patric Jannasch 等[32]首先用对三联苯和全氟苯乙酮进行了直接的超强酸催化型缩聚反应，形成主链聚合物。接下来，作者通过简单的硫醇化 - 氧化途径将磺酸基团引入主链 F 残基的对位，首先将上一步聚合得到的主链溶解在 *N*，*N*- 二甲基乙酰胺中，然后加入过量的 NaSH。将得到的硫醇化聚合物过滤并干燥后放入乙酸、$H_2SO_4$ 和 $H_2O_2$ 的混合物中，50℃下搅拌氧化硫醇基团以获得最终的聚（对三联苯全氟苯磺酸）样品（图 5-37）。此路线既不需要复杂的单体合成也不需要金属催化。此外，所得聚合物没有杂原子键，结构明确，沿主链具有精确排序的强酸性基团。聚合物在 DMSO 和 DMAc 中显示出优异的溶解性，同时在热水中保持完全不溶性。

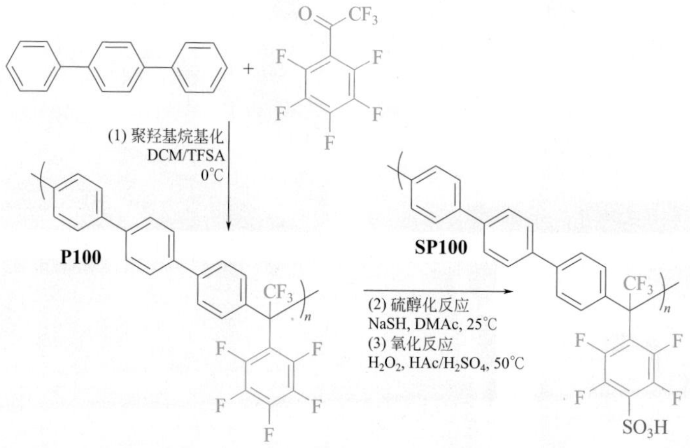

图5-37　聚芳族全氟苯基磺酸质子交换膜的合成路线[32]

质子交换膜除了磺化芳烃聚合物外，膦化质子交换膜也受到了相当多的关注。与磺化质子交换膜相比，相应的膦化质子交换膜通常具有更好的热稳定性和化学稳定性、含水溶胀率更小且在燃料电池中的渗透性也更小。芳基膦酸和烷基膦酸一般都是两性的，具有很强的氢键结合能力，并表现出相当程度的自离解，从而在高温高浓度体系中产生无水质子电导率。尽管如此，相对于相应的磺化质子交换膜，膦酸因为其相对较低的酸性会导致较低的吸水率和电导率。然而，通过合成含高浓度膦酸的聚合物，或使用酸性增强的全氟膦酸，可显著提高膦化质子交换膜的电导率。

一般来说，芳族聚合物对膦酸盐的处理比对磺酸盐的处理更具挑战性。因为大多数膦酸化芳族聚合物是通过经典的 Michaelis-Arbuzov 反应合成的，即涉及聚合物结构中的亚磷酸三烷基酯和苄基或烷基卤基团的亲核取代。相比之下，芳基卤化物通常反应性较低，因此通常使用Pd催化剂直接将芳环膦酸酯化。然而，Pd催化的Michaelis-Arbuzov反应通常是难以反应完全的，这样会在聚合物结构中残留有害的芳基卤基。另一种制备芳基膦酸聚合物的途径是通过亚磷酸三（三甲基甲硅烷基）酯和全氟芳族聚合物之间的Michaelis-Arbuzov反应进行的。全氟苯基部分对位的氟原子被附近的吸电子氟原子高度活化，并容易发生芳香族亲核取代。

Patric Jannasch等在磺化质子交换膜的基础上进一步利用超强酸催化制备聚对三联苯全氟苯基磺酸的质子交换膜[33]。如图5-38所示，在该工作中，作者使用与磺化质子交换膜相同的前体聚合物，并将其与三（三甲基甲硅烷基）亚磷酸酯进行Michaelis-Arbuzov反应得到膦化聚合物，然后将膦化聚合物水解后酸化制备了膦化聚（对三联苯全氟苯基）聚合物。

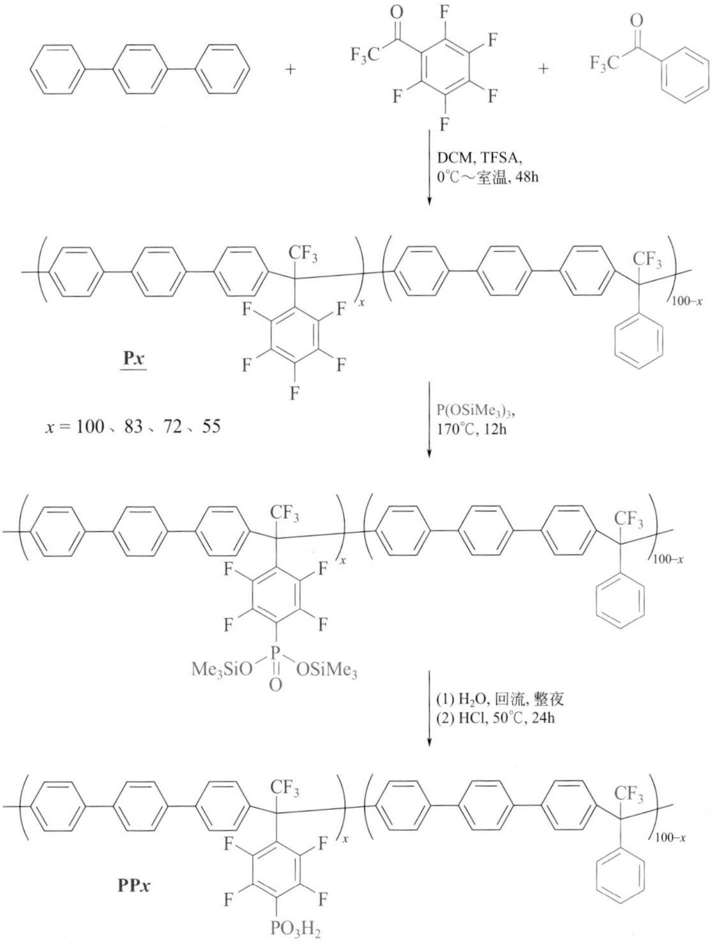

DCM, TFSA, 0℃～室温, 48h

P*x*

*x* = 100、83、72、55

$P(OSiMe_3)_3$, 170℃, 12h

(1) $H_2O$, 回流, 整夜
(2) HCl, 50℃, 24h

PP*x*

图5-38 聚芳族全氟苯基膦酸质子交换膜的合成路线[33]

徐铜文课题组基于前期采用超强酸催化的制备聚合物主链，采用简单门舒特金反应，成功制备了一款质子交换膜 MBTF（图 5-39）。该款膜不仅机械强度高，同时化学稳定性优异，在 80℃芬顿试剂浸泡 1h 后，质量保留率高于 Nafion 膜，同时浸泡 2000h 仍未完全溶解，该性能高于目前大部分文献报道的质子膜。为了进一步验证芬顿试剂浸泡后质子膜结构与强度变化，分别采用核磁及拉伸测试浸泡 10h 后变化情况。核磁结果显示，浸泡 10h 之内，膜结构并未发现明显的降解峰。拉伸测试显示，浸泡 10h 后，质子膜仍具有一定的机械强度。

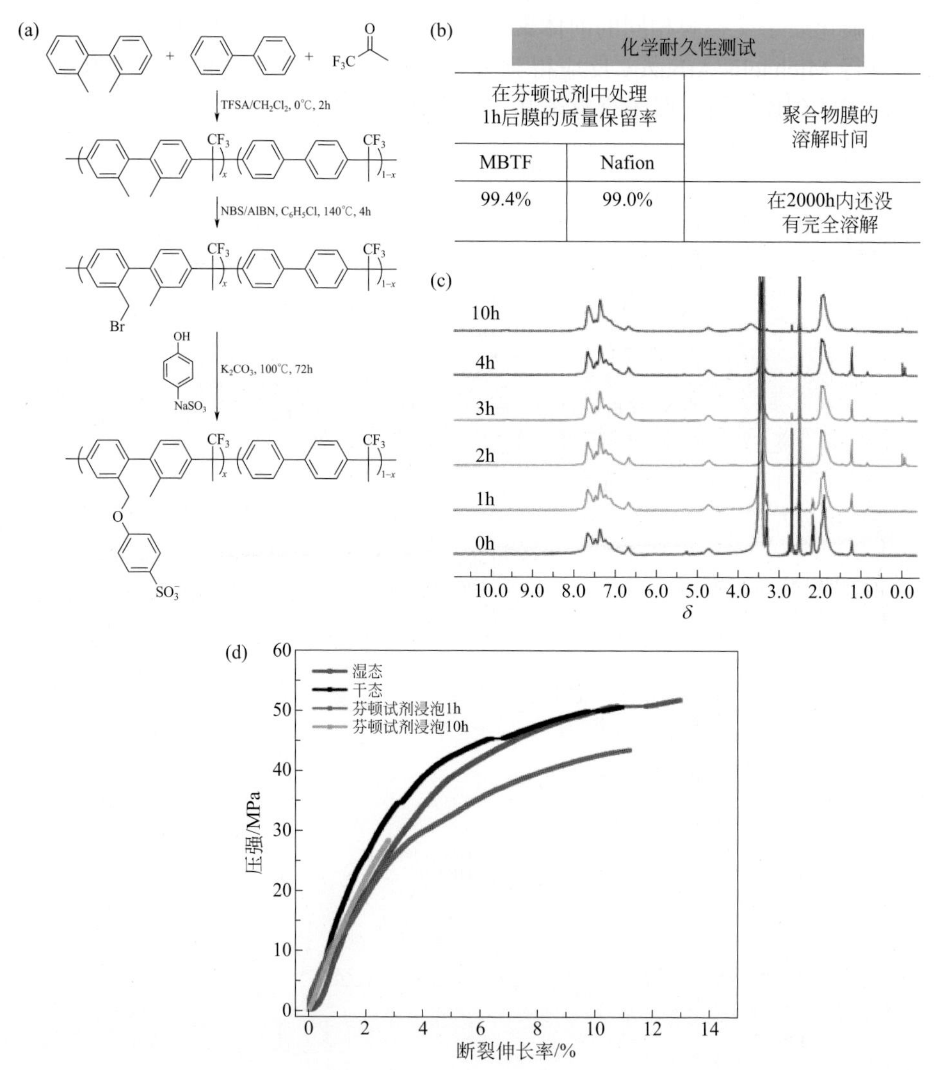


**图5-39** （a）MBTF质子交换膜合成路线；（b）MBTF质子交换膜芬顿试剂浸泡后质量保留率；（c）MBTF质子交换膜芬顿试剂浸泡后核磁测试；（d）MBTF质子交换膜芬顿试剂浸泡后拉伸强度

# 第四节
# 超强酸催化制备离子交换膜应用性能评价

## 一、燃料电池

碱性膜燃料电池（AEMFCs）是近年来备受关注的一种电池。与传统的 KOH 水循环系统相比，膜基系统在系统简单、最小化碳酸盐沉淀问题和机械耐久性方面具有显著的优势。然而，膜在高 pH 环境下的稳定性阻碍了 AEMFC 系统的商业化发展。除了阳离子稳定性，碱性膜主链的化学稳定性是影响 AEMFC 系统的另一个重要问题，因为主链结构和分子量影响合成膜的机械性能。在最初的时候，燃料电池中所使用的膜都是带有芳醚键的聚合物。聚芳基醚有优秀的稳定性和耐水性，主链上有 C—O—C 键，是应用在碱性膜中的一种很常见的聚合物主链。但是当强吸电子官能团非常接近的时候，芳基醚键在碱性条件下容易降解[10]，这对燃料电池也是很不利的。利用超强酸催化可制备无醚主链碱性离子交换膜，具有很好的耐碱性，在燃料电池的应用中比最初传统的膜有更多的优势，电池的功率密度和稳定性等都有显著提升。

有研究就对比了采用含醚主链与无醚主链的膜应用在燃料电池中的性能。Fujimoto 等[8]在季铵化聚（亚芳基醚）和聚（亚苯基）这两种结构不同的聚合物结构中研究了苄基三甲基铵官能化的多芳烃的骨架稳定性。他们观察到使用聚（亚芳基醚）和聚（亚苯基）膜的膜电极组件都显示出良好的初始碱性膜燃料电池性能；然而，聚（亚芳基醚）膜电极组件仅在 55 次后就表现出较大的性能损失和机械故障；与之相比，300h 后，聚（亚苯基）膜电极组件没有发生较大的性能损失与机械故障，这进一步证实了聚（亚苯基）主链比聚（亚芳基醚）主链的稳定性更好。

使用超强酸催化制备离子交换膜的技术在不断地发展和完善之中，将这些膜应用于燃料电池所表现出的性能也在不断提高。当前国内外学者都在不断尝试探索，试图得到更高的峰值功率密度以及更加优秀的耐久性，对应离子交换膜的制备以及性能已经在第三节超强酸催化制备离子交换膜研究进展中详细讲过。

2019 年，朱红等[25]通过嵌入柔性阳离子交联剂，设计并制备了一系列可调的多阳离子交联聚（联苯哌啶鎓）膜。如图 5-40 所示，PBP-20Q4 的开路电压可以达到 1.05V，接近理论值 1.23V，表明进气几乎没有穿透膜。此外，PBP-20Q4 膜在电流密度为 450mA/cm$^2$ 时，峰值功率密度可以达到 234mW/cm$^2$。结果表明，多阳离子交联策略对聚（联苯哌啶鎓）基碱性膜在燃料电池中的应用是有前景的。这些交联膜的最大功率密度可以通过增加尺寸稳定性来进一步提高，这将是未来研究的目标。

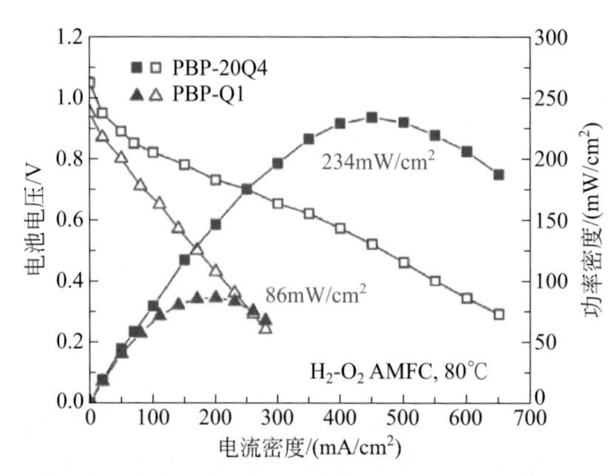

图5-40 80℃、0.2MPa的负压下PBP-1Q4和PBP-20Q4膜的单电池性能[25]

后来，在2020年，朱红等[27]制备的阴离子交换膜在碱性燃料电池中峰值功率密度也可以达到269mW/cm$^2$（图5-41）。

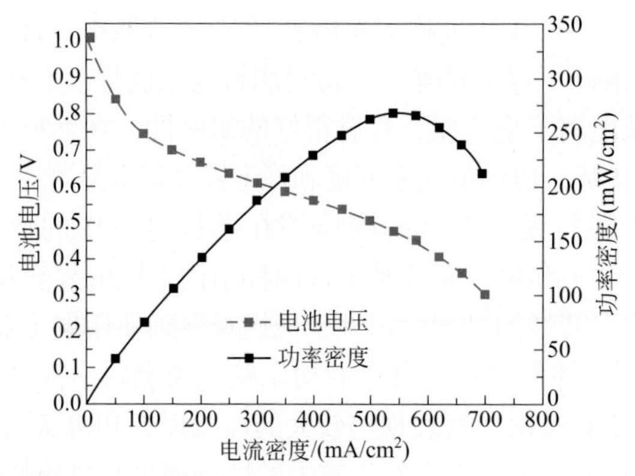

图5-41 在80℃下使用*m*-PTP/TFPE-TQA-14膜的单电池的极化曲线和功率密度曲线[27]

2019年，严玉山等[34]发表了用于碱性燃料电池的聚（芳基哌啶鎓）膜的工作（图5-42）。该阴离子交换膜显示出与Nafion相似的吸水率和电导率，而Nafion是现有商用质子交换膜燃料电池车辆中使用的原型质子交换膜。基于该膜和不含$CO_2$空气供给的膜电极组件中在95℃下可以实现920mW/cm$^2$的高峰值功率密度和良好的耐久性，并且电极催化剂中的铂负载量也相对较低，这对于碱性燃料电池的大规模商业化具有重大意义。

李南文等[22]曾在2020年制备出阴离子交换共聚物PFBA-QA-0.4以及含醚键的PPO主链阳离子聚合物PPO-QA-0.4（图5-43）。在60℃下对氢/氧燃料电池单体进行测试，结果表明聚合物主链和阳离子对燃料电池性能有显著影响。制得的阴离子交换膜PFBA-QA-0.4在碱性燃料电池中可以达到610mW/cm$^2$的峰值功率密度。装置耐久性试验表明，在 200mA/cm² 下，PFBA-QA-0.4 膜的电压可维持在 0.7V 以上，持续 74h。

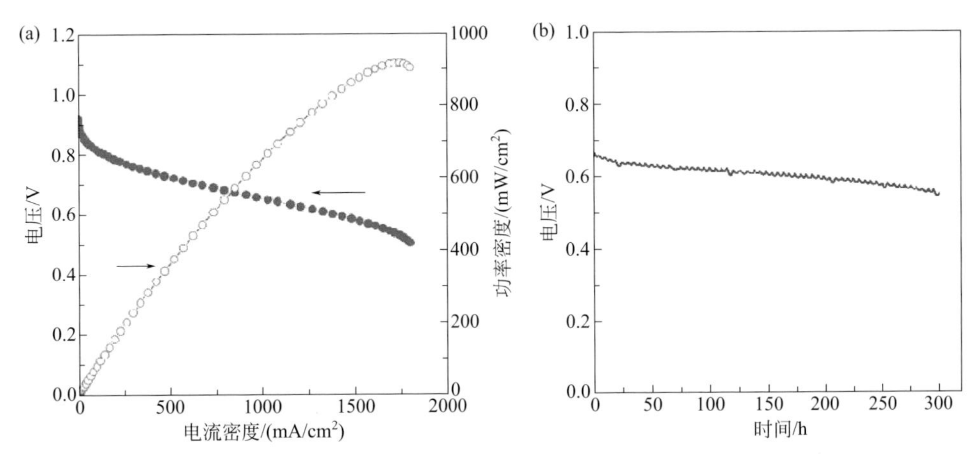


图5-42　（a）95℃下PAP HEMFC（氢氧化交换膜燃料电池）的性能；（b）在恒定电流密度500mA/cm²、95℃下的HEMFC耐久性测试[34]

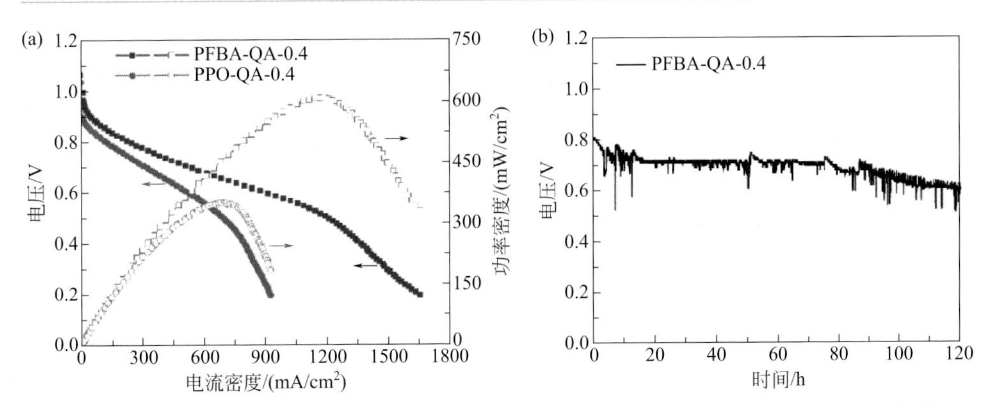


图5-43　（a）PFBA-QA-0.4和PPO-QA-0.4应用于AEMFC的性能测试图；（b）使用PFBA-QA-0.4膜的AEMFC在60℃、恒流密度为200mA/cm²、$H_2$和$O_2$流速为200cm³/min、100%相对湿度、无背压条件下的寿命测试图[22]

2021 年，李南文等[35]将萘基聚苯并咪唑（NPBI）部分接枝于阳离子侧链，制备 NPBI-QA*x* 膜，然后与正溴丁烷反应得到完全接枝聚合物，即 NPBI-QA*x*-B*y*。选用 NPBI-QA55-B45 膜组装的燃料电池在 440.5mA/cm² 时的峰值功率密度为 260.1mW/cm²。此外，采用 NPBI-QA55-B45 膜的燃料电池在电流密度为 200mA/cm² 的情况下进行了耐久性研究。随着测试时间的增加，电压衰减率约为 1.98mV/h。测试 110h 后，电压从 0.61V 降至 0.33V。经过仔细分析测试，NPBI-QA55-B45 膜的化学结构在耐久性试验前后没有明显变化（图 5-44）。性

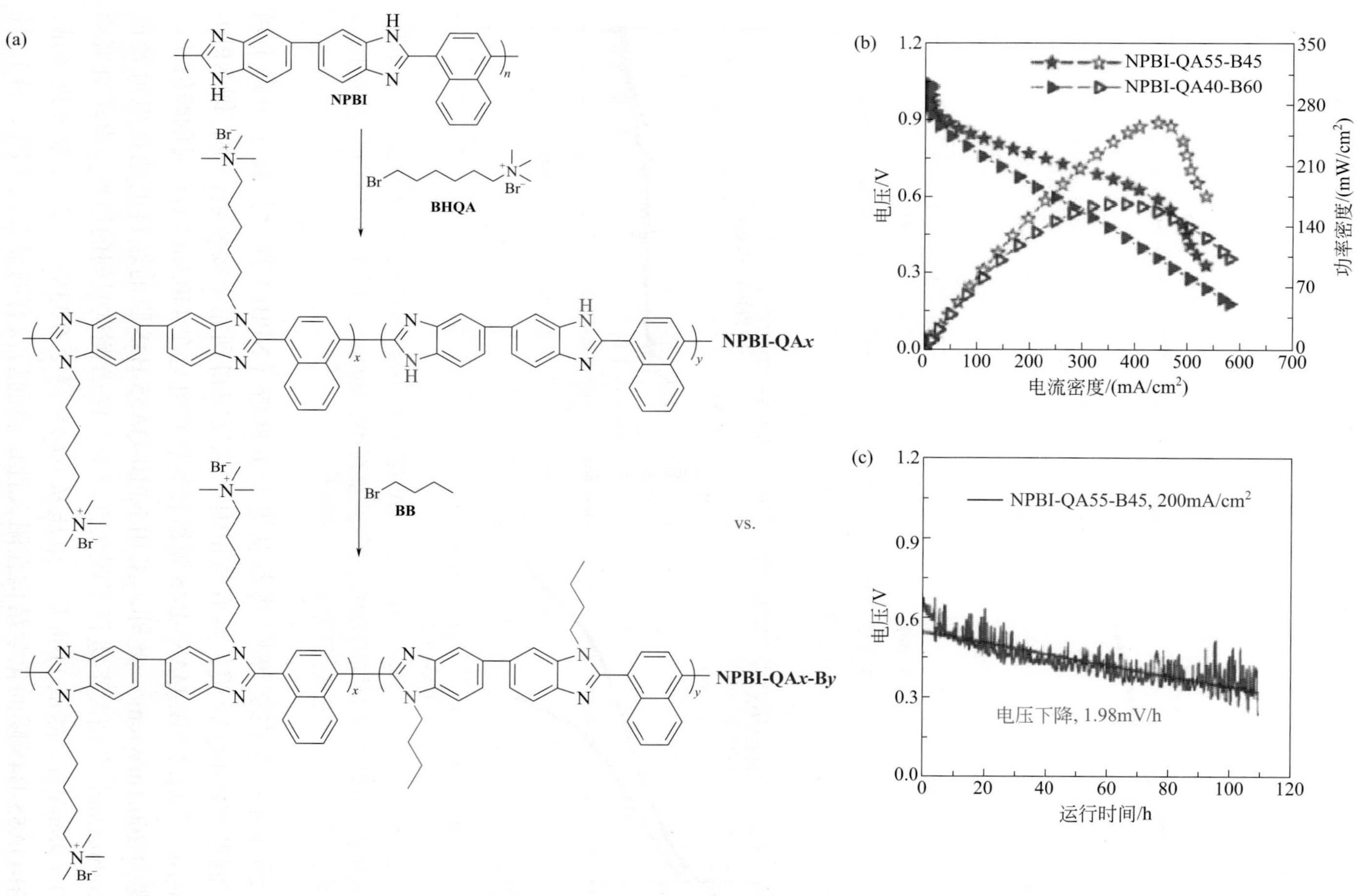


图5-44 （a）NPBI-QA$x$和NPBI-QA$x$-B$y$膜的合成路径；（b）在100%相对湿度和60℃下NPBI-QA40-B60和NPBI-QA55-B45膜的$H_2/O_2$单电池极化曲线；（c）恒流密度为200mA/cm$^2$下NPBI-QA55-B45膜组装的燃料电池的耐久性实验[35]

能下降的原因可能是催化剂层与膜之间的界面分层、催化剂颗粒的聚集和黏结剂的降解。

同样是在2021年，李南文等[24]制备出的梳状聚（亚芳基吲哚哌啶）共聚物在碱性燃料电池中可以实现445mW/cm$^2$的峰值功率密度（图5-45）。

(a)

PITP-C*n*Q*x*

*n*−1 = 0、6、10、16

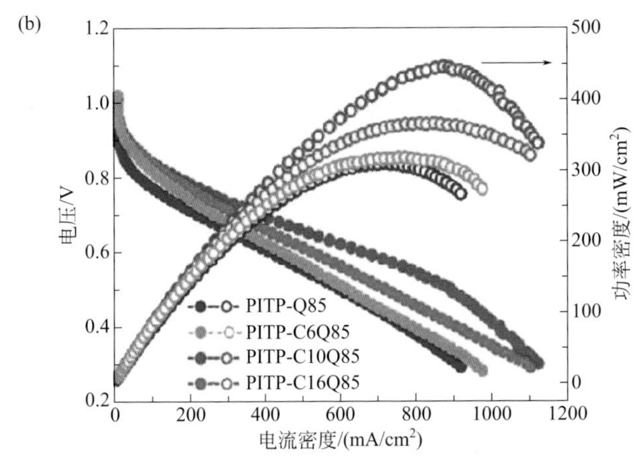


图5-45　（a）PITP-C*n*Q*x*的结构图；（b）60℃、100%相对湿度、$H_2$和$O_2$流速为400cm$^3$/min的条件下PITP-C*n*Q85膜的极化曲线（实心符号）和功率密度曲线（空心符号）[24]

最近，Young Moo Lee等[20]制得的阴离子交换膜具有优异的机械性能以及电导率。此外，具有低苯基含量和高透水性的该阴离子交换离聚物也显示出优异的峰值功率密度，在碱性燃料电池中可以达到2.58W/cm$^2$的出色峰值功率密度。

徐铜文课题组2021年发表的工作中[29]，含O-PDQA的AEMFC在70℃无背压下达到1.18W/cm$^2$的峰值功率密度，与之前报道的其他AEMFC相比很有竞争力，大约比PDQA（0.60W/cm$^2$）高2倍。电导率较高的O-PDQA-3降低了电池的内阻。O-PDQA-3的电荷转移电阻降低，加速了燃料电池中的电化学反应，具有更高的功率密度。这是由于连接良好的亲水通道提供了快速的离子传输和水反向扩散。进一步表明在O-PDQA AEMs中，含有侧链的EO具有自聚集的优势（图5-46）。

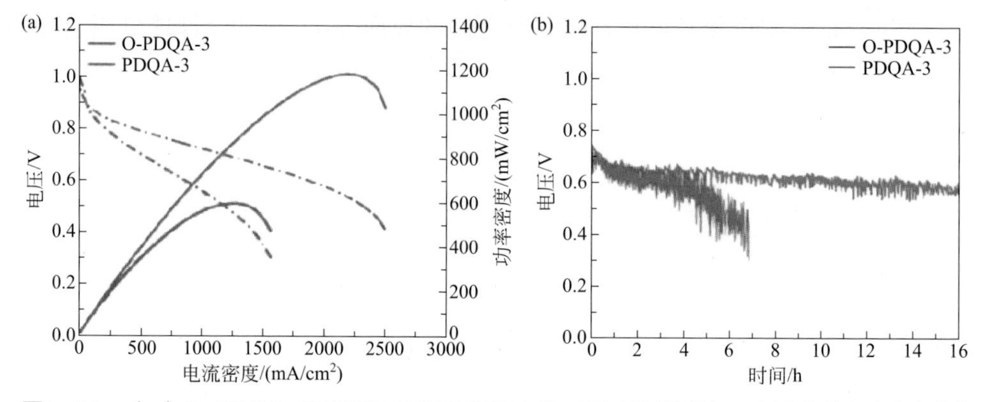


图5-46 （a）O-PDQA-3和PDQA在70℃下的$H_2/O_2$ AEMFC测试的$I-V$极化曲线和功率密度曲线；（b）400mA/cm²、70℃、100% RH、气体流速为0.5L/min条件下的AEMFC耐久性测试图[29]

徐铜文课题组[30]还设计合成了具有长链柔性含烷氧基双哌啶阳离子侧链和额外的疏水烷基链的无芳醚聚合物骨架的AEM，该AEM的开路电压为1.01V，表明其具有良好的防气体穿透性能。在电流密度为867.2mA/cm²、70℃无背压的条件下可达到489.8mW/cm²的峰值功率密度。在电流密度为815.2mA/cm²、0.1MPa背压下可达到514.4mW/cm²（图5-47）。与已报道的AEM相比，PISBr-NON-4 AEM表现出很高的离子电导率，但峰值功率密度并不理想。这说明AEMs的燃料电池性能并不总是与电导率呈正相关。稳定性也有相似的问题。这表明高的非原位性能（包括离子电导率和碱稳定性）可能不会给设备相应的原位性能。PISBr-NON AEM的HFR值在40～45mΩ，比文献中报道的比较先进的AEM要高。文章中认为性能不理想的主要原因是各层（催化剂层和气体扩散层）的欧姆电阻和接触电阻的问题。

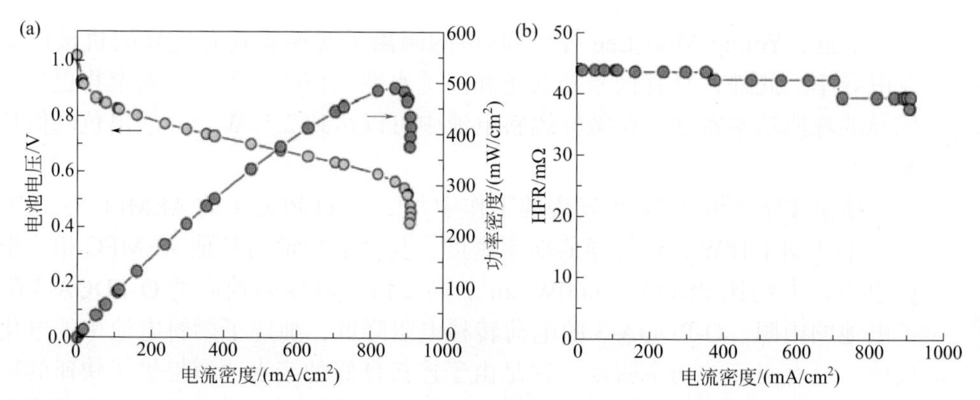


图5-47 （a）PISBr-NON (IEC = 1.88mmol/g)膜的$H_2/O_2$单电池AEMFC性能；（b）PISBr-NON (IEC = 1.88mmol/g)在70℃、100% RH下的高频电阻测试[30]

徐铜文课题组所制备的质子膜，前期稳定性测试显示出了优异的化学及机械稳定性。进一步电导率测试，该款质子膜在 IEC 为 1.0mmol/g 情况下，表现出了优异的电导率。燃料电池测试，可以实现 $1.7W/cm^2$ 的性能，同时，该款膜燃料电池测试已经连续运行超过 2000h，表现出了优异的电池稳定性（图 5-48）。

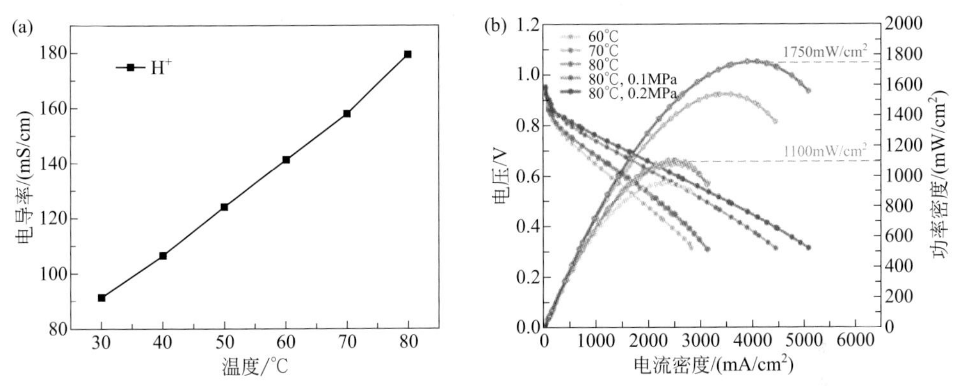


图5-48 （a）MBTF质子交换膜随温度变化的离子电导率；（b）MBTF质子交换膜的 $H_2/O_2$ 单电池AEMFC性能

## 二、碱性膜电解水制氢

氢气是一种理想的替代能源载体，可以为包括电网、工业和交通部门在内的所有社会能源需求提供电力。在各种制氢方法中，水电解制氢具有温室气体零排放和与各种电源兼容的优点，是一种很有前途的制氢方法[36]。目前有三种类型的电解水，质子交换膜电解槽（PEMEL）、阴离子交换膜电解槽（AEL）和氢氧化交换膜电解槽（HEMEL）。PEM 电解槽采用贵金属基材料，如 $IrO_2$ 作为阳极，铂黑作为阴极催化剂。酸性聚合物膜（Nafion 或 Fumapem）作为电解质，以确保高质子电导率，并防止反应室内的氢和氧气体交叉。考虑到金属催化剂表面易于获得的质子，PEM 电解制氢的动力学优于碱性电解制氢。但 PEM 电解会受到 Nafion 基膜价格高和易于从阴极室释放杂质的影响。AEM 水电解池由一个碳氢阴离子交换膜和两个过渡金属催化基电极组成。AEM 电解水主要的优点是可以使用无铂族金属催化剂在不同的反应室内进行析氢反应（HER）和析氧反应（OER）[37]。与 AELs 相比，PEMELs 由于采用了薄的聚合物电解质电池结构，所以提供了更高的性能和更大的灵活性。然而，PEMELs 材料成本较高，而 AELs 目前的成本较低[38]。HEMELs 的目标是将 AELs 系统的低材料成本与高性能的薄聚合物电解质电池结构相结合。对于 HEMELs 来说，碱性阴离子交换膜决定了其整体性能。因此，需要重视 $OH^-$ 电导率、碱稳定性、机械性能等方面的基本性能。

已有课题组使用超强酸催化的方法制备离子交换膜用于电解水测试，如下所述。贺高红等[39]采用简单可控的酸催化缩聚反应制备了一种扭曲型无醚聚芳醚哌啶（QMter-*co*-Mpi）（图 5-49）。QMter-*co*-Mpi 膜的 $OH^-$ 电导率在 30℃时达到 37mS/cm，这是由于这种独特的分子结构形成了有效的离子传导通道。耐久性测试表现出优异的电化学性能。当温度从 50℃升高到 80℃时，膜的欧姆电阻从 $0.165\Omega \cdot cm^2$ 降低到 $0.13\Omega \cdot cm^2$，说明在较高的温度下，膜具有较高的 $OH^-$ 电导率。因此，在其他条件相同的情况下，电导率较高的阴离子交换膜有助于降低电池的内阻，从而提高电解水的性能。同时，随着温度从 50℃提高到 80℃，电极反应动力学加速，阳极电荷转移电阻从 $1.735\Omega \cdot cm^2$ 降低到 $1.32\Omega \cdot cm^2$。随着电压的升高，产氢速率逐渐增大，表明阳极电荷转移电阻降低，同时由于电解质的干扰，更多的气泡提前从电极表面逸出，从而降低了传质限制。这些都表明 QMter-*co*-Mpi 膜在水电解方面具有良好的应用前景。

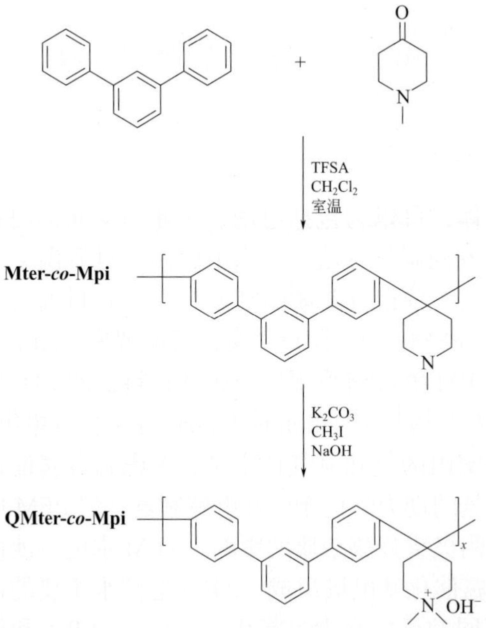

图5-49 QMter-*co*-Mpi聚合物的合成路线图[39]

李南文等[23]制备了含靛红主链的聚（芳基哌啶）阴离子交换离聚物，系统地探索阴离子交换膜性能与阴离子交换膜电解槽性能特别是耐久性之间的相关性。如图 5-50 所示，在碱性电解槽中表现出较好的初始性能，在 55℃恒温、

2.2V 恒压下的电流密度为 910mA/cm$^2$，在 75℃恒温、2.2V 恒压下的电流密度增加到 1000mA/cm$^2$。

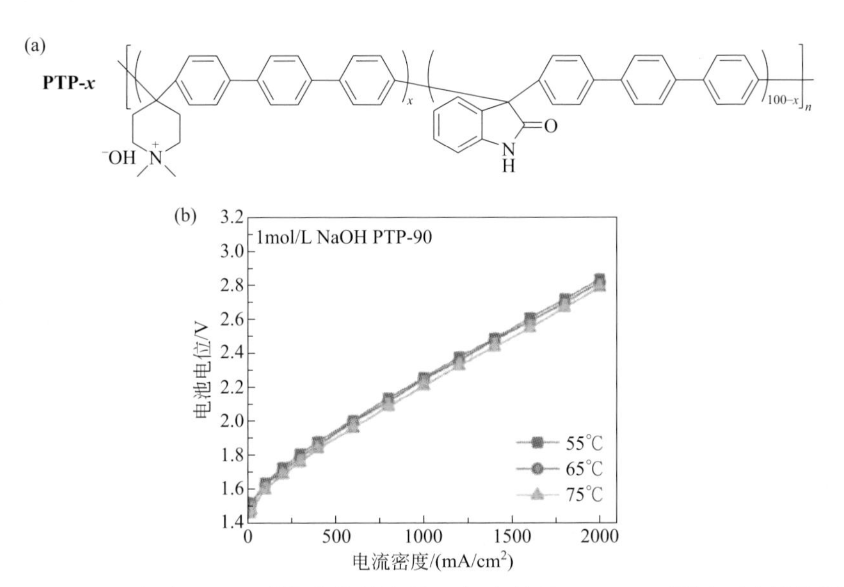


图5-50 （a）PTP-$x$共聚物的结构图；（b）使用PTP-90时温度对水解槽的影响[23]

同样是为了探究阴离子交换膜（AEM）基碱性水电解槽，Fujimoto 等[8]使用超强酸催化合成了两种季铵系芳族聚合物。在恒流密度为 200mA/cm$^2$ 的条件下，两种膜在稳态运行时均表现出良好的电池电压稳定性。

如图 5-51 所示，该研究用 BPN1-100 和 TPN1-100 膜电极组件（MEA）测试这两种膜用于碱性水电解的电化学性能。比较了不同电流密度范围内的电化学性能。测试结果显示，BPN1-100 在 2.1V 下的电流密度为 400mA/cm$^2$，优于 TPN1-100，差异为 0.25V，这可以归因于其较高的 IEC 和离子电导率。同时，BPN1-100 和 TPN1-100 也显示出良好的电压稳定性。虽然需要较长时间的稳态测试来更好地评价材料，但电池电压在恒定电流密度下的稳定显示出联苯和三苯基聚合物膜电解质用于碱性水电解的巨大潜力。实验结果表明，该膜在 95℃时仍具有良好的化学稳定性。然而，在水电解操作后，BPN1-100 和 TPN1-100 在目视检查 AEMs 时均观察到膜的机械损失。这一结果表明，尽管这些膜在化学上是稳定的，但在充分水合的条件下，它们的机械稳定性不够。AEMs 的额外处理，例如交联或制备复合膜，以减少在水中的膨胀，确保 AEMs 在碱性水电解中使用的更好的机械耐久性是必要的。在碱稳定性优异的基础上，进一步改善这些芳香烃 AEMs 的机械稳定性，将产生能够承受更恶劣操作条件、性能更高的新一代膜材料。

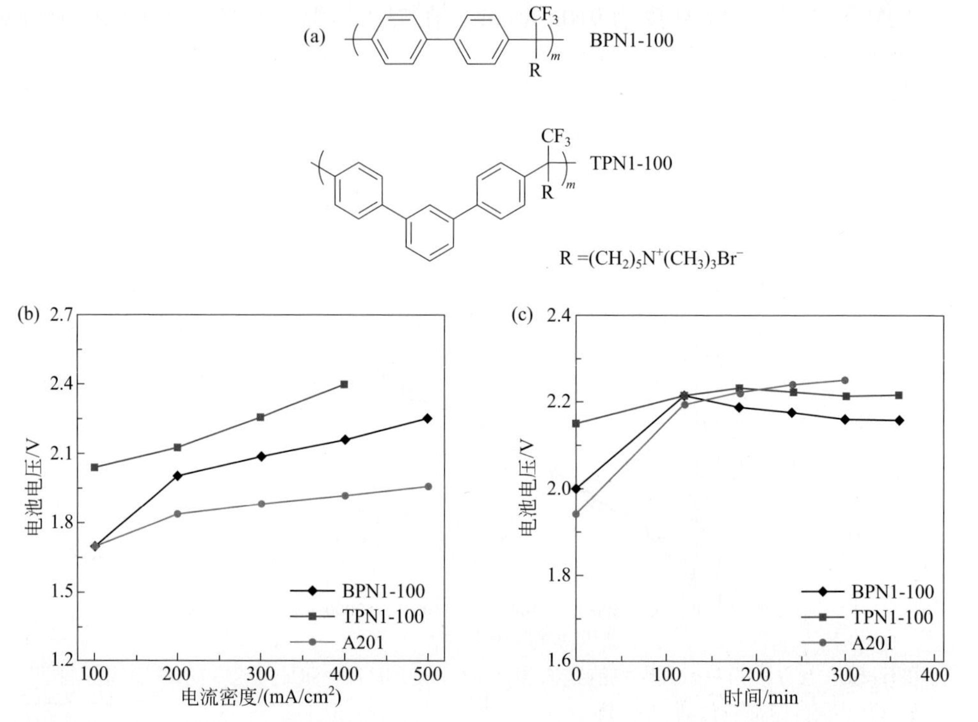


图5-51 （a）用于固体碱水电解的BPN1-100和TPN1-100的聚合物结构；（b）50℃下使用BPN1-100、TPN1-100和商业Tokuyama膜A201电解水过程中的极化曲线；（c）在200mA/cm$^2$、50℃下使用BPN1-100、TPN1-100和商业膜A201进行电解水的运行图[8]

Jang Yong Lee 等[40]介绍了一种基于季铵化聚咔唑（QPC-TMA）的阴离子交换膜和离聚物，该离子交换膜和离聚物由咔唑单体组成，具有刚性无醚和弯曲的主干结构（图 5-52）。所研制的离子导电聚合物具有良好的离子导电性、化

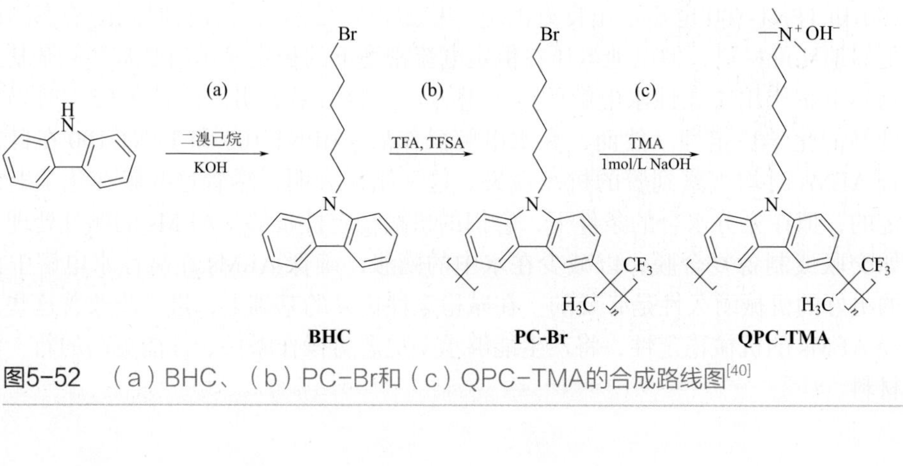

图5-52 （a）BHC、（b）PC-Br和（c）QPC-TMA的合成路线图[40]

学和机械稳定性。如图 5-53、图 5-54 所示，在所有的测试条件下，QPC-TMA 膜都展现出比商业膜 FAA-3 更好的性能。使用 QPC-TMA 的 AEMWE 显示了出色的稳定性和最先进的性能（在 1.9V 下 3.5A/cm$^2$）。而且，基于 QPC-TMA 的 AEMWE 性能高于商业 PEMWE 的性能，这是第一个涉及 AEMWE 优于 PEMWE 的研究。

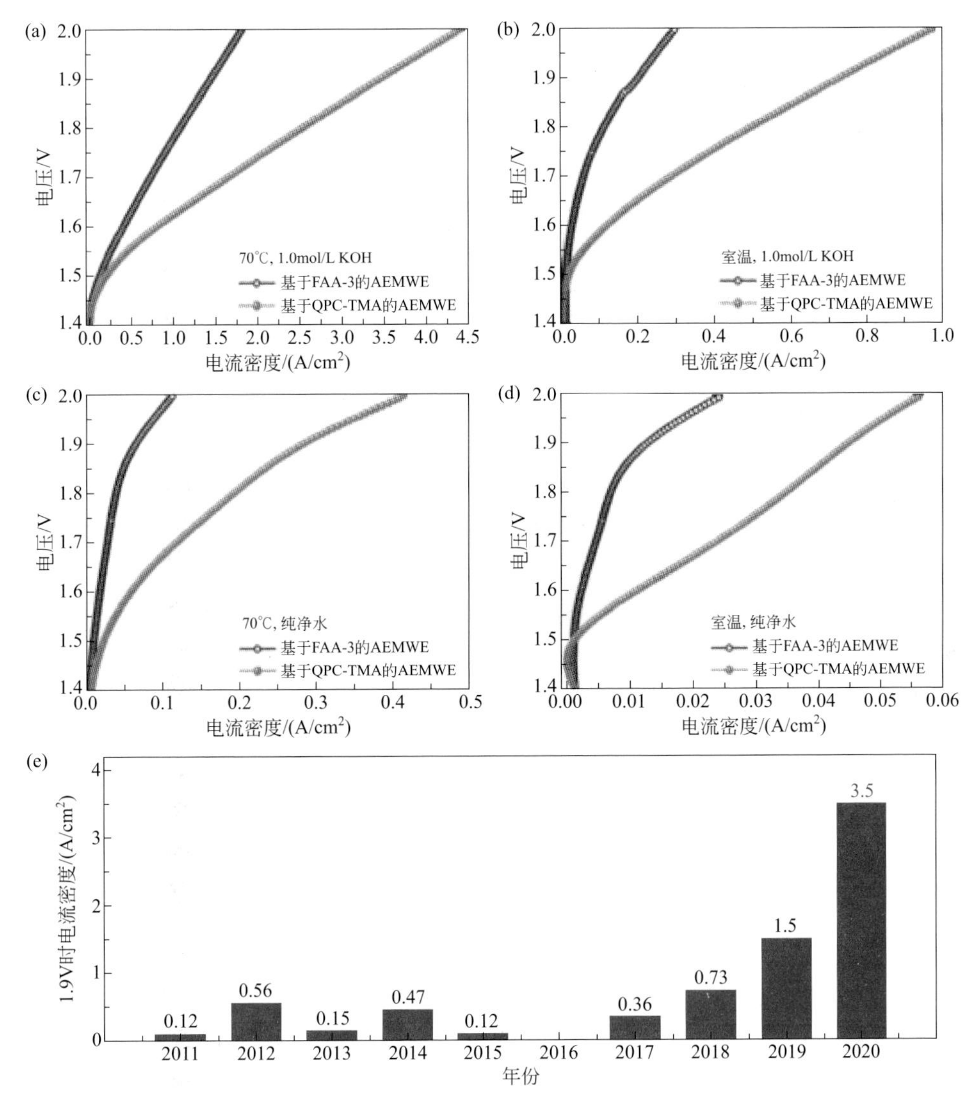


**图5-53** 聚咔唑基阴离子交换聚合物QPC-TMA与商业膜FAA-3对AEMWE性能的影响图[40]

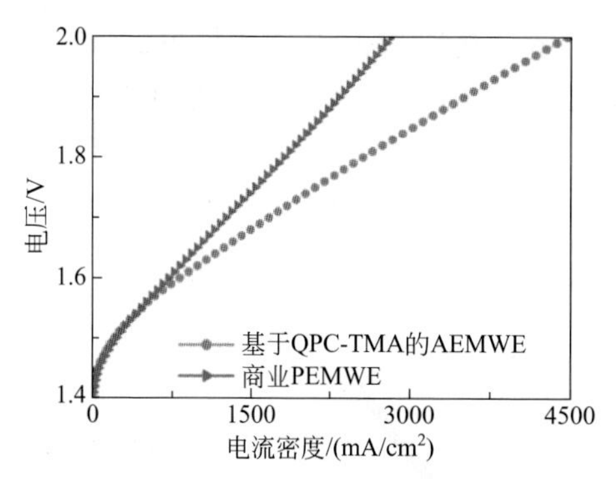


图5-54　基于QPC-TMA的AEMWE和商业PEMWE的性能对比图（极化曲线）[40]

值得一提的是，徐铜文课题组工业化生产的碱性膜（MTCP-50），在电解水制氢方面同样表现出优异的性能。如图 5-55 所示，徐铜文课题组分别测试了 1mol/L KOH 水溶液及纯水两种电解质的电解水制氢性能，结果显示，在 1mol/L KOH 水溶液中，1.8V、90℃时电流可以达到 5.1A/$cm^2$，该性能已经可以和大部分质子膜电解水性能相匹配。同时，该款碱性膜即使在纯水情况下电解，仍能获得不错的电解性能。最后，在 1mol/L KOH 电解液，60℃、0.5A/$cm^2$ 下，测试了碱性膜的运行稳定性，目前已经获得超过 2000h 的稳定性。

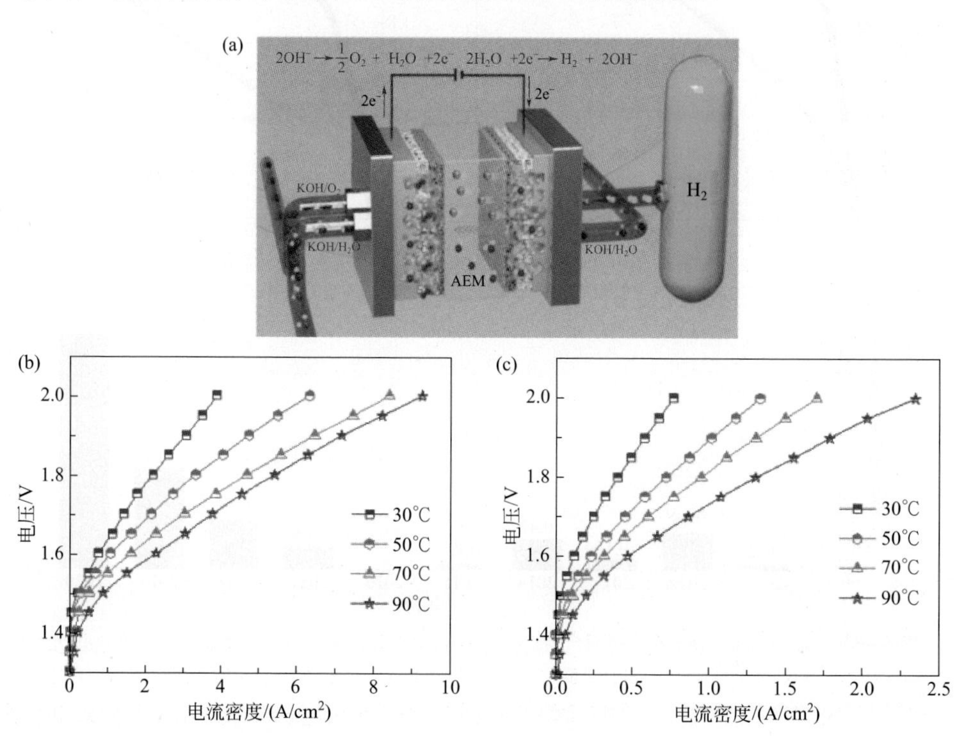

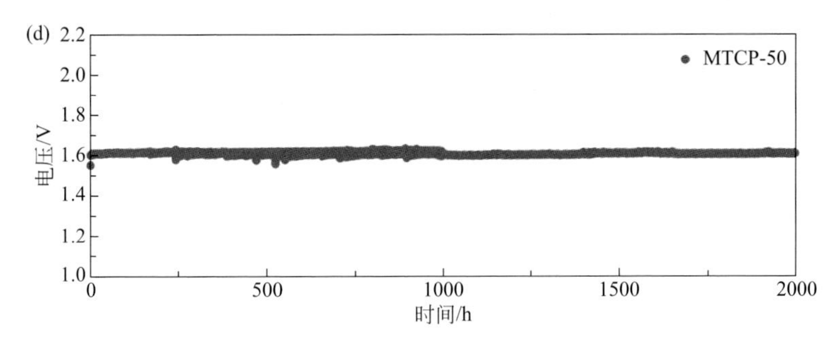


**图5-55** （a）碱性膜电解水制氢MEA示意图；（b）MTCP-50碱性膜在1mol/L KOH电解液下电解水制氢性能；（c）MTCP-50碱性膜在纯水电解液下电解水制氢性能；（d）MTCP-50碱性膜在1mol/L KOH电解液，60℃、0.5A/cm$^2$下稳定性测试

此外，超强酸催化制备的无醚主链离子交换膜由于具有很高的化学稳定性，在一些电化学合成如$CO_2$的转化、电化学合成氨、有机液流电池等领域也开始有人研究，应用前景非常广阔。

# 第五节
# 小结与展望

离子交换膜（IEMs）被广泛应用于能源产生和转化技术，以解决全球污染和能源短缺问题。最近对可持续性和替代能源的担忧使得人们对于新能源器件的研究和发展日益重视，如燃料电池、电解水制氢、氧化还原液流电池、二氧化碳还原、电化学合成氨等。

这些技术经常需要在强酸、强碱的电化学环境下工作，为保证设备的长期稳定运行，离子交换膜的化学稳定性是评价其性能的关键指标。随着这些技术不断走向工业化的进程，其对离子交换膜的使用寿命提出了越来越高的要求，如何提高离子交换膜的化学稳定性成为研究者们面临的重大挑战。之前的研究工作主要聚焦于离子交换基团和部分氟化聚合物的稳定性，然而传统离子交换膜所采用的聚苯醚聚合物骨架本身的化学稳定性却鲜少被关注。随着近年来对聚合物降解机理研究的深入以及对芳基醚键在酸碱环境中断裂的认识，采用超强酸催化法合成无醚聚合物骨架在离子交换膜研究领域备受关注。

采用超强酸催化法合成无醚聚合物具有传统缩合制备聚合物所无法比拟的优势，比如催化效率高，反应速率快；反应条件简单温和；起始原料和试剂容易获得；反应条件不含金属基催化剂，节约成本；所得聚合物能够有高分子量或超高分子量；机械强度以及其他各种性能优异等。而最关键的，是采用这种方法可以构建出主链只含 C—C 键的聚合物骨架结构，从而避免了传统缩合反应芳基醚键的引入。最近的研究已证明，敏感的芳基醚键在各种严苛环境中遭受进攻而断裂是引起离子交换膜化学降解的一个重要原因。

采用超强酸催化法合成“无醚”聚合物制备的离子交换膜首先被应用于碱性膜燃料电池领域，以解决困扰该领域多年的离子交换膜碱稳定性问题，并表现出了优异的性能。此后，国内外各个课题组均展开了对“无醚”主链聚合物离子交换膜的研究，基于超强酸催化合成的各种结构的“无醚”主链离子交换膜被相继报道。徐铜文课题组在超强酸催化“无醚”主链的基础上，通过引入扭曲结构、偶极作用、π-π 堆叠作用等次级结构和作用，进一步提高了离子交换膜的各种性能。研究结果已经充分表明，相较于传统聚芳醚聚合物离子交换膜，这种“无醚”主链离子交换膜在电导率和碱稳定性等各方面均有明显优势。

此后，超强酸催化制备“无醚”聚合物在离子交换膜中广阔的应用前景逐渐被其他应用领域所关注，如同样需在碱性环境中运行的碱性膜电解水系统以及需要在酸性环境中运行的质子膜燃料电池和全钒液流电池等。最近几年，超强酸催化制备离子交换膜在相关领域的报道已经出现并表现出了优异的性能和应用前景。

总之，随着研究者对超强酸催化法制备离子交换膜越来越大的兴趣和越来越多的关注，该领域的研究方兴未艾。目前主要的研究方向主要在合成新结构的“无醚”主链离子交换膜以赋予膜相应的特性以及探索“无醚”主链离子交换膜在新领域的应用，如最近备受关注的电化学合成氨和 $CO_2$ 电还原等。

## 参考文献


[1] Olah G A. Superelectrophiles [J]. Angewandte Chemie International Edition in English, 1993, 32(6): 767-788.

[2] Klumpp D A ,Anokhin M V. Superelectrophiles: Recent advances [J]. Molecules, 2020, 25(14): 3281.

[3] Cruz A R, Zolotukhin M G, Morales S L, et al. Use of 4-piperidones in one-pot syntheses of novel, high-molecular-weight linear and virtually 100%-hyperbranched polymers [J]. Chemical Communications, 2009, 29: 4408-4410.

[4] Cruz-Rosado A, Romero-Hernández J E, Ríos-López M, et al. Molecular weight development in the superacid-catalyzed polyhydroxyalkylation of 1-propylisatin and biphenyl at stoichiometric conditions[J]. Polymer, 2022, 243: 124616.

[5] Lim Y L S, Jang H. Synthesis and characterization of pendant propane sulfonic acid on phenylene based copolymers by superacid-catalyzed reaction [J]. Renewable Energy, 2015, 79: 85-90.

[6] Lee W H, Kim Y S, Bae C. Robust hydroxide ion conducting poly (biphenyl alkylene) s for alkaline fuel cell membranes [J]. ACS Macro Letters, 2015, 4(8): 814-818.

[7] Olah G A . Superelectrophiles [J]. Angewandte Chemie International Edition in English, 1993, 32(6): 767-788.

[8] Fujimoto C, Kim D-S, Hibbs M, et al. Backbone stability of quaternized polyaromatics for alkaline membrane fuel cells [J]. Journal of Membrane Science, 2012, 423: 438-449.

[9] Fujimoto C, Kim D S, Hibbs M, et al. Backbone stability of quaternized polyaromatics for alkaline membrane fuel cell [J]. Journal of Membrane Science, 2012, 423: 438-449.

[10] Arges C G, Ramani Vijay. Two-dimensional NMR spectroscopy reveals cation-triggered backbone degradation in polysulfone-based anion exchange membranes [J]. Proceedings of the National Academy of Sciences, 2013, 110(7): 2490-2495.

[11] Peña E R, Zolotukhin M, Fomine S. Factors enhancing the reactivity of carbonyl compounds for polycondensations with aromatic hydrocarbons. A computational study[J]. Macromolecules, 2004, 37(16): 6227-6235.

[12] Wang L, Brink J J, Liu Y, et al. Non-fluorinated pre-irradiation-grafted (peroxidated) LDPE-based anion-exchange membranes with high performance and stability [J]. Energy & Environmental Science, 2017, 10(10): 2154-2167.

[13] Huang G, Mandal M, Peng X, et al. Composite poly(norbornene) anion conducting membranes for achieving durability, Water management and high power ($3.4W/cm^2$) in hydrogen/oxygen alkaline fuel cells [J]. Journal of The Electrochemical Society, 2019, 166(10): F637-F644.

[14] Yokota N, Shimada M, Ono H, et al. Aromatic copolymers containing ammonium-functionalized oligophenylene moieties as highly anion conductive membranes [J]. Macromolecules, 2014, 47(23): 8238-8246.

[15] Olsson J S, Pham T H, Jannasch P. Poly(arylene piperidinium) hydroxide ion exchange membranes: Synthesis, alkaline stability, and conductivity [J]. 2018, 28(2): 1702758.

[16] Thanh Huong Pham, Olsson Joel S, Jannasch Patric. Poly(arylene alkylene)s with pendant *N* -spirocyclic quaternary ammonium cations for anion exchange membranes [J]. Journal of Materials Chemistry A, 2018, 6(34): 16537-16547.

[17] Pham T H, Olsson J S, Jannasch P. Effects of the N-alicyclic cation and backbone structures on the performance of poly (terphenyl)-based hydroxide exchange membranes[J]. Journal of Materials Chemistry A, 2019, 7(26): 15895-15906.

[18] Allushi A, Pham T H, Olsson J S, et al. Ether-free polyfluorenes tethered with quinuclidinium cations as hydroxide exchange membranes[J]. Journal of Materials Chemistry A, 2019, 7(47): 27164-27174.

[19] Maurya S, Noh S, Matanovic I, et al. Rational design of polyaromatic ionomers for alkaline membrane fuel cells with $>1W \cdot cm^{-2}$ power density [J]. Energy & Environmental Science, 2018, 11(11): 3283-3291.

[20] Chen N, Hu C, Wang H H, et al. Poly (alkyl-terphenyl piperidinium) ionomers and membranes with an outstanding alkaline-membrane fuel-cell performance of $2.58W \cdot cm^{-2}$ [J]. Angewandte Chemie International Edition, 2021, 60(14): 7710-7718.

[21] Chen N, Wang H H, Kim S P, et al. Poly (fluorenyl aryl piperidinium) membranes and ionomers for anion exchange membrane fuel cells [J]. Nature communications, 2021, 12(1): 1-12.

[22] Yang K, Chu X, Zhang X, et al. The effect of polymer backbones and cation functional groups on properties of anion exchange membranes for fuel cells [J]. Journal of Membrane Science, 2020, 603: 118025.

[23] Hu X, Huang Y D, Liu L,et al. Piperidinium functionalized aryl ether-free polyaromatics as anion exchange membrane for water electrolysers: Performance and durability [J]. Journal of Membrane Science, 2021, 621: 118964.

[24] Zhou X, Wu L, Zhang G, et al. Rational design of comb-shaped poly(arylene indole piperidinium) to enhance hydroxide ion transport for $H_2/O_2$ fuel cell [J]. Journal of Membrane Science, 2021, 631: 119335.

[25] Chen N, Lu C, Li Y, et al. Tunable multi-cations-crosslinked poly(arylene piperidinium)-based alkaline membranes with high ion conductivity and durability [J]. Journal of Membrane Science, 2019, 588: 117120.

[26] Zhu H, Li Y, Chen N. Controllable physical-crosslinking poly (arylene 6-azaspiro [5.5] undecanium) for long-lifetime anion exchange membrane applications [J]. Journal of Membrane Science, 2019, 590: 117307.

[27] Lu C, Long C, Li Y, et al. Chemically stable poly(meta-terphenyl piperidinium) with highly conductive side chain for alkaline fuel cell membranes - Science Direct [J]. Journal of Membrane Science, 2020, 598: 117797.

[28] Wang F, Li Y, Li C H, et al. Preparation and study of spirocyclic cationic side chain functionalized polybiphenyl piperidine anion exchange membrane [J]. Journal of Membrane Science, 2020, 620(1-2): 118919.

[29] Zhang J J, Zhang K Y, Liang X, et al. Self-aggregating cationic-chains enable alkaline stable ion-conducting channels for anion-exchange membrane fuel cells [J]. Journal of Materials Chemistry A, 2021, 9(1): 327-337.

[30] Zhang J J,Yu W S, Liang X, et al. Flexible bis-piperidinium side chains construct highly conductive and robust anion-exchange membranes [J]. ACS Applied Energy Materials, 2021, 4(9): 9701-9711.

[31] Zhang H Q, Zhang Y, G H Q XL, et al. Enhancing side chain swing ability by novel all-carbon twisted backbone for high performance anion exchange membrane at relatively low IEC level [J]. Journal of Membrane Science Letters, 2021, 1: 100007.

[32] Kang N R, Pham T H, Jannasch P. Polyaromatic perfluorophenylsulfonic acids with high radical resistance and proton conductivity [J]. ACS Macro Letters, 2019, 8(10): 1247-1251.

[33] Kang N R, Pham T H, Nederstedt H, et al. Durable and highly proton conducting poly(arylene perfluorophenylphosphonic acid) membranes [J]. Journal of Membrane Science, 2021, 623: 119074.

[34] Wang J, Zhao Y, Setzler B P, et al. Poly(aryl piperidinium) membranes and ionomers for hydroxide exchange membrane fuel cells [J]. Nature Energy, 2019, 4(5): 392-398.

[35] Wang Y, Qiao X, Liu M, et al. The effect of-NH on quaternized polybenzimidazole anion exchange membranes for alkaline fuel cells [J]. Journal of Membrane Science, 2021, 626: 119178.

[36] Abbasi R, Setzler B P, Lin S, et al. A roadmap to low-cost hydrogen with hydroxide exchange membrane electrolyzers [J]. Advanced Materials, 2019, 31(31): 1805876.

[37] Li C, Baek J B. The promise of hydrogen production from alkaline anion exchange membrane electrolyzers [J]. Nano Energy, 2021, 87: 106162.

[38] Bryan Pivovar, Neha Rustagi, Sunita Satyapal. Hydrogen at scale ($H_2$@Scale) key to a clean, economic, and sustainable energy system [J]. The Electrochemical Society Interface, 2018, 27(1): 47-52.

[39] Yan X, Yang X, Su X, et al. Twisted ether-free polymer based alkaline membrane for high-performance water electrolysis [J]. Journal of Power Sources, 2020, 480: 228805.

[40] Min S C, Ji E P, Kim S, et al. Poly(carbazole)-based anion-conducting materials with high performance and durability for energy conversion devices [J]. Energy & Environmental Science, 2020, 13(10): 3633-3645.

第六章

# 超分子化学组装制备均相离子交换膜

第一节　概述 / 244

第二节　超分子化学构筑均相离子交换膜 / 245

第三节　自组装类均相离子交换膜应用性能评价 / 279

第四节　小结与展望 / 282

## 第一节
# 概述

超分子化学是基于分子间的相互作用而形成的分子聚集体的化学，其伴随着20世纪60年代的大环化合物特别是大环金属阳离子配体发展逐步成为一个新的化学分支。除了大环化学物（冠醚、穴醚、环糊精、杯芳烃、柱芳烃等）的研究外[1-9]，超分子化学还与分子自组装[10]（双分子膜、胶束、DNA双螺旋等）、分子机器[11-15]（ATP合成酶转子、索烃、分子蠕虫等）等的研究密切相关。

超分子化学逐渐成为一类发展迅猛、充满生机与活力的化学分支。超分子领域内关于分子识别和分子组装的研究，启发了研究人员将具有特定结构和功能的非共价相互作用力引入离子交换膜的结构中，借助特异性的分子识别及自组装行为在膜结构内部构筑规整的离子聚集体。从而解决均相离子交换膜尤其是阴离子交换膜内一直面临的离子电导率较低的问题。近些年来，越来越多的研究将超分子化学与离子交换膜制备结合，基于超分子作用力促进离子交换膜内的功能基团自组装形成规整的离子传输通道，降低离子在膜内的传导阻力，进而提升离子电导率。

超分子中的作用力一般是指非共价相互作用力，常见的超分子作用力如图6-1所示。

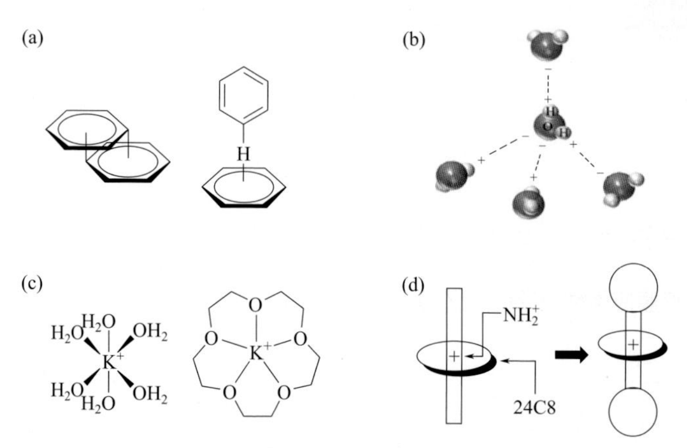


图6-1 （a）π-π堆积作用；（b）氢键作用；（c）$K^+$和极性分子（如水分子）的离子-偶极作用；（d）冠醚和二级铵盐的主客体作用

（1）π-π作用（0～50kJ/mol） 这种弱的静电相互作用发生在芳香环之间。π-π作用有两种最常见的构型，一种是面对面，另一种是面对线。面对面构型中最常见的是石墨结构，这种构型使得石墨具有一定的润滑性。面对线构型通常发生在一个芳香环上缺电子的氢原子和另一个芳香环上富电子的π电子云之间，形成类似于氢键的效应。π-π堆积作用在一些芳香族化合物结晶结构中较为常见。

（2）氢键作用（5～60kJ/mol） 氢原子容易与电负性大的原子间通过电荷迁移生成X—H…Y形式的分子间或分子内相互作用，其具有较强的方向性和饱和性。由于氢键的成键条件容易，因此氢键在超分子体系中随处可见。最典型的例子为DNA双螺旋结构，氢键通过碱基互补配对支撑了这种特殊的双螺旋结构。典型的氢键O…H的距离是2.6～2.9Å，超过3.0Å的弱氢键在一些环境下也会起到明显的作用。氢键的强弱程度、几何构型和长度种类很多，分子中的强氢键会影响其在固体状态下的一些性质，尤其当很多弱氢键发生协同作用时，它的影响会逐渐变得显著。

（3）离子-偶极作用（20～200kJ/mol） 是指离子与一个极性物质之间的作用（正-负）。例如$K^+$和极性分子（如水分子）的键合属于离子-偶极作用，通常存在于液态和固态体系中。冠醚与金属离子之间的络合也属于离子-偶极作用，当然这其中还包含金属离子与水之间的作用，即金属离子吸引水分子中氧原子的孤对电子。此外，配位键也包含在离子-偶极作用中，如非极性的金属离子和强碱的配位作用。

（4）主客体作用 主体（通常为较大的有机配体）和客体（通常为较小的分子或离子）在满足结构互补和能量匹配等条件下，通过非共价相互作用选择性结合形成具有某种特定功能的超分子的过程。如二级铵盐穿进冠醚空腔所形成的准轮烷结构是主客体作用中典型的例子。

# 第二节 超分子化学构筑均相离子交换膜

## 一、π-π作用构筑均相离子交换膜

众所周知，大π共轭结构单元间通过相互作用，会在构象位阻允许的情况下相互聚集，并按特定的方式排列，徐铜文课题组通过接枝具有一定柔性的—$CH_2$—O—间隔基，在溴化聚苯醚（BPPO）的侧链悬挂棒状的刚性萘环结构[图6-2（a）]，通过溶液浇筑法制备出阳离子交换膜，棒状的刚性萘环间由于π-π

作用及末端磺酸基间的亲水作用堆叠在一起[16]。尽管这种萘环间的堆叠不太可能像侧链液晶中的介晶基元间的排列那样具有长程有序性，但 π-π 作用使得侧链间形成物理凝胶以有效对抗高温下水对亲水区过度溶胀。聚合物溶液的紫外吸收光谱也证实了侧链萘环间相互作用的存在。如图 6-2（b）所示，以萘酚磺酸钠小分子的吸收光谱为基准，278nm 处对应于萘环发色团的吸收峰随溶液浓度的增加而出现“红移”(这种现象通常被认为是由于发色团间以肩并肩的方式形成所谓“J 聚集体”而引起的)，因此证明 SNO100%-BPPO 膜中侧链的萘环间发生了一定程度的聚集。如图 6-2（c）所示，SNO$x$-BPPO 膜的溶胀性随离子交换容量及温度的增加而增加，但在 80℃的线性溶胀率（LSR）不超过 12%，这种稳定性是由于 π-π 作用有序的堆叠带来的。

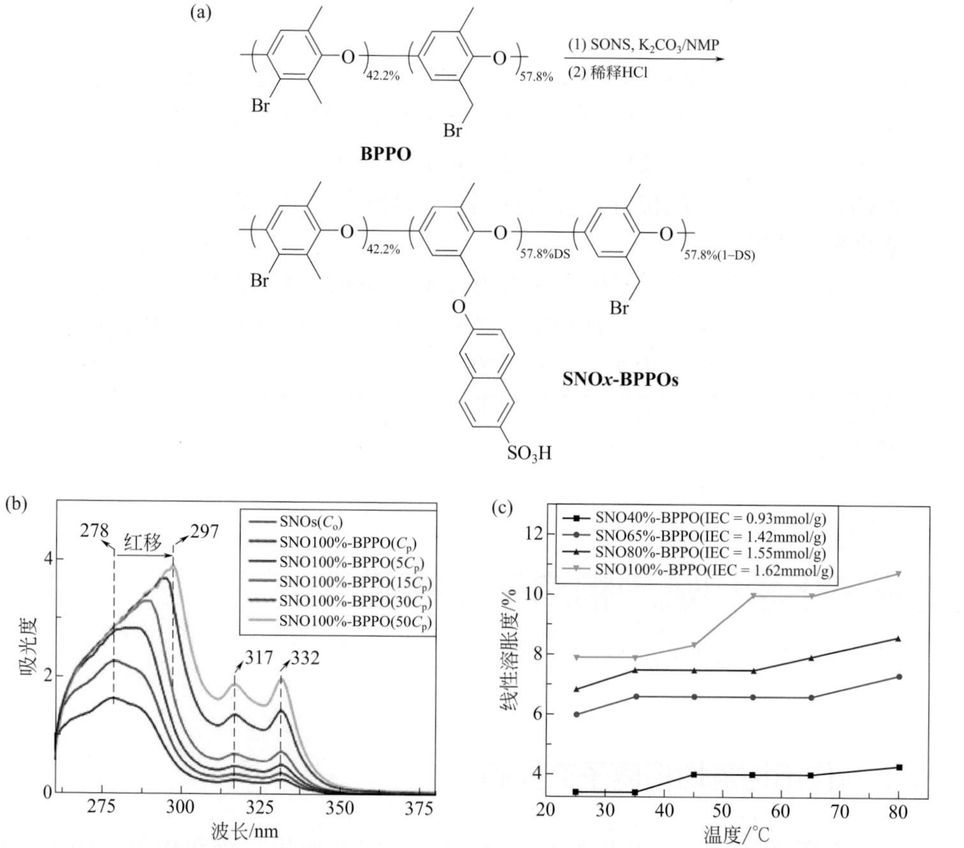

(a)

(1) SONS, $K_2CO_3$/NMP
(2) 稀释HCl

BPPO

SNO$x$-BPPOs

图6-2 （a）合成路线；（b）SNOs及不同浓度的SNO100%-BPPO溶液的紫外光谱(DMF溶剂，浓度$C_o$=1.0×$10^{-6}$，$C_p$=1.0×$10^{-5}$)；（c）SNO$x$-BPPO膜的线性溶胀率（LSR）随温度变化图[16]

## 二、氢键作用构筑均相离子交换膜

在过去的几十年中，用于燃料电池离子交换膜的研究主要集中于拓扑结构的调控，即在热力学驱动下借助疏水的聚合物主链与亲水侧链之间的极性差异形成微相分离形态，亲水侧链相互聚集形成离子通道，带来了离子电导率的提升。由亲疏水差异产生的驱动力并不足以产生高度有序的离子通道，因此离子通道的大小和连通性仍然面临挑战。受到自然界中生物通道的启发，如自然生物系统中M2 质子通道，这种通过复杂氢键网络构筑的通道可以使质子快速、有效地穿过细胞膜。受此启发，研究人员将氢键作用引入离子交换膜结构设计中，研究氢键作用对构建离子通道和调节其化学微环境的影响。

徐铜文课题组在疏水聚（2,6- 二甲基 -1,4- 氧化苯）（PPO）主链上接枝脲基和含侧链的季铵（QA）基团制备了酸选择性膜，通过和无脲基结构的膜对比，证实了由脲基形成的氢键网络提供了质子传导途径，赋予其高酸/盐选择性（图6-3）[17]。研究发现脲基单元之间形成的分子间氢键作用，有利于侧链的自组装和连续酸运输通道的形成。一方面，通过侧链自组装生成的季铵阳离子基团团簇能实现快速的阴离子传输，同时排斥阳离子；另一方面，氢键网络提供了质子传导途径，赋予其高酸 / 盐选择性。与最近报道的商业膜相比，制备的酸选择性膜具有更高的 $H^+$ 渗透系数（0.081m/h）和更好地从 $FeCl_2$ 水溶液中分离 HCl 的能力。

氢键作为额外的驱动力，诱导季铵阳离子基团的定向聚集，从而优化了膜的微观结构。微观形貌分析（原子力显微镜 AFM 和透射电子显微镜 TEM）和小角 X 射线散射证明制备的酸选择性膜内具有规律的相分离形态。在脲基结构的酸选择膜 AFM 图［图 6-4（b）］中，明显的亮区对应于 PPO 主链，而暗区对应季铵阳离子基团侧链，暗区形成分布均匀、相互连接的“蠕虫”状离子通道（$d$=11.1nm），明暗相间的形貌表明微相分离结构的形成，TEM 图同样证明了类似的聚集形态（染色的亲水离子畴约为 11nm）。而无脲基基团的膜材料，则观察到分散、不连贯的离子通道。此外，SAXS 剖面［图 6-4（a）］定量地描述了纳米级相分离几何结构，如制备的酸选择性膜在 $0.58nm^{-1}$ 处显示出明显的散射峰。相比之下，无脲基结构膜样品中较差的自组装形态，使其在 $0.85nm^{-1}$ 处显示出宽的散射峰，从而进一步表明膜内的离子通道更短、数量更少。这些微观结构证据充分说明了氢键能进一步促进季铵阳离子基团的有序自组装。

综上所述，所制备的膜具有以下优点：①氢键在离子通道的化学微环境，有利于促进季铵阳离子基团聚集，形成相互连接的离子通道，实现快速离子传输；②氢键网络作为另一个“离子通道”，高效、快速地传输质子；③由氢键网络形成的非共价交联网络阻断了金属离子的迁移，提高了离子的选择性，该膜在基于浓差扩散渗析的应用中具有很好的发展前景。

$C_8H_{12}CuF_6N_4P$

NMP

*VS.* 2QA-U-PPO-*x*

$C_8H_{12}CuF_6N_4P$

NMP

2QA-PPO-29

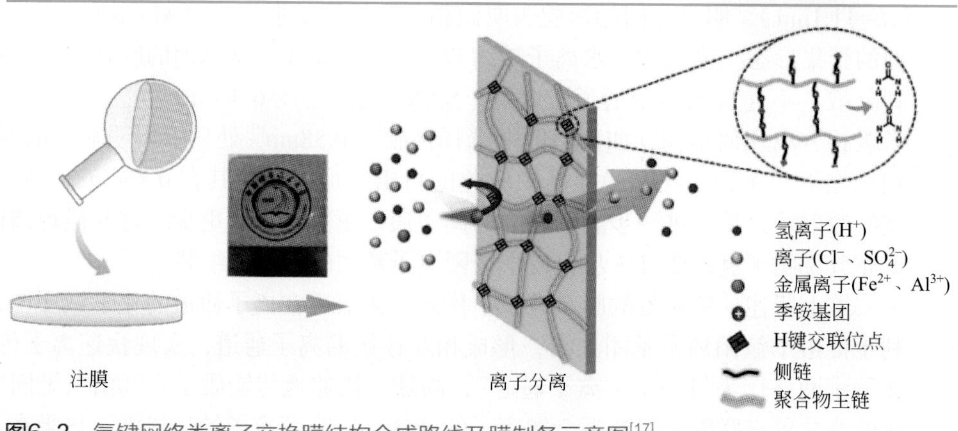


**图6-3** 氢键网络类离子交换膜结构合成路线及膜制备示意图[17]

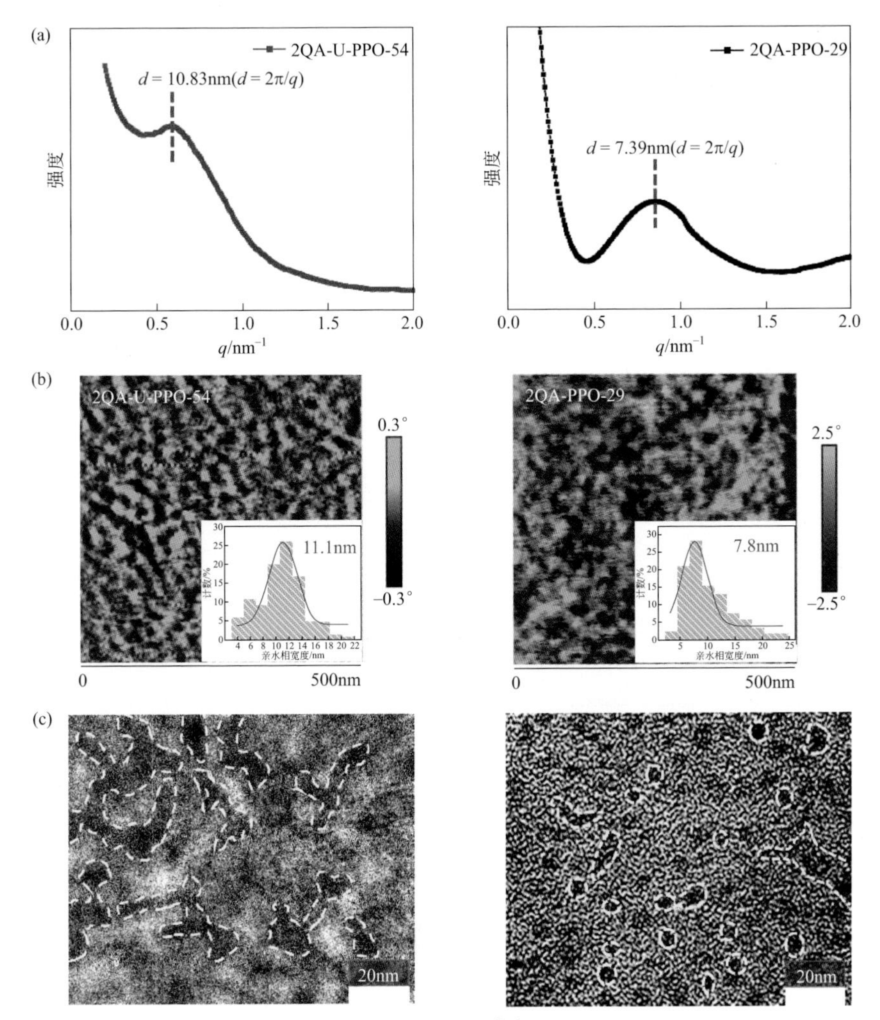


图6-4　基于氢键网络的离子交换膜微观形貌[17]

## 三、离子–偶极作用构筑均相离子交换膜

在超分子作用力中，氢键（5 ～ 60kJ/mol）和 π-π 堆积作用（0 ～ 50kJ/mol）低于离子 - 偶极作用（20 ～ 200kJ/mol）。离子 - 偶极作用是离子和中性偶极分子之间的静电相互作用力，对生物大分子（如 DNA 和蛋白）的自组装有显著的贡献。模仿生物体系中离子 - 偶极作用及其功能，让其在阴离子交换膜中促进离子交换基团定向聚集自组装，有望构筑高度有序的离子传导通道。在聚合物骨架中引入中性偶极大分子片段，将有助于促进膜内部阳离子基团与偶极分子间定向聚集，从而调节阴离子交换膜的自组装形态，构筑规整的离子传输通道。

## 1．离子 - 偶极作用构筑均相离子交换膜

聚乙二醇（PEG）是一种典型的偶极大分子，由于其聚合物链中的氧杂原子的吸电子特性，PEG 内含有大量的偶极子。因此，带轻微负电荷的氧原子可以通过阳离子 - 偶极作用为阳离子运动（如锂离子、季铵基团）提供强大的驱动力。徐铜文课题组将 PEG 引入阴离子交换膜的制备当中，通过离子 - 偶极作用力诱导季铵阳离子的自组装，形成高效的离子通道（图 6-5）[18]。同时 PEG 分子对水分子具有一定的亲和性，可在通道内进一步构筑氢键传输网络，促进离子高效传输。

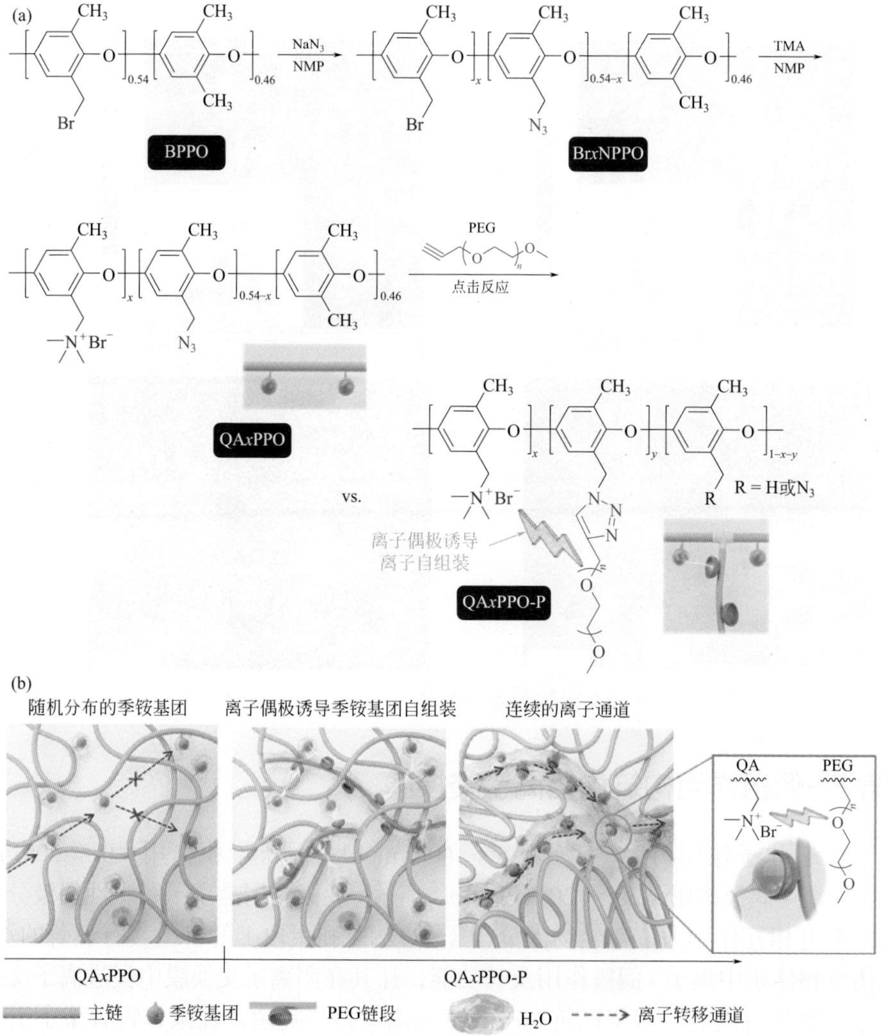

图6-5 （a）QA$x$PPO-P（含PEG接枝）和QA$x$PPO（不含PEG接枝）阴离子交换膜制备路线图；（b）通道自组装示意图[18]

PEG 偶极大分子的引入，可改变膜内离子交换基团聚集态结构，促进规整离子传导通道的构筑。首先通过小角 X 射线散射（SAXS）和纳米尺度显微镜分析（TEM 和 AFM），探究引入 PEG 前后膜内离子通道的构筑情况。如图 6-6（a）所示，含有 PEG 接枝的 QA*x*PPO-P 膜的 SAXS 图表现出明显的散射峰（$q$= 1.35nm$^{-1}$），而不含 PEG 的 QA*x*PPO 膜的 SAXS 图并未观测到，这表明 PEG 引入后，离子簇在膜内呈周期性分布。TEM 和 AFM 的相图也证明了膜内离子通道的存在。图 6-6（b）是 QA*x*PPO-P 膜的 TEM 图，暗区和明区分别对应于亲水区域（直径约 7 ～ 10nm，被碘离子染色后的离子簇）和疏水区域（聚合物骨架）。在 Tapping 模式下的 AFM 图中，也观测到明显的微相分离结构 [ 图 6-6（c）]。膜内亲水的离子簇（约 7.5nm）在疏水基质中均匀分布，相互连通，形成了规整的离子通道。相比之下，无 PEG 接枝的对照组 QA*x*PPO 的聚集自组装能力明显要差很多，在测试中没有观察到明显的离子通道结构。这进一步证明 PEG 的引入在形成离子簇和规整离子通道结构上的促进作用。

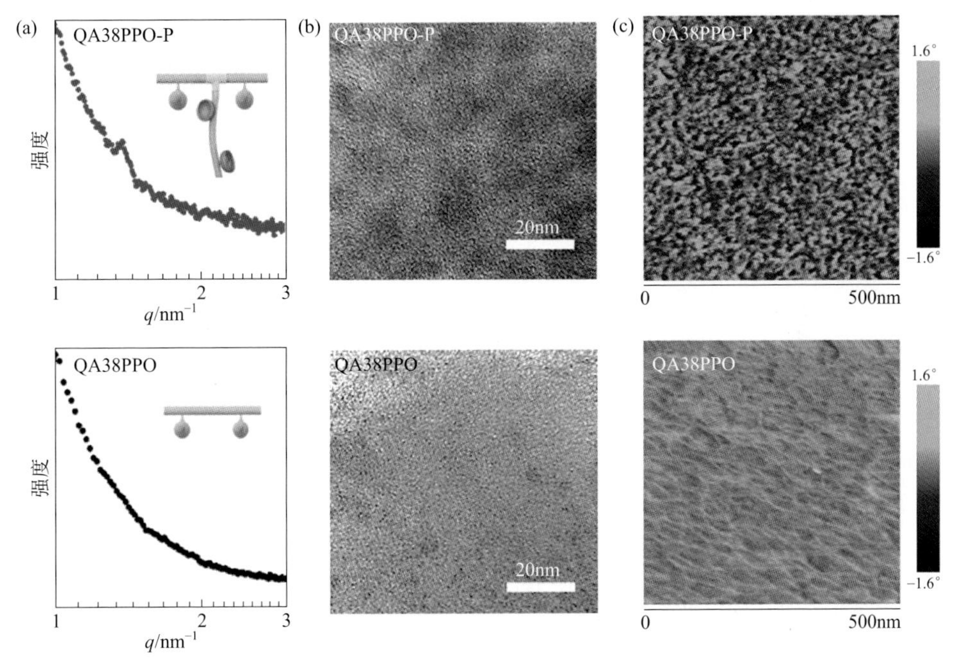


**图6-6** 膜材料的微观形貌：（a）QA*x*PPO-P和QA*x*PPO离子交换膜的SAXS谱图（*x*均含38%季铵阳离子基团，摩尔分数）；（b）QA*x*PPO-P和QA*x*PPO的TEM图像；（c）QA*x*PPO-P和QA*x*PPO的AFM相图[18]

为了探究引入 PEG 侧链后，微相分离形貌异同的原因，进一步采用理论模拟对相关过程进行了理论计算。QA*x*PPO-P 和 QA*x*PPO 在聚集自组装形成通道的过程中，两者的热力学驱动力是相似的，都是由亲水离子交换基团和疏水聚合物组分的极性差异所决定的。然而，在 QA*x*PPO-P 中存在偶极 PEG 侧链（PEG 中含有偶极子，氧杂原子电负性强，可显负电），可以吸引带正电的季铵基团，诱导其相互聚集，所以两种膜的自组装驱动力是不同的。首先通过密度泛函理论（DFT）计算了 PEG 侧链中的电荷分布［如图 6-7（a）所示］，可以看出邻近—$CH_2$—的氧原子明显带负电（−0.870e），而 $CH_2$ 带轻微的正电（+0.435e），因此，带负电的氧杂原子可与带正电荷的 QA 阳离子基团产生阳离子 - 偶极作用。分子动力学模拟表明二者之间具有强的结合能［−23.91kJ/mol，图 6-7（a）］，这为季铵阳

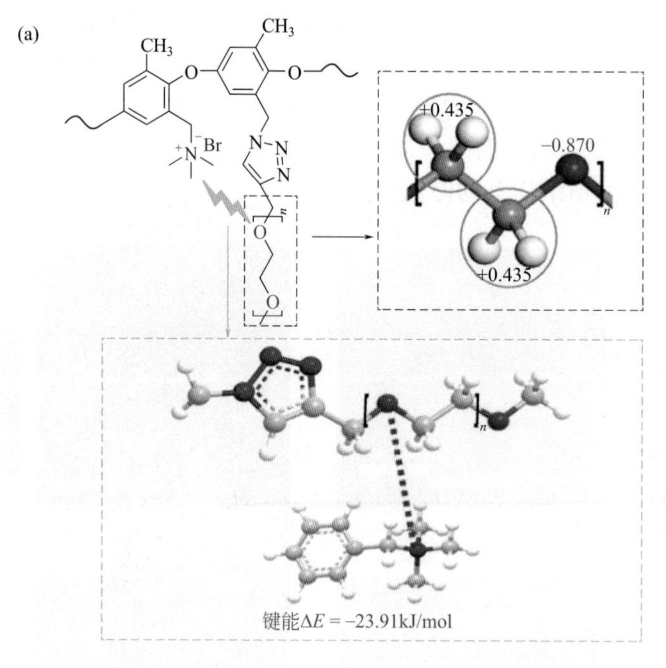


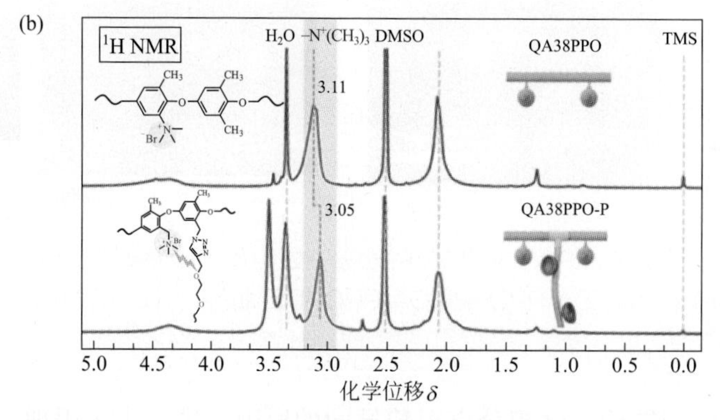


**图6-7** （a）PEG的电荷分布和PEG与季铵基团的结合能；（b）PEG接枝前后离子交换膜核磁谱图的化学位移变化[18]

离子基团的定向聚集自组装提供了强大的驱动力。此外 PEG 接枝前后核磁信号的位移变化，也可为该相互作用的存在提供证据。从图 6-7（b）中可以看到季铵基团上的甲基的化学位移从 QA*x*PPO 中 3.11 移动到 QA*x*PPO-P 的 3.05，这是离子 - 偶极作用后季铵阳离子基团周围电子云分布的变化所造成的。通常季铵基团是缺电子的，通过其与 PEG 上富电子的氧杂原子作用后，它的缺电性会被削弱，从而表现为化学位移向高场移动。阳离子 - 偶极作用的存在，可促进季铵阳离子基团定向聚集，构筑规整离子传导通道。

进一步采用分子动力学模拟，探究了离子 - 偶极作用对季铵阳离子基团聚集态结构形成的影响，模拟聚合物片段（QA*x*PPO-P 与 QA*x*PPO）在三维空间分布情况。如图 6-8（a）、（b）所示，通过统计 N—O* 距离（$d$）和 N—O—O* 角度（$\theta$）变化，将季铵阳离子基团相对于高分子主链的三维空间分布转化为二维统计

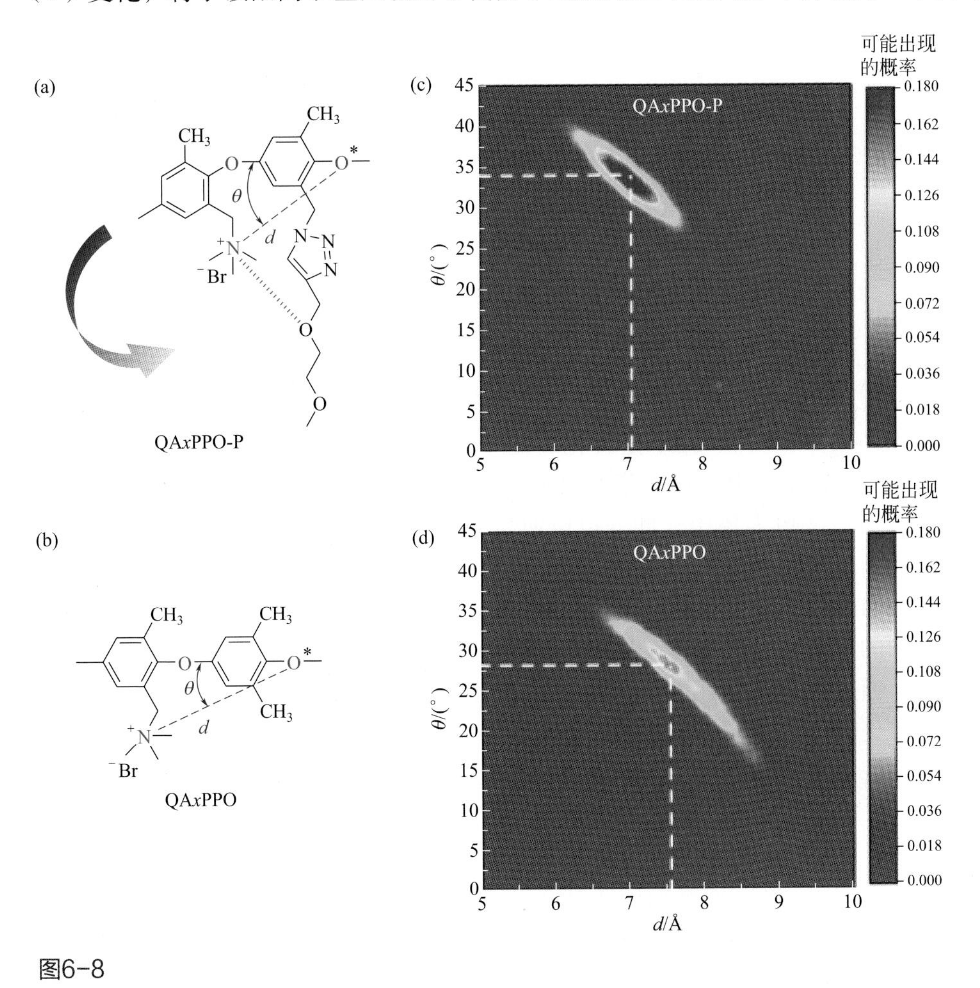


图6-8

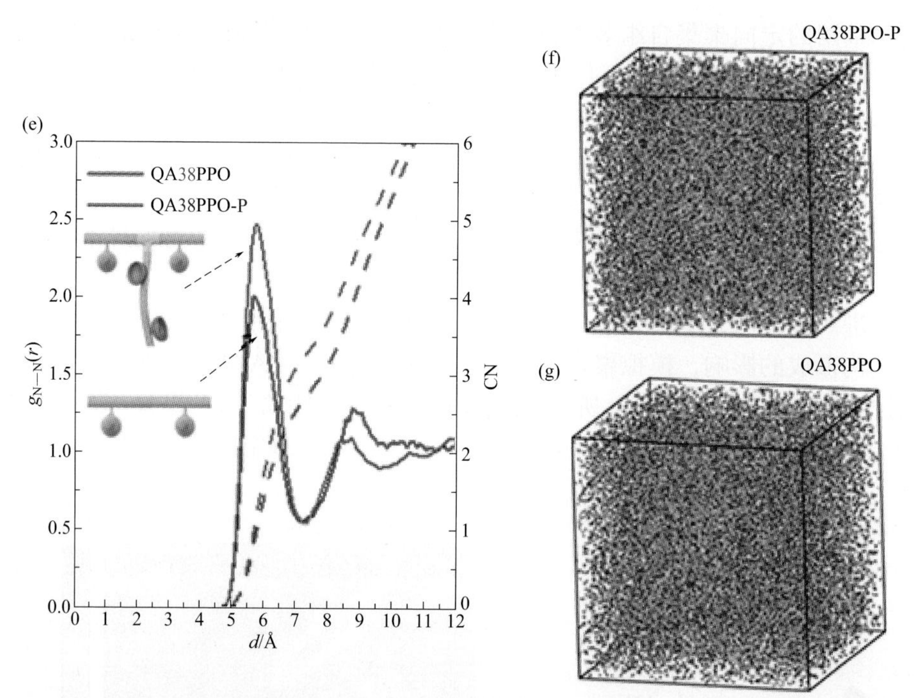


**图6-8** （a）QA*x*PPO-P和（b）QA*x*PPO模型片段示意图（$x$ = QA%，摩尔分数）；（c）QA*x*PPO-P和（d）QA*x*PPO的联合概率分布密度云图（N—O*距离定义为$d$，N-O-O*角度定义为$\theta$）；（e）QA38PPO-P和QA38PPO径向分布函数（RDF，实线）和对应的络合数（CN，虚线）；（f）QA*x*PPO-P和（g）QA*x*PPO的可视化分子动力学模拟[18]

数据。图 6-8（c）、（d）是转化后的联合概率分布密度云图。与 QA*x*PPO 相比，QA*x*PPO-P 显示出了较大范围的深红色区域，这表明了该区域内季铵阳离子的空间分布概率更为集中，此外可以明显看到，该区域中心相对于 QA*x*PPO 具有更大的角度 $\theta$ 和更小的距离 $d$。表明 PEG 的存在改变了季铵阳离子基团在空间中随机分布的状态，使其倾向于在 PEG 附近集中分布。说明 PEG 可促进季铵阳离子基团的定向自组装聚集，从而在膜内构筑规整的离子通道。

通过径向分布函数（RDF）及其对应的络合数（CN）对聚合物分子中的这种聚集行为进行模拟量化。在径向分布函数 $g_{N-N}$（$r$）中，$N^+$ 可以描述两个相邻的季铵阳离子基团在一定距离（$r$）处的密度概率，计算公式如下：

$$g_{N-N}(r)=\frac{dN_N}{\rho 4\pi r^2 dr}$$

式中，$\rho$ 是季铵基团中 N 正离子在整个聚合物体系中的平均密度；$dN_N$ 是位于厚度 d$r$ 壳内的 N 正离子的数量。相应的 CN 值被定义为某个 N 正离子附近与 N 正离子在一定统计范围内的平均数量。

图 6-8（e）显示了 RDFs 和 CNs 的计算结果。N—N RDF 数据包含关于季铵阳离子基团分布的量化信息。第一个 RDF 峰主要是由于两个聚合物链之间的 N—N 的聚集峰。在 $r \approx 5.75$Å 时，QA$x$PPO-P 的总密度概率 $g_{N—N}$（$r$）为 2.49，而在相同的给定距离（$r$）下，不含 PEG 的 QA$x$PPO 的总密度概率 $g_{N—N}$（$r$）较小，为 2.00。对应的第二个峰从 QA38PPO 中的 8.8Å 降低到 QA38PPO-P 中的 8.4Å，表明 PEG 接枝后，基团之间的距离缩短，有一定程度上的聚集行为。可视化分子动力学［图 6-8（f）、（g）］可以提供直观的验证。QA$x$PPO-P 表现出更强的聚集行为，而 QA$x$PPO 则分布较为随机。所有这些计算结果表明，阳离子 - 偶极作用有利于季铵阳离子基团定向聚集。

除了促进季铵阳离子基团聚集自组装（形成离子通道）外，阳离子 - 偶极作用网络同样对离子传输有一定贡献。该网络与 $H_2O$ 和水合 $OH^-$ 具有一定的亲和性，可为水和离子的运输提供额外位点。图 6-9（a）、（b）所示，PEG 的引入显著改善了膜材料的 $OH^-$ 电导率（QA$x$PPO-P vs. QA$x$PPO）。对于含相同物质的量的季铵基团的阴离子交换膜，在 30 ～ 80℃之间，QA$x$PPO-P 的离子电导率均要高于 QA$x$PPO，这符合实验设计的预期设想。

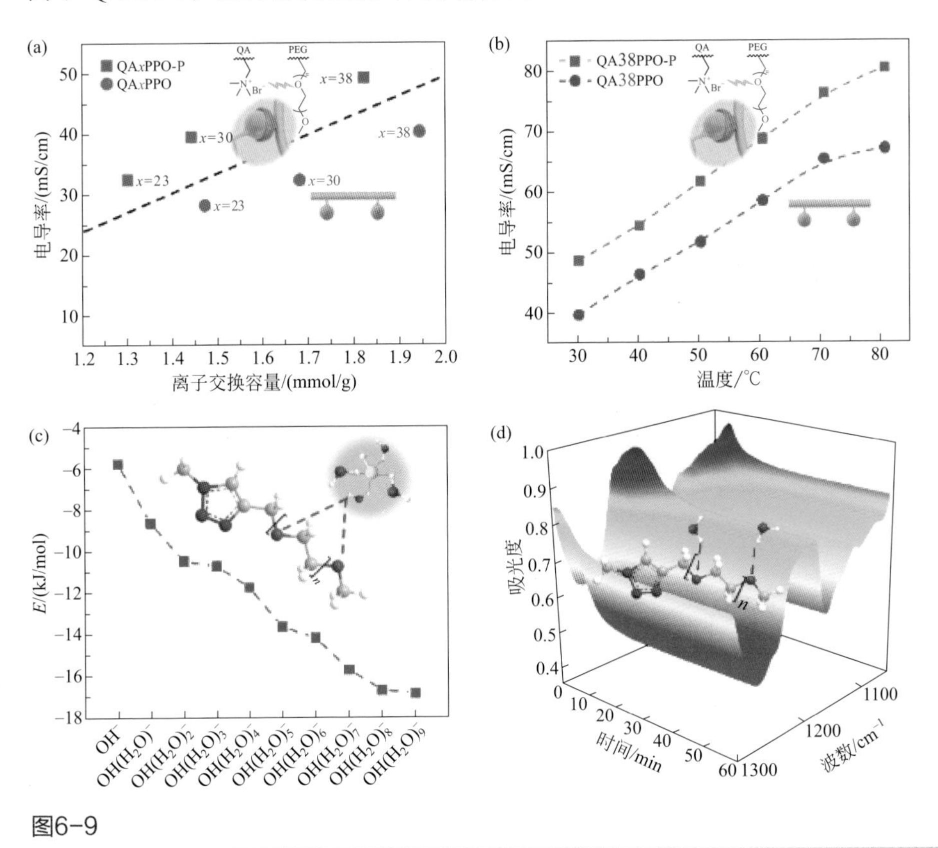


图6-9

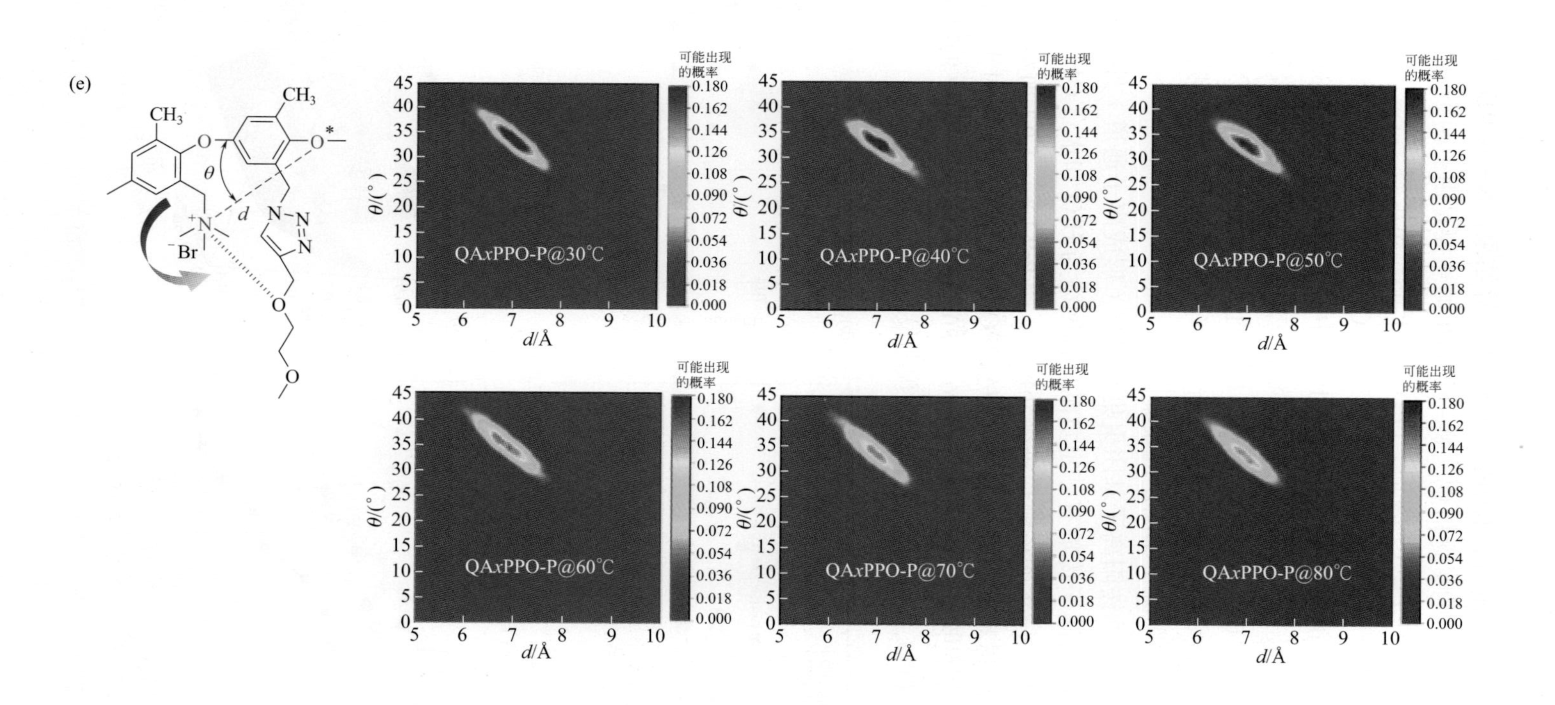

(e)
$CH_3$
$CH_3$
$\theta$
$d$
$^-Br$
QAxPPO-P@30℃
QAxPPO-P@40℃
QAxPPO-P@50℃
QAxPPO-P@60℃
QAxPPO-P@70℃
QAxPPO-P@80℃
$\theta$/(°)
$d$/Å
可能出现的概率

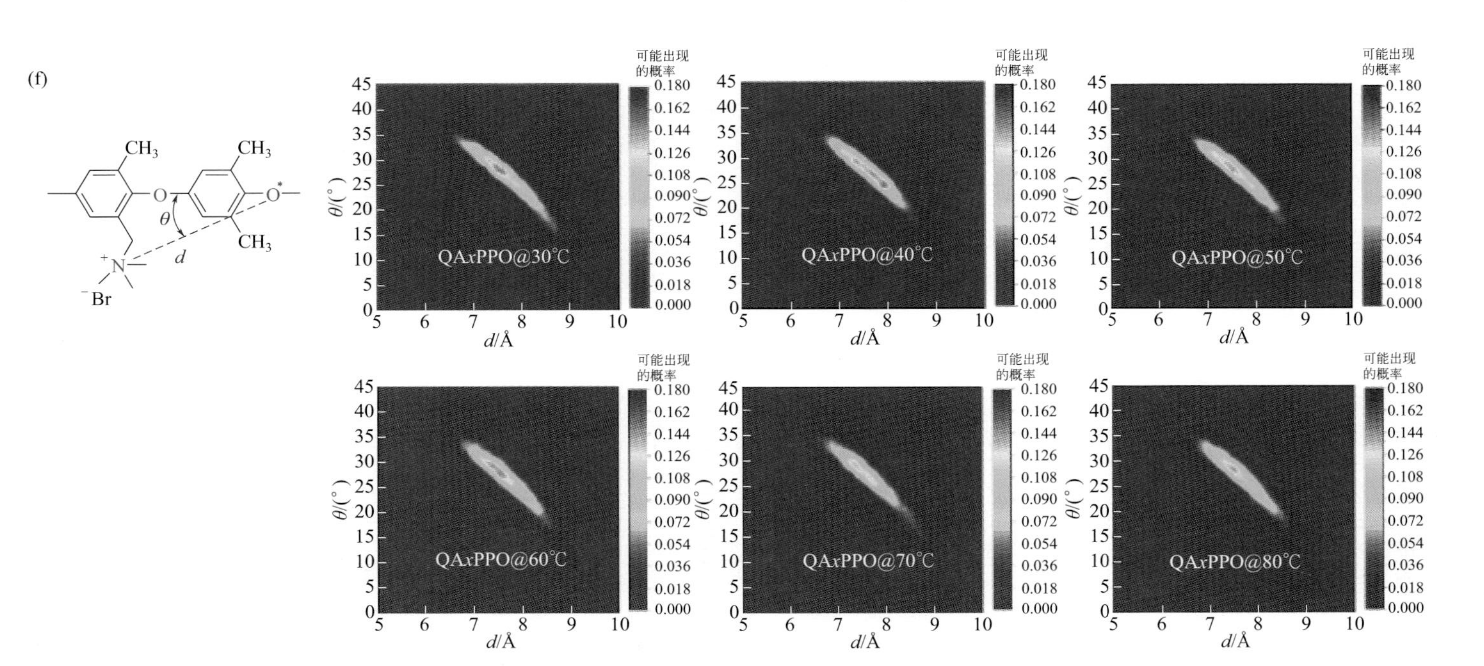


图6-9　离子在膜内的传输：（a）QA$x$PPO-P和QA$x$PPO在室温下的氢氧根电导率；（b）QA$x$PPO-P和QA$x$PPO的升温氢氧根电导率；（c）分子动力学模拟计算PEG与水合氢氧根离子（在不同水合条件下）的结合能；（d）水化后的QA$x$PPO-P的原位升温FTIR谱随时间的变化[18]；（e）QA$x$PPO-P；（f）QA$x$PPO的变温联合概率分布密度云图（N-O*距离定义为$d$，N-O-O*角度定义为$\theta$）

为了进一步论证 PEG 提供了额外离子输运的途径，进一步使用分子动力学模拟计算了水合 $OH^-$ 与接枝 PEG 之间的结合能。如图 6-9（c）所示，随着水合氢氧根的增加，结合能也变得越来越强，负的结合能代表 PEG 能够自发结合水合 $OH^-$。也就是说，PEG 可以作为水合 $OH^-$ 的传导介质，使传导区域不再局限于季铵阳离子簇，而是扩展到了整个离子 - 偶极作用网络。采用原位傅里叶红外光谱测试验证了这一观点。通过记录 QA*x*PPO-P 离子交换膜在升温过程中的红外吸收光谱变化情况，可以看出在受热过程中，PEG 中的醚键与水分子结合情况的变化。如图 6-9（d）所示，醚键的吸收带为 1000 ～ $1300cm^{-1}$ 左右，其吸收峰在初始 25min 内迅速下降，在之后的 35min 内趋于稳定。这主要是由于醚键从湿态向干态转化出现的特征现象。醚键在刚开始由于其亲水性，能够与 $H_2O$ 自发结合在一起，此时吸收峰较高，但随着受热，其与水分子之间的氢键被破坏，$H_2O$ 脱离氢键的束缚而蒸发，导致吸收峰迅速下降。正是由于 PEG 能通过氢键与水相互作用，所以水合氢氧根离子可以整合到富水的氢键网络中，形成扩展的传导区域，从而加速氢氧根离子传导。

离子 - 偶极传输网络具有典型的非共价键的断裂 - 生成动力学转变过程，在热刺激下具有一定的响应性。从分子动力学模拟得到的变温联合概率分布密度云图［图 6-9（e）、（f）］可以看出，QA*x*PPO-P 的高概率分布区（红色）随着温度的升高（特别是在 > 60℃时）概率显著降低（红色区域变小），而 QA*x*PPO 的变化并不明显。结果表明，QA*x*PPO-P 聚合物中阳离子 - 偶极作用在热扰动下，具有一定程度的动态响应性，可为离子传导提供动态环境。水合氢氧根离子在膜内传递是基于热力学的扩散传质过程，依赖于不同形式的水合离子之间持续不断的相互转化。因此，增加水合离子在通道内的扰动程度，既可增加离子传递过程动力学，又能有效提高离子传导效率。相比之下，QA*x*PPO 中的季铵基团则更显刚性，没有热扰动时相互作用网络的断裂 - 生成动力学转变，很难提供一个动态离子传导环境。因此，水合 $OH^-$ 在这样的热响应动态传输网络中会更迅速传输。这证实了阳离子 - 偶极作用不仅能构筑更加有序的离子通道，而且能将离子传导扩展到整个相互作用网络中（这些通道中有丰富的氢键供体和水结合位点）。更重要的是，这些非共价相互作用网络的热响应性可增加离子传递过程动力学，进一步提升传导速率。

离子 - 偶极作用的非共价键特性同时可提升膜材料的力学性能，如改善机械性能和降低尺寸溶胀率。如图 6-10（a）所示，与 QA*x*PPO（拉伸强度为 22.9MPa，断裂伸长率 5.7%）相比，QA*x*PPO-P 离子交换膜具有更高的拉伸强度（32MPa）和断裂伸长率（8.9%）。不同于常规的共价键交联离子交换膜，阳离子 - 偶极作用可以在膜内提供动态作用网络，它可断裂再生成的特性增强了膜材料的拉伸强度和韧性。采用动态热机械分析（DMA）研究了 QA*x*PPO 和 QA*x*PPO-P

的储能模量 $E'$ 随温度的变化［图 6-10（b）］。在 25 ～ 180℃温度下，QA*x*PPO-P 的 $E'$ 值高于 QA*x*PPO，表明离子 - 偶极作用提高了膜材料的韧性。当温度高于 180℃时，季铵阳离子基团开始热降解［见膜材料的热重曲线图 6-10（c）］，此时阳离子 - 偶极作用逐渐被破坏，QA*x*PPO-P 的储能模量 $E'$ 急剧下降。而当季铵基团几乎完全降解（> 235℃）时，由于 PEG 自身链柔性较强，因此含 PEG 链的 QA*x*PPO-P 比 QA*x*PPO 表现出更低的储能模量 $E'$［PEG 的初始热降解温度为 301℃，此时还未降解，如图 6-10（d）所示］。这里所表现出来的现象与膜内存在非共价交联的阳离子 - 偶极对是吻合的。该相互作用在受到外力时，可以通过断裂再生成有效分散施加在膜上的应力，而提升其机械性能。

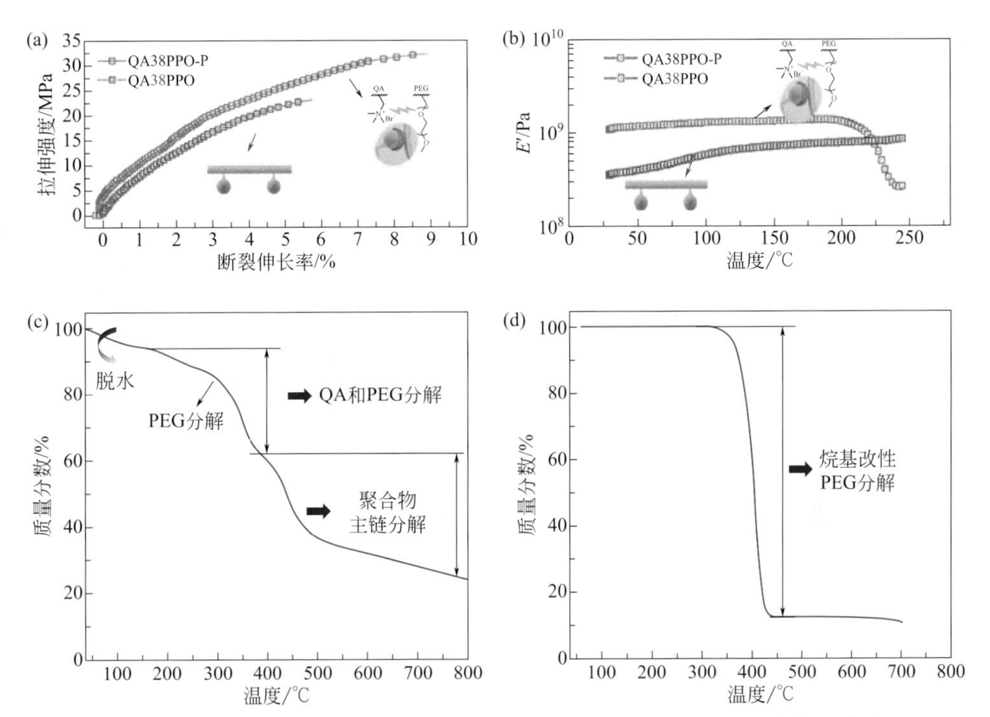


图6-10　（a）QA*x*PPO和QA*x*PPO-P膜的机械性能（拉伸强度、断裂伸长率）；（b）QA*x*PPO和QA*x*PPO-P膜的储能模量随温度变化情况；（c）QA*x*PPO-P的热重曲线；（d）炔基修饰PEG的热重曲线[18]

离子 - 偶极作用也可以抑制离子交换膜材料的溶胀。图 6-11（a）、（b）显示了含水量（WU）和尺寸溶胀率（SR）相对于 IEC 值的变化图。可以看到含水量和溶胀率都与 IEC 呈正相关。然而，在 IEC 相似的情况下，与 QA*x*PPO 相比，QA*x*PPO-P 的含水量和溶胀率相对较低。尽管膜材料内 PEG 对水分子具有一定的亲合性，但由于非共价动态交联网络的存在，膜材料依然表现出不错的抗溶胀性能。

碱稳定性是阴离子交换膜在燃料电池应用中一个重要的评判标准。为了评估引入离子-偶极作用后对膜碱稳定性的影响，将 QA*x*PPO 和 QA*x*PPO-P 离子交换膜分别在 2mol/L NaOH 水溶液中浸泡了 312h。膜材料中季铵阳离子基团的霍夫曼消除（E2）和亲核取代（$S_N2$）反应是膜离子电导率下降的主要原因。如图 6-11（c），在 312h 的耐碱性测试当中，QA*x*PPO-P 电导保留率高于 QA*x*PPO，表明离子-偶极作用的存在提高了膜材料的耐碱性，这主要是因为季铵阳离子基团与 PEG 产生离子-偶极作用后，由于二者之间的电子转移，季铵阳离子基团的亲电性大大降低，从而 $OH^-$ 对季铵阳离子亲核进攻的概率也就大大降低。

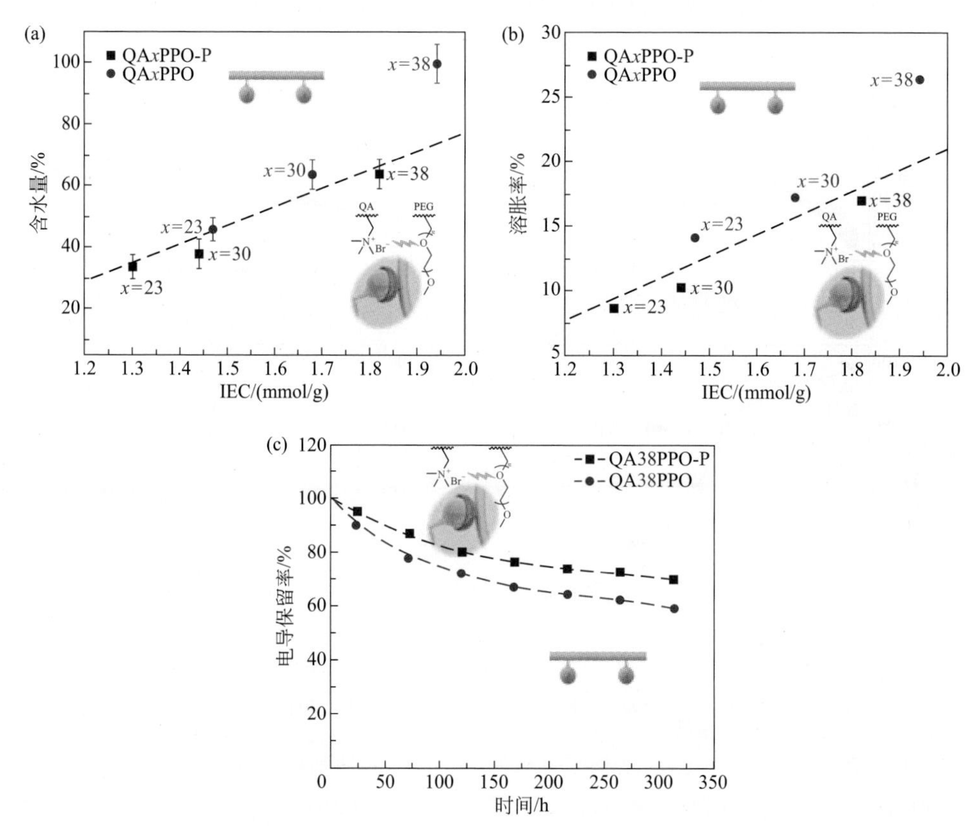


图6-11 （a）QA*x*PPO和QA*x*PPO-P膜的含水量；（b）QA*x*PPO和QA*x*PPO-P膜的溶胀率；（c）QA*x*PPO和QA*x*PPO-P膜碱稳定性[18]

### 2．耐碱离子-偶极网络阴离子交换膜的构筑

前一节工作初步验证了离子-偶极作用可为离子交换基团聚集提供额外的驱动力，增强分子链段自组装程度，从而构建高效离子传导通道[19]。但前部分工

作中膜的碱稳定性以及离子传导性能仍存在不足，为了进一步优化这一设计思路，徐铜文课题组通过采用耐碱性更好的无醚主链与环状哌啶基团，制备出兼具高电导率和高耐碱的阴离子交换膜，将烷氧基偶极小分子修饰在侧链间隔基上（图 6-12），烷氧基分子旋转的能垒比普通的烷基间隔基小得多，因此含有烷氧基的侧链柔韧性更好，可以利用其柔韧性大幅增加离子化侧链的运动自由度，从而促进基团相互聚集。此外，烷氧基强的供电子效应可削弱阳离子基团的亲电性，从而促进氢氧根离子解离，加速离子在膜中的传导。

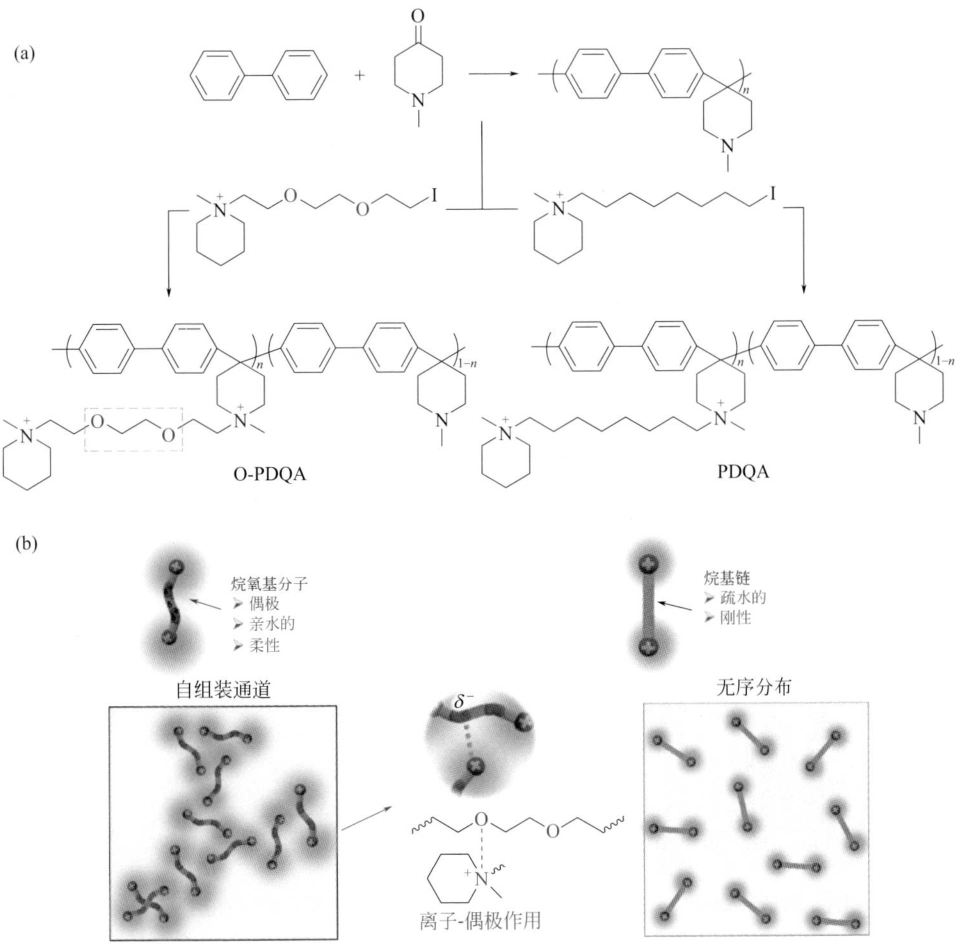

图6-12 O-PDQA和PDQA阴离子交换膜制备路线图（a）以及通道自组装示意图（b）[19]

首先分别构建了烷氧基间隔基的侧链双哌啶分子（O-DQA）和烷基间隔基的侧链双哌啶分子（DQA）两种不同的小分子模型，进行模拟计算（图 6-13）。

利用密度泛函理论分别计算了模型分子的静电势，计算结果表明，相较于烷基连接的 DQA，烷氧基连接的 O-DQA 静电势降低很多。证明氢氧根离子与 O-DQA 中的哌啶阳离子基团之间的相互作用更弱，即降低了离子在相邻阳离子位点间跳跃所需要的活化能，使其更易从阳离子上解离，进而促进离子在膜中的传输。与此同时，阳离子基团被氢氧根进攻的概率也大幅降低，有望提高离子交换膜材料的碱稳定性。

前一部分工作证明偶极小分子作为间隔基，可以在侧链间产生离子 - 偶极作用，促使离子化侧链相互聚集自组装，形成连续贯通的亲水离子传导通道。小分子模型的模拟结果可以看出，由于氧电负性强吸引电子，因此氧原子所处的位置静电势数值明显低于周围，导致烷氧间隔基上电荷分布的不均一性，这也是偶极分子的典型特征。电负性强的氧原子可以吸引正电荷的哌啶基团，产生离子 - 偶极作用，驱动离子交换基团相互聚集自组装。进一步采用分子动力学模拟来量化它们之间的相互作用强度。如图 6-13（d）、（e）所示，烷氧间隔基与哌啶基团之间的结合能（−12.26kJ/mol）强度远大于对照组（−4.51kJ/mol）。

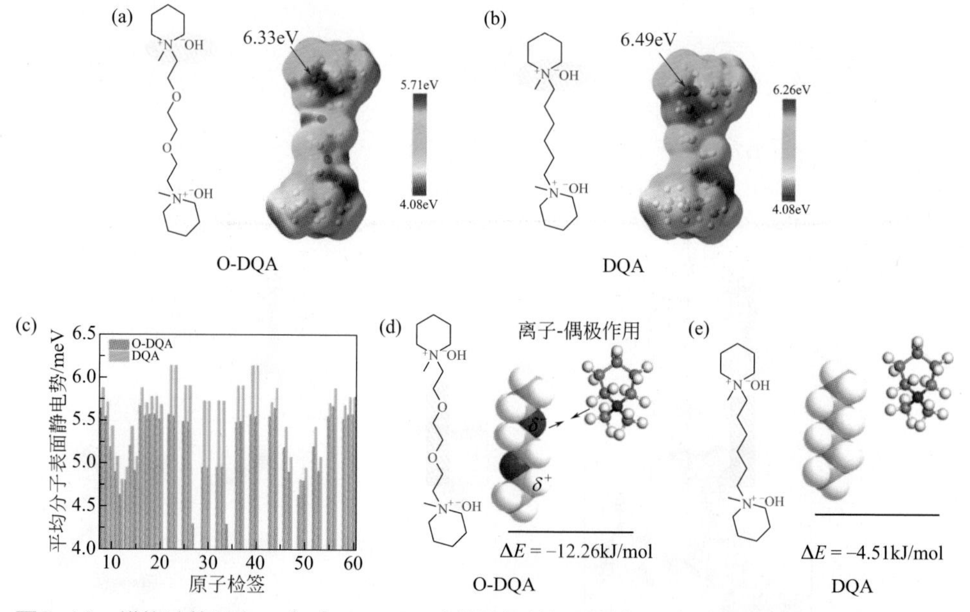


图6-13 模拟计算研究：（a）O-DQA（带烷氧基间隔基）和（b）DQA（带烷基间隔基）的静电势（ESP）；（c）侧链原子静电势值；（d）O-DQA和（e）DQA小分子的分子间相互作用[19]

聚合物链段的过分缠结会抑制离子基团的相互聚集自组装，为了克服这一弊端，通常需要功能基团具有良好的运动能力。为了评估烷氧间隔基引入后，对离子化侧链运动能力的影响，通过分子动力学模拟计算了侧链分子的空间位置分布，选取特定原子间距离 $d$ 和角度 $\theta$，将三维空间中的位置转化为二维的形式进行统计，得到的数据绘制成联合概率分布密度云图［图 6-14］。与 O-DQA［图 6-14（b）］相比，DQA 侧链［图 6-14（c）］具有明显的红色区域，表明该侧链在空间中构象分布更为集中，链段运动自由度很小。由于烷基侧链的刚性较强，会抑制分子链运动，不利于离子交换基团有效自组装，从而阻碍离子通道的形成。相反，O-DQA 分子分布较为分散，没有出现集中分布的情况，这得益于烷氧间隔基的高度柔韧性，提升了离子交换基团的自由度，可促进规整离子通道的构筑。模拟计算结果表明，在侧链结构中引入烷氧基偶极分子，可以赋予离子交换基团更强的驱动力和自由度来构筑连续贯通的离子通道。

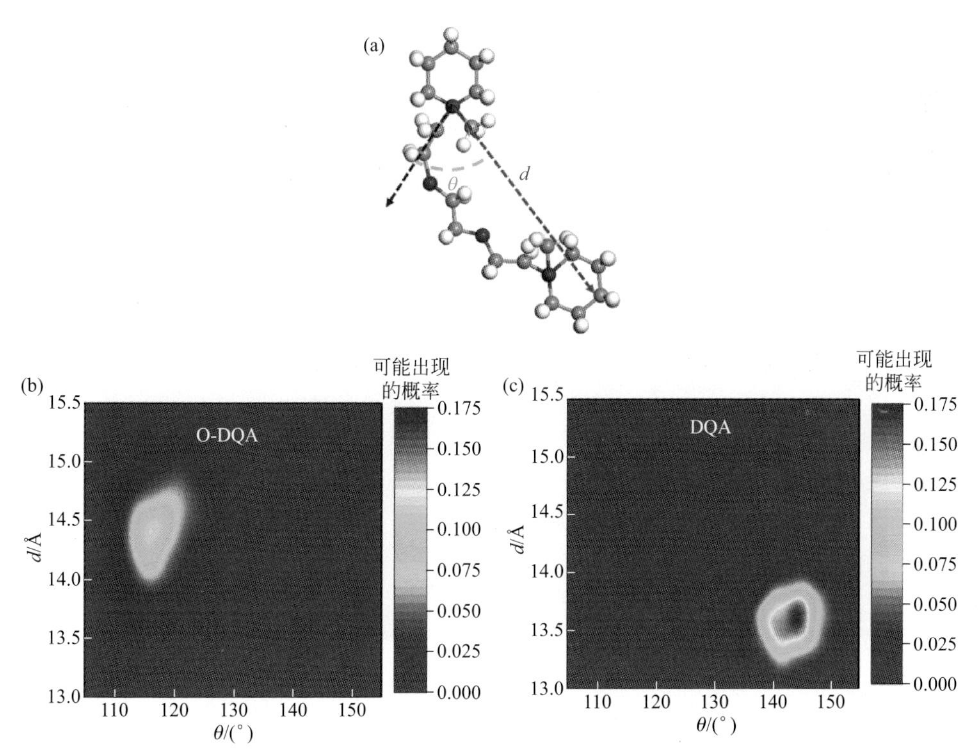


图6-14　功能基团概率分布统计：（a）统计模型示意图；（b）O-DQA和（c）DQA的空间概率分布密度云图[19]

基于上述结果，徐铜文课题组分别制备了两种不同侧链的阴离子交换膜材料 O-PDQA 和 PDQA。通过小角 X 射线散射（SAXS）、TEM 和 AFM 全面探究了膜材料的微观形貌。如图 6-15（a）所示，O-PDQA 的 SAXS 谱图中，$q$= 1.45nm$^{-1}$ 处明显的散射峰表明了该膜内离子通道结构的存在，对照组 PDQA 图谱中未观

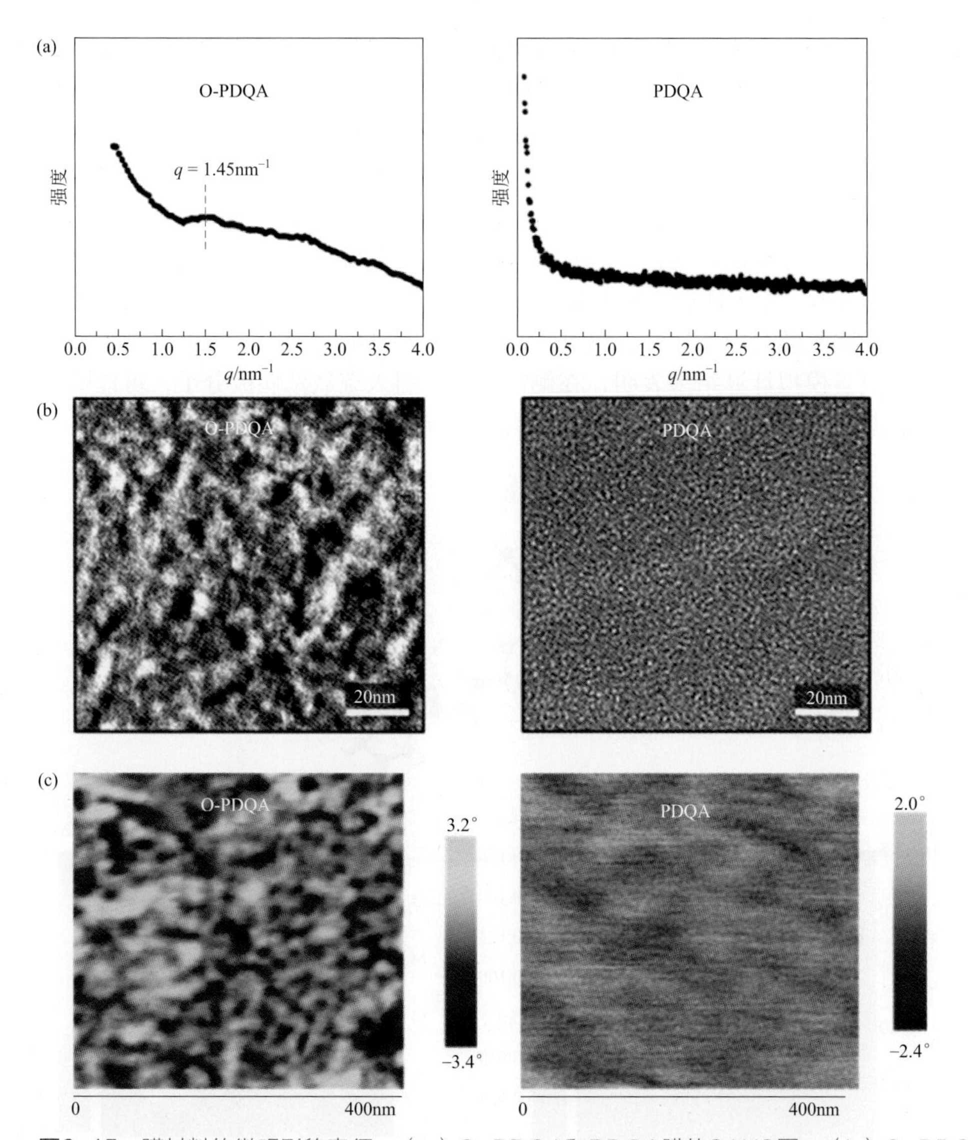


图6-15　膜材料的微观形貌表征：（a）O-PDQA和PDQA膜的SAXS图；（b）O-PDQA和PDQA的TEM图；（c）O-PDQA和PDQA的AFM图[19]

测到明显的散射峰。TEM、AFM 测试进一步证实了膜中离子通道结构的存在。O-PDQA 膜的 TEM 图像中［图 6-15（b）］，暗区表示聚集的离子交换基团（碘离子染色），明区代表疏水的聚合物骨架。从图中可以看到聚集的离子交换基团相互连通，在疏水聚合物骨架中均匀分布，形成了直径约为 7nm 的离子传导通道。AFM 相图也探测到类似的离子通道结构。没有烷氧基的离子交换膜中，离子基团聚集能力则较差，没有发现明显的通道结构。与前面模型结构的模拟结果相吻合。证明烷氧间隔基的引入可以赋予离子交换基团更强的驱动力和自由度，促使其构筑高效离子传导通道。

规整的离子通道可以促进离子在膜内的传导，测试所制备膜样品的离子电导率，在 IEC 几乎相同的情况下，O-PDQA 比 PDQA 表现出更高的电导率[图 6-16（a）、（b）]，且随着侧链接枝量的提高（即 IEC 提高），电导率优势愈发明显，这是由于随着离子化侧链的增多，离子通道贯通性变得更好。电导率的明显提升归因亲水的烷氧基促进了膜内规整的离子传导通道和高效氢键网络的形成，以及烷氧基的供电子效应在一定程度上也促进了氢氧根离子的解离。

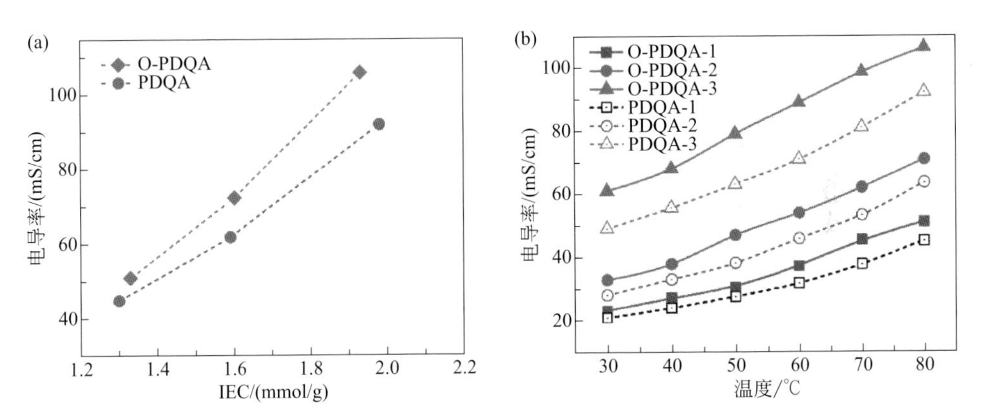


**图6-16** （a）O-PDQA和PDQA系列阴离子交换膜在80℃下的氢氧根离子电导率；（b）O-PDQA和PDQA阴离子交换膜的氢氧根离子变温电导率[19]

碱稳定性是阴离子交换膜一个关键的考量标准。高温、强碱性条件下，阴离子交换膜易被强亲核性的 $OH^-$ 进攻发生降解，导致膜的性能迅速衰减。为了评价制备的离子交换膜的长期碱稳定性，将 O-PDQA 样品放在 80℃的 2mol/L NaOH 溶液中处理 1080h。即使 O-PDQA 在如此苛刻的测试条件下，依然具有非常高的氢氧根电导保留率[图 6-17（a）]。优异的耐碱性一方面归功于无芳醚主链和稳定的哌啶阳离子基团，另一方面亲水烷氧基的引入使离子化侧链充分水化，降低了 $OH^-$ 亲核攻击离子交换基团的概率。进一步采用核磁共振氢谱研究了碱稳定性测试过程中的离子交换膜的微观尺度上的分子结构变化。经过碱稳定性测试后，O-PDQA 的 $^1$H NMR 谱图中未发现明显的新峰出现，以及峰信号强度的衰减[图 6-17（b）]。膜材料的尺寸稳定性和机械强度是膜材料应用的关键性技术指标。从图 6-18（a）、（b）可以看出，随着 IEC 和温度的升高，样品的含水率和溶胀率增加。其中，含有烷氧基间隔基的 O-PDQA 膜的含水率和溶胀率略高于烷基作为间隔基的 PDQA 膜，这主要是由于烷氧间隔基与水分子间形成了氢键作用。

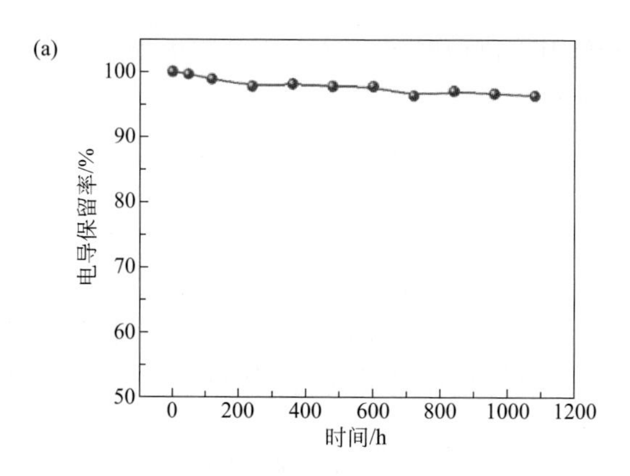


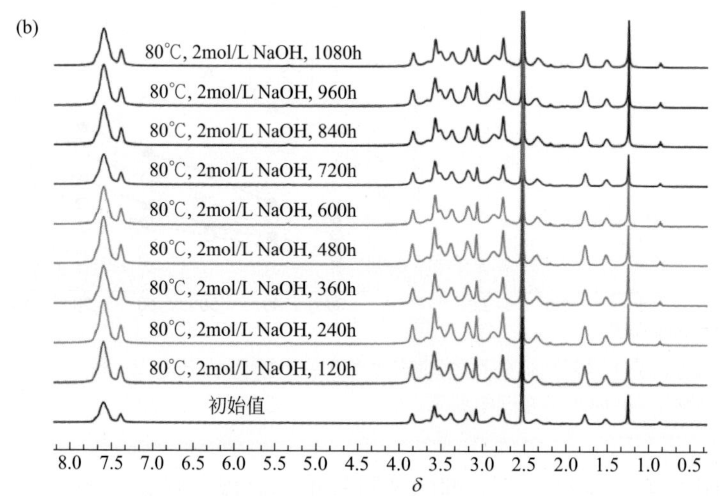


图6-17 （a）O-PDQA阴离子交换膜在2mol/L NaOH 80℃条件下离子电导保留率随测试时间的变化情况；（b）O-PDQA在2mol/L NaOH 80℃耐碱测试不同时间对应的$^1$H NMR[19]

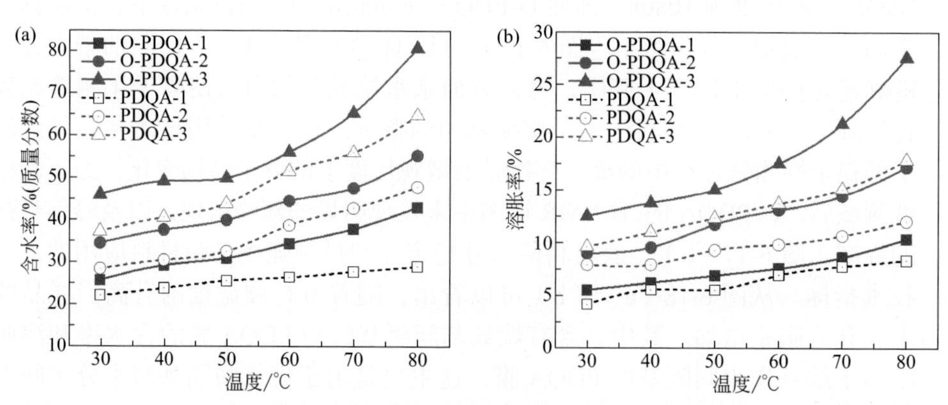


图6-18 O-PDQA和PDQA系列阴离子交换膜的升温（a）含水率和（b）溶胀率[19]

## 四、主客体作用构筑均相离子交换膜

分子机器为由不同数量的分子组成的组件，在适当的外部刺激下可以执行类似机器的运动。分子机器已经在超分子领域引起了研究者极大的兴趣与关注，而在离子交换膜领域，并未见报道。这一情况激励着研究者将分子机器理念引入到离子交换膜结构的设计中，并探索如何利用分子机器进一步提高膜的性能。近年来，徐铜文课题组首次将聚轮烷引入离子交换膜的制备中，结果发现通过主客体作用构筑的聚轮烷类离子交换膜可以在不改变甚至降低离子交换容量的情况下大幅度提升膜的离子电导率。

### 1．聚轮烷型阳离子交换膜的制备与表征

如图 6-19 所示，利用聚酰基化反应制备高分子聚合物骨架，将二苯并 24-冠醚 -8、二苯醚和癸二酸共聚得到主链带冠醚的高分子聚合物骨架[20,21]。不同单

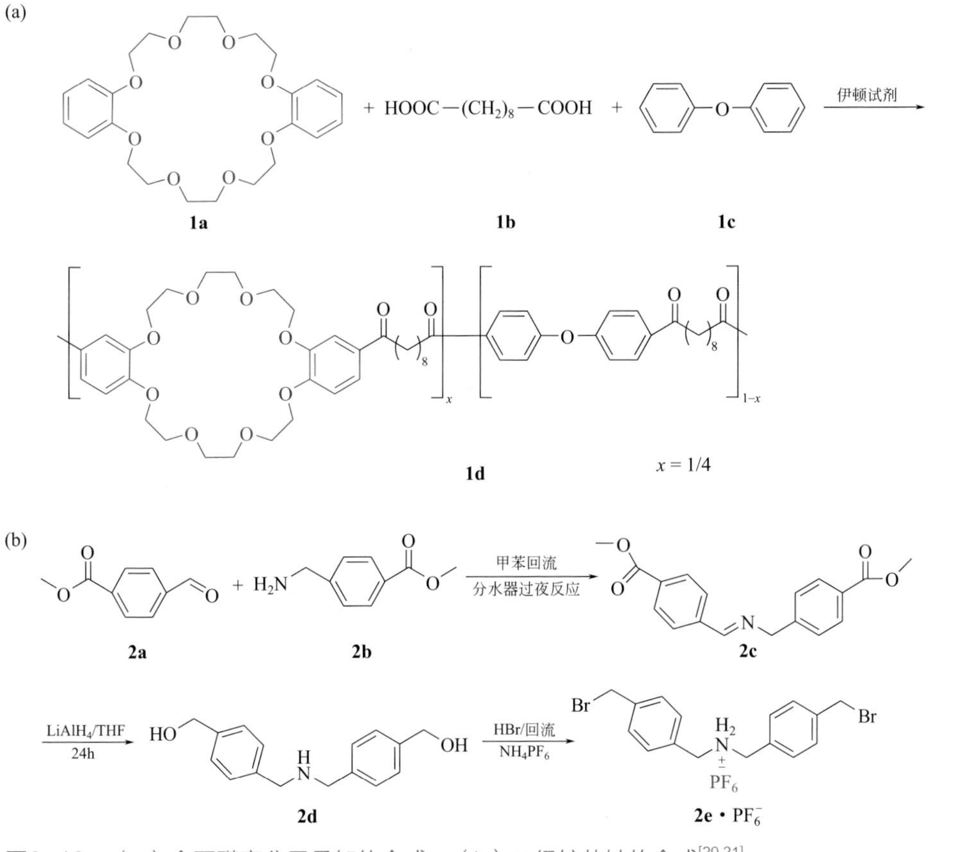

图6-19 （a）含冠醚高分子骨架的合成；（b）二级铵盐轴的合成[20,21]

体比例的聚合物在一定程度上影响聚合物的成膜性和机械性能，通过调节二苯并24-冠醚-8和二苯醚的比例发现，二者比例为1∶3时，聚合得到的高分子材料成膜性和机械性能最优，因此选用二苯并24-冠醚-8∶二苯醚=1∶3时聚合成的聚合物为基体。

接着制备带二级铵盐的客体侧链，利用对甲酰基苯甲酸甲酯和4-氨甲基苯甲酸甲酯反应得到席夫碱，再将席夫碱中的叔胺还原生成仲胺，最后使用氢溴酸对仲胺进行质子化，用六氟磷酸铵交换得到六氟磷酸根伴随的二级铵盐［图6-19（b）］。通过富含电子的冠醚供体和缺电子的二级铵盐客体轴之间的主客体作用，将线性轴穿入聚（冠醚）骨架中，从而组装出准轮烷结构聚合物，随后将其两端用离子基团1-萘酚-3-磺酸钠进行封端，得到聚轮烷类质子交换膜。将聚轮烷材料溶解于*N*-甲基吡咯烷酮中配成一定浓度的铸膜液，将铸膜液用流延法得到质子交换膜。

为了验证离子交换膜内成功构筑聚轮烷结构，需要相应的表征手段验证在聚合物状态下实现的主客体作用。首先，用核磁共振氢谱对每一步得到的产物进行结构确定［图6-20（a）］，证实了聚轮烷结构的形成。由于强烈的主客体作用，当线性轴被大环冠醚包围时，轴中仲胺基团的典型质子信号峰向低场移动。用二维核磁验证了氨基氢与冠醚环间氢的络合峰，大环冠醚中质子信号与轴中仲胺基团质子的信号显示出很强的空间相关性，这进一步验证了冠醚聚合物和二级铵盐轴具有主客体作用［图6-20（a）、（b）］。差示热量扫描测试结果也表明了客体轴中仲胺部分与冠醚环之间的主客体作用，在65～75℃之间具有明显的吸热峰［图6-21（a）］。同时电导率测试结果显示，电导率随温度的升高而增加，当温度超过60℃时，电导率急剧增加，这一现象区别于传统聚合物离子交换膜［图6-21（b）］。这是由于当温度超过60℃，侧链功能基团摆脱主链束缚，具有一定的移动能力，从而增加了局部水环境的运动，从而大大增加了电导率。在离子交换容量为0.73mmol/g、温度为85℃时，电导率高达280mS/cm（图6-21）。

本节基于主客体识别作用，制备了具有机械互锁结构的聚轮烷类离子交换膜，将功能基团以非共价键形式接枝在主链中。得益于聚轮烷结构的机械互锁特性，侧链功能基团具有明显的温度相应特性，赋予功能基团优异的扰动能力，实现快速质子传导。

### 2．聚轮烷型阴离子交换膜的制备与表征

基于阴阳离子交换膜的相似性，本节继续采用前一节工作中制备的含冠醚高分子骨架，客体轴改为具有两个二级铵盐位点的小分子链，采用前一节相似反应步骤和条件，即用对苯二甲胺和对甲酰基苯甲酸甲酯反应生成席夫碱，再通过还原反应将叔胺还原成仲胺，最后对仲胺进行质子化［图6-22（a）］。接着基于含

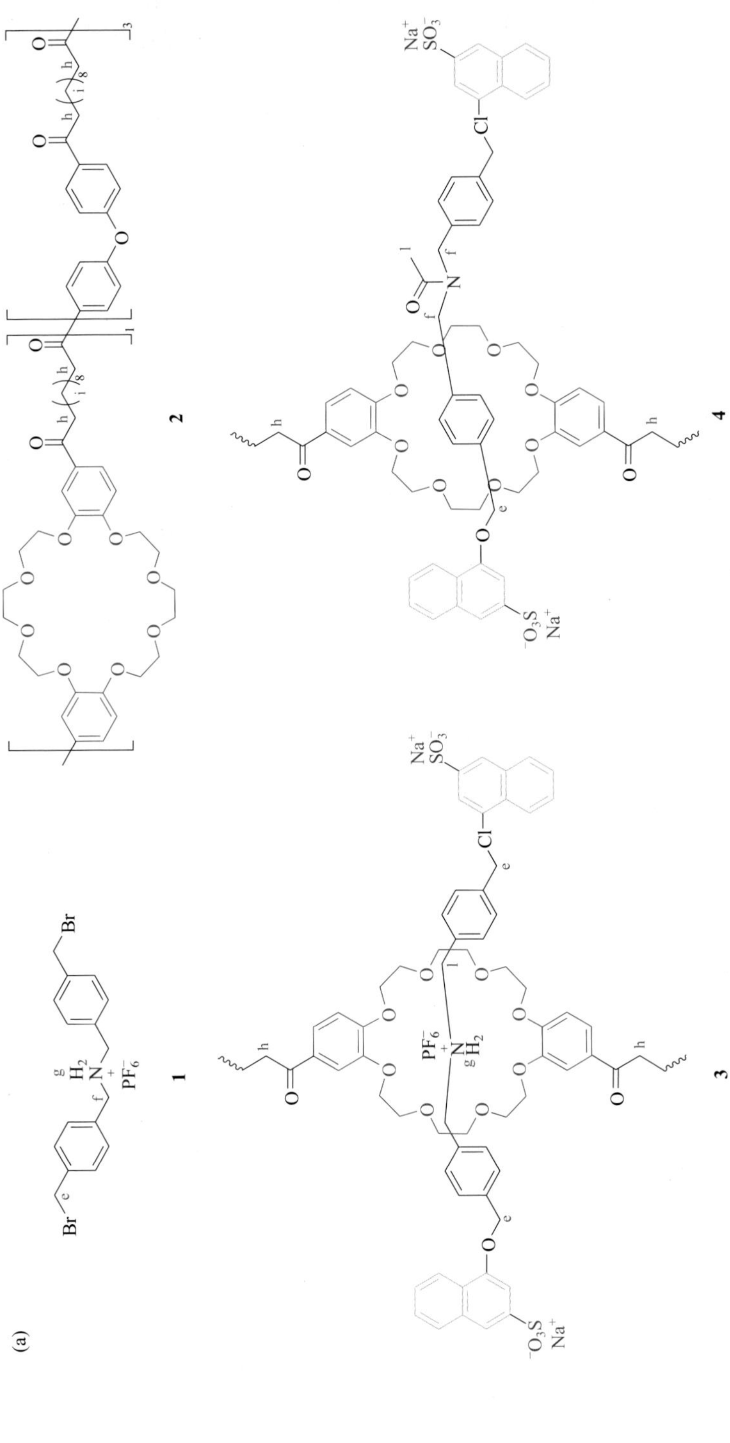

图6-20

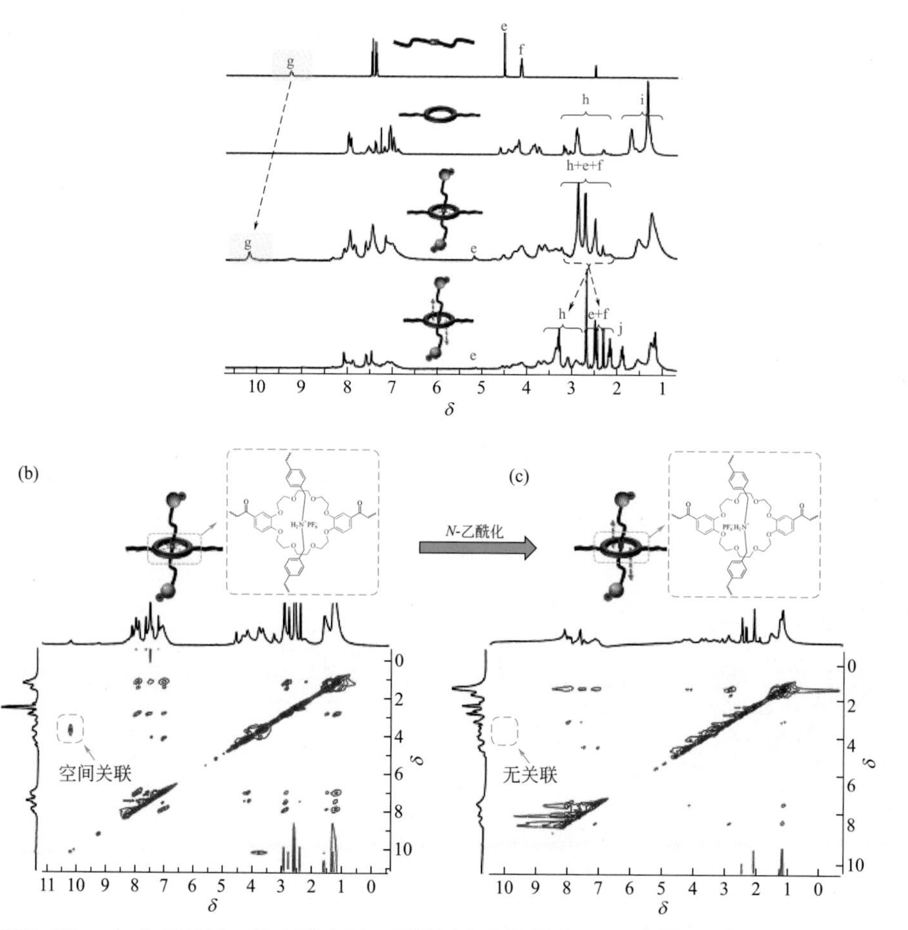


图6-20　（a）客体轴、聚冠醚主链、氢键键合的聚轮烷和自由穿梭的聚轮烷（从上到下）的核磁示意图；（b）氢键键合的聚轮烷的二维核磁；（c）自由穿梭的聚轮烷的二维核磁[21]

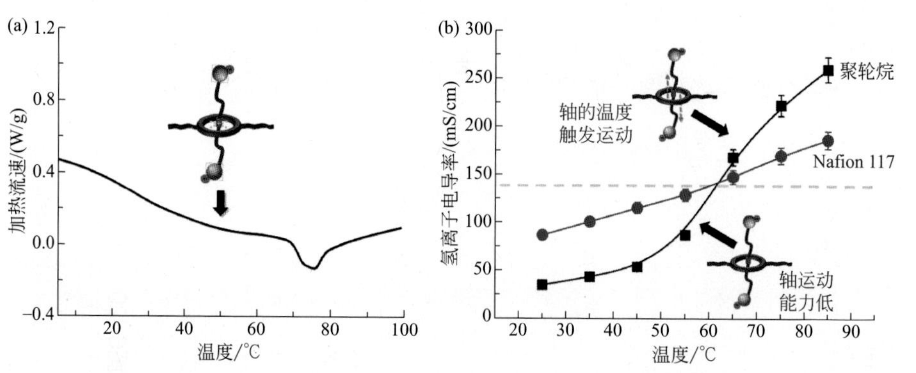


图6-21　（a）聚轮烷膜样品DSC测试；（b）聚轮烷型阳离子交换膜和Nafion膜随温度变化的电导率示意图[20,21]

图6-22

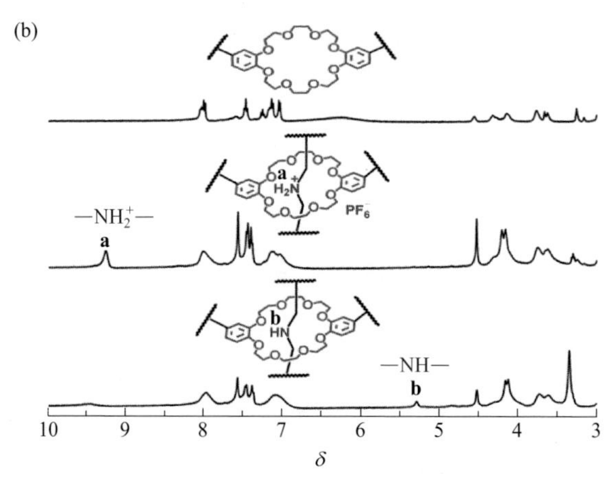


**图6-22** （a）聚轮烷型阴离子交换膜的合成路线；（b）冠醚聚合物、$PF_6^-$型及$OH^-$聚轮烷核磁氢谱图[21]

冠醚的高分子骨架和客体双位点二级铵盐间的特异性识别特性将其传入冠醚环内，再将三（2- 乙基己基）胺作为封端基团引入到准轮烷中，对所得聚轮烷材料用 *N*- 甲基吡咯烷酮溶解后配成一定浓度的铸膜液，采用流延法制备阴离子交换膜。同样，用核磁证明了冠醚主链和侧链轴的主客体作用［图 6-22（b）］。

氢氧根离子电导率测试结果显示，温度超过 60℃，离子电导率斜率急剧增加，证明聚轮烷类阴离子交换膜同样具有明显的温度相应特性，离子交换容量为 0.68mmol/g，温度为 90℃时，电导率高达 180mS/cm［图 6-23（a）］。聚轮烷类离子交换膜电导率与文献报道结果进行对比可以发现，该类膜与共价键接枝的离子交换膜相比，在较低的离子交换膜容量时，具有优异的离子电导率，优势明显［ 见图 6-23（b）］。

氢氧根型阴离子交换膜在测试和使用过程中很容易受到环境空气中二氧化碳的进攻而转变成碳酸根型，但是由于碳酸根的离子半径较大，其运动能力较弱，水化程度较低，从而造成电导率的大大降低，这也成为困扰阴离子交换膜的主要问题之一。此外，阴离子交换膜在一些储能器件中的应用，本身需要传导一些大体积离子传导，如液流电池中，阴离子交换膜需要传导硫酸根离子或者氯离子，二氧化碳还原等领域中需要传导碳酸氢根离子等。这些大体积阴离子不能和水形成氢键网络，因此缺少了通过 Grotthuss 机理进行传输的途径，从而使其具有更低的迁移率，通常表现出高的面积电阻，导致其工作电流密度低于质子交换膜。基于此，结合聚轮烷离子交换膜结构特有的温度相应特性及高离子电导率能力，本实验室在聚轮烷离子交换膜的工作基础上，提出分子机器中触发运动和旋转的刺激特性促进扩散传导机制来传递大体积阴离子，同时采用碱性较强的季鏻功能基团能增加阴离子的解离能力和阻碍离子对的形成，为增强离子传导动力学提供了一个新的方向。

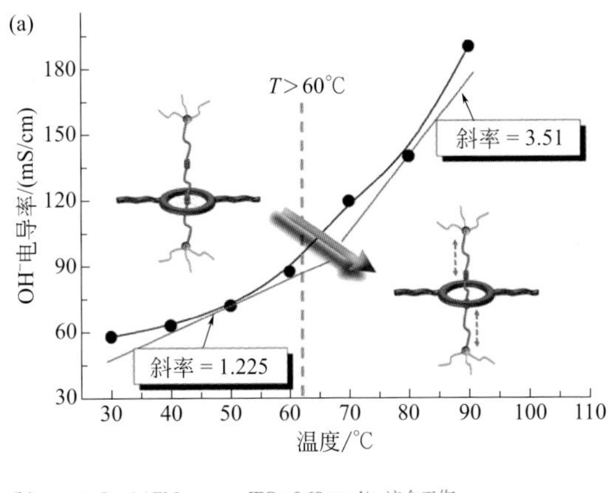


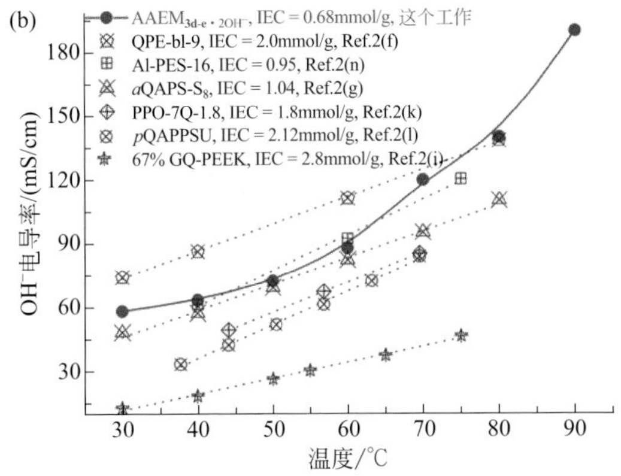


**图6-23** （a）聚轮烷型阴离子交换膜随温度变化的氢氧根电导率；（b）聚轮烷型阴离子交换膜和其他阴离子交换膜氢氧根电导率对比图[20]

图 6-24（a）所示，碳酸根型阴离子交换膜的制备方法和前面工作类似，即先将客体小分子侧链穿入到冠醚环内，用碱性较强的季鏻型离子基团替代季铵型离子基团对其封端得到。对制备的离子交换膜用碳酸钠溶液浸泡得到碳酸根型阴离子交换膜。采用二维核磁证明侧链成功穿入冠醚环内，可以观察到侧链中的仲胺基团与冠醚环间的空间相关耦合峰［图 6-24（b）、（c）］。

穿梭行为的热响应性可以通过冠醚主体和轴客体演化来体现。在低温下，由于氢键的作用，客体轴的流动性较低，穿梭范围较小。随着温度的升高，客体轴可以轻易地克服能量障碍，加速穿梭行为。固态升温核磁（图 6-25）证明了这一假设，随着温度升高，伯胺上特征峰向高场移动，这说明温度的升高破坏了主客体间的氢键作用。为了更清晰地观测聚轮烷结构中核磁特征峰的移动性，同时制备了与聚轮烷结构中相同的轮烷分子［图 6-25（b）］。因此，聚轮烷离子交换膜材料存在一个过渡温度，在该温度之上，客体轴的运动将显著加快。用差示热量扫描法［图 6-26（a）、（b）、（c）、（d）］确定了该转变温度，发现温度达到 55℃时有明显的吸热峰。这一温度即为克服能量障碍的激活温度，达到这一温度时，客体轴能够摆脱主体冠醚的束缚而进行自由穿梭。

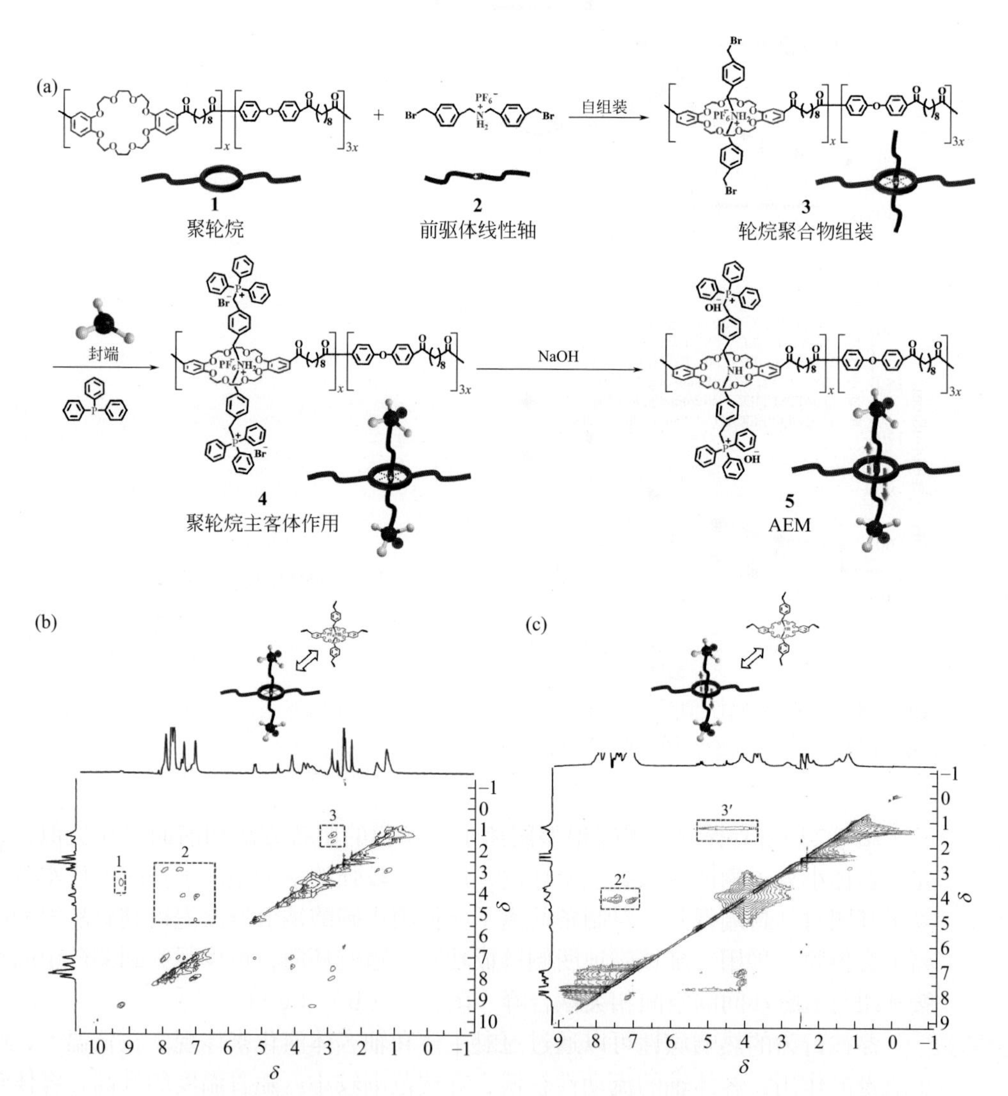


图6-24　（a）聚轮烷型阴离子交换膜的合成步骤；（b）氢键键合的聚轮烷的二维核磁；（c）自由穿梭的聚轮烷的二维核磁[20]

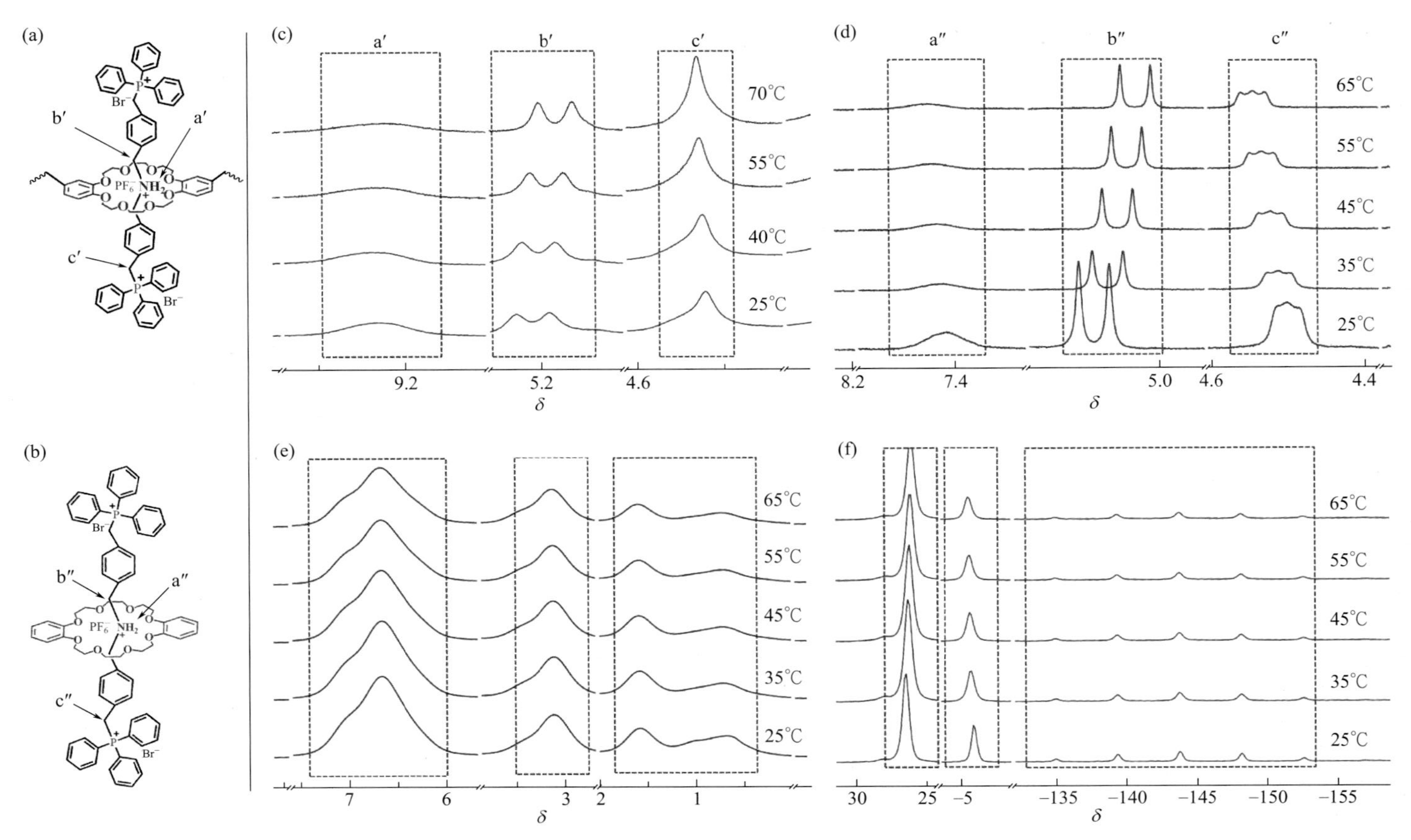


图6-25 （a）聚轮烷类阴离子交换膜；（b）对照轮烷小分子；（c）聚轮烷类阴离子液态升温核磁；（d）对照轮烷小分子液态升温核磁；（e）聚轮烷类阴离子固态升温核磁；（f）对照轮烷小分子固态升温核磁[20]

聚轮烷体系的分子动力学模拟也直观地阐明自由穿梭的阳离子基团的流动性和运动范围。随着温度的升高，传统阴离子交换膜的运动特性没有明显变化，运动相对位置范围较小，这些结果表明，由于共价键的限制，离子导电基团主要固定在一个特定的位置。与之形成鲜明对比的是，聚轮烷阴离子交换膜由于其独特的穿梭特性，其相对位置范围增大，可能性密度分布更加均匀。这种具有广泛运动范围的自由穿梭行为被认为通过提供额外溶剂化壳层波动和降低两个阳离子基团间转移时能量势垒的传导机制。同样地，电导率测试结果显示，由于侧链开始在主链的冠醚环内滑动，带动了水分子和离子的运动，使电导率明显升高。在80℃时碳酸根型电导率可达105mS/cm［图6-26（f）］，溴型电导率达112.1mS/cm［图6-26（g）］。与目前已经报道的碳酸根型或溴型阴离子交换膜相比，聚轮烷阴离子交换膜在电导方面存在明显优势。

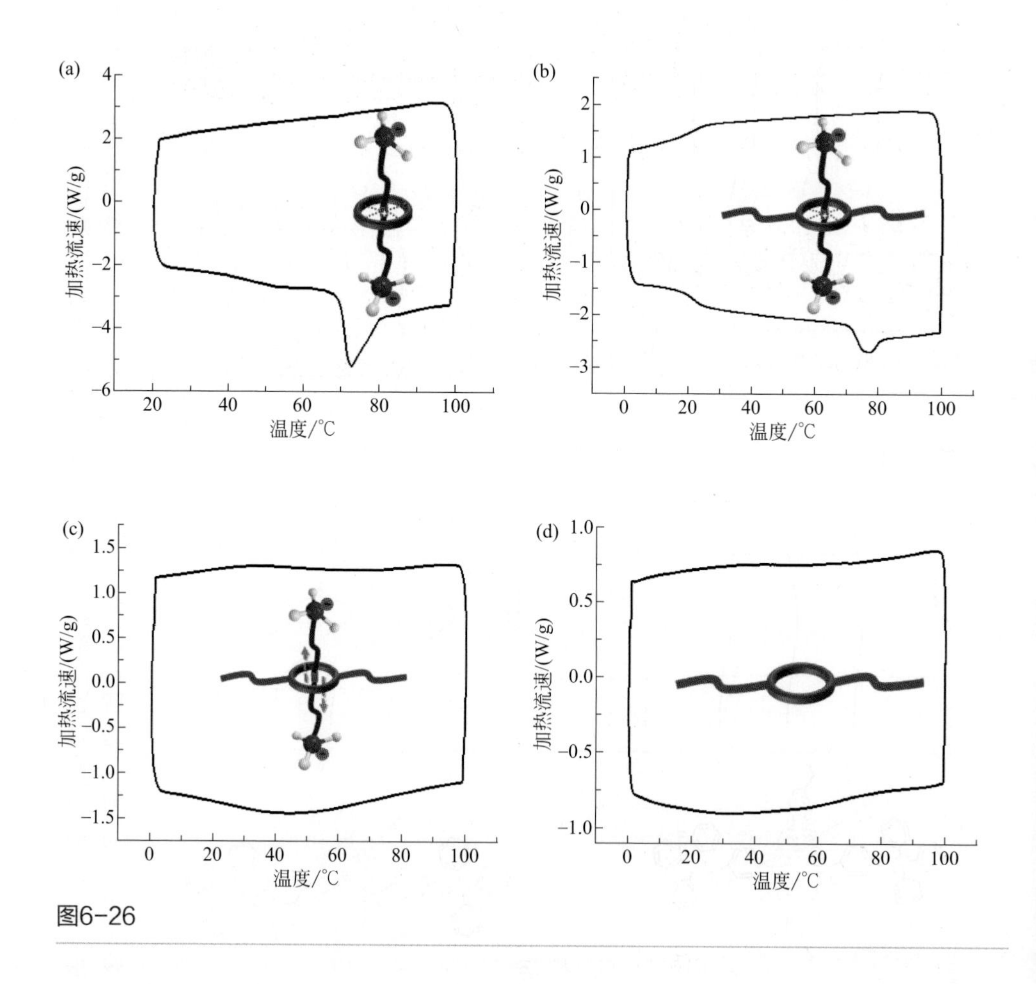


图6-26

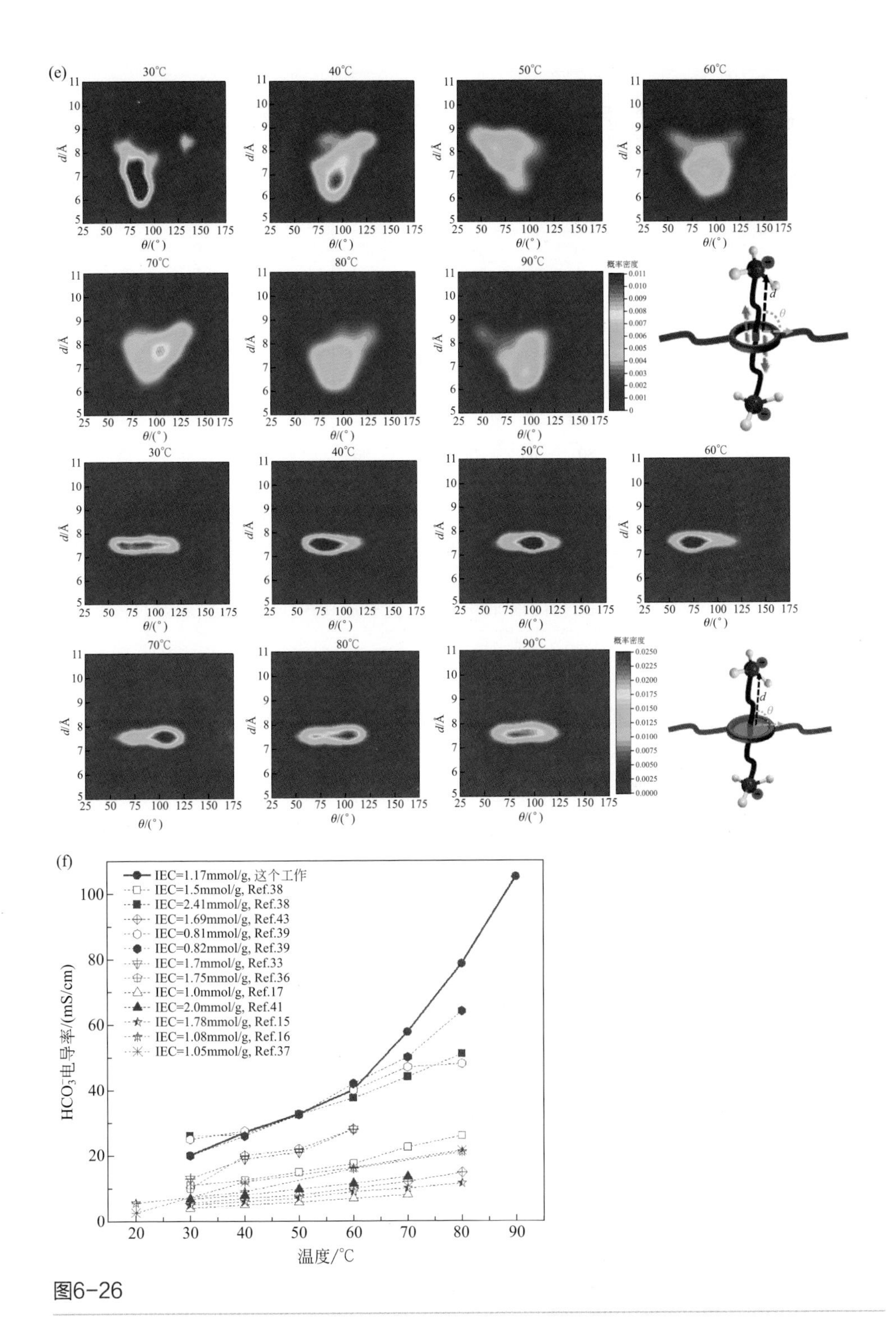
(e)
30℃
40℃
50℃
60℃
70℃
80℃
90℃
d/Å
θ/(°)
概率密度
d
θ
(f)
IEC=1.17mmol/g, 这个工作
IEC=1.5mmol/g, Ref.38
IEC=2.41mmol/g, Ref.38
IEC=1.69mmol/g, Ref.43
IEC=0.81mmol/g, Ref.39
IEC=0.82mmol/g, Ref.39
IEC=1.7mmol/g, Ref.33
IEC=1.75mmol/g, Ref.36
IEC=1.0mmol/g, Ref.17
IEC=2.0mmol/g, Ref.41
IEC=1.78mmol/g, Ref.15
IEC=1.08mmol/g, Ref.16
IEC=1.05mmol/g, Ref.37
$HCO_3^-$电导率/(mS/cm)
温度/℃

图6-26

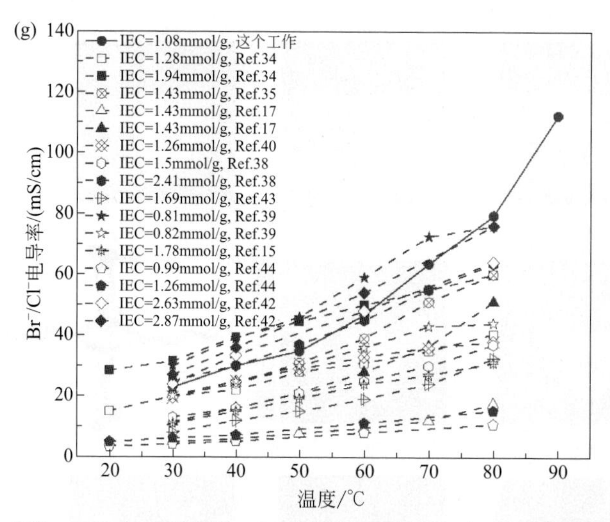


**图6-26** DSC测试：（a）单个聚轮烷、（b）氢键键合的聚轮烷、（c）自由穿梭的聚轮烷、（d）聚冠醚主链；（e）分子动力学模拟，不同接枝结构中功能基团扰动能力随温度变化情况；（f）电导率随温度变化的碳酸根型聚轮烷阴离子交换膜和其他阴离子交换膜的对比；（g）电导率随温度变化的溴型聚轮烷阴离子交换膜和其他阴离子交换膜的对比[20]

以上研究表明，聚轮烷型离子交换膜具有温度响应性，当温度达到 60℃时，侧链分子轴解除了和冠醚的主客体作用，可以自由滑动，同时增加了局部水环境的运动，运动幅度较大的侧链快速地进行离子和水的传输，从而大大增加了离子电导率。这种非共价交联的聚轮烷型离子交换膜区别于其他结构类型的离子交换膜，有望打破传统离子交换膜高离子交换容量低电导率的 Trade-off 效应。与采用共价键键合的聚合物相比，这些聚轮烷型离子交换膜的显著特征之一是它们与聚合物共混物的结构相似，其中线性嵌入的轴组件可以根据物理和化学环境的变化可逆地改变聚集状态和相对空间位置。因此其宏观状态也异于传统的离子交换膜。对于具有不同水合度的膜，可以观察到一种有趣的透明度变化现象。即聚轮烷型离子交换膜在吸水时不透明，但将其烘干后，其又会转变成透明状。这种不透明的程度也具有温度响应性，随温度升高，膜的不透明程度越深，水合膜的多相形态是造成这种效应的原因。这是因为温度越高，主链冠醚和客体分子轴的氢键作用被破坏，刺激客体分子的滑动，从而促进更多的水分子进入膜内，造成侧链在局部区域的水溶性，从而引起透明度的变化。在成膜过程中，离子客体侧链倾向于聚集形成亲水域，可以吸附水分子形成“水池”。通过加热破坏主客体作用导致水合膜结构类似于聚合物共混物，其中客体侧链组分可能溶解在“水池”中并在一定程度上独立穿梭。亲水域在水合状态下略微膨胀，为局部侧链穿梭提供了足够的体积。这种特殊的特性有望赋予聚轮烷的阴离子交换膜以独特的离子传输方式，而无需高浓度的带电离子交换基团。

# 第三节 自组装类均相离子交换膜应用性能评价

如前所述，自组装类膜在 π-π 作用、氢键作用、离子 - 偶极作用和主客体作用的驱动下，精确调控了膜结构的聚集态，自组装构筑特异性纳米级离子传输通道，如基于侧链次级相互作用构筑动态离子传输通道，基于主客体识别技术构筑功能基团局部自由运动的离子传输路径。基于这些特点，这类膜在基于浓差扩散渗析和基于质子或者氢氧根离子传导的燃料电池上有重要作用。

## 一、氢键作用促进$H^+$选择性渗透

为了验证氢键作用的引入对离子传导及分离性能的影响，对前面制备的含脲基结构的离子交换膜 2QA-U-PPO-54 和不含脲基对照组离子交换膜 2QA-PPO-29 进行了酸和盐的分离实验。通量（$U$）和选择性（$S$）是评价分离性能的主要指标。以 HCl/$FeCl_2$ 的混合物作为模拟溶液，对具有不同侧链比例的酸选择性膜进行了测试。$U_H$ 和 $U_{Fe}$ 均随着 IEC 值的增加和膜内离子簇的聚集而提高。通过静电作用快速传输更多的 $Cl^-$。所以 $H^+$ /$Fe^{2+}$ 的跨膜能力由于伴随离子随着 $Cl^-$ 的快速转移而增强，如图 6-27（a）所示。在跨膜过程中，水合离子半径和化合价较大的水合 $Fe^{2+}$ 的离子迁移率低于水合 $H^+$ 。然而，随着 IEC 的增加，选择性变得不那么明显。这归因于高 IEC 的膜可以形成更大的离子簇和离子通道尺寸，使膜更亲水和膨胀，从而导致致密结构松动。有趣的是，在 IEC 值相同的情况下，具有氢键作用膜的选择性（$S$ = 31.1）略高于无氢键作用的膜（$S$ = 21.8）。这是由于传统聚合物离子交换膜形成的离子域是传导 $H^+$ 和金属离子的唯一通道，而氢键作用提供了额外的质子通道以促进质子的快速渗透。此外，脲基通过氢键作用使聚合物链紧密交联，从而形成一个致密的氢键网络，阻止了金属离子的跨膜传输（如 $Fe^{2+}$）。

对制备的酸选择性膜进行连续十个循环稳定性的测试。其 $H^+$ 透析系数和选择性如图 6-27（b）所示。由实验结果可知 $H^+$ 透析系数几乎保持不变，分离因子在平均值附近波动。在连续运行十个循环后，膜保持完好，没有观察到任何损

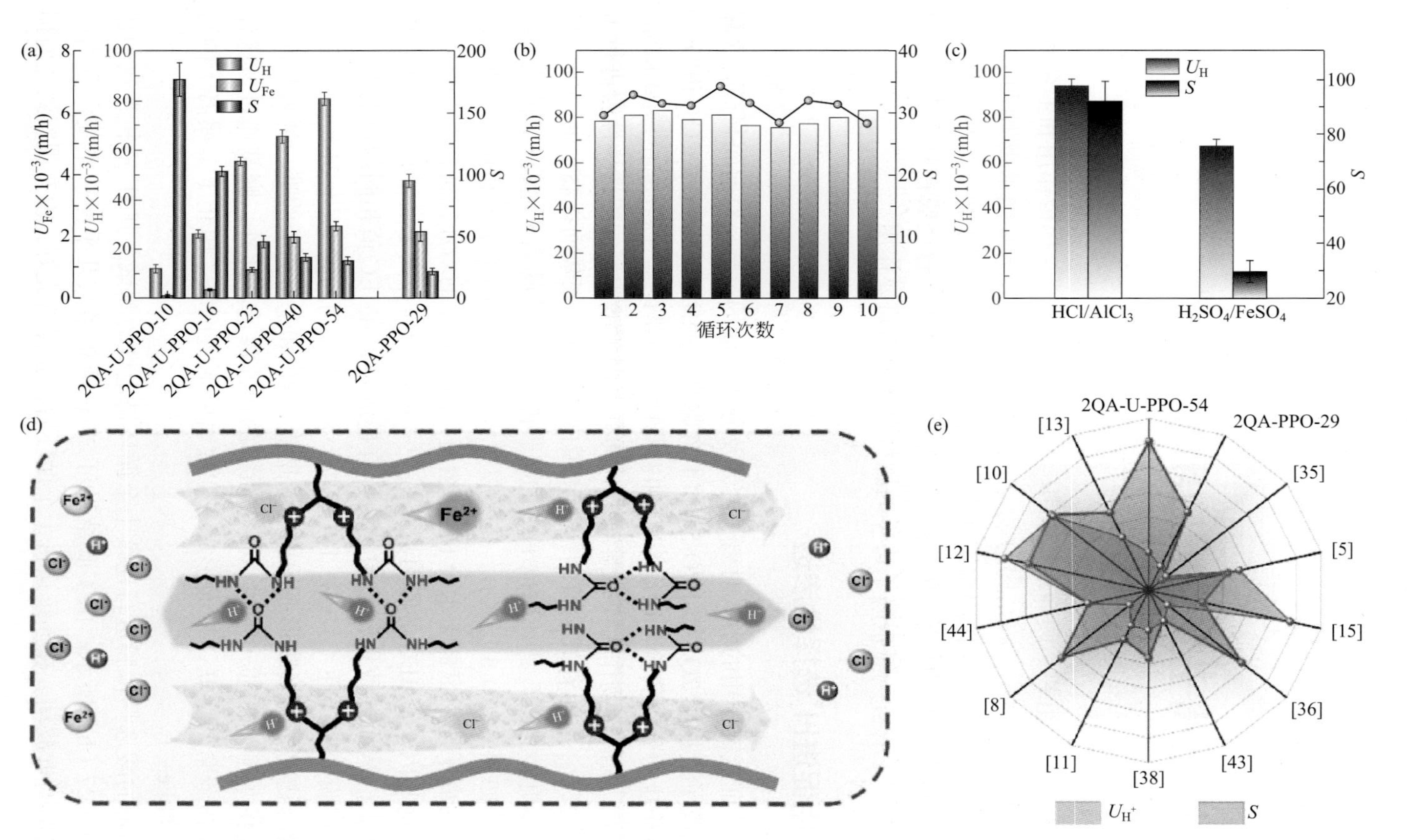


图6-27 （a）2QA-U-PPO-$x$（$x$ = 10、16、23、40、54）和2QA-PPO-29膜的$U_{Fe}$、$U_H$和$S$；（b）2QA-U-PPO-54膜在室温下连续十次循环的操作稳定性；（c）$AlCl_3$ /HCl和$FeSO_4$ /$H_2SO_4$体系的2QA-U-PPO-54膜的$U_H$和$S$；（d）插图突出了离子传导和分离过程；（e）2QA-U-PPO-54和2QA-PPO-29膜与最近报道的膜的分离性能比较[17]

坏。这表明膜在浓差驱动分离的过程中具有足够的强度和化学稳定性。

为了验证该膜的通用性，使用制备的酸选择性膜测试了另外两个常见的酸和盐（$HCl/AlCl_3$ 和 $H_2SO_4/FeSO_4$）的体系。结果表明，$H^+$ 选择渗透率仍然很高［图 6-27（b）］，特别是在 $HCl/AlCl_3$ 模式下，由于 $Al^{3+}$ 的水合离子半径（离子迁移率较低）大于 $Fe^{2+}$，使酸通量和选择性都表现出明显的提升。对于 $H_2SO_4/FeSO_4$ 体系，与其他两种体系相比，$H^+$ 透析系数的降低主要是归因于大的 $SO_4^{2-}$ 体积。通过总结与最近报道的采用不同策略（交联、多孔或有机 - 无机杂化膜）制备的膜相比，这种通过氢键作用制备的酸选择性膜表现出出色的 $H^+$ 选择渗透性和高分离系数（$U_H$ 和 $S$），如图 6-27（e）所示。

## 二、离子–偶极作用网络促进燃料电池性能

通过燃料电池测试来评估离子 - 偶极作用对离子交换膜在电池性能方面的影响。在本测试中，所有制备的膜电极都保持同样的制备工艺（包括阴阳极催化剂的种类、载量等），唯一不同的就是其中的离子交换膜材料［分别为 QA*x*PPO-P（含 PEG 接枝）和 QA*x*PPO（不含 PEG 接枝）］。从图 6-28（a）中可以看出电池的开路电压均为大于 1V，表明了膜材料良好的气体阻隔性能。在低电流密度（电极活化区），由于使用了相同的电极材料，QA*x*PPO-P 和 QA*x*PPO 表现出了类似的趋势。然而，在较高的电流密度（欧姆极化区）下，QA*x*PPO 的电压损失要大于 QA*x*PPO-P。这表明 QA*x*PPO-P 的膜电阻更低（与前面 $OH^-$ 电导率结果一致）。在电池工作温度为 70℃、气体流速为 1L/min 时，QA*x*PPO-P 的燃料电池性能在电流密度为 $915mA/cm^2$ 时，达到了 $622mW/cm^2$ 的峰值功率密度，是 QA*x*PPO 的

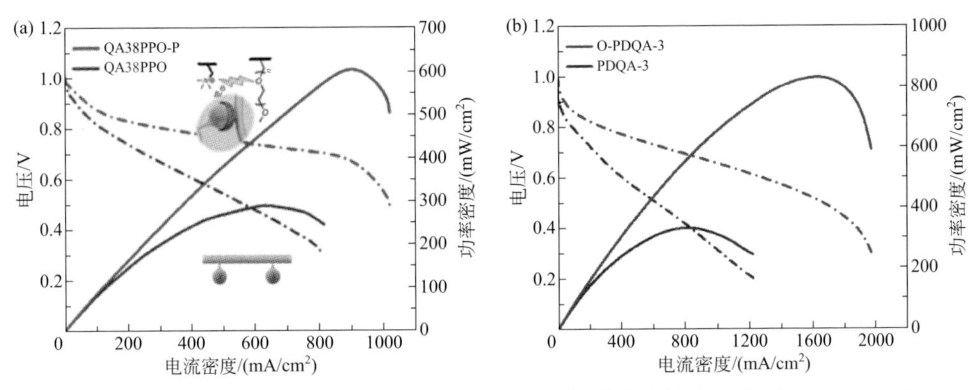


图6-28　（a）QA*x*PPO和QA*x*PPO-P膜的$H_2/O_2$燃料单电池性能；（b）O-PDQA和PDQA膜的燃料电池性能[18]

两倍。这进一步体现了含有阳离子 - 偶极作用网络的阴离子交换膜的优势，并且向人们展示了这项策略的潜力，当然这个概念设计还需要在更多不同类型阴离子交换膜作进一步优化和评估。

烷氧间隔基对离子通道构建以及离子的传输具有促进作用。为了更直观论证含烷氧间隔基阴离子交换膜在碱性燃料电池中的应用潜力，分别选取了两个系列中综合性能优异的膜进行 $H_2/O_2$ 燃料单电池测试。如图 6-28（b）中电池极化曲线所示，O-PDQA 和 PQQA 这两种膜的开路电压均大于 1V，说明离子交换膜材料具有很好的气体阻隔性能。在电池工作温度为 70℃、气体流量为 1L/min 时，含 PDQA 的燃料电池峰值功率密度为 327.5mW/ $cm^2$，相应的，O-PDQA 的峰值功率密度为 834.8mW/$cm^2$，比 PDQA 明显提升了数倍。考虑到两个测试中，除了电池中膜材料的结构不同，其他因素如催化剂种类、载量、测试条件等均保持完全相同。因此这些性能上的差异只能归因于膜材料在离子传输性能方面的差异。这一结果再次验证了阴离子交换膜中烷氧间隔基的存在的确能够促进膜中的离子传输，进而提升燃料电池性能。

## 第四节
## 小结与展望

在离子交换膜的研究中，构造高效离子传导通道是高性能离子交换膜材料开发的关键。本章从膜材料的高分子拓扑结构设计出发，以增强聚合物成膜过程自组装聚集成规整通道的驱动力为切入点，来构造高效传输通道，提升电导率。

受到超分子化学自组装启发，从通道构筑的本质出发，利用这种非共价键作用网络，具有典型的刺激响应性。在热扰动的条件下，可促进相互作用网络的断裂 - 生成动力学转变，这无疑为膜内提供了一个“动态”离子传导环境，增加离子传递过程动力学。结合分子动力学模拟手段和微相结构分析等实验手段，介绍不同分子结构设计时对离子化链段聚集行为的影响，进而明确规整离子传导通道构建机制。进一步的，对相关膜材料在离子传递、扩散行为动力学以及相关器件应用性能进行介绍。揭示出分子结构设计 - 微观形貌 - 材料性能的关联机制，为今后膜材料制备过程中微相结构调控和传输动力学增强机制提供相关理论依据。例如，通过简化结构设计，保留核心特色（离子 - 偶极作用），将偶极—$CH_2$—$CH_2O$—单体作为侧链间隔基引入更具耐碱性的聚芳基哌啶骨架中。利用离子化侧链之间的离子 - 偶极作用作为驱动力，促进离子化侧链相互聚集，构建碱稳定的离子传导通道。该膜在离子电导率、碱稳定性以及单电池性能上都表现出较高的水平。再比如，用冠醚与二级铵盐形成的轮烷主客体作用来构筑离子交换膜已经被验证可以大幅度提升离子交换膜电导率，而轮烷只是众多主客体作用中的一种，因此可以继续探索其他的主客体作用将其引入离子交换膜结构设计中（如基于环糊精的轮烷、金属与联吡啶、柱芳烃与一些电子受体等）。通过上述研究工作，证明了利用在离子交换膜中引入相互作用对构造高效离子传导通道方面的可行性。

本章主要围绕着如何构造高效离子传导通道展开，从传统思路中利用离子化链段与非离子化链段极性差异作为驱动力，到创新性地引入非共价相互作用来提供额外驱动力，促使离子化链段定向聚集，构筑规整通道结构。这一认识打破现有离子交换膜结构设计局限，为今后的研究工作提供了新突破点。初步探索了离子 - 偶极作用、氢键作用对离子传导的促进作用。

由于非共价键作用力的动态可逆性和刺激响应性，所以非共价键作用力构筑的超分子聚合物网络相比传统共价键构成的聚合物网络，拥有独特的性能，包括更好的加工性、自修复能力、形变记忆和环境响应性等。因此可以根据其特点将制备的离子交换膜用在特定的方向上，使其发挥最大的优势。

综上所述，未来离子交换膜材料的发展是跨学科、跨领域的交叉与融合。因此在离子交换膜的设计中应该注意汲取和结合其他领域的精髓。而基于主客体化学构筑离子交换膜是超分子化学、高分子科学和材料科学的完美结合产物，其具有极大的发展潜力。为推动这一领域的持续发展，构筑满足人们需求和社会发展的功能性离子交换膜，还需要一代又一代科研工作者的努力和奉献。

## 参考文献

[1] Roy I, David A H G, Das P J, et al. Fluorescent cyclophanes and their applications [J]. Chemical Society Reviews, 2022, 51(13): 5557-5605.

[2] Erbas-cakmak S, Fielden S D, Karaca U, et al. Rotary and linear molecular motors driven by pulses of a chemical fuel [J]. Science, 2017, 358(6361): 340-343.

[3] Bowmanjames K. Supramolecular cages trap pesky anions [J]. Science, 2019, 365(6449): 124-125.

[4] Lopez N, Graham D J, Mcguire Jr R, et al. Reversible reduction of oxygen to peroxide facilitated by molecular recognition [J]. Science, 2012, 335(6067): 450-453.

[5] Votava M, Ravoo B J. Principles and applications of cyclodextrin liquid crystals [J]. Chemical Society Reviews, 2021, 50(18): 10009-10024.

[6] Park J, Wrzesinski S H, Stern E, et al. Combination delivery of TGF-β inhibitor and IL-2 by nanoscale liposomal polymeric gels enhances tumour immunotherapy [J]. Nature Materials, 2012, 11(10): 895-905.

[7] Atwood J L, Koutsantonis G A, Raston C L. Purification of C60 and C70 by selective complexation with

calixarenes [J]. Nature, 1994, 368(6468): 229-231.

[8] Kumar R, Sharma A, Singh H, et al. Revisiting fluorescent calixarenes: from molecular sensors to smart materials [J]. Chemical Reviews, 2019, 119(16): 9657-9721.

[9] Liu W, Samanta S K, Smith B D, et al. Synthetic mimics of biotin/(strept) avidin [J]. Chemical Society Reviews, 2017, 46(9): 2391-2403.

[10] Kaup R, Ten Hove J B, Velders A H. Dendroids, discrete covalently cross-linked dendrimer superstructures [J]. ACS Nano, 2021, 15(1): 1666-1674.

[11] Belowich M E, Stoddart J F. Dynamic imine chemistry [J]. Chemical Society Reviews, 2012, 41(6): 2003-2024.

[12] Kassem S, Lee A T, Leigh D A, et al. Stereodivergent synthesis with a programmable molecular machine [J]. Nature, 2017, 549(7672): 374-378.

[13] Watson M A, Cockroft S L. Man-made molecular machines: membrane bound [J]. Chemical Society Reviews, 2016, 45(22): 6118-6129.

[14] De Bo G, Gall M A, Kuschel, et al. An artificial molecular machine that builds an asymmetric catalyst [J]. Nature Nanotechnology, 2018, 13(5): 381-385.

[15] García-lópez V, Chen F, Nilewski L G, et al. Molecular machines open cell membranes [J]. Nature, 2017, 548(7669): 567-572.

[16] Zhang Z, Wu L, Xu T. Synthesis and properties of side-chain-type sulfonated poly (phenylene oxide) for proton exchange membranes [J]. Journal of Membrane Science, 2011, 373(1-2): 160-166.

[17] Song W, He Y, Shehzad M A, et al. Exploring H-bonding interaction to enhance proton permeability of an acid-selective membrane [J]. Journal of Membrane Science, 2021, 637: 119650.

[18] Zhang J, He Y, Zhang K, et al. Cation-dipole interaction that creates ordered ion channels in an anion exchange membrane for fast $OH^-$ conduction [J]. AIChE Journal, 2021, 67(4): e17133.

[19] Zhang J, Zhang K, Liang X, et al. Self-aggregating cationic-chains enable alkaline stable ion-conducting channels for anion-exchange membrane fuel cells [J]. Journal of Materials Chemistry A, 2021, 9(1): 327-337.

[20] Ge X, He Y, Guiver M D, et al. Alkaline anion-exchange membranes containing mobile ion shuttles [J]. Advanced Materials, 2016, 28(18): 3467-3472.

[21] Ge X, He Y, Liang X, et al. Thermally triggered polyrotaxane translational motion helps proton transfer [J]. Nature Communications, 2018, 9(1): 1-7.

# 第七章

# 自具微孔均相离子交换膜

第一节　自具微孔均相离子交换膜概述 / 286

第二节　自具微孔聚合物的制备 / 287

第三节　自具微孔聚合物的荷电化制备均相离子交换膜 / 306

第四节　自具微孔均相离子交换膜的应用性能评价 / 315

第五节　小结与展望 / 326

## 第一节
# 自具微孔均相离子交换膜概述

微相分离离聚物膜是均相离子交换膜最常见的类型，这类材料的关键是通过分子设计促进膜内形成易于离子传输的纳米级亲水相。为加强离子在成膜过程中自组装能力，通常选择柔性高分子链作为构筑单元，例如离子化的聚苯乙烯、聚醚砜、聚醚酮和聚苯醚等。分子链柔韧性良好，采用溶液流延法成膜过程中分子链能紧密堆叠和缠绕，因此膜内几乎不含纳米级的自由体积。微相分离离子膜内离子传递依靠其相分离结构，然而纳米尺度下的离子组装行为难以精确调控，导致膜难以同时实现高选择性和高电导率[1]。

膜内构筑亲水多孔通道有望解决以上问题[2-4]，而如何制备易加工的多孔聚合物是近些年来的研究热点。McKeown 等[5-7]首先提出了自具微孔聚合物（polymers of intrinsic microporosity，PIMs）的概念，它是指分子链堆叠后能形成大量微孔网络结构的线型聚合物。其致孔原理：提高聚合物分子链的刚性和扭曲度，能阻碍分子链间的有效堆叠和缠绕，导致链间形成大量尺寸 <2nm 的自由体积（即微孔）。制备 PIMs 的关键在于控制分子链的刚性和扭曲度，探索 PIMs 的合成是近些年来的研究热点。PIMs 在有机溶剂的可溶性赋予其良好的加工性能，可通过溶液流延法制备自支撑膜。所得膜材料内含有大量微孔通道，且其比表面积大小、孔道尺寸和孔壁化学性质可通过分子工程学调控，这为研究限域空间内（<2nm）的传质现象提供了材料模型，能广泛应用于催化、分离、吸附、能源转化和存储等领域。

目前，大部分已报道的 PIMs 膜主要应用于气体分离和有机纳滤等非水环境中，通过疏水的分子链构筑，难以用于水系环境中传导离子。如何引入荷电基团制备自具微孔离聚物，构筑亲水微孔通道从而便于研究离子或水在微孔通道内的传质行为在近几年普遍受到国内外的关注。本章将系统综述目前典型的 PIMs 的制备方案及其功能化路径，主要关注聚合原理及不同分子结构对聚合物基本性能的影响。进一步地，我们重点讨论了自具微孔均相离子交换膜在燃料电池和水系液流电池中的应用研究，揭示其应用优势及其目前存在的问题，并根据本书作者团队的理解给出未来该领域的研究趋势。

# 第二节
# 自具微孔聚合物的制备

如何制备 PIMs 是该领域研究的首要问题，其主要结构特征是具备使分子链无法有效堆叠和缠绕的刚性扭曲链段，这为其合成提供了依据，单体的选择及其聚合过程都应避免引入柔性基团。根据不同的合成原理，常见的 PIMs 类型主要分为二苯并二氧己环型、Tröger Base 型、聚酰亚胺型和聚氧杂蒽型等。

## 一、二苯并二氧己环型

由四酚羟基单体和四卤代单体间的成环反应可制备含二苯并二氧己环结构的线型聚合物，即为二苯并二氧己环型 PIMs（图 7-1）。其聚合原理与传统的聚醚砜、聚醚酮等的形成一致，酚羟基与卤代苯（主要是氟代）在无机碱（碳酸钾、碳酸铯等）催化下发生亲核取代反应形成醚键。为利于二苯并二氧己环的高效形成，卤代苯上应引入酮羰基、砜基、氰基和氟基等强吸电子基团加强反应活性。这类 PIMs 首先由 McKeown 等 [8] 于 2004 年报道，他们通过商业化的四氟对苯二腈和 5,5′,6,6′- 四羟基 -3,3,3′,3′- 四甲基 -1,1′- 螺联茚满间的成环反应首次制备了一类典型的可溶性自具微孔聚合物（PIM-1，图 7-1）。优化反应条件后，所得聚合物重均分子量可达 270000，易溶于氯仿、四氢呋喃等有机溶剂中，可通过溶液流延法制备自支撑膜。刚性扭曲结构螺联茚满的引入，使 PIM-1 分子链无法有效堆叠，形成高孔隙率。通过氮气等温吸附脱附曲线证实 PIM-1 主要含孔径分布区间为 4 ～ 8Å 的亚纳米孔，其比表面积高达 850m$^2$/g。5,5′,6,6′- 四羟基 -3,3,3′,3′- 四甲基 -1,1′- 螺联茚满是构筑二苯并二氧己环型 PIMs 最常用的四羟基单体，而且它具备空间手性，Xilun Weng 等 [9] 采用该单体与 (8S,9R)-(-)-*N*- 苄基氯化辛可宁丁在丙酮中反应形成非对映体复合物，分离得到手性四羟基单体，进一步与四氟对苯二腈聚合首次得到手性自具微孔聚合物 (+)-PIM-1，通过圆二色谱验证了其手性环境。(+)-PIM-1 的数均分子量为 62239，比表面积为 740m$^2$/g，与非手性 PIM-1 的比表面积接近。由于 (+)-PIM-1 膜内存在手性环境，其可用于膜分离拆分对映体。

5,5′,6,6′- 四羟基 -3,3,3′,3′- 四甲基 -1,1′- 螺联茚满与其他四卤代单体聚合便能拓宽二苯并二氧己环型 PIMs 的种类，例如与全氟二苯甲酮和十氟联苯之间的聚合便得到 PIM-2 和 PIM-3（图 7-1）。它们的重均分子量分别可达 36000 和 171000，比表面积分别为 560m$^2$/g 和 600m$^2$/g。以上聚合物具备高的孔隙率，主

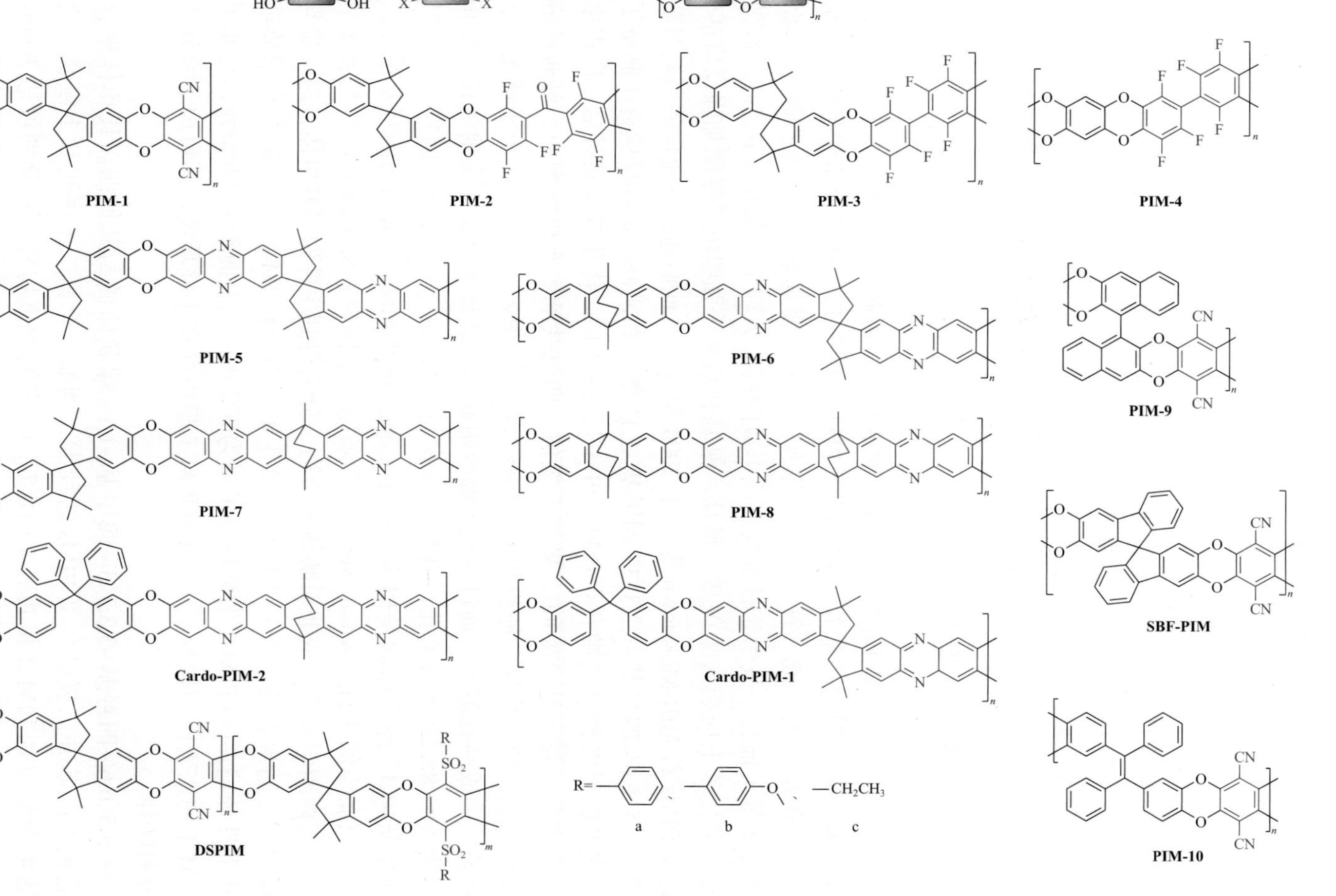
二苯并二氧己环的形成
PIM-1
PIM-2
PIM-3
PIM-4
PIM-5
PIM-6
PIM-9
PIM-7
PIM-8
SBF-PIM
Cardo-PIM-2
Cardo-PIM-1
DSPIM
R=
a
b
c
—CH2CH3
PIM-10

图7-1

图7-1 二苯并二氧己环型自具微孔聚合物

要是因为分子链上含有扭曲刚性结构（螺环中心）。而对于缺少螺环中心的聚合物PIM-4（图7-1），分子链呈平面结构，链与链能有效堆叠，因此其孔隙率很低（比表面积低于20$m^2/g$）。此外，这类聚合物的溶解性很差。McKeown等发展的上述二苯并二氧己环型PIMs除了高孔隙率，还具备优异的热稳定性，能在300℃下长时间稳定。这些性能赋予PIMs膜在气体分离领域具备很大的应用潜力[8]。

由于具备高活性的商业化四卤代单体的种类有限，采用该成环反应合成的PIMs数量不多，拓宽功能单体是之后的研究热点。McKeown等首先采用硝酸将5,5′,6,6′-四羟基-3,3,3′,3′-四甲基-1,1′-螺联茚满和2,3,6,7-四羟基-9,10-二甲基-9,10-二乙基蒽氧化成双酮，再与1,2-二氨基-4,5-二氯苯发生缩合反应得到含吡嗪结构的四氯代功能单体，最后与前两种四羟基单体聚合，制备PIM-5、PIM-6、PIM-7和PIM-8，如图7-1[10]。与PIM-1比较，这四种高分子链含有的平面结构比例明显提高，增强了分子链堆叠，使其比表面积有所降低，在661$m^2/g$和713$m^2/g$之间。PIM-4～PIM-6易溶于氯苯、二氯甲烷等有机溶剂中，成膜性良好；而PIM-7只溶解于间甲酚和浓硫酸，难成自支撑膜。作者还将该氯代功能单体与双酚芴反应，将咔唑结构引入主链上，得到Cardo-PIM-1和Cardo-PIM-2（图7-1）。它们均具有高孔隙率，比表面积分别为580$m^2/g$和621$m^2/g$。Cardo-PIM-1易溶于氯仿，重均分子量可达867000，成膜性良好；而Cardo-PIM-2仅溶解于间甲酚和浓硫酸。从以上例子可以看出，扭曲刚性结构的引入是制备高分子量、高孔隙率的可溶性PIMs的关键。

合成高反应活性的四氟代单体的难点是往氟苯上引入强吸电子基团。Guiver等[11]于2009年采用六氟苯与巯基化物间的亲核取代反应合成二硫醚化物，再通过氧化反应将硫醚键转化成砜基，得到二砜基四氟代单体。砜基的吸电子强度大（吸电子强弱顺序：—$SO_2R$ >—$CF_3$ >—CN），使其反应活性高，与5,5′,6,6′-四羟基-3,3,3′,3′-四甲基-1,1′-螺联茚满和四氟对苯二腈共聚得到数均分子量大于40000的可溶性PIMs（图7-1，DSPIM），聚合物具备良好的成膜性。值得注意的是，由于该二砜基四氟代单体在聚合过程中的位阻较大，单体聚合浓度较高时无法有效形成二苯并二氧己环，易发生交联反应，因此需注意控制聚合条件。Guiver等[12]随后采用类似的合成思路，以邻二氟苯为原料，通过取代反应和氧化反应制备了另一种二砜基四氟代单体：2,3,7,8-四氟-5,5′,10,10′-四氧化噻蒽。该单体直接与5,5′,6,6′-四羟基-3,3,3′,3′-四甲基-1,1′-螺联茚满均聚时，反应难以控制，容易发生交联反应。他们发现加入一定比例的四氟对苯二腈能缓解交联问题，该共聚可得到可溶性PIM（如图7-1，TOTPIM-*x*，*x*为该二砜基四氟代单体占总的四氟代单体的百分数），其数均分子量高于三万。TOTPIM-50的比表面积为601$m^2/g$，该材料易成膜，拉伸强度和断裂伸长率分别为45.8MPa和20.9%。

Makhseed 等[13]采用酸酐与含氨基单体之间的缩合反应拓宽了四氟代功能单体的种类，以四氟邻苯二甲酸酐为原料合成了系列接枝不同基团的四氟邻苯二甲酰亚胺单体。由于酰亚胺环上含有两个强缺电子基团酮羰基，该单体具有足够的反应活性，与 5,5′,6,6′- 四羟基 -3,3,3′,3′- 四甲基 -1,1′- 螺联茚满聚合可制备系列可溶的自具微孔聚合物（图 7-1, PIM-R*x*）。侧链基团会直接影响聚合程度，由 1,2,3- 三甲氧基苯基取代的聚合物重均分子量可达 21 万以上，而由位阻较小的己烷取代的聚合物重均分子量只有 27624。侧链也会影响其孔隙率，上述两种聚合物的比表面积分别为 889m$^2$/g 和 595m$^2$/g。这种通过改变其侧链是调控对应膜的孔结构较为简便的方法。PIM-R*x* 的成膜性良好，拉伸性能大于 39MPa。

拓宽二苯并二氧己环型自具微孔聚合物种类的另一种路径是制备新型的四酚羟基单体。1,2,4,5- 四羟基苯为结构最简单的功能基团，与全氟联苯聚合得到 PIM-13（图 7-1）[8]。与含有螺联茚满结构单元的 PIM-3 不同，PIM-13 的链段呈类平面结构，增强了其链间堆叠，比表面积降低至 430m$^2$/g。此外，PIM-13 在常见有机溶剂中溶解性很差，难制备成膜。这说明制备可溶的 PIMs 有必要引入刚性扭曲结构。2,2′,3,3′- 四羟基 -1,10- 二萘为高度刚性扭曲的结构，其与四氟对苯二腈均聚得到比表面积为 440m$^2$/g 的可溶的 PIM-14（图 7-1），但其分子量较低，无法成膜，其可能原因是联萘结构的空间位阻太大。基于此，Guiver 等[12]通过加入 5,5′,6,6′- 四羟基 -3,3,3′,3′- 四甲基 -1,1′- 螺联茚满作为共聚单体，以减弱反应位阻效应。当联萘单体的投料占比为 1/4 时，所得聚合物的重均分子量可达 11.8 万，相应膜的拉伸强度和断裂伸长率分别为 38.6MPa 和 5.67%。

PIM-1 的螺环结构是其形成高分子量和高孔隙率的关键，受此启发，Bezzu 等[14]设计并合成了其他含螺环中心的四羟基单体，2,2′,3,3′- 四羟基 -9,9- 螺环双芴。该单体与四氟对苯二腈均聚可得到重均分子量为 89000 的可溶性聚合物（图 7-1，SBF-PIM），其比表面积为 803m$^2$/g。但该单体合成的步骤太长，难以大量制备。Carta 等[15]合成了六苯基苯型四羟基单体，其与四氟对苯二腈均聚得到系列 PIMs：PIM-*x*-HPB。由于主链上含有大位阻六苯基苯结构，PIM-*x*-HPB 具备高孔隙率，其比表面积为 440 ～ 560m$^2$/g，然而该四羟基单体的合成也很复杂。Pinnau 等采用缩合反应、McMurry 反应和三溴化硼脱甲基反应三步合成了四苯基乙烯基四羟基单体，该单体与四氟对苯二腈均聚制备 PIM-16。他们通过分子模拟计算二面角及其旋转能垒，可知 PIM-10 链段比 PIM-1 的链段具备更高的旋转自由能，因此 PIM-10 链段堆叠性有所增强，其比表面积比 PIM-1 低，为 550m$^2$/g。Xinbo Wang 等[16]以 3,4- 二甲氧基苯甲醛和环己酮为原料，制备了一种环己烷并螺联茚满型四羟基手性单体，其与四氟对苯二腈均聚可制备一类新型聚合物 (−)-CCS-PIM。该聚合物可溶于氯仿，并通过溶液流延法可得黄色透明的自支撑膜。通过氮气吸附脱附曲线计算其比表面积为 796m$^2$/g，说明 (−)-CCS-PIM

具备高孔隙率，其孔径主要分布于 0.5 ～ 0.6nm。由手性单体构筑的 (−)-CCS-PIM 依然保持手性中心，其比旋光度为 −139.5。

Corrado 等[17]通过复杂的反应路径（共 8 步）合成了五叠烯型四羟基单体，然后将其与 5,5′,6,6′- 四羟基 -3,3,3′,3′- 四甲基 -1,1′- 螺联茚满和四氟对苯二腈共聚得到 PPIM（图 7-1）。PPIM 易溶解于氯仿中，通过溶液流延法可制备自支撑膜。五叠烯结构的刚性极大，立体尺寸大，使得聚合物膜内的自由体积大（比表面积最高为 $900m^2/g$），且具备相对于 PIM-1 更强的抗老化能力。

上述聚合物膜往往是通过三维扭曲分子链构筑，Ian Rose 等[18]于 2017 年首次提出以二维分子链构筑的 PIMs 膜（PIM-TMN-Trip，图 7-1）。通过分子模拟计算和实验表明这种分子链堆叠后形成的自由体积更大，比表面积为 $1050m^2/g$，且孔径分布主要集中于 <0.7nm 和 0.7 ～ 1.0nm。这种大孔与小孔集中分布的特征，使膜在气体传质过程中能打破选择性与通量间的矛盾：大孔促进传质，小孔加强选择性。该课题随后通过改变苯并三叠烯上的取代基，制备系列以二维分子链构筑的 PIMs 膜（PIM-TMN-Trip-R，图 7-1）[19]。所得聚合物均具备高孔隙率，氮气吸附脱附曲线计算的比表面积范围是 848 ～ $1034m^2/g$。

综上，目前报道的二苯并二氧己环型 PIMs 种类主要受限于单体，且大部分新型功能单体的合成路线较长。根据现有的报道结果可知，从结构上来看，功能单体应该具有刚性扭曲结构，保证较差的链间堆叠而致孔。但单体的位阻不能太大（如 2,2′,3,3′- 四羟基 -1,10- 二萘），避免聚合难度大。如何采用简便的合成路线制备功能基团是拓宽二苯并二氧己环型 PIMs 种类值得关注的问题。

## 二、Tröger’s Base型

Tröger’s Base（TB）化学物是通过芳香胺和甲醛或多聚甲醛在酸催化下（多为三氟乙酸）形成的一种产物。Julius 在芳香胺和甲醛缩合反应中首次发现，随后由 Sergeyev 提出其化学结构，为 V 型桥联双环芳二胺[20]。将该特殊的刚性扭曲结构单元引入至聚合物分子链上，能防止链间堆叠紧密而致孔。基于 TB 结构的聚合物是 PIMs 另一种常见的类型，通常是由芳香二胺单体与甲醛或多聚甲醛在三氟乙酸催化下缩聚而成[21]。

McKeown 等[22]系统研究了多种芳香二胺单体的聚合过程及其材料的基本性质。他们选用的单体包括 4,4′- 亚甲基二苯胺、3,3′- 二甲苯 -4,4′- 二氨基二苯甲烷、2,5- 二氨基甲苯、2,5- 二甲基对苯二胺 、5(6)- 氨基 -1,1,3- 三甲基 -3-(4- 氨基苯基 ) 茚满和 9,9′- 螺环双芴 -2,20- 二胺，以二甲氧甲烷为溶剂，三氟乙酸为催化剂，聚合后分别形成 PIM-TB-1、PIM-TB-2、PIM-TB-3、PIM-TB-4、PIM-TB-5 和 PIM-TB-6（图 7-2）。研究表明聚合过程需严格控制好单体浓度、三氟乙酸当量、反应温度和时间等，这是因为上述单体苯环均为富电子性，亲电取代反应活性高，因而容易发生交联反应。此外，单体的反应位点数量对聚合影响也很大。例如 4,4′- 亚甲基二苯胺的苯环上氨基邻位有两个活性位点，因此聚合过程特别容易交联反应，很难得到大量可溶性聚合物（PIM-TB-1）。往苯环上引入甲基，3,3′- 二甲苯 -4,4′- 二氨基二苯甲烷的聚合形成可溶性聚合物容易很多，这是因为甲基的位阻效应增加了交联反应的难度，且活性位点数量降低。PIM-TB-1 和 PIM-TB-2 主链上的亚甲基结构赋予其良好的柔性，因此它们的孔隙率均较低。对于 2,5- 二氨基甲苯和 2,5- 二甲基对苯二胺，其聚合后分别得到 PIM-TB-3 和 PIM-TB-4，其比表面积均高于 $500m^2/g$。然而它们分子量很低，这是因为它们主链结构刚性很强，且两个重复单元之间的 TB 结构相距很近，导致反应位阻较大。通过凝胶渗透色谱检测可知 PIM-TB-3 和 PIM-TB-4 的重均分子量很低，分别只有 8100 和 15000，致使材料的成膜性很差。5(6)- 氨基 -1,1,3- 三甲基 -3-(4- 氨基苯基 ) 茚满和 9,9′- 螺环双芴 -2,20- 二胺单体虽然苯环上氨基邻位均有两个活性位点，但其大位阻结构能抑制交联，能形成高分子量聚合物 PIM-TB-5 和 PIM-TB-6，它们的重均分子量分别为 30000 和 45000。此外氮气等温吸附脱附曲线表明它们均为高孔隙率聚合物，计算其比表面积分别为 $535m^2/g$ 和 $566m^2/g$。该文献的研究结果表明，制备高孔隙率高分子量的可溶性 TB 型 PIMs 的关键首先是选择合适的单体，筛选单体时主要关注其反应位点量和反应位阻，避免发生交联反应或聚合难度大。针对不同单体，其聚合条件可能不同，单体浓度、催化剂当量、反应温度和时间等都需要关注。

以上 TB 型聚合物的比表面积均低于 PIM-1，改变单体结构可调控孔隙率。Carta 等 [23] 借鉴二苯并二氧己环型聚合物常用的结构单元，将四甲基螺联茚满和二甲基亚乙基蒽引入至 TB 型聚合物，得到 PIM-TB-8 和 PIM-TB-9（图 7-2）。二甲基亚乙基蒽结构二面角旋转能垒高于四甲基螺联茚满螺环中心的旋转能垒，致使 PIM-TB-8 分子链堆叠紧密性低于 PIM-TB-9，导致 PIM-TB-8 具备更高的孔隙率，分别为 $1028m^2/g$ 和 $745m^2/g$。聚合物易溶于氯仿中，数均分子量 >40000，重均分子量 >100000。热重分析可知聚合物在温度低于 260℃时无降解。

合成新型含刚性扭曲结构的二氨基单体是拓宽 TB 型自具微孔聚合物种类的关键。Carta 等 [24] 通过 2,6(7)- 二氨基 -9,10- 二甲基乙醇胺蒽的聚合得到溶解性良好、成膜性良好的自具微孔聚合物 PIM-TB-10（图 7-2）。为进一步加强分子链的结构刚性，增大链旋转能垒，作者将高度刚性的三叠烯结构引入至主链上得到 PIM-TB-11（图 7-2）。PIM-TB-11 的重均分子量可达 5 万，且溶解性良好，能成膜。根据气体等温吸附脱附曲线计算其比表面积为 $899m^2/g$。Rose 等 [25] 将 PIM-TB-10 中三叠烯的侧链苯环改为位阻更大的萘环，得到 PIM-TB-12（图 7-2）。重均分子量可达 10.3 万，成膜性良好。值得注意的是，虽然分子链的位阻和旋转能垒增大，但其比表面积变化不大，为 $870m^2/g$。

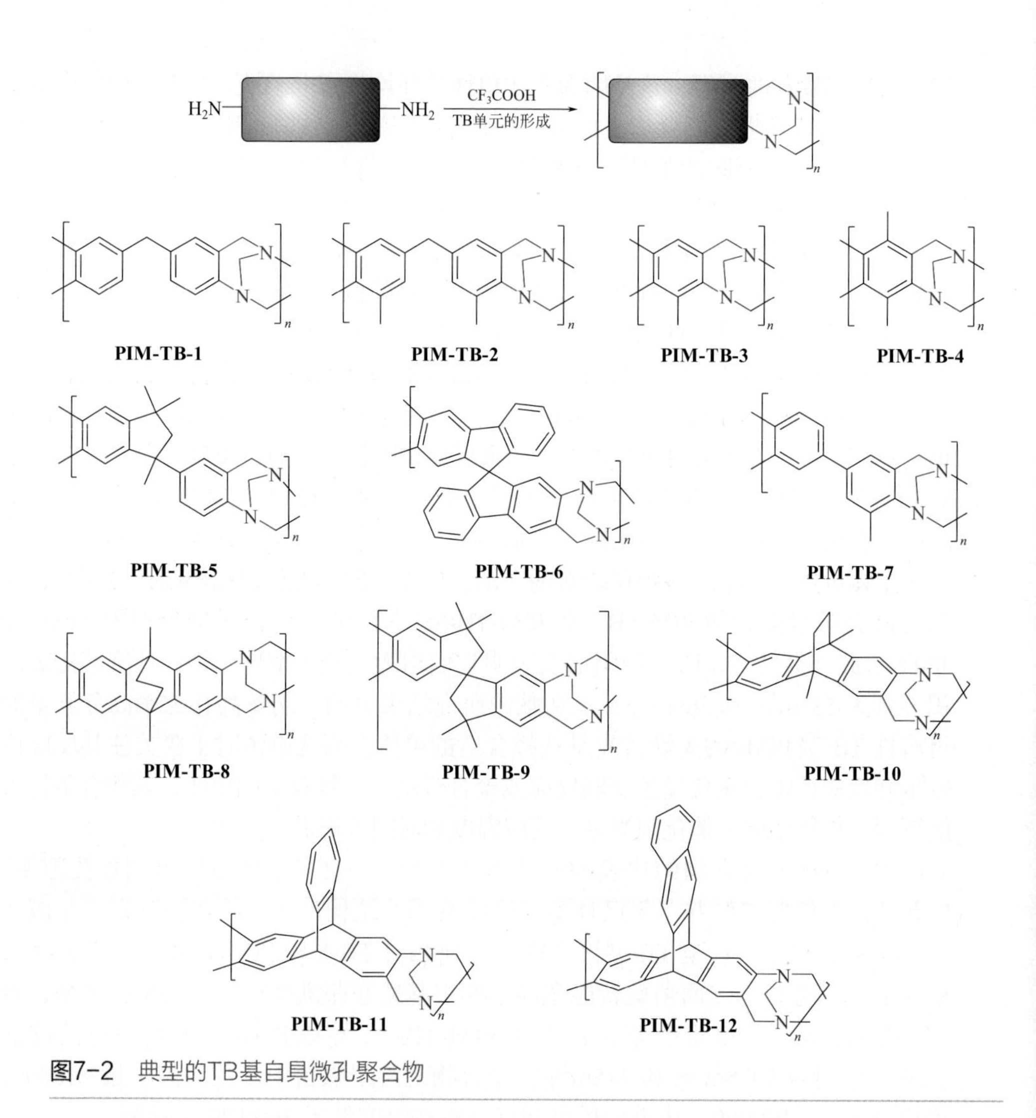


图7-2　典型的TB基自具微孔聚合物

综上，TB 型自具微孔聚合物的微孔结构可通过芳香二胺单体调控，其中PIM-TB-9 具备目前报道的最大比表面积（>1000m²/g），其孔隙率有望通过改变单体结构进一步提高。这类聚合物化学结构特征是含有叔胺桥环，为其后改性提供了反应位点，这也为该类材料的应用提供了更广的空间。

## 三、聚酰亚胺型

聚酰亚胺（PI）是一类常见的工程塑料，主链上含酰亚胺五元环（—CO—N—CO—），主要制备过程是二胺单体和二酸酐单体先在低温缩聚得到聚酰胺酸，后在高温下脱水环化。根据聚合单体的不同，PI 分为芳香族、半芳香族和脂肪族三种。半芳香族和脂肪族 PI 的链柔性较好，链堆叠密实而难以致孔。针对芳香族 PI，如果选择刚性扭曲单体，便能使该 PI 链段很难有效堆叠，进而形成微孔，对应的聚合物称为 PIM-PI。例如 Ghanem 等 [26,27] 从二苯并二氧己环型 PIMs 最常用的单体 5,5′,6,6′- 四羟基 -3,3,3′,3′- 四甲基 -1,1′- 螺联茚满出发合成了二酸酐单体，然后与 4,4′-( 六氟异亚丙基 ) 双胺、2,3,5,6- 四甲基 -1,4- 苯二胺、3,3′- 二甲基联萘胺和 2,2′- 双 ( 三氟甲基 )-4,4′- 二氨基苯聚合得到 PIM-PI-1 ～ 4（图 7-3）。虽然 PIM-PI-1 的主链上还有柔性六氟异亚丙基结构，其比表面积与主链上更强的 PIM-PI-4 的值相近，分别为 471m$^2$/g 和 486m$^2$/g。主链刚性更强的 PIM-TB-2 和 PIM-TB-3 的比表面积分别为 680m$^2$/g 和 683m$^2$/g。这说明聚合物分子链堆叠后形成的微孔结构受其柔顺性直接影响，但并非唯一影响因素。以上聚合物均能在有机溶剂中溶解，且成膜性良好。

提高分子链柔性能加强 PI 在常规有机溶剂中的溶解性能，Wang 等 [28] 合成了含 TB 单元的二氨基单体，将其与二酸酐单体均聚得到系列主链含柔性基团的 PI 型 PIMs（图 7-3，TBDA1-ODPA-PI、TBDA2-ODPA-PI 和 TBDA2-6FDA-PI）。聚合物易溶于氯仿、二氯甲烷和二甲基甲酰胺等，重均分子量和分子量分布指数分别可达 52000 ～ 78000 和 2.3 ～ 2.7。由于主链含有刚性 V 型的 TB 结构单元，它们均含有小于 1nm 的微孔，但它们同时含有柔性的双（三氟甲基）或醚键，孔隙率普遍较低。其中，TBDA2-6FDA-PI 的比表面积最高，为 325m$^2$/g，而另外三种聚合物的比表面积均低于 100m$^2$/g，TBDA1-ODPA-PI 的比表面积仅有 24m$^2$/g。对于主链上含有柔性基团的聚合物，除了引入刚性扭曲结构，也可以通过增加主链上的位阻侧基来提高膜内孔隙率，例如 Koros 等 [29] 制备了主链上含有三甲苯和羧酸苯基的 PI 型 PIMs（图 7-3，6FDA-DAM/6FDA-DABA）。主链上的甲基取代基带来的位阻效应会促进微孔的形成；而羧酸的引入又加强了分子链之间的相互作用，提高整体结构的稳定性。

增加主链的位阻效应是促进膜内形成微孔结构的另一种思路，其中大尺寸叠烯类结构单元常被使用。Fahd Alghunaimi 等 [30] 将三叠烯引入至聚酰亚胺主链上得到 6FDT-DAT1，三叠烯的位阻效应能抑制链堆叠而致孔，其比表面积可达 320m$^2$/g。作者进一步通过往三叠烯引入苯环，增加其位阻效应，得到孔隙率更高的聚合物（6FDT-DAT2），其比表面积为 450m$^2$/g。优化反应条件后，6FDT-DAT2 易溶于氯仿，数均分子量可达 38000，成膜性良好。Luo 等 [31] 将尺寸更大的五叠烯引入至主链上得到 6FDT-PPDA。为改善聚合物溶解性和提高反应程度，作者在主链上引入了柔性醚键。6FDT-PPDA 可溶解于氯仿、二甲基甲酰胺、四氢呋喃和甲苯等溶剂中，数均分子量最高可达 46300。虽然主链上含有柔性醚键，但五叠烯的位阻效应使得分子链无法紧密堆叠，聚合物内含有大量微孔结

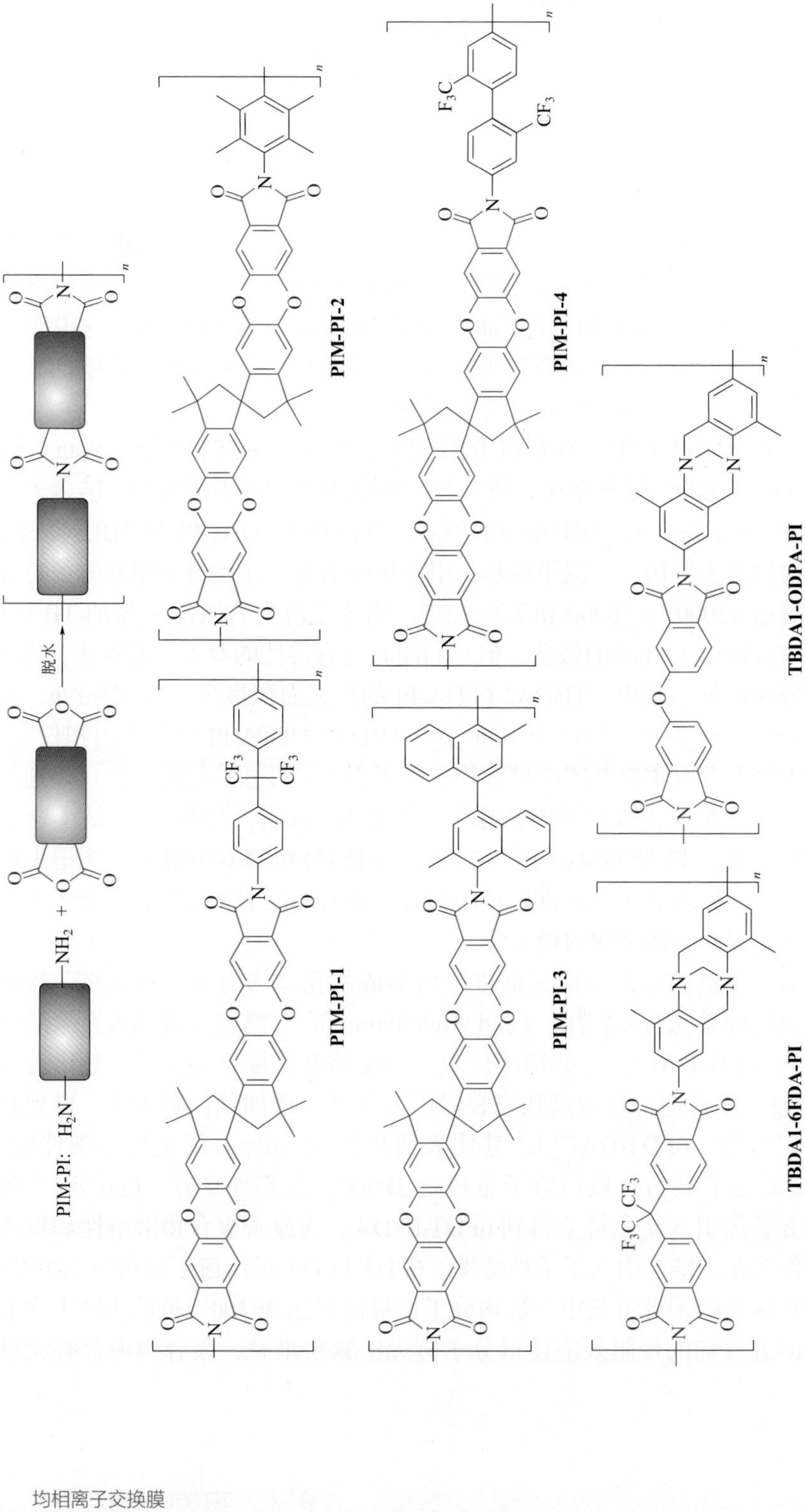

PIM-PI: $H_2N$—▭—$NH_2$ + (dianhydride) —脱水→ polyimide

PIM-PI-1

PIM-PI-2

PIM-PI-3

PIM-PI-4

TBDA1-6FDA-PI

TBDA1-ODPA-PI

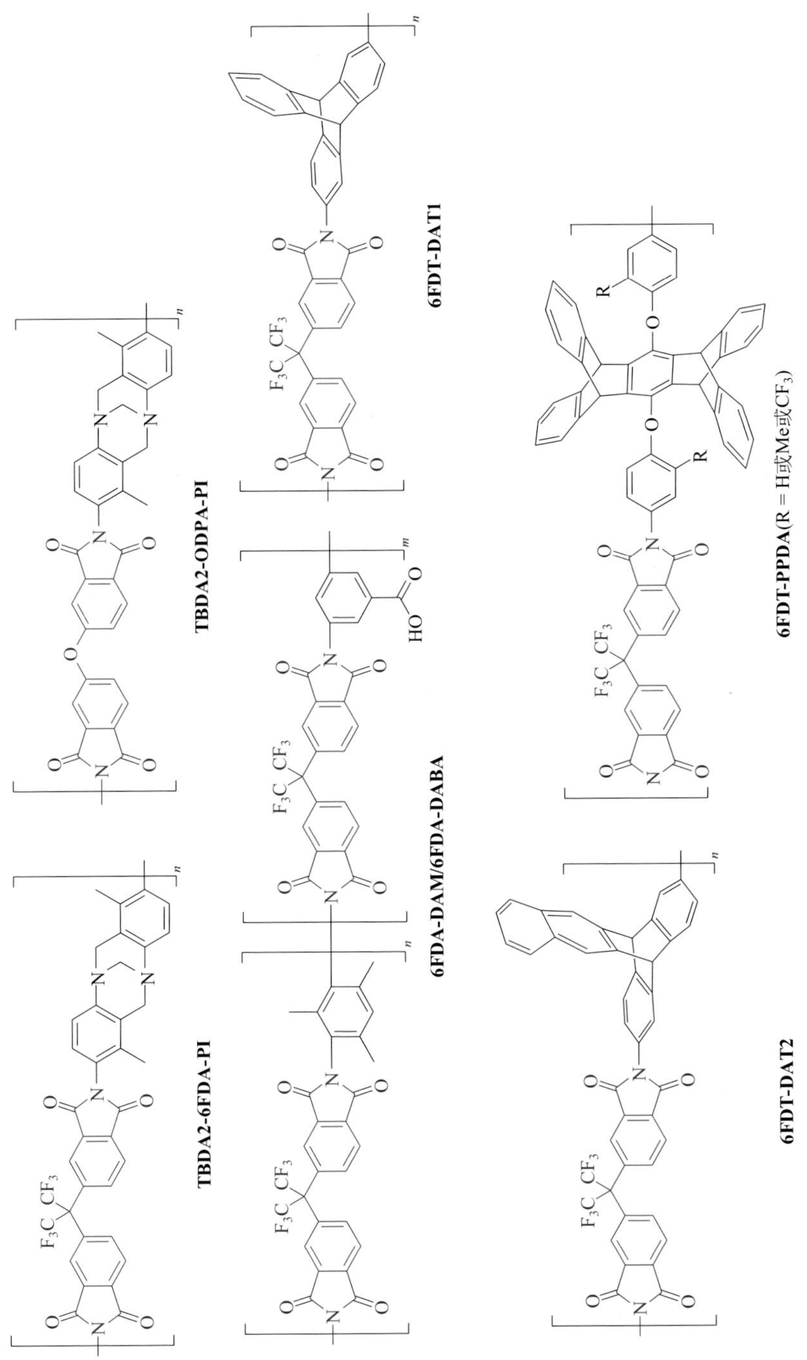

TBDA2-6FDA-PI

TBDA2-ODPA-PI

6FDA-DAM/6FDA-DABA

6FDT-DAT1

6FDT-DAT2

6FDT-PPDA(R = H或Me或$CF_3$)

图7-3 聚酰亚胺型自具微孔聚合物

构，其自由体积分数（fractional free volume，FFV）高于 15%，并且增强了该聚合物膜的抗老化能力。

## 四、聚氧杂蒽型

芳香烃单体与酮类单体的超强酸催化聚羟烷基化反应（superacid-catalyzed polyhydroxyalkylation reactions）是制备高分子量聚合物常见路径[32-34]，为了促进氢离子进攻酮羰基的氧原子，酮羰基需与吸电子基团连接，最常用的酮羰基单体包括 2,2,2- 三氟苯乙酮和 1,1,1- 三氟丙酮等。此外，为促进羟烷基化反应，芳香烃单体被进攻的苯环宜为富电子类型。但由于所得聚合物主链上含有柔性亚甲基，该路径难以得到自具微孔聚合物。Tao 等[35] 研究发现，含部分二酚羟基单体与 2,2,2- 三氟苯乙酮在三氟甲磺酸催化下能得到氧杂蒽结构。Zolotukhi 等[36] 通过模拟计算揭示其反应历程包括羟烷基化和进一步脱水（图 7-4）。为了加强羟烷基化反应活性，酮类单体中取代基 $R_1$ 或 $R_2$ 宜为强吸电子基团，如三氟甲基。由于脱水后会形成氧杂蒽环状结构，增强了链刚性，因此利用该反应有望制备 PIMs。

随后 Olvera 等[37] 利用该反应成功制备了系列线型聚合物（图 7-4，PX-HFP、

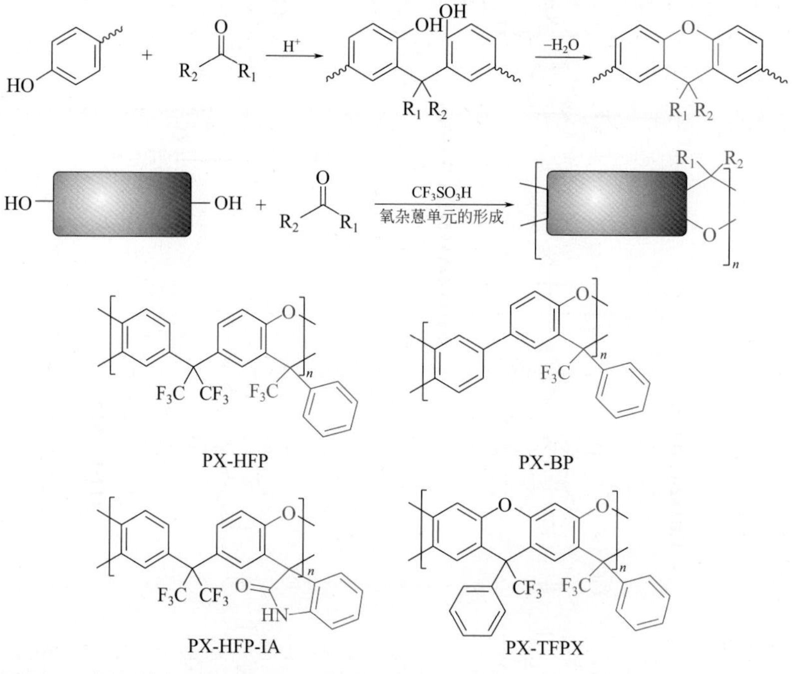

**图7-4** 氧杂蒽型自具微孔聚合物的制备

PX-BP、PX-HFP-IA），采用的二酚羟基单体包括双酚 AF 和联苯二酚，酮类单体包括 2,2,2- 三氟苯乙酮和吲哚满二酮。在聚合过程中经历羟烷基化反应和脱水反应两步。其中酮羰基单体过量能促进羟烷基化反应，因此称量单体过程中对摩尔比没有很严格的要求，这是该聚合反应的优点之一。结果表明，双酚单体的活性受苯环上的电子云密度影响很大，联苯二酚的活性较大，三氟甲磺酸与联苯二酚的摩尔比为 2.6，在室温 4h 便可以得到黏度为 0.82dL/g 的聚合物。而双酚 AF 的活性远远低于联苯二酚，在相同条件下无法得到高分子量聚合物。由于过量酮类单体能促进羟烷基化反应，因此作者提高酸与二酚单体的摩尔比至 10.4，且延长时间至 24h，可得到黏度为 0.51dL/g 的聚合物。PX-HFP、PX-BP 和 PX-HFP-IA 均易溶解于氯仿、*N,N*- 二甲基甲酰胺等有机溶剂中，成膜性良好。徐铜文课题组 [2] 也探究过该聚合过程（PX-HFP、PX-BP），结果显示该超强酸催化聚合过程若反应过度易发生交联反应，且反应受环境温度的影响很大，因此要时刻监测反应液黏度，黏度显著上升时应立即倒入大量冰水中淬灭反应。所得聚合物易溶于二氯甲烷和二甲基甲酰胺等有机溶剂，由凝胶渗透色谱测试的重均分子量均高于 100000，使得聚合物具备良好的成膜性。氧杂蒽结构的引入加强了链刚性，利于形成微孔结构。徐铜文课题组首先通过分子模拟计算研究高分子分子链堆叠后的状态，可直观看出两种聚合物都自具微孔结构。由于 PX-HFP 主链含柔性六氟丙烷基团，其链段的柔性比由联苯结构构筑的聚合物链段柔性大，这使得 PX-BP 分子链堆叠后更易于形成微孔空穴，通过气体等温吸附脱附曲线可证明该结论。根据氮气等温吸附脱附曲线计算 PX-BP 的比表面积为 $389m^2/g$，显著高于 PX-HFP 的比表面积（$146m^2/g$）。徐铜文课题组进一步采用动力学直径更小的二氧化碳为探针时，同条件下 PX-BP 的气体吸附量也显著高于 PX-HFP，这也证明了 PX-BP 具备更高的微孔自由体积。Olvera 等 [38] 采用结构刚性更强的二酚羟基单体 3,6- 二羟基 -9- 三氟甲基 -9- 苯基氧杂蒽，与 2,2,2- 三氟苯乙酮聚合得到 PX-TFPX，重均分子量为 4.15 万。与大部分芳香聚合物不同，PX-TFPX 不仅能溶于二氯甲烷、氯仿、四氢呋喃和 *N,N*- 二甲基甲酰胺等有机溶剂中，还溶解于丙酮和甲醇。相比于 PX-HFP、PX-BP 和 PX-HFP-IA，PX-TFPX 分子链柔性更差，因此具备更高的孔隙率，其比表面积为 $587m^2/g$。目前聚氧杂蒽型 PIMs 的研究较少，种类有限。值得注意的是，以 2,2,2- 三氟苯乙酮为原料能得到含氟聚合物，这可能赋予其一些特殊的性能。

## 五、其他类型

除了以上四种常见类型，近几年还发展了基于 Pd 催化聚合的自具微孔聚合物。2014 年，Xia 等发现溴代苯基化合物能与降冰片二烯在醋酸钯的催化下发生高效的环化反应，进而利用该反应制备了系列梯形聚合物（图 7-5，PIM-CANAL）[39,40]。主链为全碳梯形结构，链间堆叠性差而形成微孔结构，例如 PIM-CANAL-1 和 PIM-CANAL-5 的比表面积分别为 $600m^2/g$ 和 $650m^2/g$。然而大部分 CANAL 聚合物的聚合度较低，数均分子量均小于 4 万，可能原因是其在聚合度较高时的产物在溶剂中溶解性很差。为了提高聚合度和解决成膜性差的问题，该课题组往主链上引入烷烃类侧链，破坏结构的规整性，以加强其溶解性，得到 PIM-CANAL-6、PIM-CANAL-7 和 PIM-CANAL-8[41]。通过多角度激光散射仪测聚合物分子量，数均分子量均高于 11 万。材料溶解性良好，且能成膜。

Kirstie A. Thompson 等 [42] 采用卤代芳烃与氨基芳烃间的 Buchwald-Hartwig 氨基化反应制备了系列—NH—连接的螺环自具微孔聚合物［SBAD，图 7-5（b）］，以 XantPhos Pd G4 为催化剂。SBAD 可溶解于四氢呋喃、氯仿和二氯甲烷等，成膜性良好。值得注意的是，柔性—NH—的引入，利于分子链间堆叠，进而导致 SBAD 具备更优异的抗有机溶剂溶胀性。为了保证一定的孔隙率，作者引入螺双芴。通过分子模拟计算和 $CO_2$ 等温吸附脱附曲线证实了 SBAD 自具微孔，其微孔孔径显著低于 PIM-1。SBAD 已被成功用于石油产物的分离。

2021 年 Swager 等 [43] 发展了另一种 Pd 催化聚合路线制备了芳醚型自具微孔聚合物，如图 7-6。聚芳醚的传统制备路线是通过卤代单体和酚类单体间在无机碱催化下发生亲电取代反应，例如二苯并二氧己环型聚合物的合成。而本文献利用二卤代单体和二酚单体在 Pd 催化下发生 C—O 缩聚，合成了系列聚合物。由于主链上含有柔性醚键，为降低分子链堆叠紧密性，需引入位阻很大的基团。本文的二酚单体采用刚性很强的三叠烯结构，通过改变二卤代单体结构调控聚合物的孔隙率。例如二苯酮型 P4 的比表面积只有 $38m^2/g$，而含菲基的 P6 的比表面积提升至 $202m^2/g$。将菲基团替换成尺寸更大的芘结构，其比表面积进一步提高至 $232m^2/g$。非平面的大尺寸结构的引入能加强聚合物孔隙率，例如含螺环芴的 P10 的比表面积可达 $458m^2/g$。本文所述的二酚单体仅有三叠烯型，如果能拓宽至其他商业化二酚单体，该路线将有望成为制备自具微孔聚合物的有效方案。

上述自具微孔聚合物的成孔机制都是源于主链难以有效堆叠，Swager 等提供了另一种制备思路：柔性主链上引入大位阻基团，侧链的位阻效应显著增强而使得链无法有效堆叠致孔 [44]。如图 7-7，他们通过二环庚二烯衍生物的开环易位聚合制备，所得聚合物分子量高，孔隙率大。PIM-ROMP-OMe 和 PIM-ROMP-$CF_3$ 的数均分子量可达 34 万和 2.85 万，比表面积分别为 $565m^2/g$ 和 $780m^2/g$。本文展示了由大位阻侧链致孔思路的有效性，但是由于涉及的单体二环庚二烯衍生物制备路线较为复杂，不利于其规模化推广。

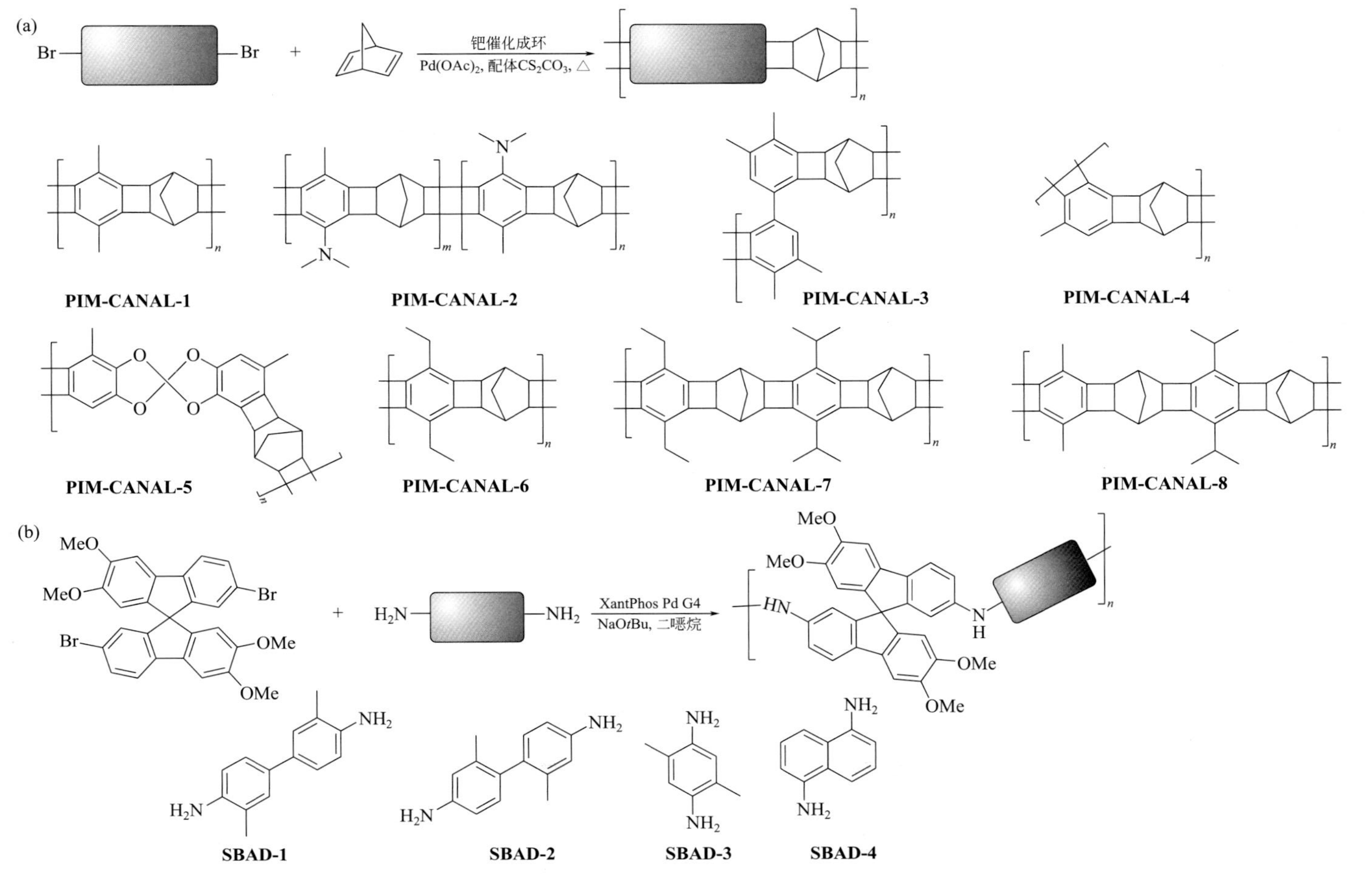


图7-5 Pd催化聚合制备自具微孔聚合物：（a）CANAL型自具微孔聚合物；（b）—NH—连接的螺环自具微孔聚合物

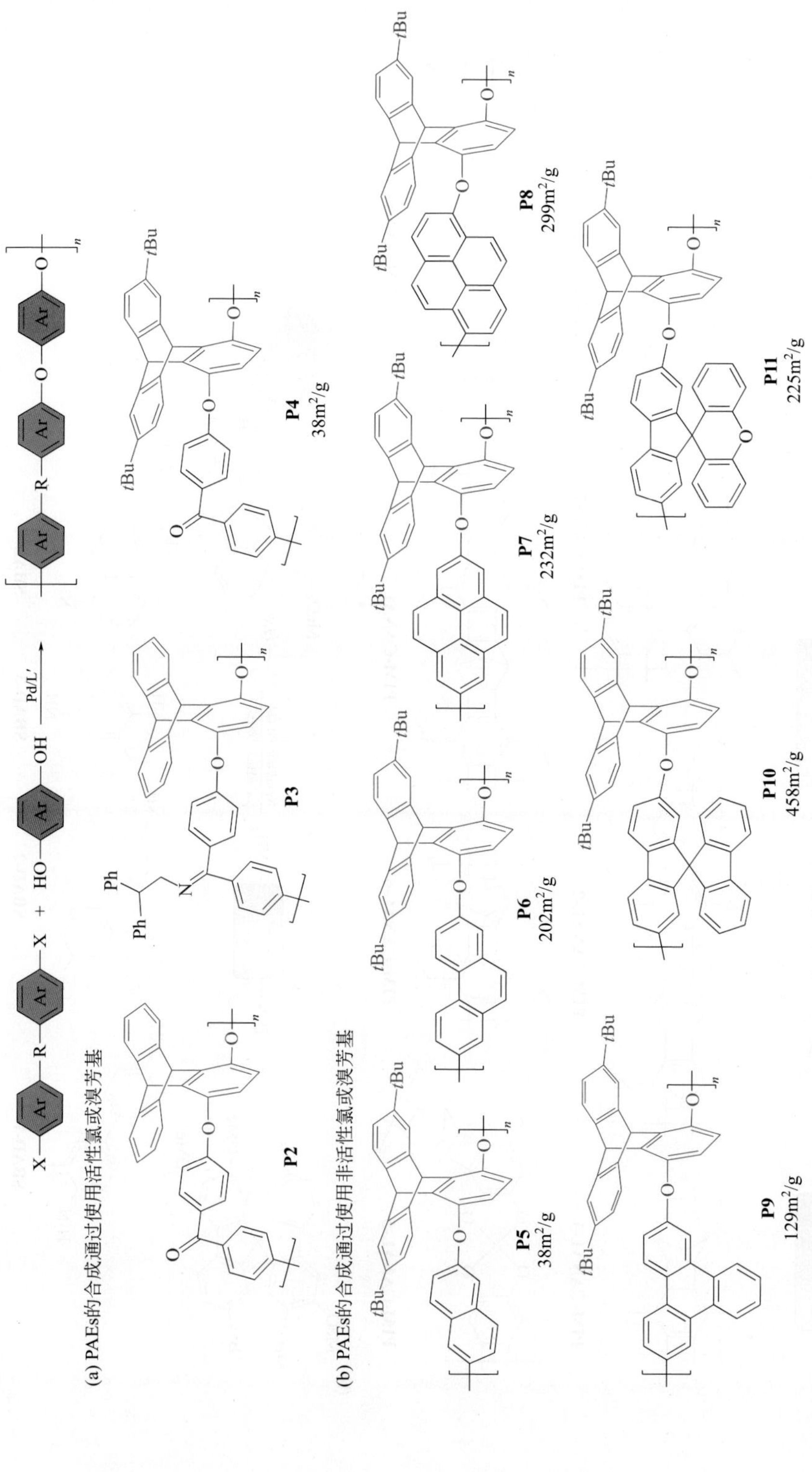

X—Ar—R—Ar—X + HO—Ar—OH $\xrightarrow{Pd/L'}$ [—Ar—R—Ar—O—Ar—O—]$_n$

(a) PAEs的合成通过使用活性氯或溴芳基

P2

P3

P4
$38m^2/g$

(b) PAEs的合成通过使用非活性氯或溴芳基

P5
$38m^2/g$

P6
$202m^2/g$

P7
$232m^2/g$

P8
$299m^2/g$

P9
$129m^2/g$

P10
$458m^2/g$

P11
$225m^2/g$

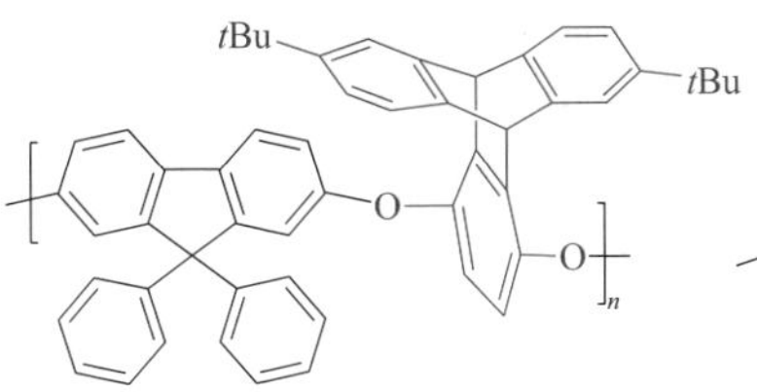

tBu
tBu
O
O
n

**P12**
89m$^2$/g

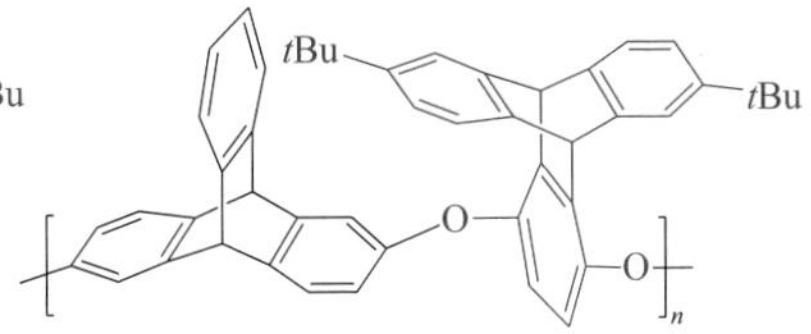

tBu
tBu
O
O
n

**P13**
254m$^2$/g

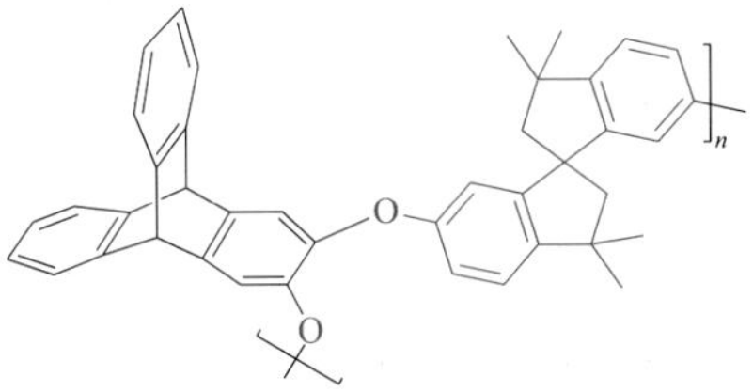

O
O
n

**P14**
38m$^2$/g

(c) PAEs的合成通过使用氯或溴芳基

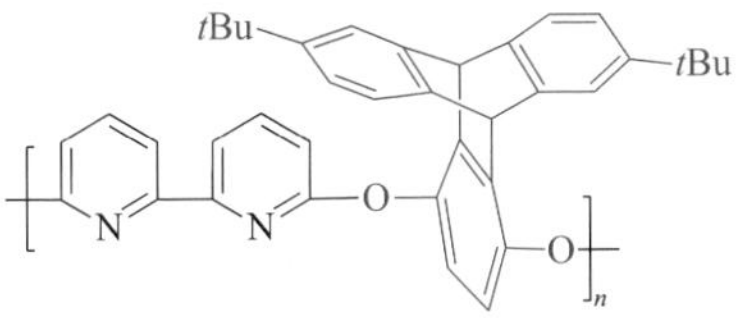

tBu
tBu
N
N
O
O
n

**P15**
217m$^2$/g

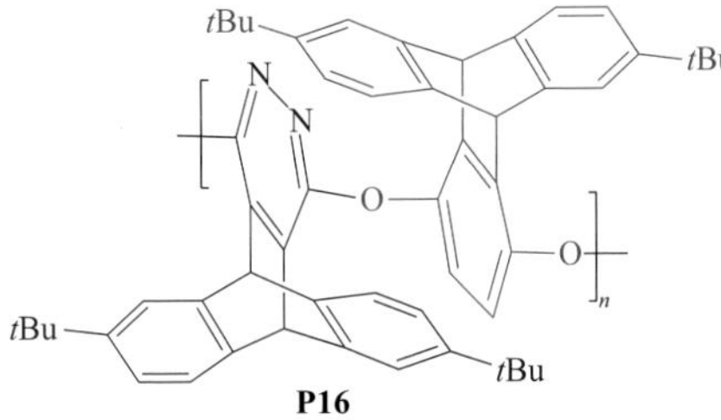

tBu
tBu
N
N
O
O
n
tBu
tBu

**P16**
492m$^2$/g

图7-6　芳醚型自具微孔聚合物

聚合功能基团
大位阻基团
n
R
R
Grubbs Gen-Ⅱ
CH₂Cl₂
R
R
R
R
R
R
n
PIM-ROMP-OMe: R = OMe
PIM-ROMP-CF₃: R = CF₃

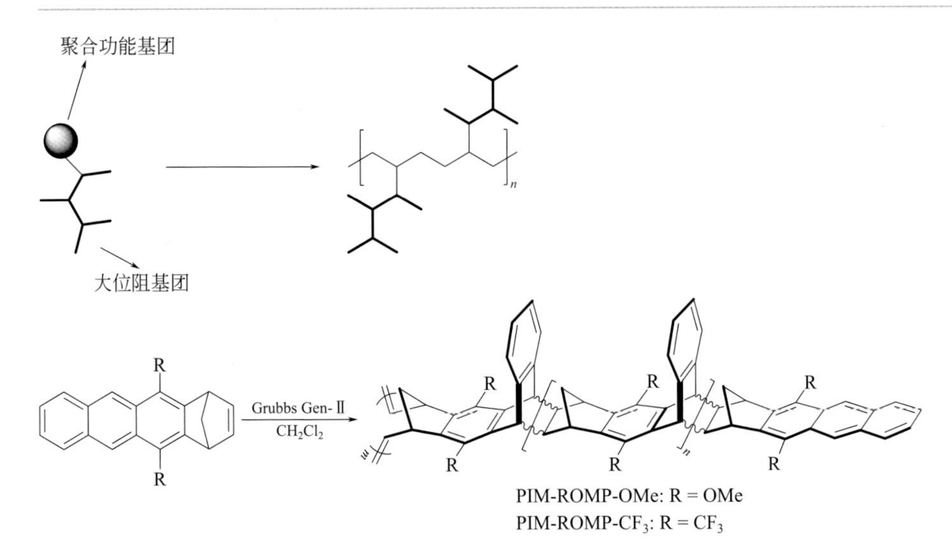

图7-7　大位阻侧链致孔型自具微孔聚合物

通过单体直接聚合得到不易有效堆叠的高分子链是一种最常用的制备 PIMs 的路径。与此不同的是，2007 年 Ho Bum Park[45] 首次提出一种新的制备工艺：通过膜内分子链热重排增强分子链刚性，从而造孔。其反应原理：当与聚酰亚胺的酰亚胺 N 相连的苯环上含有功能基团（如羟基团或巯基）时，加热至 350 ～ 450℃时会脱去小分子 $CO_2$，发生链重排得到聚苯并噁唑（图 7-8）。链重

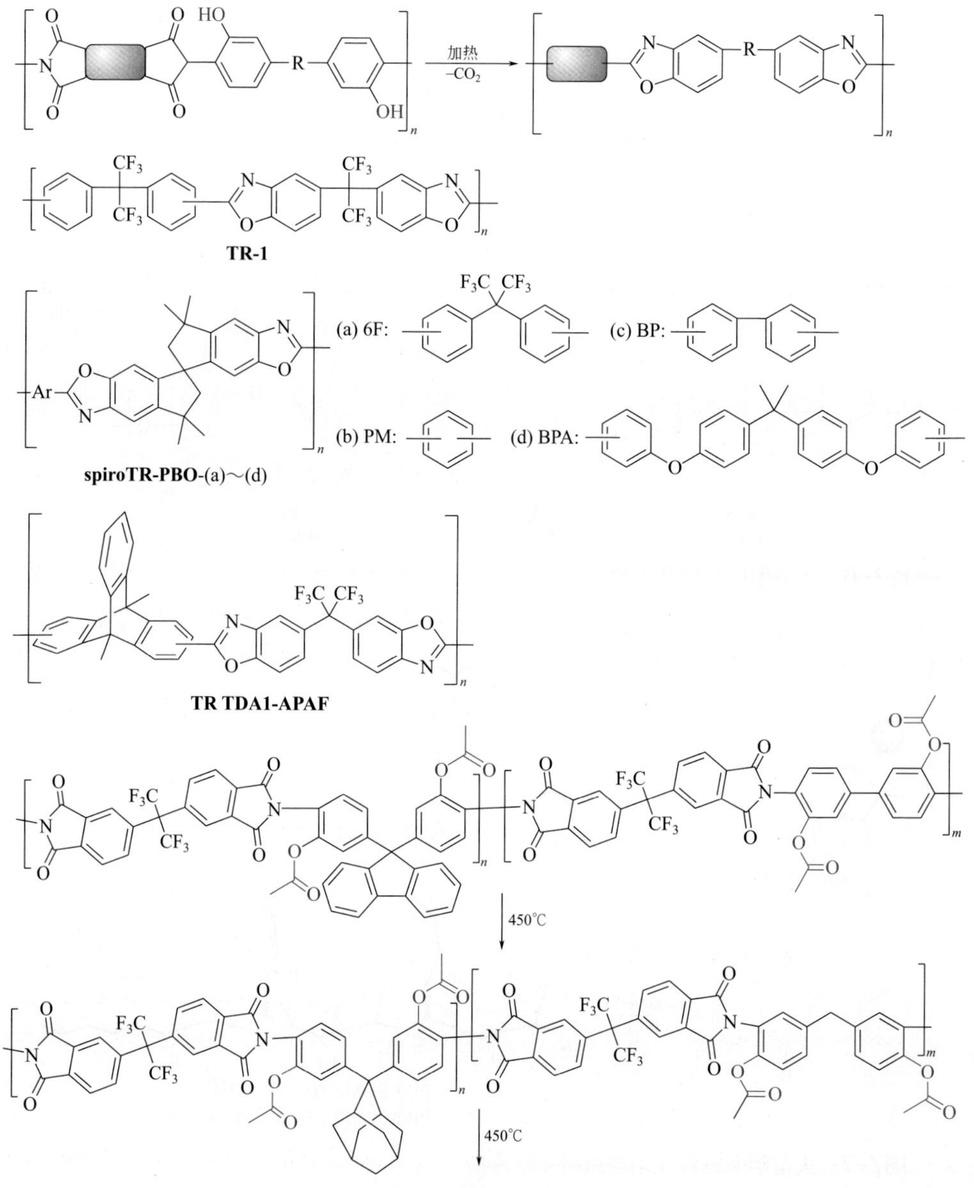

TR-1

spiroTR-PBO-(a)～(d)

(a) 6F: (b) PM: (c) BP: (d) BPA:

TR TDA1-APAF

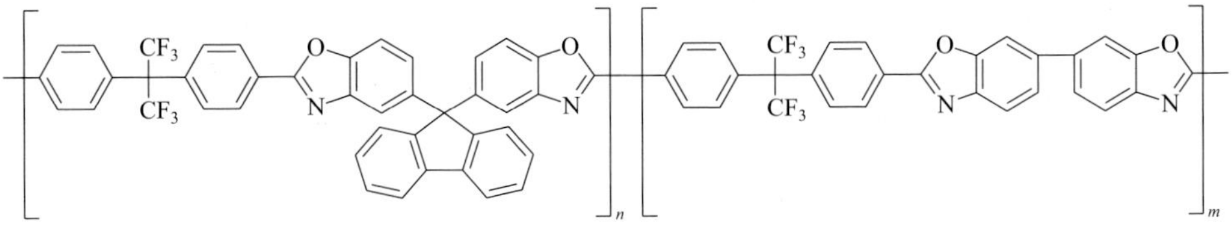

CPBOc($m$ : $n$ = 100 : 0、95 : 5、90 : 10、70 : 30、50 : 50、0 : 100)

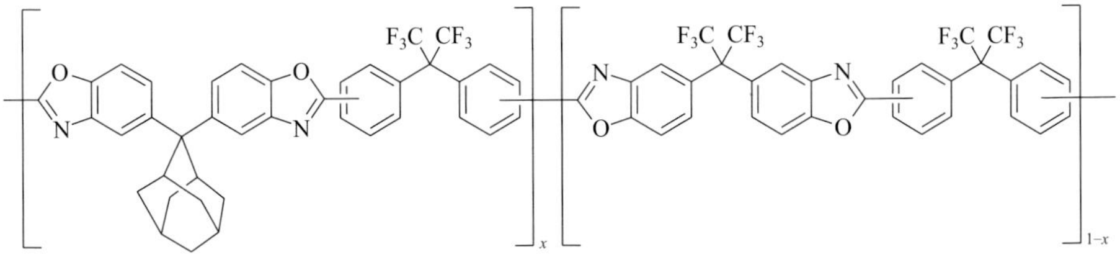

AD($x$)TR($x$ = 0、0.25、0.5、0.75、1)

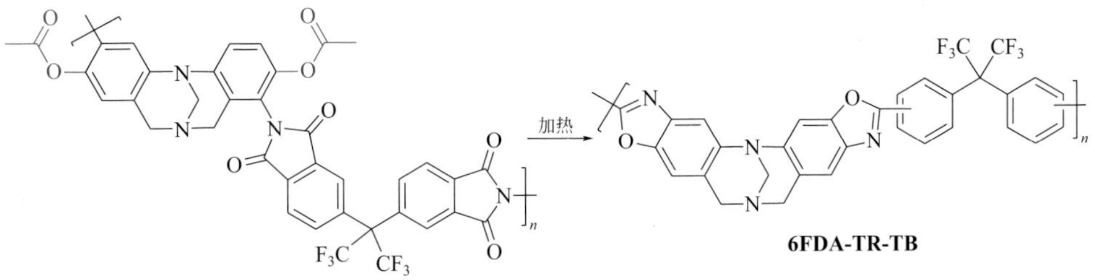

6FDA-TR-TB

图7-8 链重排型微孔聚合物

排会导致链构象的改变和链在空间上重新分布，由此导致微孔结构的产生。通过正电子湮没技术表征聚酰亚胺加热生成 TR-1（图 7-8）前后孔自由体积的变化。加热前，聚合物内孔径分布较宽，主要孔径为 0.28nm；350℃下加热，其孔径分布明显变窄，且孔径变大，主要孔径为 0.32nm；进一步加热至 400℃，其孔径会继续增大。通过氮气吸附脱附曲线可进一步说明膜内孔隙率的变化。未加热前，氮气吸附量很低，而在 400℃和 500℃处理后的聚合物比表面积分别为 $410m^2/g$ 和 $510m^2/g$。得益于聚苯并噁唑上含有碱性基团 N，TR-1 可掺杂磷酸，膜在 130℃下的电导率高达 0.15S/cm，超过据苯并咪唑掺杂磷酸后的电导率值。

Shenghai Li 等 [46] 进一步拓宽了聚合物类型，引入常用于构筑 PIM 的结构单元螺环中心（螺联茚满），制备不同链刚性的含羟基聚酰亚胺，然后再加热发生环化反应得到 spiroTR-PBOs（图 7-8）。通过热重分析，脱羧反应的温度在 350℃以上，而聚合物在 500℃开始发生降解。通过等温氮气吸附脱附曲线分析聚合物的孔隙率变化。由联苯构筑的分子链刚性增强，链重排前的比表面积为 $112m^2/g$，重排后的聚合物（spiroTR-PBOs-BP）比表面积增加至 $306m^2/g$。而由苯基组成的聚酰亚胺链段刚性进一步提高，其比表面积为 377$m^2$/g，而加热反应后的聚合物（spiroTR-PBOs-PM）的比表面积下降至 283$m^2$/g。而 BPA 构筑的聚合物链自由度大，堆叠紧密，加热前后聚合物的比表面积都很低。值得注意的是，spiroTR-PBOs 系列膜具备优异的机械性能，例如 spiroTR-PBO-BP 的拉伸强度达 94.4MPa，断裂伸长率为 14.9%，这两值远超大部分其他 PIMs。Fahd Alghunaimi 等[47]将三叠烯引入至含羟基的聚酰亚胺，通过热重排得到 TR TDA1-APAF(图 7-8)。通过热重分析，氮气氛围中加热至 460℃，保持 15min 后，其转化率高达 95%。链重排后孔隙率显著提高，比表面积从 280$m^2$/g 提高至 680$m^2$/g。值得注意的是，TR TDA1-APAF 膜气体渗透实验（2bar，35℃）150 天后，气体的通量明显下降。通过广角 XRD 说明了测试后链层间距下降，说明聚合物发生了老化。

Yin Fong Yeong 等[48]制备了系列甲酸甲酯取代的咔唑基聚酰亚胺膜，通过高温 450℃下处理 30min，会发生热环化反应，脱去小分子后会发生链重排得到新型聚合物膜（图 7-8，OPBOc）。广角 XRD 结果显示，热重排后分子链层间距增大，因而导致孔自由体积增大。Carla Aguilar-Lugo 等[49]采用相同的热环化反应，将大尺寸的金刚烷引入甲酸甲酯取代的聚酰亚胺膜，热重排后得到的聚合物 [AD(*x*) TR] 孔自由体积分数约为 0.2%。以上咔唑基或金刚烷基链段含有亚甲基，导致其依然具备一定的旋转自由度。相对而言，TB 基团为 V 型刚性扭曲结构，旋转自由度更低，Stephen M. Meckler 等[50]制备了 TB 基团甲酸甲酯取代的聚酰亚胺膜，进一步通过加热至 400℃发生热重排得到 6FDA-TR-TB。热重排后的 $CO_2$ 吸附量有所增加，说明微孔自由体积增大，这是因为链重排后的层间距提高。

由于 PIMs 的应用广泛，其新型合成受到广泛关注。膜内微孔网络是传质通道，其孔径大小和联通性至关重要，如何通过分子设计提高孔联通性和调控孔径是该领域的难点，特别是制备均一孔径的 PIMs 膜。上述提及的 PIMs 都是疏水材料，在水环境中无法高效发挥其作用，有必要对其亲水改性。接下来我们将重点讨论自具微孔聚合物的荷电化路径。

## 第三节
## 自具微孔聚合物的荷电化制备均相离子交换膜

传统自具微孔聚合物主要以疏水主链构筑，常应用于气体分离和有机纳滤等。而用于水系环境（例如水系液流电池、燃料电池等）中时，需采用亲水性自具微孔聚合物，最直接的制备路径是将现有的疏水 PIMs 的后功能化引入荷电基团。目前，荷电化的路径主要包括氰基的水解与氨肟化、季铵化反应和磺化反应，下面将详细回顾相关研究进展。

## 一、氰基的水解与氨肟化制备均相离子交换膜

PIM-1 作为典型的自具微孔聚合物，其后改性已被广泛研究，主要基于氰基化学。2009 年 Guiver 等 [51] 首次报道了 PIM-1 的改性方案，他们将 PIM-1 膜浸泡于氢氧化钠溶液中，利用氰基在碱性体系中发生水解得到羧酸化的自具微孔聚合物 PIM-1-COOH（图 7-9）。作者采用核磁氢谱和红外光谱监测反应历程。反应转化率主要由反应温度和时间决定，在 120℃下反应 5h，通过元素分析可知其转化率可达约 90%。改性后的聚合物由于极性变化很大，其不溶于氯仿、二氯甲烷等非极性溶剂，而易溶于二甲基亚砜、*N*,*N*- 二甲基甲酰胺等极性溶剂中。羧酸化后的膜材料保持无缺陷和良好的机械性能，由于羧酸根之间或羧酸根与醚键之间存在强氢键作用，增强了链与链之间的相互作用导致膜的韧性有所降低。反应时间为 5h 后，膜的拉伸强度从 45.1MPa 降低至 39.6MPa，而断裂伸长率从 7.2% 降低至 3.7%。通过差示扫描量热法（DSC）测试表明，PIM-1-COOH 的玻璃化转变温度高于 350℃。此外，PIM-1-COOH 的热稳定性依然保持高热稳定性，但在惰性气体中质量损失 5% 的温度为 406℃。

上述工作对水解原理并未深入探究，认为该水解过程只产生 PIM-1-COOH，而随后 Budd 等 [52] 的研究表明氰基水解产物为混合物，包括酰胺化物（—$CONH_2$）和羧酸化物（—COOH）等。该结论被 Santoso 等 [53] 证实，他们通过探究小分子模型化合物和 PIM-1 的水解过程发现，在碱性体系中，氰基首先主要转化成酰胺化物（该步骤较快），然后再转换成羧酸化物（该步为决速步骤）。由于—$NH_2$ 离去能力弱，因此在第二步转化中需更长的反应时间和更苛刻的反应条件。Jeon 等 [54] 在 PIM-1 水解过程中将反应时间延长至 360h 得到了高度羧酸化的聚合物，转化率高达 92%。通过氮气等温吸附脱附曲线可知，羧酸化的聚合物的孔隙率显著降低，其比表面积为 $284m^2/g$。主要原因是氢键增强了链间作用力，使其堆叠更加紧密。XRD 可验证该结论，通过布拉格公式计算功能化后的聚合物分子链平均层间距降低。虽然孔隙率显著降低，但由于极性羧酸与 $CO_2$ 间能形成一定的相互作用，使 PIM-1-COOH 对 $CO_2$ 具有更强的亲和力，等温下其 $CO_2$ 吸附量并未显著下降。

氰基化合物在碱性体系可以水解，在强酸体系中也可以水解。Xilun Weng 等 [9] 将手性 (+)-PIM-1 浸泡于硫酸和乙酸混合水溶液中，105℃下反应 48h。凝胶渗透色谱结果显示，水解后的分子量变化很小，说明主链结构在整个反应体系中化学

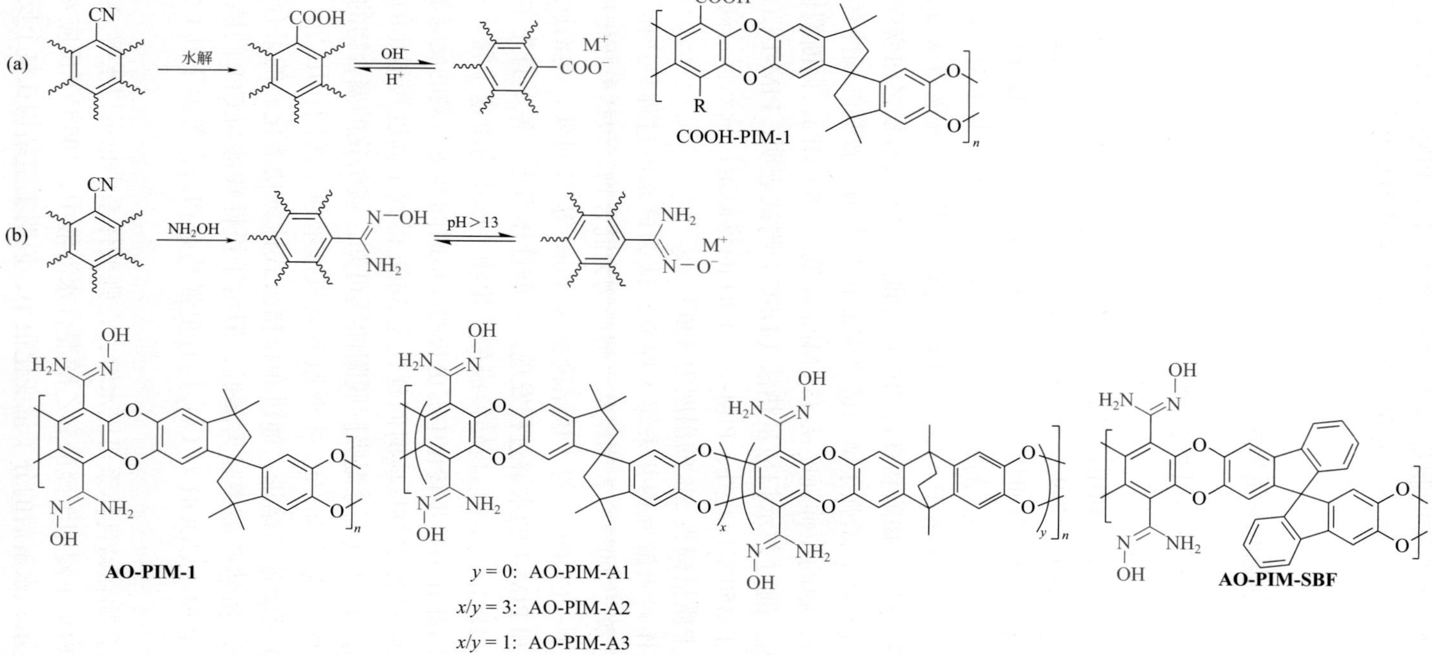
(a)
CN
水解
COOH
OH⁻
H⁺
M⁺
COO⁻
COOH
R
COOH-PIM-1
(b)
CN
NH₂OH
N−OH
NH₂
pH > 13
NH₂
M⁺
N−O⁻
AO-PIM-1
y = 0: AO-PIM-A1
x/y = 3: AO-PIM-A2
x/y = 1: AO-PIM-A3
AO-PIM-SBF

图7-9 氰基的水解与氨肟化

稳定。羧酸化后的聚合物膜颜色变暗，呈深棕色，并且脆性增大。接触角从最初的 100° 下降至 30°，说明羧酸的引入有效提高了膜的亲水性，使其在非极性溶剂中的溶解度下降，而在极性溶剂中的溶解度提高。

目前 PIM-1-COOH 主要用于气体分离，由于羧酸在碱溶液中生成能电离的羧酸根，因此 PIM-1-COOH 具备在碱性体系中传导阳离子的性质，但目前尚未有利用该性质的相关报道。

氰基能与羟胺反应生成偕胺肟，Yavuz 等 [55] 利用该反应改性 PIM-1，将以四氢呋喃为溶剂，回流 20h，得到氨肟化自具微孔聚合物（图 7-9，AO-PIM-1）。氢键的作用会增强链间作用力，但 AO-PIM-1 依然具备高孔隙率，其比表面积为 $531m^2/g$。功能化后的聚合物极性显著增强，改变了其溶解性。AO-PIM-1 不溶于如二氯甲烷和氯仿等非极性溶剂中，而易溶于二甲基甲酰胺、二甲基亚砜和环丁砜等极性溶剂。AO-PIM-1 保持良好的成膜性。由于偕胺肟具备一定的碱性，与酸性气体 $CO_2$ 间能形成强的相互作用，导致相比于 PIM-1，AO-PIM-1 的 $CO_2$ 吸附量提高了 17%。Shouliang Yi 等 [56] 利用偕胺肟的碱性特征，将 AO-PIM-1 应用于酸性气体分离，获得高 $H_2S/CH_4$ 选择性（75）和高 $H_2S$ 渗透性（>4000bar）。

采用相同的制备方法，Tan[3] 和 Baran[4] 等基于其他二苯并二氧己环型自具微孔聚合物上的氰基的偕胺肟化制备了 AO-PIM-A 和 AO-PIM-SBF（图 7-9）。受极性偕胺肟的影响，以上偕胺肟改性的聚合物只能溶解于 *N,N'*- 二甲基甲酰胺、二甲基亚砜和 *N*- 甲基吡咯烷酮等极性溶剂中，能加工成膜。随着 PIM-11 氰基转化率从 0 至 100%，其比表面积逐渐降低，从 $778m^2/g$ 降低至 $567m^2/g$；同时膜的亲水性逐渐升高，吸水率从 5.7% 逐渐升高至 29%。而孔隙率更高的 AO-PIM-SBF 的吸水率为 34%。Tan 等 [3] 通过溶液流延法可制备 20cm×20cm 大小的 AO-PIM-1 自支撑膜，且展现出优异的机械性能，其拉伸强度可达 40MPa，断裂伸长率大于 5%。偕胺肟在不同的环境下展现出不同的荷电性质，环境 pH 小于 4 时，其荷正电；pH 大于 13 时，荷负电 [57]。AO-PIM 系列膜已被验证在碱性体系中能高效传递阳离子，且电导率随着功能度或孔隙率的增加而增加 [3,4]。例如，AO-PIM-1 浸泡于 1mol/L NaOH 溶液中的电导率为 4.8mS/cm，而比表面积更大的 AO-PIM-SBF 的电导率为 8.9mS/cm。

通过氰基的水解与偕胺肟化得到的荷电自具微孔聚合物受环境 pH 影响大，因为功能基团只能在碱性体系中发生解离，使其应用环境受限。可通过往聚合物上引入季铵盐基团或磺酸根能避免这个问题，下面将综述目前通过季铵化反应和磺化反应制备荷电自具微孔聚合物的研究进展。

## 二、季铵化反应制备均相阴离子交换膜

TB 聚合物为典型的自具微孔聚合物，其主链上的 TB 结构含有叔胺，可与卤代烃发生季铵化反应。徐铜文课题组将 TB 聚合物膜浸泡于碘甲烷溶液中进行季铵化反应，首次制备了离子化微孔聚合物（图 7-10，DMDPM-QTB、DMBP-QTB、Trip-QTB）[58]。该制备过程简便，其反应程度可通过浸泡时间来控制。离子化过程中，膜能保持机械稳定，无缺陷。通过改变单体结构来调控分子链刚性，进而得到不同孔隙率的离聚物，DMDPM-QTB、DMBP-QTB 和 Trip-QTB 的比表面积分别为 $38m^2/g$、$339m^2/g$ 和 $899m^2/g$。离子化后聚合物极性增大，易溶解于极性溶剂中，且亲水性提升。DMDPM-QTB、DMBP-QTB 和 Trip-QTB 在 30℃下的吸水率分别为 8.6%、36% 和 81%。值得注意的是，DMBP-QTB 在较低功能度下，能实现高效 $OH^-$ 传递，其离子交换容量为 0.81mmol/g 时，80℃下的电导率高达 164.4mS/cm。

Hu 等 [59] 采用类似的合成策略，将密集功能化的侧链通过季铵化反应嫁接至 TB 聚合物主链上（图 7-10）。引入多重离子化的柔性侧链有利于在膜内形成相分离结构，但主链上的柔性亚甲基使聚合物孔隙率低。往主链上引入冠醚得到 CE-DMBP-QTB（图 7-10），冠醚与金属离子之间的相互作用会提高膜的亲水性，进一步促进相分离的形成 [60]。因此 CE-DMBP-QTB 具备相对较高的吸水率，80℃下为 89.1%，对应体积膨胀率为 16.9%。亲水通道的形成利于离子传递，CE-DMBP-QTB 在 80℃下的氢氧根电导率可达 141.5mS/cm。

直接采用已报道的 TB 型自具微孔聚合物的季铵化反应是制备微孔离聚物简便的路径，然而 Ishiwari 等 [61] 研究发现，这类离子聚合物在碱性条件下的化学结构稳定性差，季铵化的 V 型 TB 结构易被 $OH^-$ 进攻而开环，导致孔隙率显著降低，同时失去荷电功能基团，见图 7-11。

为避免碱稳定性问题，需拓宽其他类型自具微孔聚合物的季铵化反应制备微孔离聚物膜。例如 Fukushima 等 [62] 首先合成了一种与 PIM-1 结构类似且含苯甲基的聚合物，通过溴化反应得到苄基溴型聚合物，再进一步季铵化反应制备荷正电的自具微孔聚合物（图 7-10，QA-Me-PIM-1）。溴化过程为均相反应，其转化率可接近 100%。将所得的溴取代聚合物溶于氯仿中，流延法成膜，随后将膜浸泡于三甲胺溶液中进行非均相季铵化反应。QA-Me-PIM-1 膜内离子键会增强分子链之间作用会使分子链间密实化，其比表面积降低至 $381m^2/g$。所得膜材料在 100% 湿度和 80℃下的氢氧根电导率为 65mS/cm。虽然 QA-Me-PIM-1 膜内含有大量微孔结构，其（扩散系数为 $1.5\times10^{-10}cm^2/s$）对甲醇的阻隔性显著优于商业化 Nafion 117（扩散系数为 $5.2\times10^{-10}cm^2/s$）。

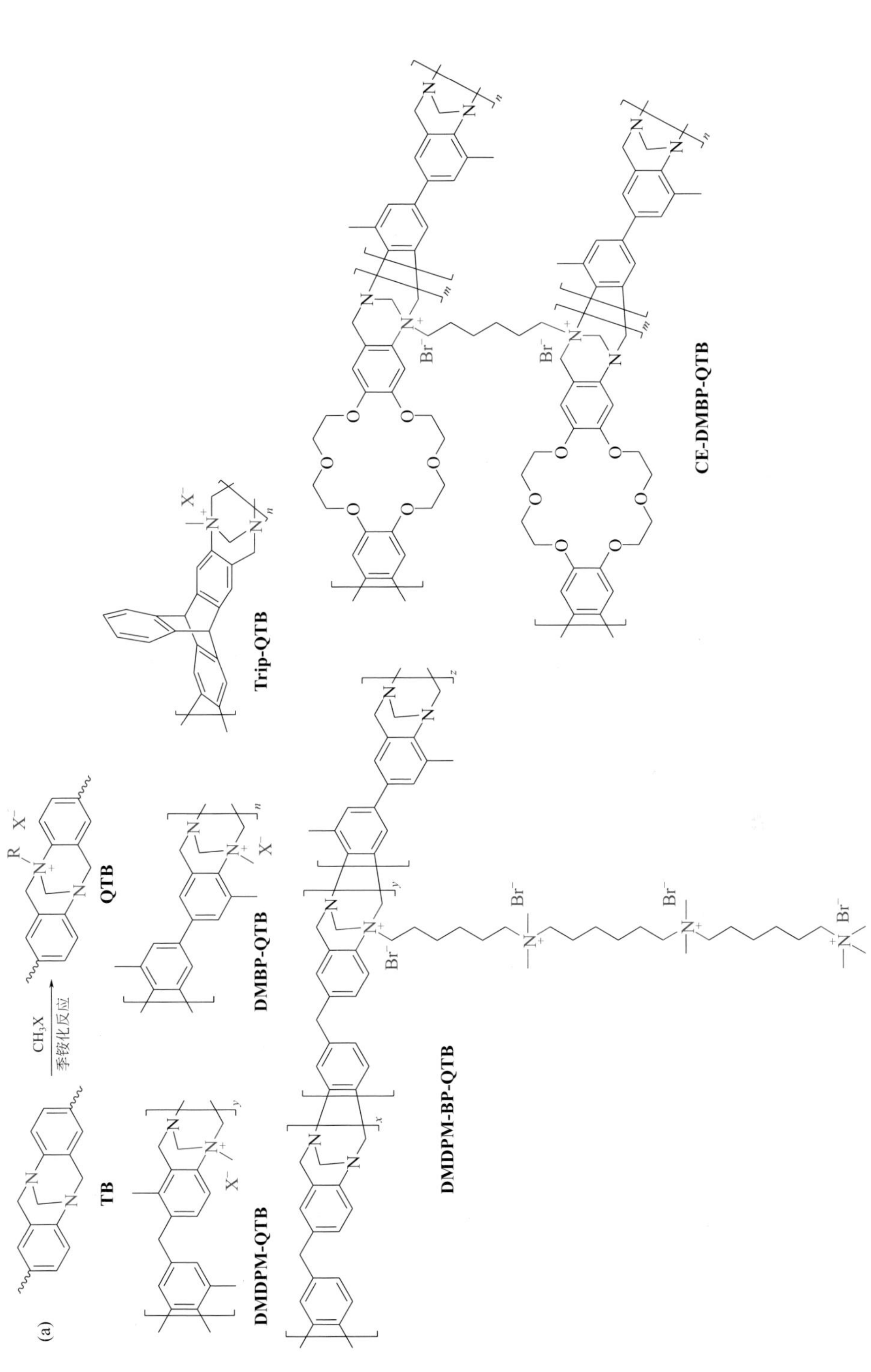

(a)

TB

$CH_3X$
季铵化反应

QTB

DMDPM-QTB

DMBP-QTB

Trip-QTB

DMDPM-BP-QTB

CE-DMBP-QTB

图7-10

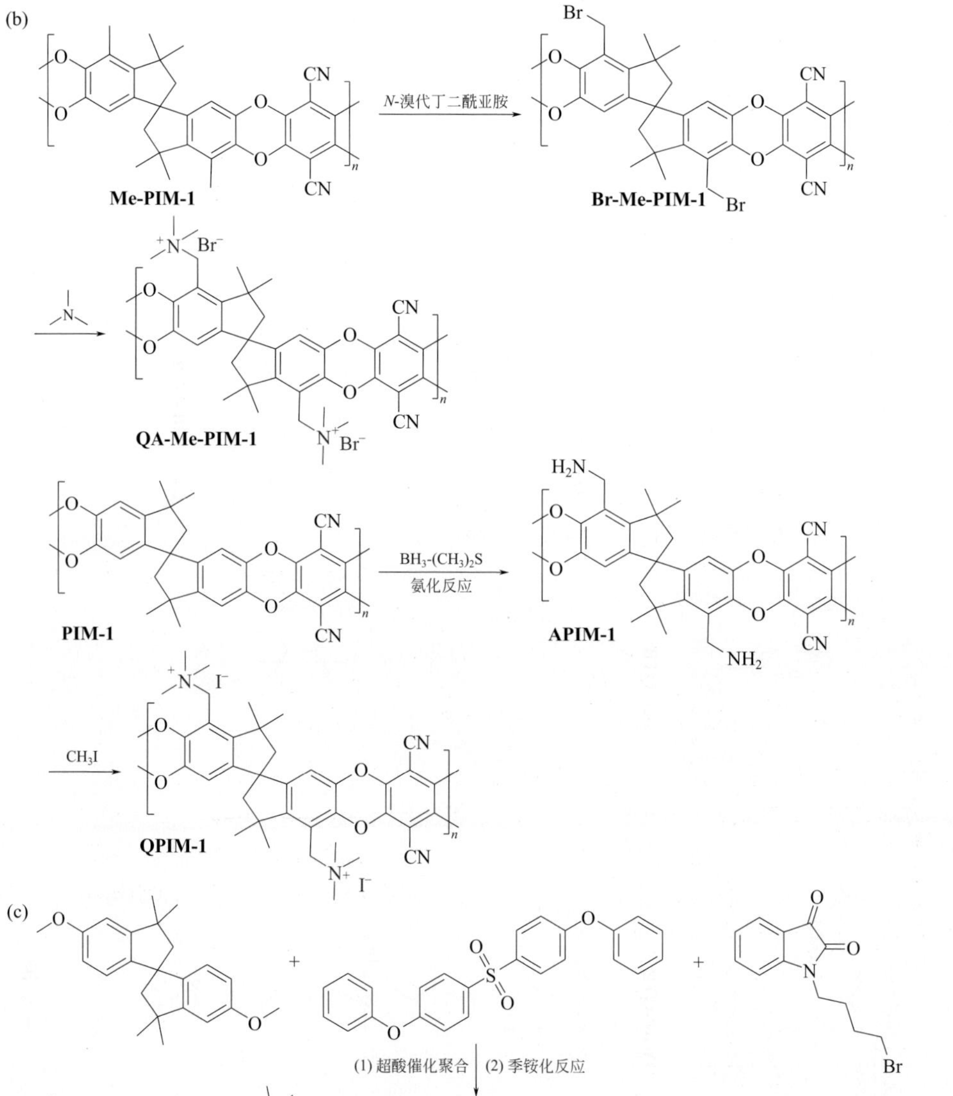

(b)

Me-PIM-1 —— N-溴代丁二酰亚胺 ——→ Br-Me-PIM-1

—— $N(CH_3)_3$ ——→ QA-Me-PIM-1

PIM-1 —— $BH_3$-$(CH_3)_2S$ 氨化反应 ——→ APIM-1

—— $CH_3I$ ——→ QPIM-1

(c)

(1) 超酸催化聚合 (2) 季铵化反应

$2Br^-$

QP(SBI/AES)-*x*

图7-10　季铵化自具微孔聚合物

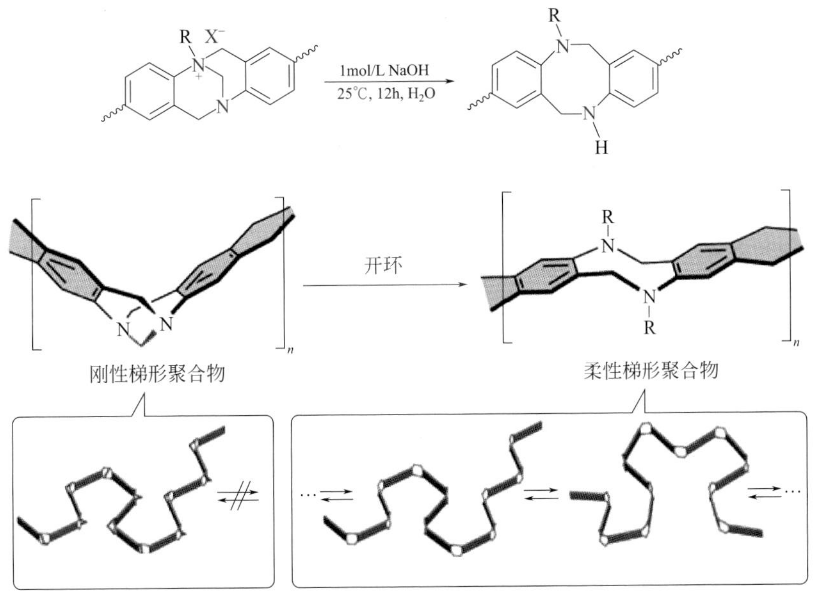


图7-11 季铵化TB聚合物的降解过程[61]

Huang 等 [63] 通过 PIM-1 的氰基的氨基化反应合成 APIM-1，然后与碘甲烷进一步反应得到可溶性 QPIM-1（图 7-10）。膜的功能度主要通过控制第一步的反应时间来调控，所得膜的离子交换容量在 1.35mmol/g 与 2.12mmol/g 之间。通过 $CO_2$ 等温吸附脱附曲线表明膜内依然存在微孔结构。将离子交换容量为 2.12mmol/g 的膜浸泡于去离子水，20℃下的膜的吸水率和体积膨胀率分别为 68.9% 和 16.7%，氢氧根电导率为 56mS/cm。由于分子链刚性大，成膜过程中离子基团很难自组装形成良好的相分离结构，并通过透射电镜和原子力显微镜证实。因此，膜内高效离子传递依赖亲水微孔通道。然而这类聚合物材料的主要缺点之一是苄基季铵盐型阳离子在碱性体系中的化学稳定性差 [64,65]。

Li 等 [66] 通过超强酸催化聚合和季铵化反应得到侧链型微孔聚合物膜 QP(SBI/AES)-*x*。膜的机械性能良好，其拉伸强度均高于 36MPa，而断裂伸长率最低也可达 12%。通过对共聚物膜的吸水率和体积膨胀率测试可知，螺环中心结构的引入利于膜内形成微孔结构，从而使膜吸收水后能保持更优的尺寸稳定性，QP(SBI/AES)-1 浸泡于去离子水中的吸水率可达 140%，而其膨胀率低于 39%，此时氢氧根电导率最高为 163mS/cm。通过将膜浸泡于强碱溶液中测试其电导率和核磁氢谱可知，相较于季铵化 TB 聚合物膜，这类膜的化学稳定性有所提高。

当前季铵化自具微孔聚合物的种类十分有限，目前面临的主要问题：其一是后功能化的制备路径导致膜的功能度难以有效控制，其二是耐碱稳定性依然较差。如何通过分子设计构筑化学结构稳定的自具微孔聚合物阴离子交换膜是需要关注的课题。

## 三、磺化反应制备均相阳离子交换膜

上述季铵化自具微孔聚合物膜能传导阴离子，阻隔阳离子。而在如酸性燃料电池和全钒水系液流电池等应用体系中，膜的要求是传导阳离子，因此有必要引入磺酸根制备荷负电自具微孔聚合物。早在 2013 年 Kim 等 [67] 系统研究了 PIM-1 的磺化反应，包括 20 种磺化条件，主要更换不同溶剂、磺化剂和反应时间等。结果表明，PIM-1 的磺化反应容易得到不溶性产物，或产物成膜性差。其可能原因是该磺化反应过程中有交联副反应，以及 PIM-1 内的螺环中心在强酸体系中易降解。该研究结果表明，以螺环茚满结构构筑的自具微孔聚合物难以通过后功能化引入磺酸根基团。其他常见的 PIMs 如聚酰亚胺型和 TB 型聚合物也不适用于后磺化反应，其主要原因：聚酰亚胺内含有的酰亚胺五元环在强酸中不稳定，可能发生开环副反应；而 TB 聚合物内含有大量叔胺，在强酸体系中易与质子反应成盐，其强吸电子效应能大幅度降低与其相连的苯环的磺化反应（亲电取代反应）活性。

为了解决以上问题，徐铜文课题组 [2] 选择了酸性下化学稳定性更强的含氟 PIMs，即聚氧杂蒽（PX，图 7-12）。PX 的形成是在超强酸体系中，以三氟甲磺酸为催化剂，因此 PX 在酸性体系中具备良好的化学稳定性。此外，PX-BP 和 PX-HFP 易溶于氯仿、二氯甲烷等溶剂中，利于其在均相中发生磺化反应。徐铜文课题组以无水二氯甲烷为溶剂，以氯磺酸为磺化剂，首次成功制备了系列磺化的自具微孔聚合物（图 7-11，SPX-BP-*x*、SPX-HFP-*x*，*x* 为离子交换容量，mmol/g）。PX-BP 的亲电取代反应活性较高，在冰浴条件下半小时以内反应便可以结束。而 PX-HFP 含有更多的强吸电子基团三氟甲基，其反应活性相对较低，因此反应时间更长。磺化后的聚合物易溶于 DMAc 和 DMSO 等极性溶剂中，成膜性良好。通过广角 X 射线衍射曲线计算聚合物分子链间距，结果表明引入磺酸根后的分子链层间距降低。这可能是源于磺化的聚合物链之间形成的氢键作用利于分子链堆叠更密实。进一步通过二氧化碳等温吸附脱附曲线验证了磺化后的聚合物依然保持微孔结构，且由联苯构筑的聚合物微孔体积占比更大。基于 $CO_2$ 等温吸附脱附曲线采用 Grand Canonical Monte Carlo（GCMC）法计算 SPX-HFP-0.63 和 SPX-BP-0.61 的微孔所占体积分别为 $0.061cm^3/g$ 和 $0.091cm^3/g$。采用密度泛函理论计算 SPX 的孔径分布区间为 0.45 ～ 0.90nm。亲水微孔通道赋予膜高效离子传递性能，孔隙率更高的 SPX-BP 在离子交换容量为 0.95mmol/g 时，80℃下的电导率高达 180mS/cm，与商业化 Nafion 117 相当，单位离子交换容量下的电导率值优于大部分文献报道的值。目前关于磺酸型自具微孔聚合物的报道非常少，且这类材料是通过后功能化制备，其反应位点和反应程度均难以精确控制。新的合成方案拓宽荷负电自具微孔离聚物种类是接下来需被广泛关注的课题。

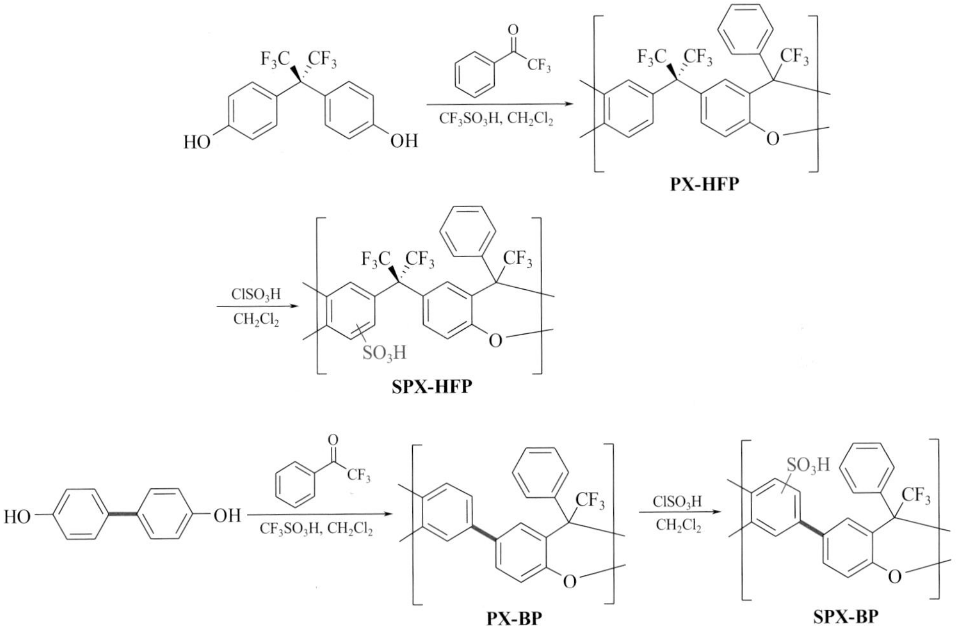

图7-12　荷负电聚氧杂蒽的制备[2]

# 第四节
# 自具微孔均相离子交换膜的应用性能评价

自具微孔均相离子交换膜内含有大量的微孔通道，且孔壁还有亲水基团，这为研究限域空间内的水或离子传递提供了基础。现有文献表明，利用离子在受限空间内受到的增强电荷相互作用，会促进反离子传递；此外，限域孔的尺寸效应，能加强膜的选择性[2-4]。因此自具微孔均相离子交换膜有望打破传导性和选择性之间制约关系，实现高电导和高选择性，这使其应用于燃料电池或液流电池等中具备显著优势。

## 一、燃料电池

燃料电池是一种典型的能源转化装置，其将燃料的化学能直接转化成电能，具备转化效率高和环境友好等优点。其中离子交换膜是燃料电池的关键组件，主要用于传导离子（碱性体系为 $OH^-$，酸性体系为 $H^+$）及阻隔燃料和氧化剂。膜内离子的快速、选择性传递会直接影响电池的性能，因此制备兼具高电导和高选择性的离子交换膜是近些年来的研究重点。得益于膜内优异的相分离结构，由杜邦公司研发的全氟磺酸质子膜（Nafion）具备极高的质子传导率，已被广泛应用于酸性燃料电池中[68-70]。但 Nafion 价格高，开发高性能非氟聚合物膜一直备受关注，其设计理念主要集中于通过分子设计加强聚合物链上离子的自组装能力，以促进膜内形成良好的相分离结构，目前已经发展出嵌段共聚型、密集功能化型和侧链型等聚合物结构模型。然而，大部分采用的非氟聚合物为无规非晶型，纳米尺度下的离子通道不易控制，制备较低离子交换容量下具备高机械性能、高电导和化学稳定性的离子交换膜依然是个挑战。

针对以上问题，徐铜文课题组提出另一种构筑离子通道的策略：由自具微孔离聚物膜内的大量微孔自由体积构筑离子通道。我们采用商业化单体的缩聚和后季铵化反应制备了系列 TB 型自具微孔离聚物膜［图 7-10（a）］。这类膜材料不仅具备优异的抗溶胀性能，还在较低的功能度下具备高的离子传输性能。例如 IEC=0.82mmol/g 时，DMBP-QTB 膜室温下的吸水率和体积膨胀率分别为 36% 和 5%，而其 $OH^-$ 电导率可达 164.4mS/cm，单位 IEC 下的电导率值远超各类文献报道值。Liu 等[59] 采用类似的合成思路制备了 TB 基交联型荷电聚合物膜，并将其应用于 $H_2/O_2$ 燃料电池中，得到的最高功率密度为 158mW/cm$^2$。为了在不增加膜功能度的基础上增强聚合物膜的亲水性，该组进一步往主链上引入冠醚（图 7-13），所得膜的电导率最高达 141.5mS/cm，对应的 $H_2/O_2$ 燃料电池的最高功率密度提升至 202mW/cm$^2$[60]。以上研究成果表明，TB 基自具微孔离聚物膜具备高电导和抗溶胀等优点，虽然这类聚合物在碱性体系的化学稳定性较差，但其为高性能燃料电池阴离子交换膜的结构设计提供了一种新的设计模式。

Huang 等[63] 基于设计理念，将典型的 PIM-1 的氰基通过胺化作用和季铵化反应转化成季铵盐，得到系列高 IEC（>1.4mmol/g）且机械性能优异的自具微孔离聚物。对其结构分析可知，功能化后的分子链堆叠更加紧密，因此干态下氢气渗透性大大降低（图 7-14），但依然保持大量微孔结构。值得注意的是，当膜完全吸水后，基本检测不到氢气的渗透，这说明这类自具微孔离聚物膜应用于燃料电池时能有效阻隔氢气。探究膜吸水后的尺寸变化特性表明，这类聚合物膜吸水后的尺寸变化率小，QPIM-1 的 IEC=2.1mmol/g 时，20℃下的吸水率和体积膨胀率分别为 68.7% 和 16.7%。此外，QPIM-1 膜具备优异的离子传导性能，20℃下

的 $OH^-$ 电导率可高达 57.0mS/cm，该值为传统聚合物膜 QPPO（相近 IEC）的电导率的 2 倍以上。作者最后将 QPIM-1（IEC=2.1mmol/g）膜应用于 $H_2/O_2$ 燃料电池中，能获得的最高功率密度为 $202.4mW/cm^2$。Li 等 [66] 探究了侧链型微孔离聚物膜的离子传输性能，QP(SBI/AES)-0.5（图 7-10）的 IEC 为 1.59mmol/g，其在 80℃下的电导率高达 110mS/cm，组装成的单电池在加背压 0.2MPa 下的最高功率密度可达 $593mW/cm^2$。

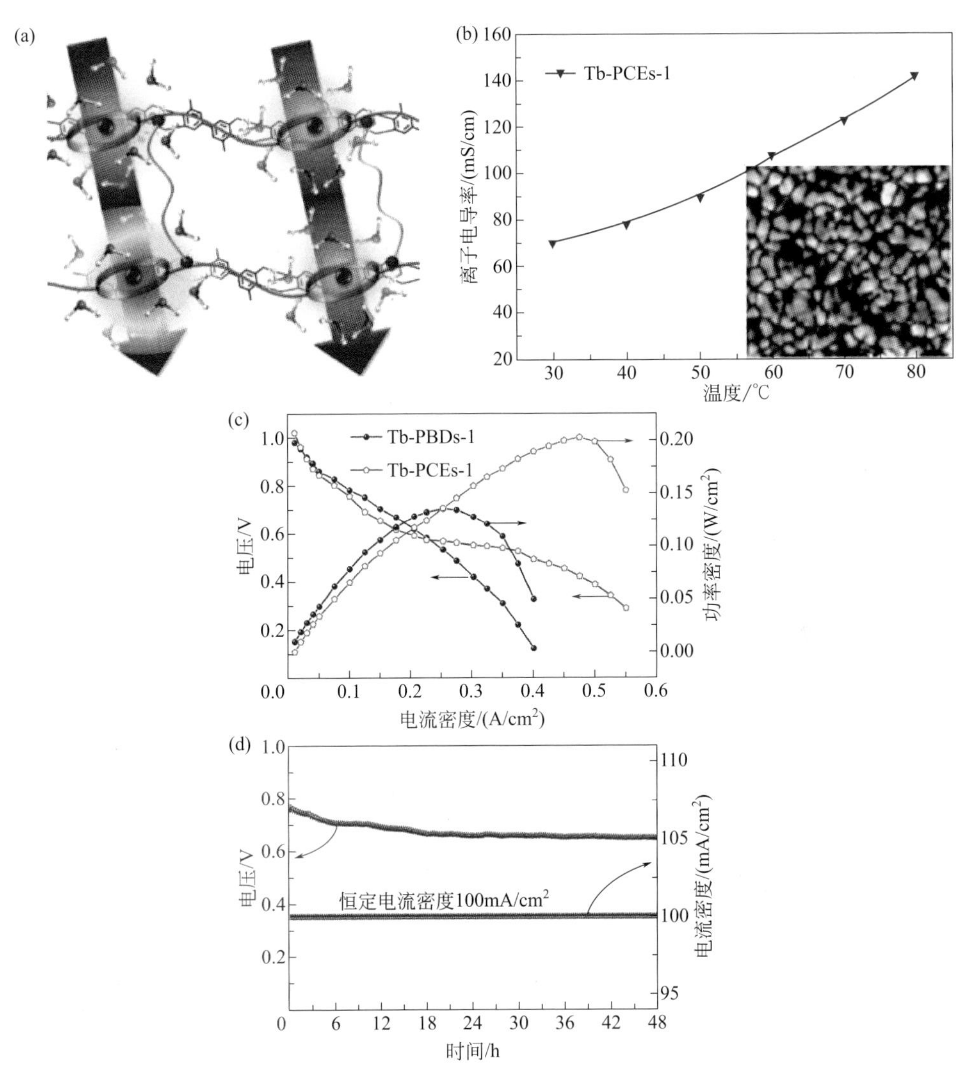


图7-13 TB型自具微孔离聚物膜应用于 $H_2/O_2$ 碱性燃料电池[60]：（a）离子快速传导示意图；（b）不同温度下膜电导率及其相分离结构；（c）单电池极化曲线和功率密度曲线；（d）电池在 $100mA/cm^2$ 时的循环稳定性

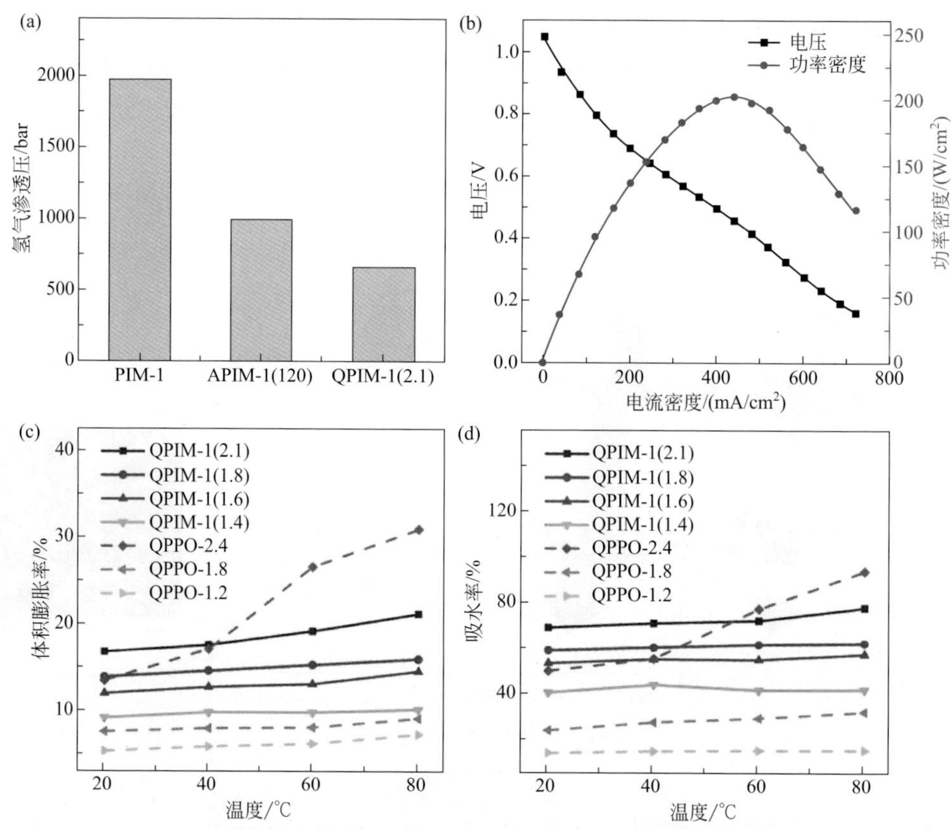


**图7-14** QPIM-1应用于$H_2/O_2$碱性燃料电池[63]：（a）干态膜氢气渗透性能；（b）单电池极化曲线和功率密度曲线；（c）QPIM-1和QPPO不同温度下的吸水体积膨胀率；（d）QPIM-1和QPPO不同温度下的吸水率

以上研究都是荷正电型自具微孔离聚物膜，应用于碱性燃料电池中，而酸性燃料电池中需配备荷负电型质子交换膜。如第三节中“三、磺化反应制备均相阳离子交换膜”所述，目前磺酸型自具微孔离聚物的种类很少，徐铜文课题组[2]报道了以聚氧杂蒽为骨架的自具微孔阳离子交换膜（图7-12，SPX）。质子交换膜的吸水率和体积膨胀率是其在燃料电池应用的关键性能，膜应具备合理的吸水率以保证高效离子传递，同时应保持较低的吸水体积膨胀率。徐铜文课题组首先通过水蒸气动态吸附仪（DVS）测量膜在不同湿度下的水蒸气等温吸附脱附曲线。结果表明，功能化前的聚合物PX在不同湿度下的吸水率基本为零，这是因为其由强疏水的含氟主链构筑。引入磺酸根基团后，分子链极性增大，吸水率随着官能度的增加而增加。例如，SPX-BP的离子交换容量为0.61mmol/g时，膜在湿度为95%时的吸水率仅有9.6%；当其离子交换容量增加至0.95mmol/g，吸水率提高至 26.5%。进一步地，徐铜文课题组将磺化膜浸泡于去离子水中测试其在 100% 湿度下的吸水率和线性吸水膨胀率。结果与 DVS 结论一致，升高膜的官能度会显著增加吸水率，离子交换容量为 0.95mmol/g 的 SPX-BP 膜在 30℃下的吸水率是 30.4%，在该条件下的线性溶胀率为 8.3%，该值低于同条件下商业化 Nafion 117 膜的性能值（线性吸水溶胀率高于 12%）。以上研究结果表明，聚氧杂蒽型自具微孔聚合物阳离子交换膜具备合理的吸水率和优异的尺寸稳定性。

质子电导率是直接影响燃料电池性能的另一个关键性能。徐铜文课题组采用四电极交流阻抗法测试膜的电阻，并计算电导率。低孔隙率的膜（SPX-HFP-0.63）在 30℃下的电导率仅为 7.6mS/cm，而孔隙率大的 SPX-BP 在相近离子交换容量下的电导率显著增大，为 26.9mS/cm，这说明高效质子传导依赖微孔结构。此外，提高功能度显著加强质子传导，当高孔隙率 SPX-BP 的离子交换容量为 0.95mmol/g 时，30℃下的电导率高达 94mS/cm。此外，徐铜文课题组发现与传统微相分离离子膜不同，SPX 膜内没有明显的相分离结构［图 7-15（a）、（b）、（c）］，但依然具备高效的离子传导［图 7-15（d）］。这是由于 SPX-BP 的微孔尺寸低于 1nm，与水合离子半径相当，当阳离子通过限域微孔通道时，会受到壁面磺酸根增强的静电作用，从而加速离子传递。

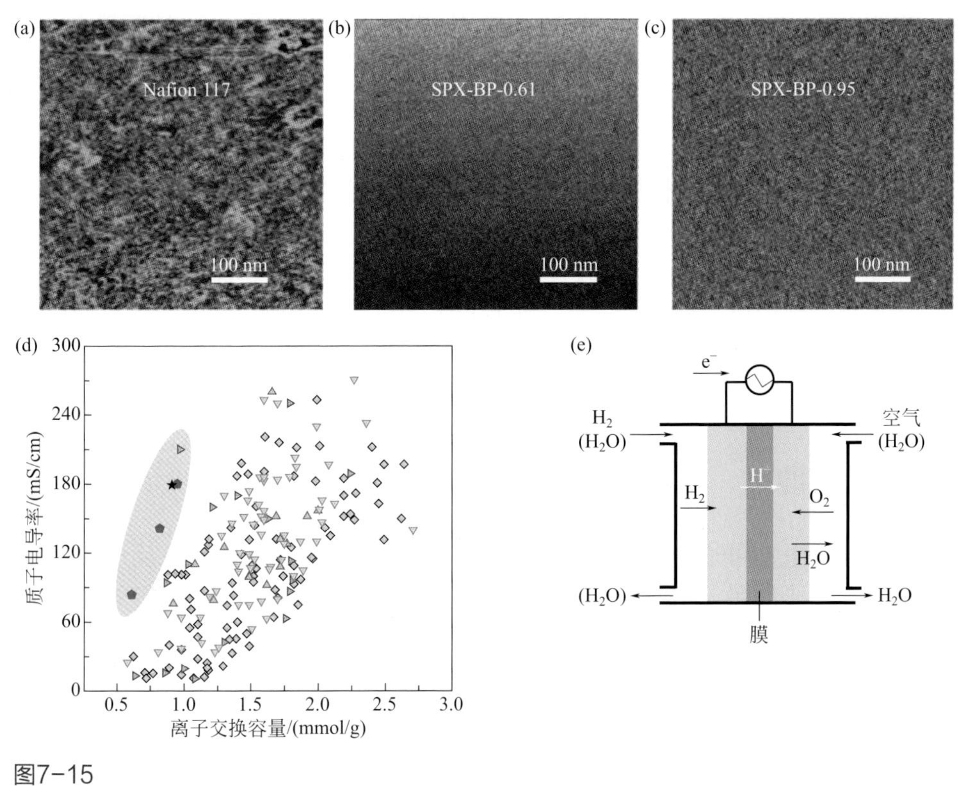


图7-15

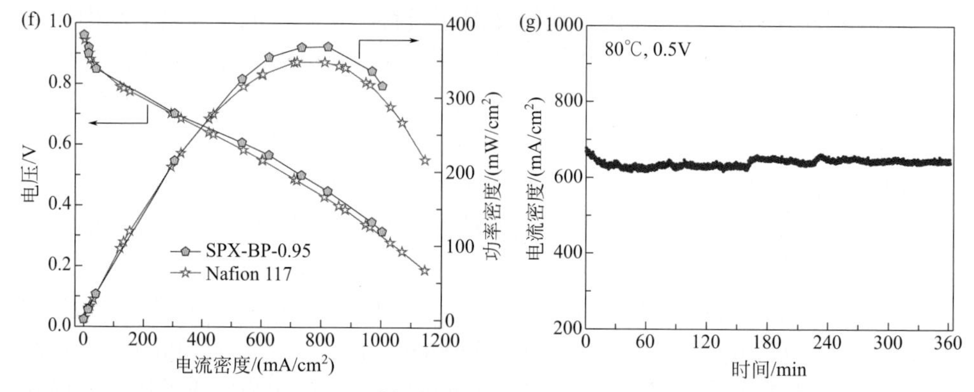


**图7-15** SPX应用于燃料电池性能[2]：Nafion 117（a）、SPX-BP-0.61（b）和SPX-BP-0.95（c）的相分离结构；（d）SPX质子电导率与文献报道值对比；（e）$H_2/O_2$酸性燃料电池原理示意图；（f）单电池极化曲线和功率密度曲线；（g）电池在恒压0.5V时的循环稳定性

鉴于SPX-BP-0.95具备优异的尺寸稳定性和质子电导率性能，徐铜文课题组将膜应用于$H_2/O_2$酸性燃料电池［图7-15（e）、（f）、（g）］，获得最高功率密度为370mW/cm²，略高于Nafion 117的值（348mW/cm²），这是源于SPX-BP膜内高效质子传递。此外，徐铜文课题组通过将膜浸泡于80℃的芬顿试剂（3%的$H_2O_2$，2mg/kg的$FeSO_4$），恒温2h后测试SPX-BP-0.95膜的质量保持率高达98.5%，这证明了其具备优异的抗氧化化学结构稳定性。该性能可以在电池运行过程中体现，将电池恒压运行6h，其性能保持稳定。

自具微孔离聚物膜应用于燃料电池时具备电导率高、机械稳定性好等优点，然而目前材料种类少。面向碱性燃料电池的季铵盐型PIMs的主要问题是膜在碱体系化学结构稳定性差。此外，所有报道的自具微孔离聚物的制备均为后功能化制备，导致IEC不易控。如何突破以上挑战是接下来面向燃料电池自具微孔离聚物膜领域重点关注的问题。

## 二、液流电池

液流电池可通过正负极电解液中活性物质的可逆氧化还原反应实现规模化储能，离子隔膜是其核心部件，主要起到高效传递平衡离子和有效阻隔活性物质。因此，隔膜需兼具高电导率和高选择性。电导率高的传统微相分离膜，如Nafion，亲水通道大，对活性物质的阻隔性差。目前还没有专用的液流电池商业化隔膜，开发高电导、高阻隔性且低成本的离子隔膜是目前液流电池领域的研究热点。

研究和应用最为普遍的液流电池为全钒液流电池，它的正极电解液为$VO_2^+$/$VO^{2+}$的硫酸溶液，负极电解液为$V^{3+}$/$V^{2+}$的硫酸溶液。Wessling等[71]首次采用PIM-1作为全钒液流电池隔膜。PIM-1的微孔结构能让尺寸很小的质子通过，而截留住尺寸较大的钒离子。然而PIM-1由疏水骨架构筑，将膜做薄至<1 μm时的膜电阻依然较大。

加强膜的质子传递能力，最容易实现的方案是往传统疏水PIMs引入亲水基团。Elena Madrid等[72]利用TB结构单元中的叔胺的质子化反应，将TB型聚合物膜浸泡于强酸溶液中发生质子化，再浸泡于强碱溶液中发生去质子化，利用该过程调控TB聚合物的亲水性，从而实现离子二极管的作用。徐铜文课题组同样利用该质子化反应制备亲水TB型PIMs[73]（图7-16）。质子化前的聚合物为疏水材料，DMDPM-TB和DMBP-TB的吸水率均低于2.5%，这不利于其传导离子。而功能化后的聚合物膜亲水性显著增加，吸水率均提高至50%以上，与此同时，膜具备优异的抗吸水溶胀性能，线性膨胀率低于6%。由于该聚合物所具微孔的主要孔径分布处于质子和钒离子的尺寸之间，因此其能快速传导质子而有效阻隔钒离子，这通过扩散实验可以证实。作者分别测试了不同条件下硫酸在DMBP-$TB^+$、DMDPM-$TB^+$和Nafion 117膜内的扩散，得出质子在多孔DMBP-$TB^+$内扩散最快，其渗透率可达$8.19\times10^{-5}$cm/s，为Nafion 117值的480倍。接着作者测试了上述膜对$VO^{2+}$的阻隔性，DMBP-$TB^+$的$VO^{2+}$渗透率为$1.17\times10^{-7}$cm/s，略低于Nafion 117的渗透率（$1.73\times10^{-7}$cm/s）。以上扩散实验说明了质子化TB膜具备优异的H/V选择性，该结论进一步通过*I-V*曲线证实。质子快速传递可能得益于DMBP-$TB^+$膜内含有大量尺寸大于质子的微孔，而高效钒离子阻隔性源于膜内主要孔径小于钒离子水合离子尺寸，且质子化的TB骨架能与钒离子形成静电排斥作用。

质子化的TB膜具备高质子渗透率和高H/V选择性，使其在全钒液流电池中具备应用潜力。作者将膜组装至全钒液流电池中，首先通过电化学阻抗谱测试膜的电阻［图7-16（c）］，孔隙率较低的DMDPM-$TB^+$和Nafion 117膜具备相近面电阻（$0.85\Omega\cdot cm^2$）。而多孔DMBP-$TB^+$的面电阻仅有$0.57\Omega\cdot cm^2$，明显低于前两者，这得益于亲水微孔内的高效质子传递。这类膜电导高，使其组装的电池具备更高的功率密度和更优的倍率性能。通过电池极化曲线可知该膜组装的电池的最大功率密度为710.9mW/$cm^2$，为Nafion 117电池的功率密度值的1.37倍。电池在电流密度高达150mA/$cm^2$时的能量效率可达85%。此外，高质子/钒离子选择性赋予DMBP-$TB^+$电池良好的容量保持率，循环100圈后的容量保持率为99.81%每圈，低于Nafion 117电池的值。以上研究结果表明：往疏水PIMs分子链上引入亲水基团，能显著提升膜的离子传输性能；此外微孔的尺寸效应能赋予膜高的离子选择性。

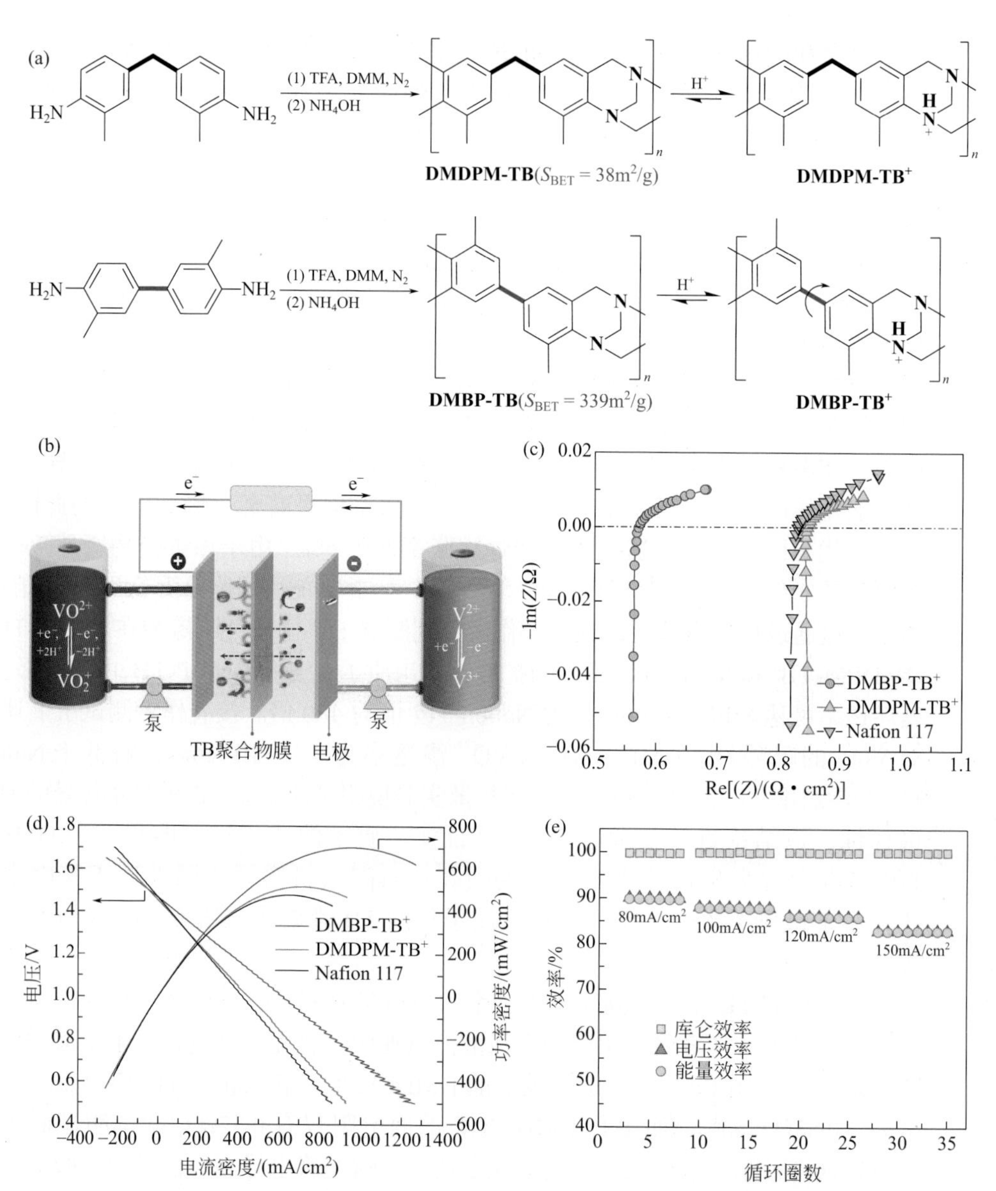


**图7-16** 质子化TB聚合物应用于全钒液流电池：（a）质子化TB聚合物的制备；（b）全钒液流电池原理示意图；（c）膜的面电阻；（d）电池极化曲线和功率密度曲线；（e）电池倍率性能

质子化 TB 基 PIMs 膜只能应用于偏酸性体系，因为在碱性环境中能发生去质子化反应而转化成疏水结构。胺肟基团在强碱体系下能完全解离，基于此，Helms 等 [4] 系统探究了含胺肟基团的 PIMs 膜（AO-PIM-A，图 7-9）应用于锌水系液流电池的性能。离子传导性能测试表明，在强碱体系下，膜内离子基团和大量微孔结构赋予膜高的离子电导率。AO-PIM-A1 膜在 40%（质量分数）的 KOH 溶液中的电导率高达 16.9mS/cm，远高于 Nafion 212 的电导率值。此外，AO-PIM-A1 膜能有效阻隔活性物质，包括 2,2,6,6- 四甲基哌啶 -*N*- 烃氧基 -4- 硫酸盐和亚铁氰化钾。AO-PIM-A1 膜优异的电导率和选择性使其组装成 Zn/2,2,6,6- 四甲基哌啶 -*N*- 烃氧基 -4- 硫酸盐电池时能获得高效和稳定的循环性能，每圈容量衰减率仅有 0.06%，远低于 Nafion 212 的值（1.8%）。Tan 等[3]采用另一种胺肟基 PIMs 膜（图 7-9，AO-PIM-1 和 AO-PIM-SBF），更为系统地研究膜功能度和孔隙率对亚铁氰化钾 / 蒽醌碱性电池性能的影响。他们发现，膜内离子交换容量和孔结构与电池性能紧密关联，提高膜离子基团含量和孔隙率均能显著降低膜面电阻。采用 40mA/cm$^2$ 的电流密度循环时，AO-PIM-1 电池每天容量衰减率低至 0.5%，对应每圈衰减率为 0.006%。

上述膜材料是基于胺肟基团在强碱条件下能解离出阳离子，然而在中性体系中胺肟基团的亲水性会显著降低，不利于其传导离子。彻底解决该问题的最佳路径是将磺酸根引入至 PIMs。徐铜文课题组详细探究了聚氧杂蒽型磺化膜在水系液流电池中的应用潜力，探究了膜结构与电池宏观性能之间的关联性[2]。在此之前，有必要先评价一下与电池性能关联的膜性能，包括离子传导性能、离子选择性和对活性物质的阻隔性等。

徐铜文课题组首先通过四电极交流阻抗法测试膜的电阻，再计算膜的钾离子电导率，其规律与膜的质子电导率规律相近（见第四节“一、燃料电池”）：高孔隙率和高离子交换容量均显著提高钾离子电导率，其中 SPX-BP-0.95 在 30℃下的钾离子电导率最高，为 20mS/cm。由于该阻抗谱法测电导率时膜是浸泡于纯水中，而在液流电池应用时膜是浸泡于电解液溶液中。为此，我们采用两隔室扩散渗析装置测量不同离子跨膜的扩散速率，以研究不同离子在膜内的传递快慢。结果显示，几个小时内 KCl 跨过 SPX-BP-0.61 膜（IEC=0.61mmol/g）的通量很低，这是因为低功能度的离聚物膜亲水性差，离子难以进入疏水环境的微孔。增加孔壁上磺酸根的分布量能加强膜的亲水性，形成连续的亲水微孔通道，进而加速离子跨膜扩散，IEC 最高的 SPX-BP-0.95 膜 KCl 的渗透率为 2.03×10$^{-6}$cm/s。为直观对比离子的传递速率，徐铜文课题组测试了相同条件下 HCl、KOH、KCl、LiCl 和 NaCl 在相近 IEC 的 SPX-BP-0.95 和 Nafion 117 的扩散速率。其中，KOH 和 KCl 在 SPX-BP-0.95 膜内渗透率分别为 2.42×10$^{-6}$cm/s 和 2.03×10$^{-6}$cm/s，显著高于 Nafion 117 对应的值（分别为 3.46×10$^{-7}$cm/s 和 5.08×10$^{-7}$cm/s），这说明钾离子在由 SPX-BP-0.95 构筑的微孔通道内能更快地传递。值得注意的是，一价离子跨膜速率与其水合离子半径密切相关，HCl、KCl、NaCl 和 LiCl 跨膜速率依次降低，而微相分离膜 Nafion 117 并没有该性质，这说明了微孔离子膜具备一定的尺寸筛分效应。

研究结果表明，SPX-BP 膜对一价阳离子有一定的筛分作用，并且水合离子半径较小的钾离子和质子能在膜内快速传递。接着，徐铜文课题组考察了膜的阴阳离子选择性，通过两端装有不同浓度的 KCl 溶液的两隔室装置测试膜电位，再根据能斯特方程计算阳离子迁移数。SPX-BP-0.95 膜的阳离子迁移数为 0.997，而 Nafion 117 的阳离子迁移数为 0.982，这说明在浓差驱动下 $K^+$ 的跨 SPX-BP-0.95 膜的速率显著高于 $Cl^-$。SPX-BP-0.95 膜具备优异的阴阳离子选择性，这是源于限域微孔内的增强效应：由于水合离子半径与微孔通道尺寸相当，当离子在微孔通道内扩散时受到的壁面磺酸根的静电作用会得到加强，从而排斥阴离子。微孔通道的强静电作用和尺寸筛分作用赋予膜对大尺寸阴离子很强的阻隔性能，徐铜文课题组测试了水系液流电池中常用的二羟基蒽醌（DHAQ）的跨膜扩散速率，只有 $1.40\times10^{-2}$mmol/($m^2$•h)。

上述结果表明，自具微孔离聚物膜兼具高钾离子电导率和高活性物质的阻隔性，初步判断其用于液流电池时能获得高性能。徐铜文课题组首先研究了孔隙率对电池宏观性能的影响［图 7-17（b）、（d）］。选用相近功能度而孔隙率不同的三张膜，SPX-BP-0.61、SPX-BP-0.61/SPX-HFP-0.63（共混膜，质量比 1∶1）和 SPX-HFP-0.63，它们的微孔所占体积依次增大，分别是 0.061$cm^3$/g、0.076$cm^3$/g 和 0.091$cm^3$/g。结果显示提高孔容，能有效降低膜电阻。其中最小的 SPX-HFP-0.63 的面电阻高达 3.78Ω•$cm^2$，而孔容最大的 SPX-BP-0.61 的面电阻比 SPX-HFP-0.63 的值降低了约 74%，仅有 1.1Ω•$cm^2$。这是因为大量微孔通道利于钾离子传质。膜电阻会直接影响电池的输出功率。低电阻 SPX-BP-0.61 的电池最大输出功率可达 216mW/$cm^2$，远远超过 SPX-HFP-0.63 电池的最大输出功率（只有 87mW/$cm^2$）。能量效率也与电池电阻密切关联，电阻越低，在相同电流密度下的能量效率越高。例如，在电流密度设置为 20mA/$cm^2$ 时，SPX-BP-0.61 和 SPX-HFP-0.63 的电池能量效率分别为 93.1% 和 85.1%。

功能度对电池宏观性能的关联性也做了详细研究［图 7-17（c）、（e）]，徐铜文课题组选用了由孔隙率较高的 SPX-BP 构筑的三种膜材料：SPX-BP-0.61（IEC=0.61mmol/g）、SPX-BP-0.82（IEC=0.82mmol/g）和 SPX-BP-0.95（IEC=0.95mmol/g）。提高功能度能显著降低膜电阻，从 1.10Ω•$cm^2$（IEC=0.61mmol/g）降低至 0.70Ω•$cm^2$（IEC=0.95mmol/g）。这是因为功能度的提高能显著增强膜内钾离子的传导性能。电池电阻的降低能提升其功率密度，从 216mW/$cm^2$（IEC=0.61mmol/g）提高至 243mW/$cm^2$（IEC=0.95mmol/g）。电池能量效率也随着功能度的增加而提高，在电流密度为 100mA/$cm^2$ 时，IEC 从小至大的能量效率分别为 76.8%、77.2% 和 79.1%。为了展示 SPX-BP 膜应用于水系液流电池中的优势，徐铜文课题组采用相近功能度的商业化 Nafion 117 作为对比，测试相同条件下的电池性能。Nafion 117 的电池面电阻（1.83Ω•$cm^2$）显著高于 SPX-BP-0.95 的电

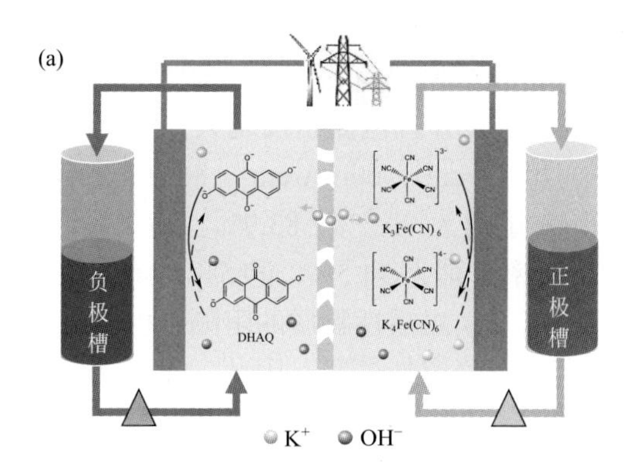


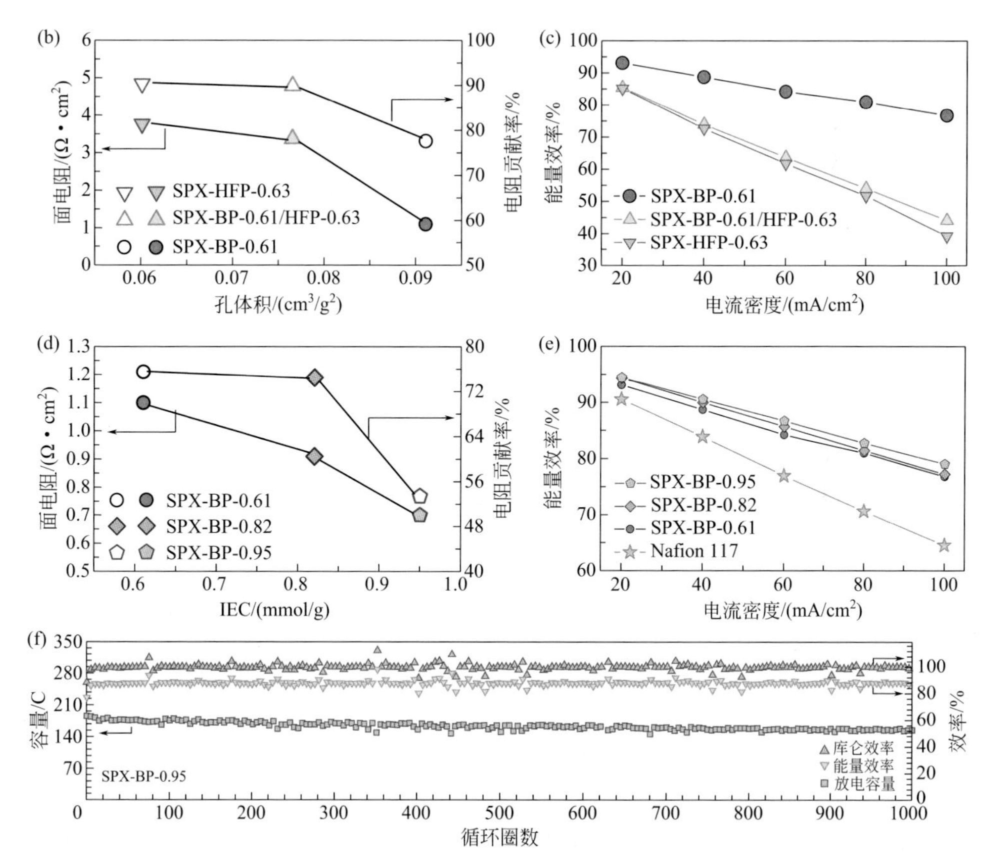


**图7-17** SPX系列膜应用于蒽醌/亚铁氰化钾水系液流电池：（a）电池原理示意图；不同孔隙率（b）和不同IEC（d）下的SPX膜电阻及其对整个电池电阻的贡献值；不同孔隙率（c）和不同IEC（e）下的SPX膜应用时的电池在不同电流密度下的能量效率；（f）SPX-BP-0.95应用的电池在电流密度为60mA/cm$^2$下的循环稳定性

池面电阻（0.70Ω·$cm^2$），而功率密度（158mW/$cm^2$）仅有 SPX-BP-0.95 电池功率密度的 0.65。此外，在相同电流密度下，SPX-BP-0.95 的电池能量效率都高于 Nafion 117 电池对应的值，并且电流密度越大，其差距也越大。例如，电流密度分别为 20mA/$cm^2$、40mA/$cm^2$、60mA/$cm^2$、80mA/$cm^2$ 和 100mA/$cm^2$ 时，Nafion 117 电池的能量效率分别为 90.5%、83.9%、76.9%、70.6% 和 64.5%，而 SPX-BP-0.95 的电池能量效率分别为 94.5%、90.5%、86.7%、82.7% 和 79.1%。

除了低膜电阻，离子膜对活性物质的阻隔性也是直接影响电池性能的关键因素，其与电池的长期循环稳定性关联。因此，徐铜文课题组将 SPX-BP-0.95 装配的电池连续循环 1000 圈，电流密度设置为 60mA/$cm^2$ [ 图 7-17（f）]。循环过程中，库仑效率和能量效率保持稳定，且每圈容量衰减率只有 0.002%，这说明在整个电池运行过程中膜保持优异的阻隔性和耐碱化学稳定性。为了进一步考察活性物质跨膜渗透导致的容量衰减，作者通过循环伏安法（CV）测试阳极电解液中 DHAQ 渗透量，CV 曲线上并未监测到 DHAQ 的氧化还原峰，这说明电池循环过程中 DHAQ 跨膜渗透量非常低。同时，作者通过电感耦合等离子光谱发生仪（ICP）测试阴极电解液中铁离子随电池运行时间的含量变化，铁离子跨膜渗透速率为 $1.43\times10^{-4}$mol/($m^2$·h)，因其渗透对电池容量衰减的贡献仅有 7.1%。以上结果说明，SPX-BP-0.95 具备优异的活性物质阻隔性。

综上所述，与以 Nafion 为代表的微相分离膜对比，自具微孔离聚物膜应用于水系液流电池不仅具备高的离子传导性能，还具备高选择性，能高效阻隔活性物质，继而获得优异的电池性能。以上研究结果为开发水系液流电池专用的隔膜提供了新的思路。

## 第五节
## 小结与展望

PIMs 可溶解，易加工成膜，且膜内含有大量微孔通道，这为限域空间内（＜2nm）的传质现象的探究提供了材料模型，因而近年来备受关注。根据合成原理的不同，PIMs 已发展出二苯并二氧己环型、Tröger's Base 型、聚酰亚胺型、聚氧杂蒽型等种类。最初报道的 PIMs 膜以疏水链段构筑，常用于非水环境中，如气体分离和有机纳滤等。为研究水或离子在限域微孔内的传质行为，有必要引入亲水基团。目前的功能化路径主要包括二苯并二氧己环型自具微孔聚合物上氰基的水解和肟化，Tröger Base 型聚合物的季铵化反应和聚氧杂蒽的后磺化反应等。传统微相分离膜内离子的传导依赖相分离亲水通道，而自具微孔离子均相膜内的离子传递依靠的是亲水微孔通道，其展现的优势是这类膜兼具高电导和高选择性：利用离子在受限空间内受到的增强电荷相互作用，会促进反离子传递；限域孔的尺寸效应，能赋予膜一定的筛分作用。为此，自具微孔离聚物膜应用于燃料电池或水系液流电池中时有望突破传统微相分离膜存在的电导率和选择性之间制约关系，获得优异的电池性能。

然而，目前自具微孔离聚物膜的商业化还尚早，主要是因为现有的自具微孔离聚物膜依然存在一些问题。例如由于它们链间的堆叠性较差，因此膜的机械性能（特别是断裂伸长率）往往低于传统特种工程塑料。目前，自具微孔离子均相膜都是通过后功能化制备，膜内离子基团的含量不易精确控制。为避免该问题，徐铜文课题组认为急需开发一种从荷电功能单体直接聚合成 PIMs 的“bottom-up”型制备路线。此外，荷正电聚合物膜以 TB 型为主，其抗碱稳定性差，应用于碱性燃料电池时无法保持长时间稳定，因此有必要引入化学稳定性好的离子基团。此外，疏水链引入荷电基团后往往会加强链间堆叠性，导致损失大量微孔结构；而后功能化的线型高分子链又会被水“撑开”；以及线型 PIMs 还普遍存在老化的问题，其孔结构随着时间易坍塌。这种尺寸结构不稳定性也是需要解决的问题。以高度交联的框架结构构筑膜内微孔通道有望解决孔尺寸不稳定的问题，然而交联型聚合物无法溶解，加工性能差而难以成膜，为此有必要发展一类交联反应和成膜过程同时进行的策略。阻碍 PIMs 规模化生产及应用的另一大主要问题是大部分 PIMs 的制备成本较高，采用便宜的单体且在温和的条件下能规模化制备的方案亟待被提出。

除了本章重点讨论的能源转化和存储领域，自具微孔离聚物膜还有望应用于工业废液中有用资源的回收（如酸碱回收）、环境污染的治理（如高盐废水近零排放等）和新兴的电化学过程（如离子交换膜电解水、电催化 $CO_2$ 还原等）。膜在不同应用环境中所需的性能侧重点有所不同，例如应用于酸回收中的离子膜，膜的分子设计过程中应该重点关注调控孔通道尺寸至质子和金属离子（如 $Fe^{3+}$）之间，以获得高质子通量和高金属离子阻隔性；而针对用于碱性电解水的离子膜，其设计过程应首先考虑材料的抗碱化学稳定性。因此，如何“定制”均相离子交换膜是未来该领域的挑战，开发新型制备工艺和聚合物材料种类是突破上述挑战的关键。

## 参考文献

[1] Park H B, Kamcev J, Robeson L M, et al. Maximizing the right stuff: The trade-off between membrane permeability and selectivity [J]. Science, 2017, 356(6343): eaab0530.

[2] Zuo P, Li Y, Wang A, et al. Sulfonated microporous polymer membranes with fast and selective ion transport for electrochemical energy conversion and storage [J]. Angewandte Chemie International Edition, 2020, 59(24): 9564-9573.

[3] Tan R, Wang A, Malpass-Evans R, et al. Hydrophilic microporous membranes for selective ion separation and flow-battery energy storage [J]. Nature Materials, 2020, 19(2): 195-202.

[4] Baran M J, Braten M N, Sahu S, et al. Design rules for membranes from polymers of intrinsic microporosity for crossover-free aqueous electrochemical devices [J]. Joule, 2019, 3(12): 2968-2985.

[5] McKeown N B. Polymers of intrinsic microporosity [J]. ISRN Materials Science, 2012, 2012: 513986.

[6] Mckeown N B. The synthesis of polymers of intrinsic microporosity (PIMs) [J]. Science China Chemisrty, 2017, 60:1023-1032.

[7] Wang Y, Ma X, Ghanem B S, et al. Polymers of intrinsic microporosity for energy-intensive membrane-based gas separations [J]. Materials Today Nano, 2018, 3:69-95.

[8] Peter M, Bubb B S G, Saad Makhseed,et al. Polymers of intrinsic microporosity (PIMs): Robust, solution-processable, organic nanoporous materials [J]. Chemical Communications, 2004, 2: 230-231.

[9] Weng X, José E B, Khiterer M, et al. Chiral polymersofIntrinsic microporosity:Selective Membrane permeation of enantiomers [J]. Angewandte Chemie International Edition, 2015, 54:11214-11218.

[10] Bader S G, Neil B M, Peyer M B, et al. Polymers of intrinsic microporosity derived from bis(phenazyl) monomers [J]. Macromolecules, 2008, 41:1640-1646.

[11] Du N, Robertson G P, Pinnau I, et al. Polymers of intrinsic microporosity derived from novel disulfone-based monomers [J]. Macromolecules 2009, 42:6023-6030.

[12] Du N, Robertson G P, Pinnau I, et al. Polymers of intrinsic microporosity with dinaphthyl and thianthrene segments [J]. Macromolecules, 2010, 43:8580-8587.

[13] Makhseed S, Ibrahim F, Samuel J. Phthalimide based polymers of intrinsic microporosity [J]. Polymer, 2012, 53:2964-2972.

[14] Bezzu C G, Carata M, Tonkins A, et al. A spirobifl uorene-based polymer of intrinsic microporosity with improved performance for gas separation [J]. Advanced Materials, 2012, 24:5930-5933.

[15] Carta M, Bernardo P, Clarizia G,et al. Gas permeability of hexaphenylbenzene based polymers of intrinsic microporosity [J]. Macromolecules, 2014, 47:8320–8327.

[16] Wang X, Guo H, Yu C, et al. Practical enantioselective synthesis of chiroptical polymers of intrinsic microporosity with circular polarized luminescence [J]. Macromolecules, 2021, 54(23): 11180-11186.

[17] Corrado T J, Huang Z, Huang D, et al. Pentiptycene-based ladder polymers with configurational free volume for enhanced gas separation performance and physical aging resistance [J]. Proceedings of the National Academy of Sciences, 2021, 118(37): e2022204118.

[18] Rose I, Bezzu C G, Carta M, et al. Polymer ultrapermeability from the inefficient packing of 2D chains [J]. Nature Material, 2017, 16(9): 932-937.

[19] Comesaña-Gándara B, Chen J, Bezzu C G, et al. Redefining the Robeson upper bounds for $CO_2/CH_4$ and $CO_2/N_2$ separations using a series of ultrapermeable benzotriptycene-based polymers of intrinsic microporosity [J]. Energy & Environmental Science, 2019, 12(9): 2733-2740.

[20] Sergeyev S. Recent developments in synthetic chemistry, chiral separations, and applications of Tröger's base analogues [J]. Helvetica Chimica Acta, 2009, 92:415-444.

[21] Muhammad U, Ahmed A, Yu B, et al. A review of different synthetic approaches of amorphous intrinsic

microporous polymers and their potential applications in membrane-based gases separation [J]. European Polymer Journal, 2019, 120:109262.

[22] Carta M, Malpase-Evans R, Croad M, et al. The synthesis of microporous polymers using Tröger's Base formation [J]. Polymer Chemistry, 2014, 5:5267-5272.

[23] Carta M, Malpase-Evans R, Croad M, et al. An efficient polymer molecular sieve for membrane gas separations [J]. Science, 2013, 339:303-307.

[24] Carta M, Croad M, Malpass-Evans R, et al. Triptycene induced enhancement of membrane gas selectivity for Microporous Tröger's Base Polymers [J]. Advanced Materials, 2014, 26:3526-3531.

[25] Rose Ian, Carta Mariolino, Malpass-Evans R,et al. Highly permeable benzotriptycene-based polymer of intrinsic microporosity [J]. ACS Macro Letters, 2015, 4:912-915.

[26] Ghanem B S, McKeown N B,Budd P M, et al. High-performance membranes from polyimides with intrinsic microporosity [J]. Advanced Materials, 2008, 20:2766-2771.

[27] Ghanem B S, McKeown N B, Budd P M, et al. Synthesis, characterization, and gas permeation properties of a novel group of polymers with intrinsic microporosity: PIM-polyimides [J]. Macromolecules, 2009, 42:7881-7888.

[28] Wang Z, Wang D, Zhang F,et al. Base-based microporous polyimide membranes for high-performance gas separation [J]. ACS Macro Letters, 2014, 3(7): 597-601.

[29] Liu Z, Liu Y, Qiu W,et al. Molecularly engineered 6FDA-based polyimide membranes for sour natural gas separation [J]. Angewandte Chemie International Edition, 2020, 59(35): 14877-14883.

[30] Alghunaimi F, Ghanem B, Alaslai N, et al. Gas permeation and physical aging properties of iptycene diamine-based microporous polyimides [J]. Journal of Membrane Science, 2015, 490:321-327.

[31] Luo S, Liu Q, Zhang B, et al. Pentiptycene-based polyimides with hierarchically controlled molecular cavity architecture for efficient membrane gas separation [J]. Journal of Membrane Science, 2015, 480:20-30.

[32] Velasco V M, Zolotukhin M G, Guzmán-Gutiérrez M T, et al. Novel aromatic polymers with pentafluorophenyl pendent groups [J]. Macromolecules, 2008, 41(22): 8504-8512.

[33] Cruz A R，Hernandez M C G, Guzmán-Gutiérrez M T, et al. Precision synthesis of narrow polydispersity, ultrahigh molecular weight linear aromatic polymers by $A^2$ +$B^2$ nonstoichiometric step selective polymerization [J]. Macromolecules, 2012, 45:6774-6780.

[34] Olvera L I, Guzmán-Gutiérrez M T, Zolotukhin M G, et al. Novel high molecular weight aromatic fluorinated polymers from one-pot, metal-free step polymerizations [J]. Macromolecules, 2013, 46(18): 7245-7256.

[35] Tao L, Yang H, Liu J,et al. Synthesis and characterization of fluorinated bisphenols and tetraphenols via a simple one-pot reaction [J]. Synthetic Communications, 2013, 43(17): 2319-2325.

[36] López G, Cruz O H, Garaza L I O, et al. Mechanistic aspects of superacid mediated condensation of polyphenols with ketones. Implications for polymer synthesis [J]. Journal of Molecular Modeling, 2014, 20(10): 2474.

[37] Olvera L I, Zolotukhin M G, Hernández-Cruz O, et al. Linear, single-strand heteroaromatic polymers from superacid-catalyzed step-growth polymerization of ketones with bisphenols [J]. ACS Macro Letters, 2015, 4(5): 492-494.

[38] Olvera L I, Rodríguez-Molina M, Ruiz-Trevilño F A, et al. A highly soluble, fully aromatic fluorinated 3D nanostructured ladder polymer [J]. Macromolecules, 2017, 50(21): 8480-8486.

[39] Liu S, Jin Z, Teo Y C, et al. Efficient synthesis of rigid ladder polymers via palladium catalyzed annulation [J]. Journal of the American Chemical Society, 2014, 136(50): 17434-11743.

[40] Lai H W H, Liu S, Xia Y. Norbornyl benzocyclobutene ladder polymers: Conformation and microporosity [J].

Journal of Polymer Science Part A: Polymer Chemistry, 2017, 55(18): 3075-3081.

[41] Lai H W H, Benedetti F M, Jin Z, et al. Tuning the molecular weights, chain packing, and gas-transport properties of CANAL ladder polymers by short alkyl substitutions [J]. Macromolecules, 2019, 52(16): 6294-6302.

[42] Thompson K A, Mathias R,Kim D, et al. *N*-Aryl-linked spirocyclic polymers for membrane separations of complex hydrocarbon mixtures [J]. Science, 2020, 369:310-315.

[43] Guo S, Swager T M. Versatile porous poly(arylene ether)s via Pd-catalyzed C-O polycondensation [J]. Journal of America Chemical Society, 2021, 143(30): 11828-11835.

[44] Zhao Y, He Y, Swager T M. Porous organic polymers via ring opening metathesis polymerization [J]. ACS Macro Letters, 2018, 7(3): 300-304.

[45] Park H B, Jung C H, Lee Y M, et al. Polymers with cavities tuned for fast selective transport of small molecules and ions [J]. Science, 2007, 318:254-258.

[46] Li S, Jo H J, Han S H, et al. Mechanically robust thermally rearranged (TR) polymer membranes with spirobisindane for gas separation [J]. Journal of Membrane Science, 2013, 434:137-147.

[47] Alghunaimi F, Ghanem B, Wang Y, et al. Synthesis and gas permeation properties of a novel thermallyrearranged polybenzoxazole made from an intrinsically microporous hydroxyl-functionalized triptycene-based polyimide precursor [J]. Polymer, 2017, 121:9-16.

[48] Yeong Y F, Wang H, Pramoda K P, et al. Thermal induced structural rearrangement of cardo-copolybenzoxazole membranes for enhanced gas transport properties [J]. Journal of Membrane Science, 397-398:51-65.

[49] Aguilar-Lugo C, Aguilar C, Lee Y M, et al. Thermally rearranged polybenzoxazoles containing bulky adamantyl groups from ortho-substituted precursor copolyimides [J]. Macromolecules, 2018, 51:1605-1619.

[50] Meckler S M, Bachman J E, Robertson B P, et al. Thermally rearranged polymer membranes containing tröger's Base units have exceptional performance for air separations [J]. Angewandte Chemie International Edition, 2018, 57:4912-4916.

[51] Du N, Robertson G P, Song J, et al. High-performance carboxylated polymers of intrinsic microporosity (PIMs) with tunable gas transport properties†[J]. Macromolecules, 2009, 42(16): 6038-6043.

[52] Satilmis B, Budd P M. Base-catalysed hydrolysis of PIM-1: Amide versus carboxylate formation [J]. RSC Advances, 2014, 4(94): 52189-52198.

[53] Santoso B, Yanaranop P, Kang H, et al. A critical update on the synthesis of carboxylated polymers of intrinsic microporosity (C-PIMs) [J]. Macromolecules, 2017, 50(7): 3043-3050.

[54] Jeon J W, Kim D-G, Sohn E-H, et al. Highly carboxylate-functionalized polymers of intrinsic microporosity for $CO_2$-selective polymer membranes [J]. Macromolecules, 2017, 50(20): 8019-8027.

[55] Patel H A, Yavuz C T. Noninvasive functionalization of polymers of intrinsic microporosity for enhanced $CO_2$ capture [J]. Chemical Communications, 2012, 48(80): 9989-9991.

[56] Yi S, Ghanem B, Liu Y, et al. Ultraselective glassy polymer membranes with unprecedented performance for energy-efficient sour gas separation [J]. Science Advances, 2019, 5:eaaw5459.

[57] Mehio N, Lashely M A, Nugent J W, et al. Acidity of the amidoxime functional group in aqueous solution: A combined experimental and computational study [J]. The Journal Physical Chemistry B, 2015, 119(8): 3567-3576.

[58] Yang Z, Guo R, Malpass-Evans R, et al. Highly conductive anion-exchange membranes from microporous Troger's Base polymers [J]. Angewandte Chemie International Edition, 2016, 55(38): 11499-11502.

[59] Hu C, Zhang Q, Lin C, et al. Multi-cation crosslinked anion exchange membranes from microporous Tröger's Base copolymers [J]. Journal of Materials Chemistry A, 2018, 6(27): 13302-13311.

[60] Yang Q, Cai Y Y, Zhu Z Y, et al. Multiple enhancement effects of crown ether in Troger's Base polymers on the performance of anion exchange membranes [J]. ACS Applied Materials & Interfaces, 2020, 12(22): 24806-24816.

[61] Ishiwari F, Takeuchi N, Sato T, et al. Rigid-to-flexible conformational transformation: An efficient route to ring-opening of a Tröger's Base-Containing ladder polymer [J]. ACS Macro Letters, 2017, 6(7): 775-780.

[62] Ishiwari F, Sato T, Yamazaki H, et al. An anion-conductive microporous membrane composed of a rigid ladder polymer with a spirobiindane backbone [J]. Journal of Materials Chemistry A, 2016, 4(45): 17655-17659.

[63] Huang T, Zhang J, Pei Y,et al. Mechanically robust microporous anion exchange membranes with efficient anion conduction for fuel cells [J]. Chemical Engineering Journal, 2021, 418:129311.

[64] Price S C, Williams K S, Beyer F L. Relationships between structure and alkaline stability of imidazolium cations for fuel cell membrane applications [J]. ACS Macro Letters, 2014, 3(2): 160-165.

[65] Hugar K M, Kostalik H A T, Coates G W. Imidazolium cations with exceptional alkaline stability: A systematic study of structure-stability relationships [J]. Journal of the American Chemical Society, 2015, 137(27): 8730-8737.

[66] Li Z, Guo J, Zheng J, et al. A microporous polymer with suspended cations for anion exchange membrane fuel cells [J]. Macromolecules, 2020, 53(24): 10998-11008.

[67] Kim B G, Henkensmeier D, Kim H-J,et al. Sulfonation of PIM-1——towards highly oxygen permeable binders for fuel cell application [J]. Macromolecular Research, 2013, 22(1): 92-98.

[68] Shin D W, Guiver M D, Lee Y M, et al.Hydrocarbon-based polymer electrolyte membranes: Importance of morphology on ion transport and membrane stability [J]. Chemical Reviews, 2017, 117(6): 4759-4805.

[69] Schmidt-Rohr K, Chen Q. Parallel cylindrical water nanochannels in Nafion fuel-cell membranes [J]. Nature Materials, 2008, 7(1): 75-83.

[70] Li M, Guiver M D. Ion transport by nanochannels in ion-containing aromatic copolymers [J]. Macromolecules, 2014, 47(7): 2175-2198.

[71] Chae I S, Luo T, Moon G H, et al. Ultra-high proton/vanadium selectivity for hydrophobic polymer membranes with intrinsic nanopores for redox flow battery [J]. Advanced Energy Materials, 2016, 6(16): 1600517.

[72] Madrid E, Rong Y, Carta M, et al. Metastable ionic diodes derived from an Amine-Based polymer of intrinsic microporosity [J]. Angewandte Chemie International Edition, 2014, 53:10751-10754.

[73] Zhou J, Liu Y, Zuo P, et al. Highly conductive and vanadium sieving Microporous Tröger's Base membranes for vanadium redox flow battery [J]. Journal of Membrane Science, 2021, 620:118832.

[57] Kang Q, Lai Y Y, Liu Z X, et al. Multiple [illegible] effects of [illegible] on [illegible] performance of anion exchange membrane[J]. ACS Applied Materials & Interfaces, 2020, [illegible].

[58] [illegible]

[59] [illegible] membrane with [illegible][J]. Journal of Materials Chemistry A, 2016, [illegible].

[60] Huang T, Zhang J, [illegible], et al. Mechanically robust microporous anion exchange membranes with efficient anion conduction for fuel cells[J]. Chemical Engineering Journal, 2021, 418: 129311.

[61] Price S C, Williams K S, Beyer F L. Relationships between structure and alkaline stability of imidazolium cations for fuel cell membrane applications[J]. ACS Macro Letters, 2014, 3(2): 160-165.

[62] Hugar K M, Kostalik H A, Coates G W. Imidazolium cations with exceptional alkaline stability: A systematic study of structure-stability relationships[J]. Journal of the American Chemical Society, 2015, 137(27): 8730-8737.

[63] Li Z, Guo J, Zheng J, et al. A microporous polymer with suspended cations for anion exchange membrane fuel cells[J]. Macromolecules, 2020, 53(24): 10998-11008.

[64] Kim H C, Hockenmeier D, Kim H-J, et al. Sulfonation of [illegible] towards highly oxygen permeable binder for fuel cell application[J]. Macromolecular Research, 2013, 21(1): 92-98.

[65] Shin D W, Guiver M D, Lee Y M, et al. Hydrocarbon-based polymer electrolyte membranes: Importance of morphology on ion transport and membrane stability[J]. Chemical Reviews, 2017, 117(6): 4759-4805.

[66] Schmidt-Rohr K, Chen Q. Parallel cylindrical water nanochannels in Nafion fuel-cell membranes[J]. Nature Materials, 2008, 7(1): 75-83.

[67] Li N, Guiver M D. Ion transport by nanochannels in ion-containing aromatic copolymers[J]. Macromolecules, 2014, 47(7): 2175-2198.

[68] Chae I S, Luo T, Moon G H, et al. Ultra-high proton/vanadium selectivity for hydrophobic polymer membranes with intrinsic nanopores for redox flow battery[J]. Advanced Energy Materials, 2016, 6(16): 1600517.

[69] Madrid E, Rong Y, Carta M, et al. Metastable ionic diodes derived from an amine-based polymer of intrinsic microporosity[J]. Angewandte Chemie International Edition, 2014, [illegible].

[70] Zhou J, Liu Y, Zuo P, et al. Highly conductive and vanadium sieving Microporous Tröger's Base membranes for vanadium redox flow battery[J]. Journal of Membrane Science, 2021, 620: 118832.

# 第八章

# 新型微孔框架离子分离膜

第一节　概述 / 334

第二节　新型微孔框架离子分离膜 / 336

第三节　微孔框架离子分离膜应用性能评价 / 378

第四节　小结与展望 / 379

## 第一节
# 概述

均相离子交换膜作为膜分离技术的核心，涉及资源回收再利用和能源转化与存储。离子快速选择性传递通道的构筑，可以为开发新型高选择性高通量的离子膜提供新的研究策略，进而应用于高效的离子筛分和能源转化存储，例如 $Li^+$/$Mg^{2+}$ 选择性分离在提升盐湖提锂性能，质子（$H^+$）或氢氧根离子（$OH^-$）通道在提高燃料电池效率[1,2]，以及在提升液流电池电流密度等领域有潜在的应用前景[3]。通常，离子膜的性能取决于两个关键指标：通量和选择性，而这两个指标往往是此消彼长、相互制约的，通量和选择性不可兼得，特别是在传统离子交换膜中表现得尤为突出[4,5]。近年来，理论和实验研究表明，离子通道的设计与构建在提高离子传输与分离性能中发挥至关重要的作用，能够有效突破传统离子分离膜的上限，实现选择性和通量的同时提升[6,7]。此外，离子通道的尺寸及孔道壁面环境对选择性离子传输与分离影响显著，并且离子在纳米孔道受限空间中的传输与宏观流体不同，会出现一些特殊的传输行为，包括超快、超高选择性的传输现象[8,9]。因此，要开发具有高效选择性离子传输与分离性能的离子膜，需要对通道尺寸与环境进行精确调控，同时对离子在通道受限空间中分子水平传输机制进行深入研究。

生物离子通道以开放和闭合状态调节离子通过细胞膜，以响应环境刺激，这对于实现生命过程中的各种关键生理功能，如细胞间通信、能量生产、生物合成和代谢具有重要意义[10]。细胞利用细胞膜内的离子通道，即具有亚纳米 / 纳米级孔道的功能蛋白，与细胞外界进行化学和电信号交流，以实现快速、选择性的离子传输。离子通道由复杂的膜蛋白组成，通过响应性的构象变化来调节离子的传输特性。这些离子传输通道以三个显著特征而闻名，包括离子选择性、离子定向传递和离子门控[11,12]。在这些特性中，选择性离子传导尤其重要，它指的是通道在细胞环境中选择特定离子并促进其通过通道快速传输的能力。到目前为止，许多生物离子通道已经被很好地研究，例如阳离子通道，比如 KcsA 钾离子通道[13-15]，其选择性过滤器段的直径约为 1nm，其中 $K^+$ 以高达 $10^8$ 个离子 /s 的速率传输，$K^+$/$Na^+$ 选择性更是超过 $10^3$；以及阴离子通道，例如氟离子（$F^-$）通道[16]，可以快速而有选择性地传导 $F^-$，传输速率为 $10^5$ 个离子 /s，对氯离子（$Cl^-$）的选择性可达 $10^4$。受生物膜离子传输与分离过程的启发，研究者设计构筑人工离子通道并探索离子快速选择性传递的机理，以开发新型高选择性高通量的离子膜材料。除了选择性和渗透性，人工离子膜在工业分离方面应具有更好的化学性能，尤其是物理稳定性。与其他多孔膜相比，基于新型微孔框架材料的分离膜是近年来研究的热点。

微孔材料因其特殊的化学结构赋予了它比表面积大、孔道尺寸可调控以及结构多样性等特点，在吸附、催化、分离、能量存储与转化以及生物医药等领域有着广阔的应用前景。特别是近年来随着纳米技术的发展，微孔材料在纳米或亚纳米通道的构筑及应用成为科学技术研究的热点。微孔材料广泛地存在于自然界和日常生活中，如蜂窝、天然沸石、防毒面具的过滤器等都是典型的多孔材料。在微观尺度上，微孔材料是由构成这种材料的原子非紧密堆积形成大量空隙，从而形成孔道结构。根据国际纯粹与应用化学联合会（International Union of Pure and Applied Chemistry, IUPAC）的定义，多孔材料根据孔径大小可分为微孔（micropores，孔道直径小于 2nm）、介孔（mesopores，孔道直径为 2 ～ 50nm）和大孔（macropores，孔道直径大于 50nm）材料。

根据构成微孔材料元素的组成，微孔材料又可分为无机微孔材料、有机 - 无机混合结构微孔材料以及有机微孔材料。如无机沸石（zeolite）[17]、金属有机框架（metal-organic framework, MOF）[18] 以及多孔有机聚合物（porous organic polymer, POP）[19]。不同于沸石和金属有机框架，微孔有机聚合物是由纯有机结构单元构建组成，由于其高比表面积、高化学稳定性和低密度等性能得到学术界和工业界广泛的关注和研究，并在气体存储、分离和非均相催化等领域具有广泛的应用价值。其中根据孔道结构的不同，微孔有机聚合物又包括：超交联聚合物（hypercrosslinked polymer, HCP）[20]，由聚合物链的高度交联支化来阻止链间的紧密堆积，构造出多孔结构；自聚微孔聚合物（polymer of intrinsic microporosity, PIM）[21]，是通过阻碍分子链占据自由体积获得孔隙，一般由具有刚性扭曲的空间构型单体制备得到固有孔道结构；共轭微孔聚合物（conjugated microporous polymer, CMP）[22]，其骨架由共轭刚性结构组成，通过大共轭体系撑出孔道结构；共价有机框架材料（covalent organic framework, COF）[23-25]，经过充分设计的有机构建单元通过共价键原子精确连接形成具有周期性微孔框架结构的结晶性微孔聚合物。

目前，已报道的微孔框架材料种类繁多，本章主要介绍金属有机框架（MOF）、共价有机框架（COF）和多孔有机笼（POC）。因此，依据构筑单元结构构筑的离子膜又可分为金属有机框架膜、共价有机框架膜、多孔有机笼膜。其清晰的孔尺寸、高孔隙率、独特的孔结构以及框架上丰富的功能基团有利于实现选择性和渗透率之间更好的平衡。此外，其孔径尺寸接近水合离子直径，有利于膜通道实现尺寸选择性分离；其框架上的功能基团能特异性地识别尺寸非常相似的离子，可进一步提高膜通道的选择性。

构建基于新型微孔材料离子膜的策略有原位生长、反扩散生长和后修饰离子选择性位点，以实现离子选择性传输和分离。原位制备策略是一种常用的方法，用来制备连续的微孔框架通道或层，通过这种方法，微孔框架晶体可以生长成微孔纳米通道或在多孔基底上形成分离层。通常采用反向扩散生长策略在基底界面制备超薄微孔框架膜。预先设计的微孔框架功能基团，如 $NH_2$ 基团可以带正电荷，对阴离子具有选择性；而 COOH 基团可以带负电，对阳离子有选择性。此外，功能基团可以与其他小分子进行后修饰以获得特定离子的选择性结合位点。

因此，建立离子快速选择性传递通道的调控方法，探究分子层面上离子与膜通道相互作用，解析离子通道传质过程，提出离子快速传递和筛分机制，揭示离子限域传质规律，有助于突破离子选择性和渗透性的制约，实现可比拟生物离子通道的传递和筛分性能，促进膜科学技术变革性发展。此外，探索出以传质机理研究为基础、以寻求应用为目标的离子膜材料开发新思路，促进离子精准筛分、燃料电池、液流电池等多个重要研究方向的进步，切实提高相关过程的效率，进一步推动其向实际应用发展。

# 第二节
# 新型微孔框架离子分离膜

## 一、金属有机框架膜

### 1. 金属有机框架概述

金属有机框架（MOF）是一类微孔有机 - 无机杂化的结晶固体，由多齿有机配体连接无机节点或顶点组成[26]（图 8-1）。具体地，框架中的无机节点或顶点由金属离子组成［如 Cr(Ⅲ)、Fe(Ⅲ)、Al(Ⅲ)、Mn(Ⅱ)、Co(Ⅱ)、Cu(Ⅱ)、Cu(Ⅰ)、Zn(Ⅱ) 和 Zr(Ⅳ) 等］或金属簇，即二级结构单元（SBU）。目前通过实验可合成的 SBU 包括大多数过渡金属、几种主族金属、碱金属、碱土金属、镧系元素和锕系元素［如 $Zn_4O(COO)_6$、$Cu_2(COO)_4$、$Cr_3O(H_2O)_3(COO)_6$ 和 $Zr_6O_4(OH)_{10}(H_2O)_6(COO)_6$ 等］。这些节点通过配位键连接到有机配体（通常包含羧酸根、膦酸根、吡啶基、咪唑根或其他偶氮根官能团）进而组成 MOF。

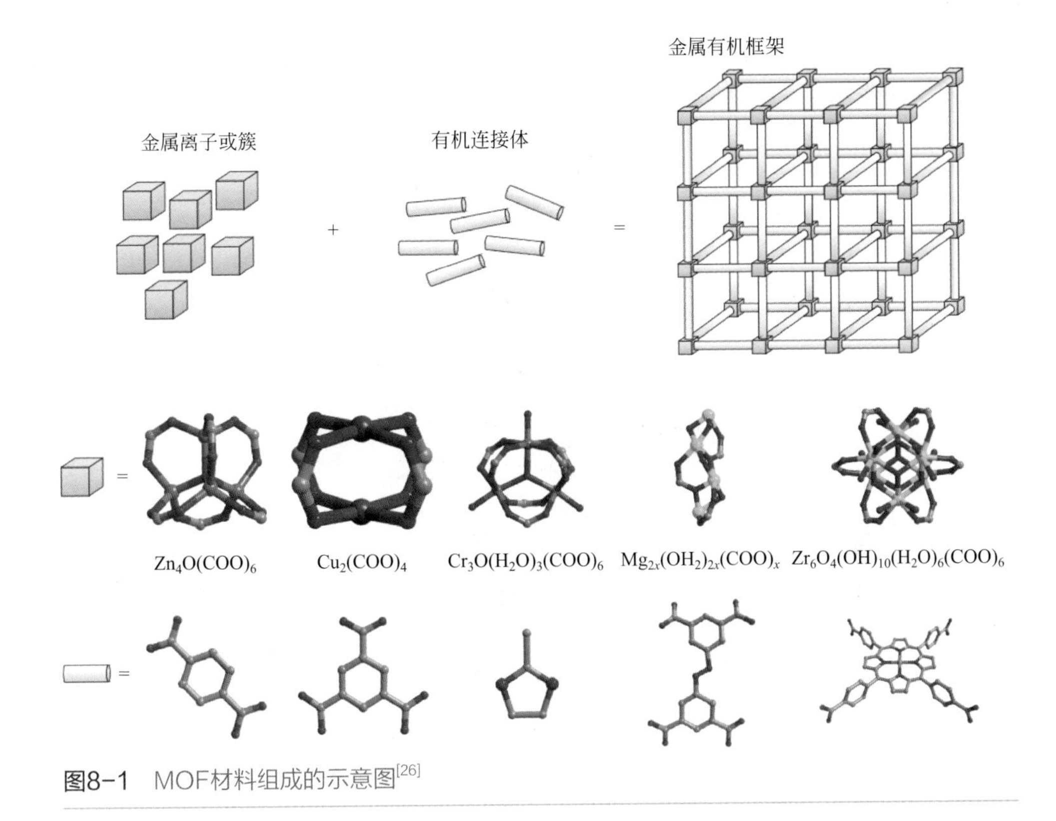


图8-1　MOF材料组成的示意图[26]

## 2. MOF 孔道结构设计

目前，已经合成了数以万计的 MOF 材料。MOF 种类繁多，主要是由于构筑 MOF 的金属节点和有机配体具有丰富的种类，此外，自组装方式的多样性为形成结构多样、多功能化的 MOF 材料也提供了条件 [27,28]。

研究较多的 MOF 包括 IRMOF（iso-reticular metal-organic framework）系列 [29]、ZIF（zeolitic imidazolate framework）系列 [30]、MIL（materials of the institut lavoisier）系列 [31,32]、UiO（university of oslo）系列 [33] 和 PCN（porous coordination network）系列 [34] 等 MOF。其中，IRMOF 是由一系列 $[Zn_4O]^{6+}$ 和有机配体形成的三维多孔网状结构材料，如 MOF-5[35]；ZIF 是通过过渡金属 Co、Zn、Ni 等与咪唑及其衍生物配位合成，如 ZIF-8[36]；MIL 是由三价过渡金属（如 $Cr^{3+}$、$Fe^{3+}$、$Al^{3+}$）或者镧系金属（In、Ga）与对苯二酸、均苯三甲酸等二羧酸配体形成的 MOFs 材料，如 MIL-101[37]；UiO 系列是以含羧基的有机配体（通常使用的配体包括对苯二甲酸、联苯二甲酸等）与 $Zr^{4+}$ 配位而成的超级稳定的一类 MOF，如 UiO-66[38]；PCN 系列通常是过渡金属（如 Fe、Co、Ni 等）与叠氮有机物合成的一类 MOF 材料，如 PCN-222[34]。

MOF 因具有多样性的结构、高的孔隙率、规则的孔道结构、高比表面积、可调控的孔道性质及丰富的物理化学性质，已被广泛应用于各个领域的研究[39]，如气体存储[40]、吸附分离[41,42]、催化[43]、传感[44,45]、药物缓释[46]等，见图8-2。

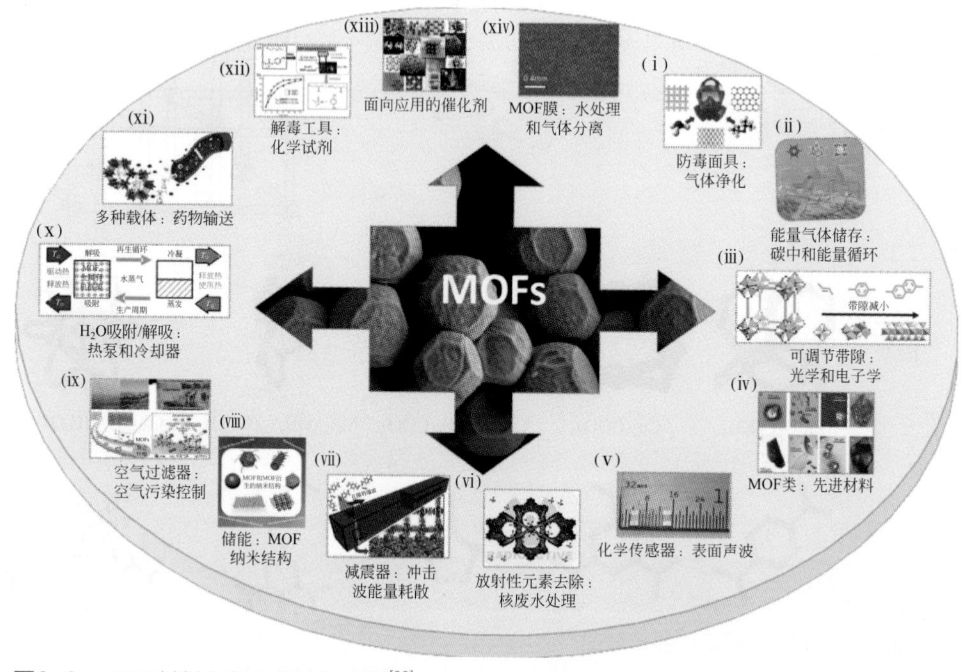


图8-2　MOF材料在各个领域的应用[39]

（1）孔道尺寸调控　MOF在结构上具有良好的可调性与设计性，这可以归因于：①可以通过不同的金属节点和有机配体来设计和调控材料的孔径和结构；②利用有机合成的力量可以轻松地设计和修饰有机配体，如将特定的官能团如—$NH_2$、—COOH和—$SO_3H$等引入到MOF材料中，可对MOF材料功能化；③通过调控溶剂、酸碱和温度等反应条件可形成不同结构的MOF材料；④后合成修饰方法可以在金属节点或有机连接基上修饰MOF，通常后合成修饰法能够保持原有晶体结构。另外，MOF的高度结晶性质允许原子精确地进行结构表征，并允许使用计算化学来预测尚未合成的骨架的性质[47]。合成和计算方面的发展均增强了MOF合理设计可能的可调性和多样性。

关于微孔结构孔径大小的设计以及通过预先改变有机配体结构向MOF中引入功能化基团已有大量报道。Yaghi等[29]采用对苯二甲酸以及一系列功能化的对苯二甲酸配体将MOF-5功能化，向框架中引入—Br、—$NH_2$、—$OC_3H_7$等有机基团，此外还可通过引入联苯、三联苯等结构来扩大其孔径。合成了16种高度结晶的材料的等孔系列（一个具有相同的框架拓扑结构），其孔的大小从3.8Å变化到 28.8Å，在甲烷储存方面具有独特的性能。2012 年该课题组还对经典的 MOF-74 有机配体进行扩展[48]（图 8-3），从其最初的一个亚苯基环（Ⅰ）扩展为两至十一个（Ⅱ至Ⅺ），得到 IRMOF-74-Ⅰ～Ⅺ系列 MOF。其孔径范围为 14 ～ 98Å，将 MOF 的孔径尺寸扩大到以前无法实现的尺寸范围（> 32Å）。

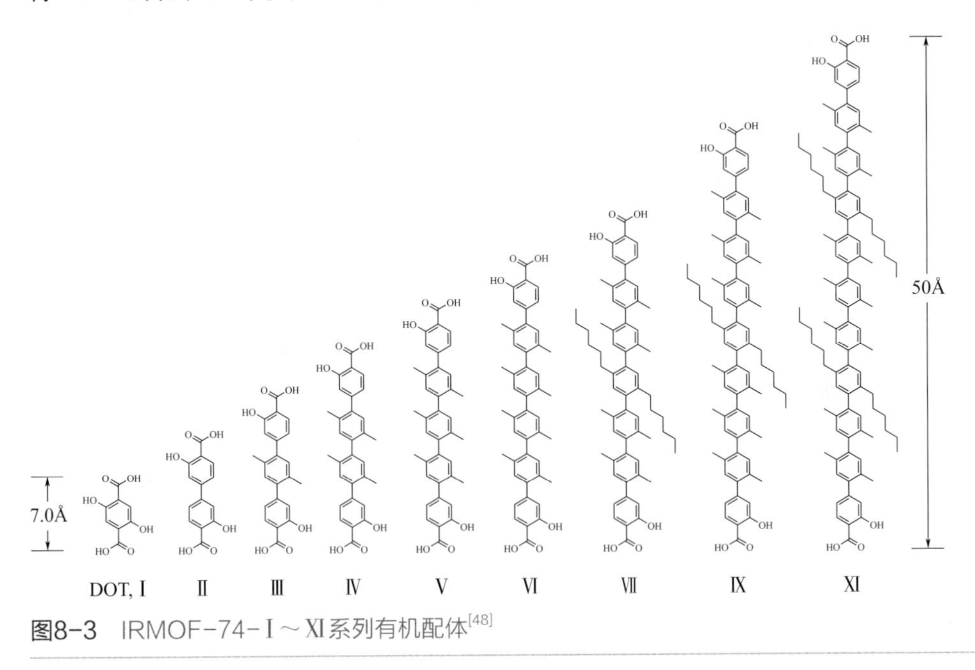


图8-3　IRMOF-74-Ⅰ～Ⅺ系列有机配体[48]

MOF 最重要的特性之一是其高孔隙率（空隙体积相对于总体积的分数）和高比表面积，这催生了许多与气体存储、分离和催化有关的应用。MOF 对气体吸附能力的一个重要衡量指标是给定材料内的吸附位点数量，因此，增大 MOF 的吸附能力，最简单的方法是使用细长的有机配体，将组成单元的表面和边缘暴露出来。

（2）物理化学稳定性调控　尽管与沸石相比，MOF 的热、机械、化学稳定性较差，但随着研究的不断深入，MOF 的这些相关性能也是在稳步提升的[38,49,50]。近年来，MOF 的数量和多样性已经显著增长，并且现在存在许多水稳定且热稳定的 MOF，从而大大扩展了其应用领域。根据设想的应用，不同的功能稳定性很重要。例如，化学（更具体地说是水稳定性）和热稳定性对于包括气体分离、水脱盐、离子交换和中温储热的工业用途非常重要，因为它们多伴随高温、pH 变化或水蒸气的环境。如果在工业过程中需要压实形式的 MOF（例如颗粒），则机械稳定性至关重要。

在大多数情况下，MOF 的热降解是节点与配体连接键断裂。因此，热稳定性通常与节点与配体连接键的键强度和连接到每个节点的配体的数量有关，可通过增加金属与配体的结合强度来提高其热稳定性[51]。热重分析（TGA）和原位PXRD均可用于评估MOF的热稳定性。由于MOF具有多孔性，因此在合成过程中，客体（溶剂）分子经常被骨架包封。在典型的TGA实验中（$N_2$气氛下），客体在50～100℃之间释放，随后在100～200℃之间失去配位溶剂分子（例如水、甲醇和*N*,*N*-二甲基甲酰胺）。然后，TGA曲线达到平稳，并在一定温度下引发骨架分解和部分挥发。仅通过TGA测量不能分辨出平台区域是否对应于材料的多孔晶体形式，还需要其他测量来表征，例如热循环后的原位XRD[52]或$CO_2$与低温$N_2$吸附和解吸，可能更具指导意义。热稳定性通常是评估新MOF的第一类稳定性，因为高热稳定性是抵抗其他应力的有用预测指标。

MOF也被认为是储热材料，其通过吸收和解吸蒸气（通常是水）来发挥作用。因此，需要水热稳定的框架[53]。在实验上，通过将MOF暴露于各种压力和温度的蒸汽中，然后进行PXRD分析和孔隙率或表面积来测量评估水热稳定性。水热稳定性对于某些合成后的改性方法至关重要，例如MOF的原子层沉积，因为该过程通常包括将MOF暴露于高温蒸汽中。

在基于多孔羧酸盐的MOF中，那些基于多个Cr(Ⅲ)[54]、Al(Ⅲ)[55]、V(Ⅳ)[56]和Zr（Ⅳ）[57]的节点的MOF往往表现出对水蒸气较好的稳定性。相比之下，包含多个锌离子作为节点成分的MOF（例如MOF-5等），通常暴露在高湿度下一定时间后就不稳定[58]。MOF团簇模型的量子力学计算和支持实验得出的结论是，MOF的水热稳定性高度依赖于节点与配体连接键的结合强度[59]。SBU的几何形状也可能影响MOF的水热稳定性。MOF的水热稳定性可以通过分子间或分子内力（例如内部氢键或π堆积[60]）来增强。通过引入疏水性官能团或全氟连接基团也可以改善水热稳定性，其中稳定的基础可以来自抑制或阻止水分子的吸附。MOF疏水性在水蒸气或液态水条件下可能存在显著差异：前者主要由孤立的分子组成，而后者由氢键键合的分子团簇组成。ZIF作为疏水性MOF的代表，许多ZIF具有较好的水热稳定性，使其成为在潮湿条件下使用的合理候选物[61]。

改善MOF化学稳定性主要与液态水和水蒸气有关。在大多数MOF结构中，化学弱点位于节点处，更具体地说，是金属与配体连接键，水解产生质子化的连接基和氢氧化物（或水）连接的节点。酸性溶液可以促进前者的形成，而碱性溶液可以促进后者的形成。尽管没有标准的方法可以评估MOF在酸性、碱性或中性溶液中的稳定性，但通常可以通过比较MOF在给定水溶液中浸泡前后的粉末X射线衍射（PXRD）来判断。但是，对于浸泡时间或溶液温度没有统一的标准，因此，在不同研究之间进行比较是有问题的。如果XRD谱图足够接近，通常会假定对该溶液稳定。然而，部分降解的材料仍可以通过此测试。因此，可以通过测试其惰性气体吸附能力，构建吸附等温线，从而估算MOF的比表面积。MOF比表面积的损失以及PXRD谱图基本不变通常表示MOF结构在测试条件下稳定。使用这些评估方法，一些具有代表性 MOF 的水化学稳定性的 pH 范围总结如图 8-4 所示。目前在水中稳定性较好的 MOF 主要有 UiO-66 系列、PCN-222、MIL-101 和 ZIF-8 等。

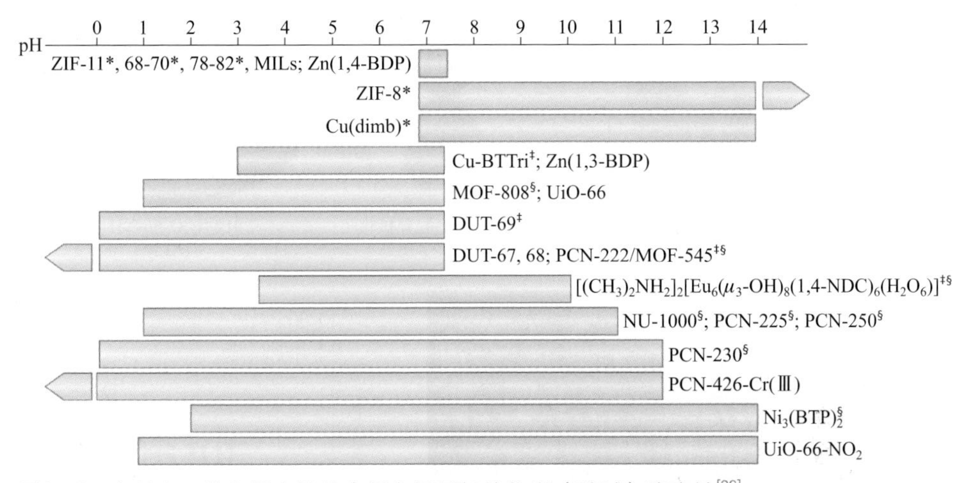


图8-4 文献中一些有代表性的金属有机骨架的化学（酸碱）稳定性[26]

条长表示金属有机骨架（MOF）可以耐受的pH范围。标记有 § 表示稳定性由PXRD和气体吸附实验共同确定，其他MOF稳定性由PXRD测定；‡表示水溶液的碱稳定性；*表示水溶液的酸稳定性

### 3．金属有机框架膜的制备及离子分离性能研究

MOF 膜主要有两类，一类是纯相的 MOF 膜，由多孔或自由支撑的基材支撑不间断的纯 MOF 层组成，纯相的 MOF 膜因为它们的结构特征（例如均匀但可调节的孔径和孔功能性）可以使所得膜具有高通量和出色的选择性。目前，纯相 MOF 分离膜常见的制备方法主要包括原位生长法[62]、载体表面功能化修饰生长法[63-65]、二次生长法[66-68]、界面法[69,70]、反扩散法[71,72]以及电化学沉积法[73,74]等。另一类是MOF复合膜，主要是将MOF与聚合物混合形成一种混合基质膜（mixed matrix membrane，MMM），在 MMM 中，MOF 的颗粒被用作填充物，以改善聚合物基体的分离性能。MOF 杂化膜的制备方法主要包括共混法[75]、界面聚合法[76,77]、静电纺丝法[78,79]等。

徐铜文课题组构筑了系列 MOF 纯相膜和复合膜，并研究了其离子分离性能。

（1）UiO-66-$NH_2$ 纯相膜　通过反扩散的方法，使用自制的两腔室反应池，分三步来制备树叶状的 UiO-66-$NH_2$ 膜（图 8-5）。首先将 AAO 基底固定在两腔室反应池中间，该基底将盐溶液（$ZrCl_4$ 溶液）的腔室和配体（$NH_2$-BDC 溶液）的腔室分隔开。反应过程中，金属盐溶液和配体溶液会朝着相反的方向扩散，在 AAO 基底表面发生反应，在 AAO 基底表面上生长 UiO-66-$NH_2$ 的晶种。成核始于 UiO-66-$NH_2$ 晶种，UiO-66-$NH_2$ 晶种缓慢生长成为叶片状 UiO-66-$NH_2$，最后阶段则制备出致密无缺陷的叶片状 UiO-66-$NH_2$ 膜[80]［图 8-5（b）］。

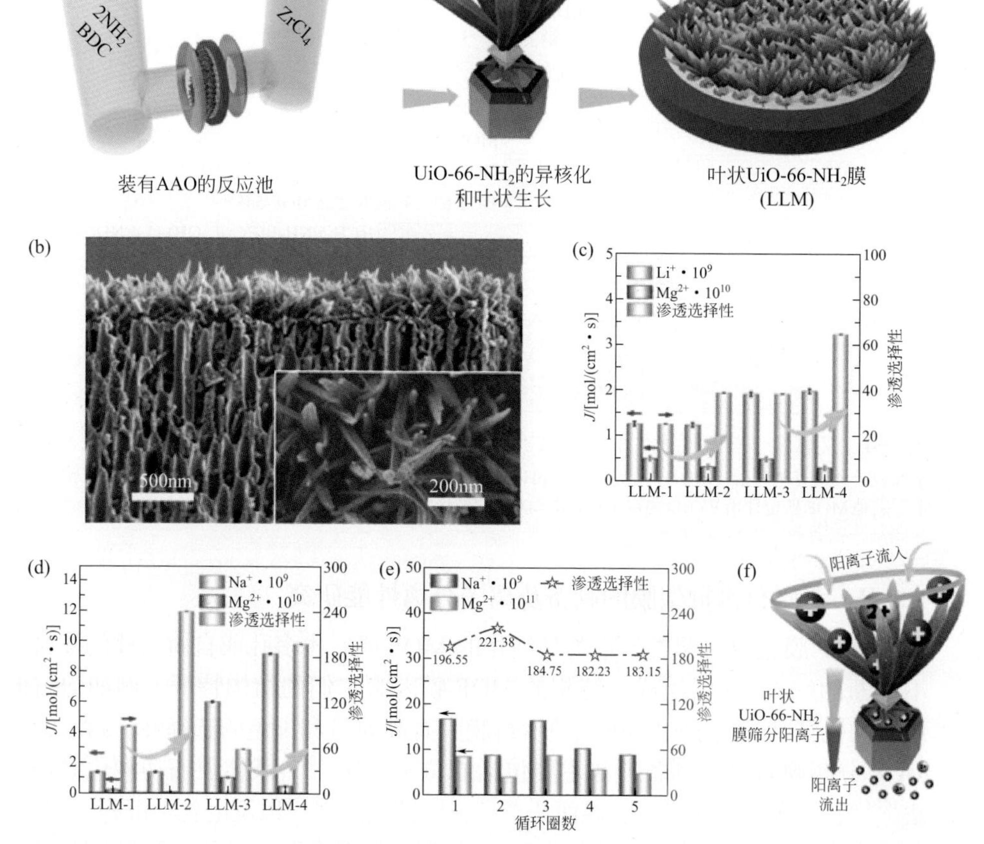


图8-5 （a）UiO-66-$NH_2$膜的制备过程示意图；（b）UiO-66-$NH_2$膜的表面及断面SEM照片；（c）UiO-66-$NH_2$分离膜$Li^+$/$Mg^{2+}$分离性能；（d）UiO-66-$NH_2$分离膜$Na^+$/$Mg^{2+}$分离性能；（e）UiO-66-$NH_2$分离膜优异的离子分离稳定性（以$Na^+$/$Mg^{2+}$分离为例进行探究）；（f）UiO-66-$NH_2$分离膜的离子分离机理[80]

通过优化金属离子和配体的浓度、反应持续时间和反应温度等反应参数，调节 UiO-66-$NH_2$ 叶片密度和表层厚度，制备出超薄的无缺陷的纯相 UiO-66-$NH_2$ 分离膜。最终，徐铜文课题组选取四种条件制得的 UiO-66-$NH_2$ 膜，分别记为 LLM-1、LLM-2、LLM-3 和 LLM-4，其扫描电镜照片如图 8-5（b）所示。此处，LLM 表示叶片状的 UiO-66-$NH_2$ 膜，1 至 4 表示基于不同反应参数制得的膜。在本项工作中，反应浓度被用来控制生长的 UiO-66-$NH_2$ 叶片的密度，后续还继续研究其对阳离子渗透和渗透选择性的影响。LLM 的 SEM 断面照片表明，UiO-

66-$NH_2$ 叶片是从 AAO 表面开始生长，接近于垂直 AAO 表面。值得注意的是，在所有膜的 UiO-66-$NH_2$ 膜层的厚度均小于 500nm，这比目前大多数报道的 UiO 系列膜都薄得多，这也有助于提高 MOF 膜的分离性能。

使用该膜进行 $Na^+/Mg^{2+}$ 和 $Li^+/Mg^{2+}$ 分离体系的研究［图 8-5（c）～（e）]，该 UiO-66-$NH_2$ 膜表现出优异的离子选择性 [$P(Na^+/Mg^{2+})$> 200 和 $P(Li^+/Mg^{2+})$> 60]。结果表明，所有 UiO-66-$NH_2$ 膜的阳离子通量均呈现出 $Na^+$> $Li^+$> $Mg^{2+}$ 的规律，这是基于它们的水合直径大小。具体说来，由于二价阳离子的水合离子直径比单个 UiO-66-$NH_2$ 晶体中固有的亚纳米结构孔的尺寸大，比较难通过，因此其通量最低。$Na^+$ 通量最高的原因是其水合尺寸最小，与固有的亚纳米结构的孔相当，较易通过孔，渗透最快。以 $Na^+/Mg^{2+}$ 分离为例探究 UiO-66-$NH_2$ 膜离子分离性能的稳定性，结果表明，该膜具有非常好的稳定性［图 8-5（e）]。对于该膜取得优异的分离性能，分析其离子分离机理，UiO-66-$NH_2$ 叶片之间的纳米级空隙可保证离子最大程度进入，同时其固有的亚纳米级尺寸的孔使得其能够基于阳离子的水合直径进行选择性分离［图 8-5（f）]。

（2）UiO-66-$SO_3H$ 纯相膜　采用混合配体的方法，在 MOF 分离膜中引入辅助传质基团（—$SO_3H$），构筑一系列不同磺酸基含量［0% 即 UiO-66，10%、25% 和 33% 记为 U-SM($X$)，其中 $X$ 表示磺酸基含量］的亚纳米尺度的离子传输通道（UiO-66-$SO_3H$ 膜），探究其性能与磺酸基含量的关系［图 8-6（a）]。具体地，采用反扩散的方法，在自制的两腔室反应池中制备叶片状 UiO-66-$SO_3H$ 膜。与制备纯相 UiO-66-$NH_2$ 膜类似，包含金属盐溶液和配体溶液的腔室被 AAO 基底分离，金属盐溶液和配体溶液（混合配体：$H_2BDC$ 和 2-$NaSO_3$-$H_2BDC$）通过 AAO 基底的孔向相反方向扩散，并在 AAO 表面反应生成 UiO-66-$SO_3H$。UiO-66-$SO_3H$ 层中的磺酸基含量可通过调节配体的进料比轻松控制。同样的，通过优化金属离子和配体的浓度、反应持续时间和反应温度等反应参数，调节 UiO-66-$SO_3H$ 膜的叶片密度和表层厚度，至此成功制备出含有不同磺酸基含量的超薄（<600nm）无缺陷的纯相 UiO-66-$SO_3H$ 分离膜[81]［图 8-6（b）]。

从扫描电镜结果来看，AAO 基底上形成连续的多晶 U-S($X$) 层，没有任何可见的裂纹。U-S($X$) 的晶种与基质紧密结合，因为构建了羧酸氧和铝基质中的铝原子之间的配位键，这有利于 U-S($X$) 在氧化铝基质上的成核和生长。U-S($X$) 层的厚度为 300～800nm，比迄今为止报道的大多数 UiO 型膜都薄得多。但是，U-SM($X$) 的叶片生长密度随“叶片”的磺酸基的增加而变化。这是因为混合配体（$H_2BDC$ 和 2-$NaSO_3$-$H_2BDC$）之间的竞争使得生长环境不稳定。对于不同磺酸基含量的一系列 UiO-66-$SO_3H$ 膜的离子分离性能进行探究，分析辅助传质基团（—$SO_3H$）的引入对 MOF 分离膜的离子分离性能的影响。结果表明，受益于磺化的 Å 级大小的离子传输通道的所制备的叶状 UiO-66-$SO_3H$ 分离膜可有效增加阳离子通量（是没有—$SO_3H$ 的分离膜的 3 倍）并实现优异阳离子选择性 [$P(Na^+/Mg^{2+})$＞140]。

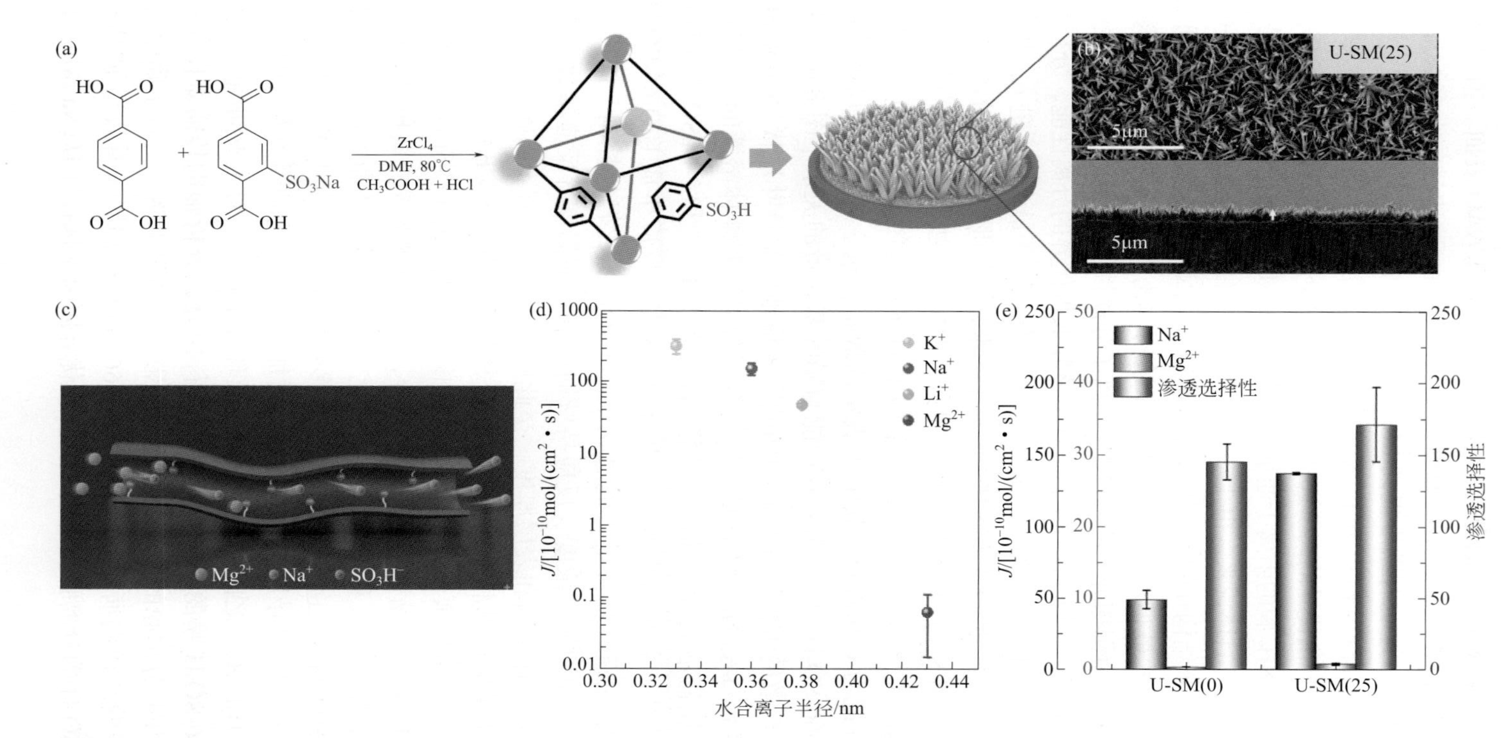


图8-6 （a）混合配体法制备UiO-66-$SO_3H$的示意图；（b）UiO-66-$SO_3H$膜的电镜图；（c）UiO-66-$SO_3H$膜的离子分离示意图；（d）U-SM(25)的单组分离子在电渗析中的通量；（e）U-SM(0)和U-SM(25)的$Na^+$/$Mg^{2+}$的离子分离性能[81]

选择 U-SM(25) 作为对象研究其单组分溶液（0.1mol/L NaCl、0.1mol/L KCl、0.1mol/L LiCl 和 0.1mol/L $MgCl_2$）在电渗析中的传递行为。结果表明，单组分溶液的通量精确地取决于水合半径，水合半径遵循 $K^+ < Na^+ < Li^+ < Mg^{2+}$ 的顺序，因此单价离子的通量遵循 $K^+ > Na^+ > Li^+ > Mg^{2+}$ 的规律。从单组分溶液的通量之比得到其理想选择性（$K^+/Mg^{2+}$ = 5091，$Na^+/Mg^{2+}$ = 2449，$Li^+/Mg^{2+}$ = 776）。对于二元体系的 $Na^+/Mg^{2+}$ 分离系统，所有的 UiO-66-$SO_3H$ 膜的阳离子通量均表现为 $Na^+$>$Mg^{2+}$，这是基于它们的水合直径（$Na^+$=7.2Å，$Mg^{2+}$=8.6Å）。U-SM(25) 的单价阳离子通量是 U-SM(0) 的 3 倍［U-SM(25) 表示磺酸基含量为 25% 的 UiO-66-$SO_3H$ 膜］，但选择性变化很小。离子通道中的磺酸基明显加速了 $Na^+$ 的传输。同时，MOF 纳米结构仍具有合适的孔径，适合 $Na^+$ 选择性转运，以确保了钠镁离子分离的高选择性。但是，由于 $Mg^{2+}$ 的渗透增加很多，U-SM(33) 的离子选择性迅速降低。这可能是因为随着 UiO-66-$SO_3H$ 磺酸基含量的增加，孔径分布变宽，这无疑会削弱筛分效果。此外，磺酸基与阳离子的结合亲和力也可能是影响阳离子通量和离子选择性的原因。简而言之，与一价阳离子相比，—$SO_3H$ 基团对二价阳离子的结合亲和力更大。因此，MOF 通道中相同量的磺酸盐基团会吸引和渗透比 $Na^+$ 更多的 $Mg^{2+}$。随后，测试了 $K^+/Mg^{2+}$ 和 $Li^+/Mg^{2+}$ 分离系统的单多价阳离子分离性能，但是，得到的分离性能与 $Na^+/Mg^{2+}$ 的分离性能有很大差异。与 UiO-66 膜相比，UiO-66-$SO_3H$ 膜表现出更高的单价阳离子通量，但是 $Mg^{2+}$ 的通量增加更多，这导致选择性明显降低（$K^+/Mg^{2+}$=5.31，$Li^+/Mg^{2+}$=1.88）。UiO-66-$SO_3H$ 膜的理想选择性远高于实际所测得的二元溶液的选择性。这一结果与徐铜文课题组预期吻合，理想选择性通常远高于实际选择性。在二元分离溶液中，$K^+$、$Na^+$ 和 $Li^+$ 的通量降低，但是，$Mg^{2+}$ 的通量急剧增加，尤其是在 $K^+/Mg^{2+}$ 和 $Li^+/Mg^{2+}$ 中，这导致其选择性显著降低。因此，$K^+/Mg^{2+}$、$Li^+/Mg^{2+}$ 二元体系的分离以及单组分溶液（0.1mol/L NaCl、0.1mol/L KCl、0.1mol/L LiCl 和 0.1mol/L $MgCl_2$）在电渗析过程中表现出的分离性能差异性很大。Å 级尺度的离子传输通道内，孔径筛分作用、离子与壁面的相互作用、离子之间的相互作用以及水合离子的脱水作用等，均会对离子的传输与分离性能造成显著的影响。因此，还需要进行更深入系统的研究来清晰地表达限域空间内离子的传递与分离机制。

（3）UiO-66(Zr/Ti)-$NH_2$ 复合膜　通过离子交换法使 UiO-66-$NH_2$ 荷负电，具体地，使用 Ti（Ⅲ）交换 UiO-66(Zr)-$NH_2$ 中的 Zr(Ⅳ)，得到 UiO-66(Zr/Ti)-$NH_2$［图 8-7（a）］。本工作中使用了 SRPES 光谱分析进一步提供了有关 UiO-66(Zr)-$NH_2$ 后合成过程的关键细节，例如 Zr 峰强度降低和 Ti 峰的出现，意味着 UiO-66(Zr/Ti)-$NH_2$ 中的 Ti 成功交换了 Zr。并基于此，对 UiO-66(Zr/Ti)-$NH_2$ 中 Ti（2p）峰进行分缝处理，揭示了 $Ti^{3+}$ 和 $Ti^{4+}$ 的共存，计算得到 $Ti^{3+}$ 与 $Ti^{4+}$ 的摩尔比约为 6∶5［图 8-7（b）］。

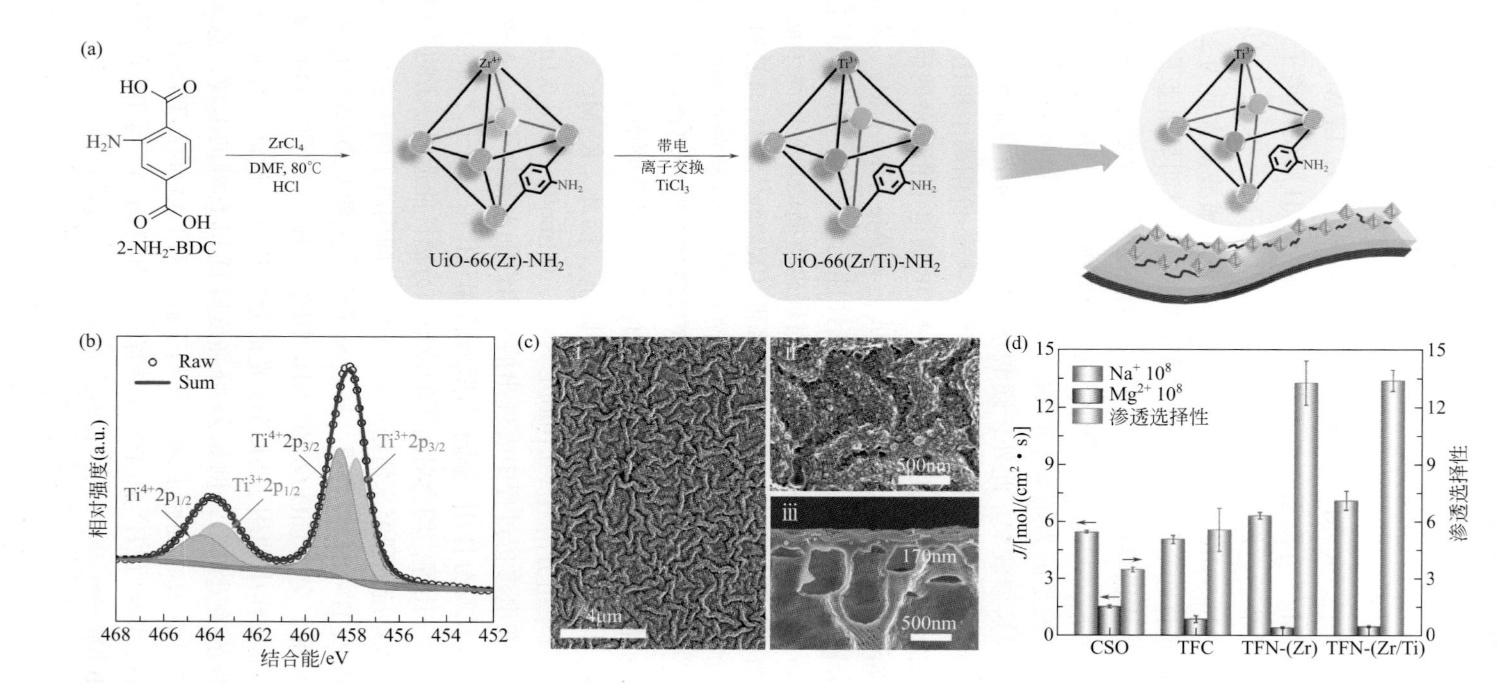


**图8-7** （a）UiO-66(Zr/Ti)-$NH_2$制备示意图；（b）UiO-66(Zr/Ti)-$NH_2$的Ti (2p)XPS谱图；（c）TFN-(Zr/Ti)膜的电镜图；（d）CSO、TFC、TFN-(Zr)以及TFN-(Zr/Ti)膜的$Na^+$/$Mg^{2+}$分离性能[82]

随后，通过界面聚合（IP）反应，均苯三甲酰氯（TMC）的酰氯基团与功能化之后的 MOF 中的氨基和二乙烯三胺（DETA）反应，并产生包含嵌入 MOF 纳米颗粒的超薄（约 170nm）聚酰胺层，成功构筑出亚纳米级离子传输通道。具体地，以 HPAN 膜为基底，首先在室温下，将 UiO-66(Zr/Ti)-$NH_2$ 粉末分散在 0.1%（质量体积比）的 TMC 的正己烷溶液中，超声 1h。同时，将 HPAN 基底膜浸入 1.0%（质量体积比）的 DETA（CP）水溶液中 30min，取出后用橡胶滚轮除去 HPAN 膜上多余的溶液。将上述均匀分散了 MOF 的 TMC 的正己烷溶液倒至浸泡了 DETA 的 HPAN 表面反应 3min，将表面多余的 TMC 溶液倒去，制备得到的包含 UiO-66(Zr/Ti)-$NH_2$ 的纳米复合膜表示为 TFNC 膜[82]。为了进行比较，采用相同的方法，徐铜文课题组制备了包含 UiO-66(Zr)-$NH_2$ 的 TFN 膜以及没有 MOF 的聚酰胺膜（表示为 TFC）。值得注意的是，包含 UiO-66(Zr)-$NH_2$ 和 UiO-66(Zr/Ti)-$NH_2$ 的 TFN 膜分别表示为 TFN-(Zr) 和 TFN-(Zr/Ti)。此外，还制备了 MOF 的含量分别为 0.01% 和 0.03%（质量体积比）的膜，分别用数字 1 和 2 表示。例如，TFN-(Zr/Ti)-1 代表包含 0.01%（质量体积比）的 UiO-66(Zr/Ti)-$NH_2$ 的聚酰胺膜。将所有膜保存在去离子水中待用。TFN-(Zr)-1、TFN-(Zr/Ti)-1、TFN-(Zr)-2 和 TFN-(Zr/Ti)-2 膜的 SEM 表面图像表明在相当大的膜表面上具有非常均匀的形貌。此外，放大的表面图像显示在所有纳米复合膜上均显示出界面聚合反应的特征结构（脊和谷结构）的均匀分布［图 8-7（c）］，还可以清晰观察到由 MOF 颗粒的晶体结构引起的在表面 MOF 层中形成的棱角。膜的 SEM 横截面的图像表明了 MOF 负载量与表面层厚度的反比关系，例如，MOF 负载的纳米复合材料层［图 8-7（c）iii 中厚度为 100 ～ 200nm］比 TFC 膜中的原始聚酰胺表面层薄得多（250nm）。

使用电渗析评估膜的单多价离子选择性［图 8-7（d）］，与 TFC 膜相比（即不添加 MOF 通过界面聚合得到的膜），MOF 膜的单价阳离子通量的增加，可能是由于嵌入在聚酰胺层的 MOF 颗粒中的离子传输通道所致。此外，MOF 含量的增加，使得 TFN-(Zr)-1 到 TFN-(Zr)-2 膜的中 $Na^+$ 的通量从 $5.32\times10^{-8}$mol/(cm$^2$·s) 增加到 $6.35\times10^{-8}$mol/(cm$^2$·s)。相反，TFN-(Zr)-1 到 TFN-(Zr)-2 膜 $Mg^{2+}$ 的通量在 $Na^+$/$Mg^{2+}$ 系统中，从 $0.56\times10^{-8}$mol/(cm$^2$·s) 降低到 $0.48\times10^{-8}$mol/(cm$^2$·s)。因此，与 TFC 膜相比，TFN-(Zr) 膜提供了更高的单多价离子分离性能。由于较小的水合直径导致了 $Na^+$ 渗透较快，$Na^+$/$Mg^{2+}$ 的分离性能较高。阳离子的加速渗透归因于膜的分离表面层集成了 UiO-66(Zr/Ti)-$NH_2$ 的静电辅助。因此，UiO-66(Zr/Ti)-$NH_2$ 膜中的尺寸筛分和静电辅助等物理电学共同提供了快速的单价离子传输（30%$Na^+$，21%$Li^+$）和离子电荷选择性［$P(Na^+/Mg^{2+})$ 增加 3.83 倍］。利用 MOF 框架固有的孔径以及后合成的荷负电 MOF 颗粒，可以促进离子通过 UiO-66(Zr/Ti)-$NH_2$ 的孔道结构快速传输。得到的 TFN 膜表现出很高的单价阳离子通量 [$J(Na^+)=7.15\times10^{-8}$mol/(cm$^2$·s)] 和单多价阳离子选择性 [$P(Na^+/Mg^{2+})=13.44$]。简而言之，所制备的包含特定离子转移通道的超薄（约 100nm）MOF 表面层可以同时提高阳离子的渗透性和选择性，在一定程度上打破了离子渗透性与渗透性之间的“trade-off”效应。优异的离子分离性能以及在电渗析测试中表现的出色的稳定性表明了 UiO-66(Zr/Ti)-$NH_2$ 在分离膜技术中的应用潜力。

（4）PolyMOFs 复合膜　传统聚合物因其优异的溶液加工性能，已被广泛用于膜材料的制备。然而聚合物膜具有扭曲的通道和较宽的孔径分布，故普遍存在渗透性和选择性之间的相互限制。MOF 具有有序且尺寸均匀的通道，在离子分离方面显示出良好的应用前景，但无缺陷 MOFs 的制备膜仍是一个巨大的挑战。将 MOF 颗粒整合到聚合物中构建混合基质膜（MMMs）可作为一种替代策略，然而 MOF 颗粒和聚合物界面上存在难以消除的空隙，阻碍了 MMM 选择性的进一步提升。因此，缺乏溶液可加工性限制了 MOFs 作为膜分离材料的应用。

利用 MOFs 中含有有机配体的特点，通过对有机配体官能团修饰，聚合后形成低聚物，再与金属离子络合形成聚金属有机框架（polyMOFs）材料。这种新合成的低聚物材料既有 MOFs 的微孔性，保证离子分离的作用，又能兼具聚合物的溶液可加工性，提升复合材料的延展性和溶液可加工性，是复合材料成膜的关键。

通过 Williamson 缩聚反应得到低聚物连接体，再与金属离子配位形成 polyMOF-5（C9 ～ C12）。SEM 图像说明聚合物配体有效地将 MOF 之间互相连接了起来，形成了连锁式的 MOF 框架为主体，聚合物长链为连接体的复合膜[83]［图 8-8（a）］。polyMOF-5（$x$）（$x$=9、10、11、12）粉末的 X 射线衍射图像说明结构内部已经确实存在聚合物配体，且同时保持了 MOF 的晶体完整性，较为完美地将两种材料进行了复合，进一步证明了其材料内部有序的孔道结构完整［图 8-8（b）］。从 polyMOF-5 的孔径分布图可以看出，polyMOF-5（$x$）的孔径分布主要集中于 0.9 ～ 1.5nm［图 8-8（c）］。

PolyMOF-5（$x$）均可在 NMP 溶剂中形成稳定均一的溶液，大大简化了膜制备过程中的金属有机框架基分离层的构筑过程，即可以利用可溶性 polyMOFs 的溶液制备离子分离膜的膜液，通过浇铸涂覆的方法实现 MOF 离子膜简易的制备。PolyMOF-5（$x$）膜表面的 SEM 图像如图 8-8（d）所示，从膜表面的 SEM 图像中可以清晰地看到分布在表面的立方体结构，其中立方体晶体结构非常明显，且分布相对较为均匀。PolyMOF-5（$x$）膜横截面的 SEM 图像如图 8-8（d）所示，表明膜的厚度大约在 2 ～ 4μm。

对 polyMOF-5（$x$）的离子分离性能进行了测试，单价离子在电渗析过程中的透过率如图 8-9（a）所示，$K^+$ 与 $Na^+$ 的透过率非常高，$Li^+$ 的透过率较低，而 $Mg^{2+}$ 的透过率最低。$K^+$、$Na^+$ 和 $Li^+$ 的水合离子直径分别为 0.66nm、0.72nm 和 0.76nm，$Mg^{2+}$ 的水合离子直径为 0.86nm。根据孔径筛分原理，polyMOF-5（$x$）膜对 $Mg^{2+}$ 有更高的截留，当 $K^+$、$Na^+$、$Li^+$ 与 $Mg^{2+}$ 一起通过分离膜时，可以实现一/二价阳离子分离。此外，还研究了 polyMOF-5（$x$）膜对混合离子的分离效果。如图 8-9（b）～（d）所示，polyMOF-5（9）与 polyMOF-5（10）对 $K^+/Mg^{2+}$、$Na^+/Mg^{2+}$ 和 $Li^+/Mg^{2+}$ 都有较高的选择性。在 $K^+/Mg^{2+}$ 分离中，$K^+$ 通量达到 $6.34\times10^{-9}$mol/(cm$^2$•s)，选择性高达 9.5；而在 $Na^+/Mg^{2+}$ 分离中，$Na^+$ 通量为 $7.31\times10^{-9}$mol/(cm$^2$•s)，选择性达到 12.4。相较于前两者，polyMOF-5（11）与 polyMOF-5（12）在离子分离方面表现得并不突出，选择性和通量都低于前两者。

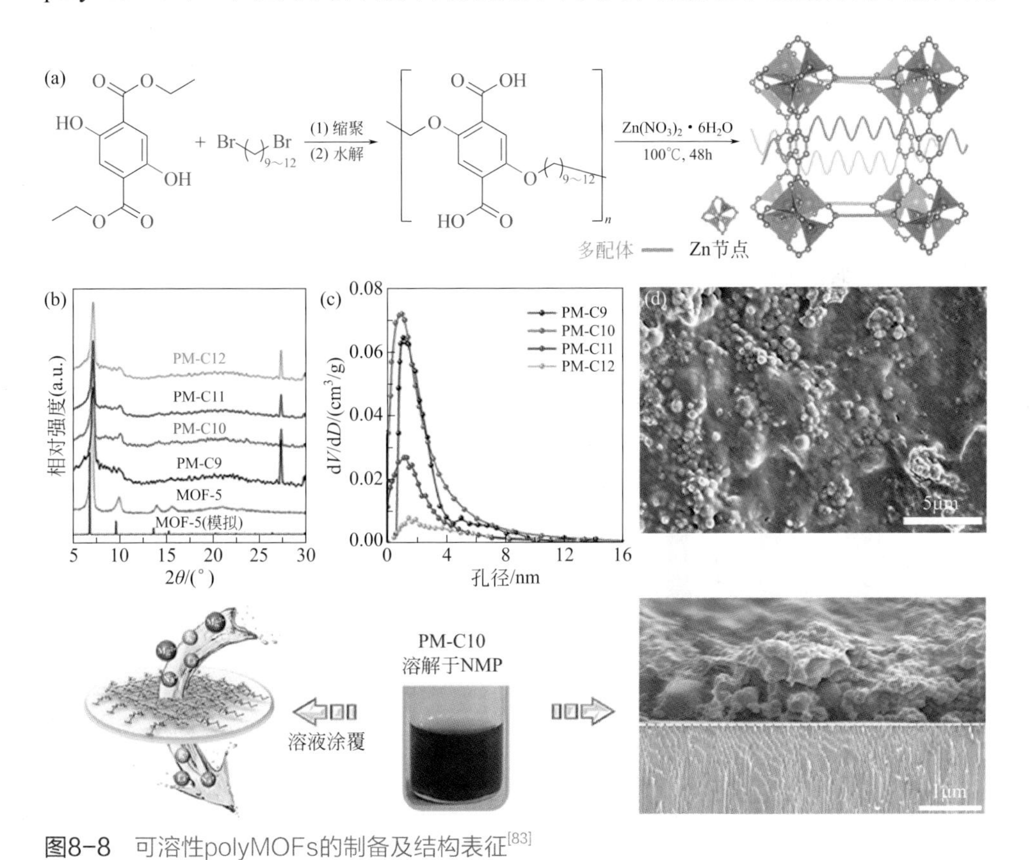


图8-8　可溶性polyMOFs的制备及结构表征[83]

在 polyMOF-5 膜的表面存在着大量未配位的羧酸根负离子，且由于聚合物配体的特殊性，羧酸根负离子连接的长碳链也在 polyMOF-5 膜的表面大量存在，并且长碳链的存在使得羧酸根负离子能够在大范围内移动。polyMOF-5 膜表面有大量负电荷吸引阳离子，随后与阳离子形成较弱的配位键，并将其向 polyMOF 框架内部输送，而膜内部也存在一定量的单边配位的聚合物配体，其另一端未配位的羧酸根离子游离在框架内部之中，且被聚合物配体中的长碳链固定在了某一个活动范围中。因此，这些一端游离的未完全配位的配体在 polyMOF 膜内部组成了一个快速传输通道，在一/二价阳离子通过polyMOF形成的筛分窗口之后，可以在其内部迅速传输，从而达到快速传输与离子分离的目的。$K^+$、$Na^+$和$Li^+$相比于$Mg^{2+}$更易通过polyMOF的窗口，通过窗口后在通道内快速传递，进一步与$Mg^{2+}$传输拉开差距，达到一/二价离子分离的目的。

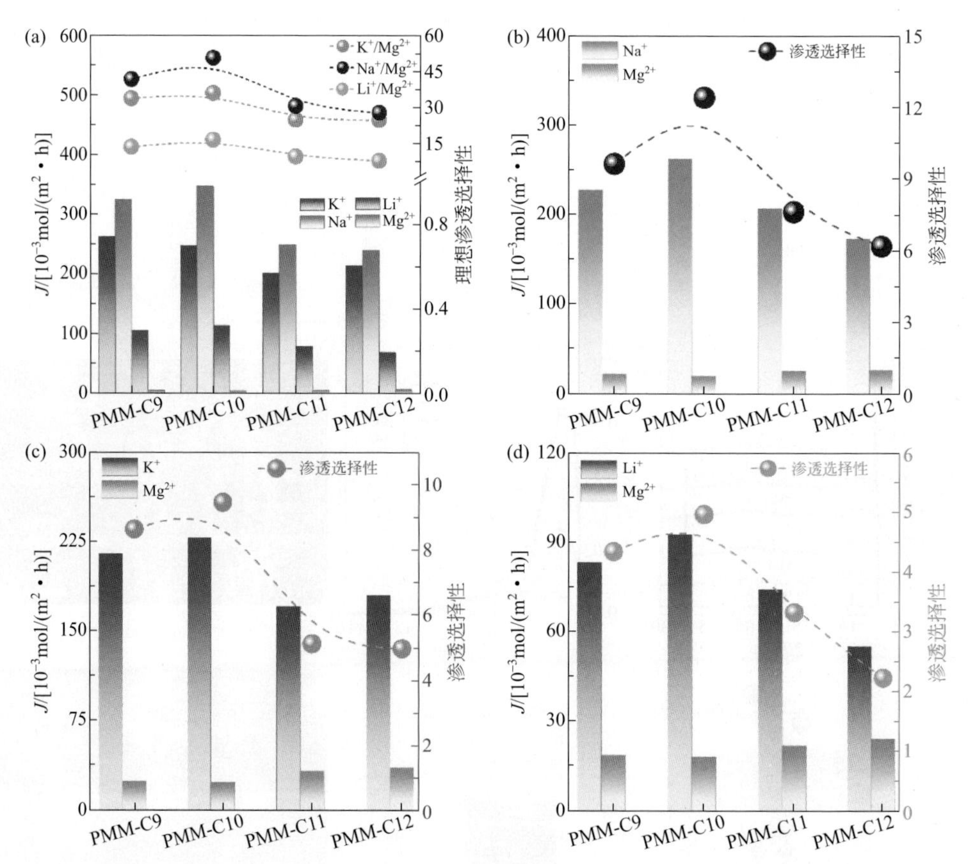


图8-9 polyMOF复合膜离子分离性能：（a）polyMOF-5（$x$）（$x$=9、10、11、12）膜单离子通量及分离性能；（b）polyMOF-5（$x$）（x=9、10、11、12）膜的$Na^+/Mg^{2+}$通量与分离性能；（c）polyMOF-5（$x$）（$x$=9、10、11、12）膜的$K^+/Mg^{2+}$通量及分离性能；（d）polyMOF-5（$x$）（$x$=9、10、11、12）膜的$Li^+/Mg^{2+}$通量及分离性能[83]

## 二、共价有机框架膜

### 1．共价有机框架概述

共价有机框架是一类由有机单体通过共价键按不同拓扑方式连接形成的具有规整孔道结构、确定孔道尺寸的结晶性多孔材料，因此被称为“有机沸石”。自从 2005 年 Yaghi 等报道了首个高结晶度的有机多孔聚合物（COF-1）以来[84]，共价有机框架因其规整的孔道结构、高比表面积、优异的稳定性以及化学可调谐性等特点，受到人们广泛的关注。特别是与无机沸石和有机 - 无机混合结构的金属有机框架多孔材料相比，共价有机框架具有更加优异的化学稳定性，在水系以及极端环境中的应用具有更大的潜力。其中 $\beta$- 酮烯胺型共价有机框架在强酸强碱溶液中也能够保持很好的结构稳定[85]。Banerjee 等[86]通过在共价有机框架层间引入强氢键，制备出甚至在浓硫酸、浓盐酸以及 9mol/L 的 NaOH 溶液中仍保持着长时间结构稳定的亚胺型共价有机框架。

由于共价有机框架材料由 C、H、O、B 或者 N 等轻元素通过强共价键连接，所以其拥有低密度、高热稳定性以及固有的孔道结构。根据构建单元维度的不同，共价有机框架材料可以分为二维和三维共价有机框架材料。其中在二维共价有机框架材料中，定点和棱通过共价键的拓扑连接形成延伸的二维多边形片层，这些片层通过层间 π-π 堆叠形成多层的骨架，从而表现出两种结构特征：①周期性的 π 阵列，这种 π 系阵列结构可以促进堆叠方向的载流子传输，这意味着二维共价有机框架材料可作为光电子和光伏材料并在光电应用中表现出巨大的潜力。②有序的一维孔道结构，这种统一开放的一维规整孔道结构可用于气体存储、物质传输与分离、客体分子吸附以及纳米反应器等。特别是其孔道尺度的可调控性以及孔道表面易修饰等特点，在纳米通道的设计与应用中具有重要的应用价值。三维共价有机框架材料是由三维有机构筑单元通过共价键的拓扑连接形成。通常三维共价有机框架材料拥有大量开放的孔道，高比表面积（有些材料比表面积可以高达 $4000m^2/g$）和低的密度（可低至 $0.17g/cm^3$）。这些特性使其在气体存储、吸附和催化等领域中具有巨大的潜力[23,87]。图 8-10 所示为共价有机框架材料的一些重要发展过程，从二维的 COF-1 到三维的 COF-108，从环氧硼烷到亚胺型共价有机框架，从不可加工共价有机框架粉末到可加工共价有机框架纳米多孔膜的制备，从低结晶性到高结晶性共价有机框架的开发，从简单的框架到多功能化共价有机框架的设计等一系列的研究，极大地促进了共价有机框架材料的发展及其在不同领域中的应用[84-86,88-98]。

## 2．共价有机框架孔道结构设计

共价有机框架材料是一种通过共价键连接构成的具有结晶性的有机多孔材料。原则上，连接有机构筑单元从而得到非结晶性的固体是热力学有利的过程。如大多数无序交联聚合物的合成都可以轻易地通过构筑单元之间强共价键的连接形成。虽然通过有机构筑单元的刚性结构特点或者形成的聚合物链间相互作用等可以轻松地形成一定的孔道结构。但是这样得到的聚合物都缺乏结晶性材料所拥有的短程或长程有序性结构特征，形成的孔道也是无序不规整的。为了得到具有规整孔道结构的结晶性有机多孔材料，需要保证有机构筑单元形成的共价键是可逆的，同时控制反应速率在一定的范围内，从而使构筑单元在聚合形成骨架材料的过程中能够对缺陷进行自我修复。因此动态共价化学（dynamic covalent chemistry, DCC）被广泛地应用于研究合成结晶性共价有机框架材料中。自从 2005 年 Yaghi 等首次报道合成出第一个共价有机框架材料以来[84]，大量用于共价有机框架材料合成的有机化学反应被开发。根据连接基团的不同，可以形成不同孔道结构类型的共价有机框架材料，包括硼酸酐和硼酸酯类型、聚酰亚胺类型、三嗪类型、席夫碱类型等，如图 8-11 所示[23]。由于丰富的单体来源、多样化的拓扑连接方式以及可调谐的孔道壁面性质，因此共价有机框架能够实现孔道的精密设计与调控。

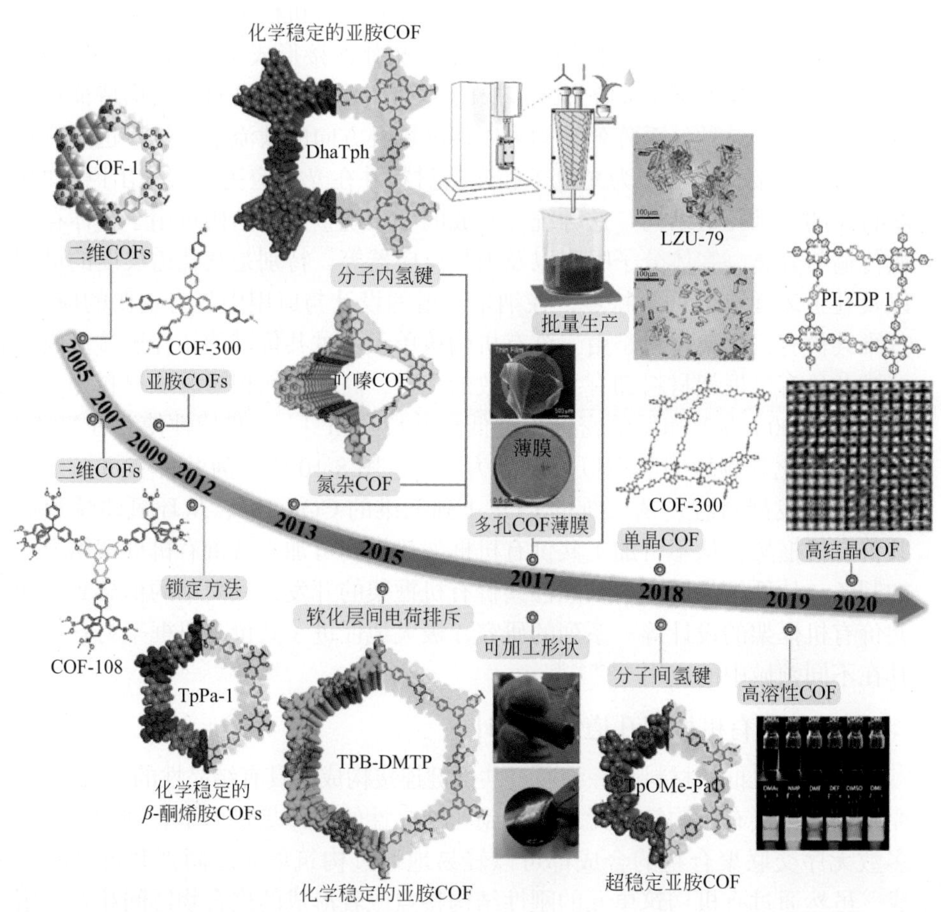


图8-10　共价有机框架材料的发展历程，从不稳定粉末到超稳定可加工类型共价有机框架的重要进展[23,97,98]

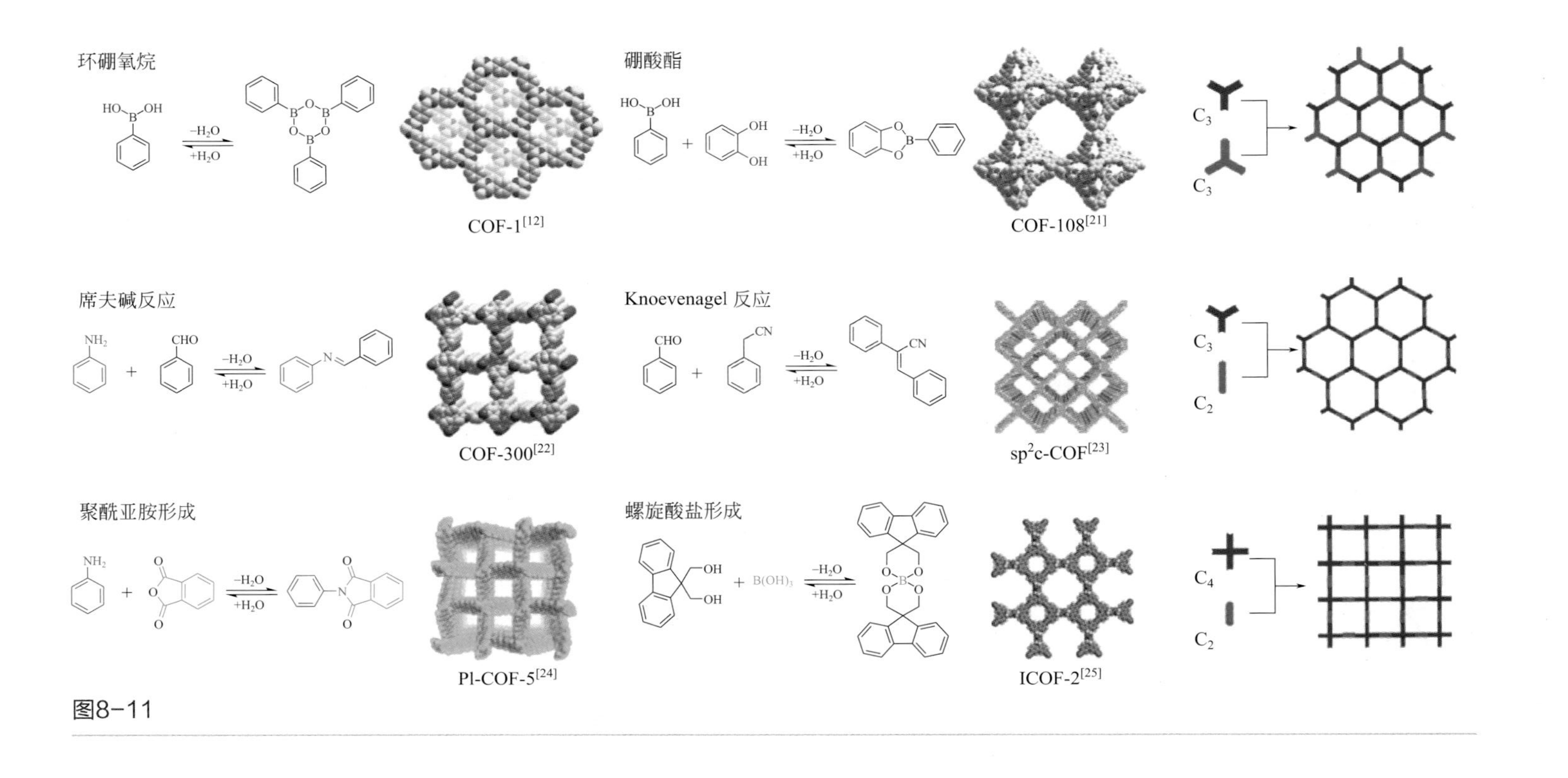
环硼氧烷
$-H_2O$
$+H_2O$
COF-1[12]
硼酸酯
COF-108[21]
$C_3$
$C_3$
席夫碱反应
COF-300[22]
Knoevenagel 反应
sp2c-COF[23]
$C_3$
$C_2$
聚酰亚胺形成
PI-COF-5[24]
螺旋酸盐形成
$B(OH)_3$
ICOF-2[25]
$C_4$
$C_2$

图8-11

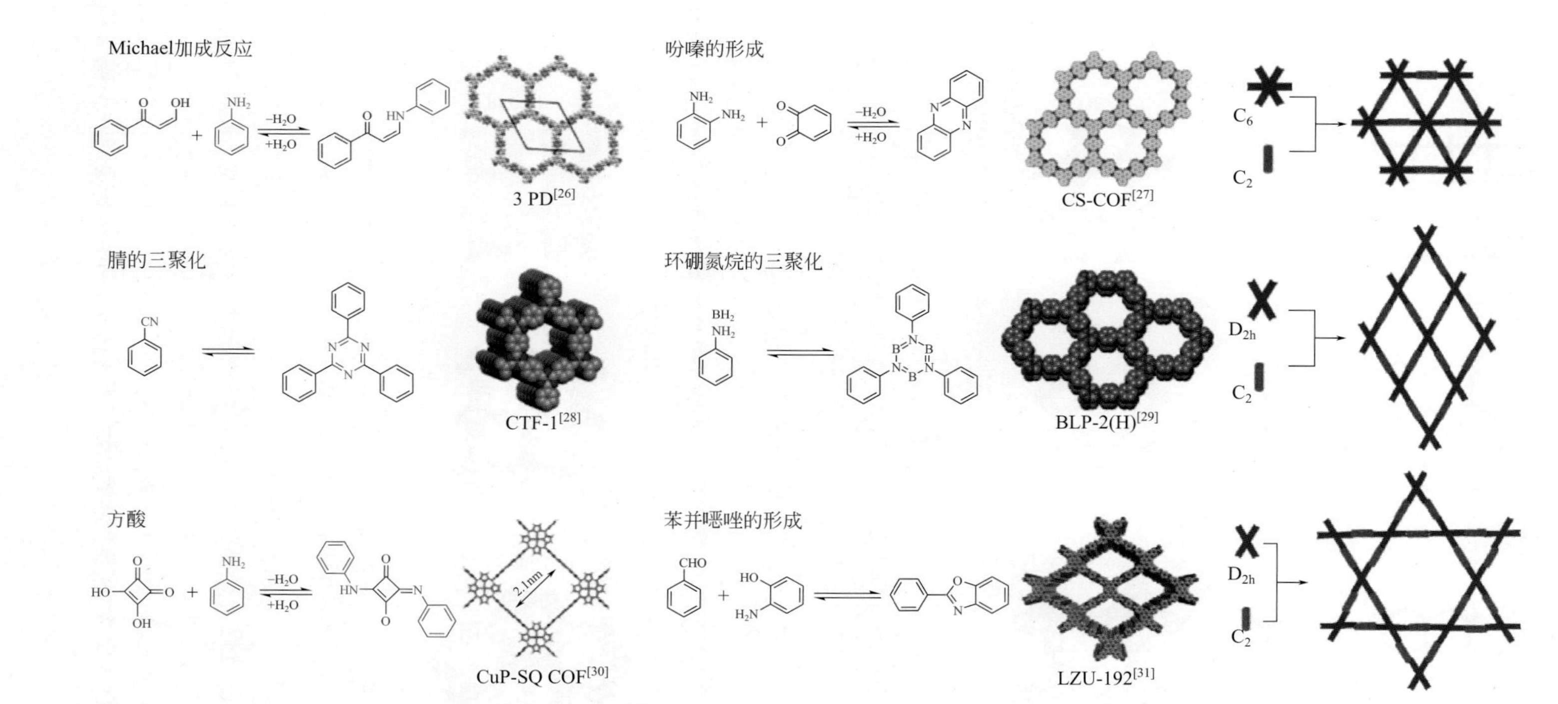


图8-11 不同类型可逆有机反应用于COFs的构筑[23]

（1）共价有机框架孔道尺度的调控　通过对构筑单元的合理设计和选择，可以有效调控 COFs 的孔径大小。目前，报道的 COFs 材料的孔径大部分集中在 0.5 ～ 3nm，是用于脱盐、渗透汽化、水处理和有机溶剂纳滤的尺寸范围[24]。例如，用于脱盐的纳滤膜通常具有相对较小的孔径，小于 1nm。用于有机溶剂纳滤的膜，孔径必须小于 2nm。此外，COFs 的孔径和孔隙率也影响其在气体分离和质子交换方面的应用。Dey 等[95]通过改变线型连接单体的结构和长度，构筑出孔径范围在 1.4 ～ 2.6nm 的一系列 $\beta$- 酮烯胺型 COFs，如图 8-12（a）所示。Mu 等[99]通过设计合成更长线型连接单体并进一步制备出孔径分别可达 7.7nm 和 10.0nm 的大孔径 COFs。除了改变线型连接单体的长度，通过孔道表面工程在 COFs 孔道中引入大的侧链或功能基团，也能有效调整其孔道大小。如 Nagai 等[100]引入不同含量易功能化单体合成出不同叠氮的 COF-5，接着通过后修饰改性将其孔径从介孔降低到微孔大小，如图 8-12（b）所示。此外，由于大部分 COFs 是二维多边形的层状结构，这些片层通过层间 π-π 堆叠形成连续的一维通道。因此，通过改变二维 COFs 片层堆砌方式也能有效调控其孔道尺寸，如 Li 等[101]通过调节醛单体酚羟基的数目，采用界面聚合方法合成出两种不同层间堆砌方式的自支撑 COFs 膜，其中层层重叠堆砌的膜孔径为 1.1nm，而层层交错堆砌的膜孔径可下降至 0.6nm，如图 8-12（c）所示。

在多孔 COFs 材料中，通过合理的结构设计和拓扑连接，还可以构筑出具有多种孔径结构的 COFs。如 Dalapati 等[102]通过 TPEBA（四苯乙烯为核心的硼酸）与 THB（四羟基苯）溶剂热缩合反应构筑出一种具有六角介孔和三角微孔两种不同孔道的硼酸型多级孔 COFs 材料，如图 8-13（a）所示。Zhou 等[103]使用四苯胺（ETTA）单体和对苯二甲醛单体之间的席夫碱反应进一步构筑出具有六角介孔和三角微孔两种不同孔道的亚胺型多级孔 COFs 材料［图 8-13（b）］。Pang 等[104]通过合理的结构设计，通过改变构筑单体的取代基，可以实现对 COFs 拓扑结构的调节，如图 8-13（c）所示；当取代基为羟基时，合成的为多级孔 COFs，当取代基为氧乙基（单体为 DETA）或氧丙基（单体为 DBTA）时，合成的是菱形单孔 COFs。

（2）共价有机框架孔道壁面性质的调控　由于形成 COFs 的有机构筑单体的可设计性以及 COFs 孔道壁面的可调谐性，因此理论上可根据实际需求合成出不同孔道壁面性质的 COFs 材料，包括孔道壁面的荷电性、亲疏水性等。如 Ma 等[105]通过引入阳离子型溴化乙锭单体构筑出荷正电的 COFs，并实现了优异的氢离子传导性能［图 8-14（a）］。Mitra 等[106]通过使用氨基胍盐酸盐单体与三醛基间苯三酚单体之间的席夫碱反应构筑出具有自剥离特性的基于胍基的阳离子型共价有机纳米片。Guo 等[107]通过邻联甲苯胺单体与三醛基间苯三酚单体反应，构筑出含有甲基的 COFs 纳米通道，接着通过对其通道表面的溴化和季铵化改性制备出荷正电的 COFs 纳米通道。Peng 等[108]通过引入带有不同磺酸根的二胺单体构筑出具有不同负电荷密度的 COFs（NUS-9、NUS-10），并将其与聚偏氟乙烯共混制备出混合基质膜，实现了高的氢离子电导率［图 8-14（b）］。Lu 等 [109] 通过在三维 COFs 中引入羟基，接着通过琥珀酸酐的后修饰改性，制备出具有羧基功能化的三维荷负电 COFs。

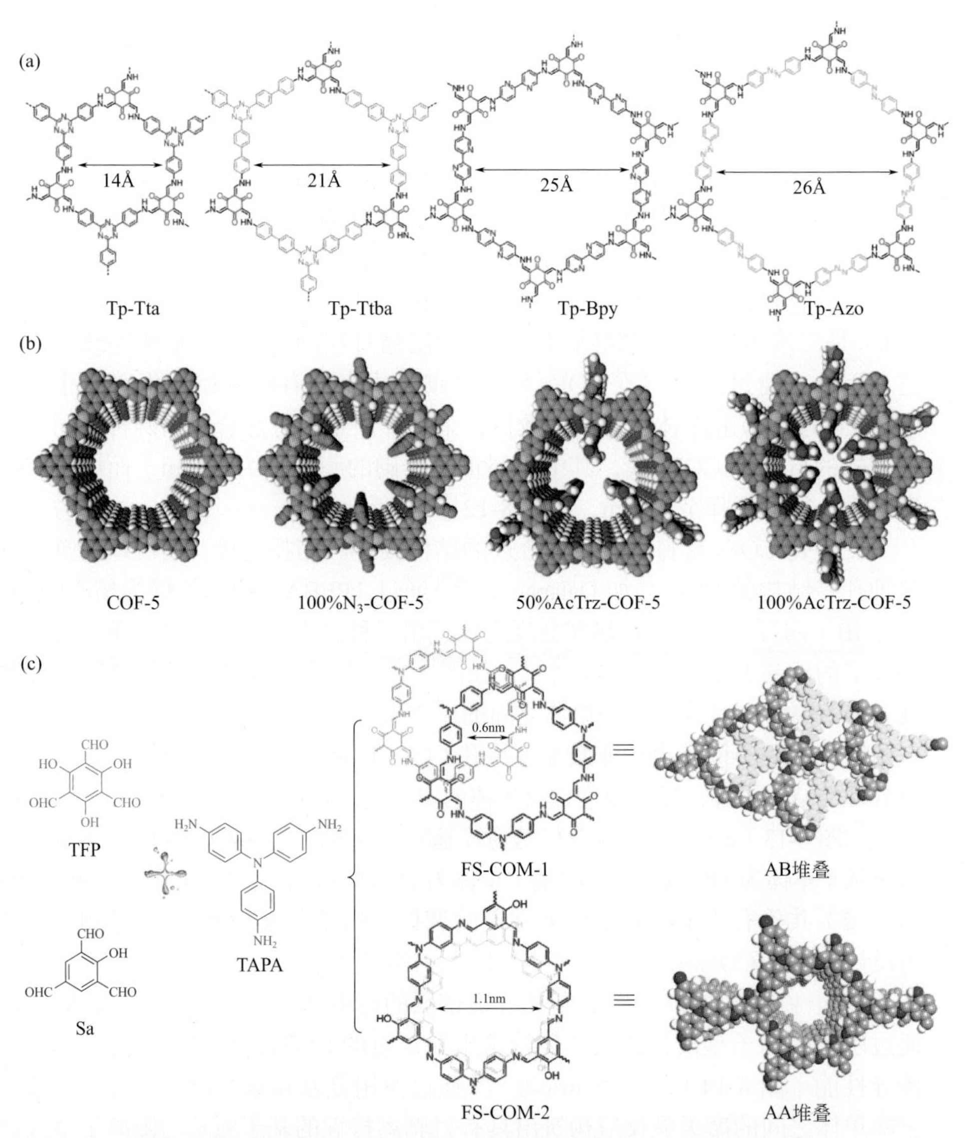


图8-12　COFs孔道尺度调控：（a）通过线型连接单体结构和长度调控COFs孔径大小；（b）通过后修饰引入大的侧链或功能基团调控COFs孔径大小；（c）通过醛单体酚羟基数目改变二维COFs层间堆砌方式调控其孔径大小[95,100,101]

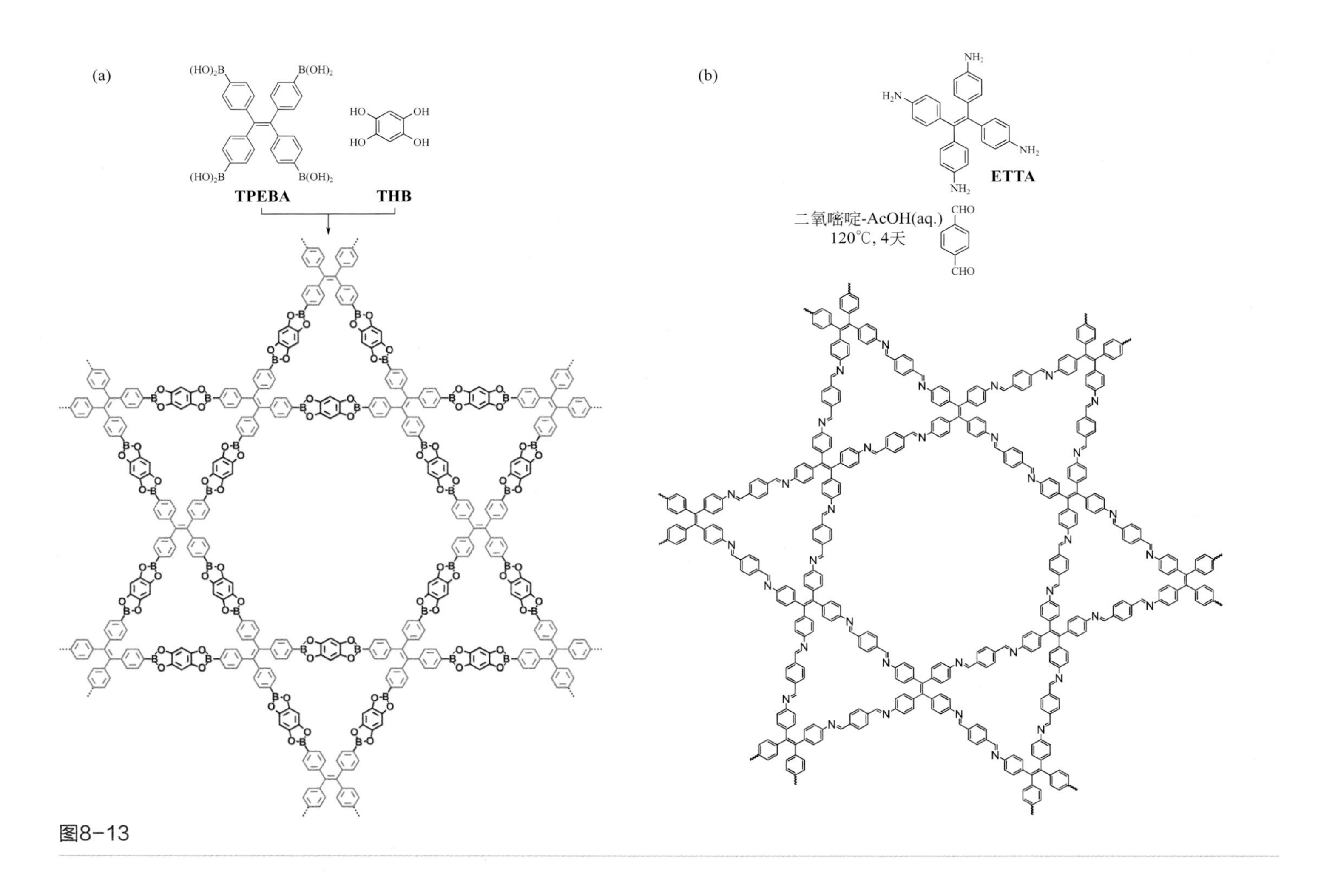
(a)
$(HO)_2B$
$B(OH)_2$
HO
OH
TPEBA
THB
(b)
$NH_2$
$H_2N$
ETTA
CHO
二氧嘧啶-AcOH(aq.)
120℃, 4天

图8-13

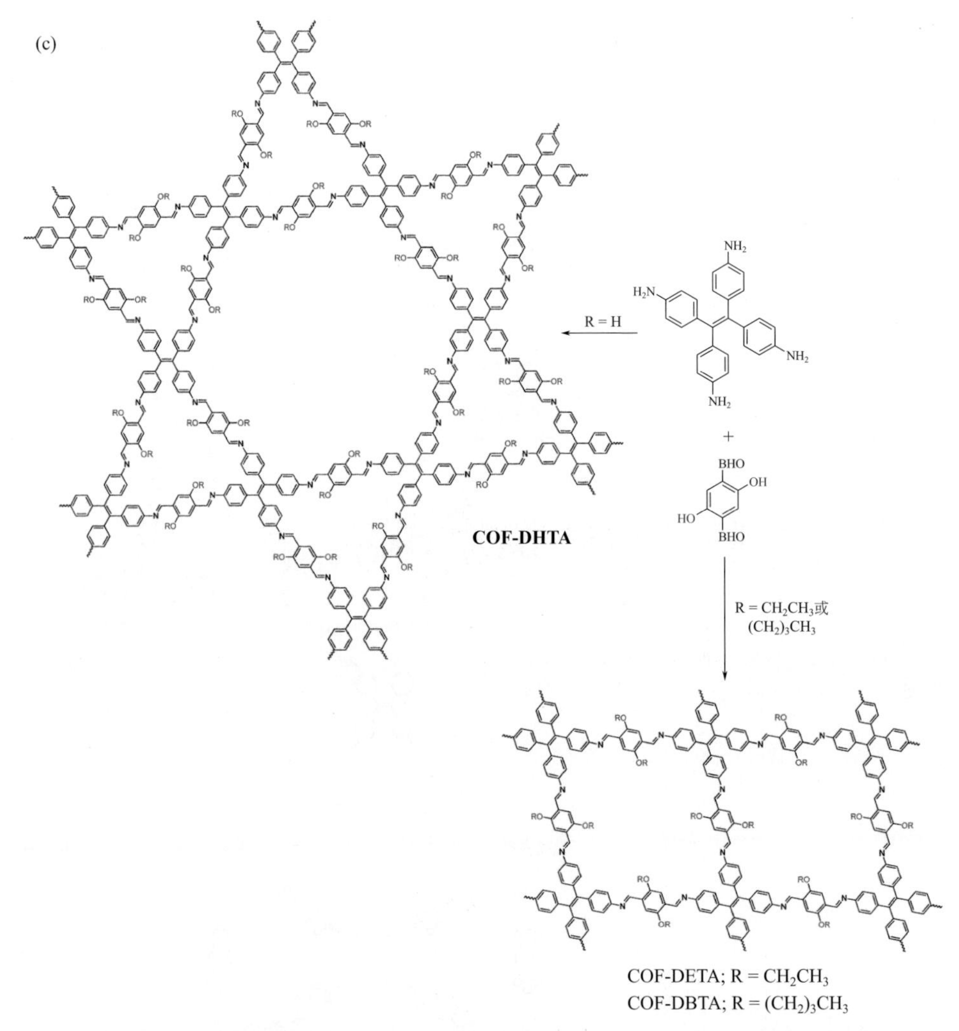


图8-13 多级孔COFs的构筑：（a）硼酸型多级孔COFs；（b）亚胺型多级孔COFs；（c）多级孔与单孔COFs的调节[102-104]

除了壁面电荷性质的调控，孔道的亲疏水性也会显著影响 COFs 的性能，特别是与水相关的应用，如吸附、分离等。如 Zhang 等 [110] 通过计算研究表明，在海水淡化中具有亲水性官能团的二维 COFs 膜比具有类似孔径大小的疏水膜具有更高的纯水通量，这主要是由于水分子和亲水基团之间优先相互作用。Wang 等 [111] 将富胺的 COFs 引入到聚酰胺层中制备出杂化膜，在保持相当的盐截留率的同时水通量显著增加，进一步证明了 COFs 的亲水性官能团对水通量的影响。Zhao 等 [112] 通过碱性溶液破坏 COFs 膜中的部分亚胺键制备出具有梯度亲水性的 COFs 膜，并在膜蒸馏应用中表现出优异的性能，见图 8-14（c）。

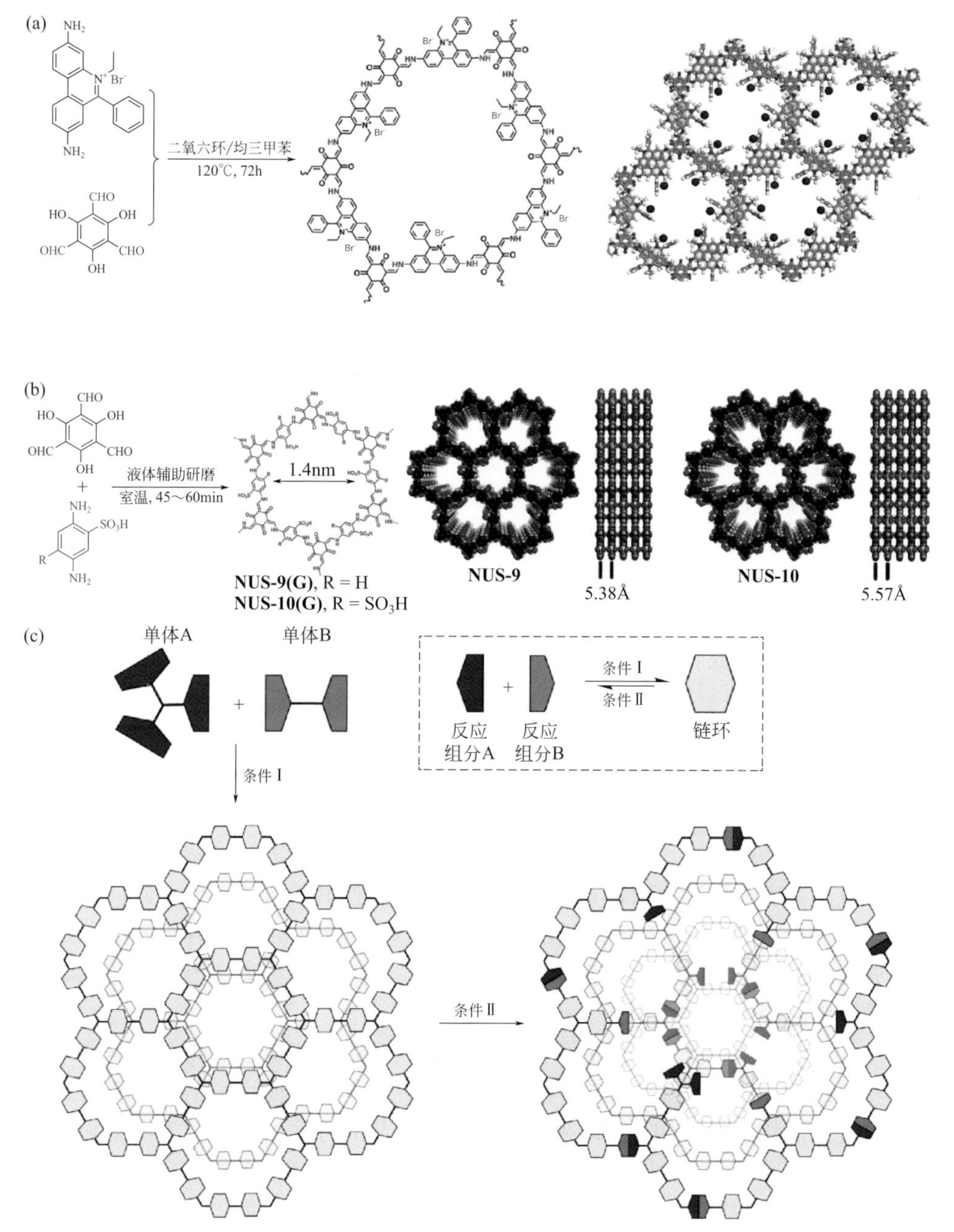


图8-14　COFs孔道壁面性质调控：（a）荷正电COFs纳米通道；（b）荷负电COFs纳米通道；（c）具有梯度亲水性的COFs膜通道[105,108,112]

此外，Banerjee 等在二维席夫碱类型共价有机框架层间引入氢键，从而在亚胺键周围提供显著的空间位阻和疏水环境，阻止其在极端条件下的水解，制备出具有超高化学稳定性的 COFs 材料[86]。结果显示，制备出的 COFs 在浓硫酸、浓盐酸以及 9mol/L 的氢氧化钠溶液中也能保持结构稳定。Halder 等[113] 通过引入蒽醌类二胺单体构筑的亚胺类 COFs，在超级电容中表现出应用潜力。Bing 等[114] 通过在 COFs 通道中引入亲锂性低聚醚，实现了 $Li^{+}/Mg^{2+}$ 的有效分离。不同于层间氢键作用的引入，徐铜文课题组在共价有机框架通道中引入氢键位点，基于其与水合离子外层水分子间氢键作用差异合成出具有高效离子筛分性能的 COFs 纳米多孔膜[115]。

### 3．共价有机框架膜的制备及离子分离性能研究

和金属有机框架材料类似，共价有机框架也很难找到溶剂将其溶解，因此具有差的可溶液加工性。但是，随着近年来的发展，共价有机框架纳米多孔膜的制备方法得到了极大的丰富和改进。目前共价有机框架纳米多孔膜的制备方法主要包括：①通过将共价有机框架粉末剥离成纳米片，再将其单独或与其他材料混合组装后抽滤成膜[116-118]；②将共价有机框架粉末作为纳米填充颗粒，并与聚合物混合制备出混合基质膜[119,120]；③将合成共价有机框架的单体与溶剂混合成浆料，在玻璃板上刮成膜，再在催化剂的作用下通过热处理得到自支撑的共价有机框架纳米多孔膜[94]；④通过两相界面间的聚合结晶反应直接在相界面处构筑出纯相的共价有机框架纳米多孔膜，包括液 - 液相界面、气 - 液相界面以及气 - 固相界面的反应[95,121,122]；⑤通过对基底改性，并在溶剂热条件下原位生长，直接在基底表面构筑出致密的共价有机框架纳米多孔膜[123]；⑥利用二维共价有机框架层层堆砌的结构特点，使用高电荷密度的单体抑制共价有机框架层间的堆砌，可以合成出具有在不同有机溶剂中高度溶解的可溶性共价有机框架，并直接制备出纯相的共价有机框架纳米多孔膜[97]。随着这些共价有机框架纳米多孔膜先进制备方法的发展，为共价有机框架在气体分离、水系分子或离子分离以及光电转化等领域中的应用带来了曙光。

自从 2017 年 Banerjee 等[95] 首次通过将合成 COFs 的两种单体溶解在互不相容的两相溶液中，在催化剂的作用下利用液 - 液界面生长结晶策略构筑出纯相自支撑的结晶性 COFs 膜以来，界面生长结晶的方法由于反应条件温和，并易于形成致密无缺陷的结晶性膜而被广泛地应用于 COFs 膜的合成，特别是亚胺型 COFs 膜的合成，且随着这几年的研究得到了快速的发展，不但拓宽了液 - 液两相溶剂的种类，同时也发展出使用包括气 - 液、气 - 固相界面的界面生长结晶反应构筑 COFs 膜。

为此，徐铜文课题组以界面生长结晶的方法为基础，开展了系列的工作，主

要探索了 COFs 膜一维纳米通道在选择性离子传输与分离以及高盐染料废水等领域中的应用潜力，重点研究了离子在纳米限域空间中选择性传输机制。

（1）纯相超薄 COF 膜　不同于两相界面间的直接界面生长结晶过程，通过将 40 ～ 70nm 孔径大小的直通孔道三氧化二铝（AAO）模板固定在二氯甲烷和水的两相界面间，使用反扩散方法在 AAO 多孔基底表面构筑纯相的亚胺型 COFs 膜。具体分为三步，首先使用 H- 型扩散池将 AAO 多孔基底固定在中间，然后将三醛基间苯三酚（Tp）单体溶解在二氯甲烷中作为有机相溶液倒入扩散池一侧，再将邻联甲苯胺（$BDMe_2$）单体在对甲基苯磺酸（PTSA）催化剂的辅助下溶解在水中作为水相溶液。PTSA 可与 $BDMe_2$ 等二胺类单体形成氢键并溶解在水相中，同时通过控制二胺单体的扩散速率以及在界面处与 Tp 单体的反应速率，促使反应向热力学控制的方向移动，从而生成结晶性 COFs 纳米多孔膜，如图 8-15 所示[124]。

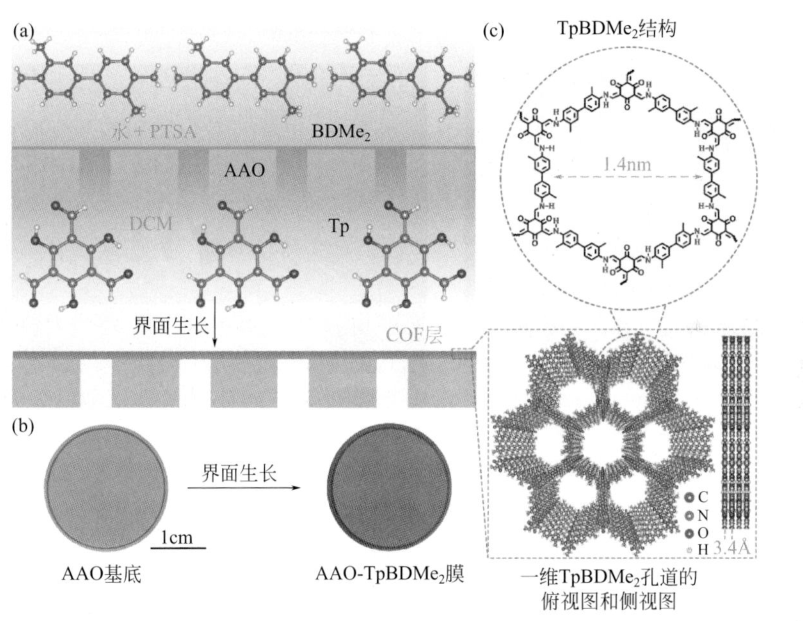


图8-15　界面生长结晶策略在AAO多孔基底表面构筑超薄COFs纳米多孔膜[124]

通过扫描电镜图的表征，可以看到通过界面反应 3d 后，形成了一层透明的超薄 COFs 膜，厚度约为 22nm［图 8-16（a）、（b）］。高分辨透射电镜图显示出大量的晶格条纹，且相邻晶格条纹间距为 0.34nm，和该 COFs 理论的（001）晶面的层间距相吻合，证明了其结晶性；选区电子衍射图进一步证明了合成的 COFs 膜结晶性［图 8-16（c）、（d）］；此外，通过将合成的 COFs 膜研磨成粉末进行 XRD 的表征也证明了其具有高的结晶性。氮气吸附脱附曲线的表征结果显示其孔径主要为 1.4nm［图 8-16（e）］；考虑到该 COFs 纳米通道中大量羰基氧原子和仲胺的存在，易于形成氢键，为此通过升温红外的表征验证其孔道中氢键的存在及其来源，首先在空气氛围中，不同温度下该 COFs 纳米多孔膜的 FTIR 在 C—N 特征峰处发生明显的偏移，说明氢键作用的存在。与之对比，在 $N_2$ 氛围

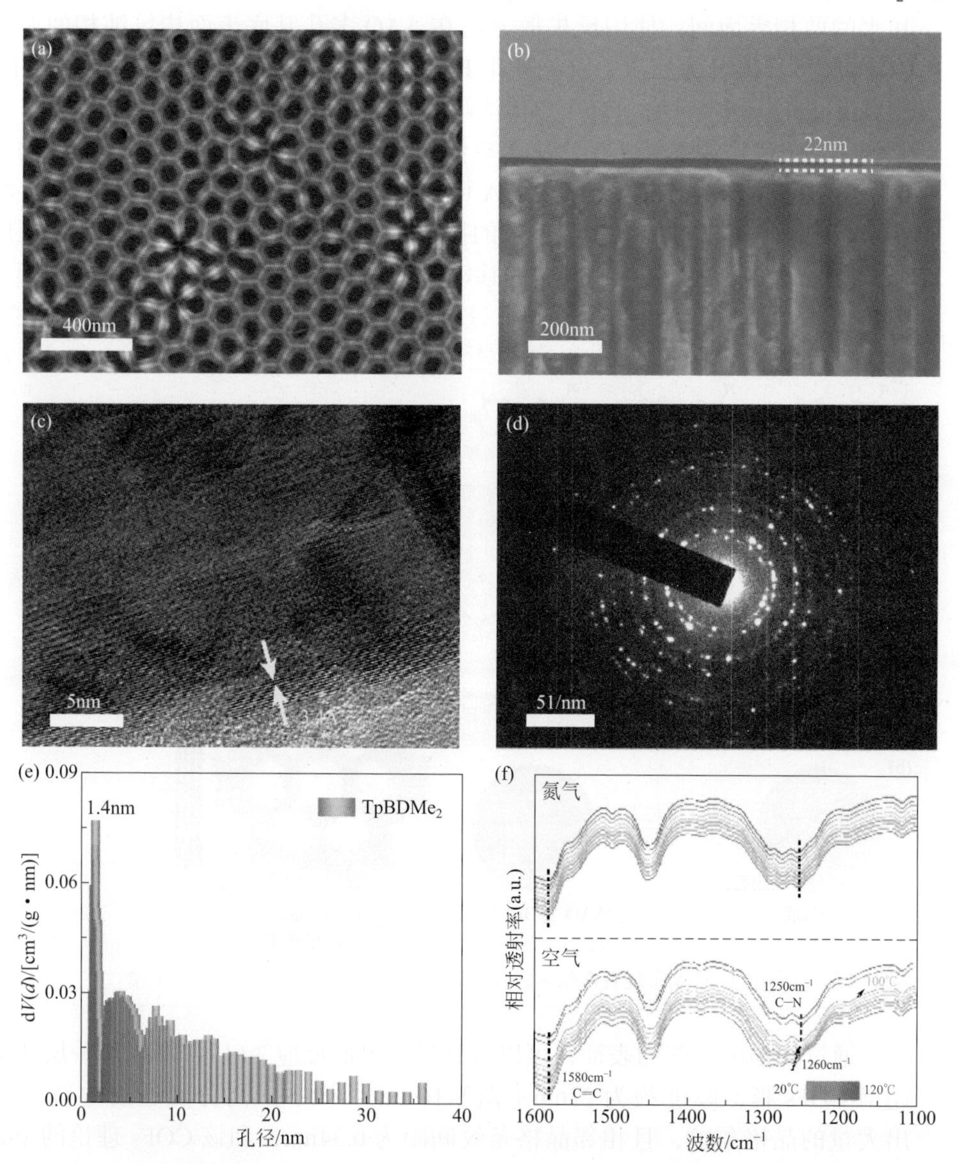


图8-16　COFs膜的表征：（a）、（b）反应3d后，在AAO表面构筑的COFs膜表面和断面图；（c）、（d）AAO表面构筑的COFs膜高分辨透射电镜和选取电子衍射图；（e）COFs膜的孔径分布情况；（f）COFs膜分别在空气和氮气氛围下的升温红外表征[124]

中相同温度范围内的 FT-IR 峰位置没有明显的变化，说明氢键作用来自 COFs 膜纳米孔道与空气中的水分。在低温下，C—N 基团中氮原子与水分子中的氢原子之间形成氢键，C—N 基团电子云密度降低，其伸缩振动峰向高波数移动，而随着温度的升高，氢键作用逐渐被破坏，C—N 振动峰向低波数移动。综上，通过分别在空气和氮气氛围中该 COFs 膜的升温红外结果，证明了其极性纳米孔道中的仲胺与水分子之间能形成显著的氢键作用，即其极性孔道中存在大量的氢键位点［图 8-16（f）］。

由于大多数 COFs 形成的是一维垂直贯通的规整孔道，非常适合纳米限域空间的构筑以及高效离子分离研究。此外，模拟结果显示共价有机框架在离子传输与分离方面具有巨大的潜力，其中 0.89nm 孔径的 TpPa-1 共价有机框架纳米多孔膜可以实现 $MgCl_2$ 的完全截留。而 TpHZ 共价有机框架纳米多孔膜利用其 0.8nm 孔道大小以及极性孔道环境可以实现对 NaCl 达 45% 的截留率。为了进一步了解离子在该 COFs 膜纳米通道中的传输行为，测试了不同金属离子氯化物在其极性孔道中的扩散速率，并绘制出金属离子扩散速率和离子水合直径关系，如图 8-17（a）所示。随着离子水合直径的增加，离子在该COFs膜纳米孔道中的扩散速率下降，并且存在明显的临界区域，当离子水合直径大于临界区域时，扩散速率急剧下降，离子很难通过COFs膜纳米通道，这个临界区域可以作为离子分离的指示器。同时发现，这个临界区域的尺寸约为 0.8nm，要显著小于通过比表面孔径分析仪测试出的该 COFs 对应的 1.4nm 孔径大小，这说明在该 COFs 膜中产生显著的离子传输与分离作用的机制并不是主要来自孔径筛分作用。考虑到使用的 AAO 多孔基底中孔道的密度及孔径大小，计算了不同离子在该 COFs 膜、AAO 多孔基底中的扩散系数，并和离子在本体溶液中的扩散系数对比［图 8-17（b）］，可以看出不同离子在 AAO 基底的扩散系数与离子在本体溶液中的扩散系数相当，说明 AAO 基底对离子传输没有明显的影响，同时对不同离子也没有选择性传输与分离作用。与之相比，离子在 COFs 膜中的扩散系数都明显下降，同时不同离子之间表现出显著的传输差异。这说明离子在该 COFs 膜孔道中传输存在着不同传输阻力的影响，这种传输阻力的差异显著影响离子的传输速率。此外，通过和文献中报道的不同类型纳米多孔膜中离子扩散速率与分离性能对比［图 8-17（c）］，在以浓度差作为驱动力下，该 COFs 膜同时表现出优异的单价金属离子扩散速率和超高的单多价金属离子选择性。如图 8-17（d）所示，通过测试 KCl/$MgCl_2$、NaCl/$MgCl_2$ 和 LiCl/$MgCl_2$ 混合溶液中不同离子的扩散速率和选择性，进一步验证了该 COFs 纳米多孔膜具有优异的金属离子分离性能。

通过前面的实验结果，发现不同金属离子在该 COFs 纳米多孔膜极性孔道中表现出显著的离子传输差异，并且其传输差异并不是主要来自孔径筛分作用，而是来自离子在其孔道中传输阻力差异的影响。为了进一步探究离子选择性传输

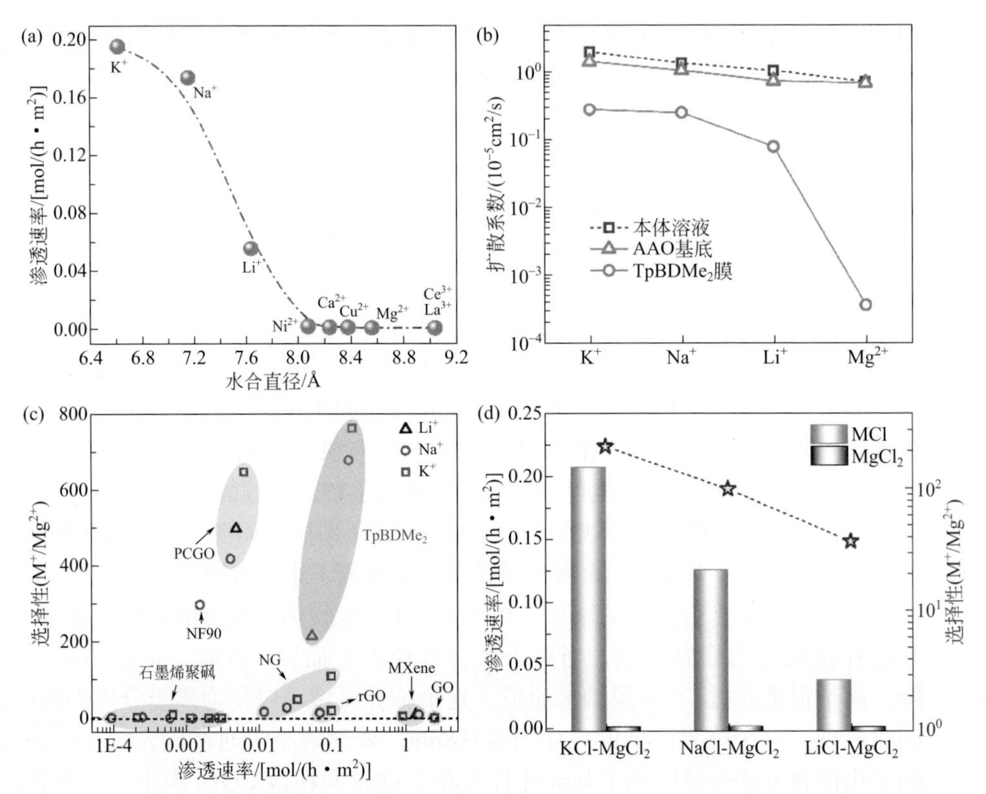


图8-17　不同金属离子在该COFs膜中传输与分离性能：（a）不同金属离子在COFs膜中扩散速率与离子水合直径的关系；（b）测试的不同金属离子在COFs纳米多孔膜、AAO基底及其在本体溶液中扩散系数的比较；（c）在浓度梯度扩散条件下，不同类型纳米多孔膜的离子扩散速率及选择性（$K^+/Mg^{2+}$、$Na^+/Mg^{2+}$和$Li^+/Mg^{2+}$）对比；（d）该COFs膜对$KCl/MgCl_2$、$NaCl/MgCl_2$和$LiCl/MgCl_2$混合溶液中不同离子的扩散速率及选择性[124]

作用的来源，结合该COFs膜纳米通道升温红外的表征结果，考虑到其纳米通道中氢键位点的存在，能够与水分子上的氢形成显著的氢键作用，而离子在溶液中是以水合形式存在，金属离子通过静电与水分子上的极性氧原子结合，并优先暴露出氢原子。基于此，借助非平衡分子动力学（NEMD）模拟和密度泛函理论（DFT）计算，分析了不同水合金属离子与该COFs膜纳米通道中氢键位点之间的氢键作用，进一步深入探究离子在COFs膜纳米孔道中选择性的传输机理。计算了4种水合金属离子（$K^+$、$Na^+$、$Li^+$、$Mg^{2+}$）与该COFs纳米通道形成的氢键作用对离子传输性能的影响。如图8-18（a）所示，根据NEMD模拟，4种水合金属离子和该COFs膜纳米孔道中氢键位点形成的氢键结合能顺序为：$K^+<Na^+<Li^+<Mg^{2+}$，其中水合离子直径最大的$Mg^{2+}$的氢键能最高。接着，根据不同水合金属离子和COFs膜孔道中形成氢键的能量差异，进一步计算出水合

离子在该膜纳米通道中扩散需要克服的能垒，如图 8-18（b）所示。水合 $K^+$ 的能垒最低，而水合 $Mg^{2+}$ 的能垒最高，说明了不同水合金属离子在该 COFs 膜纳米孔道中的选择性传输作用主要来源于其与孔道中氢键位点形成氢键作用的差异。由于离子电荷密度的不同，其对水合层中水分子上的氧原子作用力不同，使水合层中氢原子表现出不同的氢键活性，并与 COFs 膜纳米通道中的氢键位点形成不同的氢键作用，从而导致不同离子在其通道中产生不同的能垒差异并实现高效的选择性离子传输与分离性能。最后，基于水合金属离子和该 COFs 膜孔道中形成氢键能量的差异，进一步计算出不同水合金属离子的理论扩散系数和扩散速率，如图 8-18（c）、（d）所示。水合金属离子的扩散系数和扩散速率顺序都为：$K^+>Na^+>Li^+>Mg^{2+}$，和实验部分数据相吻合。进一步说明了不同水合金属离子在该 COFs 膜纳米通道中的选择性传输作用机制是由水合金属离子水合层中水分子与其纳米孔道中氢键位点形成的氢键作用的差异主导。

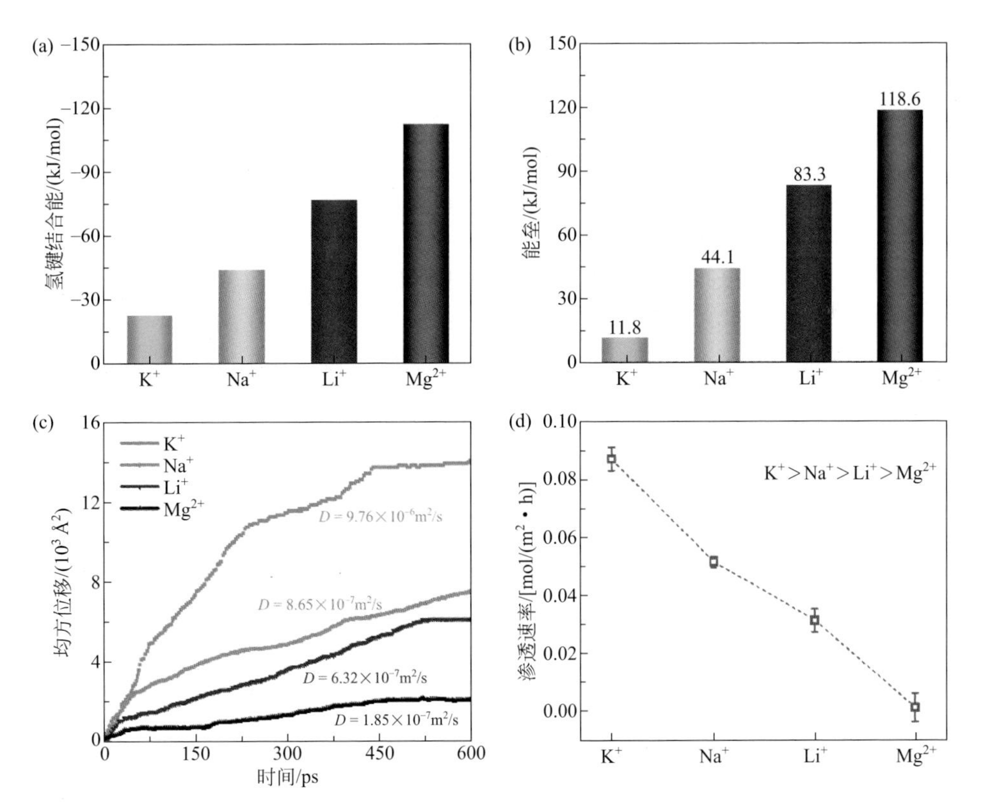


**图8-18** COFs膜纳米孔道中离子选择性传输机制解析：（a）不同水合金属离子和COFs纳米孔道中氢键位点的氢键结合能；（d）不同水合金属离子在COFs纳米孔道中传输的能垒；（c）、（d）分别为计算的水合$K^+$、$Na^+$、$Li^+$和$Mg^{2+}$理论扩散系数和扩散速率[124]

综上所述，通过系统地研究 COFs 膜孔道尺寸、极性孔道表面带电性质以及孔道表面氢键位点对离子选择性传输与分离的影响，借助计算模拟并结合实验结果证明了孔道内氢键位点与水合离子外层水分子之间氢键作用的差异是实现离子选择性传输与高效分离的主要原因。通过对共价有机框架纳米多孔膜亚 2nm 通道内氢键位点的研究，成功地证明了共价有机框架在选择性离子传输与高效分离中的应用潜力，同时揭示了离子在纳米通道限域空间中的选择性传输机制，证明了在纳米限域空间中孔道壁面性质对离子选择性传输至关重要。为开发各种纳米孔共价有机框架膜开辟了一条新的途径，为功能化共价有机框架通道的设计提供了参考，在高效离子分离和盐差能转化等方面具有广阔的应用前景。

（2）纯相阳离子型 COF 膜　除了在离子选择性传输与分离中的应用，共价有机框架膜在染料和盐分离中也具有巨大的潜力。Fan 等[123]通过原位溶剂热合成的方法在陶瓷管基底表面构筑出连续的席夫碱类型共价有机框架纳米多孔膜，利用孔径筛分作用实现了分子尺寸在 1.2nm 以上染料的高效截留，同时保持较低的盐截留率。但是，由于通道表面没有电荷的修饰，因此对于分子尺寸小于 1.2nm 的小分子染料的截留率却很低，其中甲基橙和亚甲基蓝的截留率都在 30% 以下。姜忠义等[117]通过混合组装的方法将一维纤维素纳米纤维与二维共价有机框架纳米片结合，利用纤维素纳米纤维的屏蔽作用制备出通道尺寸为亚纳米大小的纳米多孔膜，实现了高效的染料截留性能，同时盐的截留率也很高。这说明仅仅通过共价有机膜通道尺寸大小的调控很难实现染料分子与盐的高效分离，特别是小分子尺寸染料和盐的有效分离。

基于此，徐铜文课题组进一步通过界面生长结晶的策略，直接在两相界面间构筑了纯相阳离子型 COF 膜，并将其转移至 HPAN 多孔基底，研究了其在染料与盐分离中的应用潜力。具体地，首先将水解的聚丙烯腈（HPAN）多孔基底固定在自制的反应装置底部，再将 40mL 溶解有 Tp 单体的二氯甲烷溶液加入装置作为有机相，接着加入 20mL 纯水作为过渡层并形成稳定的相界面，再缓慢加入 40mL 氨基胍盐酸盐（$TG_{Cl}$）水溶液，最后静置反应 3d。随着反应时间的进行，逐渐在两相界面间形成淡黄色的阳离子型 COFs（$TpTG_{Cl}$）薄膜，反应结束后先将上层水溶液吸掉，再将下层的二氯甲烷溶液缓慢放干，形成的 COFs 膜逐渐下沉至 HPAN 多孔基底上，自然晾干后分别用二氯甲烷、水、丙酮清洗干净膜表面，如图 8-19 所示[125]。

图 8-20 所示为 $TpTG_{Cl}$ 纳米多孔膜对亚甲基蓝阳离子型染料和盐的截留与分离性能。其中亚甲基蓝的截留率超过 99.5%，而对不同的盐溶液表现出极低的截留率，NaCl、$Na_2SO_4$ 和 $MgSO_4$ 的截留率分别为 3.2%、2.6% 和 9.4% [ 图 8-20（a）]，同时都表现出超过 $100L/(m^2 \cdot h \cdot MPa)$ 的较高水通量。这主要是由于 $TpTG_{Cl}$ 纳

米多孔膜荷正电的孔道与亚甲基蓝阳离子型染料间强的静电排斥作用，而对于不同的盐溶液，如 NaCl 的截留率很低，因为小尺寸的 $Na^+$ 和 $Cl^-$ 都能顺利通过 $TpTG_{Cl}$ 膜的纳米通道。在 $Na_2SO_4$ 盐溶液中，$SO_4^{2-}$ 虽然具有大于 $Cl^-$ 的水合直径，但都小于 $TpTG_{Cl}$ 膜孔径大小，并且和荷正电孔道表面具有更强的静电吸引作用，故表现出低于 NaCl 的截留率。$MgSO_4$ 溶液中由于 $Mg^{2+}$ 具有正电荷，与荷正电的 $TpTG_{Cl}$ 纳米多孔膜具有更强的静电排斥作用，所以表现出高于 NaCl 和 $Na_2SO_4$ 的截留率。同时，$TpTG_{Cl}$ 纳米多孔膜重复性实验证明其优异的可重复性能［图 8-20（b）］。此外，图 8-20（c）所示为测试亚甲基蓝染料和盐混合溶液的截留结果，进一步证明了 $TpTG_{Cl}$ 纳米多孔膜对亚甲基蓝阳离子型染料和盐的分离效果。图 8-20（d）所示为亚甲基蓝通过 $TpTG_{Cl}$ 纳米多孔膜截留前后的紫外-可见吸收光谱对比。

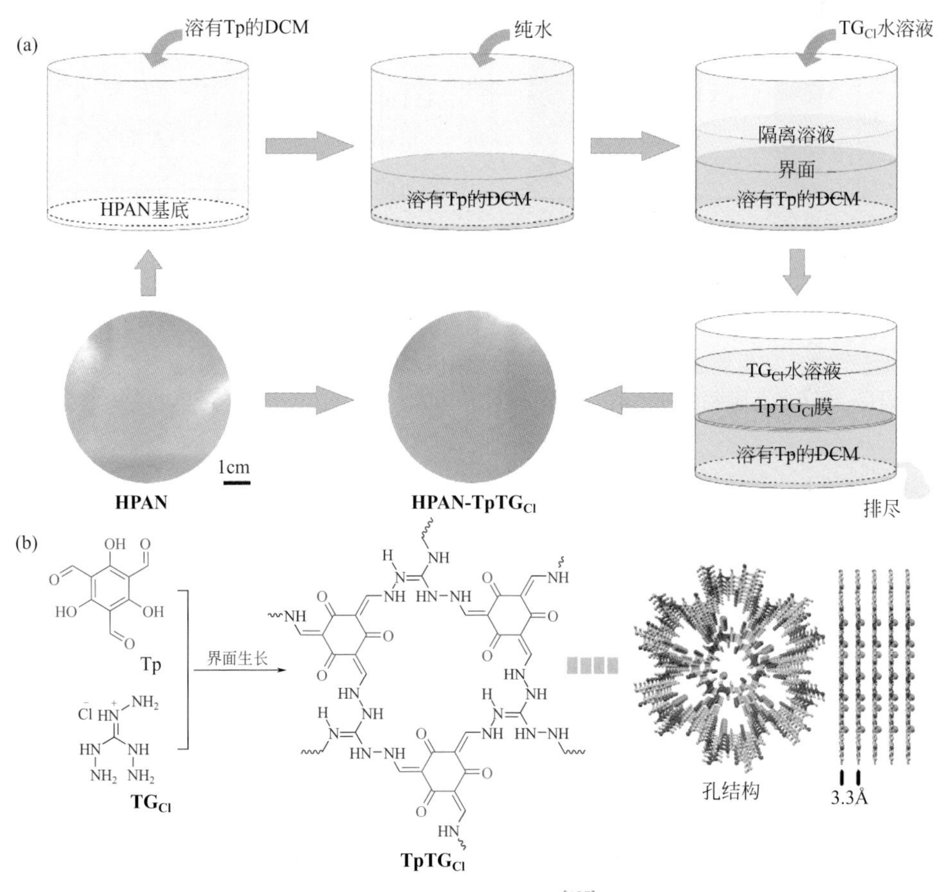


图8-19 阳离子型共价有机框架纳米多孔的制备过程[125]

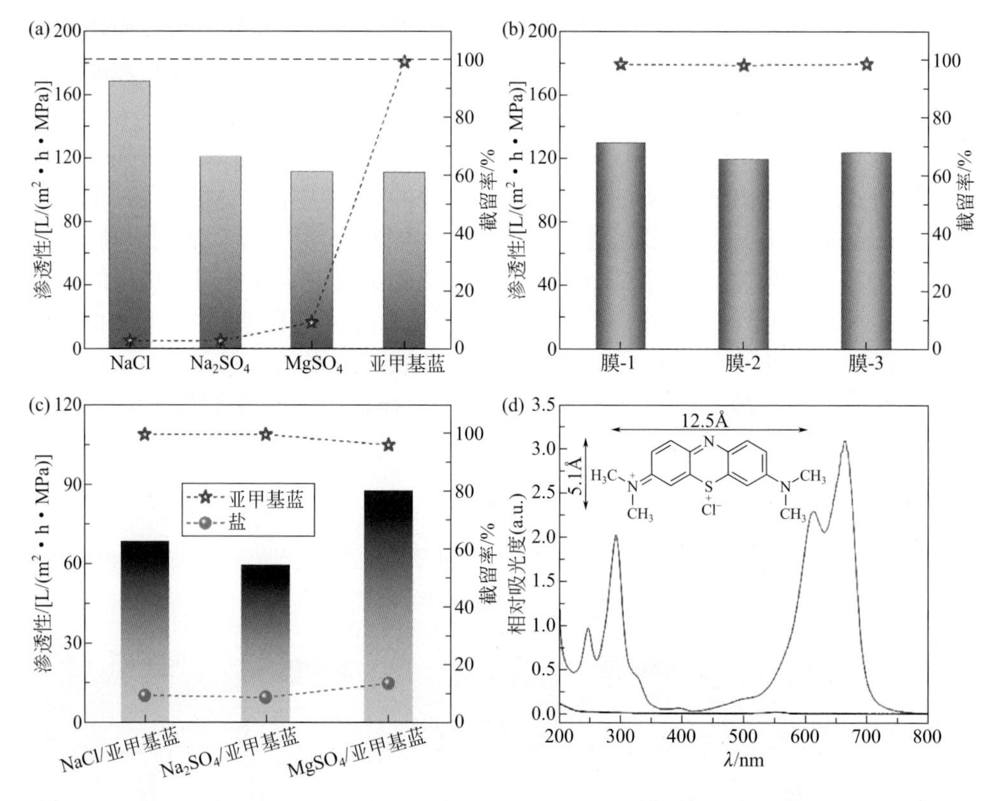


**图8-20** TpTG$_{Cl}$纳米多孔膜中亚甲基蓝阳离子型染料和盐的截留与分离性能：（a）单组分亚甲基蓝和盐（NaCl、$Na_2SO_4$和$MgSO_4$）的截留性能；（b）TpTG$_{Cl}$纳米多孔膜对亚甲基蓝截留性能的重复性实验；（c）亚甲基蓝和不同盐混合溶液的截留；（d）亚甲基蓝通过TpTG$_{Cl}$纳米多孔膜截留前后紫外测试[125]

为了进一步探究 TpTG$_{Cl}$ 纳米多孔膜对染料截留的机制，首先表征了其纳米通道表面带电性质，如图 8-21（a）所示。通过将 TpTG$_{Cl}$ 纳米多孔膜转移至水解聚丙烯腈超滤膜表面后，膜表面 Zeta 电位由电负性改变为显著的正电性。接着，测试了不同分子尺寸和不同带电性质染料（表 8-1）的截留，结果如图 8-21（b）所示。对于具有和亚甲基蓝相同带电性质但更小分子尺寸的藏红 T，其表现出 93% 的优异截留性能。而具有荷负电的靛蓝二磺酸钠染料，虽然具有更大的分子尺寸（小于膜孔径大小），但由于强的静电相互吸引作用，其截留率显著降低，只有 26.1%，说明亚甲基蓝和藏红 T 荷正电染料的截留机制主要来源于静电排斥作用。此外，通过测试相对分子尺寸更大的甲基蓝荷负电染料，其分子尺寸大于 TpTG$_{Cl}$ 纳米多孔膜的孔径大小，结果显示截留率显著上升至 86%。说明当

染料分子尺寸大于 $TpTG_{Cl}$ 膜孔径大小时，孔径筛分是实现染料高效截留的主要因素。图 8-21（c）所示为 $TpTG_{Cl}$ 纳米多孔膜截留染料前后溶液颜色对比，表明 $TpTG_{Cl}$ 纳米多孔膜对阳离子型染料和分子尺寸大于 $TpTG_{Cl}$ 膜孔径大小的染料具有优异的截留性能。

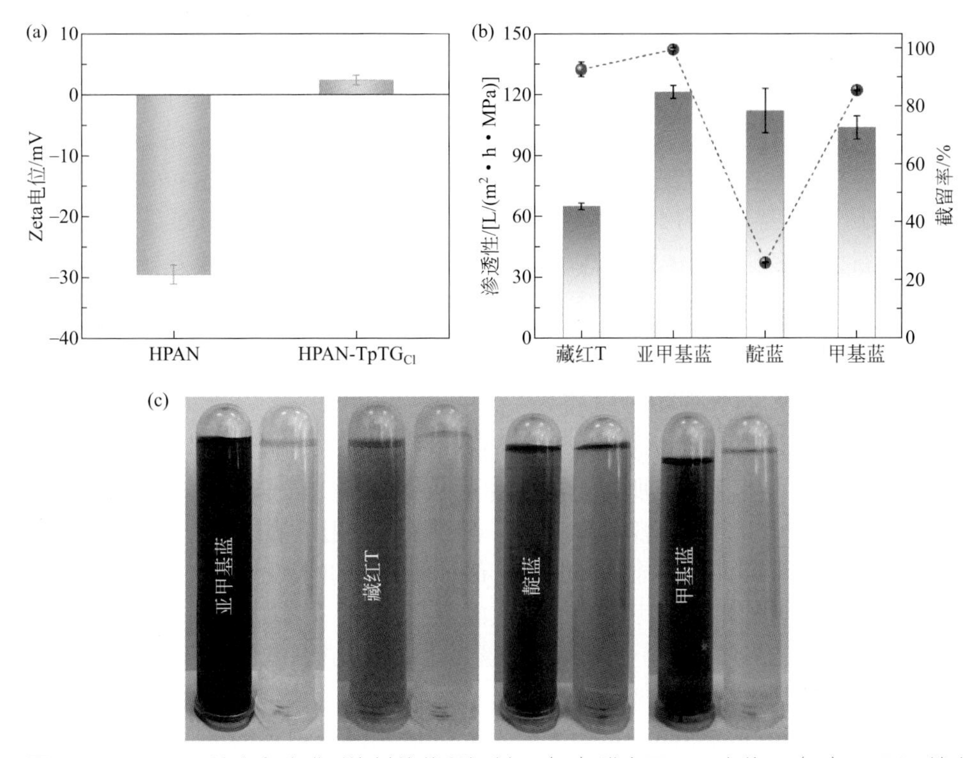


图8-21 $TpTG_{Cl}$纳米多孔膜对染料的截留机制：（a）膜表面Zeta电位；（b）$TpTG_{Cl}$纳米多孔膜对不同分子尺寸及带电性质染料的截留性能；（c）不同染料通过$TpTG_{Cl}$纳米多孔膜截留前后溶液颜色对比[125]

表8-1 测试的不同类型染料的分子量、分子尺寸、带电性质及紫外最大吸收波长

| 染料分子 | 带电类型 | 最大吸收波长$\lambda_{max}$/nm | 分子量 | 分子尺寸 |
|---|---|---|---|---|
| 亚甲基蓝 | 荷正电 | 664 | 319.1 | 1.25nm×0.51nm |
| 藏红T | 荷正电 | 553 | 350.9 | 1.13nm×0.84nm |
| 靛蓝 | 荷负电 | 609 | 466.4 | 1.71nm×0.57nm |
| 甲基蓝 | 荷负电 | 580 | 799.8 | 2.36nm×1.74nm |

注：亚甲基蓝和甲基蓝的分子尺寸参考文献 [123]；采用 Gaussian 16 软件并分别用 B3LYP/6-311G(d) 和 B3LYP/6-311+G(d) 对藏红 T 和靛蓝这两种分子进行结构优化，优化的分子结构再通过 Materials Studio 2017 获得分子尺寸大小。

## 三、多孔有机笼膜

### 1．多孔有机笼概述

多孔有机笼（porous organic cage，POC）最早是由 Cooper、Mastalerz 等提出并发展起来的。多孔有机笼是通过共价键堆积自组装，形成三维笼状结构的内部空腔，具有稳定性且能持久存在[126,127]。亚胺型 POC（如 [4 + 6] 四面体笼和 [2 + 3] 三角形棱柱笼）是通过亚胺缩合 / 各种胺和醛反应合成。图 8-22 为多孔有机笼发展的时间线。

多孔笼是在刚性结构内具有永久孔隙的分子，其窗孔允许外界物质进入这些孔隙[128]。尽管大环化合物和笼状化合物早已为人所知，但多孔有机笼是一种相对新型的多孔材料，它们与可扩展的多孔框架材料存在一些差异，如与 MOF、COF 等多孔材料相比，POC 是由离散的分子笼通过弱的范德华作用力或氢键等连接组成，并且它们可溶于普通有机溶剂。

### 2．POC 的孔道结构设计

POC 材料因其具有较高的比表面积、良好的稳定性，还具有易溶于多种有机溶剂的能力等优点，所以迅速成为近几年的研究热点之一，并且在很多领域中（如分离分析、分子容器等）都有着潜在的应用价值[130,131]。与扩展的多孔晶体（如沸石和 MOF）不同，POC 是具有固有笼结构的离散分子，可以在晶体[132]、无定形固体[133]甚至在特定溶剂形成的多孔液体[134]中保留其固有的笼形结构。不过，有机笼仍然面临一些挑战，需要增加接头结构和偶联化学方面的合成多样性，以扩展其潜在结构和功能。

（1）可溶性与多晶型调控　相对于扩展网络，稳定的多孔有机分子对于某些应用可能具有优势，特别是其可溶性。最近用具有固有微孔性的聚合物[135]可以说明这种方法的优势，该聚合物可以从溶液中浇铸成多孔膜。多孔有机笼可溶于许多普通有机溶剂，因此，对于某些应用，POC 的加工性、可操作性要更好，比不溶性多孔固体更具优势。

有机笼可以结晶成不同的多晶型物并在固态多晶型物之间切换（图 8-23），这是因为离散分子通过相对较弱的分子间作用力结合在一起[136]。由于晶体堆积对分子结构的敏感性，分子结构的一个小的改变会导致物理性质的巨大差异。相对孔隙度取决于孔的连通性和结晶相的密度，还取决于笼子在无定形状态下的堆积程度。非晶笼比其他的结晶形式可能具有更高的孔隙率[137]或更低的孔隙率[138]。有些笼子在非晶化时变得完全无孔[138]，而另一些笼子的表面积相对于晶相可以增加一倍[137,138]。因此，不能以与摩尔质量相同的方式等将诸如表面积和孔体积之类的属性分配给特定的有机笼状分子。

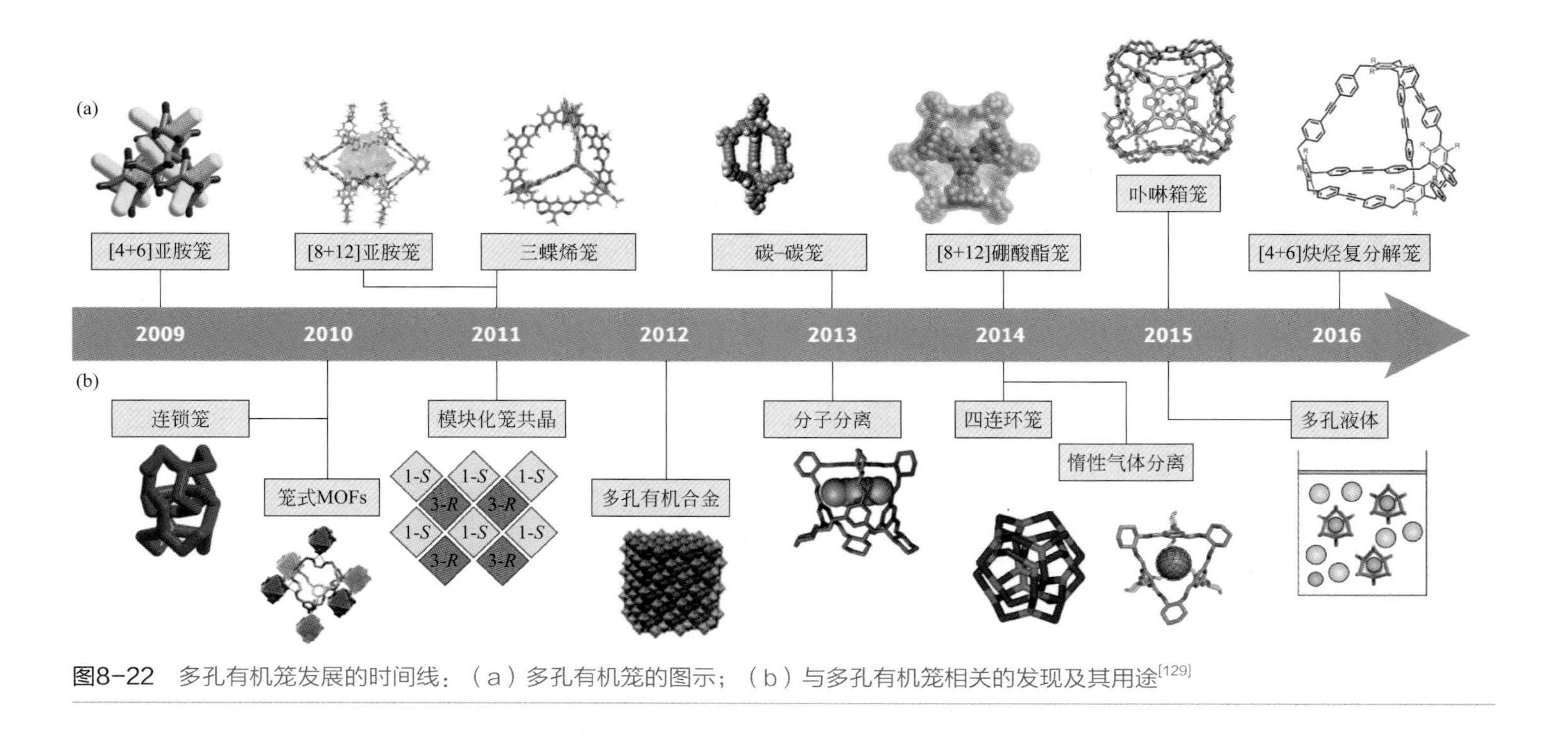


图8-22 多孔有机笼发展的时间线：（a）多孔有机笼的图示；（b）与多孔有机笼相关的发现及其用途[129]

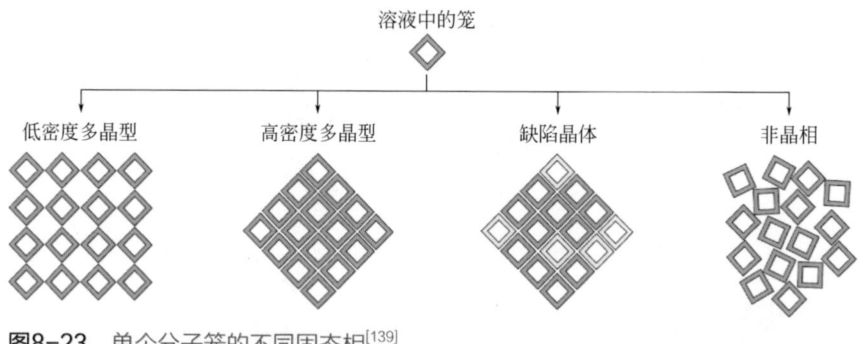


**图8-23 单个分子笼的不同固态相**[139]

（2）孔尺寸调控　2009 年，Cooper 等 [139] 通过气体吸附实验证明了多孔有机笼的永久孔隙度。这样的系统包含三个三面体有机笼，这些笼是由三醛与二胺的 [4+6]（4 个醛单元和 6 个二胺单元）环化形成的，表现出经典的 I 型气体吸附等温线。这些笼子均基于三元三甲酰 - 苯连接基，每个连接基具有不同的双向二胺连接基。对二胺连接基的修饰可导致所得笼的固态填充模式不同，因此在孔连通性上存在明显差异。改变笼形顶点倾向于改变晶体堆积，从而改变多孔性 [140]。这些笼子的 BET 比表面积高达 1000$m^2$/g，是当时分子固体中报道的最高比表面积，但依然低于可扩展框架的比表面积。合成具有更大体积的笼子的需求导致了基于可逆亚胺键的立方八面体 [8+12] 笼子的发展。然而，这些结构在去溶剂化时会塌陷或分解 [141]。因此，它们缺乏保持形状持久性的刚性。Mastalerz 等 [142] 使用硼酸酯化学方法而非亚胺化学方法克服了这个问题，并产生了形状持久的多孔 [8+12] 笼子。该笼显示了迄今为止报道的最高表面积（3758$m^2$/g），可以分类为中孔（孔 > 2nm，内部孔径为 3.1nm）。然而，该路线的缺点是用于笼合成的可逆的硼酸酯化学反应，留下了这种明显多孔的结构，对水分不稳定。相比之下，某些亚胺笼可能对沸水稳定 [143]，而且其衍生物甚至可以经受酸或碱处理 [144]。而且，这种大的 [8+12] 笼式架的溶解度有限，因此很难加工。

CC3 的顶点由相对较大的环己基（红色）组成，以窗口到窗口的方式包装［图 8-24（a）］。相邻笼子上的三个环己基基团互锁会导致 3 个窗口对齐。结合四面体的笼状对称性，这会导致互连的三维菱形通道结构［图 8-24（b）］穿过笼子而不是在笼子之间。

2009 年，Cooper 等首次报道合成 CC1 ～ CC3[139]，原则上，水对于多孔有机笼存在两个问题。首先，材料基于亚胺，亚胺在水的存在下会发生化学分解。其次，这些材料没有通过扩展的共价键或配位键连接，因此，水的吸附可能导致 POC 过渡为无孔多晶型物 [133] 或使材料变为非晶态。而 Tom Hasell 等 [143] 的研究表明，无论是从亚胺笼型分子的化学稳定性还是从三维立方晶体堆积的结构稳定性来看，都证明了 CC3 笼的固态水解稳定性[145]。此外，作者还证明了该结构可以可逆地进行。该材料甚至可以在水中长时间煮沸而不会发生明显分解。鉴于该材料由形式上可逆的亚胺键组成[146]，并且与共价和配位框架相比，多孔分子晶体通过相对较弱的分子间力保持在一起，因此 CC3 具有很高的水稳定性。

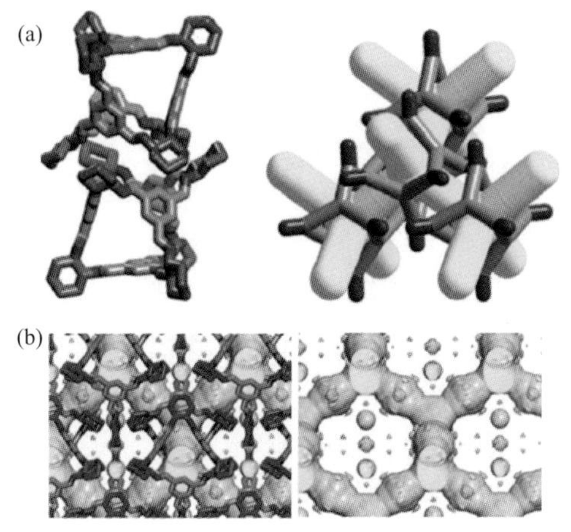


图8-24　(a) CC3由环己基（红色）引导以填满窗口至窗口，从而生成互连的类金刚石孔网络，如此处黄色所示；(b) CC3中较大的环己基（红色）指示笼子紧紧装满窗口，形成相互连接的类金刚石孔通道结构（黄色）[139]

（3）多孔有机笼膜的制备及离子分离性能研究　POC 材料因其具有合适的孔径且易于溶于多种有机溶剂，同时，也具有高的化学稳定性、良好的结构可调性等优势，成为有潜力的新型膜材料，近年来被广泛研究。与 MOF 膜类似，POC 膜的类型主要分为两大类，纯相 POC 膜以及 POC 杂化膜[147]。目前制备纯相 POC 膜常用的方法有旋涂法[148]、逐层组装法[149]、反扩散法等。共混法[150]、原位结晶法[147]、界面聚合法[151-153]等是制备杂化 POC 膜常用的方法。

徐铜文课题组采用了反扩散的方法在多孔氧化铝（AAO）基底上构筑了连续致密的 CC3 膜[154]。反应在自行设计的两腔室反应池中进行，使用孔径为(90±10)nm、直径为 25mm 的 AAO 为基底，将均苯三甲醛（TFB）和（1R, 2R）-1,2- 环己二胺（CHDA）两反应腔室隔开，静置生长 CC3 膜［图 8-25（a）］。在反向扩散生长过程中，TFB 通过 AAO 通道扩散，在面向 CHDA 室的基底表面与 CHDA 反应，然后生成 CC3 晶种。随后，结晶缓慢发生以形成连续的 CC3 层。CC3 以窗口 - 窗口排列的方式对齐［图 8-25（b）］，其亚纳米窗口可以筛分离子进行选择性分离，CC3 内部的内腔和 CC3 之间的外腔可以为离子快速传输提供路径，将其离散框架组成的 CC3 通道简化为图 8-25（c）。

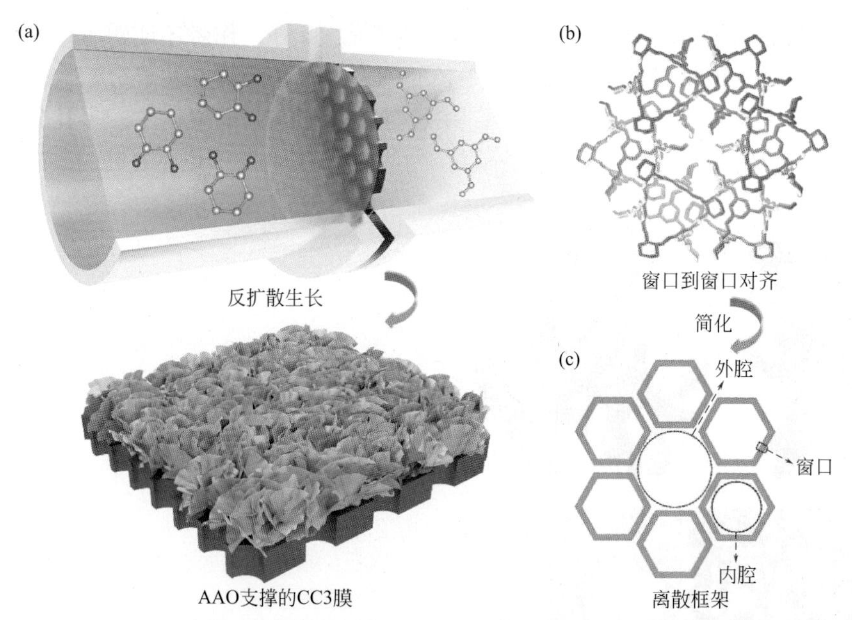


图8-25 （a）反扩散生长CC3膜的示意图；（b）CC3分子笼排列的结构示意图；（c）由离散CC3框架组成通道的简化模型[154]

反扩散生长后，AAO 基底上成功构筑了 CC3，CC3 膜的表面和横截面的扫描电子显微镜（SEM）图像如图 8-26（a）。CC3 膜的 SEM 图像显示 AAO 基底上均匀覆盖了一层交错生长的纳米薄片。此外，透射电子显微镜（TEM）图像显示了 AAO 基底上生长了均匀的 CC3 膜［图 8-26（b）、（c）］。CC3 膜的 X 射线衍射（XRD）图谱也表明了 CC3 膜具有高结晶度，与模拟的谱图相同［图 8-26（d）］。正电子湮没寿命光谱（PALS）用于表征 CC3 膜的孔径分布［图 8-26（e）］。结果表明，CC3 膜在 5Å 和 11Å 左右具有两个主要尺寸分布，分别对应于亚纳米窗口和纳米腔。从 FT-IR 光谱［图 8-26（f）］可以看出，$1654cm^{-1}$、$1448cm^{-1}$ 和 $1160cm^{-1}$ 的振动带分别对应着 C═N、$CH_2$ 和 CN 基团，它们是 CC3 分子的特征基团[155,156]。至于 XPS 光谱，CC3 的特征元素（N）得到确认［图 8-26（g）］。

使用电渗析的方法探究 CC3 膜的离子分离特性，CC3 膜的通量与 AAO 基底不相上下，同时表现出极高的理想离子选择性，$K^+/Mg^{2+}$ 为 1031，$Na^+/Mg^{2+}$ 为 660，$Li^+/Mg^{2+}$ 为 284，远高于 AAO 基底［图 8-27（a）、（b）］。对其进行二元阳离子通量的测试，由于二元离子体系中共离子的存在，阳离子之间的竞争增加，导致一价阳离子的通量减少。因此，实际的单价 / 二价离子选择性降低，例如 $K^+/Mg^{2+}$ 为 163，$Na^+/Mg^{2+}$ 为 122，$Li^+/Mg^{2+}$ 为 104［图 8-27（c）］。与其他报道的膜相比，包括具有连续窗腔结构的 MOF 通道（例如 UiO-66 膜），以及具有对齐通道的蚀刻聚合物膜（例如 PES 膜）[ 图 8-27（d）]，具有离散窗腔结构的 POC 通道（例如 CC3 膜）显示出高离子通量和选择性。

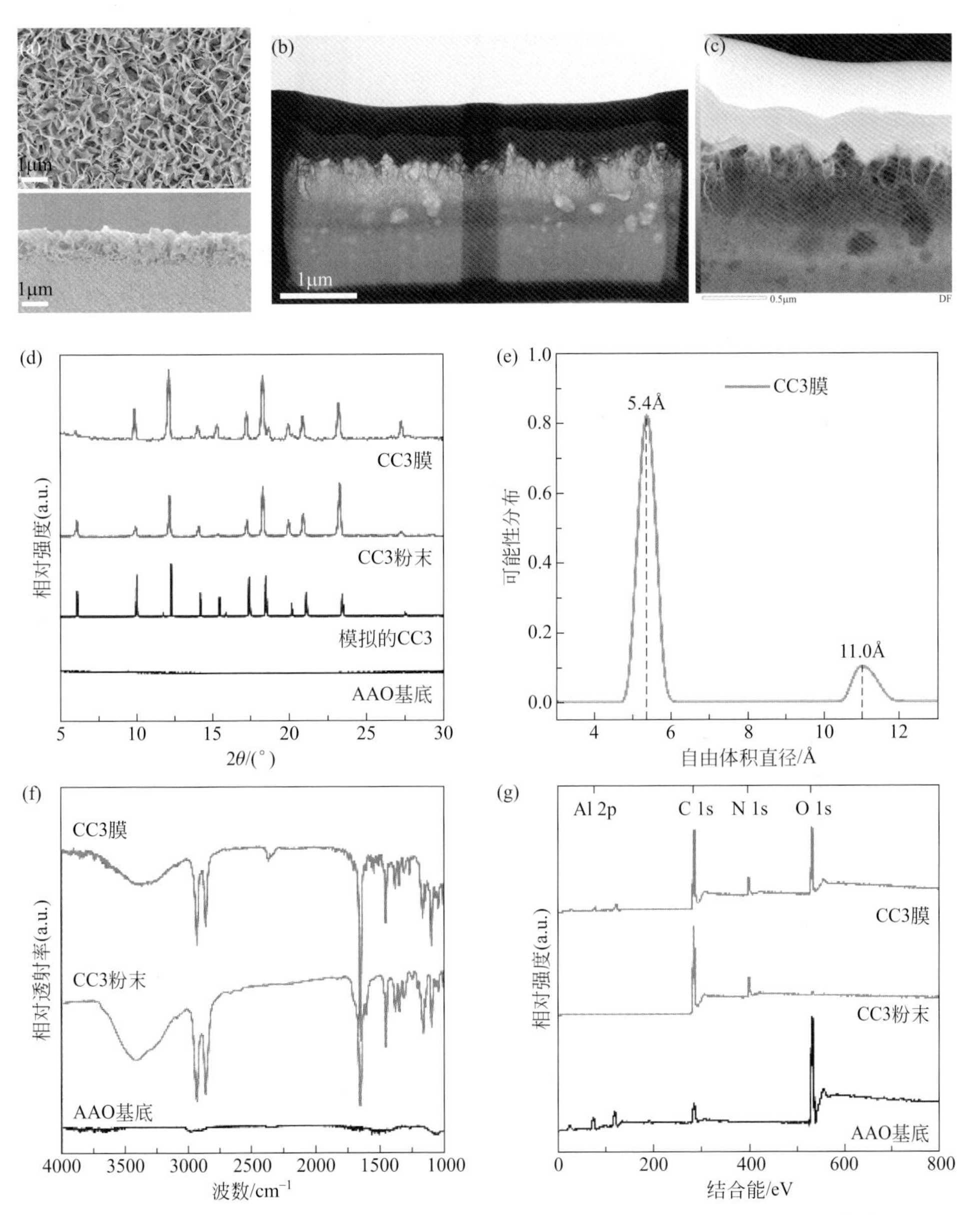


**图8-26** （a）CC3膜的SEM图；（b）低放大倍率的CC3膜切片的TEM图；（c）高放大倍率的CC3膜切片的TEM图；（d）AAO基底、模拟CC3、CC3粉末和CC3膜的XRD图谱；（e）PALS测量的CC3膜的孔径分布，表示亚纳米窗口和纳米腔；（f）AAO基底、CC3粉末和CC3膜的FTIR光谱；（g）AAO基底、CC3粉末和CC3膜的XPS光谱[154]

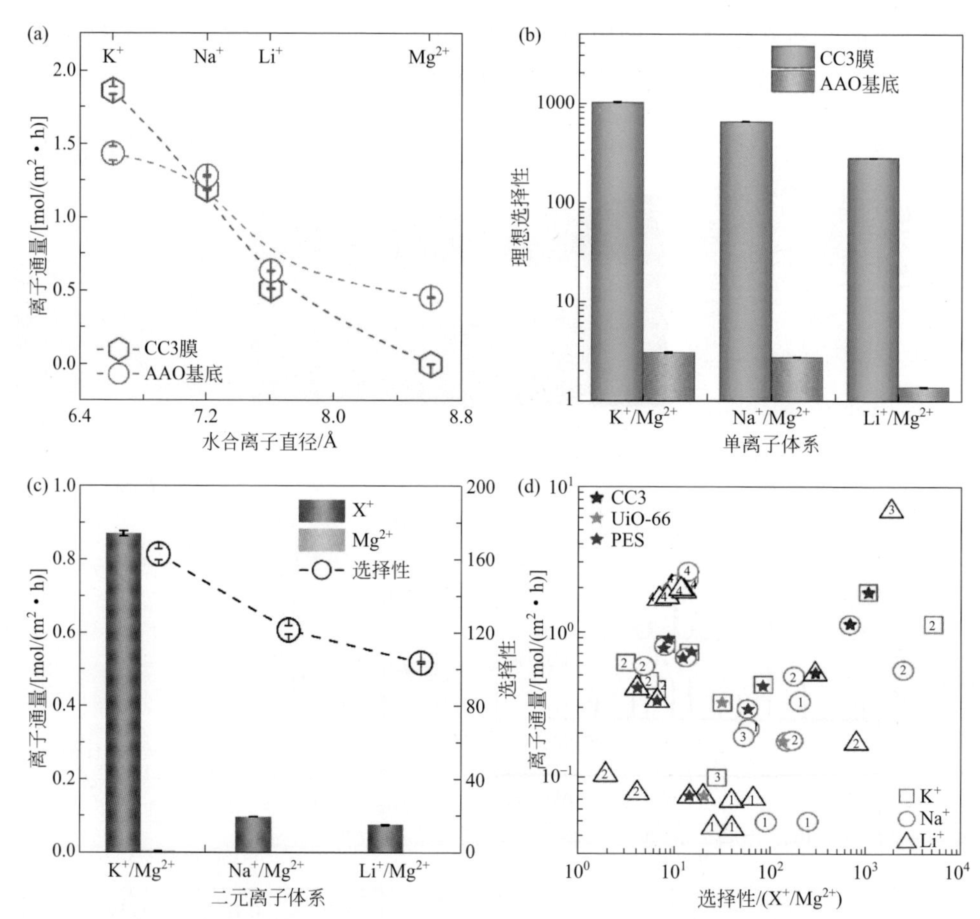


图8-27 (a)AAO基底和CC3膜的$K^+$、$Na^+$、$Li^+$、$Mg^{2+}$在单一离子分离体系下的通量；(b)单一离子分离体系下的理想选择性；(c)二元离子分离体系下CC3膜的离子分离性能[154]；(d)CC3膜与其他膜的离子分离性能的对比，其中：$K^+$(方形)、$Na^+$(圆形)、$Li^+$(三角形)、CC3膜(红色五角星)、UiO-66膜[157](黄色五角星)、PES膜[158](灰色五角星)、UiO-66-$NH_2$ (1)[80]、UiO-66-$SO_3H$ (2)[157]、PSS@HKUST-1 (3)[159]、Ti-exchanged UiO-66-$NH_2$ (4)[160]

通过模拟手段拟合出离子在 CC3 膜中的传递路径 [ 图 8-28(a)、(b)]，并解释了其分离机理。图 8-28(c)展示了从 CC3 通道的一个外腔到另一个外腔的离子传输程序 [ 图 8-28(b)]，包括从 A 到 C 和从 C 到 B 过程的离子迁移，计算得到四个离子的相应传输时间序列为 $K^+<Na^+<Li^+<Mg^{2+}$ [ 图 8-28(c)]。将离子通过 CC3 晶体窗口的过程进一步细化，通过 MD 计算离子通过通道时自由能垒的变化。选择迁移过程中的四个代表性位置(Ⅰ、Ⅱ、Ⅲ、Ⅳ)来比较其能垒 [ 图 8-28(d)]。在进入 CC3 内腔之前，四种离子的自由能垒非常相似(位置Ⅰ)。

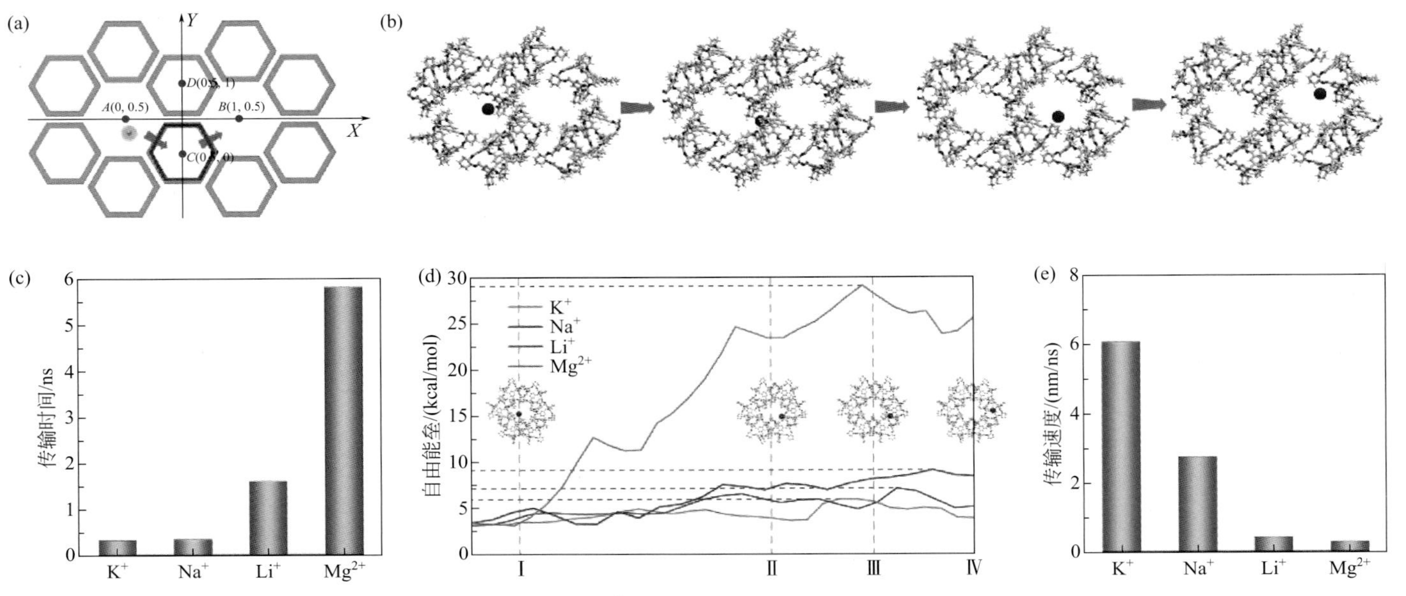


**图8-28** （a）用于描述CC3通道中离子迁移轨迹的坐标。点A和B是CC3外腔的中心，而C和D是CC3内腔的中心。*X*和*Y*轴分别由*AB*和*CD*向量定义。*X*(*Y*)轴上的长度由*AB* (*CD*)距离标准化。（b）CC3通道从一个外腔到另一个外腔的离子传输路径，包括离子从*A*到*C*和从*C*到*B*的迁移过程。（c）离子从一个外腔到另一个外腔的传输时间。（d）离子（$K^+$、$Na^+$、$Li^+$和$Mg^{2+}$）在CC3通道中的四个代表性位置时传输的自由能垒。（e）不同离子在CC3通道中的传输速度[154]

在进入（位置Ⅱ）和离开（位置Ⅳ）内腔以及处于内腔（位置Ⅲ）时，离子的自由能势垒遵循以下顺序：$K^+<Na^+<Li^+<Mg^{2+}$，其中 $K^+$ 的能垒最低（5kcal/mol），$Mg^{2+}$ 的能垒最高（29kcal/mol）。由此计算出的 CC3 通道中的离子迁移速度遵循以下顺序：$K^+>Na^+>Li^+>Mg^{2+}$［图 8-28（e）］，其中 $K^+$ 在迁移过程中由于其最低的自由能垒而移动得最快。MD 模拟表明，优异的离子选择性来自 CC3 通道的独特结构，亚纳米大小的窗口允许单价离子如 $K^+$、$Na^+$、$Li^+$ 穿过，同时较大直径和较高水合能的 $Mg^{2+}$ 很容易被阻挡。离散的 CC3 框架形成有序和扩展的外腔，作为高离子通量的离子传输路径。这些发现提供了对多孔有机笼中离子传输机制的深入了解。

## 第三节
## 微孔框架离子分离膜应用性能评价

微孔框架材料具有规整的通道结构，构建微孔框架离子分离膜可进一步提高对离子选择性传输机制的理解。徐铜文课题组总结了选择特定微孔框架材料来制备离子分离膜的一般选择标准，即基于目标离子的选择性。如果离子膜旨在阳离子或阴离子选择性分离，则所选微孔框架材料应分别带负电或正电。如果膜设计用于单价离子 / 多价离子分离，则根据其孔径选择多孔框架材料，孔径应大于单价离子的直径，小于多价离子的直径。如果膜的目标是选择性分离大小相似的单价离子，则应考虑具有各种功能基团的多孔框架材料，这些功能基团可通过选择性位点进行后修饰。如果离子与多孔框架膜通道中的水链（如质子）发生相互作用，则在选择微孔框架材料时应考虑其通道构型。最后，所选微孔框架材料必须是水稳定的。随着水稳定微孔框架材料的不断涌现以及人们对其水稳定性机理认识的加深，越来越多的学者已经聚焦于微孔框架膜在水体系下物质分离的应用研究。

目前，微孔框架分离膜作为微孔框架材料的一个重要应用，在多种分离场景中均表现出优异的分离性能。微孔框架分离膜能实现物质的有效分离主要是利用微孔框架材料晶体结构中不同孔径对不同尺寸物质的筛分作用。而针对具体分离物质的不同，微孔框架分离膜的荷电性能、亲疏水性以及分离层的厚度等都会对最终的分离效果产生显著影响。微孔框架分离膜在染料脱除、脱盐与重金属离子去除以及离子分离等领域均表现出远超商业膜的分离性能，表现出了巨大的应用前景[161]。此外，微孔框架离子膜实现了质子、锂离子和氟离子等特定离子的选择性分离，分别在酸回收、锂提取和水脱氟方面显示出巨大的潜力，部分应用效果也为了描述方便在上面制备过程中一并介绍。离子的选择性传输也可用于将不同盐浓度的渗透能转换为电能。因此，微孔框架离子膜的成功开发为离子选择性分离和能量转换等新领域提供了新的途径。

## 第四节 小结与展望

经过十多年来的研究与探索，新型微孔框架材料已成为材料科学领域研究的热点之一。特别是基于微孔框架纳米通道的构筑，在气体存储、分子或离子分离、催化以及能量转化等领域中表现出优异的性能。其主要优势有：①高比表面积和低密度，有利于气体的吸附和存储，同时易于金属粒子的分散，获得较高催化活性，在多相催化中常常能够取得比均相催化更高的转化率和选择性；②规整的孔道结构、原子级精度的结构调控，通过结构单元的精确设计以及不同的拓扑连接方式，可以实现原子水平上孔道结构的精确设计；③易于功能化修饰，可通过对框架通道壁面进行修饰改性，实现其功能化的多样性，以满足不同的应用需求；④在潮湿环境、高温环境以及强酸强碱等极端环境中优异的化学稳定性。这些优异的特性使其在不同领域中都表现出了巨大的应用潜力。此外，新型微孔框架离子膜目前正处于快速发展阶段，其制备和应用还存在着许多的困难和挑战。

微孔框架离子膜的构建策略，包括原位生长、反扩散生长和空间限域转化。通过选择一定的策略，可以获得具有不同通道结构的离子膜。具体而言，原位生长法可用于制备连续离子膜层，而反扩散生长法可用于制备超薄离子膜，而空间限域法可用于直接将功能基团作为选择性位点引入离子膜中。离子选择性位点也可以通过对有机配体中的功能位点进行预设计或后修饰来构建。然而，这些策略的一些缺点可能会限制其潜在应用，例如复杂的制造程序和有限的膜面积。因此，仍应致力于探索工业规模微孔框架离子膜的简易构建策略。

微孔框架离子选择膜的工业应用仍存在差距。实验室研究主要集中在离子选择性和离子选择性输运机理方面，而对实际分离条件下多孔框架膜长期稳定性的研究较少。应更加关注多孔框架膜在高压或电势、高盐浓度或酸性 / 碱性条件下的耐久性。此外，合成多孔框架材料的相对较高成本阻碍了基于微孔框架材料的离子选择性膜的大规模制备。更重要的是，应制定具有成本效益的制造策略，以最大限度地减少制备微孔框架离子膜的昂贵基底的使用。因此，未来的研究应集中于开发在实际离子分离条件下具有理想耐久性的微孔框架膜，以及成本效益高的制造工艺，以使此类膜实现商业化。

此外，MD模拟和DFT计算清楚地揭示了微孔框架通道中离子选择性传输的机制，表明离子与Å级尺度通道中功能位点之间的特定相互作用。以前的研究主要集中在现有的微孔框架材料上，它可能对其他离子没有选择性。因此，通过引入新的离子选择性过位点来构建新型微孔框架材料是迫切需要的。为了有效地设计微孔框架中的离子选择性功能位点，需要基于理论模拟的离子 - 微孔框架通道相互作用的精确预测。通过调节选择性位点和离子之间的相互作用，可以确定微孔框架离子膜构建条件的优化。准确的预测可以提高筛选微孔框架离子选择性通道的效率，加速微孔框架离子膜的制备和应用，实现更高的离子分离性能。

许多先进的微孔框架材料及其膜制造技术已被报道用于各种场合，包括气体分离、海水淡化、离子分离和手性分离，为开发用于高效和可持续分离过程的新一代分离膜提供了新的发展思路。尽管目前已经有大量研究表明这些新型的微孔材料具有巨大的应用潜能，但还需继续寻找一种更有效的方法来最大限度地减少大规模制造的膜缺陷，需要化学、材料科学和化学工程等多学科领域的集体研究努力来推动这种先进的微孔材料膜实现商业化这一目标。微孔框架材料的机械性能较差，特别是基于微孔框架离子膜的开发和应用，应考虑其机械性能的提升，开发出能满足实际应用需求的高质量微孔膜。此外，拓展基于微孔框架膜材料的应用研究，开发其在不同领域的应用潜力，特别是在精细化工、生物医药以及能量存储与转化等领域的应用研究，如烷烃 / 烯烃分离、手性分离、同位素分离、药物释放、燃料电池、液流电池以及基于微孔框架的纳米薄膜用于研究肿瘤治疗的靶向药物等。

## 参考文献


[1] Diat O, Gebel G. Proton channels [J]. Nature Materials, 2008, 7(1): 13-14.

[2] Zhang Z, Wen L, Jiang L. Bioinspired smart asymmetric nanochannel membranes [J]. Chemical Society Reviews, 2018, 47(2): 322-356.

[3] Ding Y, Zhang C, Zhang L,et al. Pathways to widespread applications: development of redox flow batteries based on new chemistries [J]. Chem, 2019, 5(8): 1964-1987.

[4] Gin D L, Noble R D. Designing the next generation of chemical separation membranes [J]. Science, 2011, 332(6030): 674-676.

[5] Werber J R, Osuji C O, Elimelech M. Materials for next-generation desalination and water purification membranes [J]. Nature Reviews Materials, 2016, 1(5): 1-15.

[6] Tan R, Wang A, Malpass-Evans R, C, et al. Hydrophilic microporous membranes for selective ion separation and flow-battery energy storage [J]. Nature materials, 2020, 19(2): 195-202.

[7] Shen J, Liu G, Han Y, et al. Artificial channels for confined mass transport at the sub-nanometre scale [J]. Nature Reviews Materials, 2021, 6(4): 294-312.

[8] Shannon M A, Bohn P W, Elimelech M,et al. Science and technology for water purification in the coming decades [J]. Nature, 2008, 452(7185): 301-310.

[9] Wen L, Zhang X, Tian Y, et al. Quantum-confined superfluid: From nature to artificial [J]. Science China Materials, 2018, 61(8): 1027-1032.

[10] Aldrich R. Ionic channels of excitable membranes [J]. Science, 1985, 228:867-869.

[11] Fyles T M. Synthetic ion channels in bilayer membranes [J]. Chemical Society Reviews, 2007, 36(2): 335-347.

[12] Epsztein R, Duchanois R M, Ritt C L, et al. Towards single-species selectivity of membranes with subnanometre pores [J]. Nature Nanotechnology, 2020, 15(6): 426-436.

[13] Doyle D A, Cabral J M, Pfuetzner R A, et al.The structure of the potassium channel: molecular basis of $K^+$ conduction and selectivity [J]. Science, 1998, 280(5360): 69-77.

[14] Morais-Cabral J H, Zhou Y F, Mackinnon R. Energetic optimization of ion conduction rate by the $K^+$ selectivity filter [J]. Nature, 2001, 414(6859): 37-42.

[15] Shi N, Ye S, Alam A,et al. Atomic structure of a $Na^+$- and $K^+$-conducting channel [J]. Nature, 2006, 440(7083): 570-574.

[16] Stockbridge R B, Kolmakova-Partensky L, Shane T, et al. Crystal structures of a double-barrelled fluoride ion channel [J]. Nature, 2015, 525(7570): 548-551.

[17] Moliner M, Martinez C, Corma A. Multipore zeolites: Synthesis and catalytic applications [J]. Angewandte International Edition Chemie, 2015, 54(12): 3560-3579.

[18] Baumann A E, Burns D A, Liu B, et al. Metal-organic framework functionalization and design strategies for advanced electrochemical energy storage devices [J]. Communications Chemistry, 2019, 2(1): 86.

[19] Wu D, Xu F, Sun B, et al. Matyjaszewski K. Design and preparation of porous polymers [J]. Chemical Reviews, 2012, 112(7): 3959-4015.

[20] Tan L, Tan B. Hypercrosslinked porous polymer materials: Design, synthesis, and applications [J]. Chemical Society Reviews, 2017, 46(11): 3322-3356.

[21] Mckeown N B. Polymers of Intrinsic Microporosity (PIMs) [J]. Polymer, 2020, 202:122736.

[22] Xu Y, Jin S, Xu H, et al. Conjugated microporous polymers: Design, synthesis and application [J]. Chemical Society Reviews, 2013, 42(20): 8012-8031.

[23] Kandambeth S, Dey K, Banerjee R. Covalent organic frameworks: Chemistry beyond the structure [J]. Journal America Chemical Socity, 2019, 141(5): 1807-1822.

[24] Yuan S, LiI X, Zhu J,et al. Covalent organic frameworks for membrane separation [J]. Chemical Society Reviews, 2019, 48(10): 2665-2681.

[25] Wang H, Zeng Z, Xu P, et al. Recent progress in covalent organic framework thin films: Fabrications, applications and perspectives [J]. Chemical Society Reviews, 2019, 48(2): 488-516.

[26] Howarth A J, Liu Y, Li P, et al. Chemical, thermal and mechanical stabilities of metal-organic frameworks [J]. Nature Reviews Materials, 2016, 1(3): 1-15.

[27] Rowsell J L, Yaghi O M. Metal-organic frameworks: A new class of porous materials [J]. Microporous and Mesoporous Materials, 2004, 73(1-2): 3-14.

[28] Lillerud K P, Olsbye U, Tilset M. Designing heterogeneous catalysts by incorporating enzyme-like functionalities into MOFs [J]. Topics in Catalysis, 2010, 53(13-14): 859-868.

[29] Eddaoudi M, Kim J, RosiI N,et al. Systematic design of pore size and functionality in isoreticular MOFs and their application in methane storage [J]. Science, 2002, 295(5554): 469-472.

[30] Banerjee R, Phan A, Wang B, et al. High-throughput synthesis of zeolitic imidazolate frameworks and application to $CO_2$ capture [J]. Science, 2008, 319(5865): 939-943.

[31] Riou-Cavellec M, Albinet C, Livage C, et al.Ferromagnetism of the hybrid open framework K [$M_3$ (BTC) $_3$] • $5H_2O$ (M= Fe, Co) or MIL-45 [J]. Solid State Sciences, 2002, 4(2): 267-270.

[32] Millange F, Serre C, Férey G. Synthesis, structure determination and properties of MIL-53as and MIL-53ht: The first Cr iii hybrid inorganic-organic microporous solids: Cr iii (OH) • {$O_2C$-$C_6H_4$-$CO_2$} • {$HO_2C$-$C_6H_4$-$CO_2H$}$_x$ [J]. Chemical Communications, 2002, 8: 822-823.

[33] Hu Z, Zhao D. De facto methodologies toward the synthesis and scale-up production of UiO-66-type metal-organic frameworks and membrane materials [J]. Dalton Transactions, 2015, 44(44): 19018-19040.

[34] Feng D, Gu Z Y, Li J R, et al. Zirconium-metalloporphyrin PCN-222: Mesoporous metal-organic frameworks with ultrahigh stability as biomimetic catalysts [J]. Angewandte Chemie International Edition, 2012, 51(41): 10307-10310.

[35] Li H, Eddaoudi M, O'keeffe M,et al. Design and synthesis of an exceptionally stable and highly porous metal-organic framework [J]. Nature, 1999, 402(6759): 276-279.

[36] PanY, Liu Y, Zeng G,et al. Rapid synthesis of zeolitic imidazolate framework-8 (ZIF-8) nanocrystals in an aqueous system [J]. Chemical Communications, 2011, 47(7): 2071-2073.

[37] Ma X-H, Yang Z, Yao Z-K, et al. A facile preparation of novel positively charged MOF/chitosan nanofiltration membranes [J]. Journal of Membrane Science, 2017, 525:269-276.

[38] Cavka J H, Jakobsen S, Olsbye U,et al. A new zirconium inorganic building brick forming metal organic frameworks with exceptional stability [J]. Journal of the American Chemical Society, 2008, 130(42): 13850-13851.

[39] Ren J, Dyosiba X, Musyka N M, et al. Review on the current practices and efforts towards pilot-scale production of metal-organic frameworks (MOFs) [J]. Coordination Chemistry Reviews, 2017, 352:187-219.

[40] Kiatgawa S, Kitaura R, Noro S. Functional porous coordination polymers [J]. Angewandte Chemie International Edition, 2004, 43(18): 2334-2375.

[41] Li J-R, Sculley J, Zhou H-C. Metal-organic frameworks for separations [J]. Chemical Review, 2012, 112(2): 869-932.

[42] Hu Y, Wei J, Liang Y, et al. Zeolitic imidazolate framework/graphene oxide hybrid nanosheets as seeds for the growth of ultrathin molecular sieving membranes [J]. Angewandte Chemie International Edition, 2016, 55(6): 2048-2052.

[43] Corma A, García H, Llabrés I Xamena F. Engineering metal organic frameworks for heterogeneous catalysis [J]. Chemical Review, 2010, 110(8): 4606-4655.

[44] Chen B, Wang L, Xiao Y, et al. A luminescent metal-organic framework with Lewis basic pyridyl sites for the sensing of metal ions [J]. Angewandte Chemie International Edition, 2009, 48(3): 500-503.

[45] Kreno L E, Lenong K, Farha O K, et al. Metal-organic framework materials as chemical sensors [J]. Chemical Review, 2011, 112(2): 1105-1125.

[46] Orellana-Tavra C, Baxter E F, Tian T, et al. Amorphous metal-organic frameworks for drug delivery [J]. Chemical Communications, 2015, 51(73): 13878-13881.

[47] Colón Y J, Snurr R Q. High-throughput computational screening of metal-organic frameworks [J]. Chemical Society Reviews, 2014, 43(16): 5735-5749.

[48] Deng H, Grunder S, Cordova K E, et al. Large-pore apertures in a series of metal-organic frameworks [J]. Science, 2012, 336(6084): 1018-1023.

[49] Canivet J, FateevaA, Guo Y,et al. Water adsorption in MOFs: Fundamentals and applications [J]. Chemical Society Reviews, 2014, 43(16): 5594-5617.

[50] Burtch N C, Jasuja H, Walton K S. Water stability and adsorption in metal-organic frameworks [J]. Chemical Reviews, 2014, 114(20): 10575-10612.

[51] Fu Y, Sun D, Chen Y, et al. An amine-functionalized titanium metal-organic framework photocatalyst with visible-light-induced activity for $CO_2$ reduction [J]. Angewandte Chemie International Edition, 2012, 51(14): 3364-3367.

[52] Chen J, Wang S, Huang J, et al. Conversion of cellulose and cellobiose into sorbitol catalyzed by ruthenium supported on a polyoxometalate/metal-organic framework hybrid [J]. ChemSusChem, 2013, 6(8): 1545-1555.

[53] Henninger S K, Jeremias F, Kummer H, Janiak C. MOFs for use in adsorption heat pump processes [J]. European Journal of Inorganic Chemistry, 2012, 2012(16): 2625-2634.

[54] Bhattacharjee S, Chen C, Ahn W-S. Chromium terephthalate metal-organic framework MIL-101: Synthesis, functionalization, and applications for adsorption and catalysis [J]. RSC Advances, 2014, 4(94): 52500-52525.

[55] Gaab M, Trukhan N, Maures S, et al. The progression of Al-based metal-organic frameworks-From academic research to industrial production and applications [J]. Microporous and Mesoporous Materials, 2012, 157:131-136.

[56] Kang I J, Khan N A, Haque E, et al. Chemical and thermal stability of isotypic metal-organic frameworks: Effect of metal ions [J]. Chemistry-A European Journal, 2011, 17(23): 6437-6442.

[57] Kalidindi S B, Nayak S, Briggs M E, et al. Chemical and structural stability of zirconium-based metal-organic frameworks with large three-dimensional pores by linker engineering [J]. Angewandte Chemie International Edition, 2015, 54(1): 221-226.

[58] Schoenecker P M, Carson C G, Jasuja H, et al. Effect of water adsorption on retention of structure and surface area of metal-organic frameworks [J]. Industrial & Engineering Chemistry Research, 2012, 51(18): 6513-6519.

[59] Low J J, Benin A I, Jakubcaczak P, et al. Virtual high throughput screening confirmed experimentally: Porous coordination polymer hydration [J]. Journal of the American Chemical Society, 2009, 131(43): 15834-15842.

[60] Ul Qadir N, Said S A, Bahaidarah H M. Structural stability of metal organic frameworks in aqueous media-controlling factors and methods to improve hydrostability and hydrothermal cyclic stability [J]. Microporous and Mesoporous Materials, 2015, 201:61-90.

[61] Nguyen N T, Furukawa H, Gándara F, et al. Selective capture of carbon dioxide under humid conditions by hydrophobic chabazite-type zeolitic imidazolate frameworks [J]. Angewandte Chemie International Edition, 2014, 53(40): 10645-10648.

[62] Liu Y, Ng Z, Khan E A, et al. Synthesis of continuous MOF-5 membranes on porousα-alumina substrates [J]. Microporous and Mesoporous Materials, 2009, 118(1-3): 296-301.

[63] Huang A, Bux H, Steinbach F, et al. Molecular-sieve membrane with hydrogen permselectivity: ZIF-22 in LTA topology prepared with 3-aminopropyltriethoxysilane as covalent linker [J]. Angewandte Chemie International Edition, 2010, 49(29): 4958-4961.

[64] Huang A, Dou W, Caro J R. Steam-stable zeolitic imidazolate framework ZIF-90 membrane with hydrogen selectivity through covalent functionalization [J]. Journal of the American Chemical Society, 2010, 132(44): 15562-15564.

[65] Zhu Y, Gupta K M, Liu Q, et al. Synthesis and seawater desalination of molecular sieving zeolitic imidazolate framework membranes [J]. Desalination, 2016, 385:75-82.

[66] ZhangF, Zou X, Gao X, et al. Hydrogen selective $NH_2$-MIL-53 (Al) MOF membranes with high permeability [J]. Advanced Functional Materials, 2012, 22(17): 3583-3590.

[67] ShamsaeiE, Lin X, Wan L,et al. A one-dimensional material as a nano-scaffold and a pseudo-seed for facilitated

growth of ultrathin, mechanically reinforced molecular sieving membranes [J]. Chemical Communications, 2016, 52(95): 13764-13767.

[68] Hu Y, Dong X, Nan J, et al. Metal-organic framework membranes fabricated via reactive seeding [J]. Chemical Communications, 2011, 47(2): 737-739.

[69] Ameloot R, Vermoortele F, Vanhove W, et al. Interfacial synthesis of hollow metal-organic framework capsules demonstrating selective permeability [J]. Nature Chemistry, 2011, 3(5): 382-387.

[70] Makiura R, Konovalov O. Interfacial growth of large-area single-layer metal-organic framework nanosheets [J]. Scientific Reports, 2013, 3(1): 1-8.

[71] Yao J, Dong D, Li D, et al. Contra-diffusion synthesis of ZIF-8 films on a polymer substrate [J]. Chemical Communications, 2011, 47(9): 2559-2561.

[72] Baranikova E, Tan X, Villalobos L F, et al. A metal chelating porous polymeric support: The missing link for a defect-free metal-organic framework composite membrane [J]. Angewandte Chemie, 2017, 56(11): 2965-2968.

[73] Liu J, Wöll C. Surface-supported metal-organic framework thin films: Fabrication methods, applications, and challenges [J]. Chemical Society Reviews, 2017, 46(19): 5730-5770.

[74] Li M, DincĂ M. Selective formation of biphasic thin films of metal-organic frameworks by potential-controlled cathodic electrodeposition [J]. Chemical Science, 2014, 5(1): 107-111.

[75] Denny Jr M S, Cohen S M. In situ modification of metal-organic frameworks in mixed-matrix membranes [J]. Angewandte Chemie International Edition, 2015, 54(31): 9029-9032.

[76] Sorribas S, Gorgojo P, Tellez C,et al. High flux thin film nanocomposite membranes based on metal-organic frameworks for organic solvent nanofiltration [J]. Journal of the American Chemical Society, 2013, 135(40): 15201-15208.

[77] Ma D, Peh S B, Han G, et al. Thin-film nanocomposite (TFN) membranes incorporated with super-hydrophilic metal-organic framework (MOF) UiO-66: Toward enhancement of water flux and salt rejection [J]. ACS Applied Materials & Interfaces, 2017, 9(8): 7523-7534.

[78] Ostermann R, Cravillon J, Weidmann C, et al. Metal-organic framework nanofibers via electrospinning [J]. Chemical Communications, 2011, 47(1): 442-444.

[79] Zhang Y, Yuan S, Feng X, et al. Preparation of nanofibrous metal-organic framework filters for efficient air pollution control [J]. Journal of the American Chemical Society, 2016, 138(18): 5785-5788.

[80] Xu T, Shenzad M A, Yu D, et al. Highly cation permselective metal-organic framework membranes with leaf-like morphology [J]. Chem Sus Chem, 2019, 12(12): 2593-2597.

[81] Xu T, Shenzad M A, Wang X, et al. Engineering leaf-like UiO-66-$SO_3H$ membranes for selective transport of cations [J]. Nano-Micro Letters, 2020, 12(1): 51.

[82] Xu T, Sheng F, Wu B, et al. Ti-exchanged UiO-66-$NH_2$-containing polyamide membranes with remarkable cation permselectivity [J]. Journal of Membrane Science, 2020, 615:118608.

[83] Wang X, Wu B, Afsar N U, et al. Soluble polymeric metal-organic frameworks toward crystalline membranes for efficient cation separation [J]. Journal of Membrane Science, 2021, 639:119757.

[84] CôTé A P, Benin A I, Ockwig N W, et al. Porous, crystalline, covalent organic frameworks [J]. Science, 2005, 310(5751): 1166-1170.

[85] Kangambeth S, Mallick A, Lukose B, et al. Construction of crystalline 2D covalent organic frameworks with remarkable chemical (acid/base) stability via a combined reversible and irreversible route [J]. Journal of the American Chemical Society, 2012, 134(48): 19524-19527.

[86] Halder A, Karak S, Addicaoat M, et al. Ultrastable imine-based covalent organic frameworks for sulfuric acid

recovery: An effect of interlayer hydrogen bonding [J]. Angewandte International Edition Chemie, 2018, 57(20): 5797-5802.

[87] Beuerle F, Gole B. Covalent organic frameworks and cage compounds: Design and applications of polymeric and discrete organic scaffolds [J]. Angewandte Chemie International Edition, 2018, 57(18): 4850-4878.

[88] Han S S, Furukawa H, Yaghi O M, et al. Covalent organic frameworks as exceptional hydrogen storage [J]. Journal of the American Chemical Society, 2008, 130:11580-11581.

[89] Uribe-Rome F J, Hunt J R, Furukawa H, et al. Crystalline imine-linked 3-D porous covalent organic framewor [J]. Journal of the American Chemical Society, 2009, 131:4570-4571.

[90] Kandambeth S, Shide D B, Panda M K, et al. Enhancement of chemical stability and crystallinity in porphyrin-containing covalent organic frameworks by intramolecular hydrogen bonds [J]. Angewandte International Edition Chemie, 2013, 52(49): 13052-13056.

[91] Dalapat S, Jin S, Gao J, Xu Y, et al. An azine-linked covalent organic framework [J]. Journal of the American Chemical Society, 2013, 135:17310-17313.

[92] Xu H, Gao J, Jiang D. Stable, crystalline, porous, covalent organic frameworks as a platform for chiral organocatalysts [J]. Nature Chemistry, 2015, 7:905-912.

[93] Karak S, Kandambeth S, Biswal B P, et al. Constructing ultraporous covalent organic frameworks in seconds via an organic terracotta process [J]. Journal of the American Chemical Society, 2017, 139:1856-1862.

[94] Kandambeth S, Biswal B P, Chaudhari H D, et al. Selective molecular sieving in self-standing porous covalent-organic-framework membranes [J]. Advanced Materials, 2017, 29(2): 1603945.

[95] Dey K, Pal M, Rout K C, et al. Selective molecular separation by interfacially crystallized covalent organic framework thin films [J]. Journal of the American Chemical Society, 2017, 139(37): 13083-13091.

[96] Ma T, Kapustin E A, Yin S X, et al. Single-crystal X-ray diffraction structures of covalent organic frameworks [J]. Science, 2018, 361:48-52.

[97] Wang L, Zeng C, Xu H, et al. A highly soluble, crystalline covalent organic framework compatible with device implementation [J]. Chemical Science, 2019, 10(4): 1023-1028.

[98] Sahbudeen H, Qi H, Ballabio M, et al. Highly crystalline and semiconducting imine-based two-dimensional polymers enabled by interfacial synthesis [J]. Angewandte Chemie International Edition, 2020, 132:6084-6092.

[99] Mu Z, Zhu Y, Li B, et al. Covalent organic frameworks with record pore apertures [J]. Journal of the American Chemical Society, 2022, 144(11): 5145-5154.

[100] Nagai A, Guo Z, Feng X, et al. Pore surface engineering in covalent organic frameworks [J]. Nature Communation, 2011, 2:536.

[101] Li Y, Wu Q, Guo X,et al. Laminated self-standing covalent organic framework membrane with uniformly distributed subnanopores for ionic and molecular sieving [J]. Nature Communation, 2020, 11(1): 599.

[102] Dalapati S, Jin E, Addicoat M, et al. Highly emissive covalent organic frameworks [J]. Journal of the American Chemical Society, 2016, 138(18): 5797-5800.

[103] Zhou T Y, Xu S Q, Wen Q, et al. One-step construction of two different kinds of pores in a 2D covalent organic framework [J]. Journal of the American Chemical Society, 2014, 136(45): 15885-15888.

[104] Pang Z F, Zhou T Y, Liang R R, et al. Regulating the topology of 2D covalent organic frameworks by the rational introduction of substituents [J]. Chemical Science, 2017, 8(5): 3866-3870.

[105] Ma H, Liu B, Li B, et al. Cationic covalent organic frameworks: A simple platform of anionic exchange for porosity tuning and proton conduction [J]. Journal of the American Chemical Society, 2016, 138(18): 5897-5903.

[106] Mitra S, Kandambeth S, BidwalB P, et al. Self-exfoliated guanidinium-based ionic covalent organic nanosheets (iCONs) [J]. Journal of the American Chemical Society, 2016, 138(8): 2823-2828.

[107] Guo H, Wang J, Fang Q, et al. A quaternary-ammonium-functionalized covalent organic framework for anion conduction [J]. Cryst Eng Comm, 2017, 19(33): 4905-4910.

[108] Peng Y, Xu G, Hu Z, et al. Mechanoassisted synthesis of sulfonated covalent organic frameworks with high intrinsic proton conductivity [J]. ACS Applied Material & Interfaces, 2016, 8(28): 18505-18512.

[109] Lu Q, Ma Y, Li H, et al. Postsynthetic functionalization of three-dimensional covalent organic frameworks for selective extraction of lanthanide ions [J]. Angewandte International Edition Chemie, 2018, 57(21): 6042-6048.

[110] Zhang K, He Z, Gupta K M, Jiang J. Computational design of 2D functional covalent-organic framework membranes for water desalination [J]. Environmental Science: Water Research & Technology, 2017, 3(4): 735-743.

[111] Wang C, Li Z, Chen J, et al. Covalent organic framework modified polyamide nanofiltration membrane with enhanced performance for desalination [J]. Journal of Membrane Science, 2017, 523: 273-281.

[112] Zhao S, Jiang C, Fan J, et al. Hydrophilicity gradient in covalent organic frameworks for membrane distillation [J]. Nature Material, 2021, 20(11): 1551-1558.

[113] Halder A, Ghosh M, Khayum M A, et al. Interlayer hydrogen-bonded covalent organic frameworks as high-performance supercapacitors [J]. Journal of the American Chemical Society, 2018, 140(35): 10941-10945.

[114] Bing S, Xian W, Chen S, et al. Bio-inspired construction of ion conductive pathway in covalent organic framework membranes for efficient lithium extraction [J]. Matter, 2021, 4(6): 2027-2038.

[115] Sheng F, Wu B, Li X, et al. Efficient ion sieving in covalent organic framework membranes with sub-2-nanometer channels [J]. Advanced Materials, 2021, 33(44): e2104404.

[116] Berlanga I, Ruiz-Gonzalez M L, Gongzalez-Calbet J M, et al. Delamination of layered covalent organic frameworks [J]. Small, 2011, 7(9): 1207-1211.

[117] Yang H, Yang L, Wang H, et al. Covalent organic framework membranes through a mixed-dimensional assembly for molecular separations [J]. Nature Communation, 2019, 10(1): 2101.

[118] Changra S, Kandambeth S, Biswal B P, et al. Chemically stable multilayered covalent organic nanosheets from covalent organic frameworks via mechanical delamination [J]. Journal of the American Chemical Society, 2013, 135(47): 17853-17861.

[119] Guo Z, Zhang Y, Dong Y, et al. Fast ion transport pathway provided by polyethylene glycol confined in covalent organic frameworks [J]. Journal of the American Chemical Society, 2019, 141(5): 1923-1927.

[120] Biswal B P, Chaudhari H D, Banerjee R,et al. Chemically stable covalent organic framework (COF)-polybenzimidazole hybrid membranes: Enhanced gas separation through pore modulation [J]. Chemistry A European Journal, 2016, 22(14): 4695-4699.

[121] Khan N A, Zhang R, Wu H, et al. Solid-vapor interface engineered covalent organic framework membranes for molecular separation [J]. Journal of the American Chemical Society, 2020, 142(31): 13450-13458.

[122] Shinde D B, Sheng G, Li X, et al. Crystalline 2D covalent organic framework membranes for high-flux organic solvent nanofiltration [J]. Journal of the American Chemical Society, 2018, 140(43): 14342-14349.

[123] Fan H, Gu J, Meng H, et al. High-flux membranes based on the covalent organic framework COF-LZU1 for selective dye separation by nanofiltration [J].Angewandte Chemie International Edition, 2018, 57(15): 4083-4087.

[124] Sheng F, Wu B, Li X, et al. Efficient ion sieving in covalent organic framework membranes with sub-2-nanometer channels [J]. Advanced Materials, 2021, 33(44): 2104404.

[125] Sheng F, Li X, Li Y, et al. Cationic covalent organic framework membranes for efficient dye/salt separation [J].

Journal of Membrane Science, 2022, 644:120118.

[126] Zhang G, Mastalerz M. Organic cage compounds-from shape-persistency to function [J]. Chemical Society Reviews, 2014, 43(6): 1934-1947.

[127] Mastalerz M. Shape-persistent organic cage compounds by dynamic covalent bond formation [J]. Angewandte Chemie International Edition, 2010, 49(30): 5042-5053.

[128] Holst J R, Trewin A, Cooper A I. Porous organic molecules [J]. Nature Chemistry, 2010, 2(11): 915-920.

[129] Hasell T, Cooper A I. Porous organic cages: Soluble, modular and molecular pores [J]. Nature Reviews Materials, 2016, 1(9): 16053.

[130] Evans J D, Sumby C J, Doonan C J. Synthesis and applications of porous organic cages [J]. Chemistry Letters, 2015, 44(5): 582-588.

[131] Xiong M, Ding H, Li B, et al. Porous organic molecular cages: From preparation to applications [J]. Current Organic Chemistry, 2014, 18(15): 1965-1972.

[132] Jones J T A, Hasell T, Wu X, et al. Modular and predictable assembly of porous organic molecular crystals [J]. Nature, 2011, 474(7351): 367-371.

[133] Tian J, Thallapally P K, Dalgarno S J, et al. Amorphous molecular organic solids for gas adsorption [J]. Angewandte Chemie, 2009, 48(30): 5492-5495.

[134] Giri N, Popolo M G D, Melaugh G, et al. Liquids with permanent porosity [J]. Nature, 2015, 527(7577): 216-220.

[135] Budd P M, Ghanem B S, Makhseed S, et al. Polymers of intrinsic microporosity (PIMs): Robust, solution-processable, organic nanoporous materials [J]. Chemical Communications, 2004, 2: 230-231.

[136] Jones J T A, Holden D, Mitra T, et al. On-off porosity switching in a molecular organic solid [J]. Angewandte Chemie International Edition, 2011, 50(3): 749-753.

[137] Hasell T, Chong S Y, Jelfs K E, et al. Porous organic cage nanocrystals by solution mixing [J]. Journal of the American Chemical Society, 2012, 134(1): 588-598.

[138] Jiang S, Jelfs K E, Holden D, et al. Molecular dynamics simulations of gas selectivity in amorphous porous molecular solids [J]. Journal of the American Chemical Society, 2013, 135(47): 17818-17830.

[139] Tozawa T, Jones J T A, Swamy S I, et al. Porous organic cages [J]. Nature Materials, 2009, 8(12): 973-978.

[140] Deng H, Doonan C J, Furukawa H, et al. Multiple functional groups of varying ratios in metal-organic frameworks [J]. Science, 2010, 327(5967): 846-850.

[141] Skowronek P, Warzajtis B, Rychlewska U, et al. Self-assembly of a covalent organic cage with exceptionally large and symmetrical interior cavity: the role of entropy of symmetry [J]. Chemical Communications, 2013, 49(25): 2524-2526.

[142] Zhang G, Presly O, White F, et al. A permanent mesoporous organic cage with an exceptionally high surface area [J]. Angewandte Chemie International Edition, 2014, 53(6): 1516-1520.

[143] Hasell T, Schimidtmann M, Stone C A, et al. Reversible water uptake by a stable imine-based porous organic cage [J]. Chemical Communications, 2012, 48(39): 4689-4691.

[144] Liu M, Little M A, Jelfs K E, et al. Acid-and base-stable porous organic cages: shape persistence and pH stability via post-synthetic "tying" of a flexible amine cage [J]. Journal of the American Chemical Society, 2014, 136(21): 7583-7586.

[145] Simard M, Su D, Wuest J D. Use of hydrogen bonds to control molecular aggregation. Self-assembly of three-dimensional networks with large chambers [J]. Journal of the American Chemical Society, 1991, 113(12): 4696-4698.

[146] Meyer C D, Joiner C S, Stoddart J F. Template-directed synthesis employing reversible imine bond formation [J].

Chemical Society Reviews, 2007, 36(11): 1705-1723.

[147] Han R, Wu P. Composite proton-exchange membrane with highly improved proton conductivity prepared by in situ crystallization of porous organic cage [J]. ACS Applied Materials & Interfaces, 2018, 10(21): 18351-18358.

[148] Song Q, Jiang S, Hasell T, et al. Porous organic cage thin films and molecular-sieving membranes [J]. Advanced Materials, 2016, 28(13): 2629-2637.

[149] Jiang S, Song Q, Massey A, et al. Oriented two-dimensional porous organic cage crystals [J]. Angewandte Chemie, 2017, 56(32): 9391-9395.

[150] Bushell A F, Budd P M, Attfield M P, et al. Nanoporous organic polymer/cage composite membranes [J]. Angewandte Chemie International Edition, 2013, 52(4): 1253-1256.

[151] Zhai Z, Jiang C, Zhao N, et al. Polyarylate membrane constructed from porous organic cage for high-performance organic solvent nanofiltration [J]. Journal of Membrane Science, 2020, 595:117505.

[152] Zhai Z, Zhao N, Liu J, et al. Advanced nanofiltration membrane fabricated on the porous organic cage tailored support for water purification application [J]. Separation and Purification Technology, 2020, 230:115845.

[153] Xu X, Shao Z, Shi L, et al. Enhancing proton conductivity of proton exchange membrane with SPES nanofibers containing porous organic cage [J]. Polymers for Advanced Technologies, 2020, 31(7): 1571-1580.

[154] Xu T, Wu B, Hou L, et al. Highly ion-permselective porous organic cage membranes with hierarchical channels [J]. Journal of the American Chemical Society, 2022, 144(23): 10220-10229.

[155] Zhu G, Hoffman C D, Liu Y, et al. Engineering porous organic cage crystals with increased acid gas resistance [J]. Chemistry-A European Journal, 2016, 22(31): 10743-10747.

[156] Martínez-Ahumada E, He D, Berryman V, et al. $SO_2$ capture using porous organic cages [J]. Angewandte Chemie International Edition, 2021, 60(32): 17556-17563.

[157] Xu T, Shehzad M A, Wang X, et al. Engineering leaf-like UiO-66-$SO_3H$ membranes for selective transport of cations [J]. Nano-Micro Lett, 2020, 12(1): 1-11.

[158] Wu S, Cheng Y, Ma J, et al. Preparation and ion separation properties of sub-nanoporous PES membrane with high chemical resistance [J]. Journal Membrane Science, 2021, 635:119467.

[159] Guo Y, Ying Y, Mao Y, et al. Polystyrene sulfonate threaded through a metal-organic framework membrane for fast and selective lithium-ion separation [J]. Angewandte Chemie International Edition, 2016, 128(48): 15344-15348.

[160] Xu T, Sheng F, Wu B, et al. Ti-exchanged UiO-66-$NH_2$-containing polyamide membranes with remarkable cation permselectivity [J]. Journal Membrane Science, 2020, 615:118608.

[161] 葛亮，伍斌，王鑫，等. MOFs分离膜在水系分离中的应用 [J]. 化工学报，2019, 70(10): 3748-3763.

第九章

# 均相离子交换膜组件设计及工程应用实例

第一节　均相离子交换膜组件设计 / 390

第二节　酸回收应用案例 / 412

第三节　碱回收 / 413

第四节　黏胶纤维应用实例 / 414

第五节　冶金行业应用实例 / 417

第六节　高盐废水处理实用案例 / 420

第七节　小结与展望 / 422

第一节
# 均相离子交换膜组件设计

## 一、扩散渗析器

### 1．概述

渗析是最早被发现和研究的一种膜分离过程，它是一种自然发生的物理现象。借助于膜的扩散使各种溶质得以分离的膜过程即为渗析，也称扩散渗析或自然渗析，由于过程的推动力是浓度梯度，因而又称浓差渗析[1-5]。

渗析是一个以浓度差为驱动力的自发进行的过程，在这一过程中，体系的熵增加，Gibbs 自由能降低，因而在热力学上是有利的。与其他分离方法比较，渗析法的主要优点有：①能耗低，通常无需额外施加压力；②安装和操作成本低；③稳定、可靠、容易操作；④对环境无污染。尤其在环保和节能方面的优势，是其他分离方法难以比拟的。本章中的扩散渗析仅限于采用荷电膜将酸或碱从溶液中分离出的过程。

### 2．板框式扩散渗析器

目前工业应用扩散渗析器均为板框式组件（plate-and-framemodule），如图 9-1 所示。扩散渗析膜和隔板交替排布，形成了由扩散渗析膜间隔的渗析室（dialysate）和扩散室（diffusate），渗析室通入待处理酸 / 盐或碱 / 盐料液，扩散室通入纯水接收液。在膜两侧的浓度差驱动下，渗析室中的酸或碱扩散进入扩散室，从而实现酸或碱的分离回收；料液出口酸或碱浓度降低成为残液，接收液出口成为回收液。酸分离回收采用阴离子交换膜，碱分离回收则采用阳离子交换

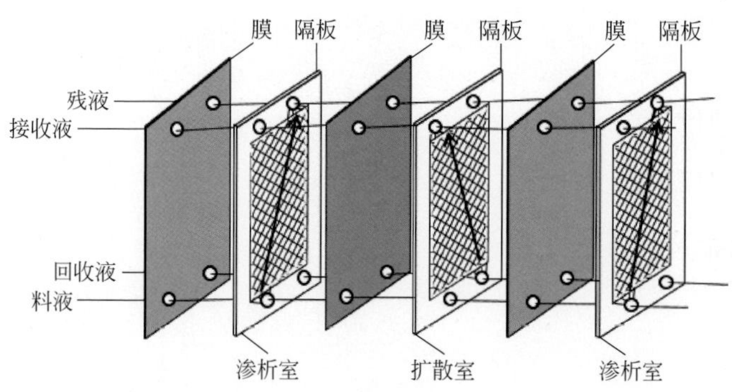


图9-1　板框式扩散渗析器示意图

膜；扩散渗析器内膜的装配数量直接相关于设备的处理量，典型扩散渗析器装配200～500张膜，单体设备装配扩散渗析膜可超过500平方米。

通常扩散渗析器内的两种液流采用逆流操作，液体的线流速很低，一般不超过1mm/s。板框式扩散渗析器在放置上可以是立式（图9-2），也可以是卧式（图9-3）。立式放置扩散渗析器中，渗析室内的料液流向为由下而上，而扩散室内的接收液流向为由上而下。

图9-2 立式板框式扩散渗析器实物图（山东天维膜技术有限公司）

图9-3 卧式板框式扩散渗析器实物图（Mech-Chem Associates, Inc.）

### 3. 螺旋卷式扩散渗析器

中国科学技术大学开发了螺旋卷式扩散渗析器（spiral-wounded module）[5]，其外围相似于卷式压力驱动膜组件，其内部扩散渗析膜与隔网卷绕如图9-4和图

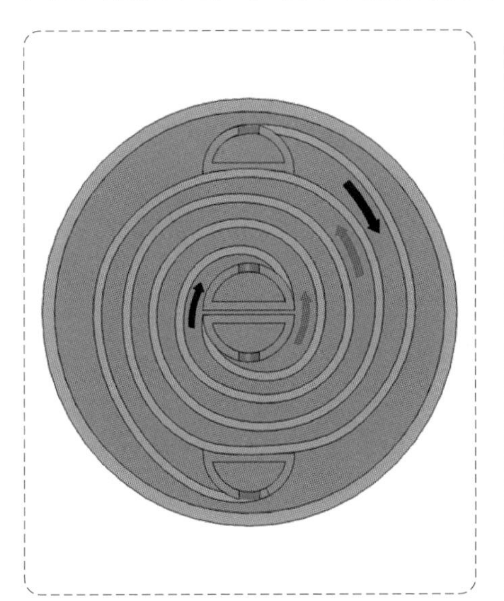

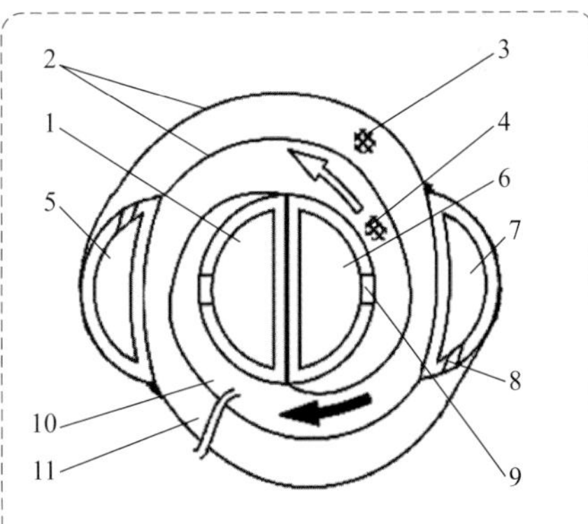



1—中心管A(渗析液出口)；2—离子交换膜；3, 4—流道隔网；5—侧流管A(渗析液进口)；6—中心管B(扩散液进口)；7—侧流管B(扩散液出口)；8, 9—集液孔；10—渗析液流道；11—扩散液流道

图9-4 螺旋卷式扩散渗析器的流道截面示意图

9-5 所示，膜的一侧为渗析液流道并与一对渗析液进出接管相连通，另一侧为扩散液流道并与一对扩散液进出接管相连通。卷绕以拼合起来的一对中心管为轴心，两个中心管半管分别作为渗析液出口和扩散液进口，在卷绕形成的圆筒体外围形成对称分布两侧流管，分别作为渗析液进口和扩散液出口。由此，渗析液螺旋式地由外向内流动，而扩散液则螺旋式地由内向外流动。

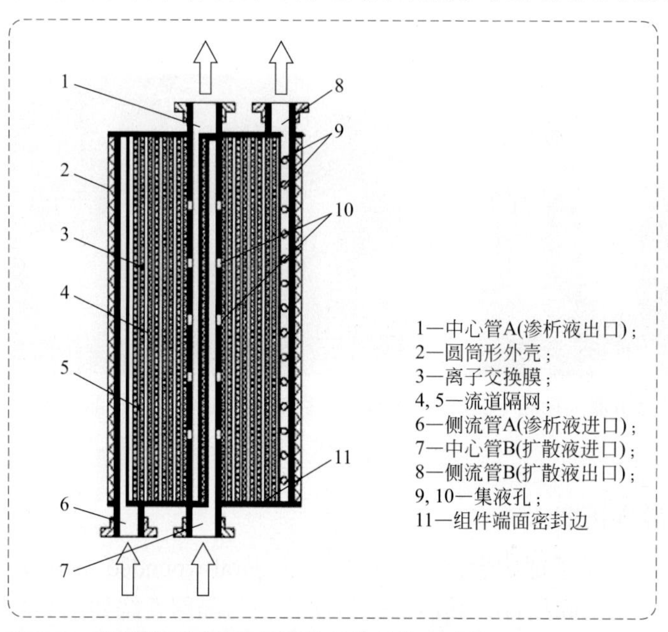


图9-5　螺旋卷式扩散渗析器的总体结构示意图

图 9-6 为螺旋卷式扩散渗析器实物图。目前，单个螺旋卷式扩散渗析器的装配膜面积达几十平方米，适用于处理体量较小的体系。

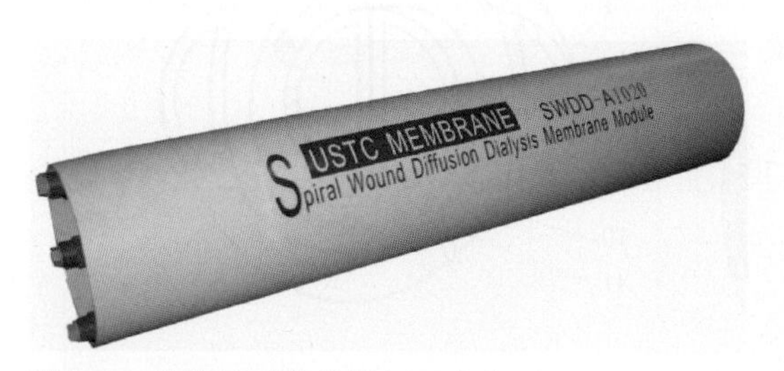


图9-6　螺旋卷式扩散渗析器实物图

## 4．扩散渗析膜

扩散渗析膜是一种在膜上具有固定电荷的离子交换膜[4]。例如在阴离子交换膜上就带有正的固定电荷，因其排斥阳离子，所以就有阴离子的选择透过性。这种选择透过性主要是溶解度系数 $S_i$ 的贡献，也就是说对阴离子交换膜而言，阴离子向膜中的分配远远高于阳离子的分配。应当指出的是在阳离子中，$H^+$ 的分配却相当高，尤其当采用以仲胺和叔胺为固定解离基的阴离子交换膜时，这种趋势就更为强烈。所以，当以阴离子交换膜作为扩散渗析的隔膜时，盐几乎全部被截留，而酸却能畅通无阻，借此可将酸和盐分开。理论上讲，前面所述的含水量较高的离子膜都是可以用于扩散渗析过程，其中阴离子膜适用于氢离子与金属离子分离，而阳离子膜适用于氢氧根离子与金属含氧酸根离子分离。

总渗析系数 $U$ 定义为：

$$J = U\Delta C \quad (9\text{-}1)$$

针对各种酸 / 金属盐混合溶液所测的总渗析系数 $U$ 的结果如表 9-1 所示。由表可见，$U$（盐）/$U$（酸）已达 $10^{-2} \sim 10^{-3}$ 的量级，如此，酸和盐被有效分开。通常酸的透过性是按 HCl> $HNO_3$> $H_2SO_4$> HF 的顺序进行。一般金属离子的价数越高，其金属盐的透过性将下降。不过，对盐酸与金属盐的情况而言，由于金属离子往往同氯化物离子形成络合物，分离性反而变差。

表9-1　阴离子交换膜(Neosepta AFN)对酸、金属盐混合液扩散渗析的总渗析系数 $U$(25℃)

单位：$mol/[h \cdot m^2 \cdot (mol/L)]$

| 系统 | 浓度/（mol/L） | | 总渗析系数 | | $U$（盐）/$U$（酸） |
|---|---|---|---|---|---|
| | 酸 | 盐 | $U$（酸） | $U$（盐） | |
| HCl-NaCl | 2.0 | 1.0 | 8.6 | 0.47 | 0.055 |
| $HCl\text{-}FeCl_2$ | 2.0 | 1.0 | 8.6 | 0.17 | 0.020 |
| $H_2SO_4\text{-}Na_2SO_4$ | 2.0 | 1.0 | 3.5 | 0.14 | 0.040 |
| $H_2SO_4\text{-}FeSO_4$ | 2.0 | 1.0 | 3.6 | 0.037 | 0.010 |
| $HNO_3\text{-}Al(NO_3)_3$ | 1.5 | 1.5 | 9.3 | 0.048 | 0.005 |
| $HNO_3\text{-}Cu(NO_3)_3$ | 1.5 | 1.6 | 9.6 | 0.017 | 0.002 |
| $H_3PO_4\text{-}MgHPO_4$ | 3.0 | 0.2 | 0.85 | 0.0018 | 0.002 |

### 5．扩散渗析效率有关参数

（1）扩散回收率 $R_d$　指某一溶质通过渗析的回收率。

$$R_d = \frac{c_{di} \times Q_{di}}{c_{fi} \times Q_{fi}} \quad (9\text{-}2)$$

式中　$c_{di}$——渗析液中组分$i$的浓度，g/L；

$Q_{di}$——渗析液出口流速，L/h；

$c_{fi}$——进料液中组分 $i$ 的浓度，g/L；

$Q_{fi}$——进料液进口流速，L/h。

（2）扩散透过通量 $F_d$　指单位时间单位有效面积某一溶质透过量，单位 $g/(m^2 \cdot h)$。

$$F_d = \frac{c_{di} \times Q_{di}}{T \times A_m} \tag{9-3}$$

式中，$T$ 为操作时间，h；$A_m$ 为有效膜面积，$m^2$。

（3）渗漏率 $I_p$　指溶质中某一杂质的扩散回收率。计算方法同扩散回收率，只是分子中的 $c_{di}$ 换成杂质的浓度 $c_{di}$，分母中的 $c_{fi}$ 换成杂质的浓度 $c_{fi}$ 即可。

（4）分离系数 $S$　若进料液中 $i$ 和 $j$ 两种溶质浓度为 $c_{fi}$ 和 $c_{fj}$，渗析液中分别为 $c_{di}$ 和 $c_{dj}$，则其分离系数为：

$$S = \frac{c_{di} \times c_{fj}}{c_{fi} \times c_{dj}} \tag{9-4}$$

分离系数表明分离效果，若 $S$=1，则只有扩散，没有分离。$S$ 越大，表明分离越好。

（5）水的渗透率 $P_w$　由于渗透压作用，渗析液中的水渗透到进料液中的速度，单位 $m^3/s$。

$$P_w = C_p A_m \Delta\pi \tag{9-5}$$

式中，$C_p$ 为渗透系数，m/(Pa•s)；$\Delta\pi$ 为渗透压力差，Pa。

另外，水还作为水合水，随溶质迁移，这一部分迁移方向与水的渗透相反，可据溶质水合数进行计算。

（6）渗析负荷 $L_p$　单位时间单位有效膜面积所处理的进料的量，单位 $g/(m^2 \cdot h)$。

$$L_p = \frac{Q_{fi}}{T \times A_m} \tag{9-6}$$

扩散渗析可从酸 / 盐混合溶液中分离出酸，或从碱 / 盐混合溶液中分离出碱，扩散渗析过程的驱动力是浓差梯度。相比于借助外力驱动的膜分离过程，比如电势差驱动的电渗析过程，扩散渗析是一种较为缓慢的分离过程，单位膜面积的处理量较低，因此通常需要较大的膜面积。然而，扩散渗析过程的运行能耗非常低，主要是泵送液体的较大的电耗。扩散渗析过程的经济性主要取决于前期投资以及膜的性能，扩散渗析器的工艺设计对于扩散渗析过程有重要影响。

## 6. 扩散渗析工艺设计

典型的扩散渗析工艺如图 9-7 所示，料液和接收液逆流通入扩散渗析设备，通过扩散渗析膜实现酸或碱从混合溶液中分离。针对具体的处理对象，扩散渗析系统一般还包含预处理单元，系统中还可能需要配备水泵、流量计、浓度测试装置等。扩散渗析是较为复杂的过程，以扩散渗析酸分离工艺为例，料液中除了含有酸外，还含有盐，有的应用场合还含有多种酸（混合酸）。酸从渗析室扩散进入扩散室的过程伴随结合水的迁移，另外由于渗析室高渗透压导致水从扩散室进入渗析室；当渗析室中酸和盐浓度较高时，水的迁移对扩散渗析过程有重要影响。

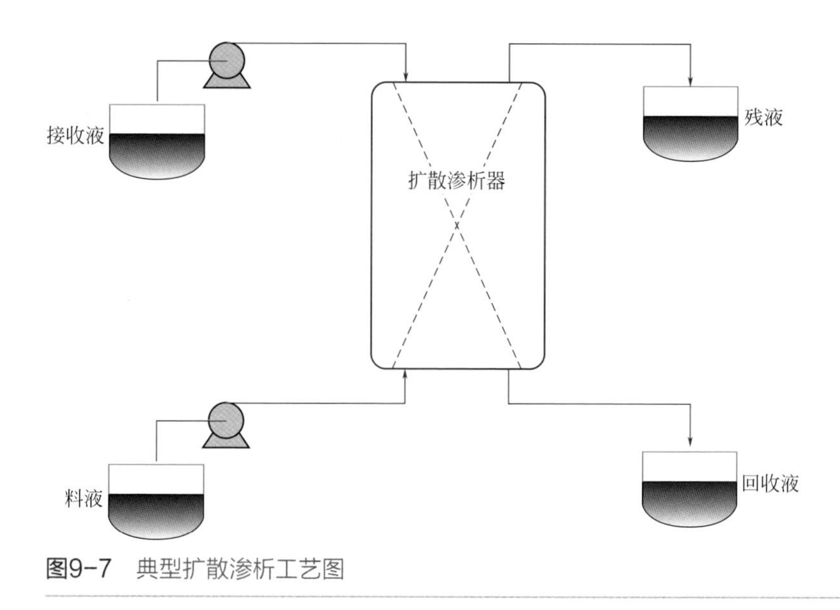


图9-7　典型扩散渗析工艺图

扩散渗析工艺设计需要解决料液处理量与膜使用面积（或设备数量）、料液中酸或碱的回收率的关系，回收率是指酸或碱的回收量与料液中总量的比值。对于给定的扩散渗析设备，即给定的膜使用面积，回收率与料液处理量呈反向相关，即回收率越高，处理量越低。一个简化的模型关联了这些参数[6]。以扩散渗析酸分离工艺为例，假定料液室与接收液室有同样的厚度和同样的流量，忽略渗透压差导致的水迁移，接收液为纯水，则根据物料平衡可得到：

$$c_f = c_d + c_p \tag{9-7}$$

式中，$c_f$、$c_d$ 和 $c_p$ 分别为料液、残液和回收液中的酸浓度。

料液中酸的减少量与接收液中酸的增加量一致，可得到：

$$kA_m \Delta c = Q_m c_p \tag{9-8}$$

式中，$k$ 是酸渗析系数，即在单位时间单位浓度梯度通过单位膜面积的酸的物质的量，m/s；$A_m$ 是扩散渗析设备内装配的有效膜面积；$\Delta c$ 是膜两侧溶液的酸浓度差；$Q_m$ 是回收液（或料液）的流量。

在逆流操作下，$\Delta c$ 可取扩散渗析设备进出口的算术平均值，即

$$\Delta c = \frac{c_f + c_d - c_p}{2} \tag{9-9}$$

结合式（9-7）、式（9-8）和式（9-9），可得到

$$kA_m(c_f - c_p) = Q_m c_p \tag{9-10}$$

即

$$\frac{c_p}{c_f}=\frac{kA_m}{kA_m+Q_m} \tag{9-11}$$

式（9-11）关联了酸回收率（$\frac{c_p}{c_f}$）、料液处理量（$Q_m$）、需要的膜面积（$A_m$）以及酸渗析系数（$k$）。很多工业应用要求酸回收率不低于 90%，已知酸渗析系数和单台设备的膜面积，由此可估算单台设备的处理量：

$$Q_m=\frac{kA_m}{10} \tag{9-12}$$

扩散渗析过程除了酸的迁移，盐同样会从料液室迁移进入接收室，对应的盐泄漏系数表征了单位时间单位浓度梯度通过单位膜面积的盐的物质的量。酸渗析系数以及盐泄漏系数均相关于溶液的温度和浓度；一般而言，随着温度升高和溶液浓度升高，酸渗析系数和盐泄漏系数均升高；两者的比值，即酸/盐分离因子，随着浓度增加而呈下降趋势。很多工业应用要求盐泄漏量不超过 10%。

扩散渗析工艺设计和扩散渗析过程建模是相当复杂的，因为料液组分包含了多种组分且浓度较高，采用浓度数值代替活度数值导致了计算偏差，并且基于膜两侧的浓度差导致水的迁移不可忽略。当料液中含有多种酸时，扩散渗析过程变得更为复杂。本节的简化模型只能作为扩散渗析过程设计的初步估算。

## 二、电渗析器

### 1．压滤型电渗析器结构

图 9-8 显示了压滤型电渗析器的结构。这是我国自主设计、生产的最常用的结构形式。本章关于电渗析器结构与参数的讨论，都指这种形式的电渗析器。

### 2．电渗析器水力学设计

隔室的水力学特性取决于隔室的网格（湍流促进器）形式及应用流速。采用不同网格的水力学试验表明，隔室的液体流动具有围绕浸没物体或通过填充塔的流动特点，而不像液流通过长管子那样，当 $Re$ 数在 2000 时发生滞流到湍流过渡的流动变化。实际上，在电渗析隔室中，一般 $Re$ 数在 10～40 之间便逐渐偏离滞流状态[7]。

隔室网格的水力学特性用填充塔式模型来描述，包括滞流和湍流两部分。

对于滞流部分，隔室中的比压降可用类似于半径为 $R$ 的圆管压降计算式来表达。

$$\frac{h_L}{\langle L\rangle}=\frac{16v}{R^2}\times\frac{\langle V\rangle}{2g} \tag{9-13}$$

液流流经的隔板网具有相当复杂的截面。若隔板网的水力半径为 $R_n$，则上式可写成：

$$\frac{h_L}{\langle L\rangle}=\frac{4v}{R_n^2}\times\frac{\langle V\rangle}{2g} \tag{9-14}$$

上两式中，$h_L$ 为沿程水力学压降；$\langle L\rangle$为隔室中实际流程长度；$\langle V\rangle$为隔室中的实际流速；$v$ 为运动黏度；$g$ 为重力加速度。

定义水力半径 $R_n$ 为隔室孔隙率 $\varepsilon$ 和润湿表面积 $\Omega$ 之比，即$R_n=\frac{\varepsilon}{\Omega}$。

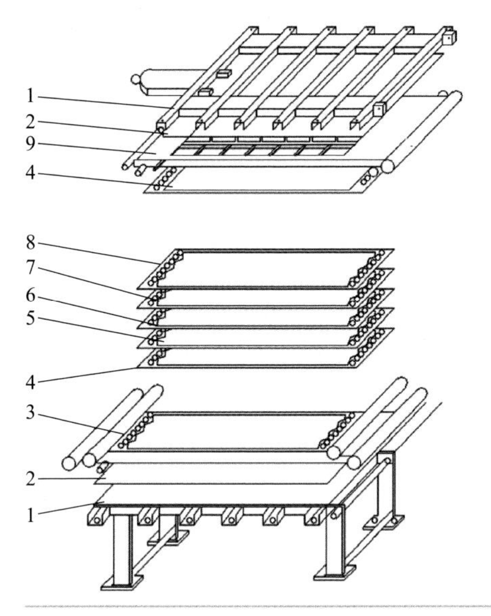


**图9-8　电渗析器结构**

1—夹紧板；2—绝缘橡皮板；3—电极（甲）；4—加网橡皮圈；5—阳离子交换膜；6—浓（淡）水隔板；7—阴离子交换膜；8—淡（浓）水隔板；9—电极（乙）

对于湍流部分，用闭合流道流动的修正式表示，

$$\frac{h_L}{\langle L\rangle}=\lambda_0\frac{1}{4R_n}\times\frac{\langle V\rangle^2}{2g} \tag{9-15}$$

式中，$\lambda_0$ 为摩擦系数。

对于隔室中高度湍流，摩擦系数只是相对黏度的函数，将上两式相加，

$$2\frac{h_L}{\langle L\rangle}=\frac{4v}{R_n^2}\times\frac{\langle V\rangle}{2g}+\frac{\lambda_0}{4R_n}\times\frac{\langle V\rangle^2}{2g} \tag{9-16}$$

即

$$\frac{h_L}{\langle L\rangle}=\frac{v^2}{2g(2R_n)^3}\left[16\left(\frac{\langle V\rangle R_n}{v}\right)+\frac{\lambda_0}{2}\left(\frac{\langle V\rangle 2R_n}{v}\right)^2\right] \tag{9-17}$$

对于常用的各种隔板网，液流在隔室中的实际流动方向与总的流动方向有一夹角 $\theta$，所以实际流速$\langle V\rangle$及实际流程长度$\langle L\rangle$较表观流速 $V$ 及流程长度 $L$ 要大：

$$\langle V\rangle=\frac{V}{\varepsilon\cos\theta}\quad \langle L\rangle=\frac{L}{\cos\theta}$$

代入式（9-17），得：

$$\frac{h_L}{\langle L\rangle}=\frac{v^2}{2g\left(\dfrac{2\varepsilon}{\Omega}\right)^3\cos\theta}\left[16\left(\frac{2V}{\Omega v\cos\theta}\right)+\frac{\lambda_0}{2}\left(\frac{2V}{\Omega v\cos\theta}\right)^2\right] \tag{9-18}$$

式（9-18）为隔网水力学性能的关系式，用于渗析器隔室的压降计算。

（1）膜堆配水均匀性　一个膜堆可由数十个至数百个膜堆组成。将液流均匀分布到各个并联隔室中去是电渗析器设计的关键。液流分布少的隔室将有大的传质阻力，并容易发生浓差极化，影响整个膜堆的应用性能。

液流通入电渗析器的途径是：总进水管→布水内管（隔板和膜的进水孔叠加而成）→隔板布水槽→隔室（网格部分）→隔板集水槽→集水内管（隔板和膜的出水孔叠加而成）→总出水管。

① 布水、集水内管的静压分布：布水、集水内管与隔室布水、集水槽直接连接，通过布水槽液流分配到各个隔室中去。显然，布水内管和集水内管中液流属变质量流动。若膜堆每个隔室的形体阻力相同，则布水、集水内管的压力分布对膜堆配水均匀性将有重要影响。

液流在布水、集水内管中的流动如化工设备中密布的多孔管径向分流器，如图 9-9 所示。

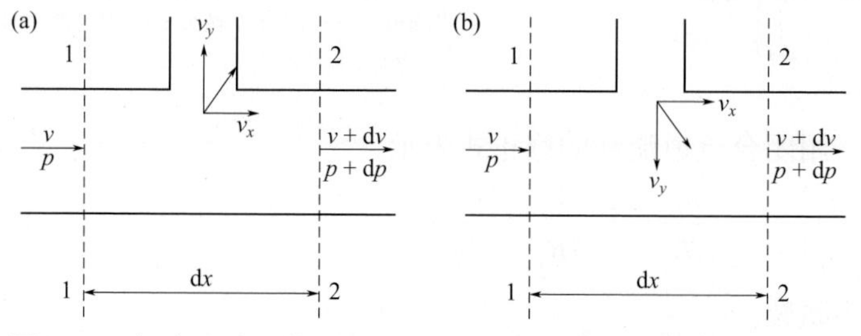


**图9-9**　（a）布水内管的分流流动；（b）集水内管的汇合流动

对于分流流动来说，若水流以速度 $v_a$ 进入等截面积 $A$ 的布水内管，然后逐步分流，流速随分流支管数的增加逐渐下降。各支管的几何尺寸相同，支管孔间距相等。假定进入支管入口处的水流的流动方向垂直于主管轴线，并在 $x$ 方向减速至零。据此，可以列出动量微分方程 [7]：

$$Ap+\rho Av^2=A(p+dp)+\rho A(v+dv)^2+\pi D\tau_0 dx \tag{9-19}$$

式中，$p$ 为静压强；$\rho$ 为液体密度；$D$ 为分流主流道直径；$v$ 为水流沿程（主流道）流速；$\tau_0$ 为管壁单位面积上的内摩擦力。

令$\tau_0=\dfrac{\lambda\rho v^2}{8}$，并代入式（9-19），经整理得：

$$\mathrm{d}p + \rho\mathrm{d}(v)^2 + \frac{\lambda\rho v^2}{2D}\mathrm{d}x=0 \tag{9-20}$$

由于流入各支管入口处的水流，其流动方向变化并非 90° 角，$x$ 方向上的速度也不是完全减至零，因此，式（9-20）应作修正。

$$\mathrm{d}p + k_d\rho\mathrm{d}(v)^2 + \frac{\lambda\rho v^2}{2D}\mathrm{d}x=0 \tag{9-21}$$

式中，$k_d$ 为动量回升系数，它用于校正流入支管入口处之水流速度的轴向分量对动量变化的影响，以及水流管壁边界层和管壁局部摩擦的影响；$\lambda$ 为摩擦系数。

假设水流在主流道内的速度是呈线性变化的，即

$$v = v_a\left(1-\frac{x}{L}\right) \tag{9-22}$$

式中，$v_a$ 为流道进口速度。把式（9-22）代入式（9-21），经整理得：

$$\mathrm{d}p + k_d\rho\mathrm{d}\left[v_a\left(1-\frac{x}{L}\right)\right]^2 - \frac{\lambda\rho L}{2D}\left[v_a\left(1-\frac{x}{L}\right)\right]^2\mathrm{d}\left(1-\frac{x}{L}\right)=0 \tag{9-23}$$

假定 $\lambda$ 和 $k_d$ 为常数，对式（9-23）积分，经整理得布水内管的静压分布公式：

$$\Delta p_d = \rho v_a^2\left\{\frac{1}{3}\times\frac{\lambda L}{2D}\left[1-\left(1-\frac{x}{L}\right)^3\right]-k_d\left[1-\left(1-\frac{x}{L}\right)^2\right]\right\} \tag{9-24}$$

或

$$h_d = \frac{v_a^2}{g}\left\{\frac{1}{3}\times\frac{\lambda L}{2D}\left[1-\left(1-\frac{x}{L}\right)^3\right]-k_d\left[1-\left(1-\frac{x}{L}\right)^2\right]\right\} \tag{9-25}$$

上两式中，$\Delta p_d$ 为静压差；$h_d$ 为压头损失；$x$ 为布水内管任意截面处管长。

若 $x=L$，由式（9-25）可得主流道全程的压头损失：

$$h_d = \frac{v_a^2}{g}\left[\frac{1}{3}\times\frac{\lambda L}{2D}-k_d\right] \tag{9-26}$$

从上式可看出变质量流与均质量流之间的差异。变质量流的压头损失除摩擦阻力损失项外，还含动量交换项，而且摩擦阻力项只是均质量流的 1/3。由于摩擦阻力项和动量交换项的符号相反，摩擦阻力项使主流道静压沿程下降，动量交换项使静压沿程回升，因此，当$\frac{\lambda L}{6D} \gg k_d$时，动量交换项的作用可忽略，主流道全程的压头损失将由摩擦阻力项决定。属摩擦阻力控制型；当$\frac{\lambda L}{6D} \ll k_d$时，摩擦阻力项的作用可忽略，主流道全程的压头损失将由动量交换项决定，属动量交换控制型；还有一种情况是动量交换项和摩擦阻力项都起作用的混合型。膜堆布水

内管中的分流流动属于摩擦阻力项占优势的混合型流动。静压沿布水内管的水流方向下降。

对于集水内管的汇合流动，同理可导出主流道的静压分布式。

$$\Delta p_g = \rho v_a^2 \left[ \frac{1}{3} \times \frac{\lambda L}{2D} \left( \frac{x}{L} \right)^3 + k_g \left( 1 - \frac{x}{L} \right)^2 \right] \tag{9-27}$$

或

$$h_g = \frac{v_a^2}{g} \left[ \frac{1}{3} \times \frac{\lambda L}{2D} \left( \frac{x}{L} \right)^3 + k_g \left( 1 - \frac{x}{L} \right)^2 \right] \tag{9-28}$$

上两式中，$k_g$ 为动量耗散系数。

若 $x = L$，则式（9-28）变为：

$$h_g = \frac{v_a^2}{g} \left[ \frac{\lambda L}{6D} + k_g \right] \tag{9-29}$$

式（9-28）和式（9-29）表明，集流流道与分流流道不同，摩擦阻力项和动量交换项符号都为正，它们总是叠加的。因此不管是摩擦在阻力项占优势，还是动量交换项占优势，静压总是沿集水内管的水流方向下降。

由于在布水内管和集水内管静压都是沿水流下降，且集水内管静压下降坡度更大，则膜堆内每个隔室两端的静压都不一样，压差也不相同，所以流经每个隔室的流量不可能做到分配相等，只能通过控制流经膜堆各部分的压降分布来达到所希望的均匀分配程度。

② 配水偏差：一台实用电渗析器并联隔室的配水偏差要求在 ±5% 之内，定义配水偏差 $\varphi$ 为：

$$\varphi = \frac{q_i - q_{av}}{q_{av}} \times 100\% \tag{9-30}$$

式中，$q_{av}$ 为膜堆隔室平均流量；$q_i$ 为膜堆任一隔室流量。

通过隔室流量与压力关系的变换，式（9-30）可写成：

$$\varphi = \frac{\sqrt{h_i} - \sqrt{h_{av}}}{\sqrt{h_{av}}} \times 100\% \tag{9-31}$$

式中，$h_{av}$ 为某一隔室两端的压头损失；$h_i$ 为膜堆平均压头损失。

根据式（9-31）只要测定膜堆的压头损失和任一隔室的压头损失，就可计算出膜堆的配水偏差。

（2）提高配水均匀性的措施　膜堆液流通道各个部分的压降分布对配水均匀性都有影响。提高配水均匀性是调整压降分布的关键。这与膜堆内各部分液流通道的几何形体设计有关，也与隔室流速（膜堆流量）与布水、集水内管的液流流动方向有关。

① 阻力均匀度定义：

$$\sigma = \frac{h_{av}}{\left|h_d - h_g\right|} \tag{9-32}$$

式中，$h_{av}$ 为膜堆平均压头损失；$h_d$ 为布水内管的全程压头损失；$h_g$ 为集水内管的全程压头损失。

$h_d$、$h_g$ 和 $h_{av}$ 可用式（9-26）、式（9-28）和式（9-29）计算，但通常仍以实测数据为主。

阻力比越大，配水均匀性越好。阻力比达到 6 以上，配水均匀度提高缓慢。电渗析器设计时，只要 $\sigma \geqslant 7.5$ [8]，便可达到要求的配水均匀性。可见，减小布水、集水内管的压降、提高隔室部分的压降是提高配水均匀度的关键。组装时应尽量减小内管的摩擦系数。隔室流速越高，阻力比越大，配水均匀性越高。

② 配水形式：膜堆配水有 O、Z 和 π 三种类型。液流由膜堆布水内管两端流入并从集水内管两端流出的配水形式为 O 型配水；布水内管与集水内管流动方向相同的为 Z 型配水，与流动方向相反的为 π 型配水。通过以上讨论，可知在相等流量下，对阻力比的影响不同，显然，配水形式的优劣次序是：O 型 >Z 型 >π 型。

③ 控制膜对数：膜对数越多，内流道越长，则沿程摩擦阻力损失越大，分、集流静压分布曲线的相似性也越差。因此，一个膜堆的对数不宜多。采用小膜堆配水是提高配水均匀度的有效途径。

④ 隔板厚度均一：尽量保证膜堆所有并联隔室在相同压降下流量相等。在上百对并联的隔室中，厚度越小的隔室，水流阻力越大，过水量越少。因此，对隔板加工精度要求很高。加工好的隔板还必须进行挑选，尽量做到每台电渗析器所有隔板厚度均一，同一张隔板框和网的各个部位厚度均一。布水槽和网结构上的差异是引起隔室平面水流分布不均的重要原因，因此，各布水槽结构应统一，网眼尺寸应均匀一致。

⑤ 良好的运行状态：一台设计良好的电渗析器，在运行中发生局部极化现象是经常的，这是因为脏物堵塞布水槽或极化结垢增加了隔室的液流阻力所致。应通过完善预处理措施与合理采用操作参数来预防极化现象。

### 3. 电渗析电极

（1）电极反应　电渗析电极分阳极和阴极两种。阳极和阴极分别与直流电源的正极和负极相连接，形成直流电场。通电过程中，在阳极表面发生氧化反应；在阴极表面发生还原反应，以完成由外电路的电子导电转变为膜堆内部的离子导电过程。

电渗析装置应采用不溶性电极材料。不溶性电极的电极反应主要是电解质溶液中被电解的物质参加电极反应，而电极本身不参加反应或反应速率极小。铂、钛涂铂、二氧化钌以及石墨等都属于不溶性电极材料。

① 阳极反应　在稀释的酸性氯化物溶液中，以不溶性电极作为阳极，$E^{\ominus}$ 为标准电极电位。其主要电极反应为：

$$2Cl^- - 2e^- \longrightarrow Cl_2\uparrow \qquad E^{\ominus}=1.385V$$

$$H_2O - 2e^- \longrightarrow \frac{1}{2}O_2\uparrow + 2H^+ \qquad E^{\ominus}=1.23V$$

也就是说，在电解氯化物溶液时，阳极的主要反应产物为氯气和氧气。释出的氯气和氧气的相对数量为多少，很难预测。从热力学的观点看，氧气应先释出，实际上则正好相反，氯气首先从电极释出。因为电极反应主要受动力学控制，而不能仅考虑电极电位。一般来讲，电极的电流密度越低，$Cl^-$ 的浓度越高，其释氯电流效率就越高，而释氧的电流效率就越低。相反，电流密度越高，$Cl^-$ 的浓度越低，其释氯的电流效率就越低，释氧的电流效率就越高。

在电解酸性的硫酸盐、碳酸氢盐等无氯离子的电解质溶液时，硫酸根或碳酸氢根不可能在阳极上放电，其主要的阳极反应为水的解离放电，即：

$$H_2O - 2e^- \longrightarrow \frac{1}{2}O_2\uparrow + 2H^+ \qquad E^{\ominus}=1.23V$$

而在碱性的上述溶液中，电极反应历程和电极电位都与在酸性或中性溶液中不同。

$$4OH^- - 4e^- \longrightarrow O_2\uparrow + 2H_2O \qquad E^{\ominus}=0.401V$$

实际上电极反应是很复杂的。它除了主要电极反应以外，还有许多副反应。例如不溶性电极电解稀释的中性氯化物溶液时，阳极上至少有下列一些反应[9]：

a. $2Cl^- - 2e^- \longrightarrow Cl_2\uparrow$（阳极）

b. $Cl_2 + H_2O \longrightarrow HOCl + Cl^- + H^+$

c. $HOCl \longrightarrow H^+ + OCl^-$

d. $6ClO^- + 3H_2O - 6e^- \longrightarrow 2ClO_3^- + 4Cl^- + 6H^+ + \frac{3}{2}O_2\uparrow$（阳极）

e. $OCl^- + 2HOCl \longrightarrow ClO_3^- + 2Cl^- + 2H^+$

f. $ClO_3^- + H_2O - 2e^- \longrightarrow ClO_4^- + 2H^+$（阳极）

g. $H_2O - 2e^- \longrightarrow 2H^+ + \frac{1}{2}O_2$（阳极）

阳极反应的结果，使电极液 pH 下降，阳极反应产生的初生态的氯和氧对靠近电极的离子交换膜有很强的氧化腐蚀性，所以通常用含氟材料制作阳极隔膜。

② 阴极反应　对不溶性电极的阴极反应来说，不论电解氯化物、硫酸盐，还是电解碳酸氢盐等电解质溶液，其阴极上的反应主要是释氢。

在碱性溶液中：

$$2H_2O + 2e^- \longrightarrow H_2\uparrow + 2OH^- \qquad E^{\ominus} = -0.83V$$

在酸性溶液中：

$$2H^+ + 2e^- \longrightarrow H_2\uparrow \qquad E^{\ominus} = 0V$$

如果电解质溶液中含有重金属离子，例如 $Cu^{2+}$、$Fe^{2+}$、$Zn^{2+}$、$Pb^{2+}$ 等，也就是说，如果电解质溶液为硫酸铜、硫酸亚铁、氯化锌、氯化铅等时，其阴极上就会有重金属沉积上去：

$$Cu^{2+} + 2e^- \longrightarrow Cu \qquad E^{\ominus} = 0.337V$$

$$Fe^{2+} + 2e^- \longrightarrow Fe \qquad E^{\ominus} = -0.440V$$

$$Pb^{2+} + 2e^- \longrightarrow Pb \qquad E^{\ominus} = -0.126V$$

$$Zn^{2+} + 2e^- \longrightarrow Zn \qquad E^{\ominus} = -0.763V$$

阴极反应的结果是电极液 pH 上升。如果阴极附近溶液中聚集的 $OH^-$ 和迁移到阴极附近的 $Ca^{2+}$、$Mg^{2+}$ 浓度大于溶度积，便产生 $Ca(OH)_2$ 和 $Mg(OH)_2$ 的沉淀。如果电极液含有 $HCO_3^{2-}$ 和 $SO_4^{2-}$，也可能产生 $CaCO_3$、$MgCO_3$ 和 $CaSO_4$ 的沉淀，这些沉积物覆盖阴极，甚至会填塞极水通道，严重时还因局部电阻过大影响膜堆，造成运行障碍。通常用极水酸化、极室酸洗与在运行中定期调换电极极性来解决。

（2）电极材料　电极材料应具有良好的导电性能和电化学稳定性，又要有一定的机械强度。目前国内主要应用二氧化钌、石墨和不锈钢作电极材料，过去也用铅板电极。国外主要应用钛镀铂电极、石墨电极和不锈钢电极，其中的钛镀铂电极比我国常用的二氧化钌电极价格昂贵许多。

① 二氧化钌电极也称钛涂钌电极，是我国使用最多的电渗析电极。钛虽然是一种耐腐蚀性能很好的金属，但它不能直接作为阳极使用。因为钛作为阳极材料时，由于氧化反应，其表面会形成一层高电阻氧化膜，致使电流很小，电位很高。为了使钛能作阳极使用，在 20 世纪 60 年代发明了一种在钛基体上涂一层所谓陶瓷 - 电催化 - 半导体（简称 CESC）涂层的方法。这种方法制得的电极耐腐蚀、性能稳定[10-13]。

② 石墨电极也是电渗析的常用电极材料，它具有耐腐蚀、释氯过电位低、价格便宜等优点。为了延长石墨电极的使用寿命，必须在使用前进行浸渍处理。石墨是由晶粒组成的，其晶粒越小，结构就越紧密，耐腐蚀性能也就越好；相反，晶粒越大，结构就越疏松，耐腐蚀性能也就越差。一般选择晶粒小、密度为 1.8g/L 的致密石墨作为电极材料并将其加工成 10 ～ 20mm 板状。通常加工方法是将其放在高温的沥青、石蜡、环氧树脂、酚醛树脂或呋喃树脂等中浸渍，为了增加浸渍深度，最好在真空条件下进行。浸渍深度一般在 1 ～ 2cm。

浸渍石墨曾用以下方法，得到了较好的效果。即先将加工好的石墨板分层置于200℃的烘箱中，保持3～4h，除去石墨中的水分，然后放在200～220℃的石蜡槽中，浸渍2～3h，待石蜡槽温度降至70～80℃时，将石蜡板取出冷却即成。国内有的厂家先将加工好的石墨分层置于200℃左右的烘箱中，保温12h，然后逐渐降温至150℃，放入预先加温至120℃熔化的石蜡（80%）和蜂蜡（20%）槽中，恒温保持48h以上，最后蜡槽降至80～90℃，将石墨板取出冷却即成。据称，通过这样处理的石墨电极，在淡化苦咸水条件下，可使用2年以上。

③ 不锈钢电极选用$Cr_{18}Ni_9Ti$作电极材料。电极可以做成丝状或板状，板状电极厚度一般取3mm。一般说来，不锈钢只能作为阴极材料，不能作为阳极材料。因为电渗析所处理的水质中，所含$Cl^-$会导致不锈钢阳极溶解，生成铁、铬、镍等离子。但是，不锈钢在不同浓度的碳酸氢盐、硝酸盐溶液中，不仅可以作为阴极材料，还可以作为阳极材料使用[14]。不锈钢在这种情况下，不溶解或溶解量极少。因为$HCO_3^-$、$NO_3^-$、$SO_4^{2-}$或$NO_2^-$等离子对不锈钢的氧化表面膜有保护作用。

如果溶液中氯离子含量较低，并存在适量的硝酸盐、碳酸氢盐或硫酸盐等，则不锈钢也可以作为阴、阳极在电渗析装置中调换电极极性应用。由于这样一些离子的存在，防止了氯离子对不锈钢表面氧化物膜的破坏。有趣的是，单纯的$HCO_3^-$对不锈钢毫无缓蚀作用，单纯$SO_4^{2-}$的缓蚀作用也不明显，而两种离子的混合溶液在氯离子浓度较低的情况中，对不锈钢具有较好的缓蚀作用。电极液选取适当，不锈钢电极也可以使用2年左右。

④ 不同电极材料的选取。掌握电极材料的电化学性能和适用水质范围对工程应用十分重要，表9-2给出了几种常见的电极材料及其适用水质。

**表9-2　不同电极材料的适用水质**[15]

| 电极材料 | 二氧化钌 | 石墨 | 不锈钢 | 铅 |
|---|---|---|---|---|
| 有害离子 | | $SO_4^{2-}$、$NO_3^-$引起氧化损耗 | $Cl^-$有穿孔腐蚀作用 | $Cl^-$、$NO_3^-$ |
| 有益离子 | $Cl^-$高有利 | $Cl^-$越高，损耗越少 | $NO_3^-$、$HCO_3^-$ | $SO_4^{2-}$越高越好 |
| 适用水质 | 限制较少 | 广泛 | $Cl^-$<100mg/L的$SO_4^{2-}$和$HCO_3^-$水型 | 少$Cl^-$的$SO_4^{2-}$水型 |
| 公害 | 无 | 无 | 无 | $Pb^{2+}$ |

从表9-2中可看出，适用于铅作电极材料的水质，同样适用于不锈钢电极，加之铅有公害，在天然水脱盐过程应尽量避免采用。二氧化钌电极是我国为海水淡化而研制的，具有广泛的应用范围，但在阳极反应以释氧为主的场合，仍应优先选用不锈钢电极，其又有价格便宜的优点。如在北京地区，不锈钢电极的应用就比较成功。

### 4．电渗析器组装方式

（1）常用术语　膜对：由阴膜、淡水隔板、阳膜和浓水隔板各一张组成的最小电渗析工作单元；膜堆：由若干膜对组成的总体；水力学段：电渗析器中淡水水流方向相同的膜堆部分；电学级：电渗析器中一对电极之间的膜堆；端电极：置于电渗析器夹紧装置内侧的电极；共电极：电渗析器膜堆内，前后两级共同的电极。

（2）电渗析器组装方式

① 一级一段电渗析器：即一台电渗析器仅含一段膜堆，也说是仅有一级，使用一对端电极，通过每个膜对的电流强度相等。这种形式的电渗析器产水量大，整台的脱盐率就是1张隔板流程长度的脱盐率，多用于大、中型制水场地。在我国一级一段电渗析器多组装成含有 200 ～ 300 个膜对。

② 一级多段电渗析器：通常一级中常含 2 ～ 3 段。这种电渗析器仍用一对电极，膜堆中通过每对膜的电流强度相同。级内分段是为了增加脱盐流程长度，提高脱盐率。这种形式的电渗析器单台产水量较小，压降较大，脱盐率较高，适用于中、小型制水场地。

③ 多级多段：电渗析器使用共电极使膜堆分级。一台电渗析器含有 2 ～ 3 级、4 ～ 6 段，如二级四段、二级六段。也可以级、段数相同，如二级二段、三级三段。将一台电渗析器分成多级多段组装是为了追求更高的脱盐率，多用于单台电渗析器便可达到产水水量和水质要求的场合。小型海水淡化器和小型纯水装置多用这种组装方式。

这种装置若用一台整流器供电，则各级之间电压降相等，每级各段之间电流强度相等。做到各级、段的操作电流都比较接近极限电流、达到供电参数合理是一件不容易的事情，需要通过试验数据的分析计算，调整各级、各段的膜对数来解决。

把一台电渗析器组装成一级多段或多级多段要使用浓、淡水倒向隔板来改变浓、淡水在膜堆的流动方向，如图 9-10 所示。

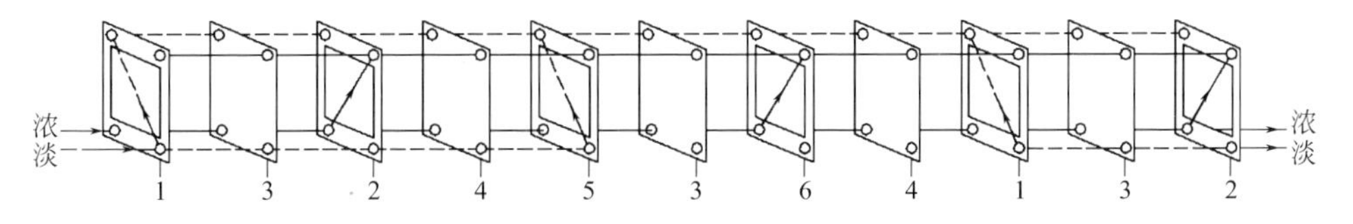


图9-10　电渗析器内水流倒向示意图

1—淡水隔板；2—浓水隔板；3—阳膜；4—阴膜；5—三孔淡水改向隔板；6—三孔浓水改向隔板

（3）国产电渗析器的规格和性能　我国在 1973 年以前主要生产 1.5mm 厚 PVC 有回路隔板电渗析器。异相离子交换膜电渗析器起初命名方式为 DS-A/B/C-电渗析级数 - 电渗析段数 / 总膜对数。表 9-3 汇总了各种型号电渗析器规格和性能。

表9-3 各种型号电渗析器规格和性能

| 型号参数 | | DSA Ⅰ | DSA Ⅱ | DSB Ⅱ | DSB Ⅳ | DSC Ⅰ | DSC Ⅳ |
|---|---|---|---|---|---|---|---|
| 平面尺寸/mm | | 800×1600 | 400×1600 | 400×1600 | 400×800 | 800×1600 | 400×800 |
| 厚度/mm | | 0.9 | 0.9 | 0.5 | 0.5 | 1.0 | 1.0 |
| 浓、淡水孔 | 个数 | 16 | 8 | 8 | 8 | | |
| | 尺寸/mm | 28×50 | 28×50 | 28×50 | 28×50 | | |
| 布水槽类型 | | 网式（启开式） | 网式（启开式） | 启开式（网式） | 启开式（网式） | | 启开式 |
| 隔板类型 | | 网式无回路 | 网式无回路 | 网式无回路 | 网式无回路 | 冲槽有回路 | 冲槽有回路 |
| 流水道宽×长/mm | | 740×1364 | 350×1400 | 350×1400 | 350×60 | | 6条56×707.5 |
| 隔网 | | 双层编织网 | 双层编织网 | 单层编织网 | 单层编织网 | 无网 | 无网 |
| 密封尺寸/mm | 长边 | 30 | 25 | 25 | 25 | | 22 |
| | 短边 | 30 | 20 | 20 | 20 | | |
| | 孔间距 | 18 | 18 | 18 | 18 | | |
| 有效膜面积/% | | 78.9 | 76.6 | 76.6 | 65.6 | | |

均相离子交换膜电渗析器具有更好的性能，逐渐替代了异相离子交换膜电渗析器，国标电渗析器的命名方式也出现了变化，ED-Y/J-单张膜有效面积-膜对数-其他信息，其中的Y代表异相膜电渗析器，J代表均相膜电渗析器。电渗析器的组装方式多样化，国标更多对成品电渗析器性能进行了标准化，表9-4为电渗析器在特定测试条件下所测出的性能参数。

表9-4 电渗析器在特定测试条件下所测出的性能参数

| 测试项目 | A | B | C |
|---|---|---|---|
| 电流效率①/% | ≥80 | ≥75 | ≥70 |
| 处理能力/g (NaCl) | ≥400 | ≥300 | ≥250 |
| 处理能耗②/[kW · h/t (NaCl)] | ≤350 | ≤500 | ≤650 |
| 进出口压降/kPa | ≤50 | ≤50 | ≤50 |
| 氯化钠浓缩极限③/(g/L) | ≥180 | ≥150 | ≥120 |

①使用淡室氯化钠浓度从58.5g/L脱盐至10g/L的数据计算；
②能耗仅表示膜堆上的能耗，不包括电极板、水泵、仪表的能耗；
③淡室氯化钠浓度控制在10～20g/L，浓室浓度为不再上升时的浓度。

## 5．电渗析器隔板的开发

隔板是电渗析器的核心配件之一，其作用在于形成水通道并促进水溶液的充分湍流，从而降低浓差极化效应。本章介绍的隔板，以特种热塑弹性橡胶和涤纶机织网为原料，经热压/热熔直接成型制备高弹性电渗析器用隔板（图9-11）；隔板厚度小、密封性好、液流阻力低、湍流充分（图9-12），使得电渗析器运行能耗低、设备外渗漏及内渗漏量小、电流在隔板内分布更为均匀，有助于提升电渗析器电流效率。

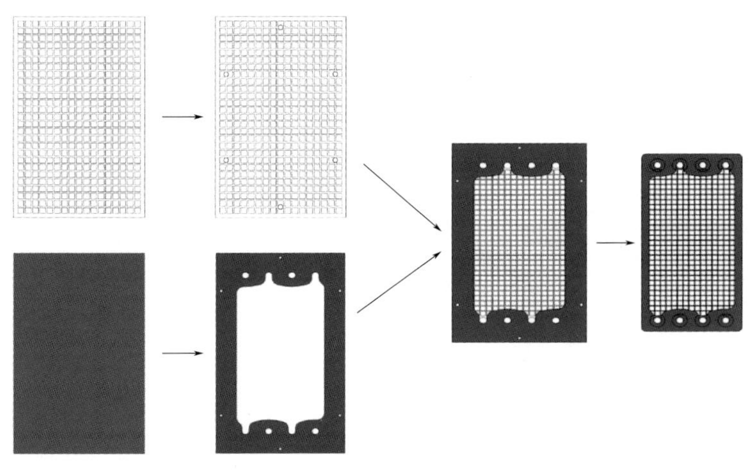

图9-11 隔板加工制造技术路线

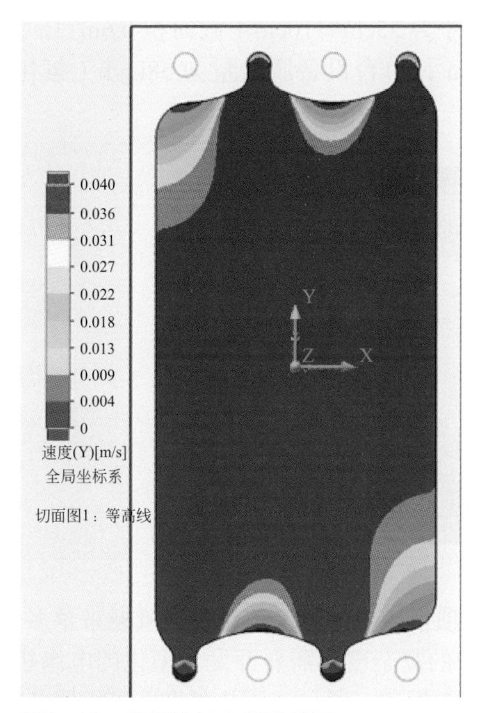


图9-12 隔板流体力学模拟图

## 6. 液压集成式电渗析器开发

将离子交换阴 / 阳膜、隔板、电极进行合理装配后，采用高强度材料夹紧装置对膜堆进行固定，得到设备（图 9-13）。

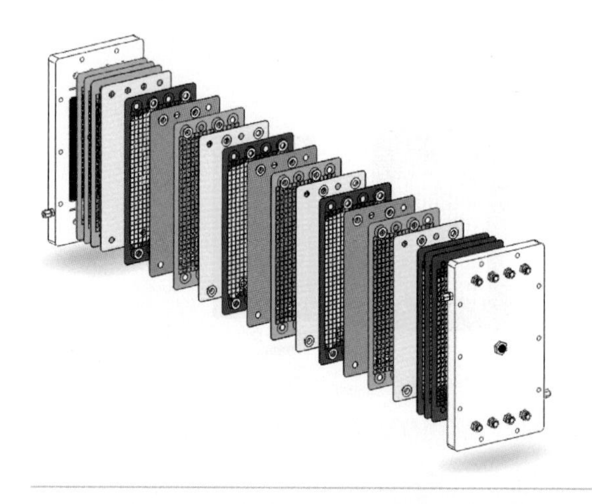

图9-13
电渗析系统组装图

传统的电渗析器为单台型电渗析器，采用螺杆紧固（图 9-14）。标准工业设备 TWED-60-200 型电渗析器，膜片尺寸为 55cm×110cm（截面积 0.6m$^2$），装配 200 膜对，装配阴 / 阳膜总面积为 240m$^2$，单台设备脱盐量为 58kg/h（氯化钠，电流密度 400A/m$^2$，电流效率 70%）。

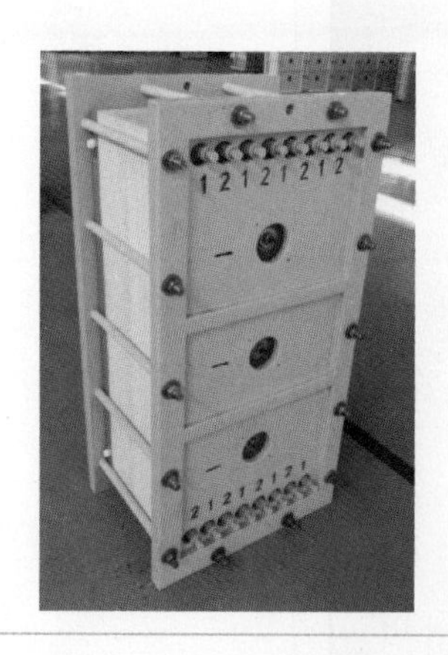

图9-14
单台型电渗析器

面对逐步扩大的电渗析应用，单个项目需要的电渗析设备数量越来越多。为减少占地面积并降低设备运行管理维护的复杂度，需要开发大型化的电渗析器，见图 9-15。本项目开发了液压集成式电渗析器，通过液压装置将电渗析器各部件紧固，单台设备装配膜面积超过 1000 平方米。

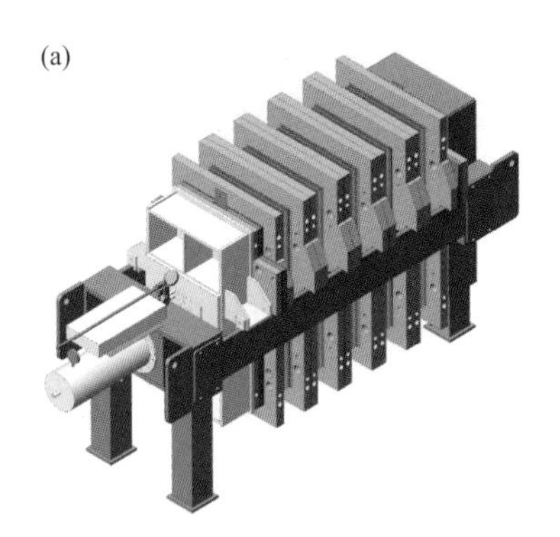


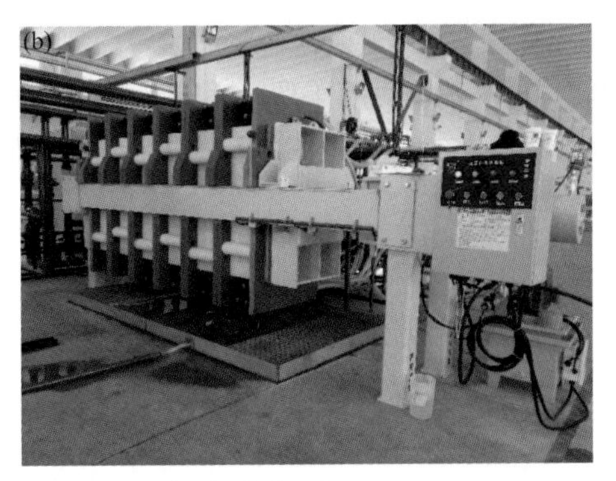


图9-15　液压集成式电渗析器：（a）设计图；（b）实物图

所开发的液压集成式电渗析器采用模块化设计，分为膜堆模块和电极模块，液压装置将正电极模块、多个膜堆模块以及负电极模块紧固成整体。项目开发了2种规格液压集成式电渗析器：① TWED-60-120×5，含5个膜堆，单个膜堆含120膜对，设备共含600膜对，处理量相当于3台单台型电渗析设备TWED-60-200；② TWED-60-200×6，含6个膜堆，单个膜堆含200膜对，设备共含1200膜对，处理量相当于6台单台型电渗析设备TWED-60-200。

液压集成式电渗析器的膜堆模块分为A膜堆和B膜堆两种，见图9-16。两种膜堆交替放置，A膜堆上孔螺栓紧固，B膜堆下孔螺栓紧固，从而使得膜堆的内螺杆间不会发生触碰而影响设备紧固。所有膜堆的PVC配水板均带中间液进/出水口，该中间液使得PVC板内部充分填充电解质溶液，从而利于电流导通。

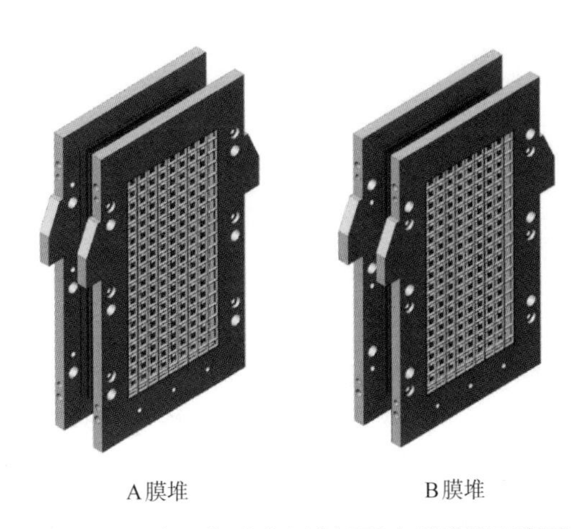


图9-16　液压集成式电渗析器内部膜堆示意图

液压集成式设备各股溶液连接方式如图 9-17 所示，默认均为左侧接管，相邻的两个膜堆可以共用 1 股中间液，下部及上部不进出液孔堵塞，在机架右侧放置钛针电极（参考电极 RE）以测量每个膜堆的电压降。

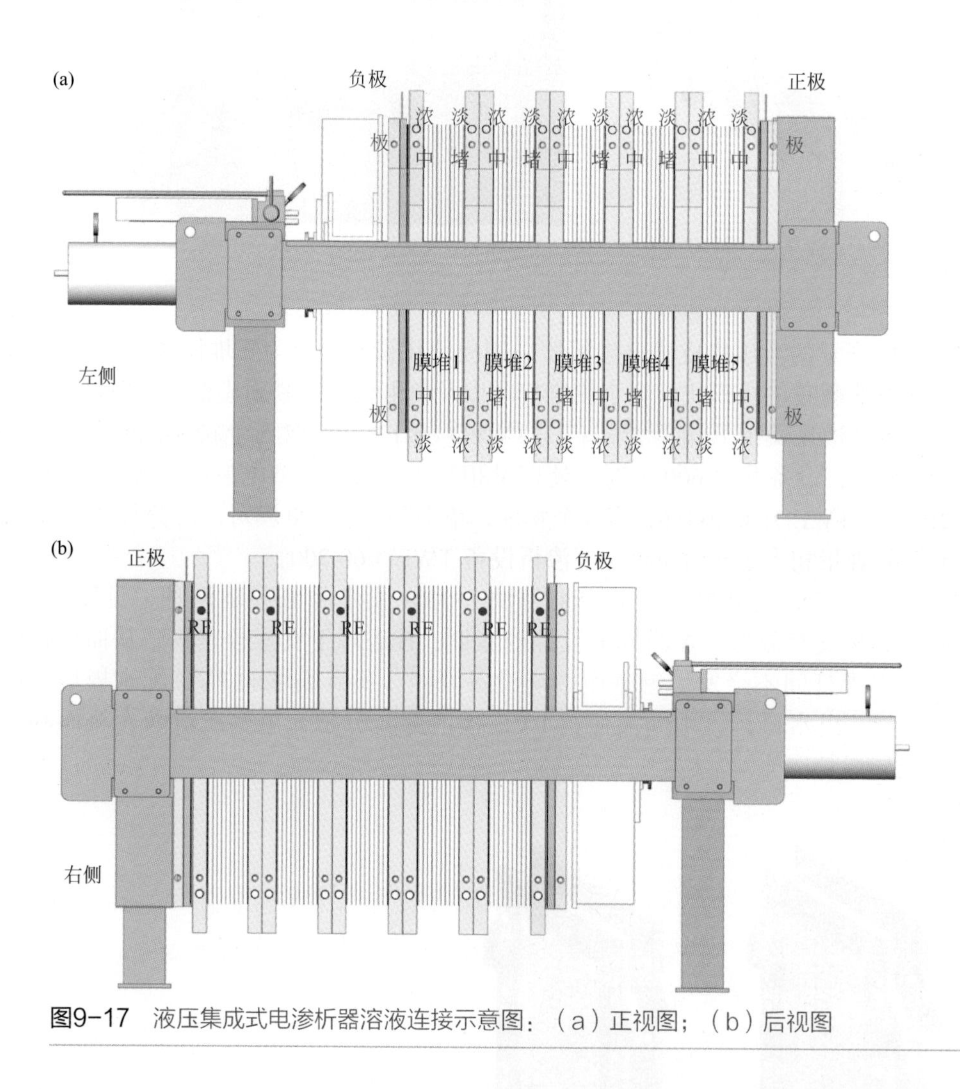


图9-17　液压集成式电渗析器溶液连接示意图：（a）正视图；（b）后视图

液压集成式电渗析器的液压装置通过手动液压泵或电动液压泵驱动，通过增大液压油缸直径可使得电渗析膜堆受力充分，液压紧固使得电渗析设备各部件受力均匀，不易产生形变或漏液。设备采用了模块化设计，便于拆装维护，仅需驱动液压泵撤除液压紧固力，可直接进行模块更换。整套装置结构紧凑，装配膜面积多，相比于单台型设备占地面积小，也便于设备的运行管理维护。

由于所有膜堆的 PVC 配水板均配置中间液进 / 出水口，必要时靠近两端电极模块的中间液可单独供液，这可使得电极液与设备处理料液被这两股中间液隔离（隔离液），通过隔离液内污染物或特定组分的控制（清除），能够避免电极液被料液污染，当料液含大量氟离子或含影响电极寿命组分时这种设计是非常必要的。

电渗析过程中经常需要倒逆电极运行，即倒极电渗析（electrodialysis reversal，EDR），运行中每隔一定时间正负电极极性相互倒换一次，同步地淡化液和浓缩液互换；这种倒极工作模式能够自动清洗离子交换膜和电极表面形成的污垢，以确保电渗析器长期稳定运行。然而，在倒极运行模式下，电极表面的贵金属涂层间歇地工作在氧化模式和还原模式之间，影响了电极的使用寿命。通过复式电极设计，如图 9-18 所示，每块配水板上装配了 2 块电极，即带催化涂层的阳极电极和无涂层的阴极电极；当该配水板需作为正极工作时，阳极电极接通直流电源正极，同步另一块配水板的阴极电极接通直流电源负极；当该配水板需要作为负极工作时（倒极运行），阴极电极接通直流电源负极，同步另一块配水板的阳极电极接通直流电源正极。通过这种复式电极设计，使得带催化涂层的电极板总是作为阳极运行，而不带涂层的电极板总是作为阴极运行，避免了单一电极间歇地作为阳极和阴极导致电极寿命偏短的问题。

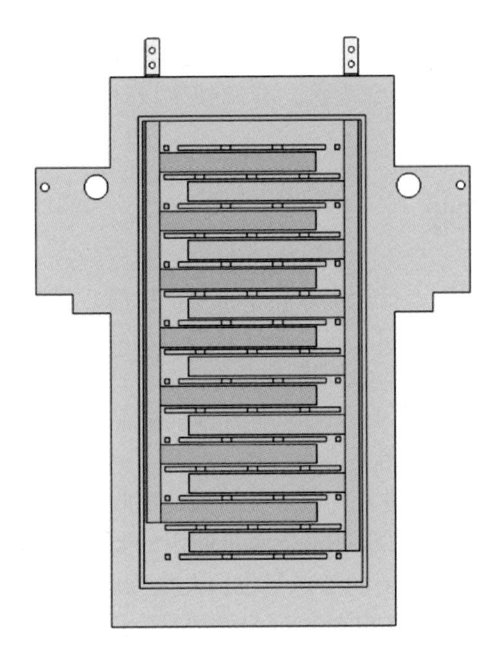

图9-18　液压集成式电渗析器复式电极示意图

## 第二节
# 酸回收应用案例

## 一、项目背景

随着我国钢铁、湿法冶金、稀土、电子产品加工、金属电解等过程工业的发展，每年产生成千上万吨的废酸液，目前的处理方法包括中和、萃取、蒸发结晶等，但都存在过程复杂、操作费用高、能耗高、投资大、易引起二次污染等缺点，已不能满足相关工业发展需求，这类废酸液给环境造成重大安全隐患，也正危及一些企业的生存，严重地阻碍了我国相关工业领域的可持续发展和科技进步。2010 年发生的“福建紫金山铜矿湿法厂含铜废酸液渗漏，造成福建汀江重大水污染事故”就是一个惨痛的教训。相比之下，扩散渗析法是当前处理废酸液最有效和经济的方法，它是基于阴离子膜对高价金属离子的排斥和对酸根阴离子的优先选择性透过的原理而实现酸和金属离子的分离。徐铜文课题组在上述离子膜产业化的基础上，开发了相应的成套板框式扩散渗析装置及酸回收技术，并已成功应用于我国钢铁、冶金、电子、有色金属、稀土等领域的工业废酸回收，还出口德国、印度等国家。相关技术获国家重点环境保护实用技术证书，下面分别以电子刻蚀和湿法冶金为例，介绍技术设计原则和应用效果等。

## 二、电子刻蚀（电极箔行业）废酸回收

电极箔盐酸（或其他无机酸）浸渍加工过程中，产生大量的废酸。这些废酸的排放，不仅造成资源浪费，使产品成本增加，而且还导致严重的环境污染，影响和制约了企业的生存和发展。据统计，一个中等规模的电极箔生产企业，每天排放 15% ～ 20% 的废酸 30 吨，相当于浪费 15 ～ 20 吨 31% 的成品酸。针对这种高浓度、高价阳离子的酸性废液，我们与相关企业合作，采用了高含水量高交换容量的均相阴膜组装成扩散渗析器，对酸进行回收。无机酸的回收率高达 85% 以上，铝的截留率高达 95% 以上，回收酸的质量完全满足回用的要求，残液由于酸浓度的大大降低，可以生产净水剂（需要的加碱量也因此大为减少），实现了电极箔行业的零排放工艺。该技术在我国的电极箔行业得到了广泛推广，目前在行业的应用覆盖率高达 60%。单个最大酸回收工程建在新疆众和股份有限公

司，共55套设备，总膜面积34304平方米，年处理能力13万立方米，投资回收期在4～5个月。

## 三、湿法加工业废酸回收

以湿法冶金为例，湿法炼铜的原则工艺需要经过矿石浸出→萃取→反萃→电解过程，核心是铜的溶剂萃取。但是整个工艺除一般溶剂萃取的有机相循环外，还包含了贫电解液的循环与萃余液的循环，由于浸出液含铁高，致使在电解过程中有铁的积累，每生产1吨铜必须将3.5$m^3$电解贫液排出体系以消除铁的富集。若将这部分酸返回堆浸，不利于维持浸出的pH，而水与酸的平衡是保证工艺正常运行的关键。在实际运行中，这种平衡会被破坏，因此酸的平衡在湿法冶金工业显得尤为重要。

处理贫电解液的一种方法是将其返回到浸出过程，利用浸出时$Fe^{2+}$的水解使部分铁开路，但贫电解液含酸高，会使浸出液pH降低，结果不但使铁的去除率降低，而且会降低萃取率，进而形成恶性循环，破坏湿法炼铜的闭路循环过程。我国德兴铜矿采用了扩散渗析法处理电解贫液，应用5台800mm×1600mm的扩散渗析器，每台400张阴离子交换膜，酸的回收率约75%，铁的除去率约90%。回收的稀酸中含有约1g/L的铜，约130g/L硫酸，补加40g/L酸后，返回用作反萃剂。残液中硫酸降至40g/L左右，直接返回浸出，对浸出过程pH影响不大，其中的铁水解析出，与渣一起排出，而铜进入浸出液。根据该厂的核算，当产铜量达2000t/a时需开路电解贫液总量7000$m^3$/a，按贫液平均含酸量172g/L、回收率75%计，可回收硫酸903t/a，硫酸进厂价350¥/t，可节约硫酸费用316000¥/a，因此2年时间收回投资。更重要的是铜通过返回浸出液，少量的铜进入回收的酸返回作反萃液得以回收，提高了铜的总回收率，降低了生产成本。

# 第三节
# 碱回收

相对于酸回收，碱回收的应用相对较少，与扩散渗析回收废酸实现原理类似，通过浓差作为推动力，氢氧根离子通过阳离子交换膜进入浓缩室实现对工业废碱的回收利用。目前，扩散渗析碱回收主要用于冶金行业，例如从钨矿、铝矿和钒矿中提取钨、铝和钒时通常使用碱浸工艺，从而产生大量碱性物料。以电解铝行业为例（图 9-19），碱的回收率可以达到 50% 左右，对铝盐的截留率在 90% 以上，阳离子膜对拜耳法种分母液钠铝分离效果明显，在利用 $Na_2O$ 浓度为 160g/L 和 $\alpha$=3.0 的种分母液进行膜分离，控制适宜的进液和出液流量，可得到 $Na_2O$ 浓度约为 130g/L 和 $\alpha$=11 左右的回收液，以及 $\alpha_k$ 在 2.0 以下的残液，钠铝分离效果明显，达到工艺要求。

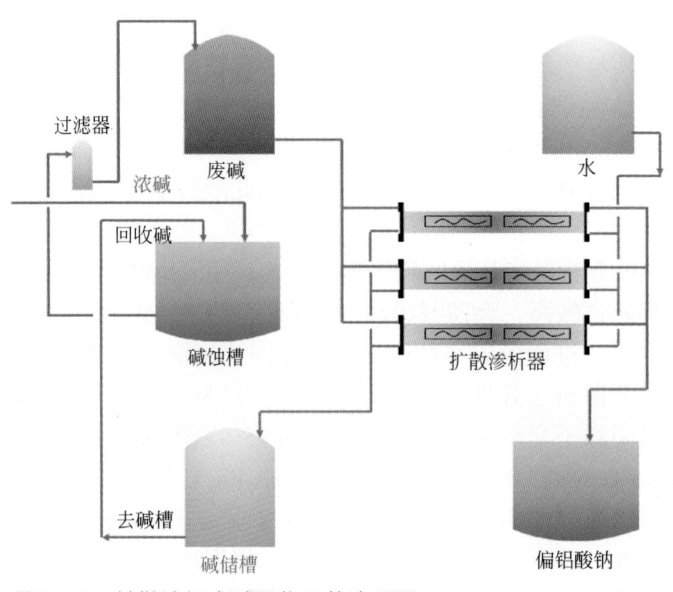


图9-19　扩散渗析废碱回收工艺流程图

# 第四节
# 黏胶纤维应用实例

作为黏胶纤维生产的原料浆粕主要依赖国外进口溶解浆，自 21 世纪以来，我国黏胶短纤维的产能扩张十分迅速，2021 年我国黏胶纤维的产量约 500 万吨。迅速增长的产能，导致了溶解浆的需求增大，国外溶解浆行业垄断，严重制约了国内黏胶短纤行业的发展，为打破国外价格垄断，必须有相应的替代品出现，以满足生产发展的需要。

碱法浆的价格比溶解浆低 30% ～ 40%，可大大降低原料成本，而且碱法浆国际上产能大，不易形成垄断，是作为替代溶解浆的最佳选择，碱法浆的使用是国内黏胶行业的主要研究方向。然而，碱法浆含有 8% ～ 12% 的半纤维素，溶解浆中只有 4% 的半纤维素。半纤维素在传统黏胶生产工艺中一直作为废弃物来处理，黏胶纤维生产工艺要求半纤维素含量小于 4%，半纤维素超过 4% 时需通过纳滤膜分离，含大量半纤维素的纳滤浓水排放到污水中进行生化处理，污水处理难度大，成本高，严重制约了碱法浆的使用量。

## 一、碱法浆压液电渗析工艺生产木糖

唐山三友远达纤维有限公司年产半纤维素 1.5 万吨。山东天维膜技术有限公司从 2018 年与唐山三友远达纤维有限公司合作，采用均相膜电渗析工艺，将压榨碱液中氢氧化钠和半纤维素分离，氢氧化钠继续回用到前面浸渍工艺，半纤维素经酸化、水解、脱色后再次用均相膜电渗析脱盐脱酸，制取木糖产品。该工艺不仅解决了半纤维素含量高的难题，变废为宝，同时为我国木糖行业提供了新的清洁性原材料，对于推动黏胶行业和木糖行业的升级具有重大意义。详细的工艺流程图如图 9-20 所示，项目现场照片如图 9-21 所示。

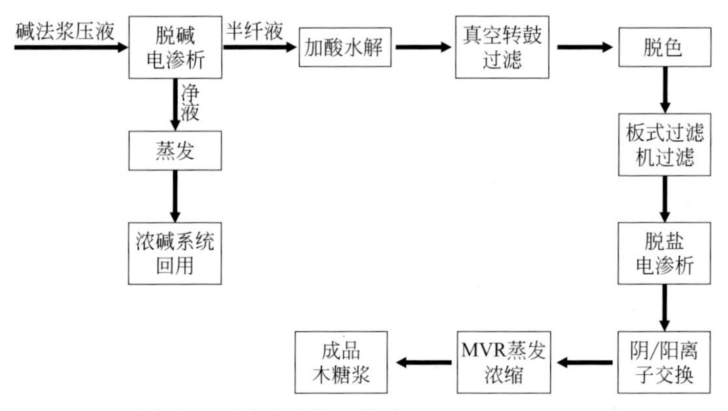

图9-20　碱法浆压液生产木糖工艺流程图

工艺流程：浆粕经氢氧化钠溶液浸渍，纤维素转化成碱纤维素，半纤维素溶出；物料经压榨工序产生压榨碱液；压榨碱液经电渗析工序将大部分氢氧化钠脱除，分离出的氢氧化钠回用到前面浸渍工艺；剩余的半纤维素料液经中和、水解、脱色后生产木糖，木糖浓度为 20%，并含 2.5% 硫酸和 1.5% 硫酸钠无机杂质；继续采用电渗析工艺脱除木糖中的无机杂质成分，使硫酸和硫酸钠的去除率达到 99% 以上，以提高成品木糖的纯度。

图9-21　电渗析处理碱法浆压液项目现场照片

项目中压榨碱液碱含量高，且富含半纤维素；木糖料液酸性强，木糖含量达20%；在脱碱过程中，会有固含物析出，并有温升现象，等等。这些极端工况，对离子膜、电渗析设备以及运行工艺提出了众多挑战。

（1）黏胶纤维生产过程中产生的压榨碱液，氢氧化钠含量约100g/L，半纤维素含量50～150g/L。该料液碱性强、成分复杂，要求项目所用电渗析膜具有良好的耐碱性。

（2）碱分离后的半纤维素经中和、水解和脱色后，生成的木糖料液浓度为20%，含硫酸2.5%、硫酸钠1.5%，并含有短纤、色素等杂质。由于木糖料液呈酸性且成分复杂，采用电渗析工艺脱酸脱盐时，对均相膜的膜的耐有机污染性提出了更高的要求。

（3）压榨碱液脱碱后半纤维素会析出，易对淡化室流道造成堵塞；同时碱浓缩过程电流密度大，会导致电渗析水溶液升温较快，要克服温度升高时对电渗析膜和组器配件造成的形变加大等不利因素影响。

针对上述极端工况，在膜材料结构设计及制膜工艺优化和性能强化、隔板网格湍流强化和流道优化设计、组器总装优化设计等方面做了大量研究和攻关工作，相继攻克膜的耐碱性和抗污染性、强化传质和流道自动清污、组器液压集成式设计和系统全自动控制等关键技术，使电渗析技术能够在高碱、高温及含有机物污染等极端工艺环境下长期稳定运行。

## 二、利用电渗析技术处理碱法浆压液优势

（1）利用半纤维素加工木糖产品，首先解决的难题是半纤和氢氧化钠分离。碱法浆产生的压榨液成分为 4% 氢氧化钠和 8% 的半纤维素。压榨液中氢氧化钠和半纤分离传统工艺为纳滤膜分离。纳滤膜分离氢氧化钠回收率只能达到 75%，剩余 25% 不能回收。同时纳滤膜分离工艺，半纤溶液中氢氧化钠含量最低只能控制在 2%。电渗析工艺能够回收 95% 的氢氧化钠，含微量氢氧化钠的半纤维素溶液作为木糖生产的原材料。电渗析分离后的半纤溶液，具有碱浓低（0.5% 氢氧化钠）的优势。

（2）脱除碱之后的短纤、半纤通过进一步酸解生产木糖，料液中木糖浓度为 20%，硫酸浓度 2.5%，硫酸钠浓度 1%。通过电渗析工艺提纯木糖，不再需要中和硫酸，直接脱除木糖料液中的硫酸和硫酸钠。不再使用传统的离子交换树脂脱盐，免去酸碱消耗和废盐水产生。

该项目一期规模为电渗析年处理 21000 吨黑液和 18000 吨木糖糖浆，使用了型号为 TWED-60-120×8 液压集成式电渗析器 5 台和型号为 TWED-60-80×7 液压集成式电渗析器 12 台，装配耐碱型电渗析阴膜（A1R）/ 致密型电渗析阳膜（C1S）总面积 13800 平方米，二期工程正在建设中。该项目是国内黏胶纤维行业首个采用均相膜电渗析工艺进行压榨碱液资源化利用的工程项目，开创了均相膜电渗析技术在黏胶纤维行业应用的先河，具有重要的里程碑意义。

# 第五节 冶金行业应用实例

## 一、冶金行业污酸废水电渗析工艺

前面介绍的扩散渗析废酸回收工艺一般适用于较高浓度的废酸，如果废酸的浓度较低（1mol/L 以下），膜两侧的推动力降低，扩散渗析性能下降明显，而电

渗析可以弥补这缺陷。冶金行业除了电解液的高浓度废酸外，也会因烟气吸收产生大量的低浓度酸性废水，徐铜文课题组开发的电渗析回收冶金废酸项目目前已成功应用于赛恩斯环保股份有限公司。项目规模为电渗析年处理冶金污酸废水158400吨。共使用型号为TWED-60-120×6S液压集成式电渗析器6台，TWED-60-200S单台型电渗析器16台，合计均相膜9024平方米。

目前，我国铅锌行业均采用火法与湿法相结合的工艺进行冶炼生产。因采用硫化矿作为生产原料，在火法冶炼生产过程中产生了大量的含硫烟气。烟气成分复杂，在制取硫酸之前均需净化洗涤，由此产生了大量的洗涤废水即为污酸。污酸成分复杂，含有一定量的硫酸、氟氯及重金属离子。若不处理直接排放，不仅浪费了硫酸及水等资源，提高了生产成本，而且造成了严重的环境污染。目前国内污酸废水处理工艺为2类：一类是常规的硫化沉淀 - 石灰中和 - 铁盐氧化法，该工艺操作简单，具有一定的效果，但存在着如下不足：①产生了大量的中和渣，渣中含有一定量的铅、锌和砷等有毒有害物质，如处理不当，容易造成二次污染。②污酸处理后，酸被中和且出水硬度高及含有一定量的氟氯，未实现酸及水等资源的回收，造成了资源的浪费。另一类是酸回收的工艺，如蒸发浓缩、树脂吸附和扩散渗析等。此类方法能在一定程度上实现酸的回收，但也存在着明显不足，如蒸发浓缩能耗大，水中氟氯浓度高无法回用，树脂吸附工艺烦琐，而扩散渗析则回收酸中酸度降低，体积膨胀。

针对传统冶金污酸处理存在的弊端，山东天维膜技术有限公司与塞恩斯环保公司、株洲冶炼集团股份有限公司从2018年开始合作，采用均相膜电渗析工艺，先将硫酸及氟氯从废液中分离，并使酸浓度从2.8%浓缩至10%，再经浓缩催化吹脱工序将10%的酸浓缩至70%以上，氟氯从酸中直接分离，得到纯度较高的浓硫酸。该工艺简单高效，在不带入盐分的前提下实现污酸深度处理，同时通过电渗析 - 浓缩吹脱工序实现酸、有价金属和水资源的高效回收，大大减少固废的产生量，克服了常规处理方法的弊端。

## 二、电渗析处理污酸废水工艺

铅锌等冶炼过程中，冶炼废气经水吸收产生污酸；污酸通过硫化沉降等预处理，得到硫酸 / 盐酸 / 氢氟酸混合酸；混合酸经电渗析处理，产生淡化液和浓缩液；淡化液返回前面工序，浓缩液经蒸发、吹脱后得到较为纯净的浓硫酸。经电渗析处理后，淡水回用率62%，浓酸浓度10%，蒸发吹脱后硫酸浓度70%以上。详细的工艺流程图如图9-22所示，项目现场照片如图9-23所示。

冶金行业冶炼过程产生的废液中硫酸、盐酸和氢氟酸含量较高，混酸腐蚀性更强。用电渗析技术处理此类废水，首先，混酸环境对膜的耐受性和设备稳定性提出了严苛要求；其次，酸浓缩过程中电流密度大，溶液升温较快，要克服温度和浓度同时升高时对电渗析膜和组器配件造成的腐蚀强化和形变加大等不利因素影响；最后，氟离子浓度较高时会对电极产生严重损害。

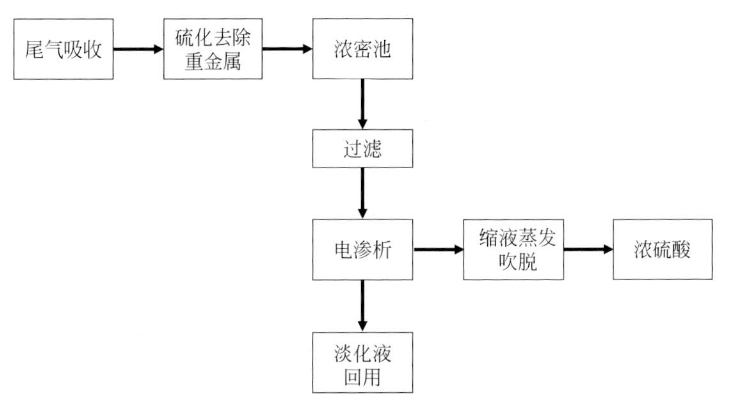


图9-22　电渗析处理污酸废水工艺流程图

图9-23　电渗析处理污酸废水现场照片

本项目在膜材料选型和性能优化及混酸耐受强化、电极选择和保护、隔板及组器内部构造优化等方面开展了大量研究和技术改进工作，攻克数项电渗析酸浓缩关键技术，使电渗析技术在高酸高氟高温等极端工况下长期稳定运行。

## 三、利用电渗析技术处理污酸废水优势

在铅、锌冶炼制酸系统及湿法冶炼车间所排出的污酸、污水处理过程中，多采用硫化、中和沉降、外排处理等工艺，产生大量固废。这种工艺存在工艺流程长、运行成本高、占地面积大、系统操作弹性差等缺点。采用均相膜电渗析工艺，将硫酸及氟氯从废液中分离，并使酸浓度从 2.8% 浓缩至 10%，再经浓缩催化吹脱工序将 10% 的酸浓缩至 70% 以上，氟氯从酸中直接分离，得到纯度较高的浓硫酸。该工艺简单高效，在不带入盐分的前提下实现污酸深度处理，同时通过电渗析 - 浓缩吹脱工序实现酸、有价金属和水资源的高效回收，大大减少固废的产生量，克服了常规处理方法的弊端。

# 第六节 高盐废水处理实用案例

山东国瓷材料 1500t/a 多层陶瓷电容器用粉体材料的生产过程形成高氨废水。氨在钛酸钡生产过程中为反应环境提供一种碱性环境，促进氢氧化钛前驱体的生成。液氨通过汽化器汽化后配制氨水，氨水配制氢氧化钛前驱体，其中大部分氨以氯化铵的形式进入废水，废水全部打入环保车间进行脱氨处理，75% 的废水产出 RO 纯水再次回用生产车间，25% 氯化铵浓缩液进 MVR 系统蒸发结晶。

## 一、电渗析处理氯化铵废水工艺

采用电渗析工艺后，产生高氨废水经过预过滤器后进入电渗析系统的不同级数，淡水进入反渗透处理系统，最终得到 $NH_3$-N<1mg/L 的淡水返回车间回用，而浓水经过电渗析浓缩至 15% 以上进行 MVR 蒸发系统，通过 MVR 蒸发结晶，最后离心得到含水率 <5% 的氯化铵晶体外售。即实现水资源和铵盐的双重回收，水资源回收率 >98%；氯化铵回收率 >98%。基本实现铵盐废水零排放，实现资

源的充分利用和实现清洁生产，符合循环经济要求。详细的工艺流程图如图 9-24 所示，现场照片如图 9-25 所示。

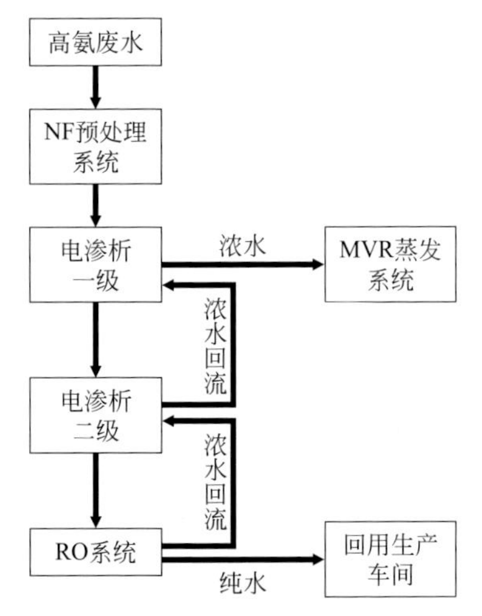


图9-24　氯化铵废水处理工艺流程图

图9-25　电渗析处理氯化铵废水现场照片

本项目对控制膜污染提出了一系列挑战。①耐有机物污染：高氨废水中含有 0.4% 的 COD，且分子量基本聚焦在 300 ～ 700 区间范围，与电渗析膜片孔径基本一致，项目采用了耐有机物污染均相离子交换膜，在上述工况情况下，保证系统稳定运行，系统通量及脱盐率均未受损。②抗污堵性：高氨废水含有微量 $Ba^{2+}$，长期在膜上形成 $BaCO_3$ 络合物，项目采取频繁倒极、反冲洗等运行工艺，规避因颗粒物污堵膜面影响膜正常运行问题。

## 二、利用电渗析技术处理高盐废水优势

本项目采用均相膜电渗析工艺技术，浓水氯化铵浓缩得以回收出售，淡水淡化至 2000μS/cm，然后进行反渗透，得到的水资源循环利用，实现了含盐废水近零排放。

项目一期规模为电渗析处理氯化铵废水 1245t/d，使用型号为 TWED-60-200S 均相膜电渗析器 72 台，膜面积 17280 平方米。项目二期，处理量 1900t/d，TWED-60-100×8 设备 22 台，总膜面积 23760 平方米。

# 第七节
# 小结与展望

针对典型过程工业中的酸碱盐废水，传统的方法是采用离子交换树脂进行离子交换。由于离子交换树脂对于物料不可避免的吸附，导致物料收率低，并且离子交换树脂再生过程中产生大量含盐废水，不易处理。均相离子交换膜技术的优势是物料收率高，产生的含盐废水少，该技术作为绿色和节能的高科技技术，其高效、洁净、节能的优点越来越为人们所认可。是解决当代人类面临的能源、资源、环境等重大问题的有效手段，是实现可持续发展战略的技术基础，已引起世界发达国家的充分重视。

（1）传统生产工艺绿色化改造　唐山三友远达纤维有限公司现年产半纤维素 1.5 万吨，采用山东天维膜技术有限公司开发的均相膜电渗析工艺，将压榨碱液中氢氧化钠和半纤维素分离，氢氧化钠继续回用到前面浸渍工艺，半纤维素经酸化、水解、脱色后再次用均相膜电渗析脱盐脱酸，制取木糖产品。不仅解决了半纤维素含量高的难题，变废为宝，同时为我国木糖行业提供了新的清洁性原材料，对于推动黏胶行业和木糖行业的升级具有重大意义。

（2）工业废弃物资源化回收利用　湿法冶金行业生产过程中产生大量的酸性废水，传统处理方式主要有蒸发浓缩、树脂吸附和扩散渗析等，此类方法能在一定程度上实现酸的回收，但也存在着明显不足，如蒸发浓缩能耗大，水中氟氯浓度高无法回用，树脂吸附工艺烦琐易产生二次污染，扩散渗析单位时间处理量小且仅适用于高浓度酸回收过程。山东天维膜技术有限公司与塞恩斯环保公司、株洲冶炼集团股份有限公司合作，采用均相膜电渗析工艺，先将硫酸及氟氯从废液中分离，并使酸浓度从 2.8% 浓缩至 10%，再经浓缩催化吹脱工序将 10% 的酸浓

缩至 70% 以上，氟氯从酸中直接分离，得到纯度较高的浓硫酸。该工艺简单高效，在不带入盐分的前提下实现污酸深度处理，同时通过电渗析 - 浓缩吹脱工序实现酸、有价金属和水资源的高效回收，大大减少固废的产生量，克服了常规处理方法的弊端。

（3）工业难处理高盐废水近零排放　以山东国瓷功能材料股份有限公司的含氯化铵废水为例，传统工艺采用废水直接蒸发结晶方式处理，投资大能耗高。采用均相膜电渗析系统耦合反渗透处理系统，最终得到 $NH_3$-N<1mg/L 的淡水返回车间回用，而浓水经过电渗析浓缩至 15% 以上进行 MVR 蒸发系统，通过 MVR 蒸发结晶，最后离心得到含水率 <5% 的氯化铵晶体外售。即实现水资源和铵盐的双重回收，水资源回收率 >98%，氯化铵回收率 >98%。基本实现铵盐废水零排放，实现资源的充分利用和实现清洁生产，符合循环经济要求。

近年来，随着国内离子膜商业化的迅速发展，膜工业化应用也不再仅限于废酸废碱回收，高盐废水处理。如使用特种膜实现的过程强化，双极膜电渗析在有机酸清洁生产方面也取得了巨大的进步。徐铜文课题组提出的“离子精馏”过程强化，实现了盐湖提锂过程中的超高锂镁选择性，产品锂纯度可达电池级别。膜技术的发展应该是膜材料与过程齐头发展，通过过程强化提升膜堆性能，解决化工生产中现有生产工艺面临的环境污染问题。鉴于化工行业巨大的市场容量，一旦均相离子交换膜技术在化工生产中的应用取得成功，必将带来均相离子交换膜技术的飞速上升。

利用均相离子交换膜技术对传统过程工业生产工艺绿色化改造升级，提高相关行业技术装备水平，节约能源和资源，提高原材料利用率及产品质量，减少废水废渣的产生，是传统产业实现新旧动能转换的有效技术手段，对促进国民经济的健康发展和保护民族工业具有十分重要的作用，社会效益和环境效益都极为显著。

## 参考文献


[1] Klinkmann H, Vienken J. Membranes for dialysis [J]. Nephrology Dialysis Transplantation, 1995, 10(supp3): 39-45.

[2] Paul D R. Membrane separation processes[M]. Amsterdam, Oxford, and New York: elsevier scientific Publishing Co, 1976.

[3] Ho W, Sirkar K. Membrane handbook [M]. Springer Science & Business Media, 2012.

[4] Luo J Y, Wu C M, Xu T W, et al. Diffusion dialysis-concept, principle and applications [J]. Journal of Membrane Science, 2011, 366(1-2): 1-16.

[5] 徐铜文，李传润. 一种螺旋卷式扩散渗析膜组件及其制备方法：CN101983756B [P/OL]. 2012-08-29.

[6] Oh S J, Moon S-H, Davis T. Effects of metal ions on diffusion dialysis of inorganic acids [J]. Journal of Membrane Science, 2000, 169(1): 95-105.

[7] 张维润，钟学文，胡兆银，等. 电渗析隔网的试验研究——(Ⅲ) 网格对传质效果的影响与经济评价 [J]. 水处理技术，1982, 04: 16-22.

[8] Zhong X W, Zhang W R, Hu Z Y, et al. Experimental study of flow distribution features in the electrodialyzer [J]. Desalination, 1985, 56: 413-419.

[9] Kuhn A, Mortimer C. The efficiency of chlorine evolution in dilute brines on ruthenium dioxide electrodes [J]. Journal of Applied Electrochemistry, 1972, 2(4): 283-287.

[10] Buckley D N, Burke L D. The oxygen electrode. Part 6.—Oxygen evolution and corrosion at iridium anodes [J]. Journal of the Chemical Society, Faraday Transactions 1: Physical Chemistry in Condensed Phases, 1976, 72: 2431-2440.

[11] Loučka T. The reason for the loss of activity of titanium anodes coated with a layer of RuO 2 and $TiO_2$ [J]. Journal of Applied Electrochemistry, 1977, 7(3): 211-214.

[12] Vijh A K, Bélanger G. The anodic dissolution rates of noble metals in relation to their solid state cohesion [J]. Corrosion Science, 1976, 16(11): 869-872.

[13] Faita G, Fiori G. Anodic discharge of chloride ions on oxide electrodes [J]. Journal of Applied Electrochemistry, 1972, 2(1): 31-35.

[14] 曲敬绪，刘淑敏. 不锈钢在一些溶液中的阳极行为 [J]. 水处理技术，1981, 03: 12-19.

[15] 莫剑雄，刘淑敏. 对电渗析器用铅电极的探讨 [J]. 水处理技术，1982, 2: 21-27.

# 索引


A

氨基酸脱盐　030

B

板框式扩散渗析　390

C

侧链工程学　040, 090
侧链型阳离子交换膜　092
侧链型阴离子交换膜　108
产物分离　025
超分子化学　244
超分子组装　042
超强酸催化　186
超强酸催化法　012
超亲电活化　188
超酸（super acid）186
穿梭　273
传质过程理论　054

D

倒极电渗析　411
电化学合成　034
电极材料　403
电解水制氢　021
电解水制氢性能测试　087
电迁移传质　056
电渗析　420
电渗析电极　401
电渗析器　396
电渗析器组装　405
断裂伸长率　165
对流传质　055
多聚磷酸（PPA）150
多孔有机笼膜　335

E

二苯并二氧己环型　287

F

反向电渗析　023
芳基醚键　186
芳香族聚合物　092
芳香族亲电取代反应　144
非共价键　244
废酸回收　412
分子动力学模拟　253
傅 - 克多羟基烷基化反应　194

G

高端功能与智能材料　044

高分子量 194
高盐废水 420, 422
高阻隔性 320
隔板 406
共价有机框架膜 335
固定基团浓度 074
胍基离子子交换基团 124
过程极化 058

H

含浸法 012
含浸 - 功能基化 012
含水量 073
荷电化 307
化学降解 240
化学稳定性 239
磺化聚酰亚胺 156

J

极限电流密度 062
季铵型离子交换基团 122
季鏻型离子交换基团 125
甲醇渗透率 081, 153
碱回收 413
碱稳定性 205, 260
碱性膜 240
碱性膜燃料电池（AEMFCs） 227
交换容量 073
交联网络 165
接枝型侧链阴离子交换膜 118
接枝型阳离子交换膜 107
金属阳离子型离子交换基团 126
金属有机框架膜 335
聚苯并咪唑 161
聚轮烷 267
聚酰基化 040
聚酰基化反应 144
聚酰亚胺型 294
聚氧杂蒽型 298
聚乙二醇 250
均相离子交换膜 002, 422

K

可再生能源与氢能技术 044
空间位阻效应 146
扩散传质 055
扩散渗析 390
扩散渗析膜 392
扩散系数 077

L

拉伸强度 165
离子传输通道 091
离子簇 091
离子电导率 204
离子交换膜 239
离子交换容量 152
离子交联 161
离子精馏 037, 423
离子精准筛分 336

离子快速选择性传递　336
离子－偶极作用　245
离子通道　216, 247, 334
离子限域传质规律　336
零排放　044, 423
流动电位　078
氯碱工业　025
轮烷　154
螺旋卷式扩散渗析　391

M

膜面电阻　074
膜污染　421
膜选择透过性　053

N

耐腐蚀性　085
耐碱稳定性　167
能量转化与存储　013
黏胶纤维应用实例　414
脲基　247

O

欧姆极化　069

P

哌啶阳离子　232
平均孔径　077

Q

迁移数　076
氢键　172
氢键作用　245

R

燃料电池　014, 130, 281
燃料电池隔膜表征方法　080
热力学驱动力　252
热响应性　273
溶胀率　074

S

叔锍型离子交换基团　126
疏水－亲水微相分离　151
双极膜　015
双极膜电渗析　029
水的浓差渗透　078
水解离　062
酸浓缩　419
酸选择性膜　281
缩聚反应　198

T

碳达峰　021
碳中和　021
特种分离　036
同位素分离　045

W

微孔材料　006
微相分离　091
污酸废水　418

“无醚”聚合物 186
无醚主链 227
物质转化 025

X

限域孔的尺寸效应 315
新型微孔框架材料 335
选择透过系数 076

Y

压差渗透系数 077
压滤型电渗析器 396
盐差能 023
盐湖提锂 037
阳离子交换膜 003
氧化稳定性 162
冶金行业 417
液流电池 018
液流电池隔膜表征方法 084
液压集成式电渗析器 408, 410
阴离子交换膜 003
有机 - 无机杂化方法 163
原子转移自由基活性聚合 039

Z

杂环类离子交换基团 124
在线聚合 012
增强电荷相互作用 315
正离子中间体 189
质子电导率 130, 151
主客体特异识别作用 154
主客体相互作用 245
资源化 422
自交联型离子交换膜 120
自具微孔聚合物 007, 286
自具微孔离聚物 286
自具微孔离子交换膜 007
自由体积 316
自组装 247
组件设计 390

其他

C—C 键 199
Donnan 平衡 008
Donnan 平衡理论 052
grafting from 策略 107
grafting onto 策略 107
grafting through 策略 106
trade-off 效应 008
Tröger’s Base 型 292
π-π 作用 157, 244